普通高等教育“十一五”国家级规划教材
高等职业教育建筑电气技术系列教材

建筑供配电技术

第2版

主编　戴绍基
参编　郑荣进　胡应占　张　柯　袁路路

机械工业出版社

本书是普通高等教育“十一五”国家级规划教材。全书共11章，分别介绍：建筑供配电技术的有关知识；建筑供配电系统的主要电气设备；建筑供配电系统的负荷计算；短路计算及电器的选择与校验；变配电所及建筑供配电系统；供配电系统的保护；供配电系统的二次回路与自动装置；节约用电与计划用电；高层建筑的供配电；供配电系统的运行维护与检修试验；城网小区规划及施工现场临时用电。

为便于复习和自学，每章末附有思考题、习题。此外，为便于实验和课程设计，书末还附有实验指导书和课程设计任务书。

本书在编写中注意贯彻最新的国家标准和设计规范，使内容更新颖、更实用；在文字叙述上也力求简明易懂，便于自学。

本书可作为高职、高专建筑电气及智能化、楼宇智能化技术、电气技术及相关专业的教材，也可供从事建筑供配电技术工作的工程技术人员参考。

为方便教学，本书备有免费电子课件、思考题和习题参考答案，凡选用本书作为授课教材的教师均可来电索取，咨询电话：010-88379564。

图书在版编目(CIP)数据

建筑供配电技术/戴绍基主编．—2版．—北京：机械工业出版社，2014.3(2021.3重印)

普通高等教育“十一五”国家级规划教材　高等职业教育建筑电气技术系列教材

ISBN 978-7-111-45580-6

Ⅰ.①建…　Ⅱ.①戴…　Ⅲ.①房屋建筑设备-供电系统-高等学校-教材②房屋建筑设备-配电系统-高等学校-教材　Ⅳ.①TU852

中国版本图书馆CIP数据核字（2014）第016335号

机械工业出版社（北京市百万庄大街22号　邮政编码100037）

策划编辑：于　宁　责任编辑：于　宁　冯睿娟

版式设计：常天培　责任校对：肖　琳

封面设计：陈　沛　责任印制：常天培

涿州市般润文化传播有限公司印刷

2021年3月第2版第4次印刷

184mm×260mm·22.25印张·546千字

5 801—6 800册

标准书号：ISBN 978-7-111-45580-6

定价：49.00元

凡购本书，如有缺页、倒页、脱页，由本社发行部调换

电话服务　　　　　　　　　　网络服务

服务咨询热线：010-88379833　　机 工 官 网：www.cmpbook.com

读者购书热线：010-88379649　　机 工 官 博：weibo.com/cmp1952

教育服务网：www.cmpedu.com

金 书 网：www.golden-book.com

前　言

本书是教育部确定的普通高等教育“十一五”国家级规划教材，为2003年初版的修订本。

本书在2003年初版的基础上，按照与时俱进培养技术应用型专门人才的要求，根据十年来我国新颁的一些规范和标准（例如：国家标准GB 156—2007《标准电压》、GB 50034—2004《建筑照明设计标准》、GB 50368—2005《住宅建筑规范》、GB 50054—2011《低压配电设计规范》、GB 50057—2010《建筑物防雷设计规范》、GB 50343—2012《建筑物电子信息系统防雷技术规范》，以及行业标准JGJ 16—2008《民用建筑电气设计规范》、JGJ 46—2005《施工现场临时用电安全技术规范》等）进行了修订，以培养和增强学生的规范意识和电气安全意识，并加强了运行维护等实际知识的内容。本书中有些表格和插图系采用实际设计施工的工程图样，各校可根据专业要求和教学时数情况适当取舍教材内容。

我国的高等教育正在由精英教育向大众教育转变，从而在办学形式、人才标准和人才培养模式等方面都呈现出多样化发展趋势。作为教学改革成果重要体现形式的教材，既是体现教学内容、教学方法和传播知识的载体，也是深化教学改革、全面推行素质教育和培养创新人才的重要保证。教材作为教学的重要载体，应将学校的办学宗旨、培养模式、质量标准等信息传递给学生；应该把教材建设目标、学校办学目标和人才培养目标统一起来。

高等职业教育专业课教材应强调理论的应用性，体现以能力为本位的观念，注重技能训练，以胜任职业岗位需要为出发点；课程内容应密切联系实际，反映建筑电气技术领域的新知识、新技术、新产品。

可持续发展的智能化建筑将成为21世纪建筑的发展方向。一方面，作为一种具有广阔市场和高附加值的产业，智能化建筑正在成为国民经济一个重要的增长点；另一方面，智能化建筑全面地应用了电气工程与自动化技术以及计算机与网络技术的最新成果，对高等职业教育拓宽专业面、增强适应性具有十分重要的作用。

本书共分11章，分别介绍：建筑供配电技术的有关知识；建筑供配电系统的主要电气设备；建筑供配电系统的负荷计算；短路计算及电器的选择与校验；变配电所及建筑供配电系统；供配电系统的保护；供配电系统的二次回路与自动装置；节约用电与计划用电；高层建筑的供配电；供配电系统的运行维护与检修试验；城网小区规划及施工现场临时用电。

为便于复习和自学，每章末附有思考题和习题。此外，为便于实验和课程设计，书末还附有实验指导书和课程设计任务书。

本书由河南工业职业技术学院戴绍基主编。福建工程学院郑荣进编写了第二、三章。河南工业职业技术学院下列教师参加了编写工作：胡应占（第十章）、张柯（第四章）、袁路路（第八章）。其余由戴绍基编写并负责全书的统稿和定稿工作。

本书主要适用于高等学校的建筑电气及智能化、楼宇智能化技术、建筑电气、建筑设备等专业。本书也适用于广播电视大学、职工大学的有关专业，并可供从事建筑电气设计、施工、运行的工程技术人员参考。

在本书的编写和修订过程中，编者参阅了国内外出版的有关教材和资料，并先后得到了河南工业职业技术学院、机械工业出版社等单位和个人的大力支持和帮助，谨在此表示诚挚的谢意！

限于编者水平，书中不妥之处在所难免，敬请读者批评指正。请将意见发到1179912754@qq.com，谢谢。

编　者

目　　录

常 用 字 符 表

电气设备的文字符号

文字符号	中文含义	英文含义	旧符号
A	装置 放大器	device amplifier	— FD
APD	备用电源自动投入装置	auto-put-into device of reserve-source	BZT
ARD	自动重合闸装置	auto-reclosing device	ZCH
C	电容,电容器	electric capacity, capacitor	C
F	避雷器	arrester	BL
FU	熔断器	fuse	RD
G	发电机,电源	generator, source	F
HL	指示灯,信号灯	indicator lamp, pilot lamp	XD
K	继电器,接触器	relay, contactor	J;C,JC
KA	电流继电器	current relay	LJ
KG	瓦斯继电器	gas relay	WSJ
KH	热继电器,温度继电器	heating relay, thermal relay	RJ
KM	中间继电器(辅助继电器)接触器	medium relay(auxiliary relay) contactor	ZJ C,JC
KO	合闸接触器	closing operation contactor	HC
KS	信号继电器	signal relay	XJ
KT	时间继电器(延时继电器)	timing relay, time-delay relay	SJ
KV	电压继电器	voltage relay	YJ
L	电感,电感线圈;电抗器	inductance, inductive coil; reactor	L
M	电动机	motor	D
N	中性线	neutral wire	N
PA	电流表	ammeter	A
PE	保护线	protective wire	—
PEN	保护中性线	protective neutral wire	N

文字符号	中文含义	英文含义	旧符号
PJ	电能表	energe meter	Wh, Varh
PV	电压表	voltmeter	V
Q	电力开关	power switch	K
QF	断路器	circuit-breaker	DL
QF(QA)	低压断路器(自动开关)	low-voltage circuit-breaker (auto-switch)	ZK
QK	刀开关	knife-switch, blade	DK
QL	负荷开关	load-switch, switch-fuse	FK
QM	手力操作机构辅助触点	auxiliary contact of manual operat-ing mechanism	—
QS	隔离开关	disconnector	GK
R	电阻	resistance	R
RP	电位器	potential meter	W
S	电力系统	power system	XT
	启辉器	glow starter	S
SA	控制开关 选择开关	control switch selector switch	KK XK
SB	按钮	push-button	AN
T	变压器	transformer	B
TA	电流互感器	current transformer	LH (CT)
TAN	零序电流互感器	neutral-current transformer	LLH
TV	电压互感器	voltage trans-former, potential transformer	YH (PT)
U	变流器,整流器	converter, rectifier	BL,ZL
V	电子管、晶体管	electric tube transistor	D,BG
W	导线,母线	wire, bus bar	L,M
WAS	事故音响信号小母线	accident sound signal small-bus bar	SYM

（续）

文字符号	中文含义	英文含义	旧符号	文字符号	中文含义	英文含义	旧符号
WB	母线	bus bar	M	WS	信号回路电源小母线	signal circuit source small-bus bar	XM
WC	控制回路电源小母线	control circuit source small-bus bar	KM	WV	电压小母线	valtage small-bus bar	YM
WF	闪光信号小母线	flash-light signal small-bus bar	SM	X	端子板	terminal strip	—
WFS	预报信号小母线	forecast signal small-bus bar	YBM	XB	连接片	connector	LP
WL	线路,导线 灯光信号小母线	line, wire light signal small-bus bar	XL,l DM	YA	电磁铁	electromagnet	DC
WO	合闸回路电源小母线	switch-on circuit source small-bus bar	HM	YO	合闸线圈	closing operation coil	HQ
				YR	跳闸线圈,脱扣器	opening operation coil release	TQ

物理量下角的文字符号

文字符号	中文含义	英文含义	旧符号	文字符号	中文含义	英文含义	旧符号
a	年,每年	annual	n	ima	假想	imaginary	jx
a	有功	active	a,yg	k	短路	short-circuit	d
Al	铝	aluminium	Al	KA	继电器	relay	J
al	允许	allowable	yx	L	电感 负荷,负载	inductance load	L H,fz
av	平均	average	pj	L	灯	lamp	D
c	计算 顶棚,天花板	calculate ceiling	js dp	l	线,线路	line	l,XL
cab	电缆	cable	L	l	长延时	long-delay	l
cr	临界	critical	lj	M	电动机	motor	D
Cu	铜	copper	Cu	man	人工的,手工的	manual	rg
d	需要 基准	demand datum	x j	m	最大	maximum	m
d	日	day	—	max	最大	maximum	max
dsq	不平衡	disequilibrium	bp	min	最小	minimum	min
E	地,接地	earth,earthing	d,jd	N	额定,标称	rated,nominal	e
e	设备	equipment	S,SB	n	数,总数	number,total	n
e	有效	efficient	yx	nat	自然的	natural	zr
eq	等效	eduivalent	dx	np	非周期性的	non-periodic, aperiodic	f-zq
ec	经济	economic	j,ji	oc	断路	open,circuit	dl
es	电动稳定	electrokinetic stable	dw	oh	架空线路	over-head line	K
FE	熔体	fuse-element	RT	oL	过负荷,过载	over-load	gh
Fe	铁	iron	Fe	op	动作	operat	dz
h	高度	height	h	OR	过电流脱扣器	over-current release	TQ
i	电流 任意常数	current arbitrary constant	i				

（续）

文字符号	中文含义	英文含义	旧符号	文字符号	中文含义	英文含义	旧符号
p	有功功率 周期性的 保护	active power periodic protect	p zq j	w	结线，接线 工作 墙壁	wiring working wall	JX qz —
pk	尖峰	peak	jf	wk	破坏	wreck	ph
q	无功功率	reactive power	q	WL	导线，线路	wire，line	l，XL
qb	速断	quick break	sd	x	某一数值	A number	x
r	无功	reactive	R，wg	XC	［触头］接触	contact	jc
RC	室空间	room cabin	RC	a	吸收	absorption	a
re	返回	return	f	ρ	反射	reflection	ρ
rel	可靠（性）	reliability	k	θ	温度	temperature	θ
S	系统	system	XT	Σ	总和	total，sum	Σ
s	短延时	short-delay	—	τ	透射	transmission	τ
saf	安全	safety	—	φ	相	phase	φ
sh	冲击	shock，impulse	cj，ch	0	零，无，空	zero，nothing，empty	0
st	起动	start	q，qd	0	停止，停歇 每（单位） 中性线 起始的 周围（环境） 瞬时	stopping per（unit） neutral wire initial ambient instantaneous	0 0 0 0 0 0
step	跨步	step	kp				
t	时间	time	t				
tou	接触	touch	jc				
TR	热脱扣器	thermal release	R，RT	30	半小时［最大］	30min［maximum］	30

第一章　概　　论

本章概述与建筑供配电技术有关的一些基本知识和基本问题，为学习以后各章内容打下初步基础。首先简要说明建筑供配电技术的意义、要求和课程任务，接着简介一些典型的建筑供配电系统以及发电厂和电力系统的基本知识，简述电力负荷的分级及其对供电电源的要求，然后重点论述关系到供配电系统全局的两个问题，即电力系统的电压和电力系统的中性点运行方式。

第一节　建筑供配电的意义、要求及课程任务

建筑是某个时期、某种风格的建筑物及其所体现的技术和艺术的总称。建筑是技术与艺术的融合。简言之，建筑一般是指供人们进行生产、生活或其他活动的房屋或场所。例如通常所说的工业建筑、民用建筑和园林建筑等。如果说“建筑”是人为地限定空间和环境，则“建筑电气”就是以电能、电气设备和电气技术为手段来创造、维持与改善限定空间和环境的一门科学；它对建筑物的服务性与干预性，完善了建筑物的功能，提高了建筑物的等级和效益。

人类社会发展的历史证明：科学技术的重大突破必然会影响到人类生活模式的变化；而这种变化又必将促使人们对自己居住和生活的环境进行变革。例如：有了电能和电光源，人们才可能开辟夜生活，形成不夜城；只有电能在照明、空调等方面广泛应用之后，建筑上才有可能出现全封闭的无窗厂房，开敞的大面积办公空间，以及旅馆或住宅的暗卫生间。只有当控制技术、通信技术、计算机和网络技术发展到一定水平，才出现了今天的所谓“智能建筑”。科技的进步正深刻地影响着人们的生活方式，促使建筑的功能、格局以至细部做法都产生了变化，这样的例子不胜枚举。建筑不仅仅是一种艺术和文化，建筑的基本目的是给使用者提供一个舒适的空间和环境。现代建筑必须适应科技飞速发展的要求。

建筑的发展是人类文明与进步的重要标志。如果把建筑物比作一个人，钢筋和混凝土是它的骨骼和肌肉，装修则好比是它的服饰。建筑物里的电力线路类似血管，变配电所则好比心脏。综合布线及智能化系统可类比为神经系统。空调系统类似于呼吸系统。给、排水系统则类似消化系统。如果说眼睛是心灵的窗户，窗户则是建筑物的眼睛，独具特色的窗户可以使建筑物增色不少。

电力是国民经济和社会生活中的主要能源和动力，是现代文明的物质技术基础。没有电力就没有整个国民经济的现代化。现代社会的信息化和网络化，也是建立在电气化的基础之上的 。现代化的大型建筑一般都有风机、水泵、电梯、电灯、电话、电视、计算机等。随着建筑物高度的增加和功能的扩展，现代建筑对电气设备的依赖程度也越来越高。建筑电气设施的优劣在一定程度上标志着建筑物现代化的程度。而电能供应如果突然中断，则将对现代化的大型建筑造成严重的后果，甚至可能发生人身伤亡事故。由此可见，供配电技术工作对于保证现代化建筑的正常工作具有十分重大的意义。

供配电工作要很好地为国民经济服务，并切实搞好安全用电、节约用电和计划用电（俗称“三电”）工作，必须达到下列基本要求：

（1）安全　在电能的供应、分配和使用中，不应发生人身事故和设备事故。

（2）可靠　应满足电能用户对供电可靠性即连续供电的要求。

（3）优质　应满足电能用户对电压质量和频率质量等方面的要求。

（4）经济　应使供电系统的投资少，运行费用低，并尽可能地节约电能和减少有色金属消耗量。

此外，在供配电工作中，应合理地处理局部与全局、当前与长远的关系，既要照顾局部和当前的利益，又要有全局观点，顾全大局，适应发展。例如计划供用电问题，就不能只考虑一个单位的局部利益，更要有全局观点。

本课程的基本任务，主要是讲述工业与民用建筑内部的电能供应和分配问题，使学生初步掌握一般工业与民用建筑供配电系统运行维护及简单设计计算所必需的基本理论和基本知识，为今后从事供配电技术工作奠定初步的基础。本课程实践性较强，学习时应注重理论联系实际，培养学生实际应用能力。

第二节　建筑供配电系统及其电源和负荷

一、建筑供配电系统的基本知识

为了接受和分配从电力系统送来的电能，各类建筑都需要有一个内部的供配电系统。以工业建筑（工厂）为例，其供配电系统是指工厂所需的电力电源从进厂起到所有用电设备入端止的整个电力线路及其中的变配电设备。

一些小型建筑只有低压负荷且容量不大，此时可直接采用220/380V低压进线，也只需低压配电系统。对于中型工业建筑或大、中型民用建筑，由于负荷容量较大或具有高压电气设备（例如高压电动机等），其电源进线电压一般为10kV，此时，建筑内的供配电系统就包括高压和低压两部分。此外，某些大型工业建筑的电源进线电压可为35kV及以上。在本书中，所谓“低压”，是指低于1kV的电压，而1kV以上的电压则称为“高压”。

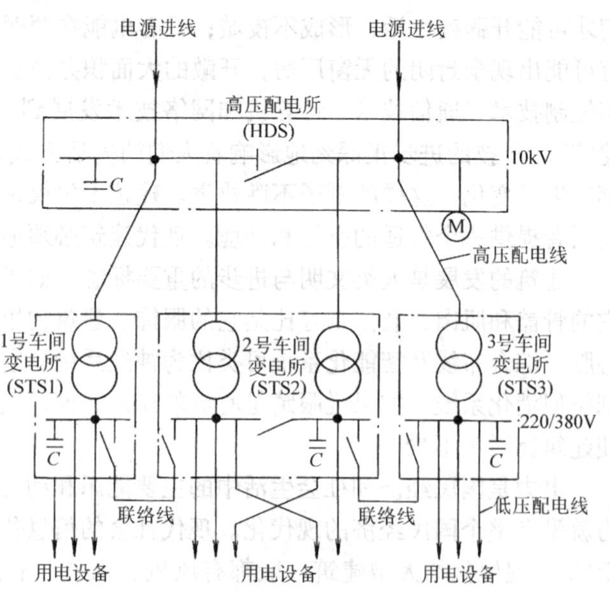

图1-1　具有高压配电所的供电系统图

1. 具有高压配电所的供电系统

图1-1是一个比较典型的中型工业建筑供电系统的系统图，图1-2是其平面布线图。为使图形简明，系统图、布线图及后面将涉及的主电路图，一般都只用一根线来表示三相线路，即绘成“单线图”的形式。另外，这里绘出的系统图未绘出其中的开

关电器，但示意性地绘出了高低压母线上和低压联络线上装设的开关。

从图 1-1 可以看出，此高压配电所有两条 10kV 的电源进线，分别接在高压配电所的两段母线上。所谓“母线”，就是用来汇集和分配电能的导体，又称“汇流排”。这种利用一台开关分隔开的单母线结线形式，称为“单母线分段制”。当一条电源进线发生故障或进行检修而被断开时，可以闭合分段开关，由另一条电源进线来对整个配电所的负荷供电。这种具有双电源的高压配电所的运行方式有两种：其一，分段开关正常情况下是打开的，配电所由两条电源进线供电，当一路电源发生故障时，通过倒闸操作合上分段开关，变成一路电源供电；其二，分段开关正常情况下是闭合的，整个配电所由一条电源进线供电，通常来自公共高压配电网络，而另一条电源进线则作为备用，需要时可从邻近单位取得备用电源。

该高压配电所有四条高压配电线，供电给三个车间变电所。车间变电所装有电力变压器（又称“主变压器”），将 10kV 高压降为低压用电设备所需的220/380V 电压。这里的2号车间变电所中的两台电力变压器分别由配电所的两段母线供电，而其低压侧也采用单母线分段制，从而使供电可靠性大大提高。各车间变电所的低压侧，又都通过低压联络线相互连接，以提高供电系统运行的可靠性和灵活性。此外，该配电所还有一条高压配电线，直接供电给一组高压电动机；另有一条高压配电线，直接连接一组高压并联电容器。各车间变电所的低压母线上都连接有一组低压并联电容器。这些并联电容器都是用来补偿系统的无功功率、提高功率因数的。

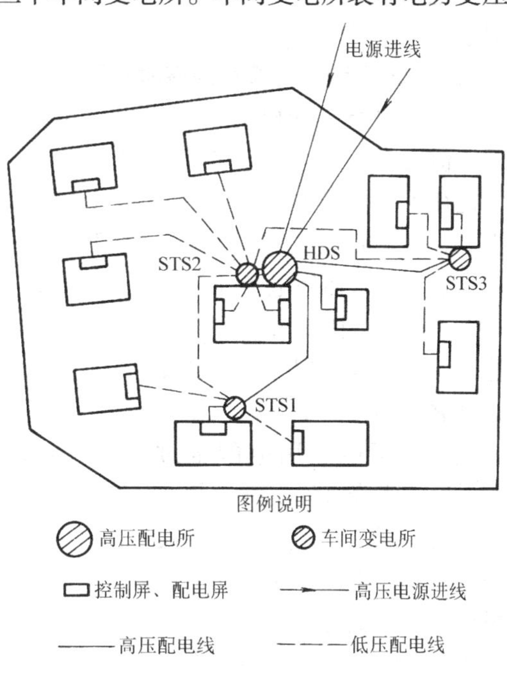

图 1-2　图 1-1 所示供电系统的平面布线图

2. 具有总降压变电所的供电系统

图 1-3 是一个比较典型的具有总降压变电所的大中型企业供电系统的系统图。总降压变电所有两条 35kV 及以上的电源进线，采用“桥形结线”。35kV 及以上的电压经该变电所电力变压器降为 10kV 的电压，然后通过高压配电线路将电能送到各车间变电所。车间变电所又经电力变压器将 10kV 的电压降为一般低压用电设备所需的 220/380V 的电压。为了补偿系统的无功功率和提高功率因数，通常在 10kV 的高压母线上或 380V 的低压母线上接入并联电容器。

3. 高压深入负荷中心的供电系统

如果当地的电源电压为 35kV，在经过技术经济指标比较后，也可以采用 35kV 作为高压配电电压，35kV 线路直接引入靠近负荷中心的终端变电所，经电力变压器直接降为低压用电设备所需的电压，如图 1-4 所示。这种高压深入负荷中心的直配方式，可以节省一级中间变压，从而简化了供电系统，节约投资，降低电能损耗和电压损耗，提高供电质量。

4. 只有一个变电所或配电所的供电系统

对于小型工业与民用建筑，由于所需电力容量一般不大于 1000kV · A 左右，因此通常只设一个将 10kV 的电压降为 220/380V 低压的降压变电所，其系统图如图 1-5 所示。这种变电所相当于上述车间变电所。

如果建筑所需电力不大于 160kV·A，则通常采用低压进线，直接由当地的220/380V 公共电网供电，此时只需设置一个低压配电所（俗称“配电间”），通过低压配电所直接向各建筑物配电。

综上所述，变电所的任务是接受电能、变换电压和分配电能；配电所的任务是接受电能和分配电能。两者的区别在于变电所装设有电力变压器，较配电所多了变压的任务。

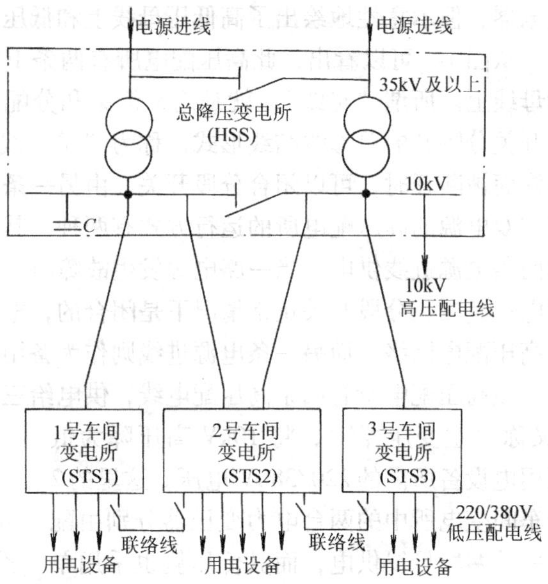

图 1-3　具有总降压变电所的供电系统图

二、发电厂和电力系统的基本知识

电力用户所需的电力是由发电厂生产的，但发电厂大多建设在能源基地附近，往往离用电负荷很远。为了减少输电损失，发电厂发出的电压一般要经升压变压器升压，而用电负荷的电压一般是低压，因此升压输送的电能最后又要经降压变压器降压，如图 1-6 所示。发电、输电、变电、配电和用电的全过程，对电能本身来说实际上是在同一瞬间实现的，这是交流电能的一大特点。因此，在研究工业与民用建筑的供配电问题时也有必要了解发电厂及电力系统方面的一些基本知识。

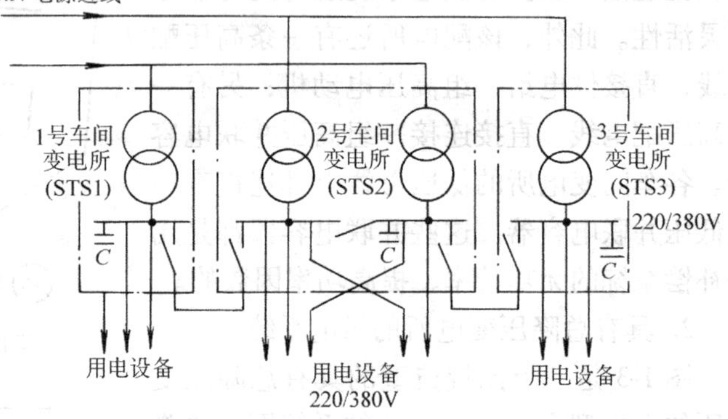

图 1-4　高压深入负荷中心的供电系统图

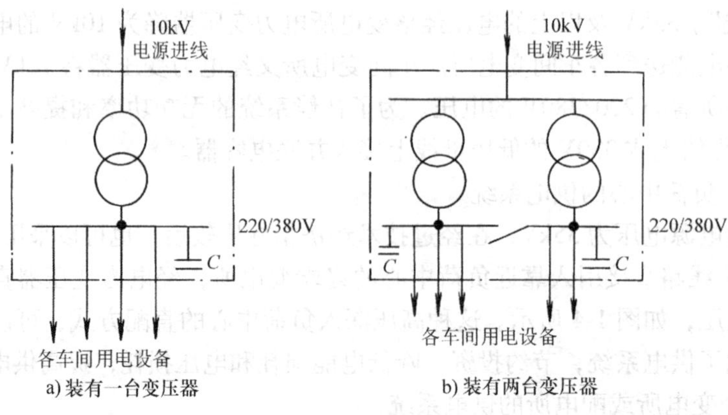

图 1-5　只有一个降压变电所的供电系统图

1. 发电厂

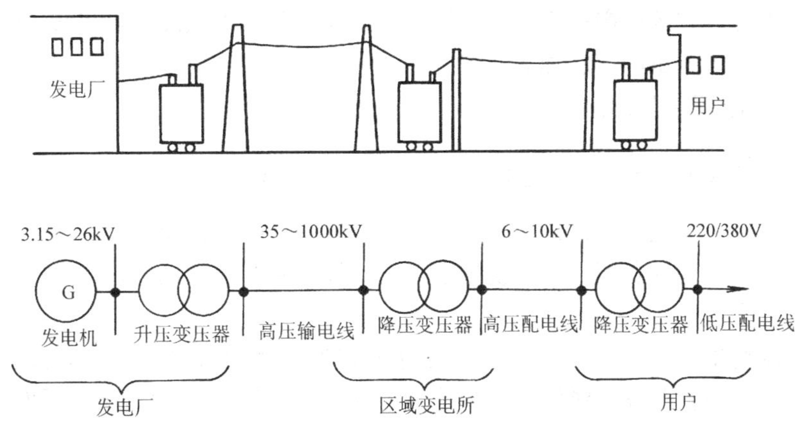

图 1-6　从发电厂到用户的送电过程示意图

发电厂又称“发电站”，是将自然界蕴藏的各种一次能源如水力、煤炭、石油、天然气、风力、地热、太阳能和核能等，转换为电能（二次能源）的工厂。发电厂按其利用的能源不同，可分为水力发电厂、火力发电厂、核能发电厂、风力发电厂、地热发电厂、潮汐能发电厂、太阳能发电厂等类型。这里只简介水力发电厂、火力发电厂和核能发电厂。

（1）水力发电厂　水力发电厂简称“水电厂”或“水电站”。它利用水流的位能来生产电能。

水电站的发电容量与水电站所在地点上下游的水位差（通称“水头”或“落差”）和流过水轮机的水流量的乘积成正比，因此，建造水电站，必须用人工的办法来提高水位。最常用的办法是在河道上建筑一个很高的拦河坝，使上游形成水库，提高上游水位，使坝的上下游形成尽可能大的落差。水电站就建在大坝后面。这种水电站称为“坝后式水电站”。我国一些大型水电站如三峡水电站，都属于这种类型。另一种提高水位的办法是在具有相当坡度的弯曲河段上游，筑一低坝，拦住河水，然后利用沟渠或隧洞将河水直接引至建在河段末端的水电站。这种水电站，称为“引水式水电站”。还有一种水电站，是上述两种方式的综合，由水坝和引水渠道分别提高一部分水位。这种水电站，称为“混合式”水电站。

水电站的能量转换过程是

水流位能 $\xrightarrow{\text{水轮机}}$ 机械能 $\xrightarrow{\text{发电机}}$ 电能

（2）火力发电厂和热电厂　火力发电厂简称“火电厂”或“火电站”。它利用燃料的化学能来生产电能。我国的火电厂以燃煤为主。为了提高燃煤效率，现代火电厂都把煤块粉碎成煤粉燃烧。煤粉在锅炉的炉膛内充分燃烧，将锅炉内的水烧成高温高压的蒸汽，推动汽轮机转动，从而使与它联轴的发电机旋转发电。

火电厂的能量转换过程是

燃料化学能 $\xrightarrow{\text{锅炉}}$ 热　能 $\xrightarrow{\text{汽轮机}}$ 机械能 $\xrightarrow{\text{发电机}}$ 电　能

现代火电厂一般都考虑了“三废”（废渣、废水、废气）的综合处理。那种既发电又供热的火电厂称为“热电厂”。热电厂的总能量利用率较高，它一般位于城市或工业区附近。

（3）核能发电厂　核能发电厂又称“核电站”。它是利用原子核的裂变能（即“核能”）

来生产电能的电站。它的生产过程与火电厂基本相同，只是以核反应堆代替了燃煤锅炉，以少量的核燃料取代了大量的煤、油等燃料。

核电站的能量转换过程是

核裂变能 —核反应堆→ 热　能 —汽轮机→ 机械能 —发电机→ 电　能

核能是极其巨大的能源，也是相当洁净和安全的一种能源，而且核电建设具有重要的经济和科研价值，所以世界各国都很重视核电建设，核电发电量的比重正在逐年增长。但应特别注意核电的安全性。

从我国的国情出发，我国的电力建设方针确定为“优化火电结构，大力发展水电，适当发展核电，因地制宜开发新能源，同步建设电网，积极减少环境污染，开发与节约并举，把节约放在首位”。我国除了新建和扩建了一批水电站和火电厂外，还兴建了秦山、大亚湾等核电站及三峡水电站。三峡水电站的总装机容量为 1820 万 kW，共 26 台机组，按设计年平均发电量为 847 亿 kW · h。

2. 电力系统

由各种电压的电力线路，将各种发电厂、变电所和电力用户联系起来的一个发电、输电、变电、配电和用电的整体，称为“电力系统”。图 1-7 是一个大型电力系统的系统图。

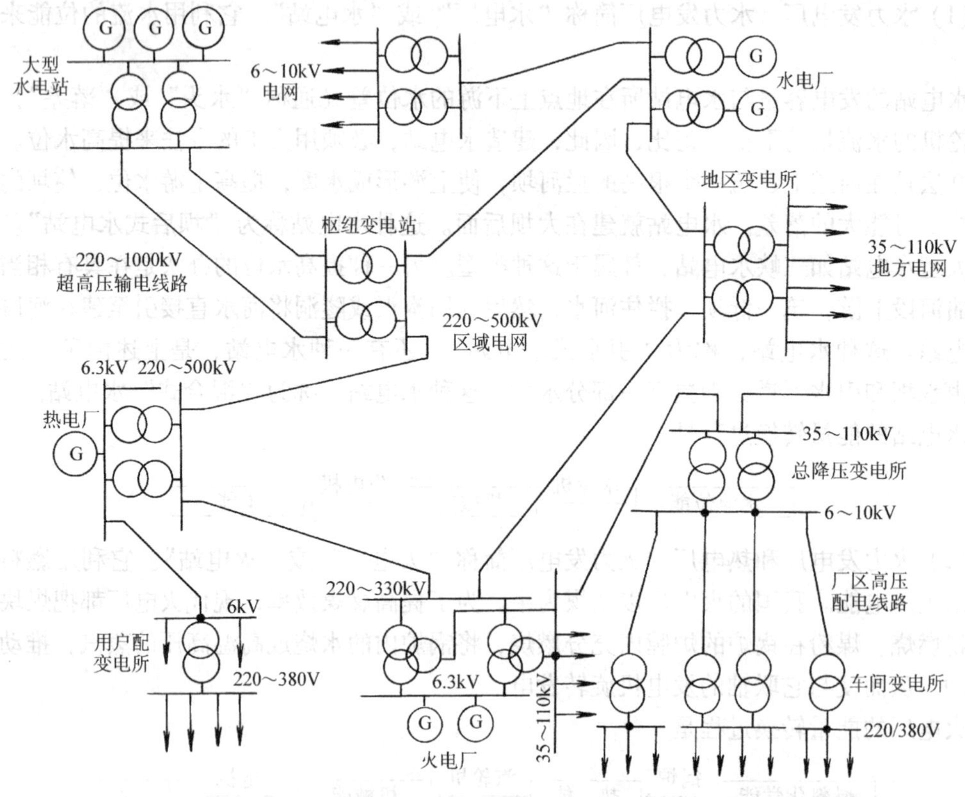

图 1-7　大型电力系统的系统图

电力系统中的各级电压线路及其联系的变配电所，称为“电力网”，简称“电网”。但习惯上，电网或系统往往按电压等级来划分，例如，说 10kV 电网或 10kV 系统，实指 10kV 的整个线路。这种 10kV 电压等级的电网是目前我国城市中广泛采用的。

建立大型电力系统，可以更经济合理地利用动力资源，降低发电成本，减少电能损耗，保证供电质量，并大大提高供电可靠性，有利于整个国民经济的发展。

三、电力负荷

电力负荷有两个含义：一是指用电设备或用电单位（用户）；另一是指用电设备或用户所消耗的电功率或电流。这里所讲的电力负荷是指的前者。

1. 电力负荷的分级

电力负荷应根据其对供电可靠性的要求及中断供电在政治、经济上所造成损失或影响的程度，分为一级负荷、二级负荷及三级负荷。

（1）一级负荷　符合下列情况之一时，应为一级负荷：①中断供电将造成人身伤亡时；②中断供电将在政治、经济上造成重大损失时，例如重大设备损坏、大量产品报废、用重要原料生产的产品大量报废以及国民经济中重点企业的连续生产过程被打乱需要长时间才能恢复时；③中断供电将造成公共场所秩序严重混乱时。

在一级负荷中，当中断供电将发生中毒、爆炸和火灾等情况的负荷，以及特别重要场所不允许中断供电的负荷，应视为“特别重要的负荷”。例如重要交通枢纽、重要通信枢纽、重要宾馆、大型体育场馆、经常用于国际活动的大量人员集中的公共场所等用电单位中的重要电力负荷。例如大型金融中心的防火、防盗报警系统和重要的计算机系统，大型国际比赛场馆的记分系统和监控系统等。

（2）二级负荷　符合下列情况之一时，应为二级负荷：①中断供电将在政治、经济上造成较大损失时，例如主要设备损坏、大量产品报废、连续生产过程被打乱需长时间才能恢复、重点企业大量减产时；②中断供电将影响重要用电单位的正常工作时，例如交通枢纽、通信枢纽等用电单位中的重要电力负荷，以及中断供电将造成大型影剧院、大型商场等较多人员集中的重要的公共场所秩序混乱时。

（3）三级负荷　不属于一级和二级负荷者皆为三级负荷。

另外，民用建筑中的消防水泵、消防电梯、防排烟设施、火灾自动报警、自动灭火装置、火灾应急照明、电动防火门窗、卷帘等消防用电的负荷等级，应符合现行的《高层民用建筑设计防火规范》和《民用建筑设计防火规范》的规定。

2. 各级电力负荷对供电电源的要求

（1）一级负荷对供电电源的要求　一级负荷属重要负荷，应由两个独立电源供电。当一个电源发生故障时，另一个电源不应同时受到损坏，以维持继续供电。即两个电源应来自不同的变配电所或者来自同一变配电所的不同母线。

一级负荷中“特别重要的负荷”除由两个独立电源供电外，还应增设“应急电源”，并严禁将其他负荷接入应急供电系统。可作为“应急电源”的电源有：①独立于正常电源的发电机组；②供电网络中独立于正常电源的专用的馈电线路；③蓄电池；④干电池。

（2）二级负荷对供电电源的要求　二级负荷也属重要负荷，但其重要程度次于一级负荷。二级负荷宜由两回线路供电，供电变压器一般也应有两台。在负荷较小或地区供电条件困难时，二级负荷可由一回6kV及以上专用的架空线路或电缆供电。当采用架空线时，可为一回架空线供电；当采用电缆线路时，应采用两根电缆组成的线路供电，其每根电缆应能承受100%的二级负荷。即要求当变压器或线路发生故障时不致中断供电或者中断后能迅速恢复供电。

(3) 三级负荷对供电电源的要求　三级负荷属不重要负荷，对供电电源无特殊要求。

表 1-1 列出了工业和民用建筑部分重要电力负荷的级别，供参考。该表中工业负荷级别为 JBJ6—1996《机械工厂电力设计规范》所规定，民用建筑负荷级别为 JGJ 16—2008《民用建筑电气设计规范》所规定。

表 1-1　工业和民用建筑部分重要电力负荷的级别

序号	建筑物名称	电力负荷名称	负荷级别
1	工业重要电力负荷的级别（据 JBJ6—1996）		
1.1	炼钢车间	容量为 100t 及以上的平炉加料起重机、浇铸起重机、倾动装置及冷却水系统的用电设备	一级
		容量为 100t 及以下的平炉加料起重机、浇铸起重机、倾动装置及冷却水系统的用电设备	二级
		平炉鼓风机、平炉用其他用电设备；5t 以上电弧炼钢炉的电极升降机构、倾炉机构及浇铸起重机	二级
		总安装容量为 30MV · A 以上，停电会造成重大经济损失的多台大型电热装置（包括电弧炉、矿热炉、感应炉等）	一级
1.2	铸铁车间	30t 及以上的浇铸起重机、（原）部重点企业冲天炉鼓风机	二级
1.3	热处理车间	井式炉专用淬火起重机、井式炉油槽抽油泵	一级
1.4	锻压车间	锻造专用起重机、水压机、高压水泵、油压机	二级
1.5	金属加工车间	价格昂贵、作用重大、稀有的大型数控机床；停电会造成设备损坏，如自动跟踪数控仿形铣床、强力磨床等设备	一级
		价格贵、作用大、数量多的数控机床工部	二级
1.6	电镀车间	大型电镀工部的整流设备、自动流水作业生产线	二级
1.7	试验站	单机容量为 200MW 以上的大型电机试验、主机及辅机系统、动平衡试验的润滑油系统	一级
		单机容量为 200MW 及以下的大型电机试验、主机及辅机系统、动平衡试验的润滑油系统	二级
		采用高位油箱的动平衡试验润滑油系统	二级
1.8	层压制品车间	压机及供热锅炉	二级
1.9	线缆车间	熔炼炉的冷却水泵、鼓风机、连铸机的冷却水泵、连轧机的水泵及润滑泵 压铅机、压铝机的熔化炉、高压水泵、水压机 交联聚乙烯加工设备的挤压交联冷却、收线用电设备；漆包机的传动机构、鼓风机、漆泵 干燥浸油缸的连续电加热、真空泵、液压泵	二级
1.10	磨具成形车间	隧道窑鼓风机，卷扬机构	二级
1.11	油漆树脂车间	2500L 及以上的反应釜及其供热锅炉	二级
1.12	焙烧车间	隧道窑鼓风机、排风机、窑车推进机、窑门关闭机构油加热器、液压泵及其供热锅炉	二级
1.13	热煤气站	煤气加压机、加压油泵及煤气发生炉鼓风机	一级
		有煤气罐的煤气加压机、有高位油箱的加压油泵	二级
		煤气发生炉加煤机及传动机构	二级
1.14	冷煤气站	鼓风机、排送机、冷却通风机、发生炉传动机构、高压整流器等	二级
1.15	锅炉房	中压及以上锅炉的给水泵	一级
		有汽动水泵时，中压及以上锅炉的给水泵	二级
		单台容量为 20t/h 及以上锅炉的鼓风机、引风机、二次风机及炉排电机	二级

（续）

序号	建筑物名称	电力负荷名称	负荷级别
1	工业重要电力负荷的级别（据 JBJ6—1996）		
1.16	水泵房	供一级负荷用电设备的水泵	一级
		供二级负荷用电设备的水泵	二级
1.17	空压站	（原）部重点企业单台容量为 $60m^3/min$ 及以上空压站的空气压缩机、独立励磁机	二级
		离心式压缩机润滑油泵	一级
		有高位油箱的离心式压缩机润滑油泵	二级
1.18	制氧站	（原）部重点企业中的氧压机、空压机冷却水泵、润滑液压泵（带高位油箱）	二级
1.19	计算中心	大中型计算机系统电源（自带 UPS 电源）	二级
1.20	理化计量楼	主要实验室，要求高精度恒温的计量室的恒温装置电源	二级
1.21	刚玉、碳化硅冶炼车间	冶炼炉及其配套的低压用电设备	二级
1.22	涂装车间	电泳涂装的循环搅拌、超滤系统的用电设备	二级
2	民用建筑重要电力负荷的级别（据 JGJ 16—2008）		
2.1	高层普通住宅	客梯、生活水泵电力，楼梯照明	二级
2.2	高层宿舍	客梯、生活水泵电力，主要通道照明	二级
2.3	重要办公建筑	客梯电力、主要办公室、会议室、总值班室、档案室及主要通道照明	一级
2.4	部、省级办公建筑	客梯电力、主要办公室、会议室、总值班室、档案室及主要通道照明	二级
2.5	高等学校教学楼	客梯电力、主要通道照明	三级①
2.6	一、二级旅馆	经营管理用及设备管理用电子计算机系统电源	一级④
		宴会厅电声、新闻摄影、录像电源，宴会厅、餐厅、娱乐厅、高级客房、康乐设施、厨房及主要通道照明，地下室污水泵、雨水泵电力，厨房部分电力，部分客梯电力	一级
		其余客梯电力、一般客房照明	二级
2.7	科研院所重要实验室		一级②
2.8	市（地区）级及以上气象台	主要业务用电子计算机系统电源	一级④
		气象雷达、电报及传真收发设备，卫星云图接收机及语言广播电源，天气绘图及预报室的照明	一级
		客梯电力	二级
2.9	高等学校重要实验室		一级②
2.10	计算中心	主要业务用电子计算机系统电源	一级
		客梯电力	二级
2.11	大型博物馆、展览馆	防盗信号电源，珍贵展品展室的照明	一级④
		展览用电	二级
2.12	中等剧场	调光用电子计算机系统电源	一级④
		舞台、贵宾室、演员化妆室照明，舞台机械电力，电声、广播及电视转播、新闻摄影电源	一级

（续）

序号	建筑物名称	电力负荷名称	负荷级别
2	民用建筑重要电力负荷的级别（据 JGJ 16—2008）		
2.13	甲等电影院		二级
2.14	重要图书馆	检索用电子计算机系统电源	一级④
		其他用电	二级
2.15	省、自治区、直辖市及以上体育馆、体育场	计时记分用电子计算机系统电源	一级④
		比赛厅（场）、主席台、贵宾室、接待室及广场照明，电声、广播及电视转播、新闻摄影电源	一级
2.16	县（区）级及以上医院	急诊部用房、监护病房、手术部、分娩室、婴儿室、血液病房的净化室，血液透析室、病理切片分析室，CT 扫描室，区域用中心血库、高压氧仓、加速器机房和治疗室及配血室的电力和照明，培养箱、冰箱、恒温箱的电源	一级
		电子显微镜电源，客梯电力	二级
2.17	银行	主要业务用电子计算机系统电源，防盗信号电源	一级④
		客梯电力，营业厅、门厅照明	二级③
2.18	大型百货商店	经营、管理用电子计算机系统电源	一级④
		营业厅、门厅照明	一级
		自动扶梯、客梯电力	二级
2.19	中型百货商店	营业厅、门厅照明，客梯电力	二级
2.20	广播电台	电子计算机系统电源	一级④
		直接播出的语言播音室、控制室、微波设备及发射机房的电力和照明	一级
		主要客梯电力，楼梯照明	二级
2.21	电视台	电子计算机系统电源	一级④
		直接播出的电视演播厅、中心机房、录像室、微波机房及发射机房的电力和照明	一级
		洗印室、电视电影室、主要客梯电力，楼梯照明	二级
2.22	火车站	特大型站和国境站的旅客站房、站、天桥、地道的用电设备	一级
2.23	民用机场	航行管制、导航、通信、气象、助航灯光系统的设施和台站；边防、海关、安全检查设备，航班预报设备；三级以上油库；为飞行及旅客服务的办公用房；旅客活动场所的应急照明	一级④
		候机楼、外航驻机场办事处、机场宾馆及旅客过夜用房、站坪照明、站坪机务用电	一级
		其他用电	二级
2.24	水运客运站	通信枢纽，导航设施，收发信台	一级
		港口重要作业区，一等客运站用电	二级
2.25	汽车客运站	一、二级站	二级
2.26	市话局，电信枢纽、卫星地面站	载波机、微波机、长途电话交换机、市内电话交换机、文件传真机、会议电话、移动通信及卫星通信等通信设备的电源；载波机室、微波机室、交换机室、测量室、转接台室、传输室、电力室、电池室、文件传真机室、会议电话室、移动通信室、调度机室及卫星地面站的应急照明，营业厅照明，用户电传机	一级⑤
		主要客梯电力，楼梯照明	二级

（续）

序号	建筑物名称	电力负荷名称	负荷级别
2	民用建筑重要电力负荷的级别（据 JGJ 16—2008）		
2.27	冷库	大型冷库，有特殊要求的冷库的氨压缩机及其附属设备的电力，电梯电力，库内照明	二级
2.28	监狱	警卫照明	一级

注：各种建筑物的分级见现行的有关设计规范。

① 仅当建筑物为高层建筑时，其客梯电力、楼梯照明为二级负荷。

② 此处系指高等学校、科研院所中一旦中断供电将造成人身伤亡或重大政治影响、经济损失的实验室，例如生物制品实验室等。

③ 在面积较大的银行营业厅中，供暂时工作用的应急照明为一级负荷。

④ 该一级负荷为特别重要负荷。

⑤ 重要通信枢纽的一级负荷为特别重要负荷。

第三节　电力系统的电压

一、概述

电力系统中的所有电气设备都规定有一定的工作电压和频率。电气设备在其额定电压和频率下工作时，其综合的经济效果最好。例如感应电动机，若电压偏高，虽转矩增大，但电流也增大，温升增大，将使绝缘严重受损，缩短使用寿命；若电压偏低，则转矩将按电压二次方成比例地减小，而在负荷转矩要求一定的情况下，绕组电流必然增大，致使绝缘受损，缩短使用寿命。若电源频率偏高或偏低，也将严重影响电动机的转矩和使用寿命。又如白炽灯，若电压偏高，其使用寿命将大大缩短；若电压偏低，则灯光明显变暗，严重影响工作效率和人的视力健康。国务院发布的《电力供应与使用条例》第十九条规定："用户受电端的供电质量应当符合国家标准或者电力行业标准……"，"供电质量"是指供电频率质量、电压质量和供电可靠性等。因此，一般认为电压、频率和供电连续可靠，是表征电能质量的基本指标。

我国采用的工业用电频率（简称"工频"）为 50Hz，频率偏差范围一般规定为 ±0.5Hz。如电力系统容量达 3000MW 及以上时，则频率偏差范围规定为 ±0.2Hz。频率的调整主要依靠发电厂（发电厂有一种"自动按频率减负荷装置"）。对于工业与民用建筑供电系统来说，提高电能质量主要是提高电压质量和供电可靠性的问题。

电压质量，不只是指对额定电压来说是电压偏高或偏低即电压偏差的问题，而且包括电压波动以及电压波形是否畸变即所含高次谐波是否超过规定标准的问题。

二、三相交流电网和电力设备的额定电压

我国规定的三相交流电网和电力设备的额定电压如表 1-2 所示。下面对此表作一些说明。

1. 电网（电力线路）的额定电压

电网的额定电压等级是国家根据国民经济发展的需要及电力工业的水平，经全面的技术经济分析后确定的。它是确定各类电力设备额定电压的基本依据。表 1-2 中电网额定电压等级是 GB 156—2007《标准电压》所规定的。

2. 用电设备的额定电压

表 1-2 我国三相交流电网和电力设备的额定电压

分类	电网和用电设备的额定电压/kV	发电机的额定电压/kV	电力变压器额定电压/kV	
			一次绕组	二次绕组
低压	0.38	0.40	0.38	0.40
	0.66	0.69	0.66	0.69
高压	3	3.15	3，3.15	3.15，3.3
	6	6.3	6，6.3	6.3，6.6
	10	10.5	10，10.5	10.5，11
	—	13.8，15.75，18，20，22，24，26	13.8，15.75，18，20，22，24，26	—
	35	—	35	38.5
	66	—	66	72.6
	110	—	110	121
	220	—	220	242
	330	—	330	363
	500	—	500	550
	750	—	750	825（800）
	1000	—	1000	1100

由于用电设备运行时要在线路中产生电压损耗，因而造成线路上各点电压略有不同，如图 1-8 的虚线所示。但是成批生产的用电设备，其额定电压不可能按使用地点的实际电压来制造，只能按线路首端与末端的平均电压即电网的额定电压 U_N 来制造，所以规定用电设备的额定电压与供电电网的额定电压相同。

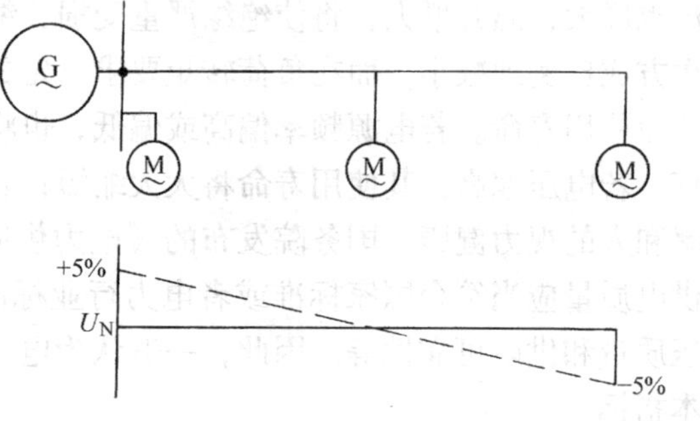

图 1-8 用电设备和发电机的额定电压

3. 发电机的额定电压

由于同一电压的线路一般允许的电压偏差是 ±5%，即整个线路允许有 10% 的电压损耗，因此，为了将线路首端与末端的平均电压维持在额定值，线路首端电压应较电网额定电压高 5%，如图 1-8 所示。而发电机是接在线路首端的，所以规定发电机额定电压高于所供电网额定电压 5%。

4. 电力变压器的额定电压

（1）电力变压器一次绕组的额定电压 若变压器直接与发电机相连，如图 1-9 中的变压器 T1，则其一次绕组额定电压应与发电机额定电压相同，即高于电网额定电压 5%。

若变压器不与发电机直接相连，而是连接在线路的其他部位，则应将变压器看做是线路上的用电设备。因此变压器的一次绕组额定电压应与供电电网额定电压相同，如图 1-9 中的变压器 T2。

（2）电力变压器二次绕组的额定电压 变压器二次绕组的额定电压是指变压器在其一次绕组加上额定电压时的二次绕组开路电压（空载电压）。而变压器在满载运行时，其绕组内

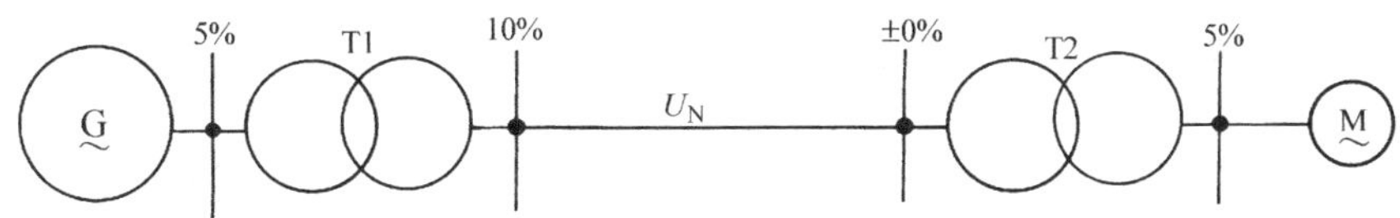

图 1-9　电力变压器的额定电压

有大约 5% 的阻抗电压降，因此应分以下两种情况讨论：

1）如果变压器二次侧的供电线路较长（如为较大容量的高压电网），则变压器二次绕组额定电压一方面要考虑补偿绕组本身 5% 的电压降，另一方面还要考虑变压器满载时输出的二次电压仍要高于二次侧电网额定电压 5%（因变压器处在其二次侧线路的首端），所以这种情况的变压器二次绕组额定电压应高于二次侧电网额定电压 10%，如图 1-9 中变压器 T1。

2）如果变压器二次侧的供电线路不长（例如低压电网或直接供电给高低压用电设备的线路），则变压器二次绕组的额定电压，只需高于二次侧电网额定电压 5%，仅考虑补偿变压器满载时绕组本身 5% 的电压降，如图 1-9 中变压器 T2。

三、电压偏差和电压调整

1. 电压偏差

用电设备端子处的电压偏差 ΔU，是以设备端电压 U 与设备额定电压 U_N 差值的百分值来表示的，即

$$\Delta U\% = \frac{U - U_N}{U_N} \times 100 \tag{1-1}$$

电压偏差是由于系统运行方式改变及负荷缓慢变化而引起的，其变动相当缓慢。

按 GB/T 12325—2008《电能质量　供电电压偏差》规定，当供电电压为：35kV 及以上时，电压正、负偏差绝对值之和不应超过 10%；10kV 及以下（三相）时，为 ±7%；220V（单相）时，为 +7%，－10%。

按 GB 50052—2009《供配电系统设计规范》规定，正常运行情况下，用电设备端子处电压偏差允许值（以 U_N 的百分数表示）宜符合下列要求：

1）电动机为 ±5%。

2）照明：在一般工作场所为 ±5%；对于远离变电所的小面积一般工作场所，难于满足上述要求时，可为 +5%、－10%；应急照明、道路照明和警卫照明等为 +5%、－10%。

3）其他用电设备当无特殊规定时为 ±5%。

2. 电压调整

为了减小电压偏差，供电系统必须采取相应的电压调整措施：

（1）正确选择变压器的电压分接头或采用有载调压变压器　我国供电系统中应用的 6～10kV 电力变压器，通常为无载调压型，其高压绕组有 U_{1N} ±5% U_{1N}的电压分接头，并装设有无载调压分接开关，如图 1-10 所示。如果设备端电压偏高，则应将分接开关换接到 +5% U_{1N}的分接头，以降低设备端电压；如果设备端电压偏低，则应将分接开关换接到 －5% U_{1N} 的分接头，以升高设备端电压。但是换接电压分接头，必须停电进行，因此不能频繁操作。如果用电负荷中有的设备对电压要求严格，采用无载调压型变压器满足不了要求，而单独装设调压设备在技术经济上不合理时，可采用有载调压型变压器，使之在正常运行过程中自动调整电压，保证设备端电压的稳定。

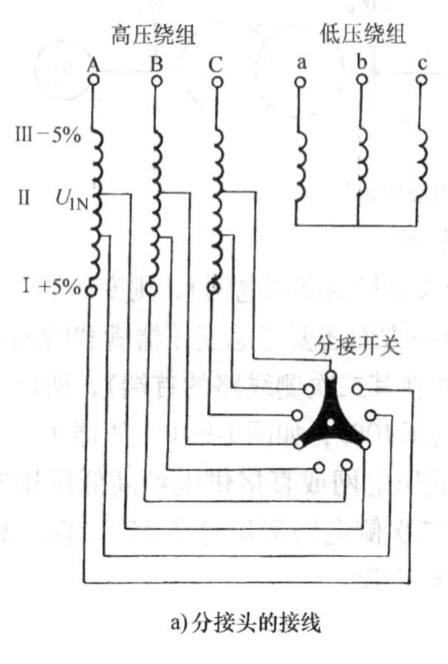

a) 分接头的接线

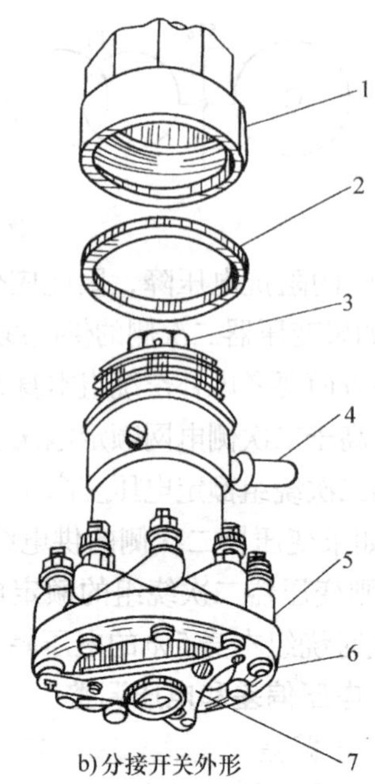

b) 分接开关外形

图 1-10　电力变压器的分接头和分接开关

1—帽　2—密封垫圈　3—操动螺母　4—定位钉　5—绝缘盘　6—静触头　7—动触头

（2）降低系统阻抗　供电系统中各元件的电压降是与各元件的阻抗成正比的，因此在技术经济合理时，减少系统的变压级数，增大线路截面，或以电缆取代架空线，都能降低系统阻抗，减少电压降，从而缩小电压偏差的范围。

（3）尽量使三相负荷平衡　在三相四线制系统中，如果三相负荷分布不均衡，则将使负荷端中性点的电位偏移，造成有的相电位升高，从而增大线路的电压偏差。为此，应使三相负荷尽可能平衡。

（4）合理地改变系统的运行方式　在生产为一班制或两班制的企业中，在工作班的时间内，负荷重，往往电压偏低，因而需要将变压器高压绕组的分接头调在 $-5\%\,U_N$ 的位置。但这样一来，到非工作班的时间内，负荷轻，电压就会升高。这时可切除变压器，改用低压联络线供电（参看图 1-1），这样既可减少变压器的能耗，又由于投入低压联络线而增加线路的电压损耗，从而降低可能出现的过高电压。对于两台变压器并列运行的变电所，在负荷轻时切除一台变压器，同样可起到降低过高电压的作用。

（5）采用无功功率补偿装置　由于系统中存在大量的感性负载（如感应电动机、高频电炉、气体放电灯等），加上系统中感抗很大的变压器，从而使系统产生大量相位滞后的无功功率，降低功率因数 $\cos\varphi$，增加系统的电压降。为了提高功率因数，减小系统的电压降，可采用并联电容器或同步补偿机，使之产生相位超前的无功功率，以补偿一部分相位滞后的无功功率。由于采用并联电容器补偿较之采用同步补偿机更为简单经济和便于运行维护，因此并联电容器补偿在供电系统中获得了广泛的应用。不过采用专门的无功补偿设备，需额外投资，因此在进行电压调整时，首先应考虑前面所述的各项措施，以提高供电系统的经济效益。

四、电压波动和闪变及其抑制*

1. 电压波动和闪变的概念

电压波动是由于负荷急剧变动引起的。负荷的急剧变动，使系统的电压损耗也相应地快速变化，从而使电气设备的端电压出现波动现象。例如电焊机、电弧炉和轧钢机等冲击性负荷，以及大容量电动机起动，都会引起电网电压波动。电压波动值用电压波动过程中相继出现的电压有效值的最大值与最小值之差对额定电压的百分值来表示，其变化速率一般不低于每秒0.2%。

电压波动可影响电动机的正常起动，可使同步电动机转子振动，使电子设备特别是使计算机无法正常工作，可使照明灯发生明显的闪烁现象等。其中，电压波动对照明的影响最为明显。人眼对灯闪的主观感觉，就称为“闪变”（Flicker）。电压闪变对人眼有刺激作用，甚至使人无法正常工作和学习。因此，国家标准 GB/T 12326—2008《电能质量　电压波动和闪变》规定了系统由冲击性负荷产生的电压波动允许值和闪变电压允许值。

2. 电压波动和闪变的抑制

为了降低或抑制冲击性负荷引起的电压波动和电压闪变，宜采取下列措施：

（1）采用专线或专用变压器供电　对大容量的冲击性负荷如电弧炉、轧钢机等，采用专线或专用变压器供电是降低电压波动对其他设备影响的最简便有效的办法。

（2）降低线路阻抗　当冲击性负荷与其他负荷共用供电线路时，应设法降低供电线路的阻抗，例如将单回路改为双回路供电，或者将架空线路供电改为电缆供电等，从而减少冲击性负荷引起的电压波动。

（3）选用短路容量较大或电压等级较高的电网供电　对大型电弧炉的炉用变压器由短路容量较大或电压等级较高的电网供电，也能有效地降低冲击性负荷引起的电压波动。

（4）采用静止补偿装置　对大容量电弧炉及其他大容量冲击负荷，在采取以上措施尚达不到要求时，可装设能“吸收”冲击性无功功率的静止补偿装置 SVC（Static Var Compensator）。SVC 的形式有多种，而以自饱和电抗器型（SR 型）的效果较好，其电子元件少、可靠性高、维护方便，同时我国一般变压器制造厂均能制造，是值得推广应用的一种 SVC。但总的来说，SVC 的价格昂贵，因此应首先考虑其他措施。

五、高次谐波及其抑制*

1. 高次谐波的概念

高次谐波是指对周期性非正弦波形按傅里叶方法分解后所得到的频率为基波频率整数倍的所有高次分量，而基波频率就是50Hz。高次谐波简称“谐波”。

电力系统中的发电机发出的电压，一般可认为是50Hz 的正弦波。但由于系统中有各种非线性元件存在，因而在系统中和用户处的线路中出现了高次谐波，使电压或电流波形发生一定程度的畸变。

系统中产生高次谐波的非线性元件很多，例如荧光灯、高压汞灯、高压钠灯等气体放电灯及交流电动机、电焊机、变压器和感应电炉等，都要产生高次谐波电流。最为严重的是晶闸管等大型整流设备和大型电弧炉，它们产生的高次谐波电流最为突出，是造成电力系统中谐波干扰的最主要的“谐波源”。

当前，高次谐波的干扰已成为电力系统中影响电能质量的一大“公害”。

高次谐波电流通过变压器，可使变压器的铁心损耗明显增加，从而使变压器出现过热，使用寿命缩短。高次谐波电流通过交流电动机，不仅会使电动机铁心损耗明显增加，而且还会使电动机转子发生振动，严重影响机械加工的产品质量。高次谐波对电容器的影响更为突出，含有高次谐波的电压加在电容器两端时，由于电容器对高次谐波的阻抗很小，因此电容器极易因过负荷而烧坏。此外，高次谐波电流可使电力线路的能耗增加，使计算电费的感应式电度表的计量不准确，还可能使电力系统发生电压谐振，从而在线路上引起过电压，有可能击穿线路设备的绝缘。高次谐波的存在，还可能使系统的继电保护和自动装置误动或拒动，并可对附近的通信设备和线路产生干扰。

因此，国家标准 GB/T 14549—1993《电能质量 公用电网谐波》规定了公用电网中谐波电压限值和谐波电流允许值。

2. 高次谐波的抑制

抑制高次谐波，宜采取下列措施：

(1) 大容量的非线性负荷由短路容量较大的电网供电 电网的短路容量越大，它承受非线性负荷的能力越强。

(2) 三相整流变压器采用 Yd 或 Dy 联结 这种联结可以消除 3 的整数倍的高次谐波。由于电力系统中的非正弦交流对横轴（时间轴）对称，不含直流分量和偶次谐波分量，因此系统中只有影响较小的 5、7、11、…次谐波分量。这是抑制整流变压器产生高次谐波干扰的最基本的方法。

(3) 增加整流变压器二次侧的相数 整流变压器二次侧的相数增多，整流脉冲数也随之增多，其次数较低的谐波分量被消去的也越多。例如整流相数为 6 相时，出现的 5 次谐波电流为基波电流的 18.5%，7 次谐波电流为基波电流的 12%。如果整流相数增加为 12 相，则出现的 5 次谐波电流降为基波电流的 4.5%，7 次谐波电流降为基波电流的 3%，都差不多只有整流相数为 6 相时的 1/4。由此可见，增加整流相数对抑制高次谐波的效果相当显著。

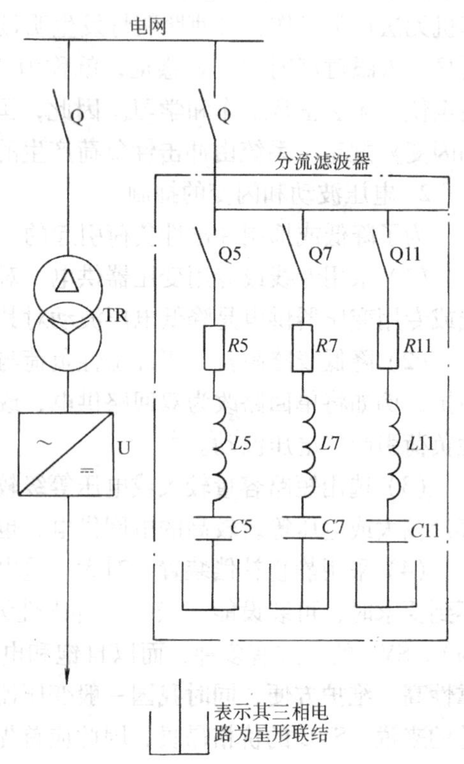

图 1-11 装设分流滤波器吸收高次谐波
Q—开关 TR—整流变压器 U—变流设备

(4) 装设分流滤波器 分流滤波器又称调谐滤波器，由能对需要消除的各次谐波进行调谐的多组 $R—L—C$ 串联谐振电路所组成，如图 1-11 所示。由于串联谐振时支路阻抗很小，因而可使有关次数的谐波电流被谐振支路分流（吸收）而不致注入电网中去，例如图 1-11 中 Q5 控制的支路可吸收 5 次谐波电流，Q7 和 Q11 控制的支路可分别吸收 7 次和 11 次谐波电流。

(5) 装设静止补偿装置（SVC） 对大型电弧炉和硅整流设备，亦可装设 SVC 来吸收高次谐波电流，以减小这些用电设备对系统产生的谐波干扰。

第四节 电力系统的中性点运行方式

一、概述

我国电力系统中电源（含发电机和电力变压器）的中性点通常有三种运行方式：一种

是中性点不接地；一种是中性点经阻抗接地；再有一种是中性点直接接地。前两种称为小电流接地系统，后一种称为大电流接地系统。

我国 3~66kV 的电力系统，大多数采用中性点不接地的运行方式。只有当系统单相接地电流大于一定数值时（3~10kV，大于 30A 时；20kV 及以上，大于 10A 时）才采取中性点经消弧线圈（一种大感抗的铁心线圈）接地。110kV 以上的电力系统，则一般均采取中性点直接接地的运行方式。

按照 IEC（国际电工委员会）规定，低压配电系统接地形式一般由两个字母组成（必要时可加后续字母）。第一个字母表示电源中性点与地的关系（T 表示直接接地，I 表示非直接接地）；第二个字母表示设备的外露可导电部分与地的关系（T 表示独立于电源接地点的直接接地，N 表示直接与电源系统接地点或与该点引出的导体相连接）；后续字母表示中性线（N 线）与保护线（PE 线）之间的关系（C 表示合并为 PEN 线，S 表示分开）。因此，低压配电系统，按保护接地的形式，分为 TN 系统、TT 系统和 IT 系统。TN 系统和 TT 系统都是中性点直接接地系统，且都引出有中性线（N 线），因此也称为“三相四线制系统”。但 TN 系统中的设备外露可导电部分采取与公共的保护线（PE 线）或保护中性线（PEN 线）相连接的保护方式，如图 1-12 所示。而 TT 系统中的设备外露可导电部分则采取经各自的 PE 线直接接地的保护方式，如图 1-13 所示。IT 系统的中性点不接地或经阻抗（约 1000Ω）接地，且通常不引出中性线，因它一般为三相三线制系统，其中设备的外露可导电部分，与 TT 系统一样，也是经各自的 PE 线直接接地，如图 1-14 所示。

各个国家和地区可能采用不同的低压配电系统保护接地形式，甚至同一城市也采用不同的形式。以上海市为例，大多数公共建筑为 TN-S 或 TN-C-S 系统，而住宅则为 TT 系统。

电力系统中电源中性点的不同运行方式，对电力系统的运行特别是在发生单相接地故障

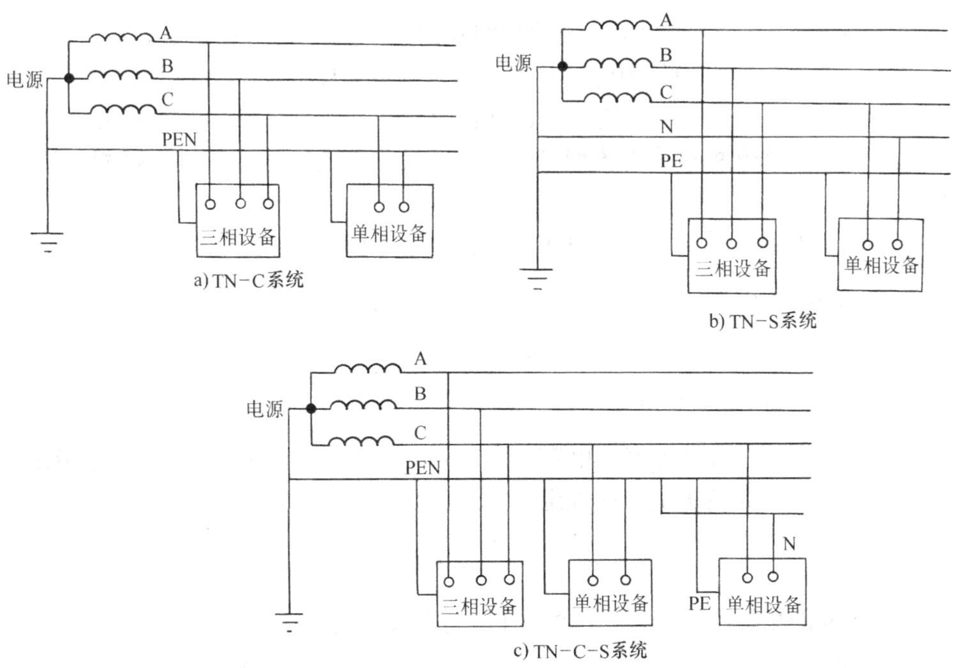

图 1-12 低压配电的 TN 系统

时有明显的影响，而且还影响到电力系统二次侧的保护装置及监察测量系统的选择与运行，因此有必要予以研究。

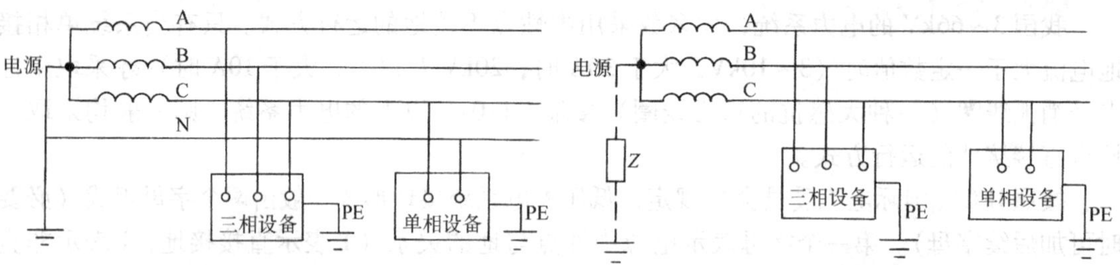

图 1-13 低压配电的 TT 系统　　图 1-14 低压配电的 IT 系统

二、中性点不接地的电力系统

图 1-15 是中性点不接地的电力系统在正常运行时的电路图和相量图。

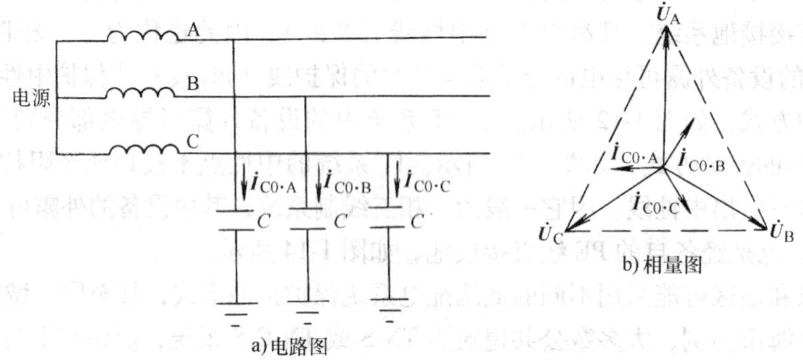

图 1-15 正常运行时的中性点不接地的电力系统

由《电工基础》知，三相交流系统的相间及相与地间都存在着分布电容。这里只考虑相与地间的分布电容，而且用集中电容 C 来表示，如图 1-15a 所示。

系统正常运行时，三个相的相电压 $\dot U_A$、$\dot U_B$、$\dot U_C$ 是对称的，三个相的对地电容电流 $\dot I_{C0}$ 也是平衡的，因此三个相的电容电流相量和为零，没有电流在地中流过。每相对地的电压，就是相电压。

当系统发生单相接地故障时，例如 C 相接地，如图 1-16a 所示。这时 C 相对地电压为零，而 A 相对地电压 $\dot{\boldsymbol U}'_A=\dot{\boldsymbol U}_A+(-\dot{\boldsymbol U}_C)=\dot{\boldsymbol U}_{AC}$，B 相对电压 $\dot{\boldsymbol U}'_B=\dot{\boldsymbol U}_B+(-\dot{\boldsymbol U}_C)=\dot{\boldsymbol U}_{BC}$，如图 1-16b 所示。由此可见，C 相接地时，完好的 A、B 两相对地电压由原来的相电压升高到了线电压，即升高为原对地电压的 $\sqrt{3}$ 倍。

C 相接地时，系统的接地电流（电容电流）$\dot{\boldsymbol I}_C$ 应为 A、B 两相对地电容电流之和。由于一般习惯将从相线到地的电流方向规定为电流正方向，因此

$$\dot{\boldsymbol I}_C=-(\dot{\boldsymbol I}_{C\cdot A}+\dot{\boldsymbol I}_{C\cdot B})$$

而由图 1-16b 的相量图可知，$\dot I_C$ 在相位上正好较 C 相电压 $\dot U_C$ 超前 90°。

再分析 I_C 的量值，由于 $I_C=\sqrt{3}I_{C\cdot A}$，而 $I_{C\cdot A}=U'_A/X_C=\sqrt{3}U_A/X_C=\sqrt{3}I_{C0}$，因此

$$I_C=3I_{C0} \tag{1-2}$$

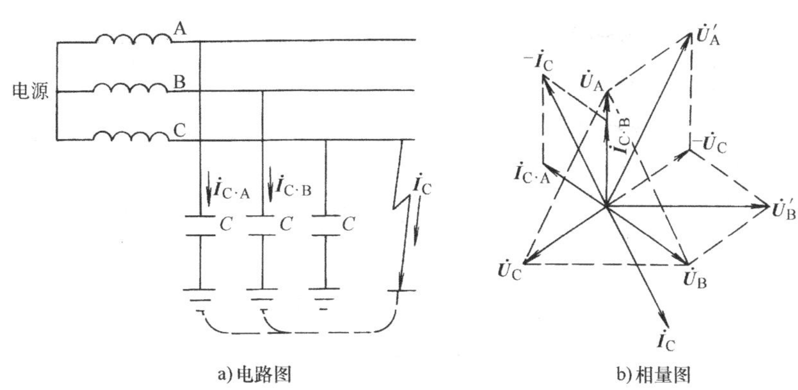

图 1-16　单相接地时的中性点不接地的电力系统

这说明中性点不接地系统中单相接地电容电流为系统正常运行时每相对地电容电流的 3 倍。

由于线路对地的分布电容 C 不便计算，因此 I_{C0} 和 I_C 也不便根据 C 来确定。工程上一般采用经验公式计算其单相接地电容电流。此经验公式的数值方程为

$$I_C = \frac{U_N(l_{oh} + 35l_{cab})}{350} \tag{1-3}$$

式中，I_C 是系统的单相接地电容电流（A）；U_N 是系统的额定电压（kV）；l_{oh}是同一电压 U_N 的具有电联系的架空线路总长度（km）；l_{cab}是同一电压 U_N 的具有电联系的电缆线路总长度（km）。

必须指出：当中性点不接地的电力系统中发生一相接地时，由图 1-16b 相量图可以看出，系统的三个线电压无论相位和量值均未发生变化，因此系统中的所有设备仍可照常运行。但是如果另一相又发生接地故障，则形成两相接地短路，将产生很大的短路电流，损坏线路及其设备。因此我国有关规程规定：中性点不接地的电力系统发生单相接地故障时，可允许暂时继续运行 2 小时。但必须同时通过系统中装设的单相接地保护或绝缘监察装置发出报警信号或提示，以提醒运行值班人员注意，采取措施，查找和消除接地故障，如有备用线路，则可将负荷转移到备用线路上去。在经过 2h 后，如接地故障尚未消除，则应切除故障线路，以防故障扩大。

三、中性点经消弧线圈接地的电力系统

在上述中性点不接地的电力系统中，如果接地电容电流较大，将在接地点产生断续电弧，这就可能使线路发生电压谐振现象。由于线路既有电阻、电感，又有电容，因此发生一相弧光接地时，就可能形成一个 $R—L—C$ 的串联谐振电路，从而可使线路上出现危险的过电压（可达线路相电压 2.5～3 倍），有可能使线路上绝缘薄弱地点的绝缘击穿。为了消除单相接地时接地点出现间歇性电弧，因此，按规定在单相接地电容电流大于一定值（如前面“概述”中所述）时，系统中性点必须采取经消弧线圈接地的运行方式。

图 1-17 为在单相接地时中性点经消弧线圈接地的电力系统的电路图和相量图。

当系统发生单相接地时，通过接地点的电流为接地电容电流 $\dot{I}_C$ 与流过消弧线圈的电感电流 $\dot{I}_L$ 之和(消弧线圈可看做一个电感 L)。由于 $\dot{I}_C$ 比 $\dot{U}_C$ 超前 90°，而 $\dot{I}_L$ 比 $\dot{U}_C$ 滞后 90°，因此 $\dot{I}_L$ 与 $\dot{I}_C$ 在接地点相互补偿 。如果接地点电流补偿到小于最小生弧电流时，接地点就不会产

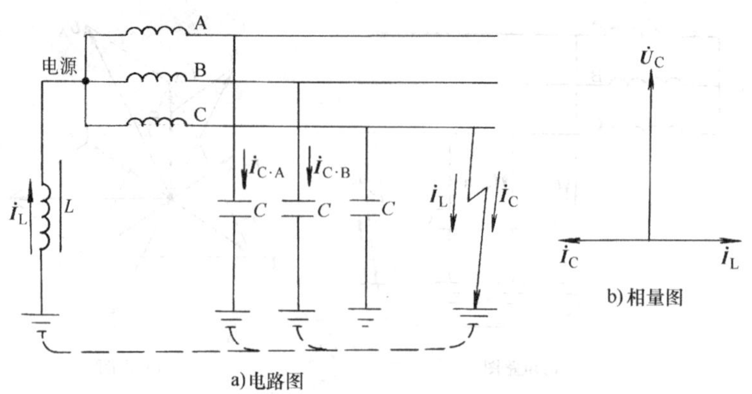

图 1-17 单相接地时的中性点经消弧线圈接地的电力系统

生电弧，从而也不会出现上述的电压谐振现象了。

在中性点经消弧线圈接地的系统中，与中性点不接地的系统一样，在发生单相接地故障时，三个线电压不变，因此可允许暂时继续运行 2h，但必须发出指示信号，以便采取措施，查找和消除故障，或将故障线路的负荷转移到备用线路上去。而且这种系统，在一相接地时，另两相对地电压也要升高到线电压，即升高为原对地电压的$\sqrt{3}$倍。

四、中性点直接接地的电力系统

图 1-18 为在单相接地时中性点直接接地的电力系统。这种系统发生单相接地，就造成单相短路（用符号 $k^{(1)}$ 表示），其单相短路电流 $I_k^{(1)}$ 比线路的正常负荷电流要大许多倍，通常要使线路上的断路器（开关）自动跳闸或者使熔断器熔断，将短路故障部分切除，恢复其他无故障部分的系统正常运行。

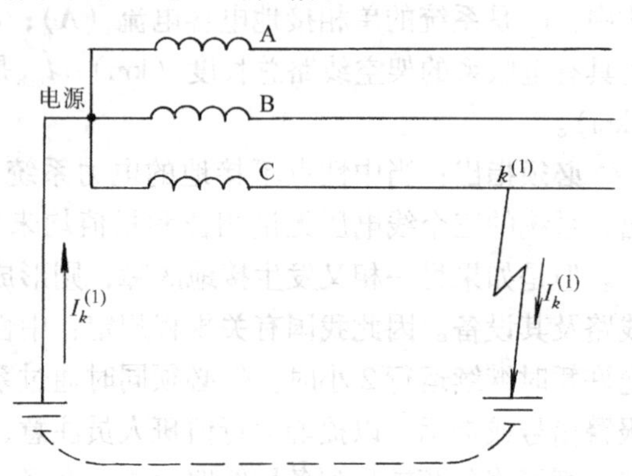

图 1-18 单相接地时的中性点直接接地的电力系统

中性点直接接地的系统在发生一相接地时，其他两相对地电压不会升高，因此这种系统中的供用电设备的相绝缘只需按相电压考虑，而不必按线电压考虑。这对于 110kV 以上的超高压系统，是很有经济技术价值的，因为高压电器特别是超高压电器的绝缘问题，是影响其设计和制造的关键问题。绝缘要求的降低，实际上就降低了高压电器的造价，同时改善了高压电器的性能，所以我国规定 110kV 以上的电力系统中性点均采取直接接地的运行方式。

至于低压配电系统，TN 系统和 TT 系统均采取中性点直接接地的方式，而且引出有中性线（N 线）或保护中性线（PEN 线），这除了便于接用单相负荷外，还考虑到安全保护的要求，一旦发生单相接地故障，即形成单相短路，快速切除故障，有利于保障人身安全，防止触电。

五、中性点经低电阻接地的电力系统

近几年来，随着 10kV 中压配电系统不断扩大，特别是大城市中大量采用电缆，致使接地电容电流增大。当发生接地故障时，电弧不能自行熄灭；间歇性电弧或谐振引起的过电压，损坏配电设备和线路，从而导致中断供电。

为了解决上述问题，我国一些大城市的10kV电压系统采用了中性点经低电阻接地的方式。例如，北京市供电局于2000年5月颁发了《北京供电局10kV系统中性点采用低电阻接地方式技术导则》，要求北京市四环路以内地区的变电站，10kV系统中性点均采用经低电阻接地方式，并规定自2000年6月1日起施行。北京市和广州市都要求接地电阻为10Ω。

电力系统的中性点运行方式，是一个涉及面很广的问题。它对于供电可靠性，过电压和绝缘配合、短路电流、继电保护、系统稳定性以及对弱电系统的干扰等诸方面都有不同程度的影响。因此，电力系统的中性点运行方式，应依据国家的有关规定，并根据实际情况而确定。

思考题

1-1　供配电工作对国民经济和社会生活有何重要作用？对供配电工作有哪些基本要求？

1-2　工厂供电系统包括哪些范围？变电所和配电所各自的任务是什么？

1-3　水电站、火电站和核电站各采用什么一次能源？各自又是如何产生电能的？

1-4　什么叫电力系统和电力网？建立大型电力系统有哪些好处？

1-5　什么叫电力负荷？电力负荷按其对供电可靠性的要求可分为哪几级？各级负荷对供电电源有何具体要求？

1-6　表征电能质量的基本指标是什么？我国采用的工频是多少？一般要求的频率偏差为多少？电压质量包括哪些内容？

1-7　我国规定的三相交流电网额定电压有哪些等级？电力变压器的额定一次电压为什么有的高于供电电网额定电压5%，有的又等于供电电网额定电压？电力变压器的额定二次电压为什么有的高于其二次电网额定电压10%，有的又只高于其二次电网额定电压5%？

1-8　什么叫电压偏差？电压偏差对电气设备运行有什么影响？如何进行电压调整？

1-9　什么叫电压波动和闪变？电压波动是如何产生的？对设备运行有何影响？如何抑制？

1-10　什么叫谐波干扰？高次谐波是如何产生的？对设备运行有何影响？如何抑制？

1-11　电力系统的电源中性点有哪几种运行方式？什么叫小电流接地的电力系统和大电流接地的电力系统？在系统发生单相接地故障时，上述两系统的相对地的电压各如何变化？为什么小电流接地系统在发生单相接地时可允许短时继续运行，但又不允许长期运行？

1-12　试画图并说明：TN-C系统、TN-S系统、TN-C-S系统、TT系统和IT系统。

习题

1-1　试确定图1-19所示供电系统中线路WL1和电力变压器T1、T2、T3的额定电压。

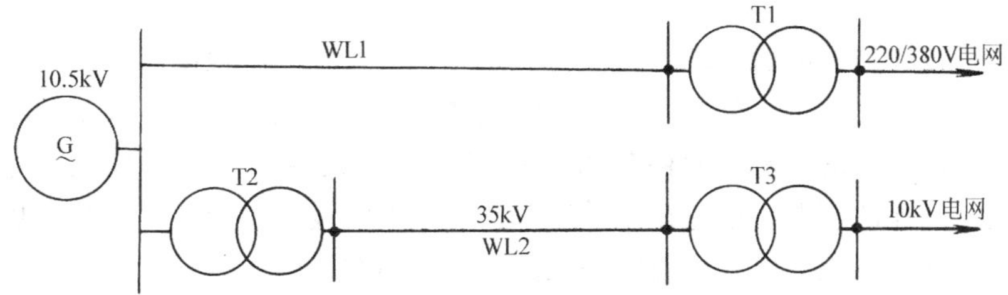

图1-19　习题1-1图

1-2　某10kV电网，架空线路总长度为50km，电缆线路总长度为20km。试求此中性点不接地的电力系统中发生单相接地时接地电容电流，并判断此系统的中性点需不需要改为经消弧线圈接地？

第二章　建筑供配电系统的主要电气设备

本章首先简介建筑供配电系统电气设备的分类，接着讲述电器触头间电弧产生和熄灭的基本知识，然后分别介绍建筑供配电系统中的一些主要电气设备，着重讲述其功用、结构特点、主要性能及使用注意事项和操作要求。电气设备种类繁多，且不断更新换代。希望读者在学习时努力掌握认识和分析电气设备的一般方法，以期举一反三，触类旁通。

第一节　建筑供配电系统电气设备的分类

建筑供配电系统中担负输送和分配电能这一主要任务的电路，称为一次电路或一次回路，也称主电路或主结线。而用来控制、指示、测量和保护一次电路及其中设备运行的电路，则称为二次电路或二次回路，也称二次结线。因此，建筑供配电系统中的电气设备可按所属电路性质分为两大类：一次电路中的所有电气设备，即称为一次设备或一次元件；二次电路中的所有电气设备，即称为二次设备或二次元件。

一次设备按其在一次电路中的功用又可分为变换设备、控制设备、保护设备和补偿设备等。

1）变换设备，是用来变换电能、电压或电流的设备，如发电机和电力变压器等。

2）控制设备，是用来控制电路通断的设备，如各种高低压开关设备。

3）保护设备，是用来防护电路过电流或过电压的设备，如高低压熔断器和避雷器。

4）补偿设备，是用来补偿电路的无功功率以提高系统功率因数的设备，如高低压电容器。

成套设备则是按照一定的线路方案将有关一、二次设备组合而成的设备，如高压开关柜、低压配电屏、动力和照明配电箱、高低压电容器柜及成套变电所等。

第二节　电气设备中的电弧问题

一、概述

电弧是一种极强烈的电游离现象，其特点是光亮很强和温度很高。

电弧对电气设备的安全运行是一个极大的威胁。首先，电弧延长了电路开断的时间。如果电弧是短路电流产生的，电弧的存在就意味着短路电流还存在，从而使短路电流危害的时间延长。其次，电弧的高温可能烧损开关触头，烧毁电气设备及导线、电缆，甚至引起火灾和爆炸事故。此外，强烈的弧光可能损伤人的视力。因此，电气设备在结构设计上要力求避免产生电弧，或在产生电弧后能迅速地熄灭。为此，在讲述电气设备之前，有必要了解电弧产生和熄灭的原理及灭弧的一些基本方法。

二、电弧的产生

1. 产生电弧的根本原因

电气设备的触头在分断电流时之所以会产生电弧，根本的原因（内因）在于触头本身及周围介质中含有大量可被游离的电子。这样，当触头间存在着足够的电场强度时（外因），就可能使电子强烈游离而形成电弧。

2. 发生电弧的游离方式

（1）高电场发射　开关触头分断之初，触头间的电场强度很大，在这个高电场的作用下，触头表面的电子可能被强拉出去而进入触头间隙，成为自由电子。

（2）热电发射　开关触头分断电流时，阴极表面由于大电流逐渐收缩集中而形成炽热的光斑，温度很高，因而使触头表面的电子吸收足够的热能而发射到触头间隙中去，形成自由电子。

（3）碰撞游离　当触头间存在足够大的电场强度时，自由电子高速向阳极移动，在移动中碰撞到中性质点，就可能使中性质点中的电子吸收动能而游离出来，从而使中性质点分裂为带电的正离子和自由电子。这些游离出来的带电质点在电场力的作用下继续参加碰撞游离，结果使触头间隙中的离子数越来越多，形成所谓“雪崩”现象。当离子浓度足够大时，介质被击穿而发生电弧。

（4）热游离　电弧表面温度达3000～4000℃，弧心温度可高达10000℃。在这样的高温下，触头间的中性质点由于吸收热能而可能游离为正离子和自由电子，从而进一步加强了电弧中的游离。

在上述几种游离方式的综合作用下，电弧得以发生、发展和维持。

三、电弧的熄灭

1. 熄灭电弧的条件

要使电弧熄灭，必须使触头间电弧中去游离的速率大于游离率，即其中离子消失的速率大于离子产生的速率（游离率）。

2. 熄灭电弧的去游离方式

（1）正负带电质点的“复合”　复合就是带电质点重新结合为中性质点。电弧中的电场强度越弱，电弧温度越低，电弧截面越小，则带电质点的复合越强。此外，复合还与电弧接触的介质有关，如电弧接触固体介质表面，则由于较活泼的电子先使表面带负电位，这负电位的表面就吸引正离子而造成强烈的复合。

（2）正负带电质点的“扩散”　带电质点从电弧内部逸出而进入周围介质的现象称为扩散。扩散的原因，一是由于温度差，二是由于离子浓度差，也可以是由于外力的作用。扩散也与电弧的周长与截面之比有关，当电弧被拉长时，离子的扩散也会加强。

上述带电质点的复合和扩散，都使电弧中的离子数减少，即去游离增强。

3. 电气设备中常用的灭弧方法

（1）速拉灭弧法　迅速拉长电弧，可使弧隙的电场强度骤降，导致带电质点的复合迅速增强，从而加速电弧的熄灭。这是开关电器中普遍采用的最基本的一种灭弧方法。

（2）冷却灭弧法　降低电弧的温度，可使电弧中的热游离减弱，导致带电质点的复合增强，有助于电弧迅速熄灭。这种灭弧方法在开关电器中应用也较普遍。

（3）吹弧灭弧法　利用外力（如气流、油流或电磁力）来吹动电弧，使电弧加速冷却，同时拉长电弧，降低电弧中的电场强度，使带电质点的复合和扩散增强，从而加速电弧的熄灭。按吹弧的方向来分，有横吹和纵吹之分，如图2-1所示。按外力的性质来分，有气吹、

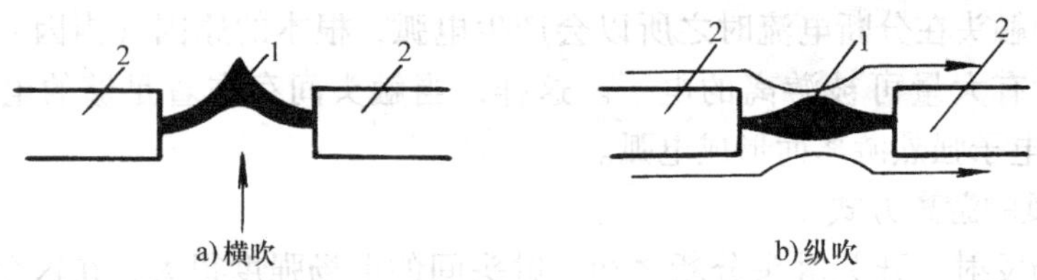

图 2-1 吹弧方式

1—电弧 2—触头

油吹、电动力吹和磁力吹弧等方式。低压刀开关迅速拉开刀闸时，不仅迅速拉长了电弧，而且其本身回路电流产生的电动力作用于电弧，也吹动电弧使之拉长，如图 2-2 所示。有的开关还采用专门的磁吹线圈来吹动电弧，如图 2-3 所示。也有的开关利用钢片来吸动电弧，如图 2-4 所示。

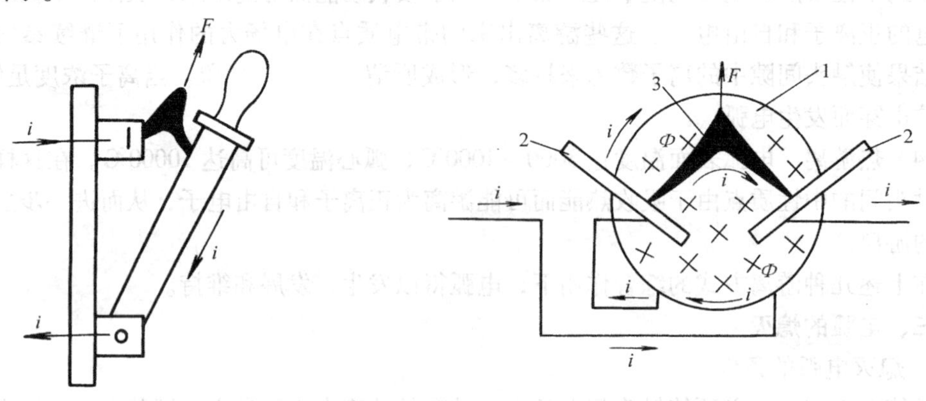

图 2-2 电动力吹弧

（刀开关断开时）

图 2-3 磁力吹弧

1—磁吹线圈 2—灭弧触头 3—电弧

（4）长弧切短灭弧法 电弧的电压降主要落在阴极和阳极上（阴极压降又比阳极压降大得多）。如果利用金属片（如钢栅片）将长弧切为若干短弧，则电弧上的压降将近似地增大若干倍。当外施电压小于电弧上的压降时，电弧就不能维持而迅速熄灭。图 2-5 所示为钢灭弧栅将长弧切成若干短弧的情形。这种钢灭弧栅同时还具有上述电动力吹弧和铁磁吹弧的作用。钢片对电弧还有冷却作用。

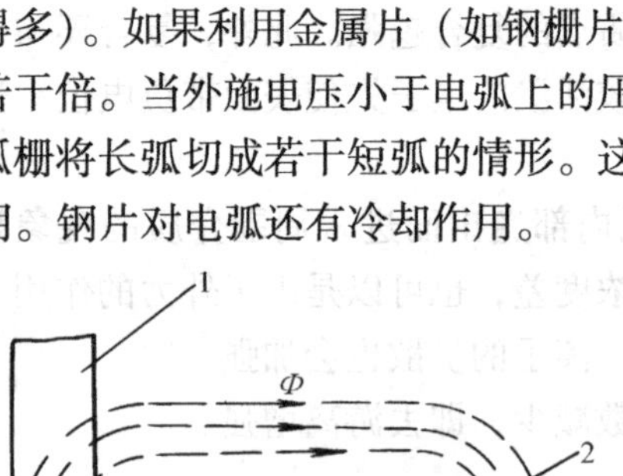

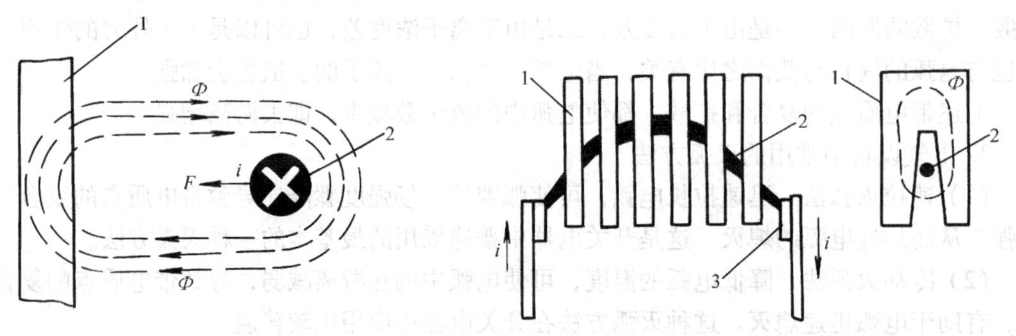

图 2-4 铁磁吸弧

1—钢片 2—电弧

图 2-5 钢灭弧栅对电弧的作用

1—钢栅片 2—电弧 3—触头

（5）粗弧分细灭弧法 将粗大的电弧分为若干平行的细小电弧，使电弧与周围介质的接触面增大，从而改善电弧的散热条件，降低电弧的温度，使电弧中带电质点的复合和扩散均得到增强，使电弧迅速熄灭。

（6）狭沟灭弧法　使电弧在固体介质所形成的狭沟中燃烧。由于电弧的冷却条件改善，从而使电弧的去游离增强，同时介质表面带电质点的复合比较强烈，也使电弧加速熄灭。有些熔断器在熔管中充填石英砂，就是利用狭沟灭弧原理。图 2-6 所示为绝缘灭弧栅对电弧的作用，也是狭沟灭弧法的应用实例。

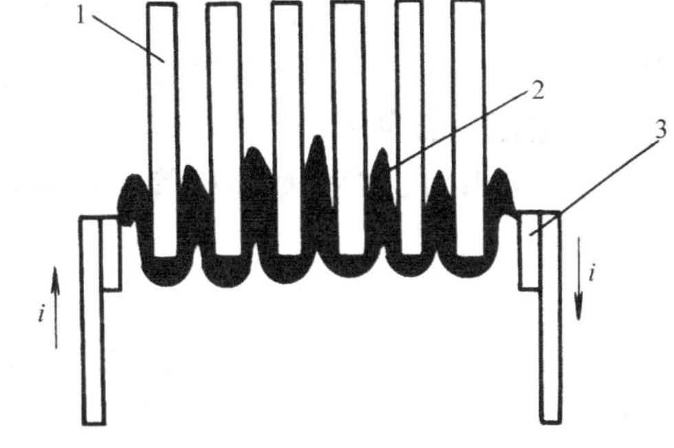

图 2-6　绝缘灭弧栅对电弧的作用

1—绝缘栅片　2—电弧　3—触头

（7）真空灭弧法　真空具有较高的绝缘强度。处于真空中的触头之间只有由触头开断初瞬间产生的所谓“真空电弧”，这种电弧在电流过零时就能自动熄灭而不致复燃。真空断路器就是利用这种原理制成的。

（8）六氟化硫（SF_6）灭弧法　SF_6 气体具有优良的绝缘性能和灭弧性能。其绝缘强度约为空气的 3 倍，其介质强度恢复速度约为空气的 100 倍。六氟化硫断路器就是利用 SF_6 气体作绝缘介质和灭弧介质，获得了极高的断开容量。

在现代的电气设备特别是开关电器中，往往是根据具体情况综合运用上述几种灭弧方法来达到迅速灭弧的目的。

第三节　高低压熔断器

一、概述

熔断器是一种应用广泛的保护电器。当通过的电流超过某一规定值时，熔断器的熔体熔化而切断电路。其功能主要是对电路及其中设备进行短路保护，但有的也具有过负荷保护的功能。熔断器的主要优点是结构简单、体积较小、价格便宜和维护方便。但其保护特性误差较大，可能造成非全相切断电路，而且一般是一次性的，损坏后难以修复。

二、高压熔断器

在 6 ~ 10kV 系统中，户内采用 RN1、RN2 型管式熔断器，而 XRNT1、XRNT2 型管式熔断器为新一代产品。户外则较多采用 RW10 等型跌开式熔断器。

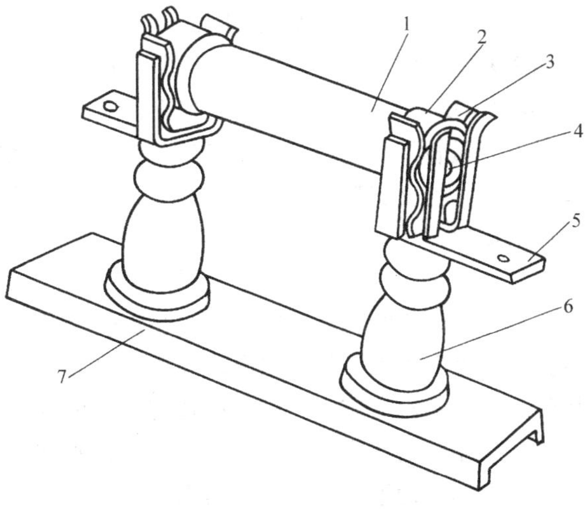

图 2-7　RN1、RN2 型高压管式熔断器的外形图

1—瓷熔管　2—金属管帽　3—弹性触座　4—熔断指示器　5—接线端子　6—瓷绝缘子　7—底座

1. RN1、RN2 型户内高压管式熔断器

RN1 和 RN2 的结构基本相同，都

是瓷质熔管内充有石英砂填料的密闭管式熔断器。RN1 用作高压电力线路及其设备的保护，其熔体在正常情况下通过的是高压一次电路的负荷电流，因此其结构尺寸较大。RN2 只用作电压互感器的短路保护，因而其熔体额定电流一般为 0.5A，其结构尺寸较小。

图 2-7 为 RN1、RN2 型高压管式熔断器的外形图，图 2-8 为其熔管的剖面图。

如图 2-8 所示，工作熔体（铜熔丝）上焊有小锡球。锡的熔点（232℃）远较铜的熔点（1083℃）低。因此，在过负荷电流通过时，锡球受热首先熔化，铜锡分子互相渗透而形成熔点较低的铜锡合金，使铜熔丝能在较低的温度下熔断，这就是所谓“冶金效应”。它使熔断器能在过负荷电流或较小的短路电流时动作，提高了保护的灵敏度。工作熔体采用几根铜熔丝并联，是利用粗弧分细灭弧法来加速电弧的熄灭。熔管充有石英砂，则是利用了狭沟灭弧法，而且石英砂对电弧也有冷却的作用。因此，这种熔断器的灭弧能力很强，能在短路电流未达到冲击值之前（即短路后不到半个周期）就能完全熄灭电弧，因此这种熔断器具有“限流”特性。

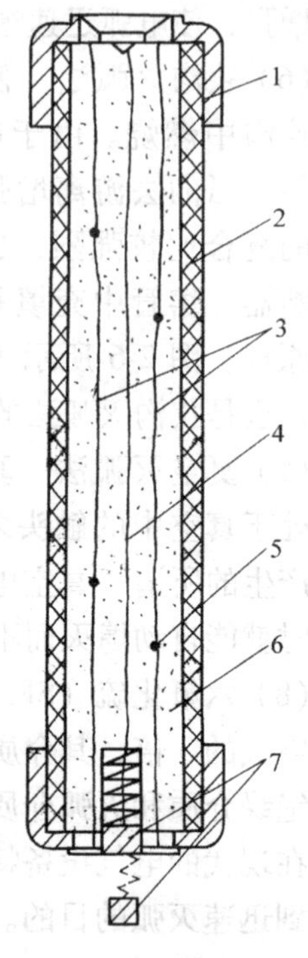

图 2-8　RN1、RN2 型高压管式熔断器的熔管剖面示意图

1—金属管帽　2—瓷熔管　3—工作熔体　4—指示熔体　5—锡球　6—石英砂填料　7—熔断指示器（虚线表示指示器在熔体熔断时弹出）

XRNM1-10 型电动机保护用高压限流熔断器，适用于户内交流 50Hz、额定电压为 10kV 的系统，可与其他保护电器（如开关、真空接触器等）配合使用，作为高压电动机及其他电力设备的过载或短路保护。XRNT1-10 型为变压器保护用高压限流熔断器，XRNP1-10 型为电压互感器保护用高压限流熔断器。

附录表 A-2 和图 A-2 列出了 XRNM1、XRNT1、XRNP1 型熔断器的主要技术数据和保护特性曲线，供参考。

2. RW10-10F 型户外高压跌开式熔断器

图 2-9 是 RW10-10F 型高压跌开式熔断器的基本结构图。

RW10-10F 系列熔断器由基座和灭弧管两部分组成。正常工作时，灭弧管下端的弹簧支架使熔丝始终处于张紧状态，以保证灭弧管合闸时的自锁。当熔丝熔断时，弹簧支架在弹簧的作用下，迅速将熔丝从灭弧管内抽出，以减少燃弧时间和灭弧材料的损耗。

灭弧管设计为逐级排气式，当线路上发生短路时，短路电流使熔丝迅速熔断，形成电弧。灭弧管中的纤维质消弧管由于电弧燃烧而分解出大量气体，使管内压力剧增，并沿管道形成强烈的纵向吹弧。如短路电流较小。则其电弧燃烧管内壁产生的气体也较小，熔管仅向下排气。如短路电流较大，则其电弧燃烧管内壁产生的气体较多，气压较大，将熔管上端薄膜冲开，从而向两端排气，有助于防止熔断器在分断较大短路电流时造成熔管爆裂。熔丝熔断后，熔管的上动触头因失去张力而下翻，锁紧机构释放熔管，在触头弹力及熔管自重的作用下，熔管回转跌开，造成明显可见的断开间隙。

这种跌开式熔断器具有两种功能：一是作为 6 ~ 10kV 线路和变压器的短路保护；另一是可当做隔离开关（参看下一节）使用，也就是可用来隔离电源以保证安全检修。跌开式

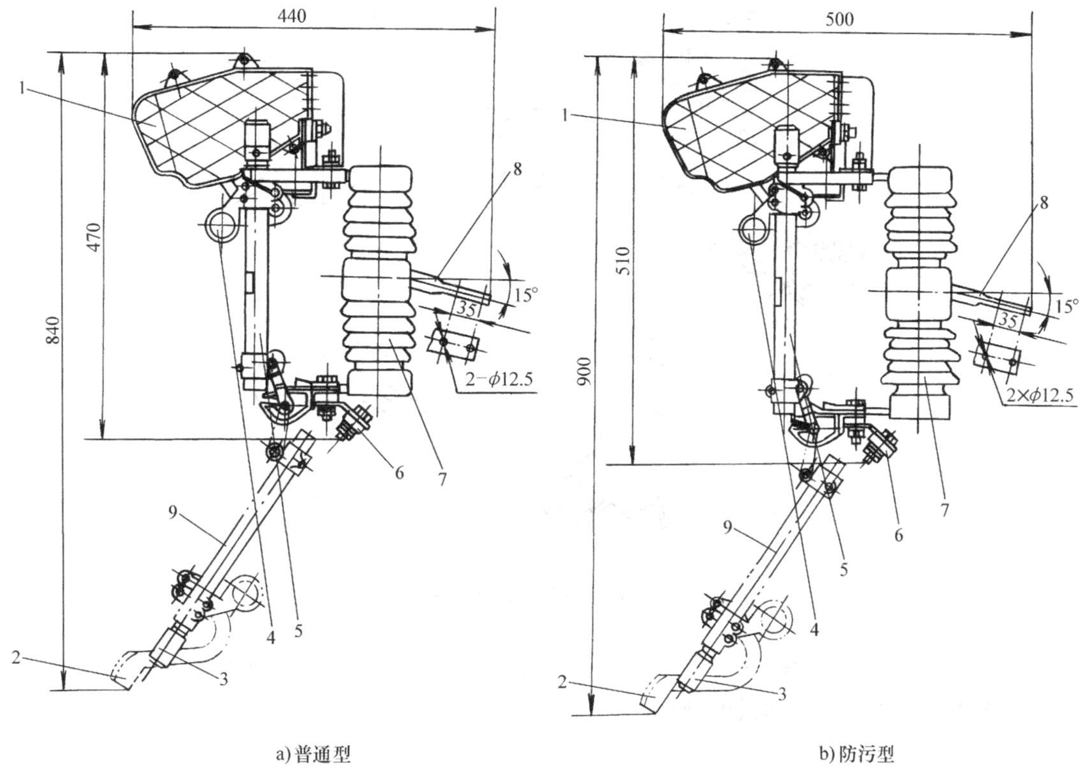

a) 普通型　　b) 防污型

图 2-9　RW10-10F 型高压跌开式熔断器

1—灭弧室　2—上动触头　3—管帽（带薄膜）　4—操作环　5—熔管　6—下接线端子　7—绝缘子　8—固定安装板　9—灭弧管

熔断器的灭弧能力不强，灭弧速度不快，因而属于非限流式熔断器。

三、低压熔断器

低压熔断器的类型很多，目前广泛应用的插入式熔断器有 RT0 型及引进技术生产的 NT 型等。下面着重介绍最常见的 RT0 型熔断器。

RT0 型有填料封闭管式熔断器由瓷熔管、栅状铜熔体及触刀和弹性触座等部分组成，如图 2-10 所示。RT0 型熔断器具有引燃栅。由于它的等电位作用，可使熔体在短路电流通过时形成多根并联电弧（粗弧分细灭弧法）。熔体还具有若干变截面小孔，可使熔体在短路电流通过时在截面较小的小孔处熔断，形成多段短弧（长弧切短灭弧法）。加之电弧都是在石英砂中燃烧，使电弧中的离子强烈地复合（狭沟灭弧法和冷却灭弧法）。因此这种熔断器的灭弧能力很强，具有"限流"特性。另外，其熔体还具有"锡桥"，即在栅状铜熔体中部弯曲处焊有锡层，可利用其"冶金效应"来实现对较小的短路电流和过负荷电流的保护。熔体熔断后，有红色的熔断指示器弹出，便于运行人员检视。

附录表 A-1 和图 A-1 列出了 RT0 型熔断器的主要技术数据和保护特性曲线，供参考。

之后的产品有 RT14 型，该系列熔断器由熔断体和熔断器支持件（底座）组成。支持件有螺钉安装和安装轨安装两种结构。该系列熔断器分为带撞击器和不带撞击器两类。带撞击器的熔体熔断时撞击器弹出，即可作熔断信号指示，又可触动微动开关以控制接触器等控制

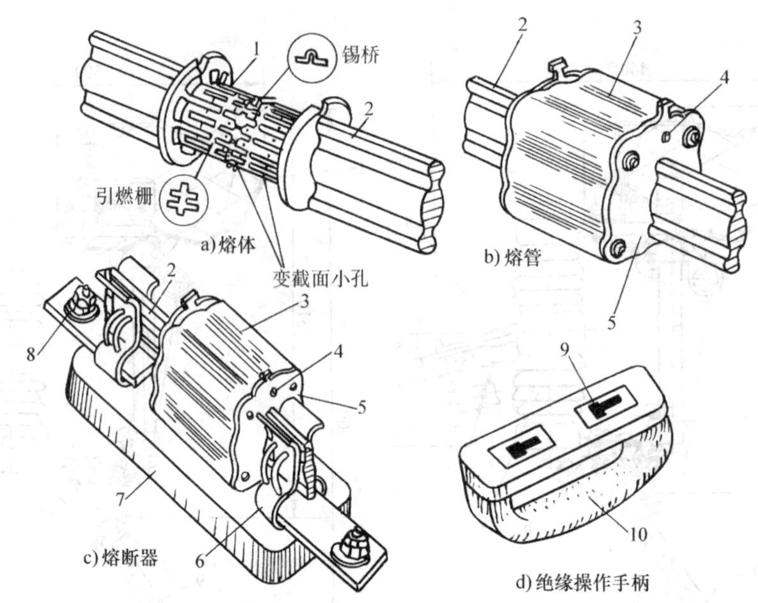

图 2-10　RT0 型低压熔断器

1—栅状铜熔体　2—触刀　3—瓷熔管　4—熔管指示器　5—端面盖板　6—弹性触座　7—底座　8—接线端子　9—扣眼　10—绝缘拉手手柄

电器的线圈回路作三相电动机的断相保护。

第四节　高低压开关设备

一、概述

高低压开关设备用于电路的通、断。但由于其结构的不同，有的不能带负荷操作，只能用来隔离电源以保证安全检修，如高压隔离开关和低压刀开关；有的虽可带负荷操作但不能断开短路电流，如高压负荷开关和带灭弧罩的低压刀开关；也有的既能带负荷操作又能断开短路电流，如高低压断路器。因此，对于各种开关设备，应结合其结构特点了解其功能和操作要求，并逐渐熟悉其型号、规格及用途。

二、高压开关设备

1. 高压隔离开关

高压隔离开关的结构比较简单，图 2-11 所示为 GN19-10/600 型户内式高压隔离开关。它断开后有明显可见的断开间隙，而且断开间隙的绝缘及相间绝缘都是足够可靠的，因此可用来隔离高压电源以保证其他设备的安全检修。但它没有专门的灭弧装置，因此不允许带负荷操作。但它可以用来通断一定的小电流，如励磁电流不超过 2A 的空载变压器、电容电流不超过 5A 的空载线路以及电压互感器和避雷器的电路等。

户内型高压隔离开关通常采用 CS6 型手力操动机构进行操作。图 2-12 为 CS6 型手力操动机构与 GN19-10/600 型隔离开关配合的一种安装方式。

2. 高压负荷开关

高压负荷开关具有简单的灭弧装置，因而能通断一定的负荷电流和过负荷电流，但不能断开短路电流，因此它必须与高压熔断器串联使用，借助熔断器来切除短路故障。

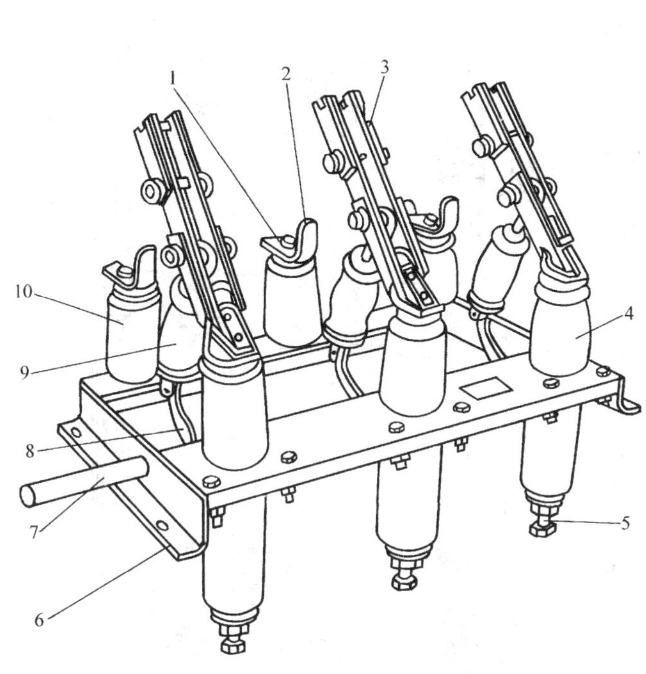

图 2-11 GN19-10/600 型户内式高压隔离开关

1—上接线端子 2—静触头 3—闸刀 4—套管绝缘子 5—下接线端子 6—框架 7—转轴 8—拐臂 9—升降绝缘子 10—支柱绝缘子

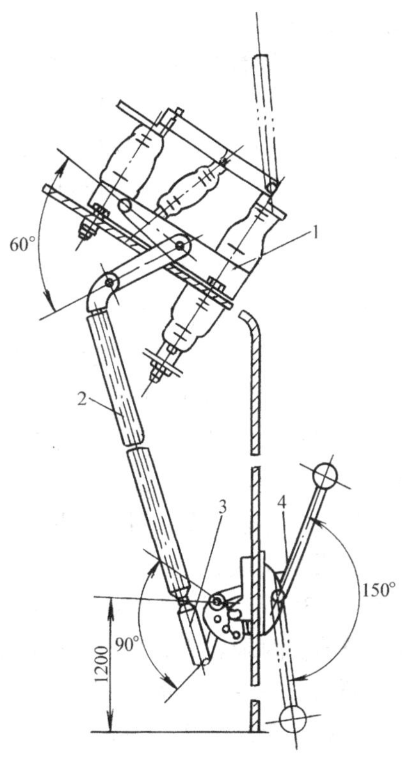

图 2-12 CS6 型手力操动机构与 GN19-10/600 型隔离开关配合的一种安装方式

1—GN19-10/600 型隔离开关 2—ϕ20mm 焊接钢管 3—调节杆 4—CS6 型手力操动机构

图 2-13 是 FN3-10RT 型高压负荷开关的外形图。图中上半部为负荷开关本身，外形与隔离开关相似，但其上端的绝缘子实际上是一个压气式灭弧装置，如图 2-14 所示。此绝缘子不仅起支持绝缘子作用，而且内部是一个气缸，内有由操动机构主轴传动的活塞，其功能类似打气筒。当负荷开关分闸时，在闸刀一端的弧动触头与绝缘喷嘴内的弧静触头之间产生电弧。由于分闸时主轴转动而带动活塞，压缩气缸内的空气从喷嘴往外吹弧，加之断路弹簧使电弧迅速拉长以及电流回路的电磁吹弧作用，使电弧迅速熄灭。

负荷开关不便配以防止短路的继电保护装置来自动跳闸，但热脱扣器在过负荷时能使负荷开关自动跳闸。负荷开关断开后具有明显可见的断开间隙，因此它也可以用来隔离电源，保证安全检修。

图 2-15 是 CS2 型手力操动机构的外形结构及它与 FN3-10RT 型负荷开关配合的一种安装图。

当开关自动跳闸时，CS2 型手力操动机构的跳闸指示牌会转到水平位置，以此告知值班人员。要重新合闸，需先将手柄扳到分闸位置，这时指示牌掉下，然后才能合闸。

3. 高压断路器

（1）高压断路器的功能和类型 高压断路器具有相当完善的灭弧装置，因此它不仅能通断正常负荷电流，而且能通断一定的短路电流。它还能在继电保护装置的作用下自动跳闸，切除短路故障。

高压断路器按其采用的灭弧介质分，有油断路器、六氟化硫（SF_6）断路器、真空断路器等类型。我国中小型建筑供配电系统中主要采用真空断路器和六氟化硫（SF_6）断路器。

油断路器按其油量多少和油的作用，又分为多油式和少油式两大类。多油断路器的油，既作灭弧介质，又作绝缘介质，用于相对地（外壳）甚至相与相之间的绝缘，因此油量多。少油断路器的油，只作灭弧介质，因此油量少。少油断路器由于油量少，比较安全，且外形尺寸小，便于成套设备中装设。在 20 世纪 80 年代，一般 6～35kV 户内配电装置中多采用少油断路器。附录表 A-6 为 SN10-10 型高压少油断路器的主要技术数据。

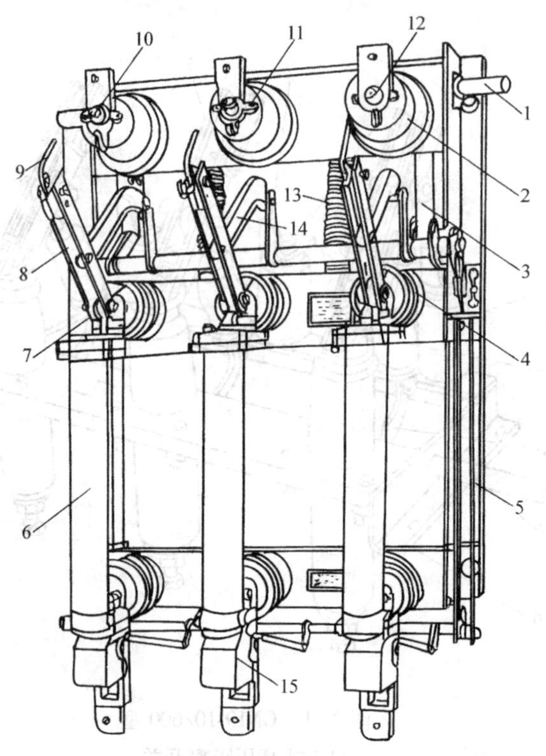

图 2-13　FN3-10RT 型高压负荷开关的外形图

1—主轴　2—上绝缘子兼气缸　3—连杆　4—下绝缘子　5—框架　6—RN1 型高压熔断器　7—下触座　8—闸刀　9—弧动触头　10—绝缘喷嘴　11—主静触头　12—上触座　13—断路弹簧　14—绝缘拉杆　15—热脱扣器

六氟化硫断路器利用 SF_6 气体作为灭弧介质。纯净的 SF_6 是无色、无味、无毒且不易燃的惰性气体，它具有优良的灭弧性能和电绝缘性能。因此 SF_6 断路器的灭弧速度快，断流能力强，适于频繁操作，而且没有油断路器可能燃烧或爆炸的危险。体积小且性能优异的 SF_6 负荷开关和断路器在环网开关柜中已大量采用。

真空断路器具有体积小、重量轻、动作快、寿命长、安全可靠和便于维修等优点，适于频繁操作，特别适合 1000kV · A 及以上的变压器回路操作及保护之用。下面来详细介绍真空断路器。

（2）真空断路器　高压真空断路器是利用“真空”（气压为 10^{-2}～10^{-6}Pa）灭弧的一种断路器，其触头装在真空灭弧室内。由于真空中不存在气体游离的问题，所以这种断路器的触头断开时很难发生电弧。但是在感性电路中，灭弧速度过快，瞬间切断电流 i 将使 di/dt 极大，从而使电路出现过电压（$u_L = Ldi/dt$），这对供电系统是不利的。因此，这“真空”不能是绝对的真空，实际上能在触头断开时因高电场发射和热电发射产生一点电弧，这电弧称之“真空电弧”，它能在电流第一次过零时熄灭。这样，燃弧时间既短（至多半个周期），又不致产生很高的过电压。

真空断路器的灭弧室结构如图 2-16 所示。真空灭弧室的中部，有一对圆盘状的触头，在触头刚分离时，由于高电场发射和热电发射而使触头间发生电弧。电弧温度很高，可使触头表面产生金属蒸气。随着触头的分开和电弧电流的减小，触头间的金属蒸气也逐渐减小。

当电弧电流过零时，电弧暂时熄灭，触头周围的金属离子迅速扩散，凝聚在四周的屏蔽罩上，以致在电流过零后几 μs 的极短时间内，触头间隙实际上又恢复了原有的高真空度。因此，当电流过零后虽很快加上高电压，触头间隙也不会再次击穿，也就是说，真空电弧在电流第一次过零时就能完全熄灭。

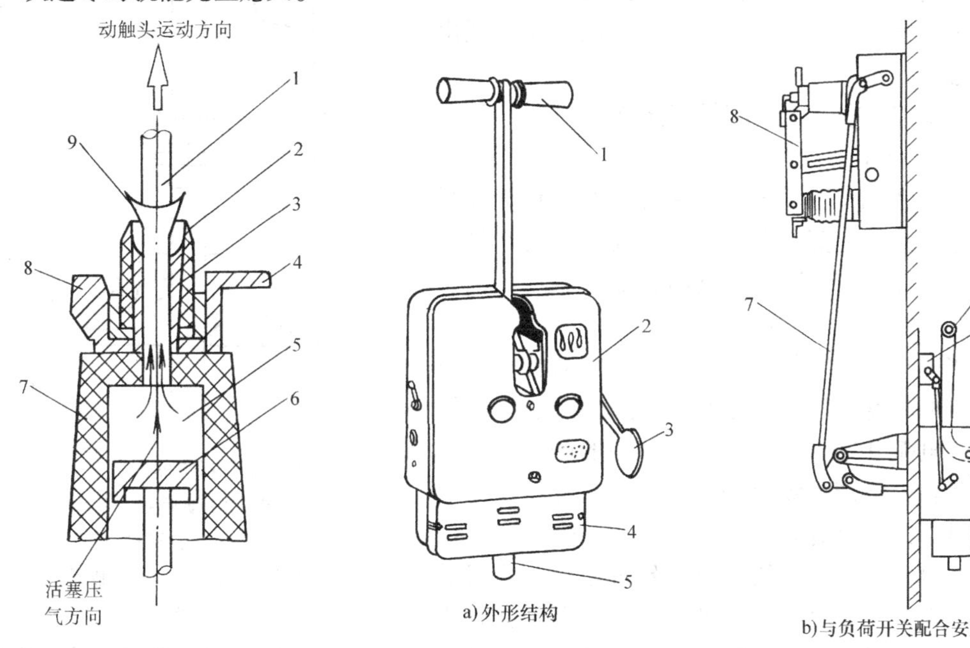

图 2-14 FN3-10 型高压负荷开关压气式灭弧装置工作示意图

1—弧动触头 2—绝缘喷嘴 3—弧静触头 4—接线端子 5—气缸 6—活塞 7—上绝缘子 8—主静触头 9—电弧

图 2-15 CS2 型手力操动机构的外形及其与 FN3-10RT 型负荷开关配合的一种安装方式

1—操作手柄 2—操动机构外壳 3—跳闸指示牌（掉牌） 4—脱扣器盒 5—跳闸铁心 6—辅助开关 7—传动杠杆 8—负荷开关的闸刀

下面重点介绍 ZN63A-12（VS1-12）型真空断路器。

1）主要用途和适用范围。ZN63A-12 型户内交流高压真空断路器是三相交流 50Hz、额定电压为 12kV 的户内高压开关设备。主要用于工矿企业、发电厂及变电站等场合，作为电气设备的控制和保护之用，并可投切各种不同性质的负荷，尤其适用于需要频繁操作的场所。可用于中置式开关柜和固定式开关柜以及无油化改造等场合，并可与国外同类型产品方便地实现互换，是一种性能优越的真空断路器。其额定短路开断电流为 16 ~ 40kA，额定电流为 630 ~ 3150A。

2）结构特点。ZN63A-12 型真空断路器总体结构采用的是弹簧操动机构和真空灭弧室部件前后布置组成统一整体的形式。这种整体型布局，可使操动机构的操作性能与真空灭弧室开合所需的性能更为吻合，并可减少不必要的中间传动环节，降低了能耗和噪声。配用中间封接式陶瓷真空灭弧室，采用铜铬触头材料，杯状纵磁场触头结构。触头具有电磨损速率低、电寿命长、耐压水平高、介质绝缘强度稳定且弧后恢复迅速、截流水平低、开断能力强等优点。

真空断路器的核心部件——真空灭弧室纵向安装在一个椭圆形管装绝缘筒内，绝缘筒为高爬电比距结构，并由环氧树脂经 APG 工艺浇注或 SMC 材料压制而成。这种安装方式，可减少粉尘等在真空灭弧室表面的聚积，同时可防止真空灭弧室受到外部因素的损坏，并且可确保即使在温热及严重污秽环境下，也可对电压效应呈现出高阻态。

图 2-17 和图 2-18 分别是真空断路器的结构简图（一）和（二）。

3）灭弧原理。真空灭弧室是以真空作为灭弧和绝缘介质的电真空器件。由于高度的真空具有极高的绝缘强度，因而真空断路器只需很小的触头开距就能满足绝缘的要求。

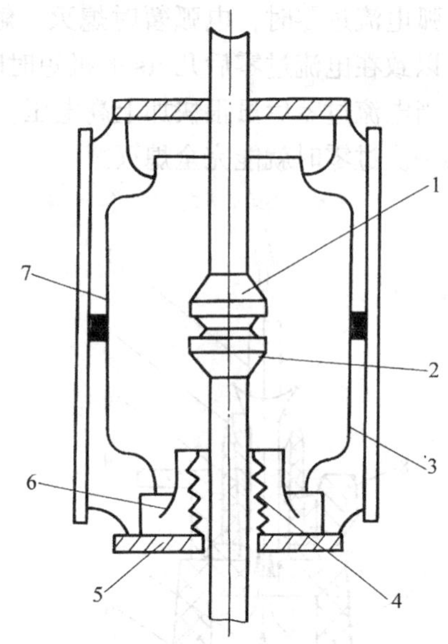

图 2-16　真空断路器的灭弧室结构
1—静触头　2—动触头　3—屏蔽罩
4—波纹管　5—与外壳封接的金属法兰盘　6—波纹管屏蔽罩
7—玻壳

当真空灭弧室的动、静触头在操动机构的作用下带电分离时，在触头间隙中会产生真空电弧。同时，电弧电流流经具有特殊结构的触头时，在触头间隙中会产生纵磁场，促使真空电弧保持为扩散型，并均匀地分布在触头表面燃烧，维持低的电弧电压。在导通的电流自然过零时，残留的离子、电子及金属蒸气将迅速复合或凝聚在触头表面和屏蔽罩上，使灭弧室断口的介质绝缘强度很快以高于恢复电压上升速率的速度恢复。在回路电流过零后，不再被重新击穿，从而电弧熄灭，达到开断电流的目的。

4. 操动机构

操动机构的作用是使断路器进行分闸或合闸，并使其合闸后保持在合闸状态。操动机构一般由合闸机构、分闸机构和保持合闸机构三部分组成。操动机构的辅助开关还可以实现联锁作用。一般而言，10kV 的少油断路器可配用 CS2 型手力操动机构、CD10 型电磁操动机构或 CT8 等型弹簧操动机构；也有断路器与操动机构制成一体化结构的。

（1）CS2 型手力操动机构　CS2 型手力操动机构（见图 2-15）能手动或电动合闸，但只能手动分闸，且因操作速度所限，其所操作的断路器开断的短路容量不宜大于 100MV · A。但它结构简单、价格便宜，且为交流操作，可使控制和保护装置大为简化，因此尚应用于以前设计的一些中小型建筑供电系统中。

（2）CD10 型电磁操动机构　CD10 型电磁操动机构能手动或远距离电动分闸和合闸，便于实现自动化，但需直流操作电源。图 2-19 是 CD10 型电磁操动机构的外形图和剖面图，图 2-20 是其传动原理示意图。

如图 2-20a 所示，跳闸时，跳闸铁心上的撞头，因手动或因远距离控制使跳闸线圈通电而向上撞击连杆机构，破坏了连杆机构原来在合闸位置时的稳定平衡状态，使搭在 L 形搭钩上的连杆滚轴下落，于是主轴在断路弹簧作用下转动，使断路器跳闸，并带动辅助开关切换。断路器跳闸后，跳闸铁心下落，正对此铁心的两连杆也恢复到跳闸前的状态。

合闸时，如图 2-20b 所示，合闸铁心因手动或因远距离控制使合闸线圈通电而上举，使连杆滚轴又搭在 L 形搭钩上，同时使主轴反抗断路弹簧的作用而转动，使断路器合闸，并带

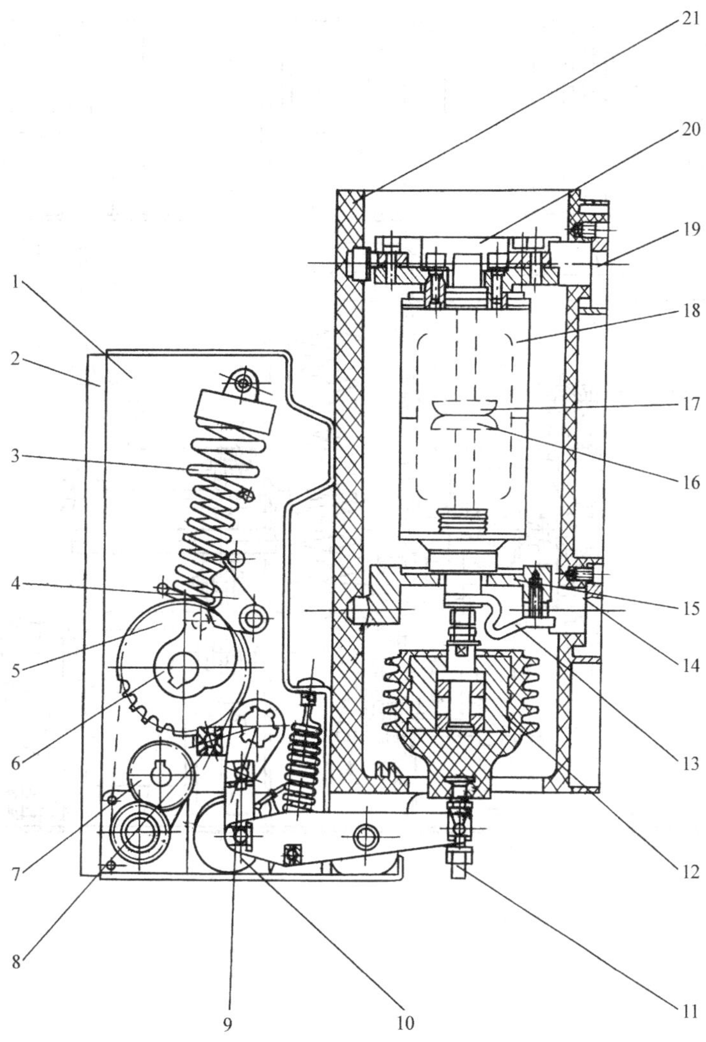

图 2-17 真空断路器的结构简图（一）

1—机箱 2—面板 3—合闸弹簧 4—合闸掣子 5—链轮传动机构 6—凸轮机构 7—齿轮传动机构 8—输入拐臂 9—四杆传动机构 10—储能电机 11—操作绝缘子 12—触头压力弹簧 13—软连接 14—下部接线端子 15—下支架 16—动触头 17—静触头 18—真空灭弧室 19—上部接线端子 20—上支架 21—绝缘筒

动辅助开关切换，整个连杆机构又处于新的稳定平衡状态。

CD10 型电磁操动机构是目前仍在大量使用的一种操动机构，它在手动合闸时速度很慢，一般只有在检修和调整时才允许使用手动合闸。

（3）CT8 型弹簧操动机构　CT8 型弹簧操动机构是一种弹簧储能式电动操动机构。它由交直流两用串励电动机使合闸弹簧储能，在合闸弹簧释放能量的过程中将断路器合闸。弹簧

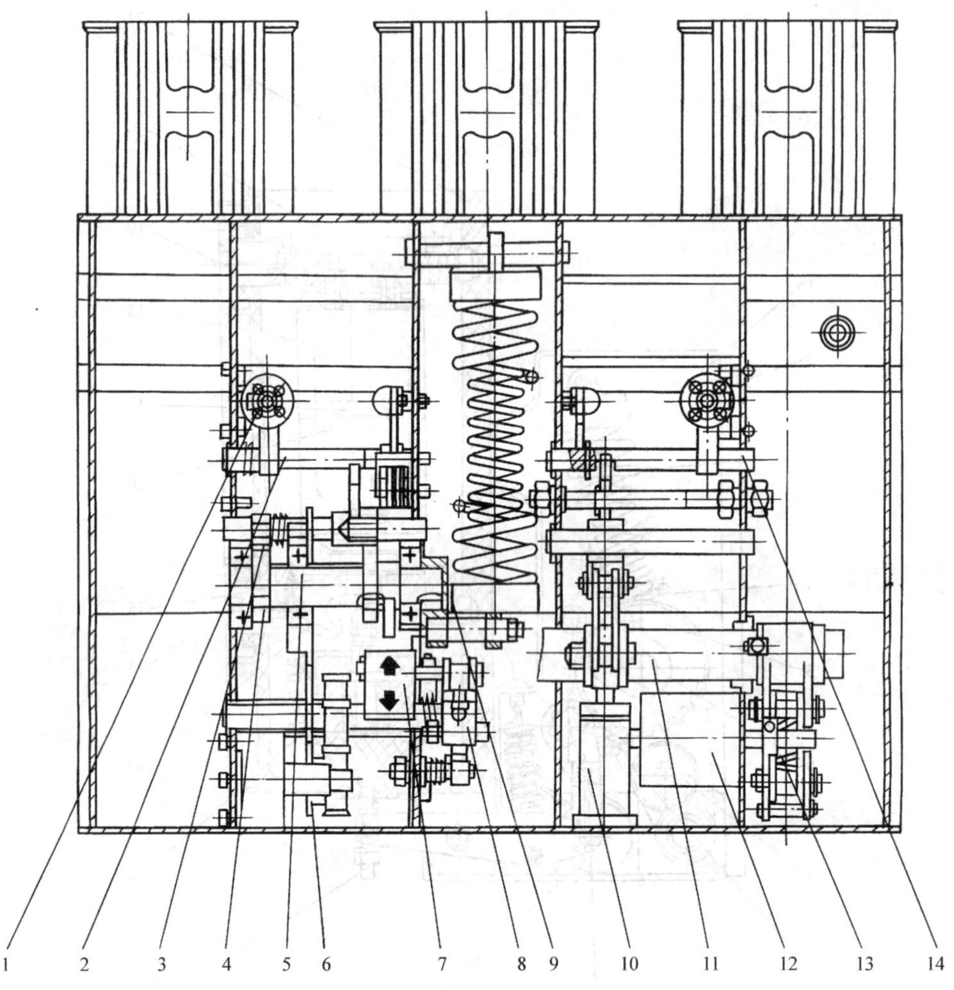

图 2-18　真空断路器的结构简图（二）

1—合闸脱扣器　2—合闸半轴　3—传动爪　4—单向离合器　5—储能轴　6—单向轴承　7—储能状态指示　8—棘轮、棘机构　9—拐臂　10—油缓冲器　11—主轴　12—辅助开关　13—分闸弹簧　14—分闸脱扣器

操动机构可手动或远距离电动合闸，并可方便地实现一次自动重合闸，且可以交流操作，从而可使控制和保护装置简化，但其结构复杂，价格较贵。图 2-21 是 CT8 型弹簧操动机构的示意图。

附录表 A-3 列出了 ZN63A-12 型断路器的主要技术数据，供参考。

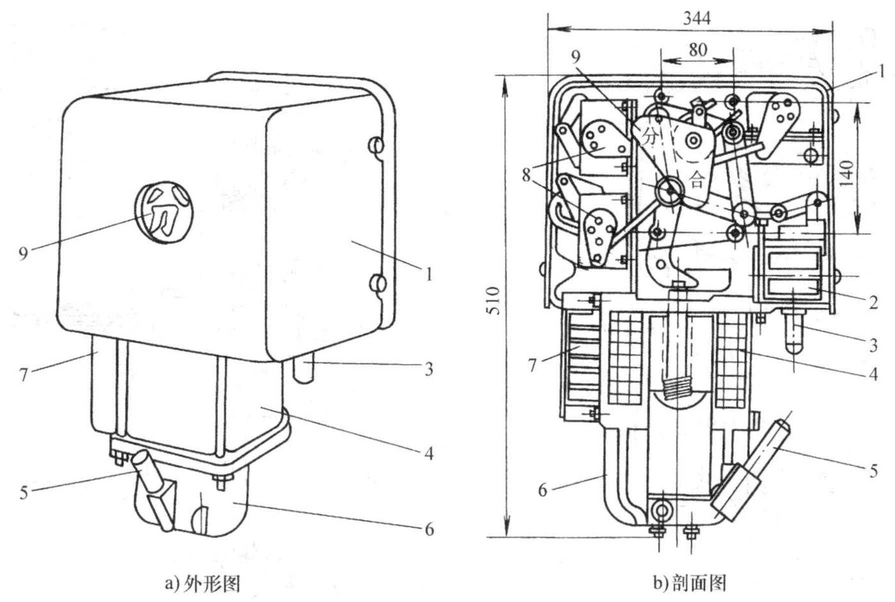

a) 外形图　　b) 剖面图

图 2-19　CD10 型电磁操动机构

1—外壳　2—跳闸线圈　3—手动跳闸按钮（跳闸铁心）　4—合闸线圈　5—手动合闸操作手柄　6—缓冲底座　7—接线端子排　8—辅助开关　9—分合指示器

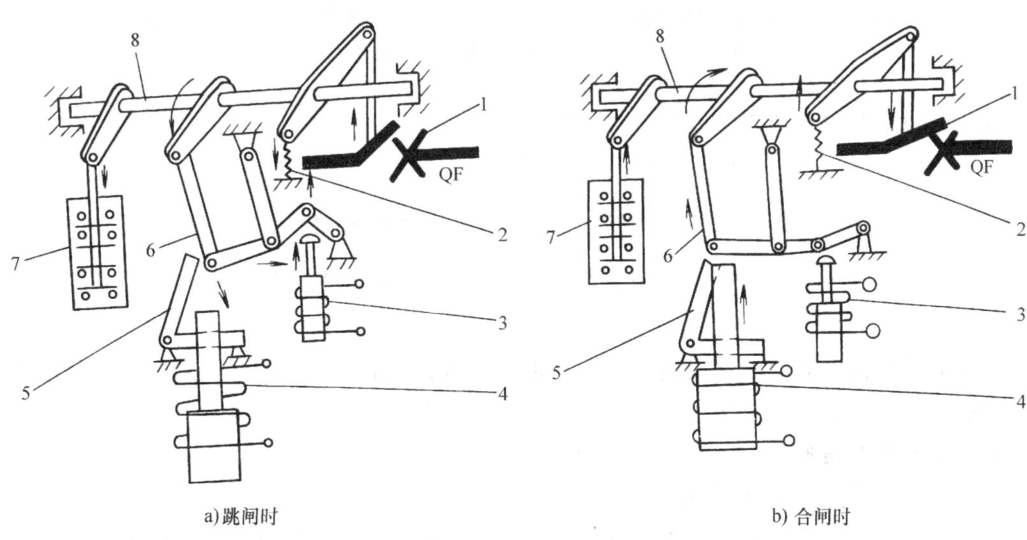

a) 跳闸时　　b) 合闸时

图 2-20　CD10 型电磁操动机构传动原理示意图

1—高压断路器　2—断路弹簧　3—跳闸线圈（带铁心）　4—合闸线圈　5—L 形搭钩　6—连杆　7—辅助开关　8—操动机构主轴

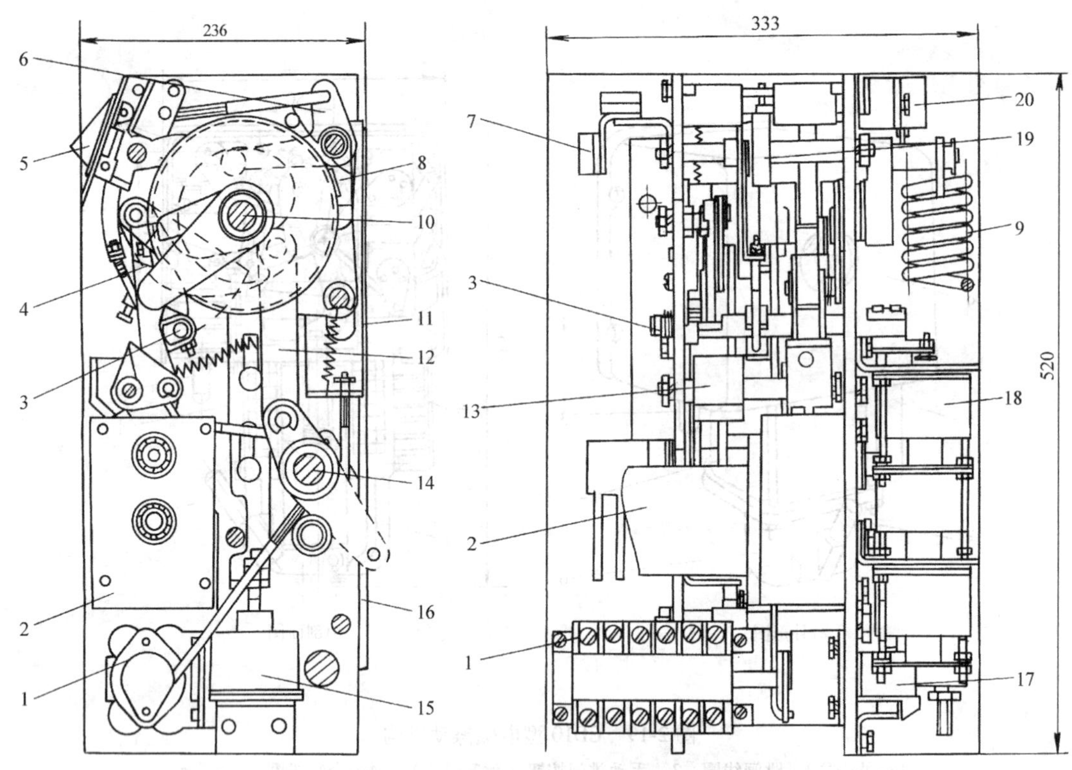

图 2-21　CT8 型弹簧操动机构结构示意图

1—辅助开关　2—储能电机　3—半轴　4—驱动棘爪　5—按钮　6—定位件　7—接线端子　8—保持棘爪　9—合闸弹簧　10—储能轴　11—合闸联锁板　12—合闸四连杆　13—分合指示牌　14—输出轴　15—角钢　16—合闸电磁铁　17—失压脱扣器　18—瞬时过电流脱扣器及分闸电磁铁　19—储能指示灯　20—行程开关

真空断路器的型号表示及其含义如下所示：

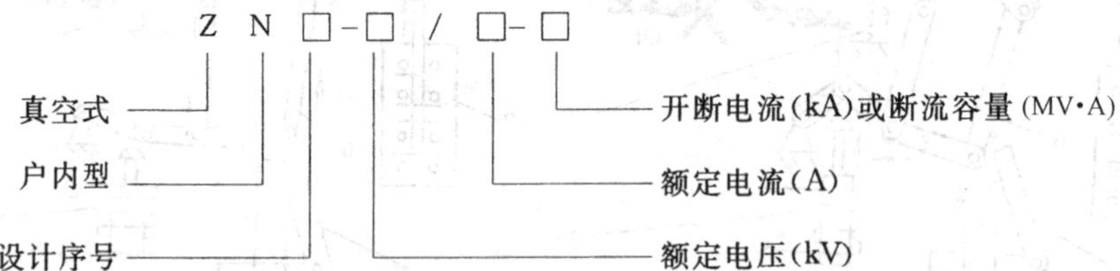

开断电流是标志断路器开断能力的一个重要参数，它表示了断路器在额定电压下能正常开断的最大短路电流。

三、低压开关设备

1. 低压刀开关、刀熔开关和负荷开关

低压刀开关又称低压隔离开关，常用于不经常操作的电路。低压刀开关按其形式分，有单投（HD）和双投（HS）两类；按其极数分，有单极、双极和三极；按其灭弧结构分，有不带灭弧罩和带灭弧罩的两种。不带灭弧罩的刀开关不能带负荷操作，只当隔离开关用；带灭弧罩的刀开关（见图 2-22）则可带负荷操作。

低压刀开关的型号表示及其含义如下所示：

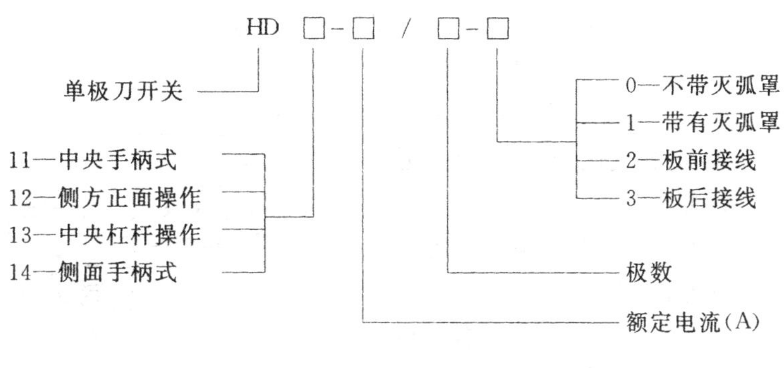

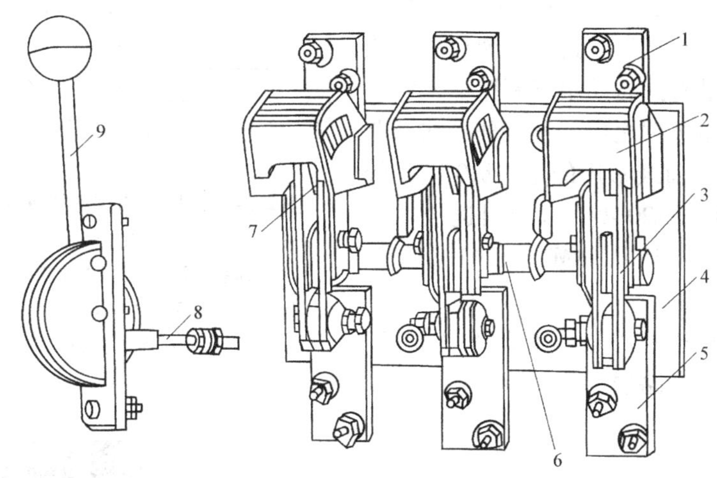

图 2-22　HD13 型低压刀开关

1—上接线端子　2—钢栅片灭弧罩　3—闸刀　4—底座　5—下接线端子
6—主轴　7—静触头　8—连杆　9—操作手柄（中央杠杆操作）

将刀开关的闸刀换为 RT0 型熔断器的熔管，就构成熔断器式刀开关（HR 型），简称刀熔开关（见图 2-23）。它兼有刀开关和熔断器的双重功能，有利于简化配电装置的结构。

将刀开关与熔断器串联，装在金属盒内，就构成低压负荷开关（HH 型），亦称铁壳开关。它兼有刀开关和熔断器的双重功能，可以带负荷操作。

2. 低压断路器

低压断路器即低压自动开关，又称低压空气开关或自动空气断路器。它既能带负荷通断电路，又能在失电压、短路和过负荷时自动跳闸，其功能类似于高压断路器。图 2-24 为低压断路器的原理结构和结线图。当线路上出现短路故障时，过电流脱扣

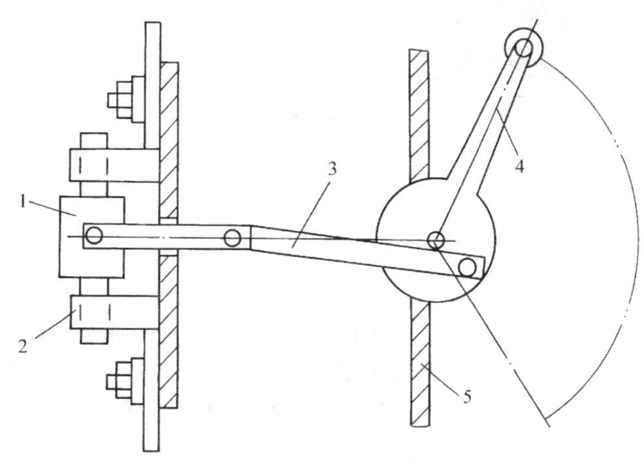

图 2-23　HR 型熔断器式刀开关结构示意图

1—RT0 型熔断器的熔管　2—HD 型刀开关的弹性触座　3—连杆
4—操作手柄　5—配电装置面板

器动作，断路器跳闸。如发生过负荷时，双金属片受热弯曲，也使断路器跳闸，当线路电压严重下降或电压消失时，失电压脱扣器动作，同样会使断路器跳闸。如果按下脱扣按钮9或10，使失电压脱扣器失电或使分励脱扣器通电，都可使断路器跳闸。

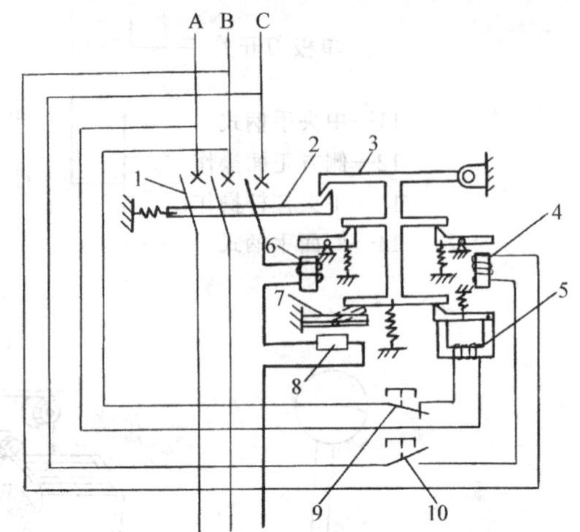

图2-24　低压断路器的原理结构和结线图

1—主触头　2—跳钩　3—锁扣　4—分励脱扣器　5—失电压脱扣器　6—过电流脱扣器　7—热脱扣器（双金属片）　8—加热电阻　9—脱扣按钮（常闭）　10—脱扣按钮（常开）

低压断路器按用途分类，有配电用、电动机保护用、照明用和漏电保护用断路器。

配电用低压断路器按结构形式分，有塑料外壳式（MCCB）和万能式（ACB）两大类。

（1）塑料外壳式低压断路器　塑料外壳式低压断路器原称装置式自动空气断路器，它通常装设在低压配电装置之中。塑料外壳式断路器的形式很多，以前最常用的是DZ10型，较新的还有DZX10、DZ20型，以及引进技术生产的KFM2型和C45N、NM1、CM1、3VE、DZ40型等系列产品。

1）DZ20型低压断路器。图2-25为DZ20型塑料外壳式低压断路器。

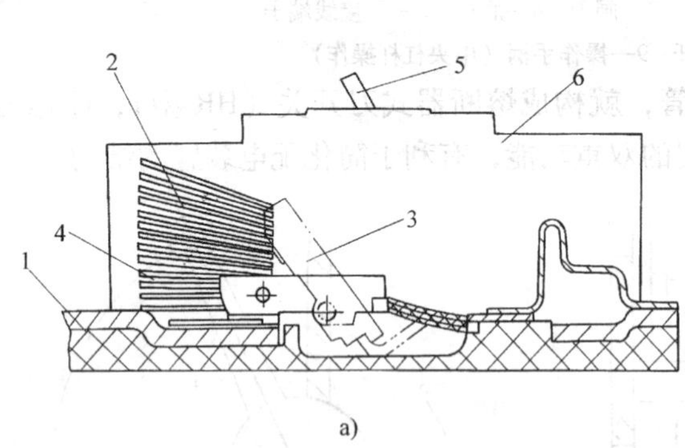

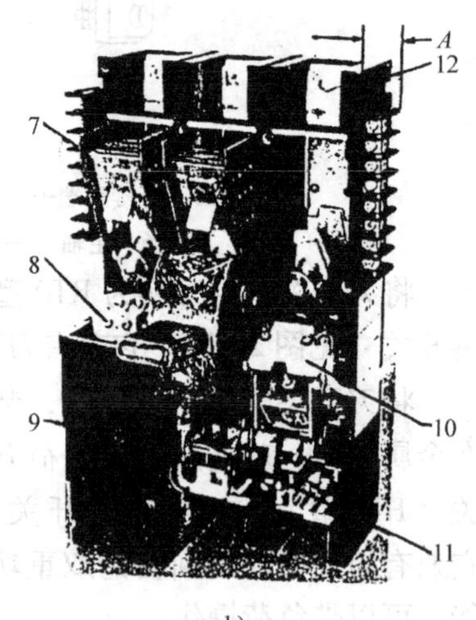

图2-25　DZ20型塑料外壳式低压断路器

1—塑料底座　2—灭弧室　3—动触头　4—静触头　5—操作手柄　6—塑壳盖　7—内部附件接线端子　8—欠电压脱扣器或辅助触头　9—脱扣器按钮　10—分励脱扣器或辅助触头　11—报警触头　12—引出线和接线端子

DZ20型塑料外壳式低压断路器，其额定绝缘电压为500V，交流频率为50Hz或60Hz，额定工作电压为380V（经济型为400V）及以下，或直流额定工作电压为220V及以下，其额定电流最高可至1250A，一般作为配电用。额定电流200A及以下和400Y型的低压断路器亦可用于保护电动机。在正常情况下，低压断路器可分别用于线路的不频繁转换及电动机的不频繁起动。

配电用断路器：在配电网路中用来分配电能，且可作为线路及电源设备的过载、短路和欠电压保护。

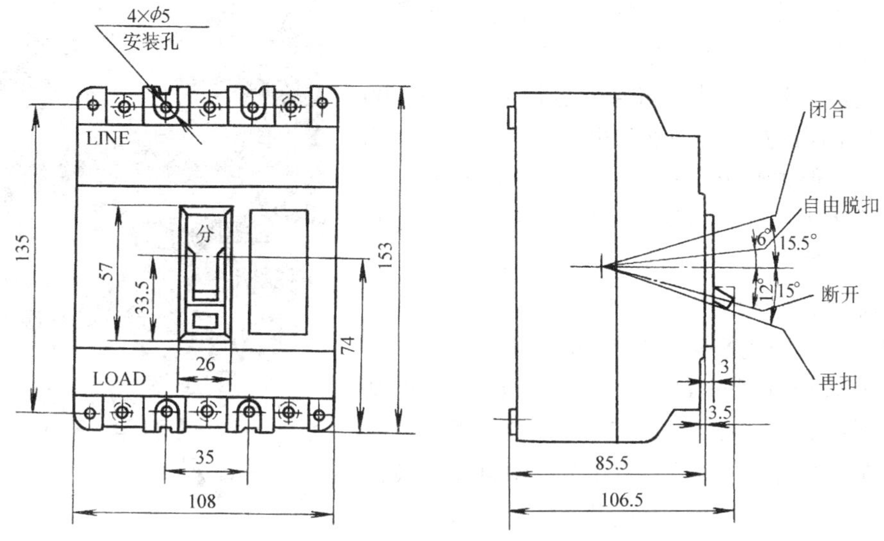

图 2-26　DZ20 型塑料外壳式低压断路器的手柄位置图

保护电动机用断路器：在配电网路中用于笼型电动机的起动和分断，以及作为电动机的过载、短路和欠电压保护。

DZ20 系列断路器是以 Y 型为基本产品，由绝缘外壳、操作机构、触头系统和脱扣器四部分组成。断路器的操作机构具有使触头快速合闸和分断的功能，DZ20 型断路器的工作状态在手动操作时，应由手柄来指示，在图 2-26 中表示了合闸、分断、自由脱扣和再扣四个位置。合闸和分断分别表示了断路器接通电源和断开电源的手柄位置。自由脱扣位置是由于过载、短路、欠电压、操作分励脱扣器或脱扣按钮而断开时的手柄位置，此时若断路器装有报警触头，则通过报警触头可发出报警信号。在断路器处于自由脱扣位置时，要使断路器合闸必须进行再扣，然后才能把断路器手柄推向合闸位置。

DZ20 型断路器可根据需要装设以下脱扣器：①热脱扣器，用双金属片作过负荷保护。②电磁脱扣器，只作短路保护。③复式脱扣器，可同时实现过负荷保护和短路保护，即具有两段保护特性。

DZ20 型断路器采用了钢片灭弧栅，加之脱扣机构的脱扣速度快，因此其灭弧时间短，一般断路时间不超过一个周期（0.02s），而且断流能力也比较大。

2）S 系列和 NS 系列塑料外壳式断路器。S 系列塑料外壳式断路器是以 ABB SACE 公司的技术和设备生产的新型断路器，适用于交流 50Hz 或 60Hz、额定电压为 690V 及以下的配电网络中，用于分配电能和线路、设备的过负载、短路、欠电压、接地故障保护，以及在正常条件下线路的不频繁转换。极数有 3、4 极。安装方式有固定式、插入式及抽出式。断路器有 $S_1 \sim S_7$ 七种型号。$S_1 \sim S_3$ 型的过电流脱扣器为热电磁式；$S_4 \sim S_7$ 型则用的是微处理器过电流脱扣器，配上对话、信号、控制单元，可与计算机自动化管理系统联网，实现数据通信与远程控制。

NS 系列塑料外壳式断路器是施耐德电气公司生产的断路器，适用于交流 50Hz 或 60Hz、额定电压为690V及以下的配电网络中，用于分配电能和线路、设备的过负载、短路、欠电压、接地故障保护，以及在正常条件下线路的不频繁转换。极数有3、4极。安装方式有固定式、插入式及抽出式。多种附加模块使NS系列结构与性能更加完善。NS100～NS250断路器的热磁脱扣器和电子脱扣器，可以调整整定值满足保护要求；NS400～NS630断路器的电子脱扣器是通用式插入模块。此外，NS系列还具有显示和测量功能，因为带电显示模块、电流表模块、电流互感器模块、接地故障保护模块都可直接安装在NS断路器上。NS断路器可带Digipact通信模块，操作者在一个遥控点通过PC或PLC（可编程序控制器）可实现：显示断路器的状态、控制断路器、读取由脱扣器提供的信息，也可检查UA电源自动切换控制器的状态。操动方面可以有拨动、转动且可以带加长旋转手柄及电动。图2-27为NS型低压断路器的外形图。

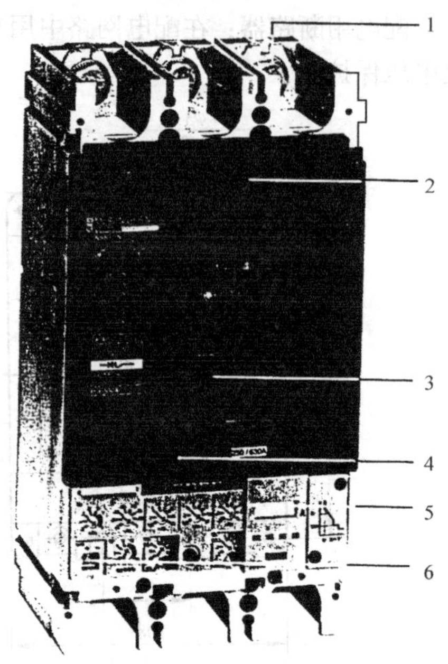

图2-27 NS型塑料外壳式低压断路器的外形图

1—接线端子 2—外壳 3—手柄及位置指示 4—脱扣试验按钮 5—脱扣器 6—脱扣器测试仪器插孔

附录表A-5列出了DZ20型低压断路器的主要技术数据，供参考。

（2）万能式低压断路器 万能式低压断路器的形式很多，目前最常用的为DW15型，其他还有DWX15、DW45、DW16、NA1、CW1和引进技术生产的ME、AH等系列。考虑到价格因素，一般说来，在要求高短路分断能力和选择性保护时，可选用具有智能型保护功能的DW45、NA1和CW1，它能可靠地保护设备免受过负荷、欠电压、短路和单相接地等故障的危害，但价格较高。在要求有足够的短路分断能力和选择性时，宜选用DW15，价格适中。在要求有足够的短路分断能力，只要求过载时保护，短路时瞬时断开的场所，宜选用DW16较为经济，DW16型可以很方便地取代DW10型。限于篇幅，下面主要介绍ME型。

ME系列万能式断路器是从AEG公司引进的产品，适用于额定工作电压为交流380V、660V、频率为50Hz的电路，用于电能分配和线路不频繁转换。对线路及电气设备的过载、欠电压和短路进行保护，并具有分级选择保护功能，能直接起动电动机，并保护电动机、发电机和整流装置，免受过载、短路和欠电压等不正常情况的危害。ME系列断路器的合闸操动方式较多，除直接手柄操动外，还有电动机操动和电动机预储能带释能操动等方式。

图2-28为ME型系列断路器的外形结构分解图。断路器结构形式可分为固定式和抽屉式两大类。抽屉式断路器是在固定式断路器的基础上增加了主回路和二次回路接插件、导轨、支架、侧板、丝杆等附件发展而成，其外形如图2-29所示。抽屉式断路器由两大组件组成：一是抽屉式断路器主体；二是抽屉式支架。抽屉式断路器与固定式断路器相比更具有经济、可靠的特点，由于更换、维护方便，所以更适用于不允许有较长时间停电的重要场所。此外，它还能一机两用，采用该抽屉式断路器不仅可起一般断路器的作用，还可省去一般开关柜所必备的隔离开关。

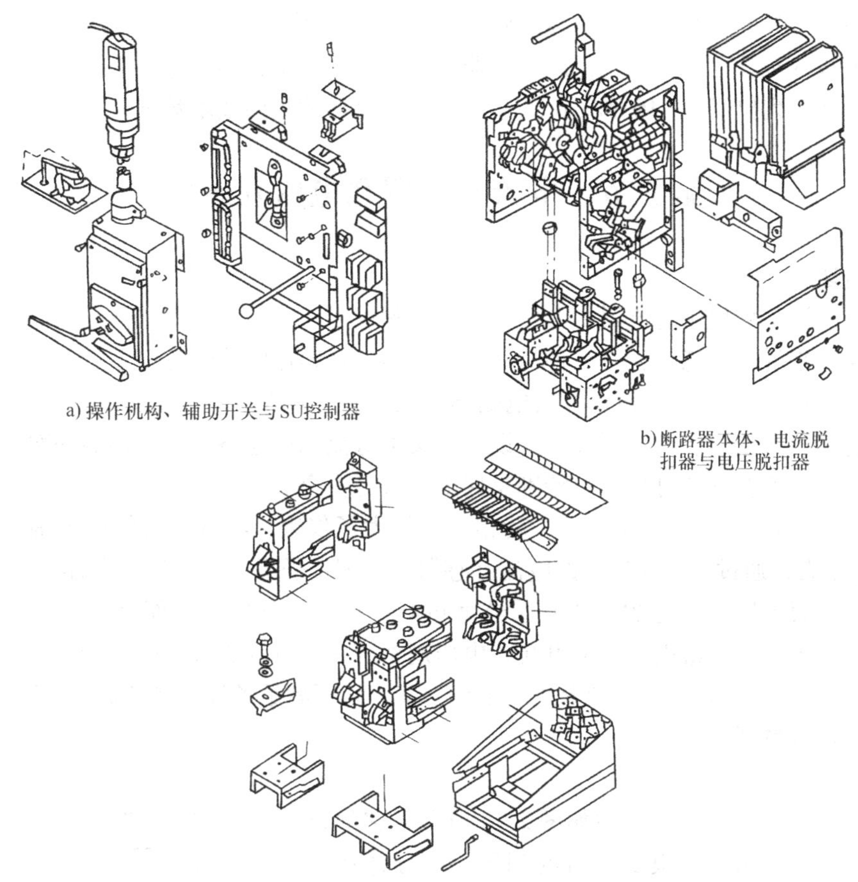

a) 操作机构、辅助开关与SU控制器

b) 断路器本体、电流脱扣器与电压脱扣器

c) 断路器触刀部分、抽屉及二次回路接触系统

图 2-28 ME 型系列断路器的外形结构分解图

断路器的过电流脱扣器有过载长延时、短路短延时、短路瞬时三种形式。具有过载长延时特性的过电流脱扣器，简称 b 脱扣器，其特性为反时限，由具有温度补偿的双金属片执行元件与电流互感器等组成，过载信号通过电流互感器使双金属片发热弯曲而使执行机构动作将断路器断开。具有短路瞬时或短延时的过电流脱扣器，简称 s 脱扣器，瞬时 s 脱扣器采用电磁式结构，根据需要可设置一套锁扣装置，当电路发生短路使断路器断开时，锁扣装置将断路器锁在脱扣位置，锁扣装置在线路故障排除后，需要手动复位，断路器才能重新合闸，否则脱扣器始终处于脱扣位置。短延时 s 脱扣器由电磁式结构和延时元件等组成。延时元件采用钟表式延时机构，调整钟表机构的时间整定值来达到延时脱扣器所选择的延时时间，整个装置简称“ZZ”。带过载长延时、短路短延时或短路瞬时的过电流脱扣器，简称 bs 脱

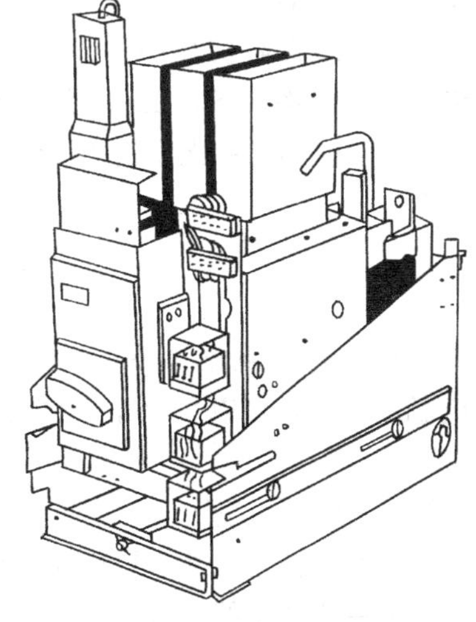

图 2-29 ME 系列抽屉式断路器的外形图

扣器。此外还有欠电压脱扣器，简称 r 脱扣器；分励脱扣器，简称 a 脱扣器。

附录表 A-4 列出了 ME 系列低压断路器的主要技术数据，供参考。

附录表 A-7 列出了 DW10 和 DW15 型等低压断路器的主要技术数据，供参考。

第五节　电流互感器和电压互感器

一、概述

电流互感器又称仪用变流器，电压互感器又称仪用变压器，二者合称互感器，从基本结构和工作原理来说，互感器就是一种特殊的变压器。互感器的功能有以下三点：

1）安全绝缘。采用互感器作一次电路与二次电路之间的中间元件，既可避免一次电路的高电压直接引入仪表、继电器等二次设备，又可避免二次电路的故障影响一次电路，提高了两方面工作的安全性和可靠性，特别是保障了人身安全。

2）扩大范围。采用互感器以后，就相当于扩大了仪表、继电器的使用范围。例如用一只 5A 的电流表，通过不同变流比的电流互感器就可测量任意大的电流。同样，用一只 100V 的电压表，通过不同变压比的电压互感器就可测量任意高的电压。而且，由于采用了互感器，可使二次的仪表、继电器等的电流、电压规格统一，有利于大规模生产。

3）采用互感器可以获得多种形式的结线方案，以便满足各种测量和保护电路的要求。

二、电流互感器

1. 基本结构原理

电流互感器的基本结构原理如图 2-30 所示。它的结构特点是：一次绕组匝数很少（有的利用一次导体穿过其铁心，只有一匝），导体相当粗；而二次绕组匝数很多，导体较细。它接入电路的方式是：其一次绕组串联接入一次电路；而其二次绕组则与仪表、继电器等的电流线圈串联，形成一个闭合回路。由于二次仪表、继电器等的电流线圈阻抗很小，所以电流互感器工作时二次回路接近于短路状态。二次绕组的额定电流一般为 5A。

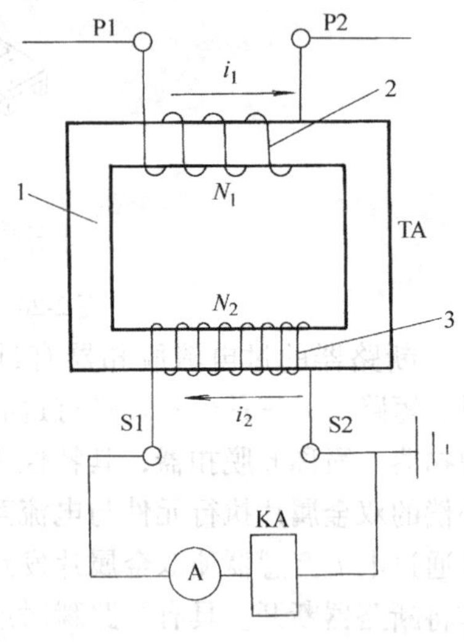

图 2-30　电流互感器的基本结构原理

1—铁心　2—一次绕组　3—二次绕组

电流互感器的一次电流 I_1 与其二次电流 I_2 之间有下列关系：

$$I_1 \approx \frac{N_2}{N_1} I_2 \approx K_i I_2 \qquad (2\text{-}1)$$

式中，N_1、N_2 是电流互感器一次和二次绕组的匝数；K_i 是电流互感器的电流比，一般定义为 I_{1N}/I_{2N}，例如 200/5。

2. 常用结线方案

电流互感器在三相电路中常用的结线方案有：

（1）一相式结线（图 2-31a）　电流线圈通过的电流，反映一次电路对应相的电流，通常用在负荷平衡的三相电路中测量电流，或在继电保护中作为过负荷保护结线。

（2）两相 V 形结线（图 2-31b）　也称为两相不完全 Y 形结线。这种结线的三个电流线圈，分别反映三相电流，其中最右边的电流线圈是接在互感器二次侧的公共线上，反映的是两个互感器二次电流的相量和，正好是未接互感器那一相的二次电流（其一次电流换算值），其如图 2-32 相量图所示。因此这种结线广泛用于中性点不接地的三相三线制电路中，供测量三个相电流之用，也可用来接三相功率表和电能表。这种结线特别广泛地用于继电保护装置中，称为两相两继电器结线（参看图 6-14）。

（3）两相电流差结线（图 2-31c）　也称为两相交叉结线。其二次侧公共线流过的电流，由图 2-33 所示相量图可知，其值为相电流的$\sqrt{3}$倍。这种结线也广泛用于继电保护装置中，称为两相一继电器结线（参看图 6-15）。

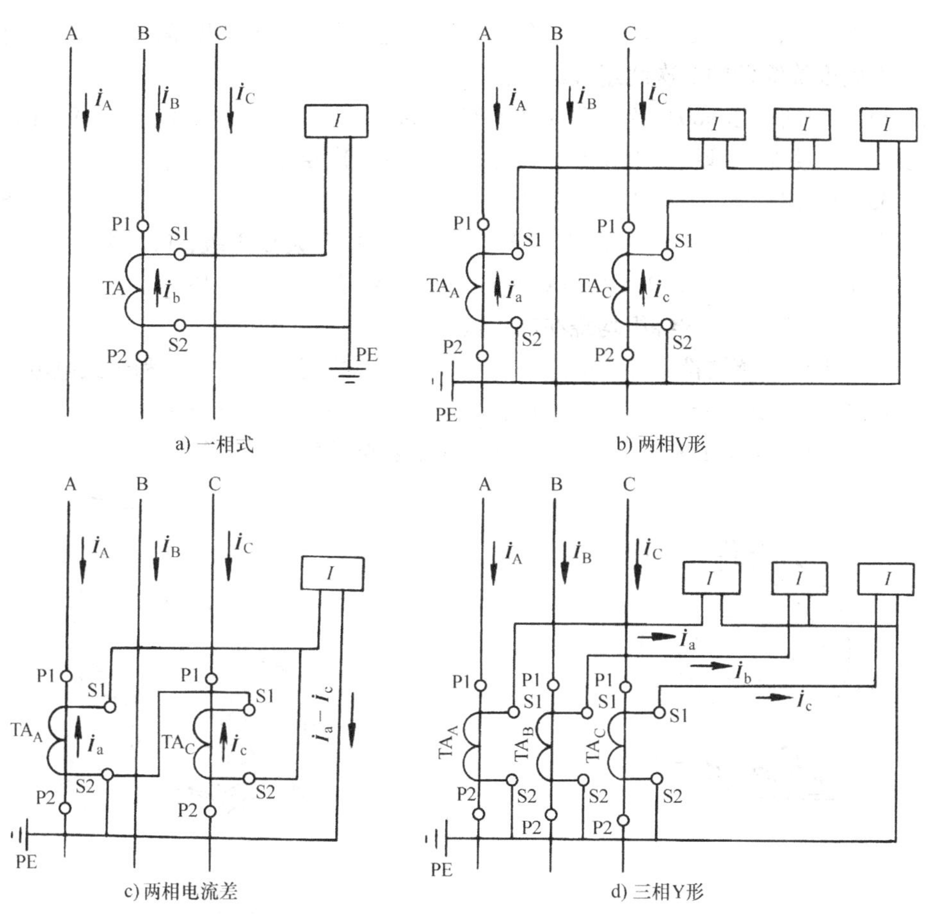

图 2-31　电流互感器的结线方案

（4）三相 Y 形结线（图 2-31d）　这种结线的三个电流线圈，正好反映各相电流，因此广泛用于中性点直接接地的三相三线制和三相四线制电路中，用于测量或继电保护。

3. 电流互感器的类型

电流互感器的类型很多。按一次绕组的匝数分，有单匝式（包括母线式、心柱式、套管式）和多匝式（包括线圈式、线环式、串级式）；按一次电压高低分，有高压和低压两大类；按用途分，有测量用和保护用两大类；按准确度级分，测量用电流互感器有 0.1、0.2、0.5、1、3、5 等级，保护用电流互感器有 5P 和 10P 两级。

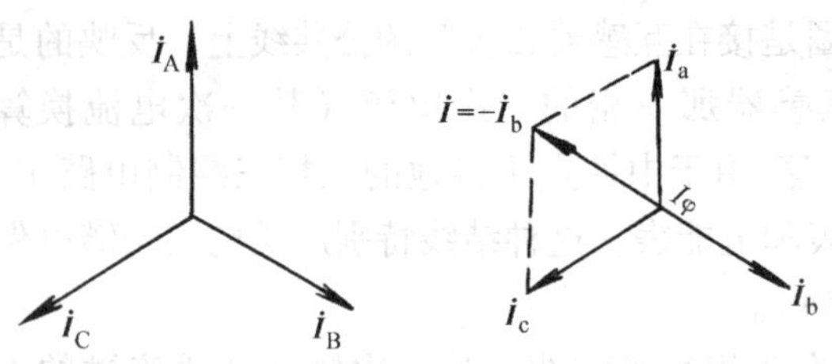

图 2-32　两相 V 形结线的电流互感器一、二次电流相量图

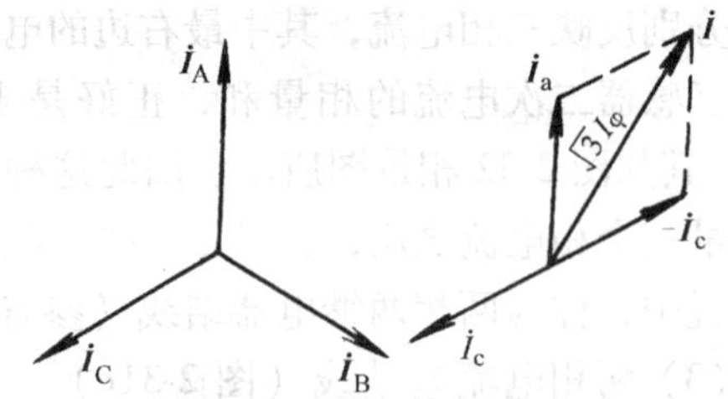

图 2-33　两相电流差结线的电流互感器一、二次电流相量图

高压电流互感器一般制成两个铁心和两个二次绕组，其中准确度等级高的二次绕组接测量仪表，准确度等级低的二次绕组接继电器。

图 2-34 为户内低压 500V 的 LMZJ1-0.5 型（500～800/5）母线式电流互感器的外形图。它本身没有一次绕组，母线从中孔穿过，母线就是其一次绕组（1 匝）。

图 2-35 为户内高压 10kV 的 LQJ-10 型线圈式电流互感器的外形图。它的一次绕组绕在两个铁心上，每个铁心都各有一个二次绕组，分别为 0.5 级和 3 级，0.5 级接测量仪表，3 级接继电保护。低压的 LQG-0.5 型（G 为改进型）线圈式电流互感器，则只有一个铁心，一个二次绕组，其一、二次绕组均绕在同一铁心上。

以上两种电流互感器都是环氧树脂浇注绝缘的，较之老式的油浸式和干式电流互感器的尺寸小、性能好，因此在现在生产的高低压成套配电装置中被广泛应用。

附录表 A-10 列出了 LQJ-10 型电流互感器的主要技术数据，供参考。

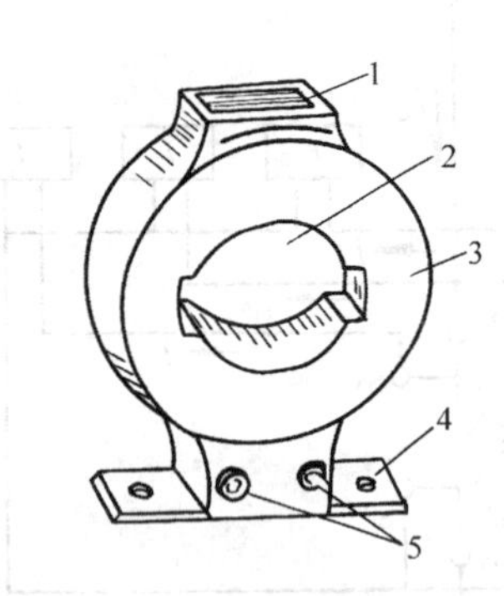

图 2-34　LMZJ1-0.5 型母线式电流互感器的外形图

1—铭牌　2—一次母线穿孔　3—铁心，外绕二次绕组，环氧树脂浇注　4—安装板（底座）　5—二次接线端子

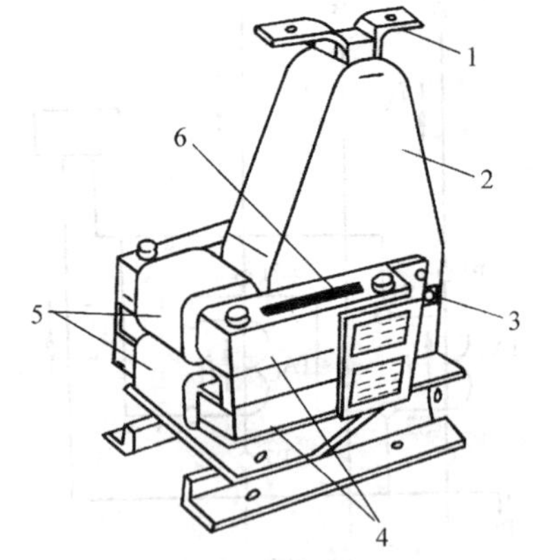

图 2-35　LQJ-10 型线圈式电流互感器的外形图

1—一次接线端子　2—一次绕组，环氧树脂浇注　3—二次接线端子　4—铁心（两个）　5—二次绕组（两个）　6—警告牌（上写“二次侧不得开路”等字样）

4. 使用注意事项

（1）电流互感器在工作时其二次侧不得开路　电流互感器二次侧接的都是阻抗很小的电流线圈，因此它是在接近于短路状态下工作。根据磁动势平衡方程式 $\dot{I}_1N_1-\dot{I}_2N_1=\dot{I}_0N_1$ 可

知，正常时由于$\dot{I}_1N_1$绝大部分被$\dot{I}_2N_1$所抵消，所以总的磁动势$\dot{I}_0N_1$很小，励磁电流（即空载电流）I_0只有一次电流I_1的百分之几。但是如果二次侧开路，则$I_2=0$，因此$I_0N_1=I_1N_1$，即$I_0=I_1$。由于I_1是一次电路负荷电流，只决定于一次侧负荷，不因互感器二次侧负荷变化而改变，因此励磁电流I_0就被迫增大到I_1，剧增几十倍，使得励磁的磁动势I_0N_1也突然增大几十倍，这样将产生如下的严重后果：①铁心过热，有可能烧毁互感器，并且产生剩磁，大大降低准确度。②由于二次绕组匝数远比一次绕组匝数多，因此可在二次侧感应出危险的高电压，危及人身和设备的安全。所以电流互感器工作时二次侧绝对不允许开路。为此，电流互感器安装时，其二次接线一定要牢靠和接触良好，并且不允许串接熔断器和开关。

（2）电流互感器的二次侧有一端必须接地　这是为了防止电流互感器的一、二次绕组绝缘击穿时，一次侧的高电压窜入二次侧，危及人身和设备的安全。

（3）电流互感器在连接时，要注意其端子的极性　按规定，电流互感器的一次绕组端子标以P1、P2，二次绕组端子标以S1、S2。P1与S1互为“同名端”或“同极性端”，P2与S2也互为“同名端”或“同极性端”。如果某一瞬间，P1为高电位（电流I_1由P1流向P2），则二次侧由电磁感应产生的电动势使得S1亦为高电位（电流I_2则由S2流向S1，见图2-30），这就是“同名端”或“同极性端”的含义，也叫做互感器的“减极性”标号法。在安装和使用电流互感器时，一定要注意端子的极性，否则其二次侧所接仪表、继电器中流过的电流就不是预想的电流，甚至可能引起事故。例如，图2-31b中C相电流互感器的S1、S2如果接反，则公共线中的电流就不是相电流，而是相电流的$\sqrt{3}$倍，可能烧坏电流表。

三、电压互感器

1. 基本结构原理

电压互感器的基本结构原理如图2-36所示。它的结构特点是：一次绕组匝数很多，而二次绕组匝数较小，相当于降压变压器。它接入电路的方式是：其一次绕组并联在一次电路中；而其二次绕组则并联仪表、继电器的电压线圈。由于二次仪表、继电器等的电压线圈阻抗很大，所以电压互感器工作时二次回路接近于空载状态。二次绕组的额定电压一般为100V。

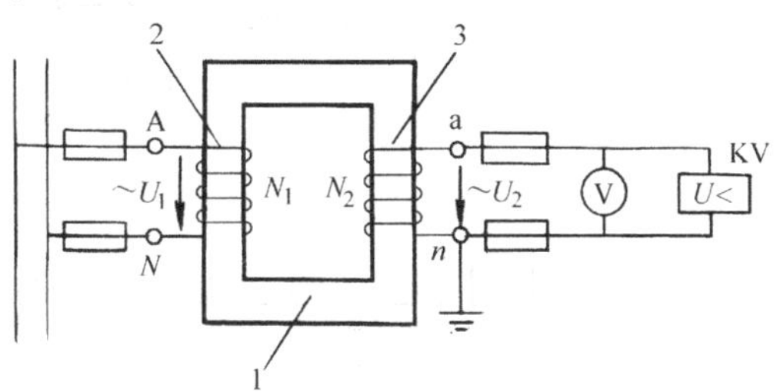

图2-36　电压互感器的基本结构原理
1—铁心　2—一次绕组　3—二次绕组

电压互感器的一次电压U_1和二次电压U_2之间有下列关系：

$$U_1 \approx \frac{N_1}{N_2}U_2 \approx K_u U_2 \tag{2-2}$$

式中，N_1、N_2是电压互感器一次和二次绕组的匝数；K_u是电压互感器的电压比，一般定义为U_{1N}/U_{2N}，例如10/0.1。

2. 常用结线方案

电压互感器在三相电路中常用的结线方案有：

（1）一个单相电压互感器的结线（见图2-37a）　供仪表、继电器接于线电压。

（2）两个单相电压互感器接成V/V形（见图2-37b）　供仪表、继电器接于三相三线制电路的各个线电压，它广泛地应用在6～10kV的高压配电装置中。

（3）三个单相电压互感器接成 Y_0/Y_0 形（见图 2-37c）　供电给需要线电压的仪表、继电器，并供电给接相电压的绝缘监察电压表。由于小电流接地的电力系统在发生单相接地时，另外两完好相的对地电压要升高到线电压（$\sqrt{3}$倍相电压），所以绝缘监察电压表不能接入按相电压选择的电压表，否则在一次电路发生单相接地时，电压表可能被烧坏。

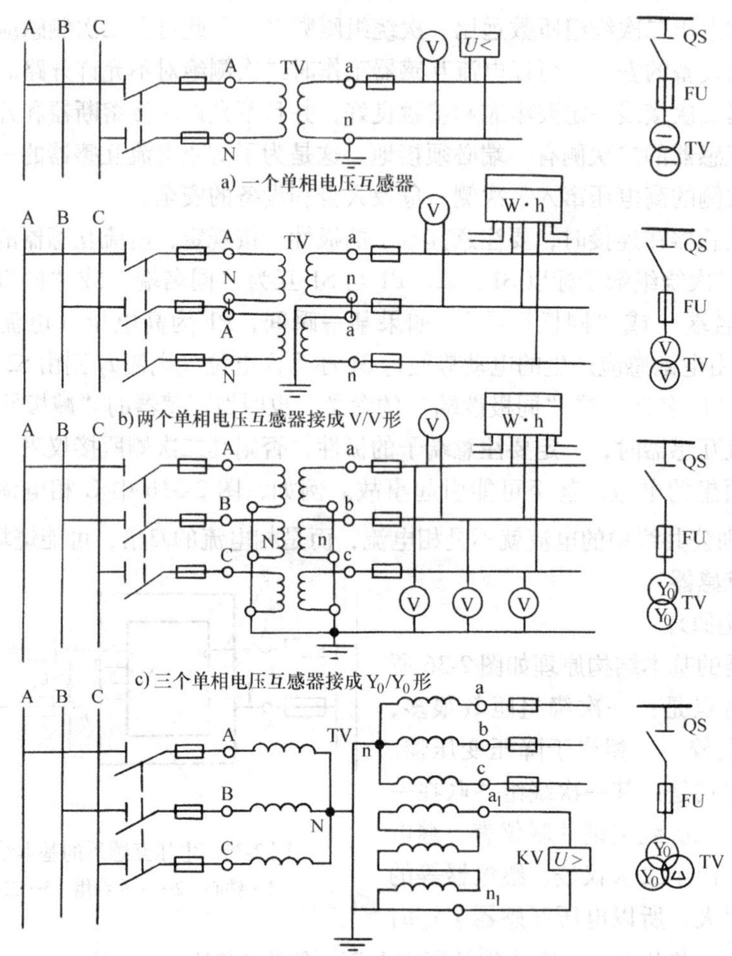

图 2-37　电压互感器的结线方案

（4）三个单相三绕组电压互感器或一个三相五心柱三绕组电压互感器接成 $Y_0/Y_0/\triangle$形（见图 2-37d）　接成 Y_0 的二次绕组，供电给需要线电压的仪表、继电器及作为绝缘监察的电压表，而接成$\triangle$的辅助二次绕组，供电给用作绝缘监察的电压继电器。一次电路正常工作时，开口三角形两端的电压接近于零。当某一相接地时，开口三角形两端将出现近 100V 的零序电压，使电压继电器动作，发出信号。

3. 电压互感器的类型

电压互感器按绝缘的冷却方式分，有干式和油浸式。现已广泛采用环氧树脂浇注绝缘的干式互感器。

图 2-38 为单相三绕组环氧树脂浇注绝缘的户内用 JDZJ-10 型电压互感器的外形图。三个 JDZJ-10 型互感器接成图 2-37d 所示 Y_0/Y_0 ⊿形，可供小电流接地的电力系统作电压、电能测量及单相接地的绝缘监察之用。

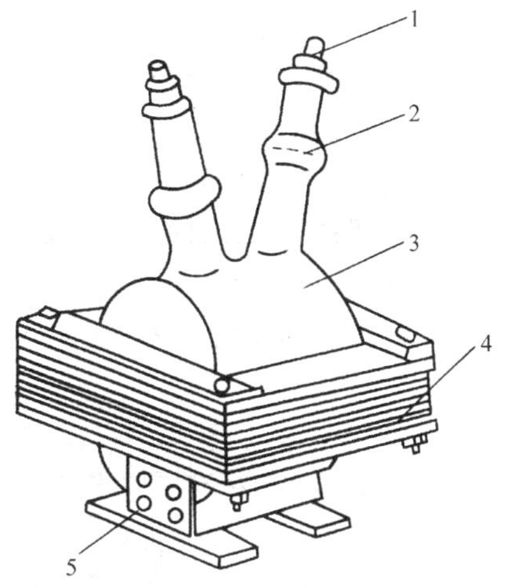

图 2-38 JDZJ-10 型电压互感器的外形图
1—一次接线端子 2—高压绝缘套管
3—一、二次绕组，环氧树脂浇注
4—铁心 5—二次接线端子

4. 使用注意事项

(1) 电压互感器的一、二次侧必须加熔断器保护 由于电压互感器是并联接入一次电路的，二次侧的仪表、继电器也是并联接入互感器二次回路的，因此互感器的一、二次侧均必须装设熔断器，以防发生短路烧毁互感器或影响一次电路的正常运行。

(2) 电压互感器的二次侧有一端必须接地 这也是为了防止电压互感器的一、二次绕组绝缘击穿时，一次侧的高压窜入二次侧，危及人身和设备的安全。

(3) 电压互感器在连接时，也要注意其端子的极性 按规定，单相电压互感器的一次绕组端子标以 A、N，二次绕组端子标以 a、n，A 与 a 及 N 与 n 分别为“同名端”或“同极性端”。三相电压互感器，按照相序，一次绕组端子分别标以 A、B、C、N，二次绕组端子则对应地标以 a、b、c、n。这里 A 与 a、B 与 b、C 与 c 及 N 与 n 分别为“同名端”或“同极性端”。电压互感器连接时，不能把端子极性接错，否则可能发生事故。

第六节 高低压成套配电装置

一、概述

成套配电装置就是按照一定的线路方案将一、二次设备组装为一体的配电装置，用于供配电系统中作为受电或配电的控制、保护和监察测量。成套配电装置按电压及用途分，有高压开关柜、低压配电屏、环网开关柜及动力、照明配电箱和终端组合电器等。

二、高压开关柜

高压开关柜有固定式、手车式两大类型。固定式高压开关柜中的所有电器元件都是固定安装的。手车式高压开关柜中的某些主要电器元件如高压断路器、电压互感器和避雷器等，是安装在可移开的手车上面的，因此手车式又称移开式。固定式开关柜较为简单经济，而手车式开关柜则可大大提高供电可靠性。当断路器这些主要设备发生故障或需要检修时，可随时拉出，再推入同类备用手车，即可恢复供电。但在一般中小型机械工厂中，仍以采用较为经济的固定式开关柜为主。

图 2-39 为装有 SN10-10 型少油断路器的 GG-1A (F)-07S 型高压开关柜的外形结构图，该型开关柜是在原 GG-1A 型基础上采取措施达到“五防”要求的防误型产品。所谓“五防”即防止误分、合高压断路器，防止带负荷拉、合隔离开关，防止带电挂接地线，防止带接地线和隔离开关，防止人员误入带电间隔。

近年来，我国设计生产了一些技术性能指标接近或达到国际电工委员会 (IEC) 标准的新型先进的高压开关柜，固定式有 KGN-10 型交流金属铠装固定式开关柜等，移开式（手车式）有 KYN□-10 型交流金属铠装移开式开关柜和 JYN2-10 型交流金属封闭型移开式开关柜等。

图 2-40 是 KYN28C-12（MDS）型高压开关柜的基本结构示意图，该型开关柜主开关可选用性能优良的 ABB 公司的 VD4 型抽出式真空断路器和国产的 ZN63A-12（VBI）、VK 型抽出式真空断路器。二次回路可配置传统的继电保护装置，也可装置 WZJK 型综合智能监测保护装置。该型开关柜是多种老型金属封闭开关设备的替代产品，并且同国外同类型产品相比，具有较优越的性能价格比。

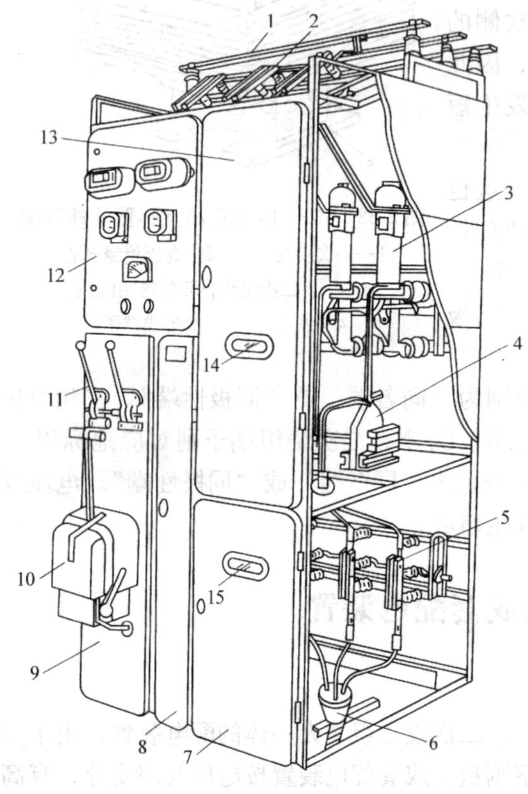

图 2-39　GG-1A（F）-07S 型高压开关柜的外形结构图

1—母线　2—母线侧隔离开关（QS1，GN8—10 型）　3—少油断路器（QF，SN10—10 型）　4—电流互感器（TA，LQJ—10 型）　5—线路侧隔离开关（QS2、GN6—10 型）　6—电缆头　7—下检修门　8—端子箱门　9—操作板　10—断路器的手力操动机构（CS2 型）　11—隔离开关操作手柄（CS6 型）　12—仪表继电器屏　13—上检修门　14、15—观察窗

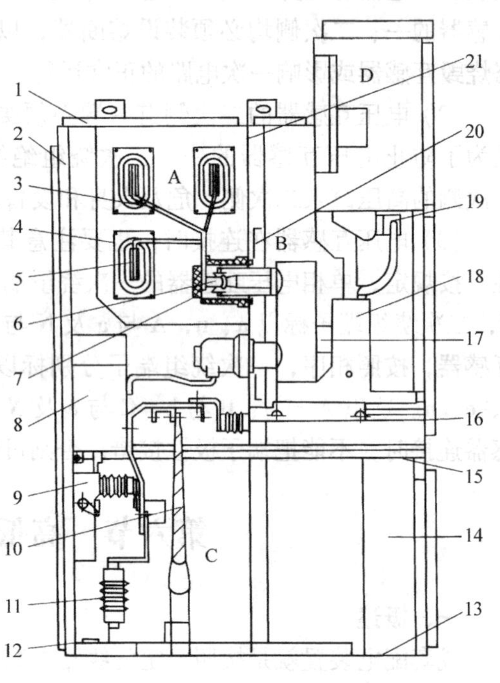

图 2-40　KYN28C-12（MDS）型高压开关柜的基本结构示意图

A—母线室　B—断路器手车室　C—电缆室　D—继电仪表室

1—泄压装置　2—外壳　3—分支小母线　4—母线套管　5—主母线　6—静触头装置　7—静触头盒　8—电流互感器　9—接地开关　10—电缆　11—避雷器　12—接地主母线　13—底板　14—控制线槽　15—接地开关操作机构　16—可抽出式水平隔板　17—加热装置　18—断路器手车　19—二次插头　20—隔板（活门）　21—装卸式隔板

三、低压配电屏

低压配电屏（柜）有固定式和抽屉式两大类型。固定式中的所有电器元件是固定安装

的；而抽屉式的某些电器元件是按一定线路方案组成若干功能单元，然后灵活组装成配电屏（柜），各功能单元类似抽屉，可按需要抽出或推入，因此又称为抽出式。由于固定式比较简单经济，因此在一般中小型机械类工厂中，广泛采用的仍是固定式低压配电屏，离墙安装，双面维护。

我国目前仍在使用的固定式低压配电屏主要为PGL1和PGL2型。这种固定式低压配电屏，技术较先进、结构合理、安全可靠，取代了过去普遍应用的BSL型。这种配电屏的母线安装在屏后骨架上方的绝缘框上，并在母线上方装有母线防护罩；其保护接地系统也较完善，提高了防触电的能力；另外线路方案也更为完备合理，大多数线路方案都有几个辅助方案，便于用户选用。

图2-41为PGL_2^1型低压配电屏的外形结构图。新的PGL1型采用的低压断路器为DW16型或DZ20型；而PGL2型采用的低压断路器为DW15型或DZX20型，断流能力较强，其他电器元件基本相同。

另外一种GGL型低压配电屏，设计也较先进，技术性能指标符合IEC标准。由于它采用了ME型低压断路器等新型元件，因此它比PGL型配电屏的断流能力更高，短路稳定度更好，运行也很安全可靠。

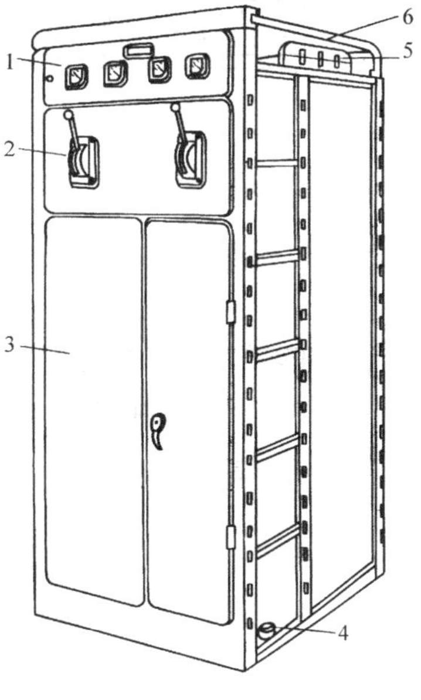

我国目前应用的抽屉式低压配电屏，主要有BFC、GCL、GCK、GCS、GHT1型等，可用作动力中心（PC）和电动机控制中心（MCC），其中GHT1型是GCK（L）1A型的更新换代产品，由天津电气传动设计研究所联合部分行业厂家，在GCK（L）1A型低压抽出式开关柜基础上，共同开发的一种户内混合式低压成套开关设备和控制设备。该设备采用NT型高分断能力熔断器和ME、CW1、CM1型断路器等元件，性能较好，但价格较贵。

图2-41 PGL_2^1型低压配电屏的外形结构图
1—仪表板 2—操作板 3—检修门 4—中性母线绝缘子 5—母线绝缘框 6—母线防护罩

图2-42为GCS型低压抽出式开关柜外形图。

四、环网开关柜

适用于10kV环网供电、双电源供电和终端供电系统中作为电能的控制和保护装置，也可用于箱式变电所。环网开关柜中的主开关一般可以采用高压负荷开关，现在多采用真空或SF_6负荷开关。

环网开关柜一般由三个间隔组成，即两个电缆进出线间隔和一个变压器间隔，其主要电器元件包括负荷开关、熔断器、隔离开关、接地开关、电流互感器、电压互感器和避雷器等。环网开关柜具有可靠的防误操作设施，可达到前面所说的“五防”要求。环网开关柜在我国城市电网改造和小型变配电所中得到了广泛的应用。

图2-43是HXGN1-10型环网开关柜的外形结构图。

五、动力和照明配电箱

上述低压配电屏装设在变电所的低压配电室，以向各个车间建筑配电。而在各个车间建筑内，通常还要装设动力和照明配电箱，以向各个用电设备配电。动力配电箱可用于向动力和照明设备配电；而照明配电箱主要用于照明配电，但也可配电给一些小容量的实验设备和

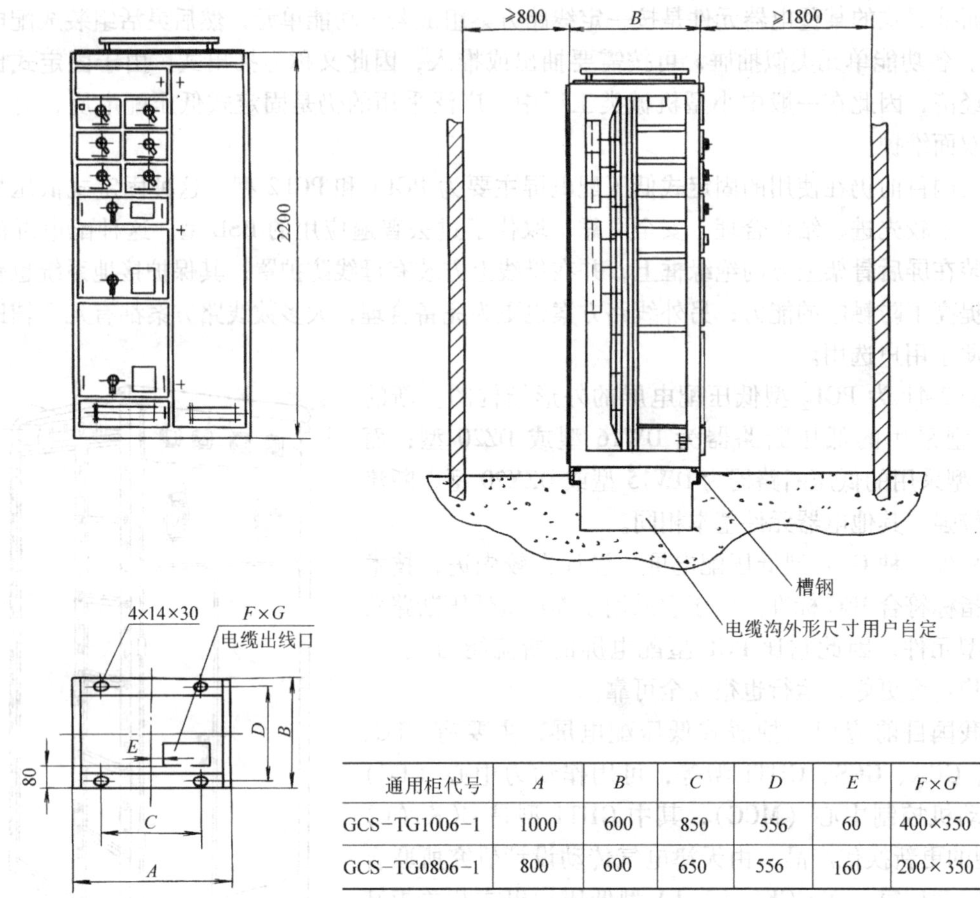

通用柜代号	A	B	C	D	E	F×G
GCS-TG1006-1	1000	600	850	556	60	400×350
GCS-TG0806-1	800	600	650	556	160	200×350

图 2-42　GCS 型低压抽出式开关柜外形图

家用电器。

动力和照明配电箱的类型很多。按安装方式分，有靠墙式、挂墙式和嵌入式等。靠墙式是靠墙安装；挂墙式是挂墙明装；嵌入式是嵌墙暗装。动力配电箱的型号一般标为 XL，照明配电箱的型号一般标为 XM，如为嵌入式，有的在型号后面加一“R”来表示，如 XMR，但也不完全如此，限于篇幅，这里不详细介绍了。

六、终端组合电器

终端组合电器是一种安装终端电器（低压断路器、插座、开关等）的装置，一般用于额定电压为 220V 或 380V、负载电流不大于 100A 的末端电路中，作为对用电电器和设备进行配电、控制，对线路过载、短路和漏电起保护作用的一种成套装置。

PZ30 系列模数化终端组合电器具有以下结构特点：

1）尺寸模数化。电器元件的安装尺寸均为 9mm，便于组合，互换性好。

2）安装轨道化。电器元件统一安装在一根 TH35 顶帽型标准化轨道上，拆装组合方便。

3）功能多样化。可选用不同功能和容量的电器元件组合，功能多样，可适应不同性质的用户。常用的终端电器有 C45N 型断路器、AC30 型模数化插座、HC30 型熔断器式隔离器等。

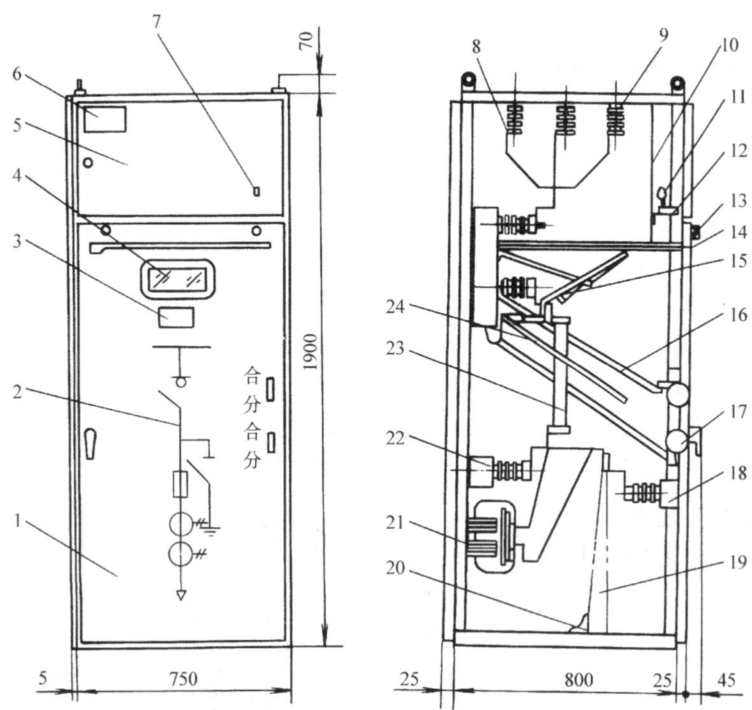

图 2-43　HXGN1-10 型环网开关柜的外形结构图

1—下门　2—模拟电路　3—显示器　4—观察窗　5—上门　6—铭牌　7—组合开关　8—母线　9—绝缘子　10—隔板　11—照明灯　12—端子板　13—旋钮　14—隔板　15—高压负荷开关（断开）　16、24—连杆　17—负荷开关操作机构　18、22—支架　19—电缆（用户自备）　20—角钢（固定电缆用）　21—电流互感器　23—高压熔断器

模数化终端组合电器功能多样、经济安全，可用于高层建筑、住宅、各种公共建筑和工矿企业等场合。

第七节　电力变压器与柴油发电机

一、电力变压器的结构类型

电力变压器是变电所中最关键的一次设备，又称主变压器。

电力变压器按相数分，有单相和三相两种。一般采用三相电力变压器。

电力变压器按冷却介质分，有干式和油浸式两大类。油浸式变压器按其冷却方式分，又有油浸自冷式、油浸风冷式以及强迫油循环风冷式或水冷式等，后者只用于大型变压器。一般工厂变电所采用的中小型变压器多为油浸自冷式。图 2-44 所示为三相油浸式电力变压器。在防火要求高的民用建筑物内应采用干式变压器或 SF_6 变压器。

电力变压器按其绕组导体材质分，有铜绕组和铝绕组两种。目前广泛应用的三相油浸式铜绕组电力变压器，主要为 S9 系列低损耗变压器，而推广应用的三相干式铜绕组电力变压器，主要为 SCB9 系列低损耗变压器。

附录表 A-8 列出了 SL7 和 S9 系列低损耗电力变压器的主要技术数据；附录表 A-9 列出

了 SCB10 系列干式电力变压器的主要技术数据，供参考。

电力变压器的型号说明如下：

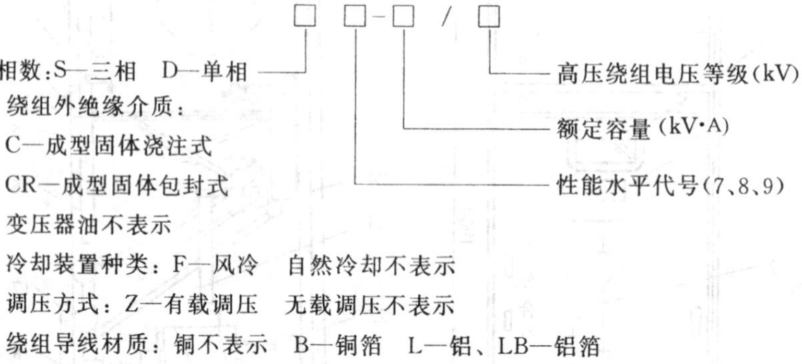

二、干式电力变压器

主要有环氧树脂浇注干式变压器，它的高、低压绕组均采用铜导体，全缠绕、玻璃纤维增强、薄绝缘、树脂不加填料，在真空状态下浸渍式浇注，无爆炸危险，因此能在高层建筑内使用，目前该类变压器额定电压最高为 35kV。在国内高层建筑中，10kV 电压等级的变压器普遍采用干式变压器。

由干式变压器的温升计算和温升试验，可以证实：一般 200kV · A 以下的干式变压器自然空气冷却散热就可满足要求：对大于或等于 250kV · A 以上的干式变压器，由于温升计算裕度不可能很大，最好附加强迫风冷装置和温控仪表，这样做能使干式变压器的输出容量提高 40% 左右。

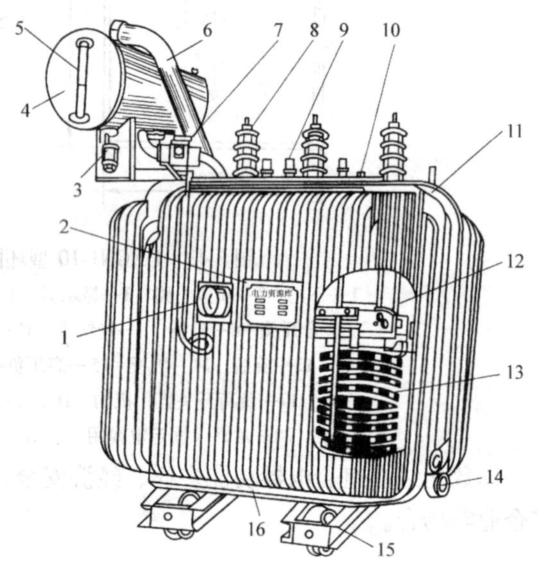

图 2-44　三相油浸式电力变压器

1—信号温度计　2—铭牌　3—吸湿器　4—油枕（储油柜）　5—油标　6—防爆管　7—瓦斯继电器　8—高压套管　9—低压套管　10—分接开关　11—油箱　12—铁心　13—绕组及绝缘　14—放油阀　15—小车　16—接地端子

干式变压器的噪声从声源发出后直接在空气中传播，不同于油浸式变压器有变压器油和油箱壁等介质的缓冲，因此要采取必要的措施来降低噪声。用户除了应选用噪声水平符合标准要求的干式变压器外，还应采取以下措施：安装时对变压器铁心和夹件夹紧螺栓按制造厂要求加以调整；变压器底座和外壳之间安装隔振件并固定坚实；一般干式变压器安装不要求混凝土基础，但在对噪声要求很严格的场所，也可采用较厚或减振的混凝土基础，混凝土基础有明显的降低噪声的作用。

图 2-45 是三相干式电力变压器的外形结构。

三、电力变压器的联结组别

6 ~ 10kV 电力变压器在其低压（400V）侧为三相四线制系统时，其联结组别有 Yyn0（即 Y/Y_0-12）和 Dyn11（即 $\triangle/Y_0$-11）两种。

我国过去差不多全采用 Yyn0 联结变压器，但现在国际上大多数国家的这类变压器则是采用 Dyn11 联结。究其原因，是由于变压器采用 Dyn11 联结较之采用 Yyn0 联结有以下优点：

1）对 Dyn11 联结变压器来说，其 $3n$ 次（n 为正整数）谐波励磁电流在其 D 结线的一次绕组内形成环流，不致注入公共的高压电网中去，这比一次绕组接成 Y 结线的 Yyn0 联结的变压器更有利于抑制高次谐波电流。

2）Dyn11 联结变压器比 Yyn0 联结变压器的零序阻抗小得多，从而更有利于低压单相接地短路故障的切除。

3）Dyn11 联结变压器承受单相不平衡负荷的能力比 Yyn0 联结变压器高得多。Yyn0 联结变压器的中性线电流一般规定不得超过其低压绕组额定电流的 25%，而 Dyn11 联结变压器的中性线电流可允许达低压绕组额定电流的 75% 以上。

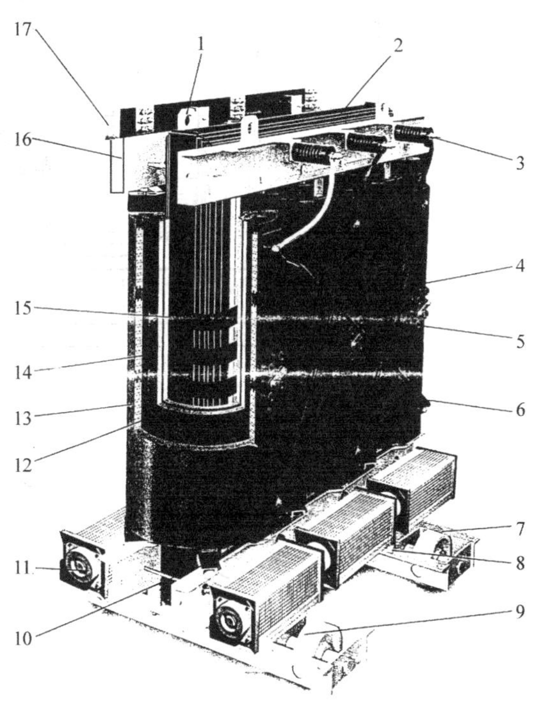

图 2-45　三相干式电力变压器

1—吊环　2—上铁轭　3—高压端子　4—高压连接杆　5—高压分接头　6—高压连接片　7—底座　8—接地螺丝　9—双向轮　10—垫块　11—风机　12—冷却气道　13—高压线圈　14—低压线圈　15—铁心　16—夹件　17—低压出线铜排

因此，国家标准《供配电系统设计规范》（GB 50052—2009）规定：在 TN 及 TT 系统接地形式的低压电网中，宜选用 Dyn11 联结组别的三相变压器作为配电变压器。同时规定：在 TN 及 TT 系统接地形式的低压电网中，如选用 Yyn0 联结组别的三相变压器时，其由单相不平衡负荷引起的中性线电流不得超过低压绕组额定电流的 25%，且其一相的电流在满载时不得超过额定电流值。

由此可见，除三相负荷基本平衡的变压器可采用 Yyn0 联结外，一般（特别是单相不平衡负荷比较突出的场合）都宜采用 Dyn11 联结的变压器。

四、柴油发电机

目前，国内采用的柴油发电机组有两大类：一类是进口机组，如美国的康明斯、卡特彼勒，英国的佩特波、十字军以及德国和日本等国家的产品。另一类是国产机组，生产厂家很多，如福州、厦门、广州、上海、南京、无锡、兰州等地均有生产。

自起动柴油发电机组主要由柴油机、发电机、控制屏以及供油设施和蓄电池几部分组成。

按照我国高层民用建筑设计防火规范的有关要求，应确保楼宇的消防设施和其他重要负载用电，以便当外部电网万一中断供电时，仍能保证消防用电的需要，对于一些重要设施，如银行、计算中心、高级旅馆经营管理计算机、新闻情报枢纽的信息处理中心以及重要建筑物的通信网络等，除设有应急发电机组外，还需另设不间断电源装置 UPS，以提供可靠的备用电源设施。图2-46为柴油发电机安装示意图。

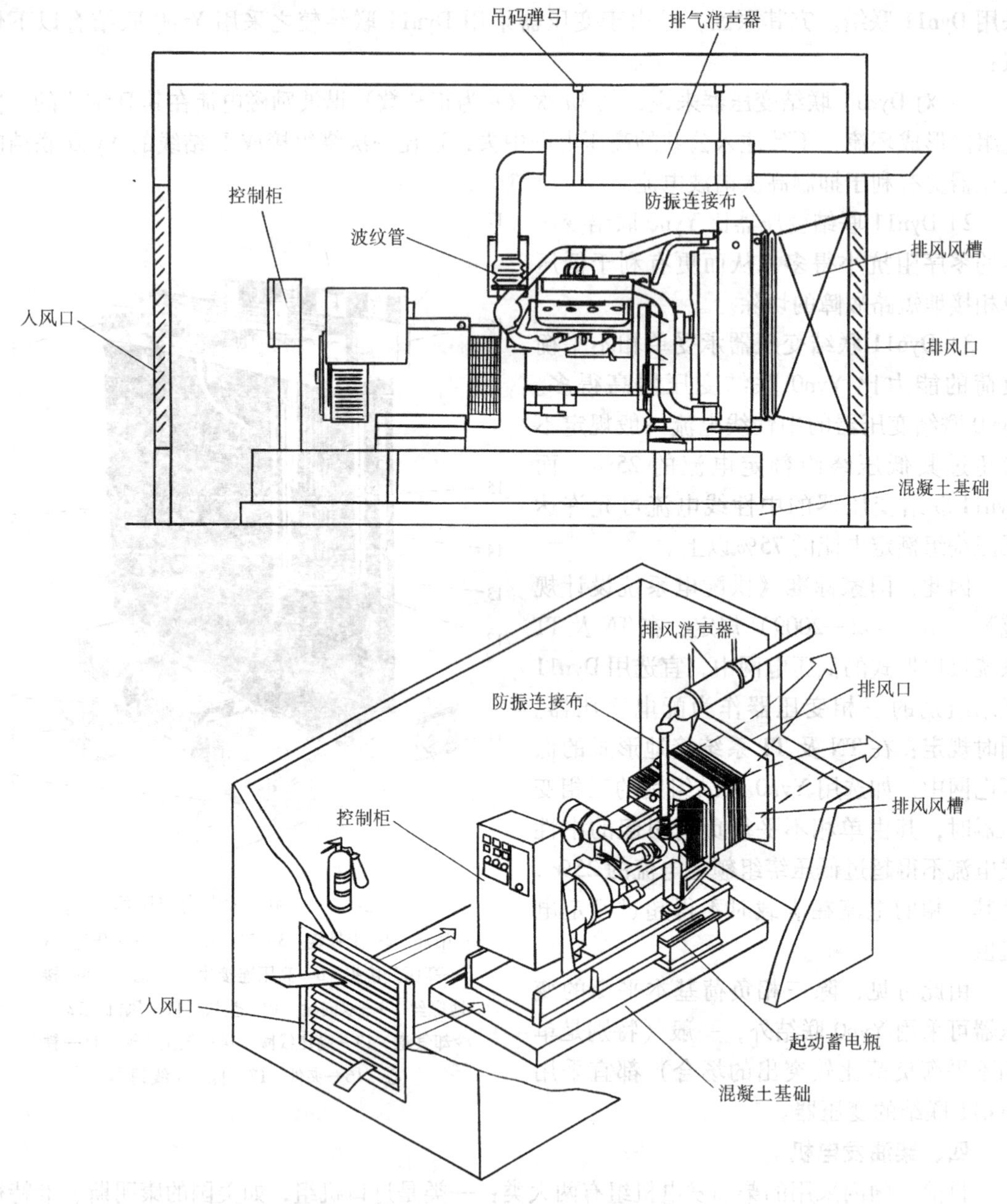

图2-46 柴油发电机安装示意图

自备应急柴油发电机组的发电机输出电压一般为230/400V，其供电范围一般包括以下几个方面：

1）消防设备用电。

2）楼梯及客房走道照明用电的50%。

3）重要场所的动力、照明、空调用电。

4）电梯设备、生活水泵。

5）冷冻室及冷藏室的有关用电。

6）中央控制室与经营管理计算机系统。

7）保安、通信设施和航空障碍灯用电。

8）重要的会议厅堂和演出场所用电。

下面简要介绍康明斯柴油发电机组（50Hz、30～1760kW）。

1. 康明斯柴油发电机组的基本特征

（1）完善的配套设施　机组可安装内置式减振垫、控制盘、起动系统、底盘油箱以及其他附件，可以构成整体式电站。

（2）康明斯发动机　重负荷耐久型四冲程工业用水冷发动机，具有杰出的瞬间特性，发电机组专用设计。

（3）冷却系统　40℃环境温度整体设计，可选配50℃环境温度计。

（4）发电机　①康明斯全资子公司英国史丹福公司产品。②无刷式结构。③电压闭环自动调节。④转子与励磁机整体浸漆防油、防酸性物质侵蚀。⑤超强的短路承受能力。⑥非线性负载电压波形畸变小。⑦永久励磁系统。

（5）功率定义　机组功率定义以40℃自然环境温度为标准，即环境温度高至40℃时无功率损失。

（6）底盘　内置式减振系统，内置减振垫采用橡胶材料。

（7）标准配置智慧型PCL控制系统　①微型计算机整机控制系统。②发动机调速与发电机调电压集成控制系统。③具备发电机组的系统保护功能。④精确、超前的自动监测系统。⑤完全可靠的自检系统。⑥智能型起动控制程序。⑦可选配微型计算机GC600系列三遥控制系统。

2. 参数

（1）机组性能参数

1）电压调节率。在以下各情况下电压调节率在±1.0%以内：①功率因数在0.8（滞后）～1间。②从空载至满载负载波动。③从冷机至热机。④转速下跌4.5%范围内。

2）频率调节率。从0～100%负载变化，频率不变。

3）随机频率波动。负载功率值从0～100%变化时，随机频率波动率最大为0.25%。

4）电压波形。电路开路，最大总谐波含量为1.5%；三相平衡负载，最大总谐波含量为5.0%。

5）电话影响因数。TIF值优于50，BS4999第40部分规定TIF指标优于2%。

6）发电机绝缘。H级绝缘。

7）电磁影响。符合BS800标准，VDE等级在G和N之间。

（2）发动机　康明斯LT10、NT/NTA855、KTA19、QSX15、VTA28、QST30 \ KTA38/50QSK60。

1）类型。涡轮增压、中冷器。

2）结构。气缸四气门、不锈钢曲轴、螺栓、铸铁钢及可更换的温式气缸套。

3）起动系统。24V直流电动机，35～40A充电电机，0℃时盘车电流为640～1800A。

4）燃油系统。24V直流电磁阀燃油切断，双层旋转，纸基燃油滤清器，电子调速器结合康明斯PT供油，直喷系统。机组配备双柔性燃油连接管。

5）滤清系统。具有报警提示器的干芯空气滤清器、旁通机油滤清器、防腐蚀水滤清器。

6）冷却系统。标准的40℃散热器，另可选50℃环境温度散热器及机油冷却器。

（3）同步发电机

1）类型。无刷，单轴承，旋转磁场，4极，防滴漏结构，护网保护；H级绝缘；标准IP22（或NEMA1）防护等级；空气冷却系统；全浇注防潮绕组；交流励磁机，旋转整流单元；定子绕组环氧胶覆盖；转子和励磁机浇注高温聚酯胶，防止油、酸物质腐蚀；转子动平衡符合BS5620第12.5标准；高级润滑脂密封长寿命轴承；转子硅钢机械楔紧。

2）励磁系统。永励励磁系统（PMG）聚酯清漆三重浸注，防潮、防油、防酸，外置防沾挂清漆涂层；胶体固化自动调压器，自激、自调；输出匹配2/3节距绕组，有效抑制中线电流及输出电压的波形畸变；励磁机与发动机曲轴及主发电机转子同轴系，匹配性好。

（4）整体特性　特制焊接底盘、内置式减振垫、整体吊装、可选的底盘油箱；连续运行8h的容积、双柔性橡胶燃油连接管、防排污堵塞，表面装饰：特制翡翠绿电镀涂层，光亮持久、耐挂耐暑；随机资料：每台机组随机配一套安装、操作、零件手册。

思考题

2-1　什么叫一次电路？什么叫二次电路？一次电路的设备按其功用分有哪几类？

2-2　电弧是一种什么现象？其主要特点是什么？它对电气设备的安全运行有哪些影响？

2-3　产生电弧的根本原因是什么？它包含哪些游离方式？

2-4　熄灭电弧的根本条件是什么？灭弧的去游离方式有哪些？开关电器中有哪些常用的灭弧方法？其中最常用最基本的灭弧方法是什么？

2-5　熔断器的主要功能是什么？什么叫熔体的“冶金效应”？什么叫熔断器的“限流”特性？

2-6　常用的RN1型和RN2型高压熔断器各用于什么场合？RN2型的熔体额定电流一般为多少？

2-7　RW10—10F型高压跌开式熔断器能否带负荷操作，与一般高压熔断器（如RN1）相比，在功能和性能方面有何特点？

2-8　RT0型和RT14型低压熔断器在性能方面有何特点？

2-9　高压隔离开关有哪些功能？它为什么可用来隔离电源保证安全检修？它为什么不能带负荷操作？

2-10　高压负荷开关有哪些功能？它可装设什么保护装置？在什么情况下可自动跳闸？在采用负荷开关的高压电路中，采取什么措施来做短路保护？

2-11　高压断路器有哪些功能？

2-12　六氟化硫断路器和高压真空断路器各采用什么介质灭弧？它们与高压少油断路器比较，有哪些优点？各适合哪些场所使用？

2-13　高压断路器的操动机构常用的有哪些类型？各有哪些功能？

2-14　低压断路器有哪些功能？配电用低压断路器按结构形式分有哪两大类？各有何结构特点？

2-15　什么叫选择型和非选择型的保护特性？ME型低压断路器可装设哪些过电流保护？

2-16　电流互感器和电压互感器具有哪些功能？各有何结构特点？

2-17　电流互感器采用V形和两相电流差结线，在通过仪表、继电器的电流各与其互感器二次电流有什么关系？

2-18　高压电流互感器一般有两个二次绕组，各应用于什么情况？

2-19　电流互感器在工作时为什么不能开路？如开路有什么严重后果？

2-20　接成Y_0/Y_0△的电压互感器各应用于哪些情况？

2-21　高压开关柜有哪两大类型？一般常用的固定式开关柜是什么型号？什么叫“五防”？

2-22　低压配电屏有哪两大类型？一般推广应用的低压配电屏是什么型号？有何结构特点？

2-23　我国 6 ~ 10/0. 4kV 的电力变压器有哪两种联结组别？哪些场合宜于应用 Dyn11 联结电力变压器？

2-24　环氧树脂浇注的干式变压器与油浸式变压器相比，有什么优点？它适用于什么场所？

2-25　画出图 2-39 所示的 GG-1A（F）-07S 型高压开关柜的一次结线图，试分析说明合闸和分闸时其开关（QS1、QF、QS2）的正确操作次序。

第三章　负 荷 计 算

本章首先简介电力负荷的有关概念，然后着重讲述计算负荷和尖峰电流的计算；本章是进行供电设计计算、选择有关电器和导体的基础。

第一节　电力负荷和负荷曲线的有关概念

一、电力负荷的有关概念

电力负荷，如第一章所述，既可指用电设备或用电单位（用户），也可指用电设备或用户所耗用的电功率或电流，视具体情况而定。本章中负荷指电功率或电流。

1. 用电设备按工作制的分类

(1) 长期连续工作制　这类设备长期连续运行，负荷比较稳定，如通风机、水泵、空气压缩机、电动发电机、电炉和照明灯等。机床电动机的负荷虽然变动较大，但大多也是长期连续工作的。

(2) 短时工作制　这类设备的工作时间较短，而停歇时间相对较长，例如机床上的某些辅助电动机（如进给电动机、升降电动机等）。

(3) 断续周期工作制　这类设备周期性地工作—停歇—工作，如此反复运行，而工作周期一般不超过10min，例如电焊机和起重机械等。

2. 用电设备的额定容量、负荷持续率及负荷系数

(1) 用电设备的额定容量　用电设备的额定容量，是指用电设备在额定电压下，在规定的使用寿命内能连续输出或耗用的最大功率。对电动机，额定容量指其轴上正常输出的最大功率。因此其耗用的（即从电网吸取的）功率应为其额定容量除以其效率。对电灯和电炉等，额定容量则是指其在额定电压下耗用的功率，而不是指其输出的功率。

对电动机、电炉、电灯等设备，额定容量均用有功功率 P_N 表示，单位为瓦（W）或千瓦（kW）。

对变压器和电焊机等设备，额定容量则一般用视在功率 S_N 表示，单位为伏安（V · A）或千伏安（kV · A）。

对电容器类设备，额定容量则用无功功率 Q_C 表示，单位为乏（var）或千乏（kvar）。

必须注意：对断续周期工作制的设备来说，其额定容量是对应于一定的负荷持续率的。

(2) 负荷持续率　负荷持续率，又称暂载率或相对工作时间，符号为 ε，用一个工作周期内工作时间 t 与工作周期 T 的百分比来表示

$$\varepsilon = \frac{t}{T} \times 100\% = \frac{t}{t + t_0} \times 100\% \tag{3-1}$$

式中，T 是工作周期；t 是工作周期内的工作时间；t_0 是工作周期内的停歇时间。

同一设备在不同的负荷持续率下工作时，其输出功率是不同的。例如某设备在 ε_1 时的设备容量为 P_1，那么该设备在 ε_2 时的设备容量 P_2 是多少呢？这就需要进行“等效”换算，

即按同一周期内相同发热条件来进行换算。

假设设备的内阻为 R，则电流 I 通过该设备在 t 时间内产生的热量为 I^2Rt。因此在 R 不变而产生的热量又相等的条件下，$I \propto 1/\sqrt{t}$。当电压相同时，设备容量 $P \propto I$，因此 $P \propto 1/\sqrt{t}$。而由式（3-1）可知，同一周期的负荷持续率 $\varepsilon \propto t$。由此可得 $P \propto 1/\sqrt{\varepsilon}$，即设备容量与负荷持续率的平方根成反比关系，因此

$$P_2 = P_1\sqrt{\frac{\varepsilon_1}{\varepsilon_2}} \tag{3-2}$$

（3）用电设备的负荷系数　用电设备的负荷系数（负荷率）为设备在最大负荷时输出或耗用的功率 P 与设备额定容量 P_N 的比值，用 K_L（或 β）表示，即

$$K_L = \frac{P}{P_N} \tag{3-3}$$

负荷系数的大小表征了设备容量利用的程度。

二、负荷曲线的有关概念

1. 负荷曲线的绘制及类型

负荷曲线是表征电力负荷随时间变动情况的图形。它绘在直角坐标上，纵坐标表示负荷功率，横坐标表示负荷变动所对应的时间。

负荷曲线按负荷对象分，有工厂的、车间的或某台设备的负荷曲线；按负荷的功率性质分，有有功和无功负荷曲线；按所表示的负荷变动时间分，有年的、月的、日的或工作班的负荷曲线；按绘制的方式分，有依点连成的负荷曲线（见图 3-1a）和梯形负荷曲线（见图 3-1b）。

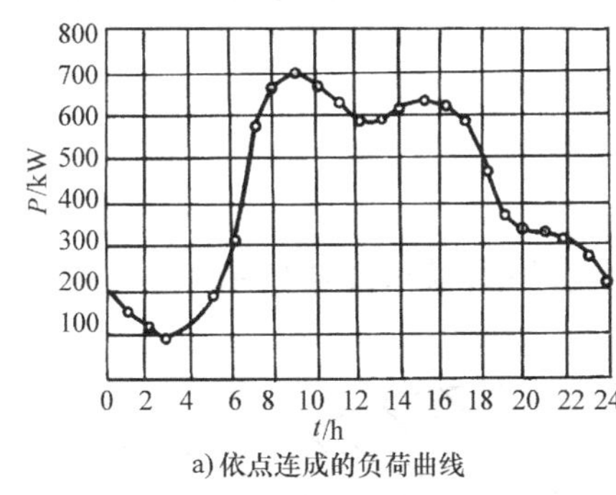

a) 依点连成的负荷曲线

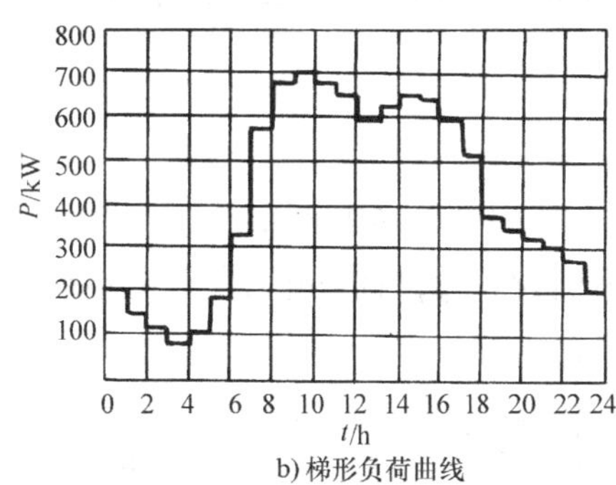

b) 梯形负荷曲线

图 3-1　日有功负荷曲线

年负荷曲线通常是根据典型的冬日和夏日负荷曲线来绘制。这种曲线的负荷从大到小依次排列，反映了全年负荷变动与对应的负荷持续时间（全年按 8760h 计）的关系。这种年负荷曲线全称为年负荷持续时间曲线，如图 3-2a 所示。另一种年负荷曲线，是按全年每日的最大半小时平均负荷来绘制的，又称为年每日最大负荷曲线，如图 3-2b 所示。这种年负荷曲线，主要用来确定经济运行方式，即用来确定哪段时间宜多投入变压器台数而另一段时间又宜少投入变压器台数，使供电系统的能耗达到最小，以获得最大的经济效益。

2. 与负荷曲线有关的物理量

（1）年最大负荷和年最大负荷利用小时　年最大负荷 P_{max} 就是全年中有代表性的最大负

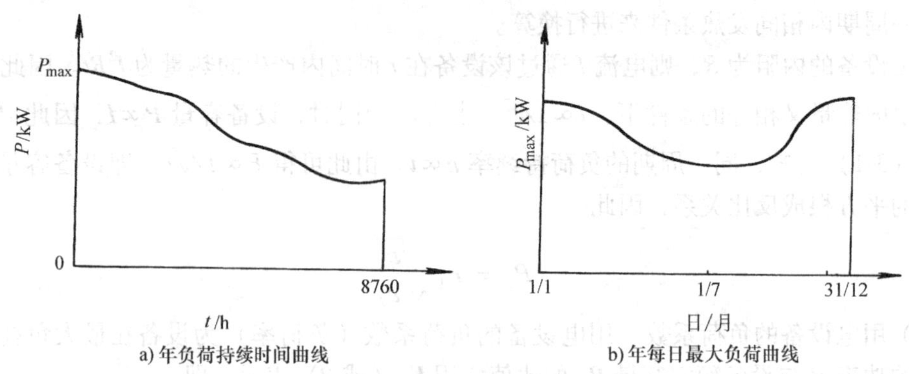

图 3-2　年负荷曲线

荷班的最大半小时平均负荷P_{30}。

年最大负荷利用小时 T_{max}是假设电力负荷按年最大负荷 P_{max}持续运行时，在此时间内电力负荷所耗用的电能恰与电力负荷全年实际耗用的电能相同，如图 3-3 所示。因此年最大负荷利用小时是一个假想时间，按下式计算：

$$T_{max} = \frac{W_a}{P_{max}} \tag{3-4}$$

式中，W_a 是全年实际耗用的电能。

年最大负荷利用小时是反映电力负荷时间特征的重要参数，它与工厂的生产班制有关，例如一班制工厂，$T_{max} \approx 1800 \sim 2500$h；两班制工厂，$T_{max} \approx 3500 \sim 4500$h；三班制工厂，$T_{max} \approx 5000 \sim 7000$h。附录表 A-18 列出部分工厂的年最大负荷利用小时参考值，供参考。

(2) 平均负荷和负荷曲线填充系数　平均负荷 P_{av}就是电力负荷在一定时间 t 内平均耗用的功率，即

$$P_{av} = \frac{W_t}{t} \tag{3-5}$$

式中，W_t 是 t 时间内耗用的电能。

年平均负荷 P_{av}，就是电力负荷全年平均耗用的功率，如图 3-4 所示。

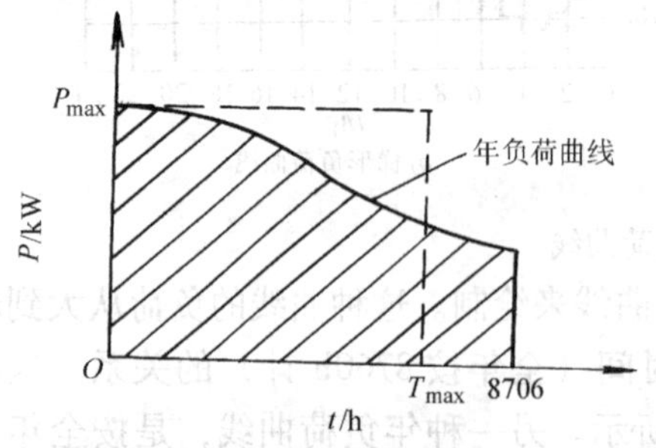

图 3-3　年最大负荷和年最大负荷利用小时

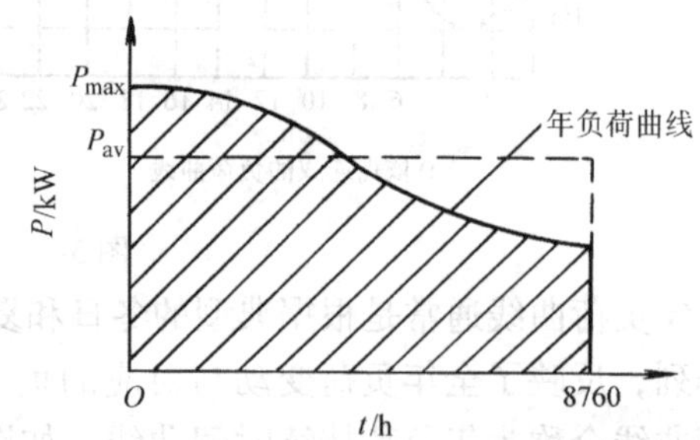

图 3-4　年平均负荷

负荷曲线填充系数就是将起伏波动的负荷曲线“削峰填谷”，求出平均负荷 P_{av}。此平均负荷 P_{av}与最大负荷 P_{max}的比值，亦称负荷率或负荷系数，通常用β表示（亦可表示为K_L），其定义式为

$$\beta = \frac{P_{av}}{P_{max}} \tag{3-6}$$

负荷曲线填充系数表征了负荷曲线不平坦的程度，亦即负荷变动的程度。从发挥整个电力系统效能来说，应尽量设法提高β值，因此供电系统在运行中必须实行负荷调整。

第二节　三相用电设备组计算负荷的确定

一、概述

计算负荷是通过统计计算求出的用来按发热条件选择供电系统中各元件的负荷值。按计算负荷选择的电气设备和导线电缆，如以计算负荷持续运行，其发热温度不致超出允许值，因而也不会影响其使用寿命。

由于导体通过电流达到稳定温升的时间为（3～4）τ，τ为发热时间常数，而截面在16mm^{2}以上的导体的τ均在10min以上，也就是载流导体大约经30min后可达到稳定的温升值，因此通常取半小时平均最大负荷P_{30}（亦即年最大负荷P_{max}）作为计算负荷。

计算负荷是供电设计计算的基本依据。如果计算负荷确定过大，将使设备和导线选择偏大，造成投资和有色金属的浪费。如果计算负荷确定过小，又将使设备和导线选择偏小，造成设备和导线运行时过热，增加电能损耗和电压损耗，甚至使设备和电线烧毁，造成事故。因此正确确定计算负荷具有重要意义。但是由于负荷情况复杂，影响计算负荷的因素很多，虽然各类负荷的变化有一定规律可循，但准确确定计算负荷却十分困难。实际上，负荷也不可能是一成不变的，它与设备的性能、生产的组织及能源供应的状况等多种因素有关，因此负荷计算也只能力求接近实际。

二、需要系数法的基本公式及其应用

需要系数K_d，是用电设备组（或用电单位）在最大负荷时需要的有功功率P_{30}与其总的设备容量（备用设备的容量不计入）P_e的比值，即

$$K_d = \frac{P_{30}}{P_e} \tag{3-7}$$

因此，按需要系数法确定三相用电设备组有功计算负荷的基本公式为（常用单位kW）

$$P_{30} = K_d P_e \tag{3-8}$$

确定无功计算负荷的基本公式为（常用单位kvar）

$$Q_{30} = P_{30}\tan\varphi \tag{3-9}$$

确定视在计算负荷的基本公式为（常用单位kV·A）

$$S_{30} = \frac{P_{30}}{\cos\varphi} \tag{3-10}$$

确定计算电流的计算公式为（常用单位A）

$$I_{30} = \frac{S_{30}}{\sqrt{3}U_N} \tag{3-11}$$

式中，U_N是用电设备的额定电压（单位为kV）。

附录表A-11至表A-15列出了用电设备的需要系数K_d及相应的$\cos\varphi$、$\tan\varphi$值，供参考。以上公式适用于计算三相用电设备。

必须指出：附录表 A-11 所列需要系数值是按建筑物内的设备情况来确定的，若设备台数较多时，则需要系数值较小；若设备台数较少时，则需要系数值宜适当取大。但总的来说，需要系数适用于设备台数多，且容量差别不大的负荷。本书中为了计算的统一，规定需要系数取偏大的值。

例 3-1 已知某民用建筑拥有额定电压 380V 的三相水泵电动机 15kW 的 1 台、11kW 的 3 台、7.5kW 的 8 台、4kW 的 15 台，其他更小容量电动机的总容量为 35kW。试用需要系数法确定其计算负荷 P_{30}、Q_{30}、S_{30} 和 I_{30}。

解 此水泵电动机的总容量为

$P_e = 15\text{kW}\times1 + 11\text{kW}\times3 + 7.5\text{kW}\times8 + 4\text{kW}\times15 + 35\text{kW} = 203\text{kW}$

查附录表 A-12 中"给排水用电各种水泵（15kW 以下）"项得 $K_d = 0.75 \sim 0.8$（取 0.8）、$\cos\varphi = 0.8$、$\tan\varphi = 0.75$。因此按式（3-8）至式（3-11）计算可得

有功计算负荷 $P_{30} = 0.8\times203\text{kW} = 162.4\text{kW}$

无功计算负荷 $Q_{30} = 162.4\text{kW}\times0.75 = 121.8\text{kvar}$

视在计算负荷 $S_{30} = 162.4\text{kW}/0.8 = 203\text{kV}\cdot\text{A}$

计算电流 $I_{30} = 203\text{kV}\cdot\text{A}/\ (\sqrt{3}\times0.38\text{kV})\ = 308.44\text{A}$

三、设备容量的计算

式（3-8）中的设备容量 P_e 不包括备用设备的容量，而且要注意 P_e 的计算与设备组的工作制有关。

1. 长期连续工作制和短时工作制的三相设备容量

这两类三相设备组的设备容量 P_e，就取所有设备（备用设备不计）的额定容量之和。

2. 断续周期工作制的三相设备容量

（1）电焊机组　一般要求设备容量统一换算到 $\varepsilon_{100} = 100\%$。设铭牌的容量为 P_N，其负荷持续率为 ε_N，因此由式（3-2）可得对应于 ε_{100} 的设备容量为

$$P_e = P_N\sqrt{\frac{\varepsilon_N}{\varepsilon_{100}}} = S_N\cos\varphi\sqrt{\frac{\varepsilon_N}{\varepsilon_{100}}}$$

即

$$P_e = P_N\sqrt{\varepsilon_N} = S_N\cos\varphi\sqrt{\varepsilon_N} \tag{3-12}$$

式中，P_N、S_N 是电焊机的铭牌容量，前者为有功容量，后者为视在容量，电焊机大多标的容量为后者；ε_N 是铭牌容量对应的负荷持续率，计算中换算为小数。

（2）吊车电动机组　一般要求设备容量统一换算到 $\varepsilon_{25} = 25\%$。设铭牌的容量为 P_N，其负荷持续率为 ε_N，因此由式（3-2）可得对应于 ε_{25} 的设备容量为

$$P_e = P_N\sqrt{\frac{\varepsilon_N}{\varepsilon_{25}}} = 2P_N\sqrt{\varepsilon_N} \tag{3-13}$$

式中，ε_N、P_N 是对应的负荷持续率，计算中换算为小数。

3. 单相用电设备的等效三相设备容量的换算

（1）接于相电压的单相设备容量换算　按最大负荷相所接的单相设备容量 $P_{e.m\varphi}$ 乘以 3 来计算，其等效三相设备容量为

$$P_e = 3P_{e.m\varphi} \tag{3-14}$$

（2）接于线电压的单相设备容量换算　由于容量为 $P_{e.\varphi}$ 的单相设备接在线电压上产生的

电流为$I=P_{e.\varphi}/(U\cos\varphi)$，这一电流应与等效三相设备容量 P_e 产生的电流 $I'=P_e/(\sqrt{3}\times U\cos\varphi)$ 相等，因此其等效三相设备容量为

$$P_e=\sqrt{3}P_{e.\varphi} \tag{3-15}$$

四、多组用电设备计算负荷的确定

在确定拥有多组用电设备的干线上或变电所低压母线上的计算负荷时，应考虑各组用电设备的最大负荷不同时出现的因素。因此在确定低压干线上或低压母线上的计算负荷时，可结合具体情况对其有功和无功计算负荷计入一个同时系数（又称参差系数或综合系数）K_Σ。

对于干线，可取 $K_\Sigma=0.85\sim0.95$。对于低压母线，由用电设备计算负荷直接相加来计算时，可取 $K_\Sigma=0.8\sim0.9$；由干线负荷直接相加来计算时，可取 $K_\Sigma=0.9\sim0.95$。

总的有功计算负荷为
$$P_{30}=K_\Sigma\Sigma P_{30.i} \tag{3-16}$$
总的无功计算负荷为
$$Q_{30}=K_\Sigma\Sigma Q_{30.i} \tag{3-17}$$
总的视在计算负荷为
$$S_{30}=\sqrt{P_{30}^2+Q_{30}^2} \tag{3-18}$$
总的计算电流为
$$I_{30}=\frac{S_{30}}{\sqrt{3}U_N} \tag{3-19}$$

式（3-16）和式（3-17）中的 $\Sigma P_{30.i}$和 $\Sigma Q_{30.i}$分别表示所有各组设备的有功和无功计算负荷之和。

注意：由于各组设备的 $\cos\varphi$ 不一定相同，因此总的视在计算负荷和计算电流不能用各组的视在计算负荷或计算电流之和乘以 K_Σ 来计算。

顺便说明：在计算多组设备总的计算负荷时，为了简化和统一，各组设备的台数不论多少，各组的计算负荷均可按附录表 A-11 和表 A-12 所列 K_d 和 $\cos\varphi$ 值来计算。

例 3-2 某建筑的 380V 线路上，接有给排水用电的水泵电动机（15kW 以下）30 台共 205kW，另有通风机 25 台共 45kW，电焊机 3 台共 10.5kW（$\varepsilon=65\%$）。试确定各组的及总的计算负荷。

解 先求各组的计算负荷

（1）水泵电动机组 查附录表 A-12 得 $K_d=0.75\sim0.8$（取 $K_d=0.8$），$\cos\varphi=0.8$，$\tan\varphi=0.75$，因此

$$P_{30(1)}=0.8\times205\text{kW}=164\text{kW}$$
$$Q_{30(1)}=164\text{kW}\times0.75=123\text{kvar}$$
$$S_{30(1)}=164\text{kW}/0.8=205\text{kV}\cdot\text{A}$$
$$I_{30(1)}=205\text{kV}\cdot\text{A}/(\sqrt{3}\times0.38\text{kV})=311.47\text{A}$$

（2）通风机组 查附录表 A-12 得 $K_d=0.7\sim0.8$（取 $K_d=0.8$），$\cos\varphi=0.8$，$\tan\varphi=0.75$，因此

$$P_{30(2)}=0.8\times45\text{kW}=36\text{kW}$$
$$Q_{30(1)}=36\text{kW}\times0.75=27\text{kvar}$$
$$S_{30(1)}=36\text{kW}/0.8=45\text{kV}\cdot\text{A}$$
$$I_{30(1)}=45\text{kV}\cdot\text{A}/(\sqrt{3}\times0.38\text{kV})=68.37\text{A}$$

（3）电焊机组 查附录表 A-11 得 $K_d=0.35$，$\cos\varphi=0.35$，$\tan\varphi=2.68$，而 $\varepsilon=100\%$，

故
$$P_{e(\varepsilon=100\%)} = 10.5\sqrt{\frac{65\%}{100\%}}\text{kW} = 8.47\text{kW}$$

因此
$$P_{30(3)} = 0.35 \times 8.47\text{kW} = 2.96\text{kW}$$
$$Q_{30(3)} = 2.96\text{kW} \times 2.68 = 7.94\text{kvar}$$
$$S_{30(3)} = 2.96\text{kW}/0.35 = 8.47\text{kV}\cdot\text{A}$$
$$I_{30(1)} = 8.47\text{kV}\cdot\text{A}/(\sqrt{3}\times 0.38\text{kV}) = 12.87\text{A}$$

因此总计算负荷（取 $K_\Sigma=0.95$）为
$$P_{30} = 0.95 \times (164 + 36 + 2.96)\text{kW} = 192.81\text{kW}$$
$$Q_{30} = 0.95 \times (123 + 27 + 7.94)\text{kvar} = 150.04\text{kvar}$$
$$S_{30} = \sqrt{192.81^2 + 150.04^2}\text{kV}\cdot\text{A} = 244.31\text{kV}\cdot\text{A}$$
$$I_{30(1)} = 244.31\text{kV}\cdot\text{A}/(\sqrt{3}\times 0.38\text{kV}) = 371.2\text{A}$$

为了使人一目了然，便于审核，实际工程设计中常采用计算表格形式，如表 3-1 所示。

表 3-1 例 3-2 的电力负荷计算表

序号	用电设备名称	台数	设备容量 P_e/kW	K_d	$\cos\varphi$	$\tan\varphi$	计算负荷			
							P_{30} /kW	Q_{30} /kvar	S_{30} /kVA	I_{30} /A
1	水泵机	30	205	0.8	0.8	0.75	164	123	205	311.47
2	通风机	25	45	0.8	0.8	0.75	36	27	45	68.37
3	电焊机	3	10.5(65%) 8.47(100%)	0.35	0.35	2.68	2.96	7.94	8.47	12.87
总计		—	—	—	—	—	202.9	157.94	—	—
取 $K_\Sigma=0.95$							192.8	150.04	244.31	371.2

第三节 单相用电设备组计算负荷的确定*

一、概述

在建筑物里，除了广泛应用三相电气设备外，还有诸如电灯、电炉、水泵等各种单相电气设备。单相设备接在三相线路中，应尽可能地均衡分配，使三相负荷尽可能地平衡。如果三相线路中单相设备的总容量不超过三相设备总容量的 15% 时，则不论单相设备如何分配，单相设备可与三相设备综合按三相负荷平衡计算。如果单相设备容量超过三相设备容量 15% 时，则应将单相设备容量换算为等效三相设备容量，再与三相设备容量相加。

由于确定计算负荷的目的主要是为了选择供配电系统中的设备和导线电缆，使设备和导线在最大负荷电流通过时不致过热或烧毁。因此在接有较多单相设备的三相线路中，不论单相设备接于相电压还是接于线电压，只要三相负荷不平衡，就应以最大负荷相有功负荷的三倍作为等效三相有功负荷，以满足线路安全运行的要求。

二、单相设备组等效三相负荷的计算

单相设备接于相电压时与单相设备接于同一线电压时的负荷计算在第二节已讲过，下面介绍另外两种情况。

1. 单相设备接于不同线电压时的计算

如图 3-5 所示，设 $P_1>P_2>P_3$，且 $\cos\varphi_1\neq\cos\varphi_2\neq\cos\varphi_3$，$P_1$ 接于 U_{AB}，P_2 接于 U_{BC}，P_3 接于 U_{CA}。按等效发热原理，可等效为图示的三种结线的叠加：①U_{AB}、U_{BC}、U_{CA}间各接 P_3，其等效三相容量为 $3P_3$。②U_{AB}和 U_{BC}间各接 P_2-P_3，其等效三相容量为 3（P_2-P_3）。③U_{AB}间接 P_1-P_2，其等效三相容量为$\sqrt{3}$（P_1-P_2）。

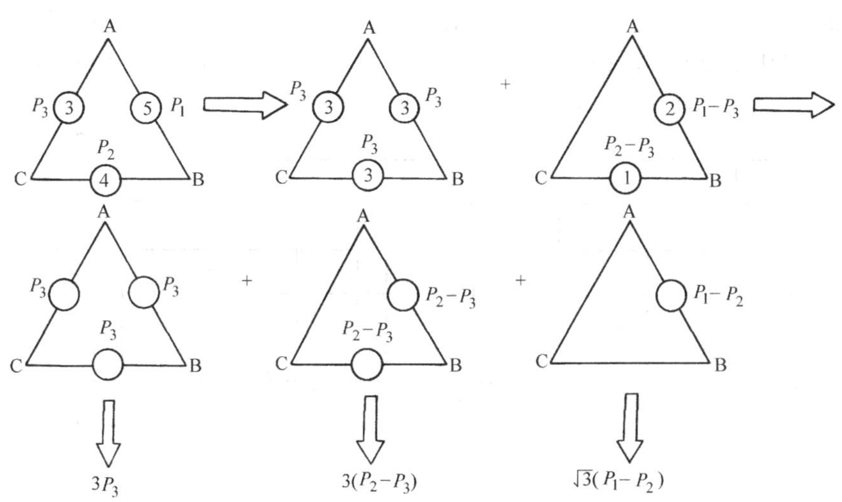

图 3-5　接于各线电压的单相负荷等效变换程序

因此 P_1、P_2、P_3 接于不同线电压时的等效三相设备容量为

$$P_e=\sqrt{3}P_1+(3-\sqrt{3})P_2 \tag{3-20}$$

$$Q_e=\sqrt{3}P_1\tan\varphi_1+(3-\sqrt{3})P_2\tan\varphi_2 \tag{3-21}$$

等效三相计算负荷同样按需要系数法计算。

2. 单相设备分别接于线电压和相电压时的负荷计算

首先应将接于线电压的单相设备容量换算为接于相电压的设备容量，然后分相计算各相的设备容量，并按需要系数法计算其计算负荷。而总的等效三相有功计算负荷为其最大有功负荷相的有功计算负荷 $P_{30.m\varphi}$的 3 倍，即

$$P_{30}=3P_{30.m\varphi} \tag{3-22}$$

总的等效三相无功计算负荷为其最大有功负荷相的无功计算负荷 $Q_{30.m\varphi}$的 3 倍，即

$$Q_{30}=3Q_{30.m\varphi} \tag{3-23}$$

关于将接于线电压的单相设备容量换算为接于相电压的设备容量问题，可按下列换算公式进行换算：

A 相
$$P_A=p_{AB\text{-}A}P_{AB}+p_{CA\text{-}A}P_{CA} \tag{3-24}$$

$$Q_A=q_{AB\text{-}A}P_{AB}+q_{CA\text{-}A}P_{CA} \tag{3-25}$$

B 相
$$P_B=p_{BC\text{-}B}P_{BC}+p_{AB\text{-}B}P_{AB} \tag{3-26}$$

$$Q_B=q_{BC\text{-}B}P_{BC}+q_{AB\text{-}B}P_{AB} \tag{3-27}$$

C 相
$$P_C=p_{CA\text{-}C}P_{CA}+p_{BC\text{-}C}P_{BC} \tag{3-28}$$

$$Q_C = q_{CA\text{-}C}P_{CA} + q_{BC\text{-}C}P_{BC} \tag{3-29}$$

式中，P_{AB}、P_{BC}、P_{CA}是接于U_{AB}、U_{BC}、U_{CA}的有功设备容量；P_A、P_B、P_C是换算为接于U_A、U_B、U_C的有功设备容量；Q_A、Q_B、Q_C是换算为接于U_A、U_B、U_C的无功设备容量；$p_{AB\text{-}A}$、$q_{AB\text{-}A}$等是接于U_{AB}等的相间负荷换算为接于U_A等的相负荷的有功和无功换算系数，如表3-2所列。

例3-3 在图3-6所示的220/380V三相四线制线路上，接有220V单相电热干燥箱4台，其中2台10kW接于A相，1台30kW接于B相，一台20kW接于C相。此外接有380V单相对焊机4台，其中2台14kW（$\varepsilon=100\%$）接于AB相，1台20kW（$\varepsilon=100\%$）接于BC相，1台30kW（$\varepsilon=60\%$）接于CA相。试求此线路的计算负荷。

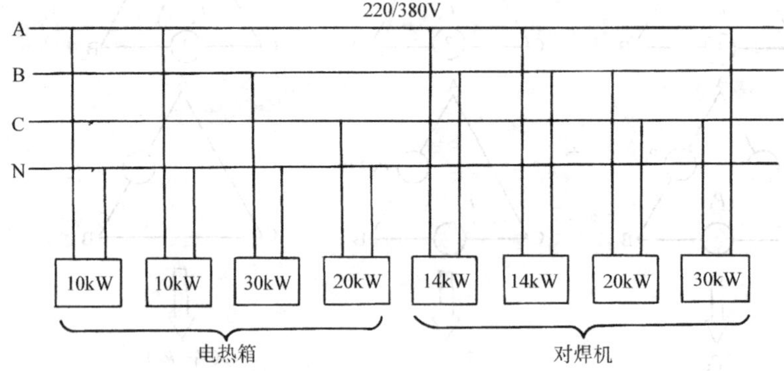

图3-6 例3-3的电路

解 （1）电热干燥箱的各相计算负荷

查附录表A-11得$K_d=0.7$，$\cos\varphi=1$，$\tan\varphi=0$，因此只需计算有功计算负荷

A相 $P_{30.A(1)}=K_dP_{e\cdot A}=0.7\times2\times10\text{kW}=14\text{kW}$

B相 $P_{30.B(1)}=K_dP_{e\cdot B}=0.7\times1\times30\text{kW}=21\text{kW}$

C相 $P_{30.C(1)}=K_dP_{e\cdot C}=0.7\times1\times20\text{kW}=14\text{kW}$

（2）对焊机的各相计算负荷

先将接于CA相的30kW（$\varepsilon=60\%$）换算至$\varepsilon=100\%$时的容量，按式（3-12）可得

$$P_{CA} = 30\text{kW}\times\sqrt{0.6} = 23.2\text{kW}$$

查附录表A-11得$K_d=0.35$，$\cos\varphi=0.7$，$\tan\varphi=1.02$，再由表3-2查得$\cos\varphi=0.7$时的功率换算系数$p_{AB\text{-}A}=p_{BC\text{-}B}=p_{CA\text{-}C}=0.8$，$p_{AB\text{-}B}=p_{BC\text{-}C}=p_{CA\text{-}A}=0.2$，$q_{AB\text{-}A}=q_{BC\text{-}B}=q_{CA-C}=0.22$，$q_{AB\text{-}B}=q_{BC-C}=q_{CA\text{-}A}=0.8$，因此各相的有功和无功设备容量为

A相 $P_A=0.8\times2\times14\text{kW}+0.2\times23.2\text{kW}=27\text{kW}$

$$Q_A = 0.22\times2\times14\text{kvar}+0.8\times23.2\text{kvar} = 24.7\text{kvar}$$

B相 $P_B=0.8\times20\text{kW}+0.2\times2\times14\text{kW}=21.6\text{kW}$

$$Q_B = 0.22\times20\text{kvar}+0.8\times2\times14\text{kvar} = 26.8\text{kvar}$$

C相 $P_C=0.8\times23.2\text{kW}+0.2\times20\text{kW}=22.6\text{kW}$

$$Q_C = 0.22\times23.2\text{kvar}+0.8\times20\text{kvar} = 21.1\text{kvar}$$

各相的有功和无功计算负荷为

A相 $P_{30.A(2)}=0.35\times27\text{kW}=9.45\text{kW}$

$$Q_{30.A(2)} = 0.35 \times 24.7\text{kvar} = 8.65\text{kvar}$$

B 相
$$P_{30.B(2)} = 0.35 \times 21.6\text{kW} = 7.56\text{kW}$$
$$Q_{30.B(2)} = 0.35 \times 26.8\text{kvar} = 9.38\text{kvar}$$

C 相
$$P_{30.C(2)} = 0.35 \times 22.6\text{kW} = 7.91\text{kW}$$
$$Q_{30.C(2)} = 0.35 \times 21.1\text{kvar} = 7.39\text{kvar}$$

(3) 各相总的有功和无功计算负荷

A 相
$$P_{30.A} = P_{30.A(1)} + P_{30.A(2)} = 14\text{kW} + 9.45\text{kW} = 23.5\text{kW}$$
$$Q_{30.A} = Q_{30.A(1)} + Q_{30.A(2)} = 0 + 8.65\text{kvar} = 8.65\text{kvar}$$

B 相
$$P_{30.B} = P_{30.B(1)} + P_{30.B(2)} = 21\text{kW} + 7.5\text{kW} = 28.6\text{kW}$$
$$Q_{30.B} = Q_{30.B(1)} + Q_{30.B(2)} = 0 + 9.38\text{kvar} = 9.38\text{kvar}$$

C 相
$$P_{30.C} = P_{30.C(1)} + P_{30.C(2)} = 14\text{kW} + 7.91\text{kW} = 21.9\text{kW}$$
$$Q_{30.C} = Q_{30.C(1)} + Q_{30.C(2)} = 0 + 7.39\text{kvar} = 7.39\text{kvar}$$

(4) 总的等效三相计算负荷

由以上计算可知，B 相的有功计算负荷最大，故取 B 相计算等效三相计算负荷，因此可得

$$P_{30} = 3P_{30\cdot B} = 3 \times 28.6\text{kW} = 85.8\text{kW}$$
$$Q_{30} = 3Q_{30\cdot B} = 3 \times 9.38\text{kvar} = 28.1\text{kvar}$$
$$S_{30} = \sqrt{P_{30}^2 + Q_{30}^2} = \sqrt{85.8^2 + 28.1^2}\text{kV}\cdot\text{A} = 90.3\text{kV}\cdot\text{A}$$
$$I_{30} = \frac{90.3\text{kV}\cdot\text{A}}{\sqrt{3} \times 0.38\text{kV}} = 137.2\text{A}$$

表 3-2　相间负荷换算相负荷的功率换算系数

功率换算系数	负荷功率因数								
	0.35	0.4	0.5	0.6	0.65	0.7	0.8	0.9	1.0
p_{AB-A}、p_{BC-B}、p_{CA-C}	1.27	1.17	1.0	0.89	0.84	0.8	0.72	0.64	0.5
p_{AB-B}、p_{BC-C}、p_{CA-A}	−0.27	−0.17	0	0.11	0.16	0.2	0.28	0.36	0.5
q_{AB-A}、q_{BC-B}、q_{CA-A}	1.05	0.86	0.58	0.38	0.3	0.22	0.09	−0.05	−0.29
q_{AB-B}、q_{BC-C}、q_{CA-C}	1.63	1.44	1.16	0.96	0.88	0.8	0.67	0.53	0.29

第四节　计算负荷的估算

一、概述

工业与民用建筑的计算负荷是用来按发热条件选择建筑电源进线及有关电气设备的基本依据，也是用来计算工业与民用建筑功率因数和确定无功功率补偿容量的基本依据。

估算建筑计算负荷的方法有逐级计算法、单位面积功率法和单位指标法。下面简单介绍其中两种方法。

二、单位面积功率法（又称负荷密度法）

将建筑物的建筑面积 A 乘以建筑物的负荷密度 K_s，即得到建筑物的计算负荷

$$P_{30} = \frac{K_s A}{1000} \tag{3-30}$$

式中，P_{30}是有功计算负荷（kW）；A 是建筑面积（m^2）；K_s 是负荷密度（W/m^2 或 $V \cdot A/m^2$），参见附录表 A-17 各类建筑单位面积推荐负荷指标。

三、单位指标法

计算公式为

$$P_{30} = \frac{K_n N}{1000} \tag{3-31}$$

式中，P_{30}是有功计算负荷（kW）；K_n 是单位指标（如 W/床、W/人、W/户），参见附录表 A-16 部分旅游宾馆、饭店的变压器容量及负荷密度；N 是单位数量（例如床数、人数或户数）。

四、功率因数、无功补偿及补偿后的计算负荷

1. 功率因数

功率因数有以下几种：

（1）瞬时功率因数　瞬时功率因数可由装设在总配变电所控制室或值班室的功率因数表直接读出。它可用来了解和分析供电系统运行中无功功率变化的情况，以便考虑采取适当的补偿措施。

（2）平均功率因数　平均功率因数是指某一规定时间内（例如一个月内）功率因数的平均值，按下式计算：

$$\cos\varphi_{av} = \frac{W_p}{\sqrt{W_p^2 + W_q^2}} \tag{3-32}$$

式中，W_p 是某一时间（例如一个月）内耗用的有功电能，由有功电度表读出；W_q 是某一时间（例如一个月）内耗用的无功电能，由无功电度表读出。

我国电业部门每月向用户收取电费时，就规定要按月平均功率因数的高低来调整电费。一般是 $\cos\varphi_{av} > 0.85$ 时，适当少收电费：$\cos\varphi_{av} < 0.85$ 时，适当多收电费。此措施用以鼓励用户设法提高功率因数，从而提高电力系统运行的经济性。

（3）最大负荷时的功率因数　最大负荷时的功率因数是指在年最大负荷（即计算负荷）时的功率因数，按下式计算：

$$\cos\varphi = \frac{P_{30}}{S_{30}} \tag{3-33}$$

我国有关规程规定：高压供电的用电单位，最大负荷时的功率因数不得低于 0.9，低压供电的用电单位，最大负荷时的功率因数不得低于 0.85。如果达不到上述要求时，则必须进行无功补偿。

2. 无功功率补偿

一般情况下，由于建筑所需的大量动力负荷如感应电动机、电焊机、气体放电灯等，都是感性负荷，使得功率因数偏低，达不到上述要求，因此需要采用无功补偿措施来提高功率因数。

图 3-7 表示功率因数提高与无功功率和视在功率变化的关系（有功功率固定不变条件下）。当功率因数由 $\cos\varphi$ 提高到 $\cos\varphi'$时，无功功率 Q_{30}和视在功率 S_{30}将分别减小到 Q'_{30}和 S'_{30}（P_{30}不变条件下），从而使负荷电流相应减小。这就可使供电系统的电能损耗和电压损耗降低，并可选用较小容量的电气元件如电力变压器、开关设备和较小截面的导体，减少投

资和节约有色金属。因此提高功率因数对整个供电系统大有好处。

要使功率提高到 $\cos\varphi'$，通常需装设人工补偿装置。由图 3-7 可知无功补偿容量应为

$$Q_c = P_{30}(\tan\varphi - \tan\varphi')$$

或

$$Q_c = \Delta q_c P_{30} \tag{3-34}$$

式中，Δq_c 是无功补偿率或比补偿容量，Δq_c = （$\tan\varphi - \tan\varphi'$）（kvar/kW）。

无功补偿率表示要使 1kW 的有功功率由 $\cos\varphi$ 提高到 $\cos\varphi'$ 所需的无功补偿功率 kvar 值。附录表 A-19 列出了无功补偿率，可利用补偿前后的功率因数直接查出。

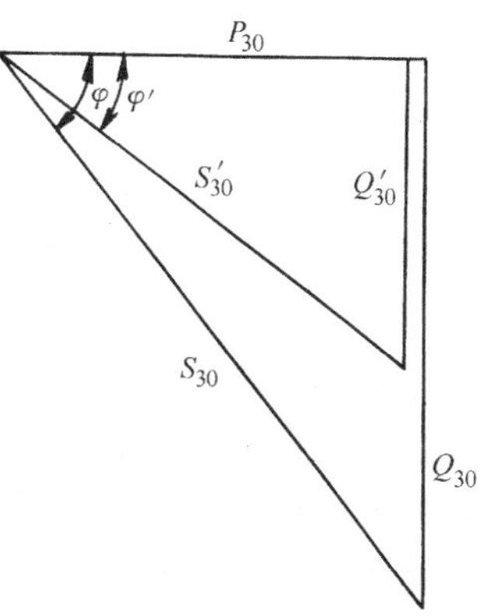

图 3-7　功率因数的提高与无功功率和视在功率的变化

人工补偿设备最常用的为并联电容器。在确定了总的补偿容量后，就可根据选定的并联电容器的单个容量 q_c 来确定电容器的个数

$$n = \frac{Q_c}{q_c} \tag{3-35}$$

由上式计算所得的电容器个数 n，对于单相电容器来说，应取 3 的倍数，以便三相均衡分配。当采用电容器柜时，则可直接根据 Q_c 来选择。

3. 无功补偿后计算负荷的确定

装设了无功补偿设备后，则在确定补偿装设地点前的总计算负荷时应扣除无功补偿容量。因此补偿后的总的无功计算负荷为（注意 P_{30} 不变）

$$Q'_{30} = Q_{30} - Q_c \tag{3-36}$$

总的视在计算负荷为

$$S'_{30} = \sqrt{P_{30}^2 + (Q_{30} - Q_c)^2} \tag{3-37}$$

总的计算电流为

$$I'_{30} = \frac{S'_{30}}{\sqrt{3}U_N} \tag{3-38}$$

式中，U_N 是补偿地点的系统额定电压。

例 3-4　某建筑物拟建一降压变电所，装设一台 10/0.4kV 的 S9 型低损耗变压器。已求出变电所低压侧有功计算负荷为 540kW，无功计算负荷为 730kvar。按规定，变电所高压侧的功率因数不得低于 0.9。问此变电所还需无功补偿吗？如低压补偿，补偿容量需多少？补偿后变电所高压侧的计算负荷 P_{30}、Q_{30}、S_{30} 和 I_{30} 又为多少？

解　（1）补偿前变电所高压侧的功率因数计算

变电所低压侧的视在计算负荷为

$$S_{30(2)} = \sqrt{540^2 + 730^2}\text{kV}\cdot\text{A} = 908\text{kV}\cdot\text{A}$$

降压变压器的功率损耗（经验公式）为

$$\Delta P_T = 0.015S_{30(2)} = 0.015 \times 908\text{kW} = 13.6\text{kW}$$

$$\Delta Q_T = 0.06S_{30(2)} = 0.06 \times 908\text{kvar} = 54.5\text{kvar}$$

高压侧的计算负荷为

$$P_{30(1)} = 540\text{kW} + 13.6\text{kW} = 553.6\text{kW}$$

$$Q_{30(1)} = 730\text{kvar} + 54.5\text{kvar} = 784.5\text{kvar}$$

$$S_{30(1)} = \sqrt{533.6^2 + 784.5^2}\text{kV}\cdot\text{A} = 960.2\text{kV}\cdot\text{A}$$

因此高压侧的功率因数为

$$\cos\varphi_{(1)} = 553.6/960.2 = 0.577$$

此功率因数远小于规定的0.9，因此需进行无功补偿。

(2) 无功补偿容量的计算　按题意，在低压侧装设无功补偿电容器。现高压的功率因数要求不低于0.9，考虑到变压器的无功损耗远大于其有功损耗，因此低压侧的功率因数一般不得低于0.91～0.92才行，这里取$\cos\varphi'_{(2)}=0.92$。现低压侧$\cos\varphi_{(2)}=P_{30(2)}/S_{30(2)}=540/908=0.595$。因此低压侧无功补偿容量应为

$$\begin{aligned}Q_c &= 540\times[\tan(\arccos 0.595)-\tan(\arccos 0.92)]\text{kvar}\\ &= 540\times(1.35-0.43)\text{kvar}\\ &= 497\text{kvar}\end{aligned}$$

取为 $Q_c=500\text{kvar}$

(3) 补偿后计算负荷和功率因数的计算

变电所低压侧补偿后的视在计算负荷为

$$S'_{30(2)} = \sqrt{540^2 + (730-500)^2}\text{kV}\cdot\text{A} = 587\text{kV}\cdot\text{A}$$

补偿后变压器的功率损耗（经验公式）为

$$\Delta P'_T = 0.015S_{30(2)} = 0.015\times 587\text{kW} = 8.805\text{kW}$$

$$\Delta Q'_T = 0.06S_{30(2)} = 0.06\times 587\text{kvar} = 35.22\text{kvar}$$

因此补偿后变电所高压侧的计算负荷为

$$P'_{30(1)} = 540\text{kW} + 8.805\text{kW} = 548.8\text{kW}$$

$$Q'_{30(1)} = (730-500)\text{kvar} + 35.2\text{kvar} = 265.2\text{kvar}$$

$$S'_{30(1)} = \sqrt{548.8^2 + 265.2^2}\text{kV}\cdot\text{A} = 609.5\text{kV}\cdot\text{A}$$

$$I'_{30(1)} = 609.5\text{A}/(\sqrt{3}\times 10) = 35.2\text{A}$$

无功补偿后高压侧的功率因数为

$$\cos\varphi'_{(1)} = 548.8/609.5 = 0.9004$$

正好满足规定的要求。

第五节　尖峰电流及其计算

一、概述

尖峰电流是指只持续1～2s的短时最大负荷电流。它用来计算电压波动、选择熔断器和低压断路器及整定继电保护装置等。

二、单台用电设备尖峰电流的计算

单台用电设备（如电动机）的尖峰电流I_{pk}，就是其起动电流I_{st}，即

$$I_{pk} = I_{st} = K_{st}I_N \tag{3-39}$$

式中，I_N是用电设备的额定电流；K_{st}是用电设备的起动电流倍数。笼型异步电动机为5～7，

绕线转子异步电动机为2~3，电焊变压器为3或稍大。

三、多台用电设备尖峰电流的计算

引至多台用电设备的线路上的尖峰电流，按下列公式计算：

$$I_{pk} = K_{\Sigma}\sum_{i=1}^{n-1} I_{N.i} + I_{st.max} \tag{3-40}$$

或

$$I_{pk} = I_{30} + (I_{st} - I_N)_{max} \tag{3-41}$$

式中，$I_{st.max}$和（$I_{st}-I_N)_{max}$是分别为用电设备中起动电流与额定电流之差为最大的那台设备的起动电流及起动电流与额定电流之差；$\sum_{i=1}^{n-1} I_{N.i}$是起动电流与额定电流之差为最大的那台设备除外的其他（$n-1$）台设备的额定电流之和；K_{Σ}是（$n-1$）台设备的同时系数，按台数多少选取，一般为0.7~1；I_{30}是全部设备正常运行时线路的计算电流。

例3-5 某分支线路供电给表3-3所示的5台电动机，该线路的计算电流为50A。试计算线路的尖峰电流。

表3-3 例3-5的负荷资料

参 数	电 动 机				
	M1	M2	M3	M4	M5
额定电流 I_N/A	8	15	10	25	18
起动电流 I_{st}/A	40	36	58	46	65

解 由表3-3可知，M3的$I_{st}-I_N=58A-10A=48A$为最大，因此按式（3-41）可得线路尖峰电流为

$$I_{pk} = 50A + (58-10)A = 98A$$

思 考 题

3-1 用电设备按工作制分哪几类？各有何工作特点？

3-2 什么叫负荷持续率？它表征哪类设备的工作特性？设某设备在ε_1时的容量为P_{N1}，则它在ε_2时的容量P_{N2}该为多少？

3-3 什么叫年最大负荷和年最大负荷利用小时？

3-4 什么叫用电设备的负荷系数（负荷率）？什么叫负荷曲线填充系数？

3-5 什么叫计算负荷？确定计算负荷的需要系数法主要适用什么场合？

3-6 在确定多组用电设备总的视在计算负荷和计算电流时，可不可以将各组的视在计算负荷分别直接相加？为什么？

3-7 什么叫无功功率补偿？这对电力系统有什么好处？

3-8 什么叫尖峰电流？尖峰电流与计算电流同为最大负荷电流，在性质上和用途上各有哪些区别？

习 题

3-1 有一380V线路，供电给某建筑物给排水用电的水泵（每台13kW，共130kW）、电焊机（$\varepsilon=40\%$，容量为12.5kW）、通风机（容量为7kW）。试用需要系数法确定各设备组和380V线路的计算负荷P_{30}、Q_{30}、S_{30}和I_{30}。

3-2 现有9台220V的单相电烤箱，其中4台1kW，3台1.5kW，2台2kW。试合理分配上列各电烤箱于220/380V的TN—C线路上，并计算其计算负荷P_{30}、Q_{30}、S_{30}和I_{30}。

3-3　有一机修车间，拥有冷加工机床 52 台，共 200kW；行车 1 台，共 5.1kW（$\varepsilon=15\%$）；通风机 4 台，共 5kW；点焊机 3 台，共 10.5kW（$\varepsilon=65\%$）。车间采用 220/380V 的 TN—C 供电系统。试确定该车间的计算负荷 P_{30}、Q_{30}、S_{30} 和 I_{30}。

3-4　已知某建筑物 10/0.4kV 变电所装有一台变压器，其低压侧的计算负荷 $P_{30(2)}=610$ kW，$Q_{30(2)}=480$ kvar。试计算该变电所高压侧的计算负荷 $P_{30(1)}$、$Q_{30(1)}$、$S_{30(1)}$ 和 $I_{30(1)}$ 及该建筑物最大负荷时的功率因数 $\cos\varphi_{(1)}$。

3-5　为使习题 3-4 所示建筑物的功率因数由现在 $\cos\varphi_{(1)}$ 提高到 $\cos\varphi'_{(1)}=0.9$，拟在高压母线上装设 BW0.5—12—1 型并联电容器，问需装设多少个？总容量为多少？

3-6　某 380V 线路供电给表 3-4 所示的 4 台电动机。试计算其尖峰电流（建议 $K_{\Sigma}=0.9$）。

表 3-4　4 台电动机的参数

电动机参数	M1	M2	M3	M4
I_N/A	35	14	56	20
I_{st}/A	148	85	160	135

3-7　某 220/380V 线路上，接有表 3-5 所列的用电设备。试确定该线路的计算负荷 P_{30}、Q_{30}、S_{30} 和 I_{30}。

表 3-5　负荷资料

设备名称	380V 单头手动弧焊机			220V 电热箱		
接入相序	AB	BC	CA	A	B	C
设备台数	1	1	2	2	1	1
单台设备容量	21kV·A（$\varepsilon=65\%$）	17kV·A（$\varepsilon=100\%$）	10.3kV·A（$\varepsilon=50\%$）	3kW	6kW	4.5kW

第四章　短路计算及电器的选择与校验

本章首先简介短路的原因、后果及其形式，接着分析无限大容量电力系统发生三相短路时的物理过程及有关物理量，然后重点讲述供配电系统的短路电流计算，进而阐述短路电流的效应，最后讲述高低压电器的选择和校验。

第一节　短路的原因、后果及形式

一、短路的原因

短路是指不同电位的导体之间的电气短接，这是电力系统中最常见的一种故障，也是最严重的一种故障。

电力系统出现短路故障的原因主要有以下三个方面：

(1) 电气绝缘损坏　这可能是由于设备长期运行，其绝缘自然老化而损坏，也可能是由于设备本身质量不好，绝缘强度不够而被正常电压击穿，还有可能是设备绝缘受到外力损伤而导致短路。

(2) 误操作　例如带负荷误拉高压隔离开关，很可能导致三相弧光短路，又如误将较低电压的设备接入较高电压的电路中而造成设备的击穿短路。

(3) 鸟兽害　例如鸟类及蛇鼠等小动物跨越在裸露的不同电位的导体之间，或者咬坏设备或导体的绝缘，都会引起短路故障。

二、短路的后果

电路短路后，其阻抗值比正常负荷时电路的阻抗值小得多，因此短路电流往往比正常负荷电流大许多倍。在大容量电力系统中，短路电流可高达几十 *kA* 或几百 *kA*。如此大的短路电流对电力系统将产生极大的危害。

(1) 短路的电动效应和热效应　短路电流将产生很大的电动力和很高的温度，可能造成电路及其中设备的损坏。

(2) 电压骤降　短路将造成系统电压骤然下降，越靠近短路点电压越低，这将严重影响电气设备的正常运行。

(3) 造成停电事故　短路时，电力系统的保护装置动作，使开关跳闸或熔断器熔断，从而造成停电事故。越靠近电源短路，引起停电的范围越大，从而给国民经济造成的损失也越大。

(4) 影响系统稳定　严重的短路可使并列运行的发电机组失去同步，造成电力系统解列，破坏电力系统的稳定运行。

(5) 产生电磁干扰　单相接地短路电流，可对附近的通信线路、信号系统及电子设备等产生电磁干扰，使之无法正常运行，甚至引起误动作。

由此可见，短路的后果是非常严重的，因此供电系统在设计、安装和运行中，都应该尽力设法消除引起短路故障的一切因素。

三、短路的形式

在三相系统中，有下列短路形式：

(1) 三相短路　如图 4-1a 所示。三相短路用文字符号 $k^{(3)}$ 表示，三相短路电流则写作 $i_k^{(3)}$。

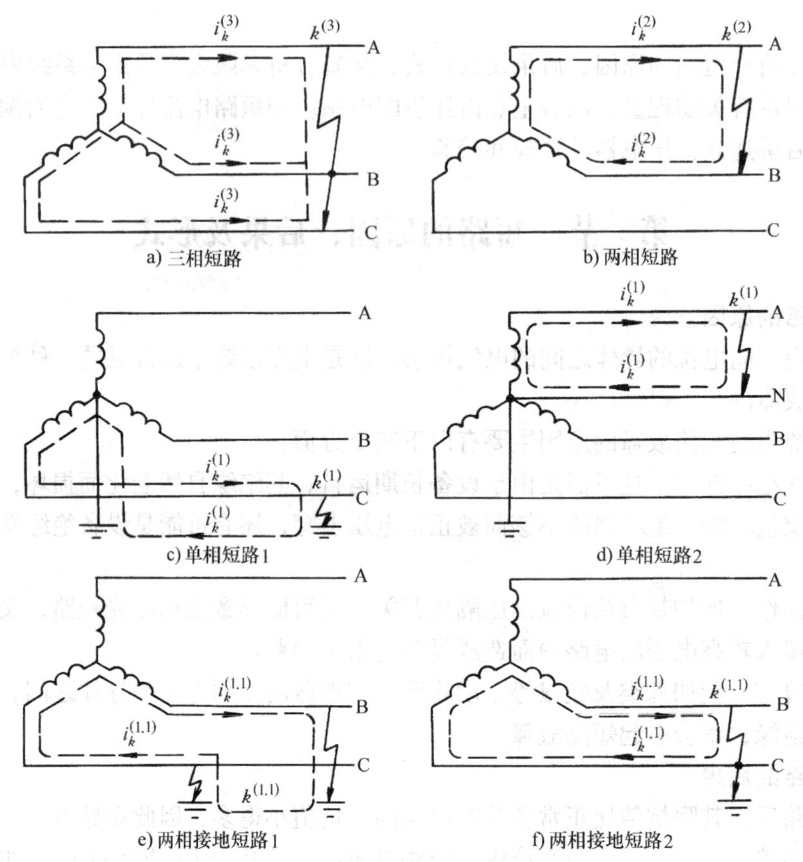

图 4-1　短路的形式（虚线表示短路电流路径）

(2) 两相短路　如图 4-1b 所示。两相短路用文字符号 $k^{(2)}$ 表示，两相短路电流则写作 $i_k^{(2)}$。

(3) 单相短路　如图 4-1c、d 所示。单相短路用文字符号 $k^{(1)}$ 表示，单相短路电流则写作 $i_k^{(1)}$。

(4) 两相接地短路　如图 4-1e 所示。由中性点不接地的电力系统中两不同相的单相接地所形成的两相短路，也指两相短路又接地的情况，如图 4-1f 所示，都用文字符号 $k^{(1.1)}$ 表示，短路电流则写作 $i_k^{(1.1)}$。两相接地短路实质上与两相短路相同。

上述三相短路，属对称短路；其他形式的短路，均属不对称性短路。

在电力系统中，发生单相短路的可能性最大，但一般情况下，以三相短路的短路电流最大，从而造成的危害也最为严重。因此作为选择和校验电器及导体依据的短路电流，通常采用三相短路电流。所以下面讲短路计算也以三相短路为主。

第二节　无限大容量电力系统发生三相短路时的物理过程及相关物理量

一、无限大容量电力系统及其三相短路的物理过程

无限大容量电力系统，就是容量相对于用户内部供配电系统容量大得多的电力系统，以致用户的负荷不论如何变动甚至发生短路时，电力系统变电所馈电母线的电压能基本维持不变。在实际的用户供电设计中，当电力系统总阻抗不超过短路电路总阻抗的5% ~10%，或者电力系统容量超过用户（含企业）供配电系统容量的50倍时，可将电力系统视为“无限大容量电源”。

对一般工业与民用建筑的供配电系统来说，由于工业与民用建筑的供配电系统的容量远比电力系统总容量小，而其阻抗又较电力系统大得多，因此工业与民用建筑的供配电系统内发生短路时，电力系统变电所馈电母线上的电压几乎维持不变，也就是说，可将电力系统看作无限大容量的电源。

图4-2a是一个电源为无限大容量的供电系统发生三相短路的电路图。考虑到三相对称，因此这个三相电路可用图4-2b的等效单相电路图来分析研究。

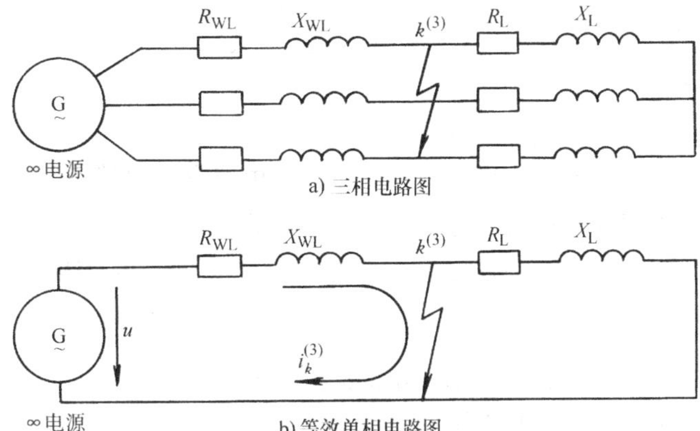

图4-2　无限大容量电系统中发生三相短路

R_{WL}、X_{WL}—线路阻抗　R_L、X_L—负荷阻抗

正常运行时，电路中的电流取决于电源电压和电路中所有元件包括负荷在内的总阻抗。当发生三相短路时，由于负荷阻抗和部分线路阻抗被短路，所以电路中的电流要突然增大。但是，由于短路电路中存在着电感，根据楞次定律，电流又不能突变，因而引起一个过渡过程，即短路暂态过程，最后短路电流达到一个新的稳定状态。图4-2为无限大容量系统中发生三相短路的电路。

图4-3表示无限大容量系统发生三相短路前后的电压和电流变动曲线。

二、有关短路的物理量

1. 短路电流周期分量

假设短路发生在电压瞬时值 $u=0$ 时，这时负荷电流为 i_0。由于短路时，电路阻抗减小很多，电路中将要出现一个如图4-3所示的短路电流周期分量 i_p。由于短路电路的电抗一般远大于电阻，所以这周期分量 i_p 差不多滞后电压 u90°。因此，在 $u=0$ 时短路的瞬间（$t=0$ 时），i_p 将突然增大到幅值，即

$$i_{p(0)} = I''_m = \sqrt{2}I'' \tag{4-1}$$

式中，I''是短路次暂态电流有效值。它是短路后第一个周期的短路电流周期分量 i_p 的有效值。

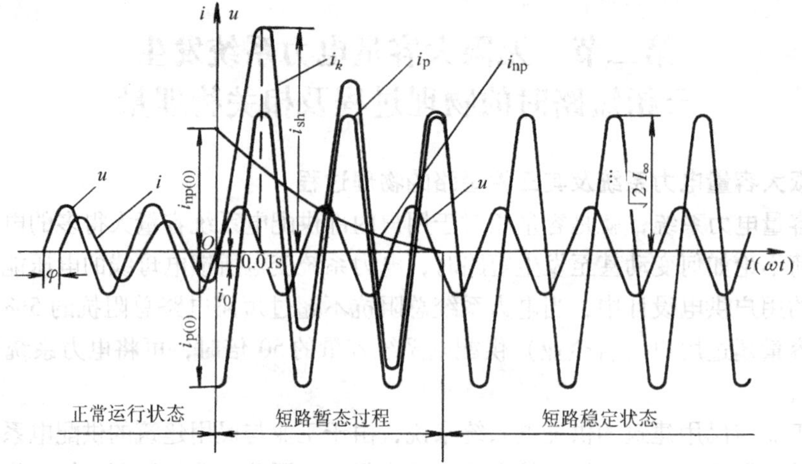

图 4-3　无限大容量系统发生三相短路前后的电压、电流曲线

在无限大容量系统中，由于系统母线电压维持不变，所以其短路电流周期分量有效值（习惯上用 I_k 表示）在短路的全过程中也维持不变，即 $I = I_\infty = I_k$，这里 I_∞ 为短路稳态电流有效值。

2. 短路电流非周期分量

短路电流非周期分量是由于短路电路存在电感，用以维持短路初瞬间（$t=0$ 时），电流不致突变而由电感所感应的自感电动势所产生的一个反向电流，如图 4-3 所示的 i_{np}。

短路电流非周期分量 i_{np} 按指数函数衰减，其表达式为

$$i_{np} = i_{np(0)}e^{-\frac{t}{\tau}} = (I''_m - i_0)e^{-\frac{t}{\tau}} \approx \sqrt{2}I''e^{-\frac{t}{\tau}} \tag{4-2}$$

式中，τ 是短路电流的时间常数。$\tau = L_\Sigma/R_\Sigma = X_\Sigma/(314R_\Sigma)$，这里 R_Σ、L_Σ 和 X_Σ 分别为短路电路的总电阻、总电感和总电抗。

3. 短路全电流

任一瞬间的短路全电流 i_k 为其周期分量 i_p 与其非周期分量 i_{np} 之和，即

$$i_k = i_p + i_{np} \tag{4-3}$$

某一瞬间 t 的短路全电流有效值 $I_{k(t)}$，是以 t 为中点的一个周期内的周期分量有效值 $I_{p(t)}$ 与 t 瞬间非周期分量值 $i_{np(t)}$ 的二次方和的二次方根值，即

$$I_{k(t)} = \sqrt{I_{p(t)}^2 + i_{np(t)}^2} \tag{4-4}$$

如前所述，在无限大容量系统中，短路电流周期分量的有效值和幅值在短路全过程中是恒定不变的。

4. 短路冲击电流

由图 4-3 所示的短路全电流 i_k 曲线可以看出，短路后经过半个周期（即 $t=0.01$s），短路电流瞬时值达到最大。短路过程中的最大短路电流瞬时值，称为“短路冲击电流”，用 i_{sh} 表示。

短路冲击电流按下式计算

$$i_{sh} = i_{p(0.01)} + i_{np(0.01)} \approx \sqrt{2}I''(1 + e^{-\frac{0.01}{\tau}}) = K_{sh}\sqrt{2}I'' \tag{4-5}$$

式中，K_{sh}是短路电流冲击系数。

由上式可知，短路电流冲击系数为

$$K_{sh} = 1 + e^{-\frac{0.01}{\tau}} = 1 + e^{-\frac{0.01R_{\Sigma}}{L_{\Sigma}}} \tag{4-6}$$

当$R_{\Sigma}\to0$时，$K_{sh}\to2$；当$L_{\Sigma}\to0$时，$K_{sh}\to1$。因此$1<K_{sh}<2$。

短路全电流的最大有效值，是短路后第一个周期的短路全电流有效值，用I_{sh}表示。它也可称为“短路冲击电流有效值”，用下式计算：

$$I_{sh} = \sqrt{I_{p(0.01)}^2 + i_{np(0.01)}^2} \approx \sqrt{I''^2 + (\sqrt{2}I''e^{-\frac{0.01}{\tau}})^2}$$

或

$$I_{sh} \approx \sqrt{1 + 2(K_{sh} - 1)^2}I'' \tag{4-7}$$

在高压电路发生三相短路时，一般取$K_{sh}=1.8$，因此

$$i_{sh} = 2.55I'' \tag{4-8}$$

$$I_{sh} = 1.51I'' \tag{4-9}$$

在低压电路和1000kV · A及以下变压器二次侧发生三相短路时，一般取$K_{sh}=1.3$，因此

$$i_{sh} = 1.84I'' \tag{4-10}$$

$$I_{sh} = 1.09I'' \tag{4-11}$$

5. 短路稳态电流

短路稳态电流是短路电流非周期分量衰减完毕以后的短路全电流，其有效值用I_{∞}表示。在无限大容量系统中，$I_{\infty}=I_k$。

第三节　短路电流的计算

一、短路电流计算概述

供配电系统要求对用户安全可靠地供电，但由于各种原因，难免出现故障。其中最常见的故障就是短路，而短路的后果十分严重，直接影响供配电系统及电气设备的安全运行。为了正确选择电气设备，使设备具有足够的动稳定性和热稳定性，以保证在通过可能最大的短路电流时也不致损坏，因此必须进行短路电流计算。同时，为了选择切除短路故障的开关电器，整定作为短路保护的继电保护装置和选择限制短路电流的元件（如电抗器）等，也必须计算短路电流。

进行短路电流计算，首先要绘出计算电路图，例如图4-4所示。在计算电路图上，将短路计算所需考虑的各元件的主要参数都表示出来，并将各元件依次编号，然后确定短路计算点。短路计算点要选择使需要进行短路校验的电气元件有最大可能的短路电流通过。接着，按所选择的短路计算点绘出等效电路图，如图4-5所示，并计算电路中各主要元件的阻抗。在等效电路图上，只需将所计算的短路电流所流经的一些主要元件表示出来，并标明其序号和阻抗值，一般是分子标序号，分母标阻抗值（既有电阻又有电抗时，用复数形式$R+jX$表示）。然后将等效电路化简。对工业与民用建筑的供配电系统来说，由于将电力系统当做无限大容量电流，而且短路电路也比较简单，因此一般只需采用阻抗串并联的方法即可将电路化简，求出其等效总阻抗。最后计算短路电流和短路容量。

短路电流计算的方法，常用的有欧姆法（又称有名单位制法）和标幺制法（又称相对

单位制法)。

短路计算中有关物理量一般采用以下单位：电压——千伏（kV）；电流——千安（kA)；短路容量（短路功率）和断流容量（断路功率）——兆伏安（MV·A)；设备容量——千瓦（kW）或千伏安（kV·A)；电阻、电抗和阻抗——欧姆（Ω)。但必须说明，本书计算公式中各物理量的单位除特别标明的以外，一般均采用国际单位制（SI 制）的基本单位：伏特（V)、安培（A)、瓦特（W)、伏安（V·A)、欧姆（Ω）等。因此后面导出的公式一般不标注物理量的单位。如果采用工程上常用的单位计算，则必须注意所用公式中各物理量单位的换算系数。

二、采用欧姆法进行三相短路计算

欧姆法因其短路计算中的阻抗都采用有名单位“欧姆”而得名，亦称“有名单位制法”。

在无限大容量系统中发生三相短路时，其三相短路电流周期分量有效值可按下式计算

$$I_k^{(3)} = \frac{U_c}{\sqrt{3}\,|Z_\Sigma|} = \frac{U_c}{\sqrt{3}\sqrt{R_\Sigma^2 + X_\Sigma^2}} \tag{4-12}$$

式中，U_c 是短路计算点的短路计算电压（或称为平均额定电压）。由于线路首端短路时其短路最为严重，因此按线路首端电压考虑，即短路计算电压取为比线路额定电压 U_N 高 5%。按我国电压标准，U_c 有 0.4kV、0.69kV、3.15kV、6.3kV、10.5kV、37kV 等；$|Z_\Sigma|$、R_Σ、X_Σ 是短路电路的总阻抗［模］、总电阻和总电抗值。

在高压电路的短路计算中，通常总电抗远比总电阻大，所以一般可以只计电抗，不计电阻。在计算低压侧短路时，也只有当短路电路的 $R_\Sigma > X_\Sigma/3$ 时才需计及电阻。

如果不计电阻，则三相短路电流周期分量有效值为

$$I_k^{(3)} = \frac{U_c}{\sqrt{3}X_\Sigma} \tag{4-13}$$

三相短路容量按下式计算：

$$S_k^{(3)} = \sqrt{3}U_c I_k^{(3)} \tag{4-14}$$

关于短路电路的阻抗，一般可只计电力系统（电源）阻抗、电力变压器阻抗和电力线路阻抗。而供电系统中的母线、线圈形电流互感器的一次绕组、低压断路器的过电流脱扣线圈及开关的触头等的阻抗，相对来说很小，在短路计算中一般可略去不计。在略去上述阻抗后，计算所得的短路电流自然稍有偏大，但用稍偏大的短路电流来校验电气设备，倒可以使其运行的安全性更有保证。

1. 电力系统的阻抗

电力系统的电阻相对于电抗来说很小一般不予考虑。电力系统的电抗，可由电力系统变电所高压馈电线出口断路器的断流容量 S_{oc} 来估算，这 S_{oc} 就看做是电力系统的极限短路容量 S_k。因此电力系统的电抗为

$$X_s = \frac{U_c^2}{S_{oc}} \tag{4-15}$$

式中，U_c 是高压馈电线的短路计算电压，但为了便于短路电路总阻抗的计算，免去阻抗换算的麻烦，此式的 U_c 可直接采用短路计算点的短路计算电压；S_{oc} 是电力系统出口断路器的

断流容量，可查有关手册或产品样本（参看附录表 A-3 和表 A-6）。如只有开断电流 I_{oc}数据，则其断流容量可按下式计算：

$$S_{oc} = \sqrt{3} I_{oc} U_N \tag{4-16}$$

式中，U_N 断路器是额定电压。

2. 电力变压器的阻抗

（1）电力变压器的电阻 R_T　可由变压器的短路损耗 ΔP_k 近似地计算。

因
$$\Delta P_k \approx 3 I_N^2 R_T = 3 \times \left(\frac{S_N}{\sqrt{3} U_N}\right)^2 R_T \approx \left(\frac{S_N}{U_c}\right)^2 R_T$$

故
$$R_T \approx \Delta P_k \left(\frac{U_c}{S_N}\right)^2 \tag{4-17}$$

式中，U_c 是短路计算电压，取短路计算点的短路计算电压，以免去阻抗换算；S_N 是变压器的额定容量；ΔP_k 是变压器的短路损耗，可查有关手册或产品样本（参见附录表 A-8）。

（2）电力变压器的电抗 X_T　可由变压器的阻抗电压（即短路电压）百分值 $U_k\%$ 近似地计算。

因
$$U_k\% \approx \frac{\sqrt{3} I_N X_T}{U_c} \times 100 \approx \frac{S_N X_T}{U_c^2} \times 100$$

故
$$X_T \approx \frac{U_Z\% \, U_c^2}{100 S_N} \tag{4-18}$$

式中，$U_k\%$ 是变压器的阻抗电压（即短路电压）百分值，可查有关手册或产品样本（参见附录表 A-8）。

3. 电力线路的阻抗

（1）电力线路的电阻 R_{WL}　可由导线电缆的单位长度电阻 R_0 值求得，即

$$R_{WL} = R_0 l \tag{4-19}$$

式中，R_0 是导线电缆单位长度的电阻值，可查有关手册或产品样本（参见附录表 A-24 和表 A-26）；l 是线路长度。

（2）电力线路的电抗　可由导线电缆的单位长度电抗 X_0 值求得，即

$$X_{WL} = X_0 l \tag{4-20}$$

式中，X_0 是导线电缆单位长度的电抗，可查有关手册或产品样本（参看附录表 A-24 和表 A-26），如果线路的结构数据不详，无法查找时，可按表 4-1 取其电抗平均值，因为同一电压的同类线路的电抗值变动的幅度一般不大；l 是线路长度。

表 4-1　电力线路每相的单位长度电抗平均值

线路结构	单位长度电抗平均值/(Ω/km)		
	220/380V	6～10kV	35～110kV
架空线路	0.32	0.35	0.40
电缆线路	0.066	0.08	0.12

求出短路电路中各主要元件的阻抗后，化简电路，求出其总阻抗。然后按前面式(4-12)或式(4-13)计算三相短路电流周期分量 $I_k^{(3)}$，按前面第二节有关公式计算其他短路电流 $I''^{(3)}$、

$I_{\infty}^{(3)}$、$i_{sh}^{(3)}$ 和 $I_{sh}^{(3)}$，按式(4-14)计算三相短路容量 $S_k^{(3)}$。

注意：在计算短路电路的阻抗时，假如电路内含有电力变压器，则电路内各元件的阻抗都应统一换算到短路点的短路计算电压中去。阻抗等效换算的条件是元件的功率损耗不变。

由 $\Delta P = U^2/R$ 和 $\Delta Q = U^2/X$ 可知，元件的阻抗值与电压平方成正比，因此阻抗换算的公式为

$$R' = R\left(\frac{U_c'}{U_c}\right)^2 \tag{4-21}$$

$$X' = X\left(\frac{U_c'}{U_c}\right)^2 \tag{4-22}$$

式中，R、X 和 U_c 是换算前元件的电阻、电抗和元件所在处的短路计算电压；R'、X' 和 U_c' 是换算后元件的电阻、电抗和短路点的短路计算电压。

就短路计算中考虑的几个主要元件的阻抗来说，只有电力线路的阻抗有时需要换算，例如计算低压侧的短路电流时，高压侧的线路阻抗就需换算到低压侧。而电力系统和电力变压器的阻抗，由于其阻抗计算公式均含有 U_c^2，因此计算其阻抗时，公式中 U_c 直接代以短路点的短路计算点电压，就相当于阻抗已经换算到短路点一侧了。

例 4-1 某供配电系统如图 4-4 所示。已知电力系统出口断路器为 SN10—10Ⅱ型，试求企业变电所高压 10kV 母线上 $k-1$ 点短路和低压 380V 母线上 $k-2$ 点短路的三相短路电流和短路容量。

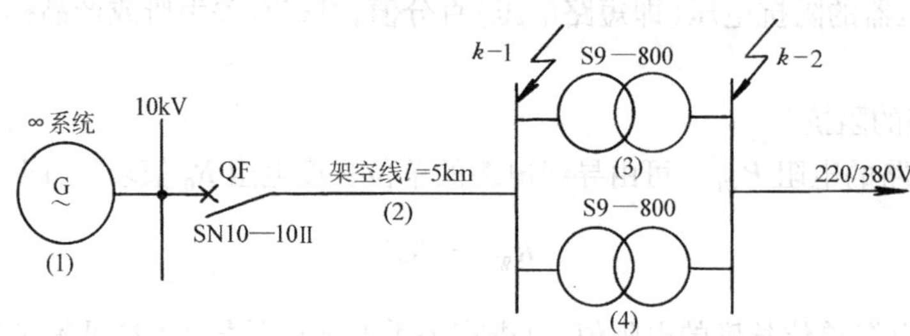

图 4-4 例 4-1 的短路计算电路图

解 1. 求 k-1 点的三相短路电流和短路容量（$U_{c1} = 10.5\text{kV}$）

(1) 计算短路电路中各元件的电抗及总电抗

1）电力系统的电抗。由附录表 A-6 可查得 SN10—10Ⅱ型断路器的断流容量 $S_{oc} = 500\text{MV}\cdot\text{A}$，因此

$$X_1 = \frac{U_{c1}^2}{S_{oc}} = \frac{(10.5\text{kV})^2}{500\text{MV}\cdot\text{A}} = 0.22\Omega$$

2）架空线路的电抗。由表 4-1 查得 $X_0 = 0.35\Omega/\text{km}$，因此

$$X_2 = X_0 l = 0.35\Omega/\text{km} \times 5\text{km} = 1.75\Omega$$

3）绘 k-1 点短路的等效电路如图 4-5a 所示，并计算其总电抗如下

$$X_{\Sigma(k-1)} = X_1 + X_2 = 0.22\Omega + 1.75\Omega = 1.97\Omega$$

(2) 计算三相短路电流和短路容量

1）三相短路电流周期分量有效值为

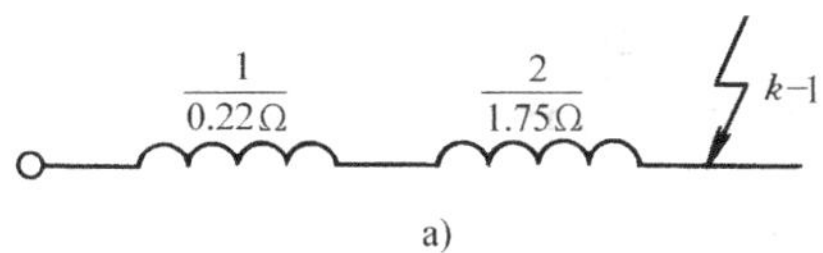

a)

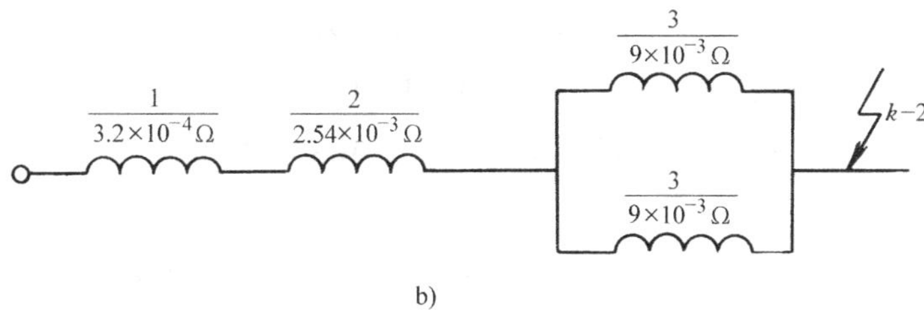

b)

图 4-5　例 4-1 的短路等效电路图(欧姆法)

$$I_{k-1}^{(3)}=\frac{U_{c1}}{\sqrt{3}X_{\Sigma(k-1)}}=\frac{10.5\text{kV}}{\sqrt{3}\times 1.97\Omega}=3.08\text{kA}$$

2）三相短路次暂态电流和稳态电流有效值为

$$I''^{(3)}=I_{\infty}^{(3)}=I_{k-1}^{(3)}=3.08\text{kA}$$

3）三相短路冲击电流及第一个周期短路全电流有效值为

$$i_{sh}^{(3)}=2.55I''^{(3)}=2.55\times 3.08\text{kA}=7.85\text{kA}$$

$$I_{sh}^{(3)}=1.51I''^{(3)}=1.51\times 3.08\text{kA}=4.65\text{kA}$$

4）三相短路容量为

$$S_{k-1}^{(3)}=\sqrt{3}U_{c1}I_{k-1}^{(3)}=\sqrt{3}\times 10.5\text{kV}\times 3.08\text{kA}=56\text{MV}\cdot\text{A}$$

2. 求 k-2 点的三相短路电流和短路容量($U_{c2}=0.4\text{kV}$)

(1) 计算短路电路中各元件的电抗及总电抗

1）电力系统的电抗。

$$X_1'=\frac{U_{c2}^2}{S_{oc}}=\frac{(0.4\text{kV})^2}{500\text{MV}\cdot\text{A}}=3.2\times 10^{-4}\Omega$$

2）架空线路的电抗。

$$X_2'=X_0 l\left(\frac{U_{c2}}{U_{c1}}\right)^2=0.35\Omega/\text{km}\times 5\text{km}\times\left(\frac{0.4\text{kV}}{10.5\text{kV}}\right)^2=2.54\times 10^{-3}\Omega$$

3）电力变压器的电抗。由附录表 A-8 得 $U_z\%=4.5$,因此

$$X_3=X_4\approx\frac{U_k\%U_c^2}{100S_N}=\frac{4.5}{100}\times\frac{(0.4\text{kV})^2}{800\text{kV}\cdot\text{A}}=9\times 10^{-6}\text{k}\Omega=9\times 10^{-3}\Omega$$

4）绘 k-2 点短路的等效电路如图 4-5b 所示,并计算其总电抗如下:

$$X_{\Sigma(k-2)}=X_1'+X_2'+X_3 /\!/ X_4=X_1'+X_2'+\frac{X_3X_4}{X_3+X_4}$$

$$=3.2\times 10^{-4}\Omega+2.54\times 10^{-3}\Omega+\frac{9\times 10^{-3}\Omega}{2}=7.36\times 10^{-3}\Omega$$

(2) 计算三相短路电流和短路容量

1）三相短路电流周期分量有效值为

$$I_{k-2}^{(3)}=\frac{U_{c2}}{\sqrt{3}X_{\Sigma(k-2)}}=\frac{0.4\text{kV}}{\sqrt{3}\times 7.36\times 10^{-3}\Omega}=31.4\text{kA}$$

2）三相短路次暂态电流和稳态电流有效值为

$$I''^{(3)}=I_{\infty}^{(3)}=I_{k-2}^{(3)}=31.4\text{kA}$$

3）三相短路冲击电流及第一个周期短路全电流有效值为

$$i_{sh}^{(3)}=1.84I''^{(3)}=1.84\times 31.4\text{kA}=57.8\text{kA}$$

$$I_{sh}^{(3)}=1.09I''^{(3)}=1.09\times 31.4\text{kA}=34.2\text{kA}$$

4）三相短路容量为

$$S_{k-2}^{(3)}=\sqrt{3}U_{c2}I_{k-2}^{(3)}=\sqrt{3}\times 0.4\text{kV}\times 31.4\text{kA}=21.8\text{MV}\cdot\text{A}$$

在工程设计中，往往只列短路计算表格，如表 4-2 所示。

表 4-2　例 4-1 的短路计算结果

短路计算点	三相短路电流/kA					三相短路容量/MV · A
	$I_k^{(3)}$	$I''^{(3)}$	$I_{\infty}^{(3)}$	$i_{sh}^{(3)}$	$I_{sh}^{(3)}$	$S_k^{(3)}$
$k-1$ 点	3.08	3.08	3.08	7.85	4.65	56.0
$k-2$ 点	31.4	31.4	31.4	57.8	34.2	21.8

三、采用标幺制法进行三相短路的计算

标幺制法，又称相对单位制法，因其短路计算中的阻抗、电流、电压等物理量均采用标幺值（相对单位制）而得名。

1. 标幺值的定义及其基准

某一物理量的标幺值 A_d^* 是该物理量的实际值 A 与所选定的基准值 A_d 的比值，即

$$A_d^*=\frac{A}{A_d}\tag{4-23}$$

按标幺制法进行短路计算时，首先应选定基准容量 S_d 和基准电压 U_d。

基准容量，工程设计中通常取 $S_d=100\text{MV}\cdot\text{A}$。

基准电压，通常就取短路计算元件所在电路的短路计算电压，即取 $U_d=U_c$。U_c 比所在电路额定电压 U_N 约高 5%，即 $U_c=1.05U_N$。

基准电流，按下式计算：

$$I_d=\frac{S_d}{\sqrt{3}U_d}\tag{4-24}$$

基准电抗，按下式计算：

$$X_d=\frac{S_d}{\sqrt{3}I_d}=\frac{U_d^2}{S_d}\tag{4-25}$$

2. 用标幺制法作短路计算的有关公式

在无限大容量系统中发生三相短路时，其三相短路电流周期分量有效值（即三相短路稳态电流）的标幺值 $I_k^{(3)*}$ 可按下式计算：

$$I_k^{(3)*}=\frac{I_k^{(3)}}{I_d}=\frac{U_c}{\sqrt{3}X_{\Sigma}I_d}=\frac{X_d}{X_{\Sigma}}=\frac{1}{X_{\Sigma}^*}\tag{4-26}$$

由此可得三相短路电流周期分量有效值（即三相短路稳态电流）为

$$I_k^{(3)} = I_k^{(3)*} I_d = \frac{I_d}{X_\Sigma^*} \tag{4-27}$$

求出 $I_k^{(3)}$ 后，就可利用前面的有关公式求出 $I''^{(3)}$、$I_\infty^{(3)}$、$i_{sh}^{(3)}$ 和 $I_{sh}^{(3)}$ 等。而三相短路容量的计算公式为

$$S_d^{(3)} = \sqrt{3}U_c I_k^{(3)} = \frac{\sqrt{3}U_c I_d}{X_\Sigma^*} = \frac{S_d}{X_\Sigma^*} \tag{4-28}$$

下面分别讲述供电系统中三个主要元件的电抗标幺值计算（取 $S_d = 100\text{MV}\cdot\text{A}$，$U_d = U_c$）。

（1）电力系统的电抗标幺值计算

$$X_s^* = \frac{X_s}{X_d} = \frac{U_c^2 S_d}{S_{oc} U_d^2} = \frac{S_d}{S_{oc}} \tag{4-29}$$

式中，S_{oc} 为电力系统出口断路器的断流容量。

（2）电力变压器的电抗标幺值计算

$$X_T^* = \frac{X_T}{X_d} = \frac{U_k\% U_c^2 S_d}{100 S_N U_d^2} = \frac{U_k\% S_d}{100 S_N} \tag{4-30}$$

式中，$U_k\%$ 是电力变压器的短路电压（阻抗电压）百分值；S_N 是电力变压器的额定容量。

（3）电力线路的电抗标幺值计算

$$X_{WL}^* = \frac{X_{WL}}{X_d} = X_0 l \frac{S_d}{U_d^2} = \frac{X_0 l S_d}{U_c^2} \tag{4-31}$$

式中，X_0 是线路的单位长度电抗；l 是线路的长度。

求出短路电路中各主要元件的电抗标幺值后，就可利用其等效电路分别针对各个短路计算点进行电路化简，按不同的短路计算点分别计算其总的电抗标幺值 X_Σ^*。由于所有元件电抗都采用相对值，与短路计算电压无关，因此计算总电抗标幺值时，不同电压的元件阻抗值无需进行换算，这也是标幺制法较之欧姆法优越之处。

3. 标幺制法短路计算的步骤和示例

（1）短路计算的步骤　按标幺制法进行短路计算的步骤大致如下：

1）绘短路计算电路图，并根据短路计算的目的确定短路计算点，如图 4-4 所示。

2）选定标幺值的基准，并求出所有短路计算点电压下的 I_d。

3）计算短路电路中所有主要元件的电抗标幺值。

4）绘出短路电路的等效电路图，用分子标明元件序号或代号，分母标明电抗标幺值，并在等效电路图上标出所有短路计算点，如图 4-6 所示。

5）针对各短路计算点分别简化电路，求出其总的电抗标幺值，然后按有关公式计算所有的短路电流和短路容量。

（2）标幺制法短路计算示例

例 4-2　试用标幺制法重新计算例 4-1 所示供电系统中 k-1 点和 k-2 点（如图 4-4 所示）的三相短路电流和短路容量。

解　1）确定标幺值的基准

取 $S_d = 100\text{MV}\cdot\text{A}$，$U_{d1} = 10.5\text{kV}$，$U_{d2} = 0.4\text{kV}$

而　$I_{d1} = S_d / (\sqrt{3}U_{d1}) = 100\text{MV}\cdot\text{A} / (\sqrt{3} \times 10.5\text{kV}) = 5.5\text{kA}$

$$I_{d1} = S_d/(\sqrt{3}U_{d2}) = 100\text{MV}\cdot\text{A}/(\sqrt{3}\times 0.4\text{kV}) = 144\text{kA}$$

2）计算短路电路中各主要元件的电抗标幺值

① 电力系统：已知 $S_{oc} = 500\text{MV}\cdot\text{A}$，因此

$$X_1^* = 100\text{MV}\cdot\text{A}/500\text{MV}\cdot\text{A} = 0.2$$

② 架空线路：由表 4-1 查得 $X_0 = 0.35\Omega\cdot\text{km}^{-1}$，因此

$$X_2^* = 0.35\Omega\cdot\text{km}^{-1}\times 5\text{km}\times 100\text{MV}\cdot\text{A}/(10.5\text{kV})^2 = 1.59$$

③ 电力变压器：由附录表 A-8 查得 $U_k\% = 4.5$，因此

$$X_3^* = X_4^* = 4.5\times 100\times 10^3\text{kV}\cdot\text{A}/(100\times 800\text{kVA}) = 5.625$$

然后绘出短路电路的等效电路（标幺制法）如图 4-6 所示。

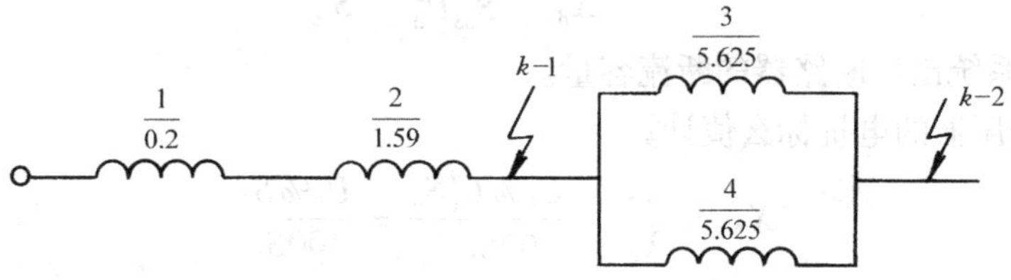

图 4-6 例 4-2 的短路等效电路图（标幺制法）

3）计算 k-1 点的短路电路总电抗标幺值及三相短路电流和短路容量

① 总电抗标幺值：

$$X_{\Sigma(k-1)}^* = X_1^* + X_2^* = 0.2 + 1.59 = 1.79$$

② 三相短路电流周期分量有效值：

$$I_{k-1}^{(3)} = \frac{I_{d1}}{X_{\Sigma(k-1)}^*} = 5.50\text{kA}/1.79 = 3.07\text{kA}$$

③ 其他三相短路电流：

$$I''^{(3)} = I_\infty^{(3)} = I_{k-1}^{(3)} = 3.07\text{kA}$$

$$i_{sh}^{(3)} = 2.55I''^{(3)} = 2.55\times 3.07\text{kA} = 7.83\text{kA}$$

$$I_{sh}^{(3)} = 1.51I''^{(3)} = 1.51\times 3.07\text{kA} = 4.64\text{kA}$$

④ 三相短路容量：

$$S_{k-1}^{(3)} = \sqrt{3}U_{c1}I_{k-1}^{(3)} = \sqrt{3}\times 10.5\text{kV}\times 3.07\text{kA} = 55.9\text{MV}\cdot\text{A}$$

4）求 k-2 点的短路电路总电抗标幺值及三相短路电流和短路容量

① 总电抗标幺值：

$$X_{\Sigma(k-1)}^* = X_1^* + X_2^* + X_3^* /\!/ X_4^* = 0.2 + 1.59 + \frac{5.625}{2} = 4.60$$

② 三相短路电流周期分量有效值：

$$I_{k-1}^{(3)} = \frac{I_{d1}}{X_{\Sigma(k-2)}^*} = 144\text{kA}/4.60 = 31.3\text{kA}$$

③ 其他三相短路电流：

$$I''^{(3)} = I_\infty^{(3)} = I_{k-2}^{(3)} = 31.3\text{kA}$$

$$i_{sh}^{(3)} = 1.84I''^{(3)} = 1.84\times 31.3\text{kA} = 57.6\text{kA}$$

$$I_{sh}^{(3)} = 1.09I''^{(3)} = 1.09 \times 31.3\text{kA} = 34.1\text{kA}$$

④　三相短路容量：

$$S_{k-1}^{(3)} = \sqrt{3}U_{c2}I_{k-2}^{(3)} = \sqrt{3} \times 0.4\text{kV} \times 31.3\text{kA} = 21.7\text{MV} \cdot \text{A}$$

计算结果与例4-1基本相同（短路计算表略）。

四、两相短路电流的计算

在无限大容量系统中发生两相短路时（参看图4-7），其两相短路电流周期分量有效值（简称“两相短路电流”）为

$$I_k^{(2)} = \frac{U_c}{2|Z_\Sigma|} \tag{4-32}$$

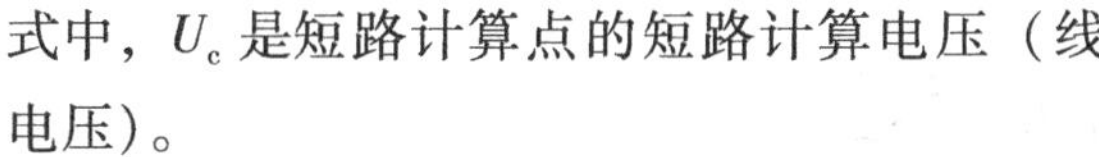

式中，U_c 是短路计算点的短路计算电压（线电压）。

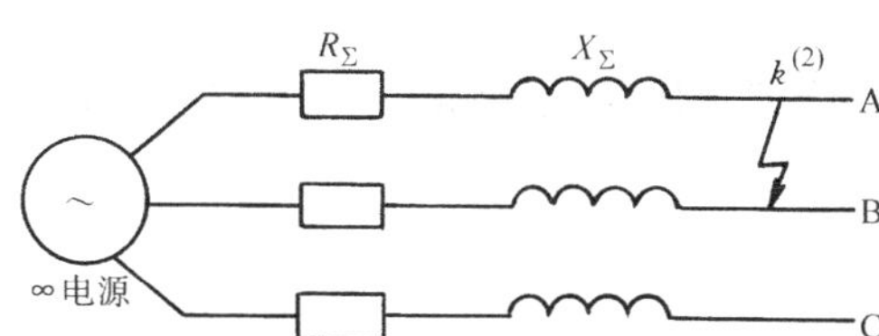

图4-7　无限大容量系统中发生两相短路

如果只计电抗，则两相短路电流为

$$I_k^{(2)} = \frac{U_c}{2X_\Sigma} \tag{4-33}$$

其他两相短路电流 $I''^{(2)}$、$I_\infty^{(2)}$、$i_{sh}^{(2)}$ 和 $I_{sh}^{(2)}$ 等，都可按前面三相短路的对应短路电流的公式计算。

关于两相短路电流与三相短路电流的关系，可由 $I_k^{(2)} = U_c/(2X_\Sigma)$ 及 $I_k^{(3)} = U_c/(\sqrt{3}X_\Sigma)$ 求得。

因
$$I_k^{(2)}/I_k^{(3)} = \sqrt{3}/2 = 0.866$$

故
$$I_k^{(2)} = \frac{\sqrt{3}}{2}I_k^{(3)} = 0.866I_k^{(3)} \tag{4-34}$$

上式说明，在无限大容量系统中，同一地点的两相短路电流为三相短路电流的0.866倍。因此无限大容量系统中的两相短路电流，可在求出三相短路电流后利用式（4-34）直接求得。

第四节　短路电流的效应与校验

一、短路电流的电动效应与动稳定度校验

1. 短路电流的电动效应

由电工基础知，处于空气中的两平行直导体分别通过电流 i_1、i_2（A），而导体间轴线距离为 a，导体的两支持点距离（挡距）为 l，则导体间所产生的电磁互作用力即电动力（N）为

$$F = \mu_0 i_1 i_2 \frac{l}{2\pi a} \tag{4-35}$$

式中，μ_0 是空气的磁导率，其值为 $4\pi \times 10^{-7}\text{N/A}^2$。

如果三相线路中发生两相短路，则两相短路冲击电流 $i_{sh}^{(2)}$（A）通过两相导线产生的电动力（N）为最大，其值为

$$F^{(2)}=\mu_0 i_{sh}^{(2)2}\frac{l}{2\pi a} \tag{4-36}$$

可以证明，当三相线路中发生三相短路时，三相短路冲击电流 $i_{sh}^{(3)}$（A）在中间相所产生的电动力（N）为最大，其电动力为

$$F^{(3)}=\frac{\sqrt{3}}{2}\mu_0 i_{sh}^{(3)2}\frac{l}{2\pi a} \tag{4-37}$$

上式中代入 $\mu_0=4\pi\times10^{-7}\text{N/A}^2$，即得

$$F^{(3)}=\sqrt{3}i_{sh}^{(3)2}\frac{l}{a}\times10^{-7}\text{N/A}^2 \tag{4-38}$$

由于 $i_{sh}^{(2)}=\frac{\sqrt{3}}{2}i_{sh}^{(3)}$，因此代入式（4-36）得

$$F^{(2)}=\left(\frac{\sqrt{3}}{2}\right)^2\mu_0 i_{sh}^{(3)2}\frac{l}{2\pi a} \tag{4-39}$$

将式（4-39）的 $F^{(2)}$ 与式（4-38）的 $F^{(3)}$ 相比得

$$\frac{F^{(2)}}{F^{(3)}}=\frac{\sqrt{3}}{2} \tag{4-40}$$

由上式可见，三相线路发生三相短路时中间相导体所受的电动力比两相短路时导体所受的电动力大。因此校验电器和导体的动稳定度时，一般应采用三相短路冲击电流 $i_{sh}^{(3)}$ 或 $I_{sh}^{(3)}$。

2. 短路动稳定度的校验

电器和导体的动稳定度校验，依校验对象不同而采用不同的具体条件和方法。

（1）一般电器的动稳定度校验条件

$$i_{max}\geqslant i_{sh}^{(3)} \tag{4-41}$$

或

$$I_{max}\geqslant I_{sh}^{(3)} \tag{4-42}$$

式中，i_{max} 是电器的极限通过电流（动稳定电流）峰值；I_{max} 是电器的极限通过电流（动稳定电流）有效值。

以上 i_{max} 和 I_{max} 均可由有关手册或产品样本查得（参见附录表 A-3 和 A-6）。

（2）绝缘子的动稳定度校验条件

$$F_{al}\geqslant F_c^{(3)} \tag{4-43}$$

式中，F_{al} 是绝缘子的最大允许载荷，可由有关手册或产品样本查得。如果手册或样本给出的是绝缘子的抗弯破坏载荷值，则应将抗弯破坏载荷值乘以 0.6 作为 F_{al}；$F_c^{(3)}$ 是短路时作用于绝缘子上的计算力，按通过 $i_{sh}^{(3)}$ 来计算。如果母线在绝缘子上平放（见图 4-8a），则 $F_c^{(3)}$ 按式（4-38）计算，即 $F_c^{(3)}=F^{(3)}$；如果母线在绝缘子上竖放（见图 4-8b），则 $F_c^{(3)}=1.4F^{(3)}$。

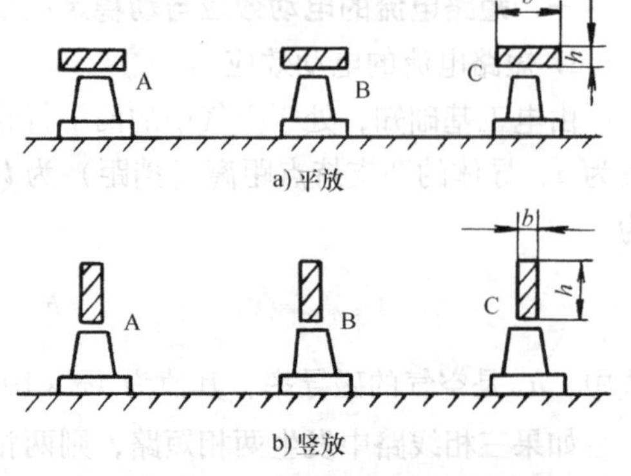

图 4-8　母线在绝缘子上的放置方式

（3）母线的动稳定度校验条件　对母线等硬导体，一般按短路时所受的最大应力来校验。

$$\sigma_{al}\geqslant\sigma_c \tag{4-44}$$

式中，σ_{al} 是母线的最大允许应力，依母线材质

而定，硬铜母线（TMY 型），$\sigma_{al}=140\text{MPa}$，硬铝母线（LMY 型），$\sigma_{al}=70\text{MPa}$；$\sigma_c$ 是母线通过 $i_{sh}^{(3)}$ 时所受到的最大计算应力。

最大计算应力 σ_c 按下式计算：

$$\sigma_c = \frac{M}{W} \tag{4-45}$$

式中，M 是母线通过 $i_{sh}^{(3)}$ 时所受到的弯曲力矩。当母线的挡距数为 1 ~ 2 时，$M=F^{(3)}l/8$；当母线的挡距数大于 2 时，$M=F^{(3)}l/10$。这里的 $F^{(3)}$ 按式（4-38）计算，l 是母线的挡距（两支持点间的距离）；W 是母线的截面系数。当母线水平放置时（见图 4-8），$W=b^2h/6$，这里的 b 是母线截面的水平宽度，h 是母线截面的垂直厚度。

3. 对短路计算点附近交流电动机反馈冲击电流的考虑

当短路计算点附近所接交流电动机的额定电流之和超过供配电系统短路电流的 1% 时，按 GB50054—2011《低压配电设计规范》规定，应计入电动机反馈电流的影响。由于短路时电动机端电压骤降，致使电动机因定子电动势反高于外施电压而向短路点反馈电流，如图 4-9 所示，从而使短路计算点的短路冲击电流增大。

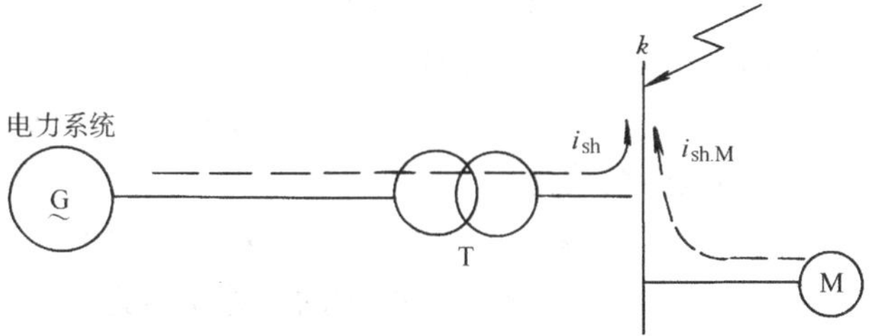

图 4-9　大容量电动机对短路点的反馈冲击电流

当交流电动机进线端发生三相短路时，它反馈的最大短路电流瞬时值（即电动机反馈冲击电流）可按下式计算

$$i_{sh.M} = \sqrt{2}\frac{E_M''^*}{X_M''^*}K_{sh.M}I_{N.M} = CK_{sh.M}I_{N.M} \tag{4-46}$$

式中，$E_M''^*$ 是电动机次暂态电动势标幺值；$X_M''^*$ 是电动机次暂态电抗标幺值；C 是电动机反馈冲击倍数，以上参数均见表 4-3；$K_{sh.M}$ 是电动机短路电流冲击系数，对 3 ~ 10kV 可取 1.4 ~ 1.7，对 380V 电动机可取 1；$I_{N.M}$ 是电动机额定电流。

由于交流电动机在外电路短路后很快受到制动，所以它产生的反馈电流衰减极快。因此只在考虑短路冲击电流的影响时才需计入电动机反馈电流。

表 4-3　电动机的 $E_M''^*$、$X_M''^*$ 和 C

电动机类型	$E_M''^*$	$X_M''^*$	C	电动机类型	$E_M''^*$	$X_M''^*$	C
感应电动机	0.9	0.2	6.5	同步补偿机	1.2	0.16	10.6
同步电动机	1.1	0.2	7.8	综合性负荷	0.8	0.35	3.2

例 4-3　设例 4-1 所示企业变电所 380V 侧母线上接有 380V 感应电动机组 250kW，平均 $\cos\varphi=0.7$，效率 $\eta=0.75$。该母线采用 LMY—100 × 10 的硬铝母线，水平平放，挡距为 900mm，挡数大于 2，相邻两相母线的轴线距离为 160mm。试求该母线三相短路时所受的最大电动力，并校验其动稳定度。

解　(1) 计算母线三相短路时所受的最大电动力

由例 4-1 知，380V 母线的短路电流 $I_k^{(3)}=31.4\text{kA}$，$i_k^{(3)}=57.8\text{kA}$；而接于 380V 母线的感应电动机组的额定电流为

$$I_{N.M} = \frac{250\text{kW}}{\sqrt{3} \times 380\text{V} \times 0.7 \times 0.75} = 0.723\text{kA}$$

由于 $I_{N.M} \geqslant 0.01 I_k^{(3)} = 0.314\text{kA}$，故需计入此电动机组反馈电流的影响。该电动机组的反馈冲击电流值为

$$i_{sh.M} = 6.5 \times 1 \times 0.723\text{kA} = 4.7\text{kA}$$

因此母线在三相短路时所受的最大电动力为

$$F^{(3)} = \sqrt{3}(i_{sh}^{(3)} + i_{sh.M})^2 \frac{l}{a} \times 10^{-7}\text{N/A}^2$$

$$= \sqrt{3}(57.8 \times 10^3\text{A} + 4.7 \times 10^3\text{A})^2 \times \frac{0.9\text{m}}{0.16\text{m}} \times 10^{-7}\text{N/A}^2 = 3806\text{N}$$

（2）校验母线短路时的动稳定度

母线在 $F^{(3)}$ 作用时的弯曲力矩为

$$M = F^{(3)} l/10 = 3806\text{N} \times 0.9\text{m}/10 = 342.5\text{N} \cdot \text{m}$$

母线的截面系数为

$$W = b^2 h/6 = (0.1\text{m})^2 \times 0.01\text{m}/6 = 1.667 \times 10^{-5}\text{m}^3$$

因此母线在三相短路时所受到的计算应力为

$$\sigma_c = M/W = 342.5\text{N} \cdot \text{m}/1.667 \times 10^{-5}\text{m}^3 = 20.5 \times 10^6\text{Pa}$$

而母线（LMY）的允许应力为

$$\sigma_{al} = 70\text{MPa} > \sigma_c$$

由此可见，该母线满足短路动稳定度的要求。

二、短路电流的热效应与热稳定度校验

1. 短路电流的热效应

导体通过正常负荷电流时，由于导体具有电阻，就要产生电能损耗，转换为热能，一方面使导体温度升高，另一方面向周围介质散热。当导体内产生的热量与导体向周围介质散发的热量相等时，导体就维持在一定的温度值。

当线路发生短路时，短路电流将使导体温度迅速升高。但短路后线路的保护装置很快动作，切除短路故障，因此短路电流通过导体的时间很短，通常不会超过 2～3s。所以在短路过程中，可不考虑导体向周围介质的散热，也就是可近似地认为在短路时间内导体与周围介质是绝热的，短路电流在导体中产生的热量，完全用来使导体温度升高。

图 4-10 表示短路前后导体的温升变化情况。导体在短路前正常负荷时的温度为 θ_L。设在 t_1 时发生短路，导体温度按指数规律迅速升高；当到达 t_2 时，线路保护装置动作，切除短路故障，这时导体温度已升高到最高值 θ_k。短路故障切除后，线路断电，导体不再产生热量，而只向周围介质按指数规律散热，直到导体温度等于周围介质温度 θ_0 为止。

导体短路时的最高发热温度不得超过附录表 A-21 规定的允许值。

由于短路电流是一个变动的电流，而且含有非周期分量，因此要计算其短路期间在导体内产生的热量 θ_k' 和达到的最高温度 θ_k 是相当困难的。为此，引出一个"短路发热假想时间" t_{ima}，假设在此时间内以恒定的短路稳态电流 I_∞ 通过导体产生的热量，恰好与实际短路电流 i_k 或 $I_{k(t)}$ 在实际短路时间 t_k 内通过导体所产生的热量相等，如图 4-11 所示。

短路发热假想时间可用下式近似地计算：

$$t_{ima} = t_k + 0.05\left(\frac{I''}{I_\infty}\right)^2 \tag{4-47}$$

在无限大容量系统中发生短路，由于 $I''=I_\infty$，因此

$$t_{ima} = t_k + 0.05 \tag{4-48}$$

以上两式中的时间单位均为 s。

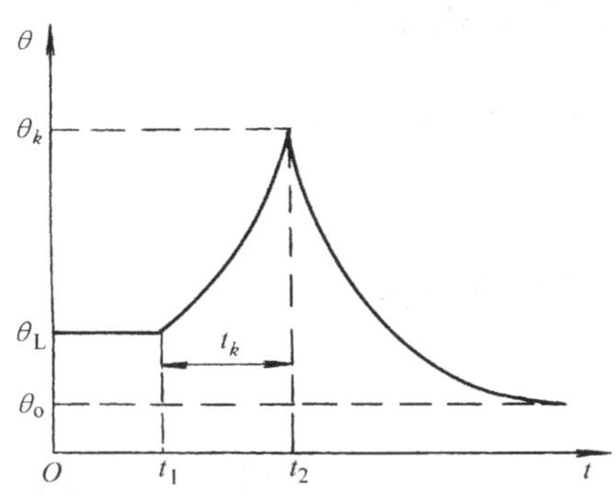

图 4-10 短路前后导体的温升变化曲线

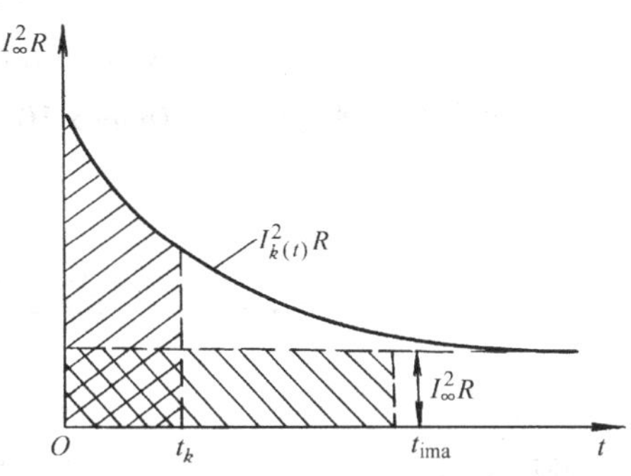

图 4-11 短路产生的热量与短路发热假想时间

当 $t_k > 1$s 时，可认为

$$t_{ima} = t_k \tag{4-49}$$

短路时间 t_k 为短路保护装置最长的动作时间 t_{op} 与断路器的断路时间 t_{oc} 之和，即

$$t_k = t_{op} + t_{oc} \tag{4-50}$$

断路器的断路时间 t_{oc} 包括断路器的固有分闸时间和灭弧时间两部分。对一般高压断路器（如油断路器），可取 $t_{oc}=0.2$s；对高速断路器（如真空断路器），可取 $t_{oc}=0.1\sim0.15$s。因此，实际短路电流 $I_{k(t)}$ 通过导体在短路时间 t_k 内产生的热量为：

$$Q_k = \int_0^{t_k} I_{k(t)}^2 R\mathrm{d}t = I_\infty^2 R t_{ima} \tag{4-51}$$

2. 短路热稳定度的校验

电器和导体的热稳定度的校验，也依据校验对象不同而采用不同的条件和方法。

（1）一般电器的热稳定校验条件　一般电器包括开关电器和电流互感器等，它们的热稳定度校验条件为

$$I_t^2 t \geqslant I_\infty^{(3)} t_{ima} \tag{4-52}$$

式中，I_t 是电器的热稳定试验电流有效值；t 是电器的热稳定试验时间。

以上的 I_t 和 t 可由有关手册或产品样本查得（参看附录表 A-3 和表 A-6）。

（2）母线、电缆和绝缘导线的热稳定校验条件　母线、电缆和绝缘导线的热稳定度本来可按短路时最高发热温度 θ_k 是否超过短路时最高允许温度 $\theta_{k\cdot max}$（附录表 A-21）来校验，但由于 θ_k 的确定比较麻烦，因此通常采用最小热稳定截面来进行校验，其校验的条件为

$$A \geqslant A_{min} = \frac{I_\infty^{(3)}}{C}\sqrt{t_{ima}} \tag{4-53}$$

式中，A 是满足短路热稳定度的导体实际截面；A_{min} 是导体的最小热稳定截面；C 是导体的短路热稳定系数（参看附录表 A-21）；t_{ima} 是短路发热假想时间（亦称“热效时间”）。

例 4-4 试校验例 4-3 所示企业变电所 380V 侧母线的短路热稳定度。已知此母线的短路保护实际时间为 0.6s，低压断路器的断路时间为 0.1s。

解 已知 $I_{\infty}^{(3)}=I_k^{(3)}=31.4\text{kA}$，并由附录表 A-21 查得 $C=87\text{A}\cdot\sqrt{\text{s}}/\text{mm}^2$，而 $t_{ima}=0.6\text{s}+0.1\text{s}+0.05\text{s}=0.75\text{s}$，因此最小热稳定截面为

$$A_{min}=\frac{31.4\times10^3\text{A}}{87\text{A}\cdot\sqrt{\text{s}}/\text{mm}^2}\times\sqrt{0.75\text{s}}=313\text{mm}^2$$

由于此母线实际截面 $A=100\text{mm}\times10\text{mm}=1000\text{mm}^2>A_{min}=313\text{mm}^2$，因此该母线满足短路热稳定度的要求。

第五节 高低压电器的选择与校验

一、概述

高低压电器的选择，必须满足其在一次电路正常条件下和短路故障情况下工作的要求。

高低压电器按正常条件下工作选择，就是要考虑电器的环境条件和电气要求。环境条件是指电器的使用场所（户内或户外）、环境温度、海拔高度以及有无防尘、防腐蚀、防火、防爆等要求。电气要求是指电器在电压、电流、频率等方面的要求；对一些开断电流的电器，如熔断器、断路器和负荷开关等，则还有断流能力的要求。

高低压电器按短路故障条件下工作选择，就是要校验其短路时能否满足动稳定度和热稳定度的要求。

表 4-4 列出高低压电器的选择校验项目和条件，供参考。

二、熔断器的选择与校验

1. 熔断器熔体电流的选择

（1）保护电力线路的熔断器熔体电流的选择　保护电力线路的熔体电流应满足下列条件：

1）熔体额定电流 $I_{N.FE}$ 应不小于线路的计算电流 I_{30}，以使熔体在线路最大负荷下正常运行时也不致熔断，即

$$I_{N.FE}\geqslant I_{30} \tag{4-54}$$

式中，对并联电容器的线路熔断器来说，由于电容器的合闸涌流较大，按 GB50227—2008《并联电容器装置设计规范》规定，应取 I_{30} 为电容器额定电流的 1.43 ~ 1.55 倍。

表 4-4　高低压电器的选择校验项目和条件

电器名称	电压/V	电流/A	断流能力/kA	短路电流校验	
				动稳定度	热稳定度
熔断器	✓	✓	✓	—	—
高压隔离开关	✓	✓	—	✓	✓
高压负荷开关	✓	✓	✓	✓	✓
高压断路器	✓	✓	✓	✓	✓
低压刀开关	✓	✓	✓	✓	✓
低压负荷开关	✓	✓	✓	—	—

（续）

电器名称	电压/V	电流/A	断流能力/kA	短路电流校验	
				动稳定度	热稳定度
低压断路器	✓	✓	✓	⩛	⩛
电流互感器	✓	✓	—	✓	✓
电压互感器	✓	—	—	—	—
并联电容器	✓	—	—	—	—
电缆、绝缘导线	✓	✓	—	—	✓
母线	—	✓	—	✓	✓
支柱绝缘子	✓	—	—	✓	—
套管绝缘子	✓	✓	—	✓	✓
应满足的条件	电器的额定电压不低于所在电路的额定电压	电器的额定电流应不小于所在电路的计算电流	电器的最大开断电流应不小于它可能开断的最大电流	按 $i_{sh}^{(3)}$ 或 $I_{sh}^{(3)}$ 校验，分别满足式（4-41）～式（4-44）的要求，需计入 $i_{sh.M}$	按 $I_{\infty}^{(3)}$ 及 t_{ima} 校验，满足式（4-52）或式（4-53）的要求

注：1. 表中“✓”表示必须校验；“—”表示不必校验；“⩛”表示一般可不校验。

2. 对“并联电容器”，还应按容量（var 或 μF）选择；对“互感器”，还应考虑准确度等级。

3. 表中未列“频率”项目，电器的额定频率应与所在电路的频率一致。

2）熔体额定电流 $I_{N.FE}$ 还应躲过线路的尖峰电流 I_{pk}，以使熔体在线路出现尖峰电流时也不致熔断。由于尖峰电流为短时最大电流，而熔体熔断需经一定时间，因此满足的条件为

$$I_{N.FE} \geqslant KI_{pk} \tag{4-55}$$

式中，K 是小于 1 的计算系数。对供单台电动机的线路，如起动时间 $t_{st}<3s$（轻载起动），宜取 $K=0.25\sim0.35$；$t_{st}=3\sim8s$（重载起动），宜取 $K=0.35\sim0.5$；$t_{st}>8s$ 及频繁起动或反接制动，宜取 $K=0.5\sim0.6$。对供多台电动机的线路，视线路上最大一台电动机的起动情况、线路计算电流与尖峰电流的比值及熔断器的特性而定，宜取 $K=0.5\sim1$；如线路 $I_{30}/I_{pk}\approx1$，则可取 $K=1$。

3）熔断器保护还应与被保护的线路相配合，使之不致发生因线路过负荷或短路而引起绝缘导线或电缆过热甚至起燃而熔断器熔体不熔断的事故，因此还应满足以下条件：

$$I_{N.FE} \leqslant K_{OL}I_{al} \tag{4-56}$$

式中，I_{al} 是绝缘导线和电缆的允许载流量（参看附录表 A-25）；K_{OL} 是绝缘导线和电缆的允许短时过负荷系数。

如果熔断器只作短路保护时，对电缆和穿管绝缘导线，取 $K_{OL}=2.5$；对明敷绝缘导线，取 $K_{OL}=1.5$。

如果熔断器不只作短路保护，而且要求同时作过负荷保护时，例如居住建筑、重要仓库和公共建筑中的照明线路，有可能长时间过负荷的动力线路以及在可燃建筑物构架上明敷的有延燃性外皮的绝缘导线线路，则应取 $K_{OL}=1$。

如果按式（4-54）和式（4-55）两个条件选择的熔体电流不满足式（4-56）的配合要求，则应改选熔断器的型号规格，或适当增大绝缘导线和电缆的芯线截面。

(2) 保护电力变压器的熔断器熔体电流的选择　保护电力变压器的熔体电流，应满足下式要求：

$$I_{N.FE} = (1.5 \sim 2.0) I_{1N.T} \tag{4-57}$$

式中，$I_{1N.T}$是变压器的额定一次电流。

上式考虑了以下三个因素：

1）熔体电流要躲过变压器允许的正常过负荷电流。

2）熔体电流还要躲过来自变压器低压侧的电动机自起动引起的尖峰电流。

3）熔体电流还要躲过变压器自身的励磁涌流，这涌流是变压器空载投入时或者在外部故障切除后突然恢复电压所产生的一个类似涌浪的电流，可高达（8～10）$I_{1N.T}$。它与三相电路突然短路时的短路全电流相似，也要衰减，但较之短路全电流的衰减稍慢。

(3) 保护电压互感器的熔断器熔体电流的选择　由于电压互感器二次侧的负荷很小，因此保护高压电压互感器的 RN2 型熔断器的熔体额定电流一般为 0.5A。

2. 熔断器规格的选择与校验

熔断器规格的选择与校验应满足下列条件：

(1) 熔断器的额定电压 $U_{N.FU}$应不低于所在线路的额定电压 U_N，即

$$U_{N.FU} \geqslant U_N \tag{4-58}$$

(2) 熔断器的额定电流 $I_{N.FU}$应不小于它所安装的熔体额定电流 $I_{N.FE}$，即

$$I_{N.FU} \geqslant I_{N.FE} \tag{4-59}$$

(3) 熔断器断流能力的校验

1）限流型熔断器（如 RN1、RT0 等型）。由于限流型熔断器能在短路电流达到冲击值之前灭弧，因此应满足下列条件：

$$I_{oc} \geqslant I''^{(3)} \tag{4-60}$$

式中，I_{oc}是熔断器的最大分断电流；$I''^{(3)}$是熔断器安装地点的三相次暂态短路电流（有效值）。

2）非限流型熔断器（如 RW10、RM10 等型）。由于非限流型熔断器不能在短路电流达到冲击值之前灭弧，因此应满足下列条件：

$$I_{oc} \geqslant I_{sh}^{(3)} \tag{4-61}$$

式中，$I_{sh}^{(3)}$是熔断器安装地点的三相短路冲击电流（有效值）。

3）对具有断流能力上下限的熔断器（如 RW4 等跌开式熔断器）其断流能力上限应满足式（4-61）的条件，而其断流能力下限应满足下列条件

$$I_{oc.min} \leqslant I_k^{(2)} \tag{4-62}$$

式中，$I_{oc.min}$是熔断器的最小分断电流（下限）；$I_k^{(2)}$ 是熔断器所保护线路末端的两相短路电流。

熔断器一般不必校验其短路的动稳定度和热稳定度。根据 GB50060—2008《3～110kV 高压配电装置设计规范》的规定，用熔断器保护的电压互感器回路，可不验算动稳定和热稳定。用高压限流熔断器保护的导体和电器，可根据限流熔断器的特性验算其动稳定和热稳定。

3. 熔断器保护灵敏度的检验

为了保证熔断器在其保护范围内发生最轻微的短路故障时能可靠地熔断，熔断器保护的灵敏度必须满足下列条件

$$S_p = \frac{I_{k.\min}}{I_{N.FE}} \geqslant K \tag{4-63}$$

式中，$I_{N.FE}$是熔断器熔体的额定电流；$I_{k.\min}$是熔断器保护线路末端在系统最小运行方式下的最小短路电流。对 TN 系统和 TT 系统，为单相短路电流或单相接地故障电流；对 IT 系统及中性点不接地的高压系统，为两相短路电流；对于保护降压变压器的高压熔断器来说，为低压侧母线的两相短路电流折算到高压侧之值；K 为最小比值，参看表 4-5。

表 4-5 检验熔断器保护灵敏度的最小比值 *K*

（据 GB50054—2011）

熔体额定电流/A		4～10	16～32	40～63	80～200	250～500
熔断时间/s	5	4.5	5	5	6	7
	0.4	8	9	10	11	—

注：本表所列 K 值适用于符合 IEC 标准的一些新型低压熔断器。对于一些老型熔断器，可取 $K=4\sim7$，即近似地按表中熔断时间为 5s 的熔体取值。

例 4-5 有一台异步电动机，其额定电压为 380V，额定容量为 18.5kW，额定电流为 35.5A，起动电流倍数为 7。现拟采用 BLV—1000—1×10 型导线穿钢管敷设，采用 RT0 型熔断器作短路保护。已知三相短路电流 $I_k^{(3)}$ 最大可达 4kA，单相短路电流 $I_k^{(1)}$ 可达 1.5kA。试选择熔断器及其熔体额定电流，并进行校验。

解 （1）选择熔体及熔断器的额定电流

按满足 $I_{N.FE} \geqslant I_{30} = 35.5\text{A}$ 及 $I_{N.FE} \geqslant KI_{pk} = 0.3 \times 35.5\text{A} \times 7$ 来选择，由附录表 A-1，可初选 RT0—100 型熔断器，其 $I_{N.FU} = 100\text{A}$，而熔体选 $I_{N.FE} = 80\text{A}$。

（2）校验熔断器的断流能力

查附录表 A-1 得 RT0—100 型熔断器的 $I_{oc} = 50\text{kA} > I''^{(3)} = I_k^{(3)} = 4\text{kA}$，故此熔断器满足断流能力要求。

（3）校验熔断器的保护灵敏度

$$S_p \xlongequal{\text{def}} \frac{I_{k.\min}}{I_{N.FE}} = \frac{1500\text{A}}{80\text{A}} = 18.75 > K = 7$$

因此该熔断器也满足保护灵敏度要求。

（4）校验熔断器保护与导线的配合

由附录表 A-25.2 查得 $A = 10\text{mm}^2$ 的 BLV 导线 $I_{al} = 41\text{A}$。

熔断器保护与导线配合的条件为 $I_{N.FE} \leqslant 2.5I_{al}$。现 $I_{N.FE} = 80\text{A} < 2.5 \times 41\text{A} = 102.5\text{A}$，因此满足配合要求。

4. 前后熔断器之间的选择性配合

前后熔断器之间的选择性配合，就是在线路发生短路故障时，靠近故障点的熔断器最先熔断，切除短路故障，从而使系统的其他部分迅速恢复正常运行。

前后熔断器的选择性配合，宜按其保护特性曲线（又称“安秒特性曲线”）来进行检验。

在图 4-12a 所示线路中，假设支线 WL2 的首端 k 点发生三相短路，则其三相短路电流要通过 FU2 和 FU1。但根据保护选择性的要求，应该是 FU2 的熔体首先熔断，切除故障线路 WL2，而 FU1 不再熔断，干线 WL1 正常运行。然而熔体实际熔断时间与其产品的标准保护特性曲线所查得的熔断时间可能有 ±30% ~ ±50% 的偏差。从最不利的情况考虑，假设 k 点短路时，FU1 的实际熔断时间 t_1' 比标准保护特性曲线查得的时间 t_1 小 50%（为负偏差），即 $t_1'=0.5t_1$，而 FU2 的实际熔断时间 t_2' 又比标准保护特性曲线查得的时间 t_2 大 50%（为正偏差），即 $t_2'=1.5t_2$。这时由图 4-12b 可以看出，要保证前后两熔断器 FU1 和 FU2 的保护选择性，必须满足的条件是 $t_1'>t_2'$，或 $0.5t_1>1.5t_2$。也就是保证前后熔断器保护选择性的条件为

$$t_1 > 3t_2 \tag{4-64}$$

即前一熔断器（FU1）根据其保护特性曲线查得的熔断时间，至少应为后一熔断器（FU2）根据其保护特性曲线查得的熔断时间的 3 倍，才能确保前后熔断器动作的选择性。如果不能满足这一要求时，则应将前一熔断器的熔体电流提高 1 ~2 级，再进行校验。

如果不用熔断器的保护特性曲线来检验选择性，则工程上的习惯作法是：选择前一熔断器的熔体电流大于后一熔断器的熔体电流的 2 ~3 级以上，才有可能保证其动作的选择性。

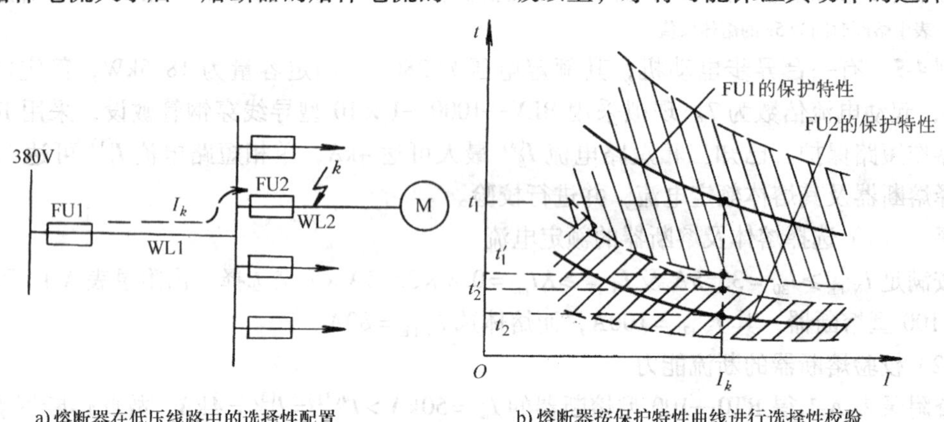

a) 熔断器在低压线路中的选择性配置 b) 熔断器按保护特性曲线进行选择性校验

图 4-12 熔断器保护

（注：斜线区表示特性曲线的偏差范围）

例 4-6 在图 4-12a 所示电路中，假设 FU1（RT0 型）的 $I_{N.FE1}=100A$，FU2（RT0 型）的 $I_{N.FE2}=60A$。k 点的三相短路电流为 1000A。试检验 FU1 与 FU2 是否能选择性配合。

解 用 $I_{N.FE1}=100A$ 和 $I_k^{(3)}=1000A$ 查附录图 A-1 所示曲线得 $t_1\approx0.3s$。

用 $I_{N.FE2}=60A$ 和 $I_k^{(3)}=1000A$ 查附录图 A-1 曲线得 $t_2\approx0.09s$。

$$t_1\approx0.3s>3t_2\approx3\times0.09s=0.27s$$

由此可见，FU1 与 FU2 尚能保证选择性动作。

三、低压断路器的选择与校验

1. 低压断路器过电流脱扣器的选择

过电流脱扣器的额定电流 $I_{N.OR}$ 应不小于线路的计算电流 I_{30}，即

$$I_{N.OR} \geqslant I_{30} \tag{4-65}$$

2. 低压断路器过电流脱扣器的整定

（1）瞬时过电流脱扣器的动作电流 $I_{op(0)}$ 应躲过线路的尖峰电流 I_{pk}，即

$$I_{op(0)} \geqslant K_{rel}I_{pk} \tag{4-66}$$

式中，K_{rel}是可靠系数。对动作时间在0.02s以上的万能式断路器，可取1.35；对动作时间在0.02s及以下的塑壳式断路器，则宜取2～2.5。

（2）短延时过电流脱扣器动作电流和动作时间的整定　短延时过电流脱扣器的动作电流$I_{op(s)}$应躲过线路尖峰电流I_{pk}，即

$$I_{op(s)} \geqslant K_{rel} I_{pk} \tag{4-67}$$

式中，K_{rel}是可靠系数，一般取1.2。

短延时过电流脱扣器的动作时间有0.2s、0.4s和0.6s等级，应按前后保护装置保护选择性要求来确定，前一级保护的动作时间应比后一级保护的动作时间长一个时间级差0.2s。

（3）长延时过电流脱扣器动作电流和动作时间的整定　长延时过电流脱扣器主要用来作过负荷保护，因此其动作电流$I_{op(l)}$，应躲过线路的最大负荷电流即计算电流I_{30}，满足下列条件

$$I_{op(l)} \geqslant K_{rel} I_{30} \tag{4-68}$$

式中，K_{rel}是可靠系数，一般取1.1。

长延时过电流脱扣器的动作时间，应躲过允许过负荷的持续时间，其动作特性通常为反时限，即过负荷电流越大，其动作时间越短，一般动作时间可达1～2h。

（4）过电流脱扣器与被保护线路的配合要求　为了不致发生因过负荷或短路引起导线或电缆过热起燃而低压断路器的脱扣器不动作的事故，低压断路器过电流脱扣器的动作电流I_{op}，还必须满足下列条件：

$$I_{op} \leqslant K_{OL} I_{al} \tag{4-69}$$

式中，I_{al}是绝缘导线和电缆的允许载流量（参见附录表A-25）；K_{OL}是绝缘导线和电缆的允许短时过负荷系数。对瞬时和短延时过电流脱扣器，一般取$K_{OL}=4.5$；对长延时过电流脱扣器，可取$K_{OL}=1$；对保护有爆炸气体区域内线路的低压断路器的过电流脱扣器，应取$K_{OL}=0.8$。

如果不满足以上配合要求，则应改选脱扣器的动作电流，或者适当加大绝缘导线和电缆的芯线截面。

3. 低压断路器热脱扣器的选择与整定

（1）热脱扣器的选择　热脱扣器的额定电流$I_{N.HR}$应不小于线路的计算电流I_{30}，即

$$I_{N.HR} \geqslant I_{30} \tag{4-70}$$

（2）热脱扣器的整定　热脱扣器的动作电流$I_{op.HR}$应不小于线路的计算电流I_{30}，以实现其对过负荷的保护，即

$$I_{op.HR} \geqslant K_{rel} I_{30} \tag{4-71}$$

式中，K_{rel}是可靠系数，可取1.1，但一般应通过实际运行试验来进行检验和调整。

4. 低压断路器规格的选择与校验

低压断路器规格的选择与校验应满足下列条件：

（1）低压断路器的额定电压$U_{N.QF}$应不低于所在线路的额定电压U_N，即

$$U_{N.QF} \geqslant U_N \tag{4-72}$$

（2）低压断路器的额定电流$I_{N.QF}$应不小于它所安装的脱扣器额定电流$I_{N.OR}$或$I_{N.HR}$，即

$$I_{N.QF} \geqslant I_{N.OR} \tag{4-73}$$

或

$$I_{N.QF} \geqslant I_{N.HR} \tag{4-74}$$

(3) 低压断路器还必须进行断流能力的校验

1) 对动作时间在0.02s以上的万能式断路器，其极限分断电流I_{oc}应不小于通过它的最大三相短路电流周期分量有效值$I_k^{(3)}$，即

$$I_{oc} \geqslant I_k^{(3)} \tag{4-75}$$

2) 对动作时间在0.02s及以下的塑壳式断路器，其极限分断电流I_{oc}或i_{oc}应不小于通过它的最大三相短路冲击电流$I_{sh}^{(3)}$或$i_{sh}^{(3)}$，即

$$I_{oc} \geqslant I_{sh}^{(3)} \tag{4-76}$$

或

$$i_{oc} \geqslant i_{sh}^{(3)} \tag{4-77}$$

5. 低压断路器过电流保护灵敏度的检验

为了保证低压断路器的瞬时或短延时过电流脱扣器在系统最小运行方式下在其保护区内发生最轻微的短路故障时能可靠地动作，低压断路器保护灵敏度必须满足条件

$$S_p \xlongequal{\text{def}} \frac{I_{k.\min}}{I_{op}} \geqslant K \tag{4-78}$$

式中，I_{op}是低压断路器瞬时或短延时过电流脱扣器的动作电流；$I_{k.\min}$是低压断路器保护的线路末端在系统最小运行方式下的单相短路电流（对TN和TT系统）或两相短路电流（对IT系统）；K是最小比值，可取1.3。

例4-7 有一条380V动力线路，$I_{30}=120\text{A}$，$I_{pk}=400\text{A}$，此线路首端的$I_k^{(3)}=5\text{kA}$，末端$I_k^{(1)}=1.2\text{kA}$，当地环境温度为+30°C。该线路拟用BLV-1000-1×70导线穿硬塑管敷设。试选择此线路上装设的DW16型低压断路器及其过电流脱扣器。

解 (1) 选择低压断路器及其过电流脱扣器 由附录表A-7可知，DW16-630型低压断路器的过电流脱扣器额定电流有$I_{N.OR}=160\text{A}>I_{30}=120\text{A}$，故初步选DW16-630型低压断路器，并选其$I_{N.OR}=160\text{A}$。

首先设瞬时脱扣电流整定为3倍，即$I_{op}=3I_{N.OR}=3\times160\text{A}=480\text{A}$。而$K_{rel}I_{pk}=1.35\times400\text{A}=540\text{A}$，不满足$I_{op(0)}\geqslant K_{rel}I_{pk}$的要求，因此需增大$I_{op(0)}$。将瞬时脱扣电流整定为4倍时，$I_{op(0)}=4I_{N.OR}=4\times160\text{A}=640\text{A}>K_{rel}I_{pk}=1.35\times400\text{A}=540\text{A}$，满足躲过尖峰电流的要求。

(2) 校验低压断路器的断流能力 由附录表A-7可知，所选DW16-630型断路器，其$I_{oc}=30\text{kA}>I_k^{(3)}=5\text{kA}$，满足分断要求。

(3) 检验低压断路器保护的灵敏度

$$S_p = \frac{I_{k.\min}}{I_{op}} = \frac{1200\text{A}}{640\text{A}} = 1.875 > K = 1.3$$

满足保护灵敏度的要求。

(4) 校验低压断路器保护与导线的配合 由附录表A-25可知，BLV-1000-1×70导线的$I_{al}=121\text{A}$（3线穿管），而$I_{op(0)}=640\text{A}$，不满足$I_{op(0)}\leqslant4.5I_{al}=4.5\times121\text{A}=544.5\text{A}$的配合要求。因此所用导线应增大截面。改用BLV-1000-1×95，其$I_{al}=147\text{A}$，$4.5I_{al}=4.5\times147\text{A}=661.5>I_{op(0)}=640\text{A}$，满足配合要求。

6. 前后低压断路器之间及低压断路器与熔断器之间的选择性配合

(1) 前后低压断路器之间的选择性配合 前后两低压断路器之间是否符合选择性配合，宜按其保护特性曲线进行检验，按产品样本给出的保护特性曲线并考虑其偏差范围可为

±20% ~ ±30%。如果在后一断路器出口发生三相短路时，前一断路器保护动作时间在计入负偏差（提前动作），后一断路器保护动作时间在计入正偏差（延后动作）情况下，前一级断路器的动作时间仍大于后一级的动作时间，则能实现选择性配合的要求。对于非重要负荷，前后保护装置可允许无选择性动作。

一般来说，要保证前后两低压断路器之间能选择性动作，前一级低压断路器宜采用带短延时的过电流脱扣器，后一级低压断路器则采用瞬时脱扣器，而且动作电流也是前一级大于后一级，至少前一级的动作电流不小于后一级动作电流的 1.2 倍。

（2）低压断路器与熔断器之间的选择性配合　要检验低压断路器与熔断器之间是否符合选择性配合，也只有通过各自的保护特性曲线。前一级低压断路器可按产品样本给出的保护特性曲线并考虑 -30% ~ -20% 的负偏差，而后一级熔断器可按产品样本给出的保护特性曲线考虑 +30% ~ +50% 的正偏差。在这种情况下，如果两条曲线不重叠也不交叉，且前一级的曲线总在后一级的曲线之上，则前后两级保护可实现选择性动作，而且两条曲线之间留有的裕量越大，则动作的选择性越有保证。

四、高压隔离开关、负荷开关和断路器的选择与校验

1. 按电压和电流进行选择

高压隔离开关、负荷开关和断路器的额定电压，不得低于装设地点电网的额定电压；其额定电流，不得小于通过的计算电流。

2. 断流能力的校验

高压隔离开关不允许带负荷操作，只作隔离电源用，因此不校验其断流能力。

高压负荷开关能带负荷操作，但不能切断短路电流，因此其断流能力应按切断最大可能的过负荷电流来校验，满足的条件为

$$I_{oc} \geqslant I_{OL \cdot max} \tag{4-79}$$

式中，I_{oc}是负荷开关的最大分断电流；$I_{OL \cdot max}$是负荷开关所在电路的最大可能的过负荷电流，可取为（1.5 ~3）I_{30}，I_{30}是电路的计算电流。

高压断路器可分断短路电流，其断流能力应满足的条件为

$$I_{oc} \geqslant I_k^{(3)} \tag{4-80}$$

或

$$S_{oc} \geqslant S_k^{(3)} \tag{4-81}$$

式中，I_{oc}、S_{oc}是断路器的最大开断电流和断流容量；$I_k^{(3)}$、$S_k^{(3)}$ 是断路器安装地点的三相短路电流周期分量有效值和三相短路容量。

3. 短路稳定度的校验

高压隔离开关、负荷开关和断路器均需进行短路动稳定度和热稳定度的校验。

校验动稳定的公式为式（4-41）或式（4-42）。

校验热稳定的公式为式（4-52）或式（4-53）。

例 4-8　试选择某 10kV 高压配电所进线侧的高压户内少油断路器的型号规格。已知该进线的计算电流为 295A，配电所母线的三相短路电流周期分量有效值 $I_k^{(3)}=3.2\text{kA}$，继电保护的动作时间为 1.1s。

解　根据我国目前生产的 10kV 高压户内少油断路器型号，可选用全国统一设计的 SN10-10 型。根据 $I_{30}=295\text{A}$，查附录表 A-6，可初步选 SN10-10I/630-300 型进行校验，如表 4-6 所示，结果全部合格，因此所选是正确的。

表 4-6　例 4-8 中高压断路器的选择校验表

序号	安装地点的电气条件		SN10—10I/630—300 型断路器		
	项目	数据	项目	数据	结论
1	U_N	10kV	$U_{N.QF}$	10kV	合格
2	I_{30}	295A	$I_{N.QF}$	630A	合格
3	$I_k^{(3)}$	3.2kA	I_{oc}	16kA	合格
4	$i_{sh}^{(3)}$	2.55×3.2kA = 8.16kA	i_{max}	40kA	合格
5	$I_\infty^{(3)2}t_{ima}$	$3.2^2\times(1.1+0.2)=13.3$	I_t^2t	$16^2\times4=1024$	合格

五、电流互感器和电压互感器的选择与校验

1. 电流互感器的选择与校验

（1）电压、电流的选择　电流互感器的额定电压应不低于装设地点电路的额定电压；其额定一次电流应不小于电路的计算电流（一般可取 1.5 至 2 倍的 I_{30}），而其额定二次电流按其二次设备的电流负荷而定，一般为 5A。

（2）按准确级要求选择　电流互感器满足准确级要求的条件，是其二次负荷 S_2 不得大于额定准确级所要求的额定二次负荷 S_{2N}，即

$$S_{2N} \geqslant S_2 \tag{4-82}$$

S_2 由互感器二次侧的阻抗 $|Z_2|$ 来决定，而 $|Z_2|$ 为其二次回路所有串联的仪表、继电器电流线圈的阻抗 $\Sigma|Z_i|$、连接导线阻抗 $|Z_{WL}|$ 与二次回路接头的接触电阻 R_{XC} 等之和。由于 $\Sigma|Z_i|$ 和 $|Z_{WL}|$ 中的感抗远比其中的电阻小，因此可认为

$$|Z_2| \approx \Sigma|Z_i| + |Z_{WL}| + R_{XC} \tag{4-83}$$

式中，$|Z_i|$ 可由仪表、继电器的产品样本查得；$|Z_{WL}|$ 是导线阻抗，$|Z_{WL}| \approx R_{WL} = l/(\gamma A)$，这里 γ 是导线的电导率，铝线 $\gamma = 32\text{m}/(\Omega\cdot\text{mm}^2)$，铜线 $\gamma = 53\text{m}/(\Omega\cdot\text{mm}^2)$，$A$ 是导线截面积（mm^2），l 是二次回路的计算长度（m）；R_{XC} 很难准确测定，可近似地取为 0.1Ω。

电流互感器二次回路的计算长度 l 与互感器结线方式有关。设从互感器二次端子到仪表、继电器接线端子的单向长度为 l_1，则互感器二次为 Y 形结线时，$l = l_1$；互感器二次为 V 形结线时，$l = \sqrt{3}l_1$；互感器二次为一相式结线时，$l = 2l_1$。

电流互感器的二次负荷 S_2，即按下式计算：

$$S_2 = I_{2N}^2|Z_2| \approx I_{2N}^2(\Sigma|Z_i| + R_{WL} + R_{XC})$$

或

$$S_2 \approx \Sigma S_i + I_{2N}^2(R_{WL} + R_{XC}) \tag{4-84}$$

式中，S_i 是仪表、继电器在 I_{2N} 时的功率损耗，可查产品样本或有关手册。

如果电流互感器不满足式（4-82）的准确级要求条件，则应改选较大电流比或较大二次容量的互感器，也可适当加大二次接线的导线截面。按规定，电流互感器二次接线应采用电压不低于 500V、截面不小于 2.5mm^2 的铜芯绝缘导线。

（3）短路动稳定度的校验　电流互感器的动稳定度校验，应满足的条件仍为式（4-41）或式（4-42）。

但有的电流互感器产品给出的是动稳定倍数 K_{es}，因此其动稳定度校验公式为

$$K_{es}\sqrt{2}I_{1N} \geqslant i_{sh}^{(3)} \tag{4-85}$$

式中，I_{1N}是电流互感器的额定一次电流。

（4）短路热稳定度的校验　电流互感器的热稳定度校验应满足的条件仍为式（4-52）。但有的电流互感器产品给出的是热稳定倍数 K_t，因此其热稳定度校验公式为

$$(K_t I_{1N})^2 t \geqslant I_{\infty}^{(3)2} t_{ima}$$

即

$$K_t I_{1N} \geqslant I_{\infty}^{(3)} \sqrt{\frac{t_{ima}}{t}} \tag{4-86}$$

大多数电流互感器的热稳定试验时间取为 1s，因此其热稳定度校验公式可改写为

$$K_t I_{1N} \geqslant I_{\infty}^{(3)} \sqrt{t_{ima}} \tag{4-87}$$

附录表 A-10 列出 LQJ—10 型电流互感器的主要技术数据，供参考。

2. 电压互感器的选择与校验

（1）电压的选择　电压互感器的额定一次电压应与安装地点电网的额定电压相适应，其额定二次电压一般为 100V。

（2）按准确级要求选择　电压互感器满足准确级要求的条件，也是其二次负荷不得大于规定准确级所要求的额定二次容量 S_{2N}，即

$$S_{2N} \geqslant S_2 \tag{4-88}$$

电压互感器的二次负荷 S_2，一般只计二次回路中所有仪表、继电器电压线圈所消耗的视在功率，即

$$S_2 = \sqrt{(\sum P_u)^2 + (\sum Q_u)^2} \tag{4-89}$$

式中，$\sum P_u$ 是仪表、继电器电压线圈所消耗的总的有功功率，$\sum P_u = \sum (S_u \cos\varphi_u)$；$\sum Q_u$ 是仪表、继电器电压线圈所消耗的总的无功功率，$\sum Q_u = \sum (S_u \sin\varphi_u)$。

电压互感器一、二次侧装有熔断器保护，因此不需进行短路动稳定度和热稳定度的校验。

思　考　题

4-1　什么叫短路？短路故障产生的原因有哪些？短路对电力系统有哪些危害？

4-2　短路有哪些形式？哪种形式的短路可能性最大？哪种形式的短路危害最为严重？

4-3　什么叫无限大容量电力系统？它有什么特点？在无限大系统中发生短路时，短路电流将如何变化？能否突然增大？为什么？

4-4　短路电流周期分量和非周期分量各是如何产生的？

4-5　什么是短路冲击电流 i_{sh} 和 I_{sh}？什么是短路次暂态电流 I'' 和短路稳态电流 I_{∞}？

4-6　什么叫短路计算的欧姆法？

4-7　什么叫短路计算电压？它与线路额定电压有什么关系？

4-8　在无限大容量电力系统中，两相短路电流和单相短路电流各与三相短路电流有什么关系？

4-9　什么叫短路电流的电动效应？为什么要采用短路冲击电流来计算？

4-10　什么叫短路电流的热效应？为什么要采用短路稳态电流来计算？什么叫短路发热假想时间？如何计算？

4-11　对一般开关电器，其短路动稳定度和热稳定度校验的条件各是什么？

习　　题

4-1　有一地区变电所通过一条长 4km 的 10kV 电缆线路供电给某建筑物一个装有两台并列运行的

SL7-800型主变压器的变电所。地区变电站出口断路器的断流容量为300MV·A。试用欧姆法求该变电所10kV高压侧和380V低压侧的短路电流 $I_k^{(3)}$、$I''^{(3)}$、$I_\infty^{(3)}$、$i_{sh}^{(3)}$、$I_{sh}^{(3)}$ 及短路容量 $S_k^{(3)}$，并列出短路计算表。

4-2　试用标幺制法重做习题4-1。

4-3　设习题4-1所述变电所380V侧母线采用 $80\times10\text{mm}^2$ 铝母线，水平平放，两相邻母线轴线间距离为200mm，挡距为0.9m，挡数大于2。该母线上装有一台500kW的同步电动机，$\cos\varphi=1$ 时，$\eta=94\%$。试校验此母线的动稳定度。

4-4　设习题4-3所述380V母线的短路保护动作时间为0.5s，低压断路器的断路时间为0.05s。试校验此母线的热稳定度。

4-5　某企业变电所高压进线采用三相铝芯聚氯乙烯绝缘电缆，芯线为 50mm^2。已知该电缆首端装有高压少油断路器，其继电保护动作时间为1.2s，电缆首端的三相短路电流 $I_k^{(3)}=2.1\text{kA}$。试校验此电缆的短路热稳定度。

4-6　某供电给多台电动机的线路的计算电流为56A，尖峰电流为230A，该线路首端的三相短路电流 $I_k^{(3)}=13\text{kA}$。试选择该线路所装RT0型低压熔断器及其熔体的规格。

4-7　某线路前一熔断器为RT0型，其熔体电流为200A；后一熔断器也为RT0型，其熔体电流为120A。在后一熔断器出口发生三相短路的 $I_k^{(3)}=800\text{A}$。试校验这两组熔断器有无保护选择性。

4-8　习题4-6的线路如改装DW16型低压断路器。试选择该断路器及其瞬时过电流脱扣器的电流规格，并整定脱扣器动作电流。

4-9　某企业的有功计算负荷为3000kW，功率因数为0.92。该企业10kV进线上拟装设一台ZN63A—12型高压断路器，其主保护动作时间为0.9s，断路器断路时间为0.05s，该企业10kV母线上的 $I_k^{(3)}=20\text{kA}$。试选择此高压断路器的规格。

4-10　习题4-9中10kV进线上装设有两个LQJ—10型电流互感器（A、C相各一个），其0.5级的二次绕组接测量仪表，结线见图7-6。其中1T1—A型电流表消耗功率3V·A，DS2型有功电能表和DX2型无功电能表的每一电流线圈均消耗功率0.7V·A；其3级的二次绕组接GL—15型电流继电器（结线见图6-20），其线圈消耗功率15V·A。电流互感器二次回路接线采用BV—500—1×2.5mm² 的铜芯塑料线。互感器至仪表、继电器的连线单向长度为4m。试校验此电流互感器是否符合要求。（提示：图7-6所示电流表消耗的功率应由两互感器各负担一半）。

第五章　变配电所及建筑供配电系统

本章首先提出对变配电所主结线的基本要求，然后分别介绍高压配电所、总降压变电所和中小型工业与民用建筑变配电所的一些典型的主结线方案，讲述变配电所的所址选择、变电所的类型以及中小型工业与民用建筑变配电所的基本结构、布置和安装图，接着介绍电力线路的一些典型结线方式，最后介绍架空线路、电缆线路和车间线路的结构与敷设，以及载流导体的选择计算。

第一节　变配电所的主结线

一、概述

变配电所的电路图，按功能可分为以下两种：一种是表示变配电所的电能输送和分配路线的电路图，称为主电路图或一次电路图；另一种是表示用来控制、指示、测量和保护一次电路及其设备运行的电路图，称为二次电路图或二次回路图。

对变配电所主电路的结线方案（简称主结线）一般有下列基本要求：

（1）安全性　要符合国家标准和有关技术规范的要求，能充分保证人身和设备的安全。例如，在高压断路器的电源侧及可能反馈电能的负荷侧，必须装设高压隔离开关；对低压断路器也有类似的要求；架空线路末端及变配电所高压母线上，必须装设避雷器以防护过电压等。

（2）可靠性　要满足各级电力负荷对供电可靠性的要求。因事故被迫中断供电的机会越少、停电时间越短、影响范围越小，主结线的可靠性就越高。因此，变配电所的主结线方案，必须与其负荷级别相适应。

（3）灵活性　能适应系统所需要的各种运行方式，便于操作维护，并能适应负荷的发展，有扩充和改建的可能性。

（4）经济性　在满足以上要求的前提下，尽量使主结线简单，投资少，运行费用低，并节约电能。例如选用技术先进、经济适用的节能产品等。

二、高压配电所的主结线图

高压配电所担负着从电力系统受电并向各车间变电所及某些高压用电设备配电的任务。

图 5-1 是图 1-1 所示中型工厂供电系统中高压配电所及其附设 2 号车间变电所的主结线图，下面对此图作一些分析介绍。

1. 电源进线

配电所有两路 10kV 电源进线。最常见的进线方案是一路电源来自电力系统变电站，作为正常工作电源；另一路电源则来自邻近单位的高压联络线，作为备用电源。

图中的 No. 101 和 No. 112 是专用的电能计量柜。图家标准 GB 50063—2008《电力装置的电测量仪表装置设计规范》规定：“装设在 66kV 以下的电力用户处电能计量点的计费电度表，应设置专用的互感器”。“电力用户处的电能计量装置，宜采用全国统一标准的电能计量柜”。图中的 GG-1A-J 型专用电能计量柜，实际上就是连接计费电度表的专用电压互感

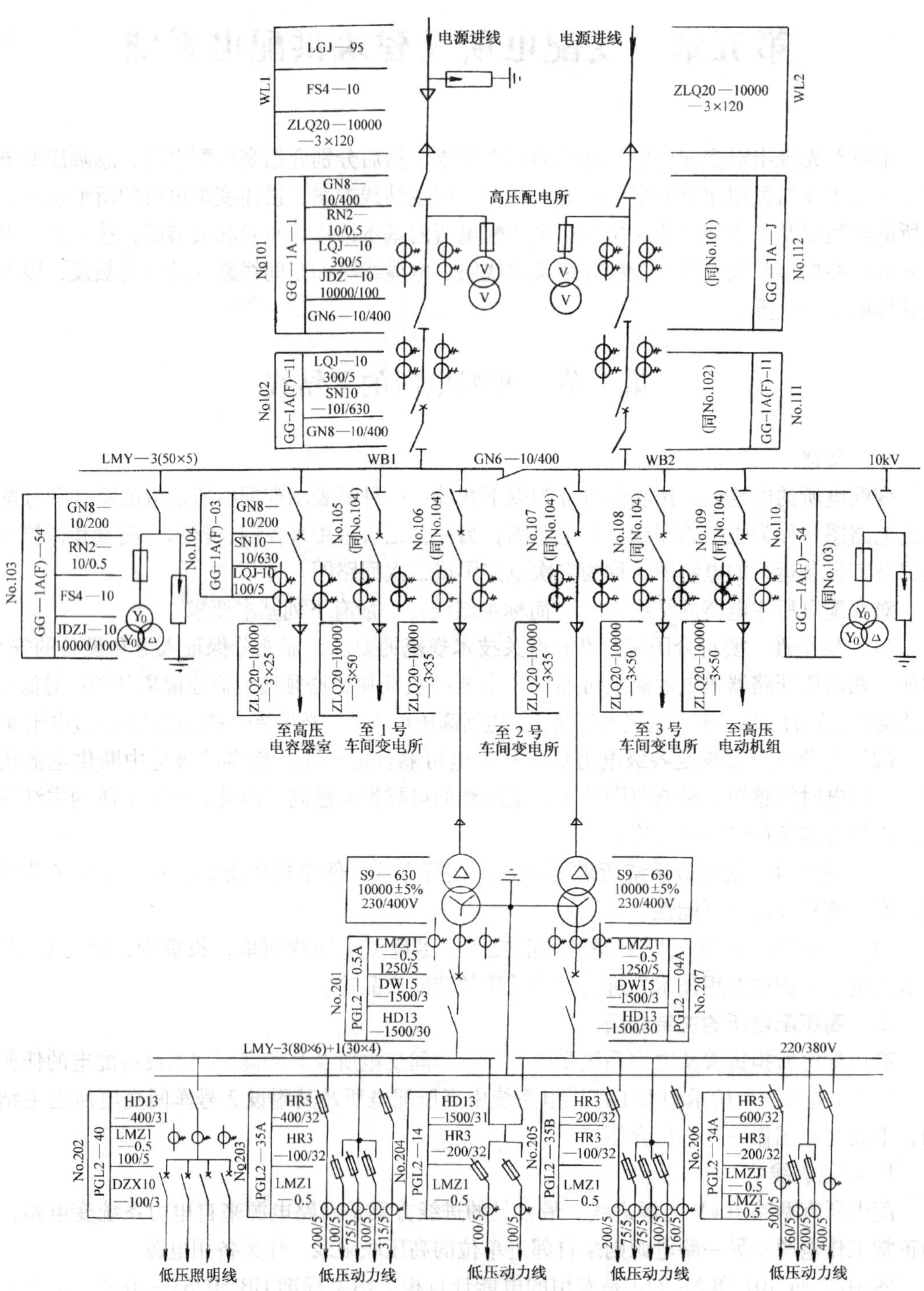

图 5-1　图 1-1 所示高压配电所及其附设 2 号车间变电所的主结线图

器和电流互感器柜。凡由地区变电站用专线供电的工厂变配电所，其专用电能计量柜宜装设在进线开关柜的前面，如图 5-1 所示。如果变配电所接在电力系统的公共干线上，则专用电能计量柜宜装在进线开关柜的后面。这样，当计量柜发生短路故障时，可由进线开关柜中的断路器跳闸，不致影响公共干线的正常运行。

图 5-1 中的进线开关柜（No. 102 和 No. 111）采用 GG-1A（F）-11 型，内装 SN10-10 型高压断路器，便于切换操作，并可配以继电保护和自动装置，使供电可靠性提高。

2. 母线

母线又名汇流排，它是各级电压配电装置的中间环节，其作用是汇集、分配和传送电能。

工业与民用建筑高压配电所的母线，通常采用单母线制。若为双电源进线，则一般采用单母线分段制。要求分段开关带负荷通断时，必须用断路器（其两侧装隔离开关）；如不要求带负荷通断时，则分段开关可采用隔离开关（例如图 5-1 中的 GN6-10/400）。分段隔离开关可安装在墙上或母线桥上，也可采用专门的分段柜（亦称联络柜，例如 GG-1A-119 型）。

图 5-1 所示高压配电所通常采用一路电源工作，另一路电源备用的运行方式，即母线分段开关闭合，两段母线并列运行。当工作电源失电时，可手动或自动地投入备用电源，具有较好的可靠性和灵活性。

为了监测、保护和控制主电路设备，母线上接有电压互感器，进线和出线上均串接有电流互感器。为便于了解高压侧的三相电压情况及有无单相接地故障，应装设 $Y_0/Y_0/\triangle$ 结线的电压互感器。只要了解三相电压情况或计量三相电能，则可装设 V/V 结线的电压互感器。为了了解各条线路的三相负荷情况及实现相间短路保护，高压侧应在 A、C 两相装设电流互感器；低压侧总出线及照明出线因三相负荷可能不均衡而应在三相都装设电流互感器，而低压动力回路则可只在一相装设电流互感器。

另外，高压架空线路的末端及高压母线上，均应装设高压避雷器以防止雷电波沿线路侵入变配电所。高压母线上的避雷器还有抑制内部过电压的作用。

3. 高压配电出线

该配电所共有六路高压出线，其中至 2 号车间变电所的两条出线分别来自两段母线。由于配电出线为母线侧来电，因此只需在断路器的母线侧装设隔离开关，相应高压柜的型号为 GG-1A（F）-03（电缆出线）。

图 5-1 中的 2 号车间变电所有两台变压器，这类降压变压器宜采用 Dyn11 联结组别，例如 S9 系列。本书其余插图中亦同。

4. 变配电所的装置式主电路图

变配电所的主电路图有两种绘制方式。图 5-1 所示为系统式主电路图，该图中的高低压开关柜只示出了相互连接关系，未示出具体安装位置，这种主电路图主要用于教学和运行。在设计图样中广泛采用的是另一种装置式主电路图，该图中的高低压开关柜要按其实际相对排列位置绘制。图 5-2 是图 5-1 和图 1-1 所示高压配电所的装置式主电路图，实际图样中标注表格中的内容应更为详细。

在现代民用建筑特别是高层建筑中，从安全考虑，一般不允许采用装有可燃性油的电气设备（例如 SL 型油浸式变压器和 SN10 型少油开关等）。例如，JGJ 16—2008《民用建筑电气设计规范》规定：“设置在民用建筑中的变压器，应选择干式、气体绝缘或非可燃性液体绝缘的变压器。当单台变压器油量为 100kg 及以上时，应设置单独的变压器室”。此外，高

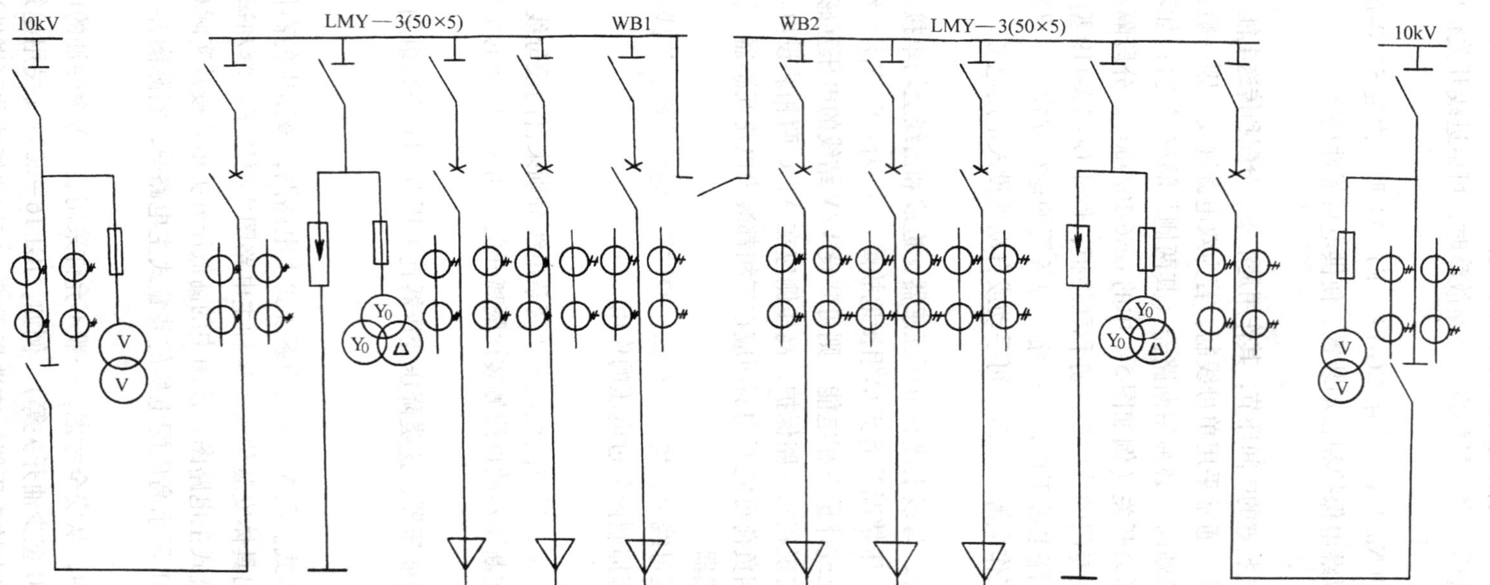

No.101	No.102	No.103	No.104	No.105	No.106	GN6-10/400	No.107	No.108	No.109	No.110	No.111	No.112
电能计量柜	1号进线开关柜	避雷器及电压互感器	出线柜	出线柜	出线柜		出线柜	出线柜	出线柜	避雷器及电压互感器	2号进线开关柜	电能计量柜
GG-1A-J	GG-1A(F)-11	GG-1A(F)-54	GG-1A(F)-0.3	GG-1A(F)-0.3	GG-1A(F)-0.3		GG-1A(F)-0.3	GG-1A(F)-03	GG-1A(F)-03	GG-1A(F)-54	GG-1A(F)-11	GG-1A-J

图 5-2　图 5-1 和图 1-1 所示高压配电所的装置式主电路图

层建筑对供电可靠性要求较高。因此，民用建筑中的配变电所一般不同于上述图 5-1 所示的工业建筑中常用的配变电所。一般而言，高层或大型民用建筑内，宜设室内变电所或户内成套变电所；大中城市的居民区，宜设独立变电所或内外附变电所，有条件时也可设户外成套变电所。

图 5-3 为一高层民用建筑变配电所的高、低压配电系统图，下面利用其设计说明对它作一简单介绍。

（1）设计要求

1）本大厦属一类高层民用建筑，强电部分设计内容包括高低压配电、应急电源、照明、风机及水泵自动控制、防雷接地和等电位联结等。一至六层娱乐培训中心、招待所和屋顶游泳池及花园等需要二次装修场所的配电和照明由二次装修设计；建筑物立面照明等由环境设计负责，本设计预留电源容量。

2）本大厦主要用电指标为：

设备容量　　　　4097kW

需要用电量　　　有功——1897kW；无功——612kvar；视在——1993kV · A

消防需要用电量　467kW

（2）变配电所和应急电源设计

1）10kV 市电采用环网供电方式，以电缆埋地引入，正常工作电源为一路。

2）应急电源采用 CD512 型柴油发电机组，容量为 512kW，当市电断电或消防时，发电机自动起动，并在 15s 内恢复对消防负荷等一级负荷供电。

3）高低压变配电所位于地下一层，变压器安装容量为 2500kV · A（两台 1250kV · A）。

4）发电机房与变电所相邻，设有噪声衰减装置和烟气净化装置，以满足环保要求。机房内由给排水专业设有自动灭火装置，以满足消防要求。

5）按供电局意见，高压侧不设计量柜。

6）为提高功率因数，低压侧设置了带功率因数自动补偿装置的低压静电电容器柜，柜内装设体积小的干式电容器，补偿后高压侧功率因数不低于 0.9。

7）低压配电系统共设四段母线，其中两段（Ⅰ和Ⅱ）为正常工作母线，向一般负荷供电，它们之间设有母线联络开关，便于当某台变压器故障或季节变化时调配负荷。另外两段（Ⅲ和Ⅳ）为保安母线，正常情况下，由 2T 变压器供电，当市电停电时，由发电机供电；其中一段（Ⅲ）向消防负荷供电，另一段（Ⅳ）向重要负荷供电；两母线间也设有联络开关，联络开关应带分励脱扣，当发生火灾时，消防控制室发出指令可解列重要负荷母线段，使柴油发电机组只向消防负荷供电，以确保对消防负荷供电的可靠性。

8）大厦低压配电系统的接地形式为 TN-S 式，即将正常工作时有电流通过的 N 线（中性线）与起保护作用的 PE 线（保护线），只在变配电室内相接于同一接地点，以后分开引出 N 线和 PE 线，彼此绝缘互不共用，为便于识别需用不同颜色表示。

9）高层建筑的电气线路一般敷设在专用的电气竖井内，供电给电气竖井内配电箱的配电线路。从低压柜引出时均为四芯铜电缆，其设备的 PE 线则从相应层电气竖井的 PE 专用铜排引出，该专用 PE 铜排从低压配电柜引至电气竖井并在一层电气竖井内作等电位联结。

（3）设备选择及订货需注意的问题

1）高压配电柜选用西门子（SIEMENS）公司生产的 8DH10 系列六氟化硫绝缘环网开关柜和断路器柜，其技术要求请参见有关说明。

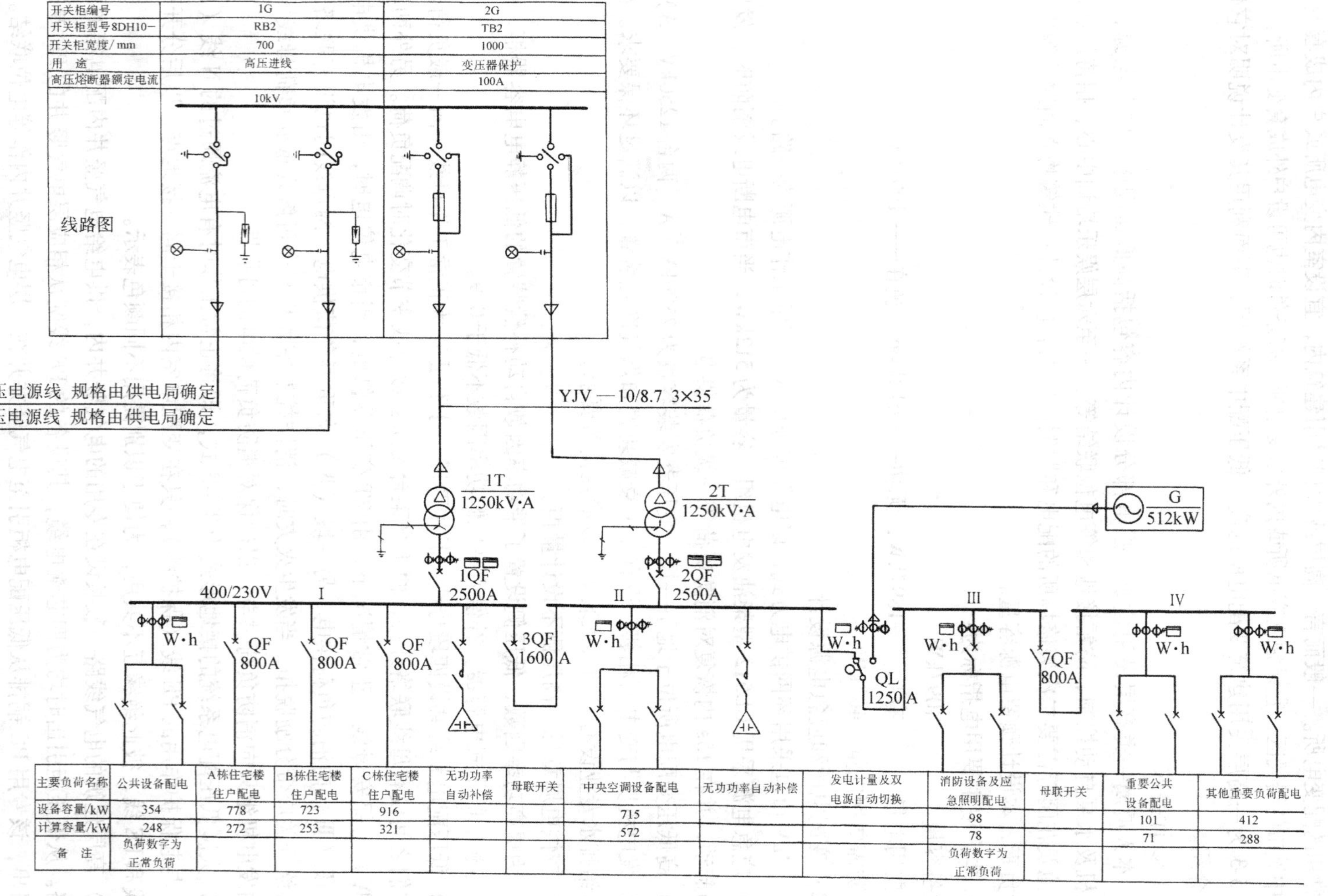

图 5-3 某高层民用建筑变配电所的高、低压配电系统图

2）变压器选用SC8型薄绝缘环氧浇注变压器，请注意配IP2X级保护外壳及自动送风装置。为提高变压器输出波形质量，增加系统抗干扰能力，提高防触电保护灵敏度，变压器绕组联结组别选为Dyn11。

3）柴油发电机组配套要求详见设计图，需带自动起动装置，但不需带双电源自动切换柜。双电源切换采用法国SIRCOVER系列电动机驱动自动转换负荷开关，确保发电机与市电不得并网运行。

4）低压配电柜应按系统图及平面图要求订货，采用上出线方式（不需设置电缆沟，且便于维修），变压器至低压配电柜的封闭母线桥，建议与配电柜配套订货。

5）动力配电箱、照明配电箱、电度表等，应在箱内设置保护线（PE）端子板（或接线板），订货时应特别指明，以免遗漏。

6）电缆梯架订货时，应由施工单位按平面图并结合施工现场确定全套组件，包括直通、弯通、吊架、支臂和各种连接件（紧固件等）。

7）当安装离地高度低于1.8m时，插座必须带安全门装置。

8）电缆订货请注意按设计要求选用难燃型及耐火型。

（4）设备安装

1）高压环网开关柜、低压配电柜的设备基础，应由施工单位按制造厂提供的详细安装资料对设计图核实和调整后方可施工。

2）由于柴油发电机房的设备布置和安装尺寸取决于所订的发电机组，也取决于选定的噪声限制及烟气净化的具体做法，本施工设计图仅提出技术要求及布置示意，进一步的安装资料需由建设单位责成发电机供应商及机房环保施工单位提供。

3）挂墙式配电箱和电表箱的尺寸因制造厂而异，在电气竖井内未标注安装尺寸，具体安装位置在施工时定。

4）除图中特别注明外，设备安装高度（底边距地）一般为：

挂墙明装配电箱、控制箱、开关箱、插座箱等	1.5m
挂墙明装照明配电箱、电度表箱	1.5m
住户内配电箱	1.8m
灯开关、按钮、电扇调速开关、风机盘管开关等	1.3m
一般插座	0.3m
窗式或分体式空调器插座	2.0m
洗衣机和厨房插座	1.5m
浴室内排风机插座或接线盒	2.3m

从以上介绍可以看出，由于具有较多的一、二级负荷以及防火的要求，高层民用建筑的供配电，在结线方案、设备选型和布置以及线路敷设等方面都与一般工业建筑有所不同。

三、车间（或小型工业与民用建筑）变电所的主结线方案

车间（或小型工业与民用建筑）变电所，是将高压（6～10kV）降为一般用电设备所需低压（如220/380V）的终端变电所，这类变电所的主结线比较简单。其高压侧主结线方案分两种情况：一种是有总降压变电所或高压配电所的车间变电所，其高压侧的开关电器，保护装置和测量仪表等，通常就安装在高压配电线路的首端，即总降压变电所或配电所的6～10kV配电室内，而车间变电所的高压侧可不装开关设备，或只装简单的隔离开关、高压跌开式熔断器或避雷器等，如图 5-4 所示。这类车间变电所只设变压器室和低压配电室。由图 5-4 可以看出，凡是高压架空进线，均需装设避雷器以防雷电波沿架空线侵入变电所毁坏变压器及其他设备的绝缘。

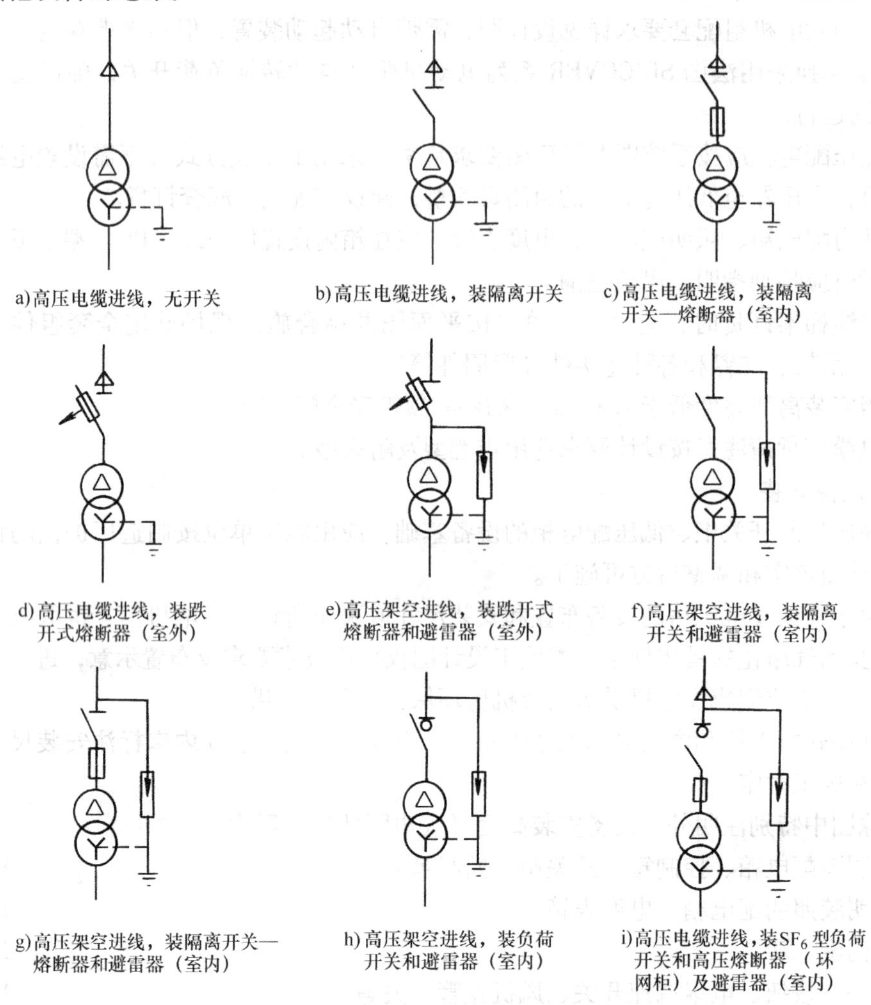

图 5-4 车间变电所高压侧主结线方案（示例）

另一种是无总降压变电所或配电所时，则车间变电所往往就是工业与民用建筑的降压变电所，高压侧必须配置足够的开关设备。

电力变压器发生故障时，需要迅速切断电源，因此应采用快速切断电源的保护装置。对于较小容量的变压器，只要运行操作符合要求，可以优先采用简单经济的熔断器保护。

下面介绍小型工业与民用建筑变电所的几种常用的主结线方案（注意：未绘出计量柜主电路）。

1. 只装有一台主变压器的小型变电所

根据其高压侧所用开关电器的不同，有以下三种典型的主结线方案：

（1）高压侧采用隔离开关—熔断器或跌开式熔断器的变电所主电路（如图 5-4 中的 c、

d、e、g）　它们均采用熔断器来分断变电所的短路故障。由于隔离开关和跌开式熔断器切断空载变压器容量的限制，一般只用于500kV·A及以下容量的变压器。这类主结线都简单经济，但供电可靠性不高，仅适用于供三级负荷的小容量变电所。

（2）高压侧采用负荷开关—熔断器的变电所主电路（如图5-5所示）　由于负荷开关能带负荷操作，使变电所停电和送电的操作较为灵活简便。现在有一种环网柜，内装有新型高压熔断器和负荷开关，它能可靠地保护变压器，并能方便地实现环形结线，从而大大提高供电的可靠性。环形供电的结线方式可参见本章介绍的图5-28，图中WB1和WB2接两个10kV独立电源，而A、B、C、D处可接变压器。若将WB1和WB2之间的隔离开关换为断路器，则操作更加方便。图5-3中的8DH10—RB2即为西门子（SIEMENS）公司生产的六氟化硫绝缘环网柜。

（3）高压侧采用隔离开关—断路器的变电所主电路（如图5-6所示）　由于采用了高压断路器，从而使变压器的切换操作非常灵活方便。在短路和过负荷时，继电保护装置能实现自动跳闸，而在短路故障和过负荷情况消除后，又可直接迅速合闸，从而使恢复供电的时间大大缩短。

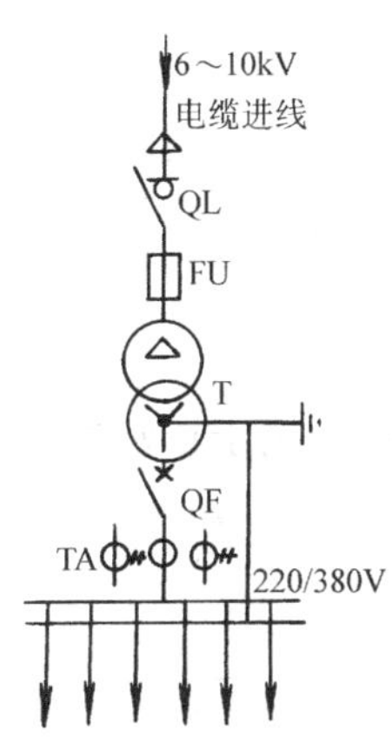

图5-5　高压侧采用负荷开关—熔断器的变电所主电路图

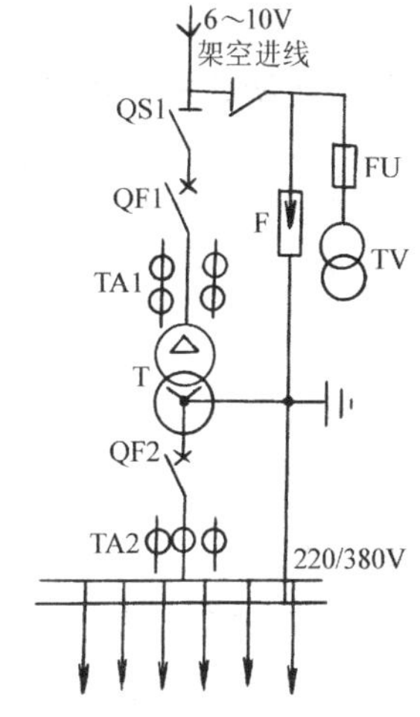

图5-6　高压侧采用隔离开关—断路器的变电所主电路图

2. 装有两台主变压器的小型变电所

（1）高压侧无母线、低压单母线分段的变电所主电路（如图5-7所示）　当任一主变压器或任一电源线停电检修或发生故障时，通过倒闸操作闭合低压母线分段开关QF5，即可恢复供电，因而具有较高的供电可靠性。

（2）高压采用单母线、低压单母线分段的变电所主电路（如图5-8所示）　这种主结线适用于装有两台及以上主变压器或具有多路高压出线的变电所。当任一台变压器检修或发生故障时，通过切换操作，仍能很快恢复供电。

（3）高低压侧均为单母线分段的变电所主电路（如图5-9所示）　这种主电路的两段高压母线在正常时可以接通运行，也可以分段运行。当发生故障时，通过切换可切除故障部分，恢复对整个变电所供电，因此供电可靠性很高，可供一、二级负荷。

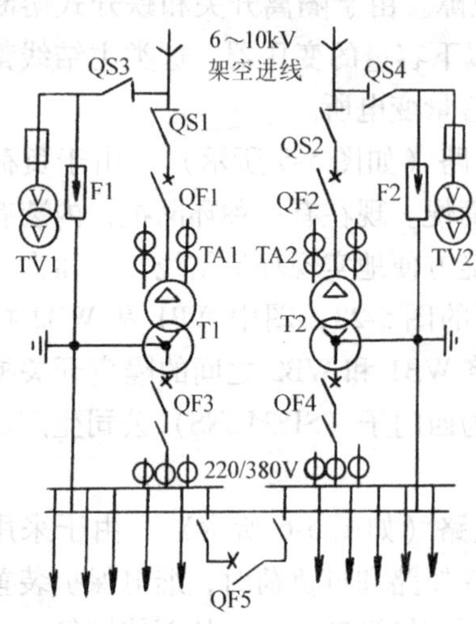

图 5-7 高压侧无母线、低压单母线分段的变电所主电路图

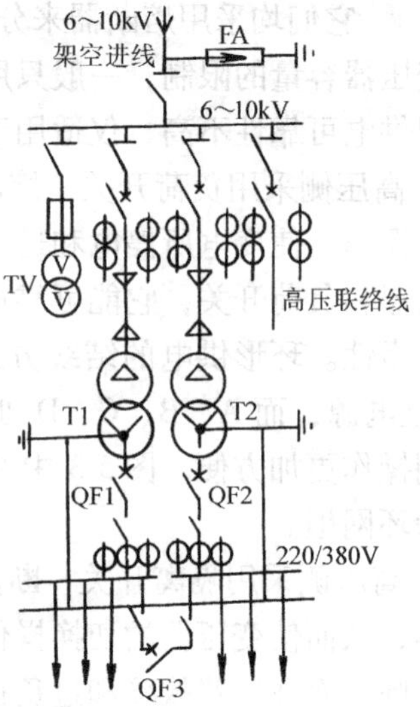

图 5-8 高压采用单母线、低压单母线分段的变电所主电路图

四、总降压变电所的主结线方案

电源进线电压为35kV及以上的大中型工业与民用建筑，一般需两级降压，即先经总降压变电所将电压降为6～10kV的高压配电电压，然后经车间变电所降为一般低压用电设备所需的电压（如220/380V）。

1. 单台变压器的总降压变电所

如图5-10所示，在主变压器的两侧装设断路器QF1和QF2，用于正常通断及故障时自

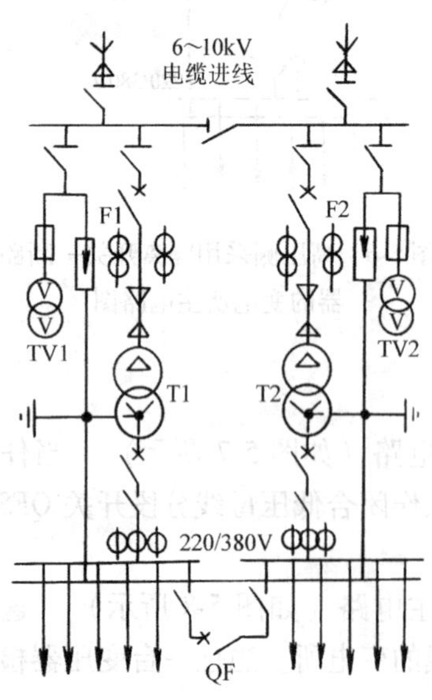

图 5-9 高低压侧均为单母线分段的变电所主电路图

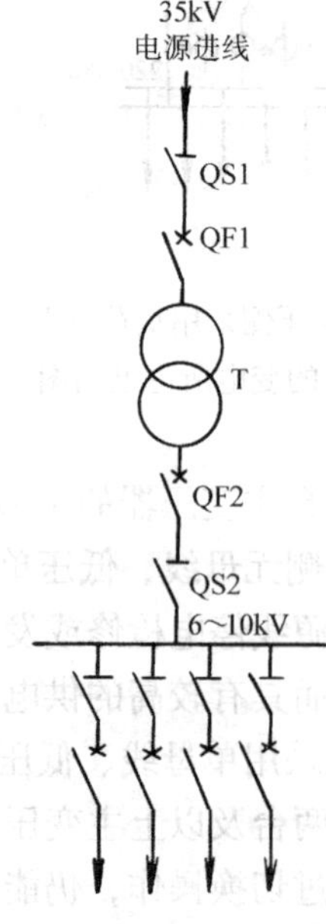

图 5-10 单台变压器的总降压变电所主电路图

动切断电路。二次侧各路出线也都经过断路器送出。在 6 ~ 10kV 母线上还应装设一组 Y_0/Y_0/△结线或 Y_0/Y_0 结线的电压互感器（图 5-10 中未绘出），用于监视 6 ~ 10kV 系统的单相接地故障。这种结线的优点是简单经济，但供电可靠性不高，只适于供三级负荷。

2. 两台主变压器的总降压变电所

当负荷在数千千伏安以上，且具有大量重要负荷时，通常采用双电源两台主变压器的总降压变电所，如图 5-11 所示。

这种双电源两台主变压器的变电所，其电源侧通常采用桥式结线，即在两路电源进线之间跨接一台桥路开关 QF10（其两侧有隔离开关 QS101、QS102），犹如一座桥梁。这样增加投资不多，但可以大大提高供电的灵活性和可靠性，可适用于一、二级负荷的工厂。桥式结线分外桥式与内桥式两种。

图 5-11a 为外桥式结线，它的桥路开关 QF10 接在高压断路器 QF11 和 QF12 的外侧。

图 5-11b 为内桥式结线，它的桥路开关 QF10 接在高压断路器 QF11 和 QF12 的内侧。

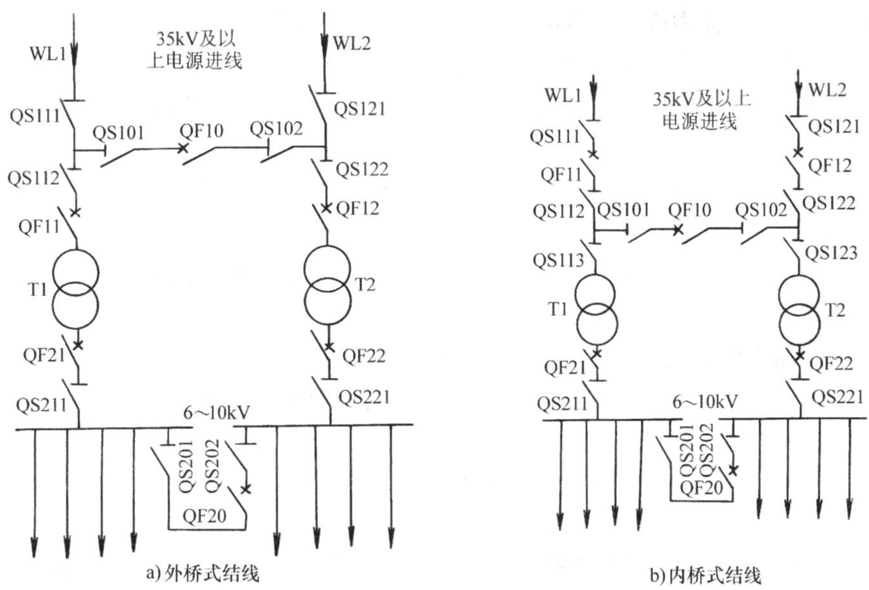

图 5-11 桥式结线的总降压变电所主电路图

（1）外桥式结线（见图 5-11a）的运行操作　如果要停用主变压器 T1，只要断开 QF11 和 QF21 即可。如果要停用主变压器 T2，只要断开 QF12 和 QF22 即可，操作均较简便。如果要检修电源进线 WL1，则需先断开 QF11 和 QF10，然后断开 QS111，再合上 QF11 和 QF10，使两台主变压器均由电源进线 WL2 供电，显然操作比较麻烦。

因此，外桥式结线多用于电源线路较短、故障和检修机会较少而变电所负荷变动较大，以及经济运行需经常切换的总降压变电所。

（2）内桥式结线（见图 5-11b）的运行操作　如果电源进线 WL2 失电或检修时，只要断开 QF12 和 QS122、QS121，然后合上 QF10（其两侧的 QS 应先合上），即可使两台主变压器均由电源进线 WL1 供电，操作比较简便。如果要停用变压器 T2，则需先断开 QF12、QF22 及 QF10，然后断开 QS123、QS221，再合上 QF12 和 QF10，使变压器 T1 仍可由两路电源进线供电，显然操作比较麻烦。

因此，内桥式结线多用于电源线路较长、故障和检修机会较多而主变压器不需经常切换的总降压变电所。

在一些大城市中心，由于土地价格昂贵并且负荷密度很大，此时可在建筑物内设置35kV或110kV变电所，以便更好地深入负荷中心。不过，此时一般要采用气体绝缘金属封闭开关设备，即采用（或至少部分采用）高于大气压的气体（目前一般为SF_6气体）作绝缘介质的金属封闭开关设备（简称GIS），以保证安全和减小体积。

第二节　变配电所的结构与布置

一、变配电所所址的选择

变配电所所址的选择是否合理，直接影响供电系统的造价和运行。变配电所所址的选择，应综合考虑以下原则：

1）深入或接近负荷中心，以便减少电压损耗、电能损耗和有色金属消耗量。

2）进出线方便，特别是采用架空进出线时应着重考虑进出线条件。

3）尽量靠近电源侧，以尽量避免倒送功率，对总降压变电所和配电所要特别考虑这一点。

4）尽量不设在多尘和有腐蚀性气体的场所，若无法远离时则应设在污染源的上风侧。

5）不应设在有剧烈振动的场所。

6）不应设在洗手间、浴室或其他可能经常积水场所的正下方或贴邻。当配变电所为独立建筑物时，不宜设在地势低洼和可能积水的场所。

7）交通运输方便，以便于运送和吊装变压器、开关柜等较重、较大的设备。

8）不宜设在易燃易爆场所或与之保持规定的安全距离。详见GB50058—2014《爆炸危险环境电力装置设计规范》。

9）高压配电所应尽量与车间变电所或有大量高压用电设备的厂房合建（例如图1-1中的HDS与STS2合建，参见图5-13）。

10）高层建筑地下层配变电所的位置，宜选择在通风、散热条件较好的场所。

11）不应妨碍工业与民用建筑今后的发展，并适当考虑今后扩建的可能。

以上各点，往往不可兼得，但应力求兼顾。

二、车间（或小型企业）变电所的类型

按变压器的安装地点分类，车间变电所有以下形式：

（1）附设变电所　变电所的一面或数面墙与车间的墙共用，且变压器室的门和通风窗向车间外开，如图5-12中的1～4。图中1和2是内附式，3和4是外附式。

（2）露天变电所　变压器位于露天地面上，如图5-12中的5。如果变压器的上方设有顶板或挑檐，则称为半露天变电所。

（3）独立变电所　变电所为一独立建筑物，如图5-12中的6。

（4）车间内变电所　位于车间内部的变电所，且变压器室的门向车间内开，如图5-12中的7。

（5）杆上变电站　变压器装在室外的电杆上面。

（6）地下变电所　整个变电所装设在地下的设施内。

上述附设变电所、独立变电所、车间内变电所及地下变电所，统称为室内型变电所；而露天、半露天变电所及杆上变电站，统称为室外型变电所。

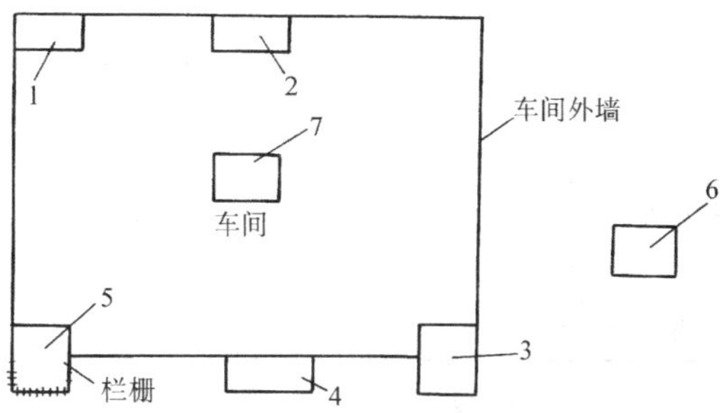

图 5-12 车间变电所类型
1、2—内附式 3、4—外附式 5—露天式
6—独立式 7—车间内变电所

车间变电所的类型应根据用电负荷的状况和周围环境的具体情况来确定。

在负荷大而集中且设备布置比较稳定的大型生产厂房内，可以考虑采用车间内变电所以便尽量深入或靠近车间的负荷中心。

对生产面积较紧或生产流程要经常调整的车间，宜采用附设变电所的形式。

露天变电所简单经济，可用于周围环境条件正常的场合。

独立变电所一般只用于负荷小而分散的情况，或者需远离易燃、易爆和有腐蚀性物质的情况。

杆上变电站一般只用于容量在 315kV · A 及以下的变压器，且多用于生活区供电和农村电网。

地下变电所的建筑费用较高，但不占地面，不碍观瞻，一般只用于有特殊需要的情况。

近几年来，现代工业与民用建筑的变配电所，由于采用了无油型开关、变压器等电气设备，因而可以直接设置在建筑物内部，甚至不需要隔墙。供城市路灯等公用设施的变电站，也已较少采用杆上变电站的形式，而采用予装式（组合式）变电站，直接放置在道路附近。

三、变配电所的总体布置

1. 变配电所总体布置的要求

（1）便于运行维护 有人值班的变配电所，一般应设置值班室。值班室应尽量靠近高低压配电室，且有门直通。

（2）保证运行的安全 值班室内不得有高压设备，高压电容器组一般应装设在单独的房间内。变配电所各室的大门都应朝外开。所有带电部分离墙和离地的尺寸以及各室的维护操作通道的宽度，均应符合有关规程要求，以确保安全（参见表 5-1 ~ 表 5-3）。长度大于 7m 的配电室应设两个出口，并尽量布置在配电室的两端，低压配电屏的长度大于 6m 时，其屏后通道应设两个出口。

表 5-1 变压器外廓（防护外壳）**与变压器室墙壁和门的最小净距**（据 JGJ 16—2008）

（单位：m）

变压器容量	100 ~ 1000kV · A	1250 ~ 2500kV · A
油浸变压器外廓与后壁、侧壁净距	0.60	0.80
油浸变压器外廓与门净距	0.80	1.00
干式变压器带有 IP2X 及以上防护等级金属外壳与后壁、侧壁净距	0.60	0.80
干式变压器带有 IP2X 及以上防护等级金属外壳与门净距	0.80	1.00

表 5-2　高压配电室内各种通道最小宽度（据 JGJ16—2008）　　（单位：mm）

开关柜布置方式	柜后维护通道	柜前操作通道	
		固定式	手车式
单排布置	800	1500	单车长度 +1200
双排面对面布置	800	2000	双车长度 +900
双排背对背布置	1000	1500	单车长度 +1200

注：1. 当建筑物墙面遇有柱类局部凸出时，凸出部位的通道宽度可减小 0.2m；

2. 各种布置方式，屏端通道不应小于 0.8m。

表 5-3　配电屏前、后通道最小宽度（据 JGJ16—2008）　　（单位：mm）

形式	布置方式	屏前通道	屏后通道
固定式	单排布置	1500	1000
	双排面对面布置	2000	1000
	双排背对背布置	1500	1500
抽屉式	单排布置	1800	1000
	双排面对面布置	2300	1000
	双排背对背布置	1800	1000

（3）便于进出线　高压架空进线时，高压配电室宜位于进线侧，低压配电室宜靠近变压器室。开关柜下面一般要设置电缆沟（设置在高层建筑中的变配电所，其低压母线多采用上出线方式，此时开关柜下面可不设置电缆沟）。

（4）节约土地与建筑费用　高压配电所应尽量与车间变电所合建。高压开关柜数量较少时，可以与低压配电屏装设在同一配电室内，但其裸露带电导体之间的净距不应小于 2m。

（5）适当考虑发展　高低压配电室内均应留有适当数量开关柜的备用位置，并可予留好电缆沟。变压器室应考虑有更换大一级容量变压器的可能。既要考虑到变配电所留有扩建的余地，又要不妨碍车间或工厂今后的发展。

2. 变配电所总体布置的方案

变配电所总体布置的方案应因地制宜，合理设计，拟出几种可行的方案进行技术经济比较后确定。

图 5-13 为图 5-1 所示高压配电所及其附设 2 号车间变电所的平面图和剖面图。读者可根据上述对变配电所总体布置的要求，仔细阅读体会。并且对照图 5-1，将高压开关柜、变压器、低压配电屏等设备在图 5-13 中“对号入座”，体会变配电所的平、剖面图是如何具体地表示出变配电所的总体布置和一次设备的安装位置的。

图 5-14 是高压配电所与附设式车间变电所合建的几种平面布置方案，粗线表示墙，缺口表示门。图 5-14a、c、e 中的变压器装在室内；图 5-14b、d、f 中的变压器是露天安装的。

如果没有总降压变电所和高压配电所，则其高压开关柜的数量较少，高压配电室也相应较小，但布置方案可与图 5-14 相类似。如果既无高压配电室又无值班室，则车间变电所的平面布置方案更为简单，如图 5-15 所示。

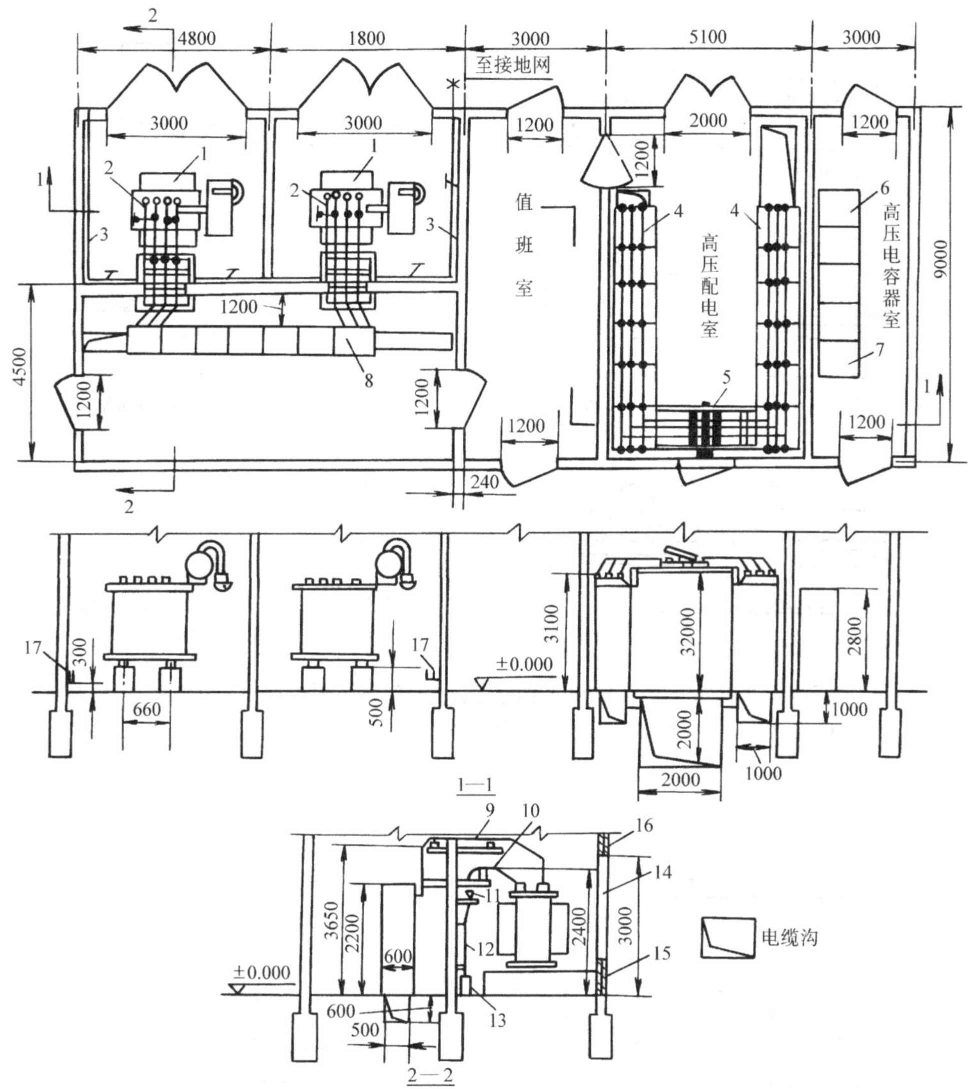

图 5-13　图 5-1 所示高压配电所及其附设 2 号车间变电所的平面图和剖面图

1—S9—630/10 型电力变压器　2—PEN 线　3—PE 线　4—GG—1A（F）型高压开关柜　5—分段隔离开关及母线桥　6—GR—1 型高压电容器柜　7—GR—1 型高压电容器的放电互感器柜　8—PGL2 型低压配电屏　9—低压母线及支架　10—高压母线及支架　11—电缆头　12—电缆　13—电缆保护管　14—大门　15—进风口（百叶窗）　16—出风口（百叶窗）　17—PE 线及其固定钩

四、变配电所的结构

为了运行维护的安全，有关设计规范对变配电所的结构有不少规定和要求。例如上述表 5-1 ~ 表 5-3 等对变配电所总体布置的要求，在 GB50053—2013《20kV 及以下变电所设计规范》和 JGJ16—2008《民用建筑电气设计规范》中都有具体规定。为了加快设计进度，提高设计质量，我国建设部编绘有一套《全国通用建筑标准设计 · 电气装置标准图集》，其中的 88D263、88D264、86D265、86D266 是适用于 6 ~ 10/0.4kV、1600kV · A 以下的各种类型变电所的标准图，97D267 则适用于 35/0.4kV 的变电所，均可供设计参考或选用。

1. 室外变压器装置的结构

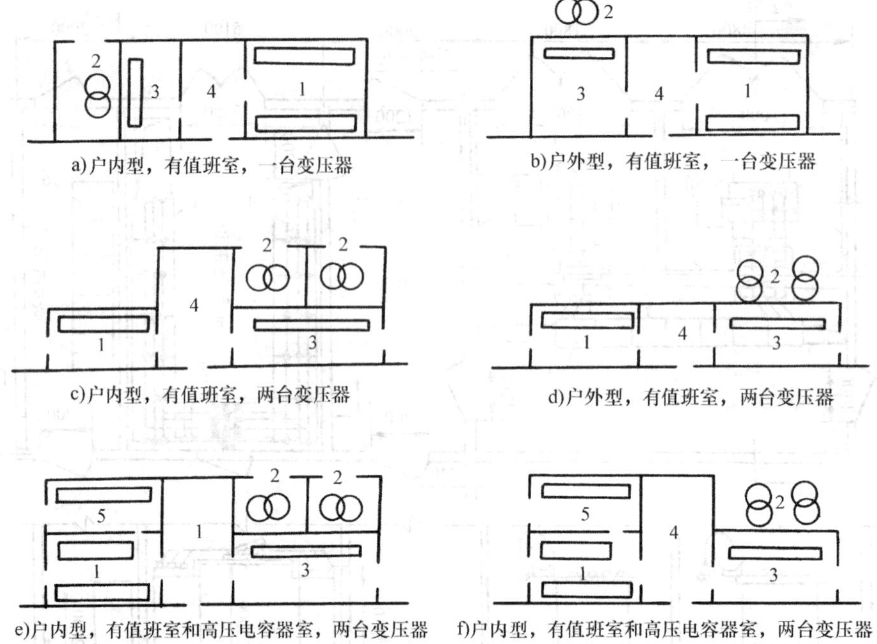

图 5-14　高压配电所与附设式车间变电所合建的平面布置方案（示例）

1—高压配电室　2—变压器室或户外变压器装置　3—低压配电室　4—值班室　5—高压电容器室

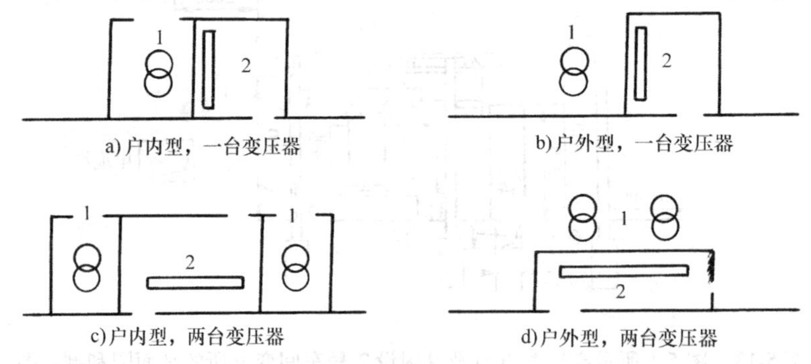

图 5-15　无高压配电室和值班室的车间变电所平面布置方案（示例）

1—变压器室或户外变压器装置　2—低压配电室

图 5-16 是一露天变电所变压器台的结构图（摘自 86D266—26）。该变电所为一路架空进线，高压侧装有可带负荷操作的 RW10-10（F）型跌开式熔断器和避雷器。图上标出了变压器中心线与电杆及围墙的距离、围墙的高度、低压母线及中性母线的安装高度等。图中的避雷器和变压器的 0.4kV 中性点及变压器外壳采用共同接地，并将变压器的接地中性线（PEN 线）引入低压配电室内。

当变压器容量为 315kV · A 及以下并能满足供电可靠性要求时，环境条件允许的中、小城镇居民区和工厂的生活区，可采用杆上式或高台式变电站，设计时可参考电气装置标准图集 86D265《杆上变电站》。但近几年以来，由于广泛采用电缆，此类变电站已逐渐被户外组合式（预装式）成套变电站所代替。

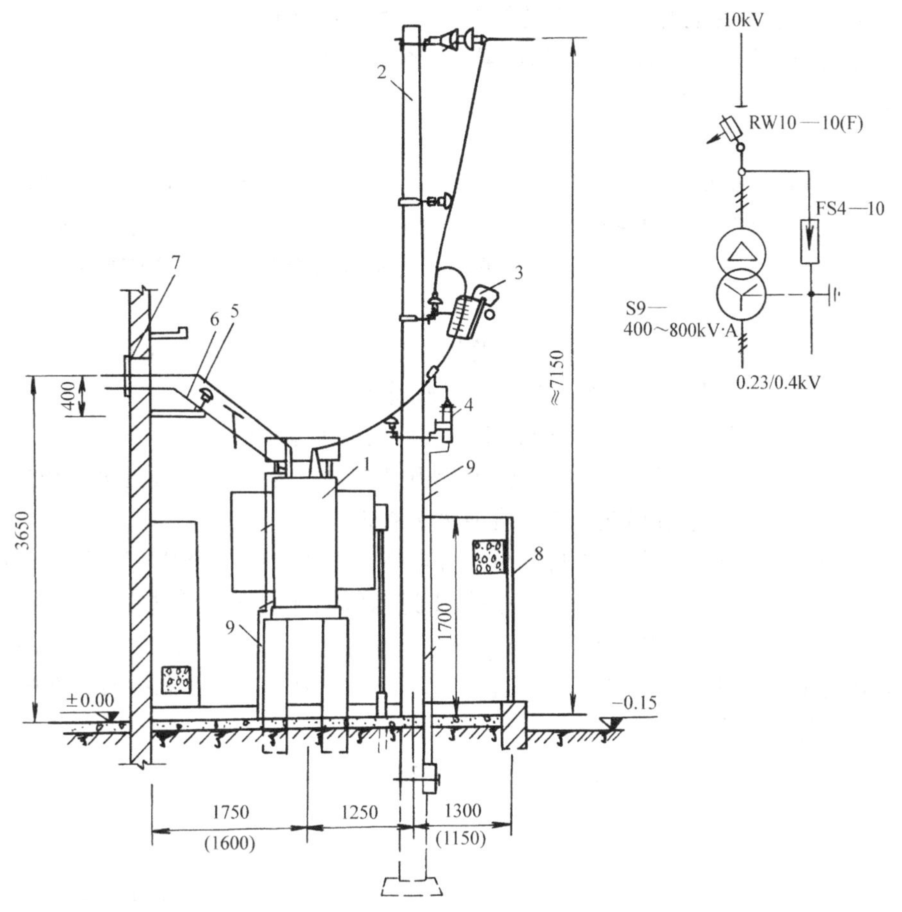

图 5-16　露天变电所变压器台结构图

1—电力变压器　2—电杆　3—RW10—10（F）型跌开式熔断器　4—避雷器

5—低压母线　6—中性母线　7—穿墙隔板　8—围墙　9—接地线

注：括号内尺寸用于容量为 630kV · A 及以下的变压器

2. 室内变压器装置的结构

变压器室的结构形式决定于变压器的形式、容量、放置方式、主结线方案及进出线的方式和方向等，并应考虑：变压器室的建筑应为一级耐火等级，其门窗材料都应该是不燃的。门的大小应按变压器推进面的外廓尺寸加 0.5m 考虑，门要向外开。新设计的变压器室尺寸，宜按变压器容量增大一级考虑，变压器室不设采光窗，只设通风窗。通风窗的面积应根据变压器的容量、进风温度等因素确定，变压器室在夏季的出风温度不宜高于 45℃，进出风温差不宜大于 15℃。

变压器室的布置方式按变压器推进方向分为宽面推进式和窄面推进式两种。

变压器室的地坪按变压器的通风要求分为地坪抬高和不抬高两种形式。

JGJ16—2008《民用建筑电气设计规范》4.9.1 强制要求：可燃油油浸电力变压器室的耐火等级应为一级。非燃或难燃介质的电力变压器、电压为 10（6）kV 的配电装置室和电容器室的耐火等级不应低于二级。低压配电装置室和电容器室的耐火等级不应低于三级。

图 5-17 是一室内变电所变压器室的结构图（摘自 88D264—35）。该变压器高压侧为高压负荷开关—熔断器（或隔离开关—熔断器）。本变压器室的特点为：高压电缆左侧进线，窄面推进式，室内地坪不抬高，低压母线右侧出线。

3. 配电室的结构

高低压配电室的结构主要决定于高低压开关柜的形式和数量。配电室的高度与开关柜的高度及进出线方式有关；配电室的长度则与开关柜的数量及布置（单列或双列）有关。此外，还应留有足够的操作维护通道，以保证运行维护的安全和方便；还应预留适当数量的开关柜位置，供负荷发展时使用。

图 5-18 为装有 GG-1A（F）型高压开关柜采用电缆进出线的高压配电室剖面图（摘自 88D263—4）。图 5-18a 为单列布置，柜前操作通道不小于 1.5m；图 5-18b 为面对面双列布置，柜前操作通道为 2～3.5m，两侧开关柜通过柜顶高压母线桥联络，开关柜下方及前面地下设有电缆沟，供敷设电缆用。GG-1A（F）型开关柜高度为 3.1m。此处为电缆进出线，配电室高度为 4m；若为架空进出线，则高度应大于 4.2m。

图 5-19 为装有 PGL 型低压配电屏的低压配电室剖面图（摘自 88D263—7）。图中示出变压器母线从离地不低于 3.4m 处穿过绝缘隔板 1 进入低压配电室，经过墙上的隔离开关 2 和电流互感器 3 后直接接于配电屏低压母线 4 上。屏前操作通道不小于 1.5m，屏后通道不小于 1m。PGL 型低压配电屏高 2.2m，低压配电室高 4m。为便于布线和检修，在配电屏的下面及后面地下设有电缆沟。

高、低压配电室的耐火等级应分别不低于二级和三级。

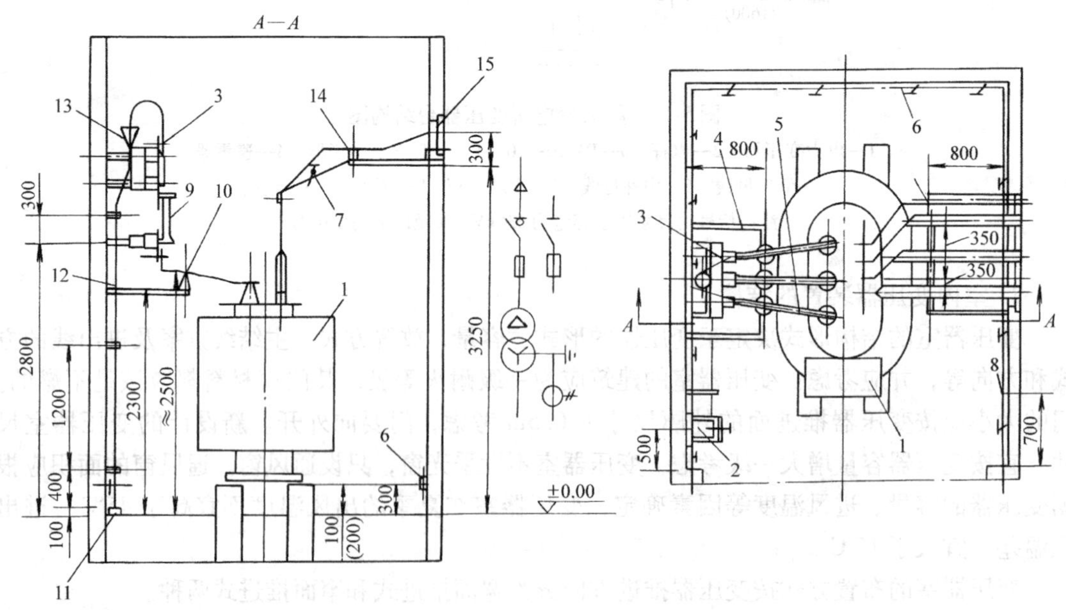

图 5-17　室内变电所变压器室结构（示例）

1—变压器　2—负荷开关操动机构　3—负荷开关　4—高压母线支架　5—高压母线　6—接地线（PE 线）
7—中性母线　8—临时接地接线柱　9—熔断器　10—高压绝缘子　11—电缆保护管
12—高压电缆　13—电缆头　14—低压母线　15—穿墙隔板

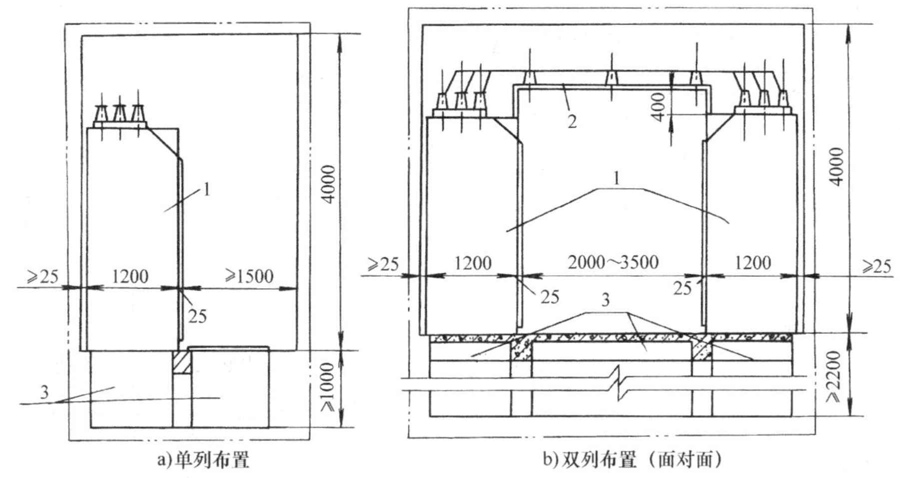

图 5-18 高压配电室剖面图（示例）

1—GG1A（F）型高压开关柜 2—高压母线桥 3—电缆沟

4. 电容器室的结构

室内高压电容器装置宜设置在单独的高压电容器室内；而低压电容器装置一般可设置在低压配电室内。高、低压电容器室的耐火等级应分别不低于二、三级。电容器室应有良好的自然通风，通风量应根据电容器允许温度，按夏季排风温度不超过电容器所允许的最高环境温度计算。当自然通风不能满足排热要求时，可增设机械排风。电容器室应设温度指示装置。

五、组合式成套变电站简介

以上主要介绍的是传统的变配电所，它一般采用油浸式变压器（例如 SL7 和 S9 型）和少油型断路器（例如 SN10—10 型），它们有火灾和爆炸危险，因此要求变压器室和高低压配电室等分开设置，并用密实墙隔开。这种变配电所以前多用于工业建筑。在民用建筑特别是高层建筑中，目前广泛使用的是组合式成套变电站。

组合式成套变电站又叫箱式变电站或预装式变电站，它由高压开关设备、电力变压器和低压开关设备三个单元部分组合而成。它的各个单元部分都是由制造厂成套供应，便于在现场组合安装。组合式成套变电站不需建造变压器室和高低压配电室，从而可以免去土建工程，并且易于深入负荷中心，简化供电系统的设计。它一般采用无油或少油电器，因此更为安全。组合式成套变电所占地面积小、绝缘水平高、安全可靠性高、维护工作量小，且单元方案多样化，可根据需要组合，已在国内外的高层建筑中得到了广泛的应用。随着我国经济建设的发展与制造水平的提高，组合式成套变电站亦将成为工厂变电所的一个新的发展方向。在一次电压为 6 ~ 35kV 的中压变电站中，组合式成套变电站在工业发达国家已占到 70% 左右。

组合式成套变电站可分为户内式和户外式两类。户外式适用于工业企业、公共建筑和住宅小区供电；户内式目前则主要用于高层建筑或民用建筑群的供电。

我国已颁发了国家专业标准 ZBK40001—1989《组合式变电站》和部颁标准 SD320—1989《箱式变电站技术条件》，并做出了 ZBW 和 ZBN 系列组合式变电站及 NXB 系列箱式变电站的统一设计。目前，国内各种型号的组合式成套变电站品种很多，包括全封闭型、半封闭型，组合式、固定式、装置式、终端供电、环网供电等，用户应根据实际情况合理选用。另外，组合式成套变电站中变压器的通风散热条件较差，在设计和运行中应特别注意。

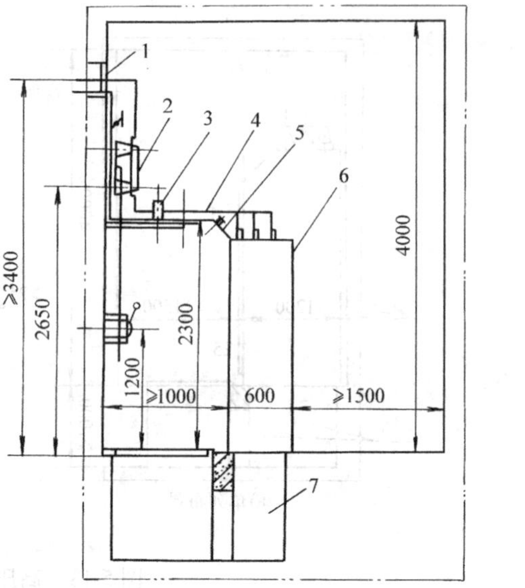

采用环网开关柜实现的环形供电方式已在全国的大、中城市得到了广泛的应用。在城市电网中采用环网供电技术具有很好的经济效益和技术指标。

上海华通开关厂生产的 XZN-1 型户内组合式成套变电站，其电气设备分为三部分：

（1）高压柜　采用 GFC-10A 型手车式高压开关柜，其手车上装 ZN4-10C 型真空断路器。

图 5-19　低压配电室剖面图（示例）
1—穿墙绝缘隔板　2—隔离开关　3—电流互感器
4—低压母线　5—中性母线　6—低压配电屏　7—电缆沟

（2）变压器柜　主要装配 SCL 型环氧树脂浇注干式变压器，防护式可拆装结构，变压器装有滚轮，便于取出检修。

（3）低压柜　采用 BFC-10A 型抽屉式低压配电柜，主要装配 ME 型低压断路器等。

某 XZN-1 型户内组合式成套变电站的平面布置图如图 5-20 所示，变电装置的高度为 2. 2m。其对应的高、低压结线系统图如图 5-21 所示。

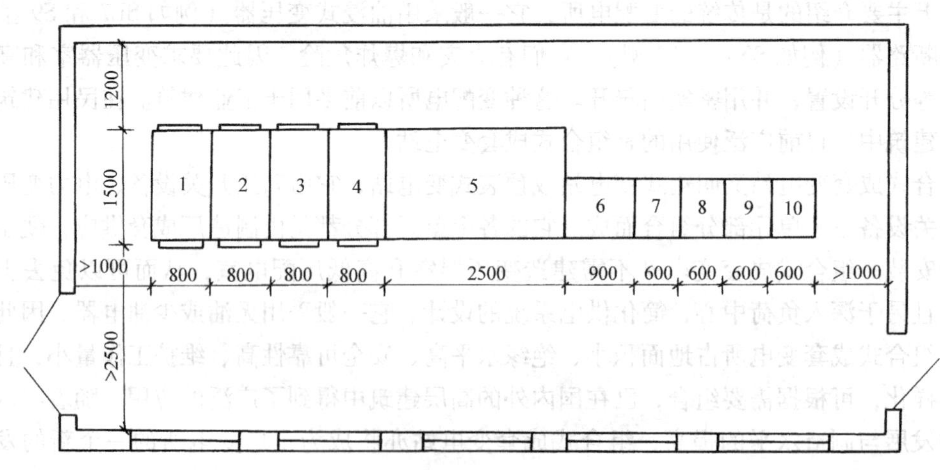

图 5-20　某 XZN-1 型户内组合式成套变电站的平面布置图
1～4—4 台 GFC-10A 型手车式高压开关柜　5—变压器柜
6—低压总进线柜　7～10—4 台 BFC—10A 型抽屉式低压柜

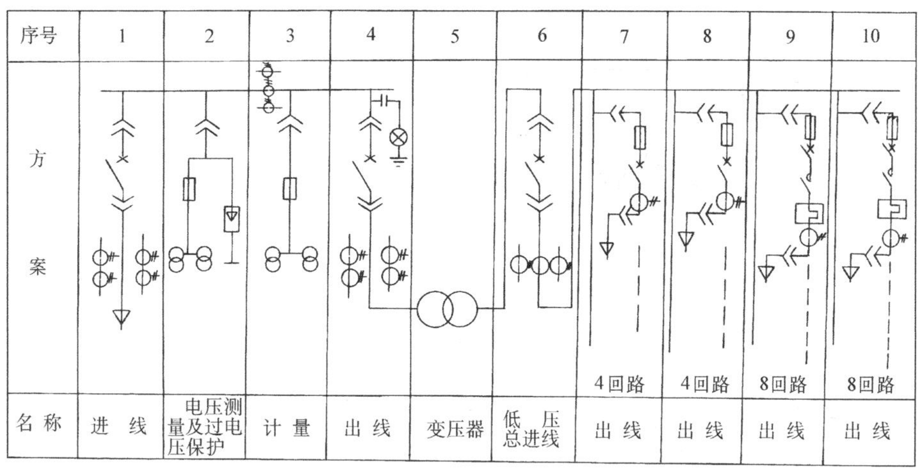

图 5-21　图 5-20 所示 XZN-1 型户内成套变电站的高低压结线系统图

图 5-22 是图 5-3 所示某高层民用建筑变配电所的平、剖面布置图。

这类高层民用建筑的变配电所，宜设置室内变电所或户内成套变电所，其平面布置应根据建筑条件而灵活变化。高层民用建筑的配变电所一般设置在地下层或首层；当建筑物高度超过 100m 时，也可在高层区的避难层或设备层内设置变电所。本配变电所设置在地下一层。

图中 1G 和 2G 为高压环网开关柜，1T 和 2T 为带 1P2X 级保护外壳的环氧浇注干式变压器，因而可以同处一室，但应保持一定间距。图中 1P～16P 为 GCS 型低压抽屉式开关柜及电容器柜。1T 和 2T 采用上出线方式，这样做可省去开关柜下的电缆沟，以减少土建专业的困难，并具有便于维修的优点。由变压器至低压开关柜的线路采用封闭式母线槽（详见 Ⅰ—Ⅰ 剖面）。

作为“应急电源”的自起动柴油发电机组毗邻配变电所布置，设有发电机房、油箱间、进风竖井与排风竖井等。发电机房装有气体自动灭火装置以满足消防要求。发电机房的排风竖井处应装轴流风机。发电机室的进、排风口均应装噪声衰减装置，排烟系统应设置水洗净化装置，以满足环保要求。发电机室的进、排风口内侧还应装设金属保护网以防小动物进入（详见 Ⅱ—Ⅱ 剖面）。

这类高层民用建筑的配变电所，由于采用 SF_6 型高压电器、干式变压器以及封闭式母线槽等，因而其布置紧凑、占地少、安全可靠、免维护。新型电气设备的出现可能从根本上改变传统的设计观念。请读者对照阅读图 5-13、图 5-20 和图 5-22 所示的三种不同布置形式的配变电所，并体会各自的特点和应用范围。

六、变配电所的电气安装图

电气安装图又称电气施工图，它是设计单位提供给施工单位进行电气安装的技术图样，也是运行单位进行竣工验收以及运行维护和检修试验的重要依据。

绘制电气安装图必须遵循有关国家标准的规定。例如，图形符号必须按照 GB4728《电气简图用图形符号》，文字符号必须按照 GB7159《电气技术中的文字符号制订通则》。

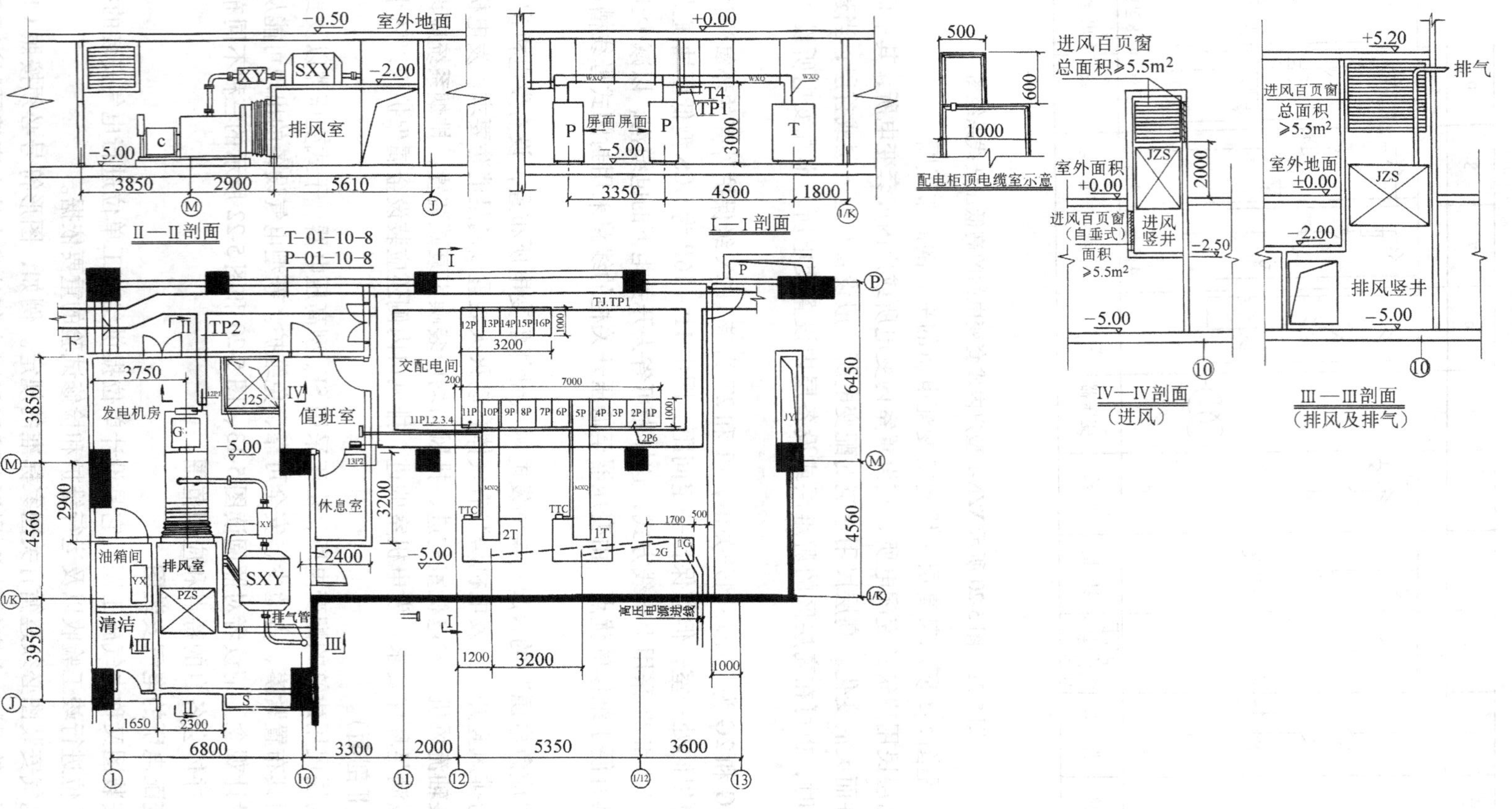

图 5-22　图 5-3 所示某高层民用建筑配变电所的平、剖面布置图

变配电所的电气安装图包括：变配电所一次系统电路图，变配电所平、剖面图，变配电所二次系统电路图和接线图，变配电所电气照明平面图，变配电所接地平面图以及无标准图样的构件安装大样图等。

（1）变配电所一次系统电路图　例如图 5-1 和图 5-2。

（2）变配电所平、剖面图　用适当的比例（如 1∶20 或 1∶50）绘制，具体表示出变配电所的总体布置和一次设备的安装位置，例如图 5-13 和图 5-22。设计时可尽量参考国家的标准图集。

（3）无标准图样的构件安装大样图　对于在制作和安装上有特殊要求而无标准图样的一些构件，应绘制专门的大样图，注明尺寸、比例及有关材料和技术要求，以便按图制作和安装。

（4）变配电所接地平面图　例如图 5-23 即为图 5-1 所示的高压配电所及其附设 2 号车间变电所的接地装置平面布置图。

变配电所二次回路的电路图和接线图，将在第七章介绍（例如图 7-15、图 7-16）。

电气照明平面图将在《建筑电气照明技术》中介绍。

在 10kV 变配电所中，正常情况下不带电的外露可导电部分均采用保护接地，例如电力变压器、高压开关柜的外壳和电缆的金属外皮等。对于中性点直接接地的 220/380V 系统（TN 系统），电力装置一般采用保护接地并实施等电位联结。10kV 变配电所中电力装置的保护接地，变压器低压侧中性点的工作接地以及阀型避雷器的接地，一般可采用一个共同的接地装置，其工频接地电阻不得大于 4Ω。

在图 5-23 中，距建筑物 3m 左右，埋设 10 根棒形接地体（直径 50mm，长 2.5～3m 的钢管或者∟50mm×5m 的角钢），接地体之间的距离一般为 5m 或稍大一些。接地体之间用 40mm×4mm 的扁钢焊接成为一个外缘闭合的接地网，要求其工频接地电阻不大于 4Ω，施工后应进行实测，必要时可增加接地极的根数。若条件允许，应采用等电位联结，且使其工频接地电阻不大于 1Ω。

为充分利用自然接地体，将变压器的轨道以及放置高压配电柜、低压配电屏的地沟上的槽钢或角钢用 25mm×4mm 的扁钢焊接成网，并与室外的接地网多处焊接。

为防止腐蚀，作棒形接地体的钢管或角钢以及构成接地网的扁钢都应镀锌或作其他防腐处理。

为便于测量接地电阻和移动式设备的临时接地，图中适当处装有临时接地端子。

接地装置安装的具体作法可参见电气装置标准图集 86D563《接地装置安装》。

图 5-24 为图 5-22 所示某高层民用建筑配变电所的土建条件及接地平面图。

从该图可以看出，由于高层建筑的变电所和发电机房一般都在本建筑物内部（本例是位于地下一层），且高层建筑基础较深，因此可直接利用建筑物钢砼基础作接地装置。将各个基础用地下室底板的主钢筋联成一个接地网，此接地网兼作保护接地与防雷接地之用。按照 JGJ16—2008《民用建筑电气设计规范》的要求，其接地电阻不大于 1Ω。

图 5-25 为图 5-22 所示某高层民用建筑的接地平面图。图中所示为利用建筑物钢砼基础底板内结构钢筋作为接地网络，要求利用两根不小于 $\phi16$ 的主钢筋通长焊接，并与图中所示交叉点处的钢筋焊接，形成一个完整的网格。图中标有⏚的柱子（或剪力墙）上预埋接地钢板，标高见图示，钢板尺寸为 100×100×6。要求接地钢板与柱内两根主钢筋焊接连

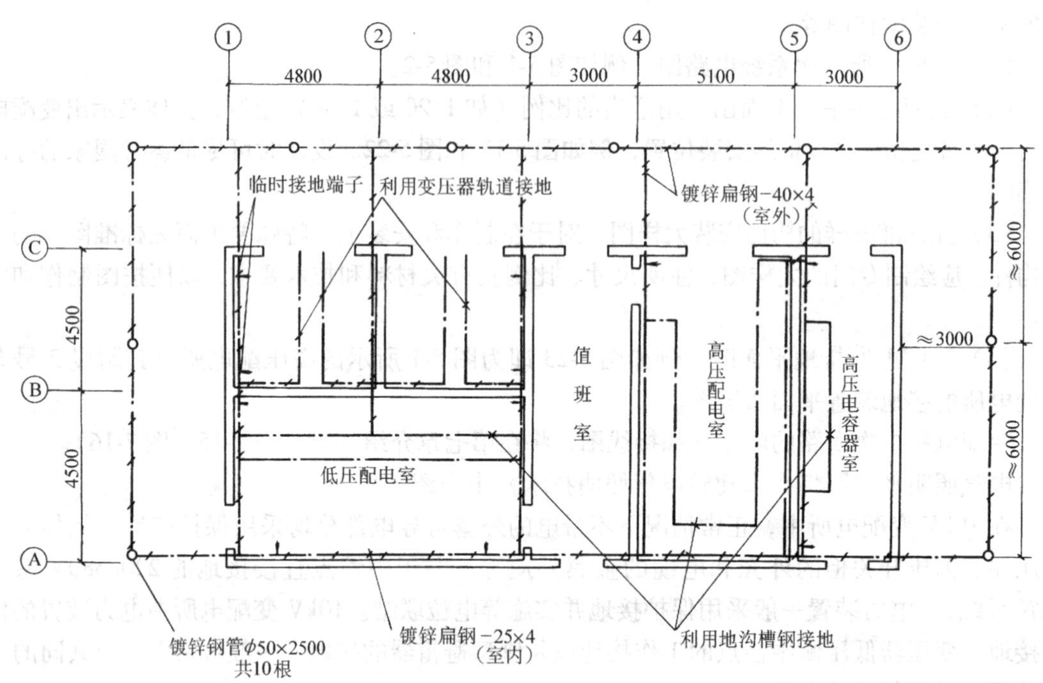

图 5-23　图 5-1 所示高压配电所及其附设 2 号车间变电所的接地装置平面布置图

通，该主钢筋本身亦应上下焊接连通，并与接地网格焊接连通。另外，柱内作为防雷引下线的两根主钢筋也应与底板内接地网格焊接连通；图中所示接地网格线与桩相交处，也应与桩内主钢筋焊接连通。这种作法实际上达到了“法拉第笼”的效果。

图 5-26 为图 5-22 所示某高层民用建筑 A、B、C 座屋顶避雷平面图。高层建筑一般在屋顶装设避雷带以防直接雷击。此外，为防雷电侧击，还应将建筑物外部高度在 45m 以上的金属部分（例如门、窗、栏栅等）与防雷接地网络相连。在高层建筑中，此接地网络一般兼作保护接地与防雷接地之用。关于防雷和接地的详细内容见《防雷、接地与电气安全技术》。

由图 5-26 可见，此大厦屋顶女儿墙及水箱顶设避雷带以防直击雷。避雷带用 $\phi12$ 热镀锌圆钢，支架高度为 100mm，埋深为 70mm，支架间距直线处为 1m，转角处为 0.5m。所有伸出屋面的金属构件，均应与避雷带用 $\phi12$ 热镀锌圆钢焊接连通。为防侧击雷，应将 10 层及以上各层的窗过梁钢筋、阳台栏板钢筋及金属窗框等连成环形通路，并与作为避雷引下线的柱内主钢筋焊接连通。图中标有↙的为利用结构柱内两根主筋作防雷引下线。

此建筑物的配电系统采用 TN—S 接地方式，即中性线（N 线）与保护接地线（PE 线）分开设置，所有按规范需要接地的电气设备金属外壳都应接到 PE 线上，进入建筑物的金属管道和电缆金属外皮等均应作等电位联结，具体作法见 97SD567《等电位联结安装》。

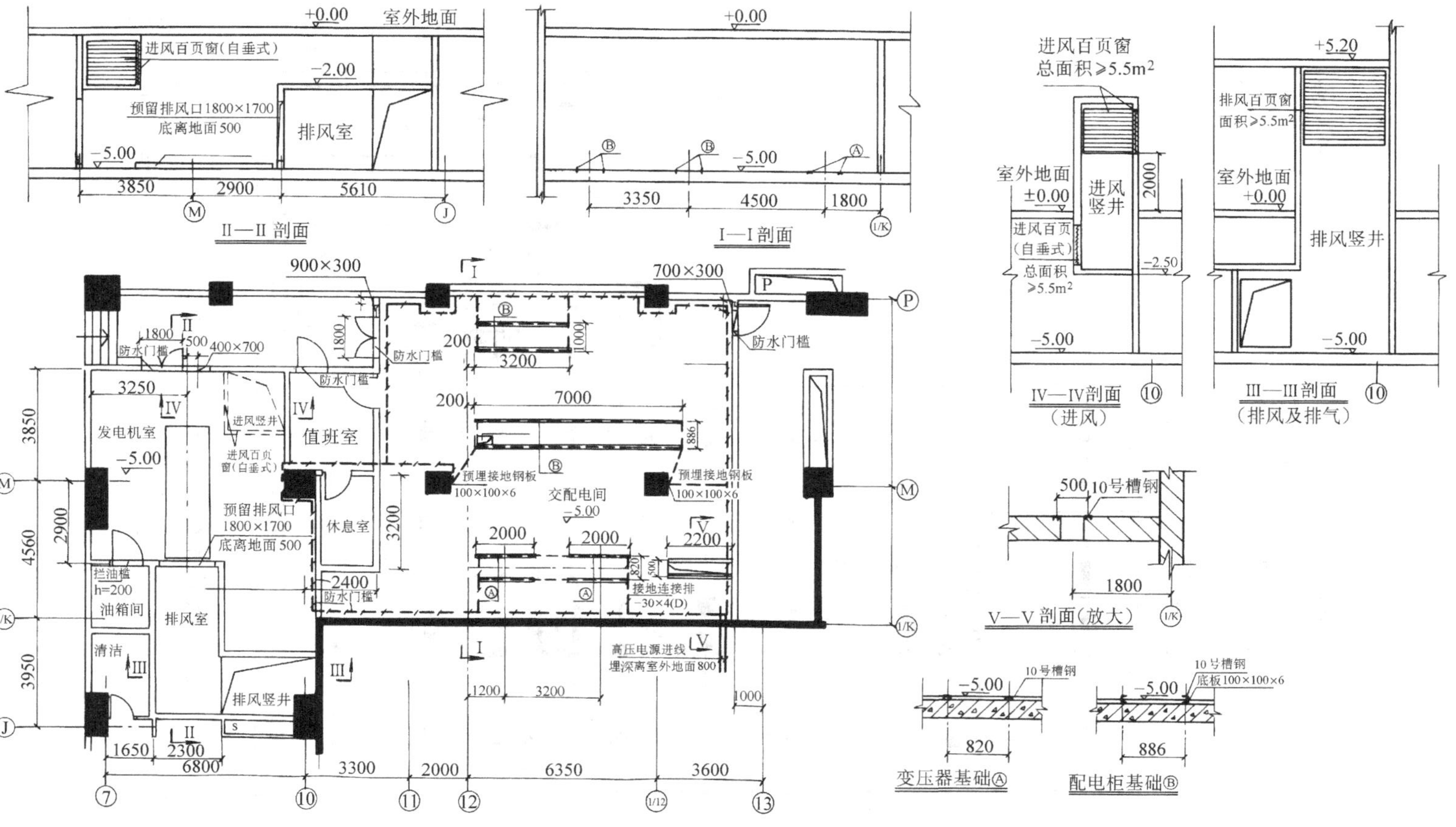

图 5-24　图 5-22 所示某高层民用建筑配变电所的土建条件及接地平面图

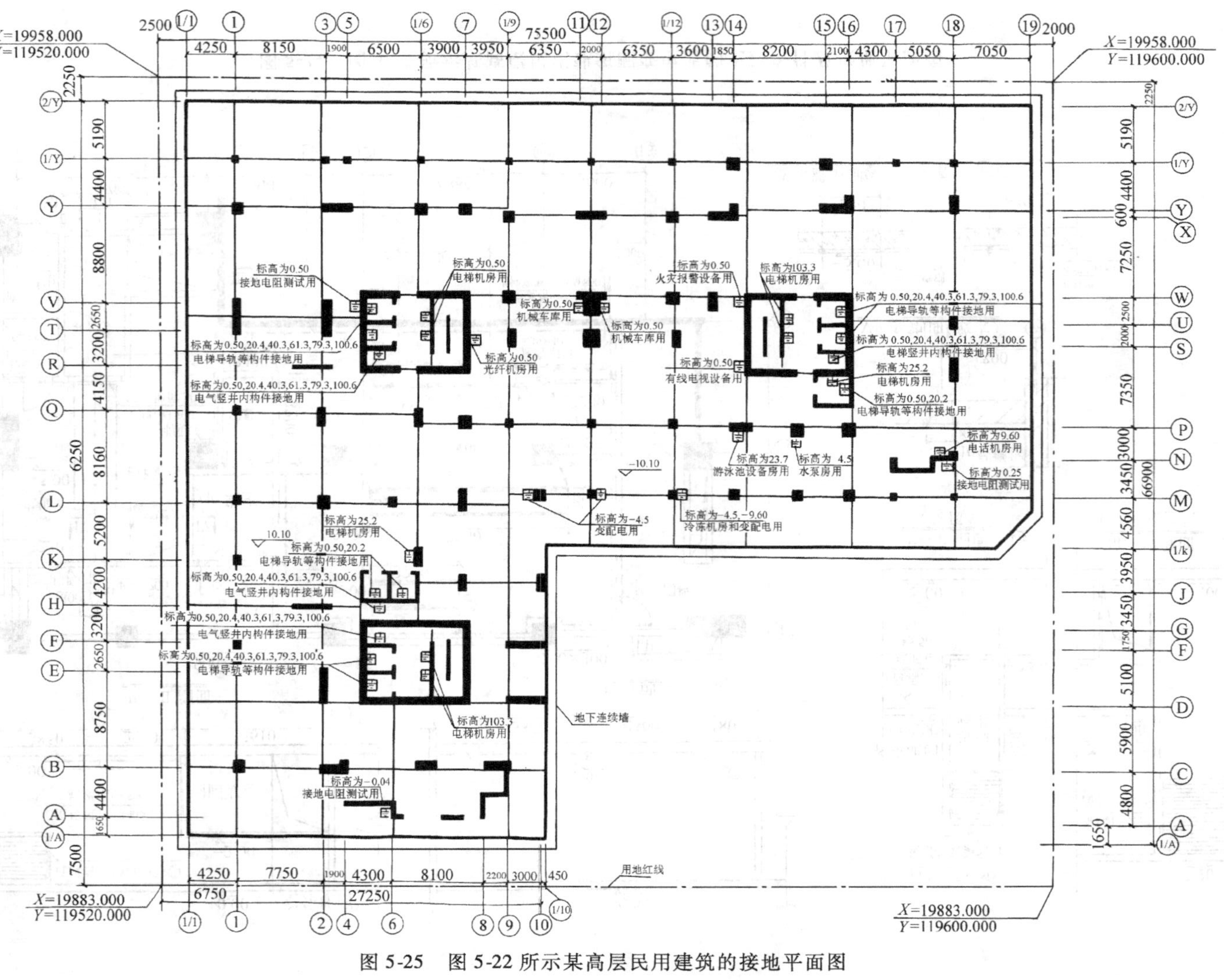

图 5-25　图 5-22 所示某高层民用建筑的接地平面图

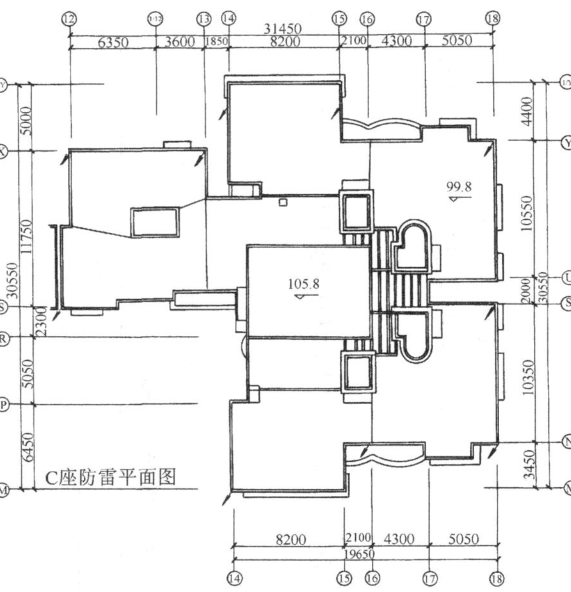

A.B座防雷平面图

注：图中标有↙的为利用结构柱内两根主筋作防雷引下线。

说明：

1. 在大厦屋面女儿墙及水箱顶设避雷带以防直击雷，避雷带用ϕ12热镀锌圆钢，支架高度为100mm，埋深为70mm，直线处支架间距为1m，转角处为0.5m。
2. 利用承重柱子、剪力墙内的两根钢筋作避雷引下线，以大厦底部的板基础钢筋作为接地装置，详见接地平面图。
3. 作为避雷引下线的柱内钢筋，通长焊接连通，上端与避雷带连接，下端与基础内、底板内钢筋焊接，形成可靠的电气通路。
4. 所有伸出屋面的金属构件，均应与避雷带用ϕ12镀锌圆钢焊接连通。
5. 为防侧击雷，10层及以上各层的窗过梁钢筋，阳台栏板钢筋及金属窗框连成环形通路，并与作为避窗引下线的柱内钢筋焊接连通。
6. 施工完毕，实测接地电阻，其值不应大于1Ω。

图 5-26　图 5-22 所示某高层民用建筑 A、B、C 座屋顶避雷平面图

第三节　电力线路的结线方式

一、概述

电力线路是电力系统的重要组成部分，担负着输送和分配电能的任务。

电力线路的结线方式与电源进线电压有关。当采用380V电压为电源进线电压时，只有低压电力线路的结线方式问题；当采用6～10kV或更高电压为电源进线电压时，则还有高压电力线路的结线方式问题。

二、高压电力线路的结线方式

高压电力线路的结线方式，可按单电源供电、双电源供电和环形供电等几种形式来讨论。

1. 单电源供电的结线方式

主要有放射式和树干式两种。这两种结线方式的对比分析，如表5-4所列。

表5-4　放射式结线与树干式结线对比

名称	放射式结线	树干式结线
结线图	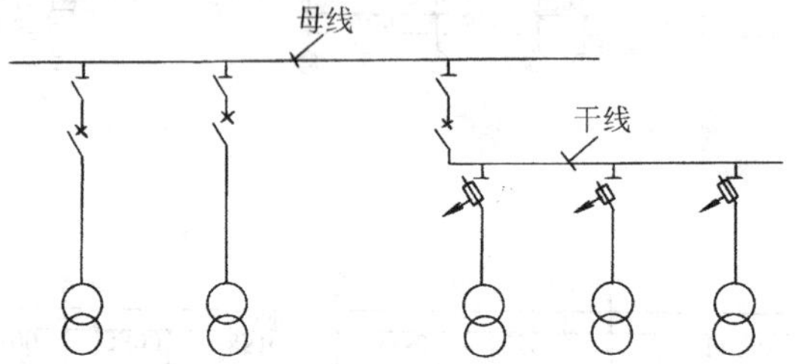 母线	干线
特点	每个用户由独立线路供电	多个用户由一条干线供电
优点	可靠性高，线路故障时只影响一个用户；操作、控制灵活	高压开关设备少，耗用导线也较少，投资小；易于适应发展，增加用户时不必另增线路
缺点	高压开关设备多，耗用导线也多，投资大；不易适应发展，增加用户时，要增加较多线路和设备	可靠性较低，干线故障时全部用户停电；操作、控制不够灵活
适用范围	离供电点较近的大容量用户；供电可靠性要求高的重要用户	离供电点较远的小容量用户；不太重要的用户
提高可靠性的措施	改为双放射式结线，每个用户由两条独立线路供电；或增设公共备用干线	改为双树干式结线，重要用户由两路干线供电；或改为环形供电

2. 双电源供电的结线方式

主要有双放射式、双树干式和公共备用干线式结线等。

（1）双放射式结线　即一个用户由两条放射式线路供电，如图5-27a所示。当一条线路故障或失电时，用户可由另一条线路保持供电，多用于容量较大的重要负荷。

（2）双树干式结线　即一个用户由两条不同电源的树干式线路供电，如图5-27b所示。供电可靠性高于单电源供电的树干式，而投资又低于双电源供电的放射式，多用于容量不太大且离供电点较远的重要负荷。

（3）公共备用干线式结线　即各个用户由单放射式线路供电，而从公共备用干线上取得备用电源，如图5-27c所示。每个用户都可获得双电源，又能节约投资和有色金属，可用于容量不太大的多个重要负荷。

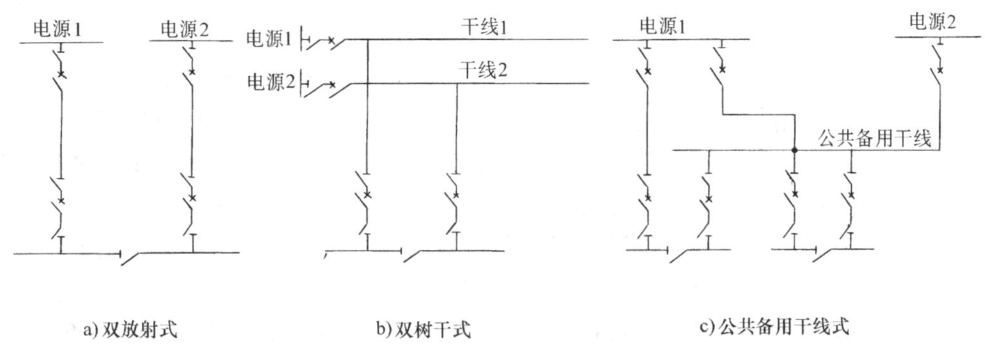

图5-27　双电源供电的结线方式

3. 环形供电的结线方式

如图5-28所示，将两段母线WB1和WB2上引出的两条链式干线的末端（例如B点和D点），用线路WL5联络起来。正常情况下QS4或QS8是断开的，两条线路开环运行。当任何一段线路故障或检修时，只需经较短时间的停电切换，即可恢复供电。读者可自行分析当线路WL2故障时的停电切换过程。图中WB1和WB2之间的母线联络开关也可以采用断路器。

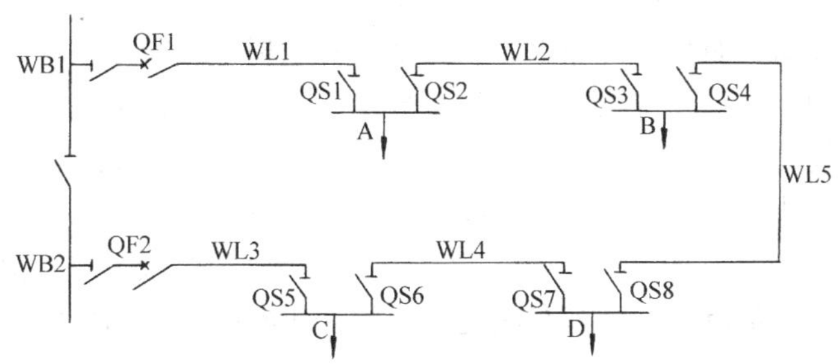

图5-28　环形供电的结线方式

4. 工厂供电系统举例

图5-29是某重型机器厂的平面图，各厂房的计算负荷已标在图上。图5-30是该厂主电路图，其中铸钢车间、氧气站、水压机车间及煤气站均有一级负荷，其他车间为三级负荷。

下面分析该厂供电系统是怎样考虑的。

（1）厂区配电电压　由于该厂具有多台6kV高压电动机，而且该厂厂区范围不大，因此厂区高压配电电压采用6kV（以前我国不生产10kV高压电动机，若采用10kV高压电动机，则厂区高压配电电压宜采用10kV）。

（2）电源进线电压　由于全厂计算负荷达8100kV·A，而且该厂离系统电源12km，超出6kV线路合理输送功率和距离，因此采用35kV作为电源进线电压，在厂区设总降压变电所，降为6kV后送往各个车间变电所。又因该厂具有相当数量的一级负荷，所以采用两路35kV线路供电，取得两个独立电源，以满足一级负荷对供电电源的要求。

总降压变电所设两台8000kV·A变压器，这样每台单独运行时都能满足全厂一、二级负荷的要求。总降压变电所的35kV侧采用外桥式结线，6kV侧采用分段单母线，分段开关采用断路器，可以带负荷通断。

（3）厂区高压电力线路的结线方式　铸钢车间和氧气站都为一级负荷，而且两车间距离不远，如果分别采用双放射式供电，那么总降压变电所就需要装4台6kV开关柜，在厂区需敷设4条6kV线路。如果采用双树干式对这两个车间供电，则对每个车间来说，仍为双电源供电，但总降压变电所只需装两台6kV开关柜，可节省两台6kV开关柜，而且还可以少敷设两条6kV线路。后一方案既满足了负荷对供电可靠性的要求，又简化了总降压变电所主电路和厂区高压电力线路，节省了投资，是最佳方案。由于高压电动机绝缘强度不如电力变压器，为避免雷击危害高压电动机，所以从总降压变电所到这两个车间的6kV线路，不采用架空线路，而采用电缆线路。

水压机车间及煤气站，都为一级负荷，两个车间距离也不远，因此也采用双树干式供电。也由于有高压电动机，同样采用电缆线路。

铸铁车间及铸件清理车间变电所，由于是三级负荷，因此采用一路树干式线路供电。

金工及装配车间，由于负荷重、面积大，为减少380V线路的电压损耗及电能损耗，因此分设两个车间变电所，如图5-29所示。图5-30为某重型机器厂主电路图。

附件车间，由于它的负荷很小，因此由冷作车间变电所以380V电压供电。同理，机修车间则由热处理车间变电所供电。

金工及装配车间的STS2与冷作车间的STS9、热处理车间的STS10三个车间变电所，都是功率不大的三级负荷，而且彼此靠近，因此采用一条树干式线路供电。由于这一条干线上没有高压电动机，因此采用架空线路，既便于分支，又可节省投资。

金工及装配车间的另一变电所STS1，因没有顺路的6kV线路，只好由总降压变电所以放射式供电。由于此线路不长，故采用电缆线路。

（4）各车间变电所高压开关的选择　铸钢车间、氧气站、水压机车间及煤气站等车间变电所，由于都是一级负荷，因此其车间变电所的变压器高压侧都采用高压断路器控制，便于装设继电保护和自动切换装置。

金工及装配车间的车间变电所STS1，因在总降压变电所侧已装有控制此变压器的专用高压断路器及保护装置，所以在车间变电所这一端，只装一台隔离开关，用于检修时隔离高压电源。

民用建筑与工业建筑的低压供配电系统也有一些不同之处。图5-31为某高层民用建筑低压配电柜系统图，此图可与图5-3对照阅读。由图中可见，低压配电系统分为正常配电和保安配电两部分。正常配电由两台1250kV·A的干式变压器供给，单母线分段，正常时两台变压器分列运行，轻负荷时（例如早期入住率较低时或非空调季节）可只投一台变压器，

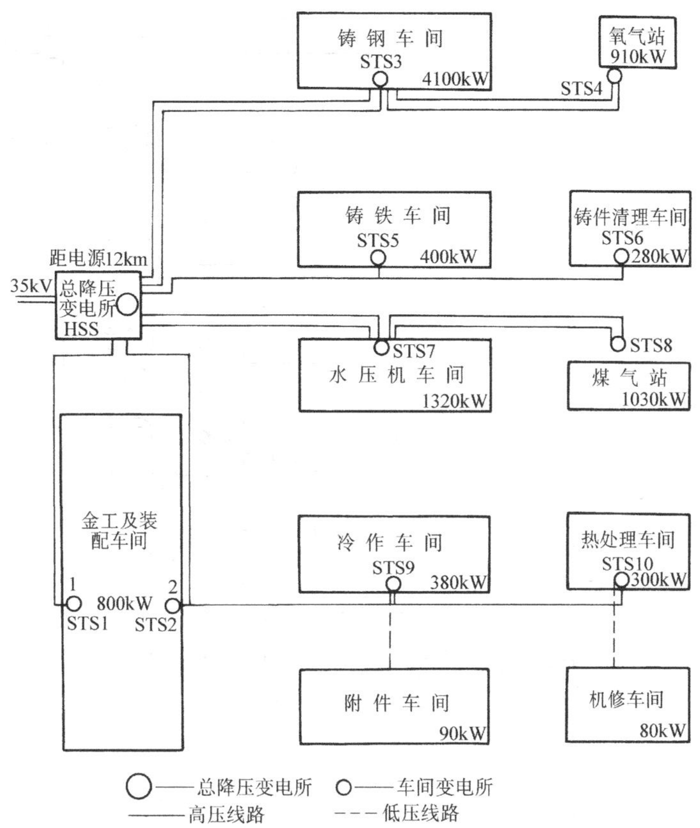

图 5-29　某重型机器厂平面图

以母线联络方式运行。此外，当其中一台变压器发生故障时也可以母线联络方式运行。保安配电也分为两段母线，一段带消防负荷，另一段带其他重要负荷。火灾时，图 5-3 和图 5-31 中的断路器（7QF，800A）接受到消防控制室的信号而自动断开，切除第Ⅳ段母线所带负荷，以确保第Ⅲ段母线所带消防负荷。保安母线（Ⅲ和Ⅳ）平时由市电供电，当市电断电时，发电机自动起动，保证在 10s 内恢复保安配电。双电源切换柜（12P）中装有法国 SIR-COVER 系列电动机驱动自动转换负荷开关（QL，1250A），确保发电机与市电不得并网运行。当市电恢复时，QL 经延时几秒后自动切换回市电供电。本图中的低压配电柜为 MCS 型抽屉式，其额定短时耐受电流（1s 有效值）选用 50kA 级。配电柜采用顶部进出线（可节省土建投资且便于维修），从变压器到配电柜采用封闭式母线桥，配电柜出线则一般采用四芯铜电缆，水平敷设在电缆托盘上。高层建筑的电气干线一般敷设在专用的电气竖井内，各层的电气竖井内设配电箱，再供电给各层的电气设备。为保证在火灾时能继续供电，消防设备的配电干线应选用耐火电缆（例如 NH-YJV 型）。为防止配电线路故障引起火灾或火灾时火势沿线路蔓延，经由电缆托盘或电气竖井明敷的配电线路，均应选用阻燃电缆（例如 ZR-YJV 型）。

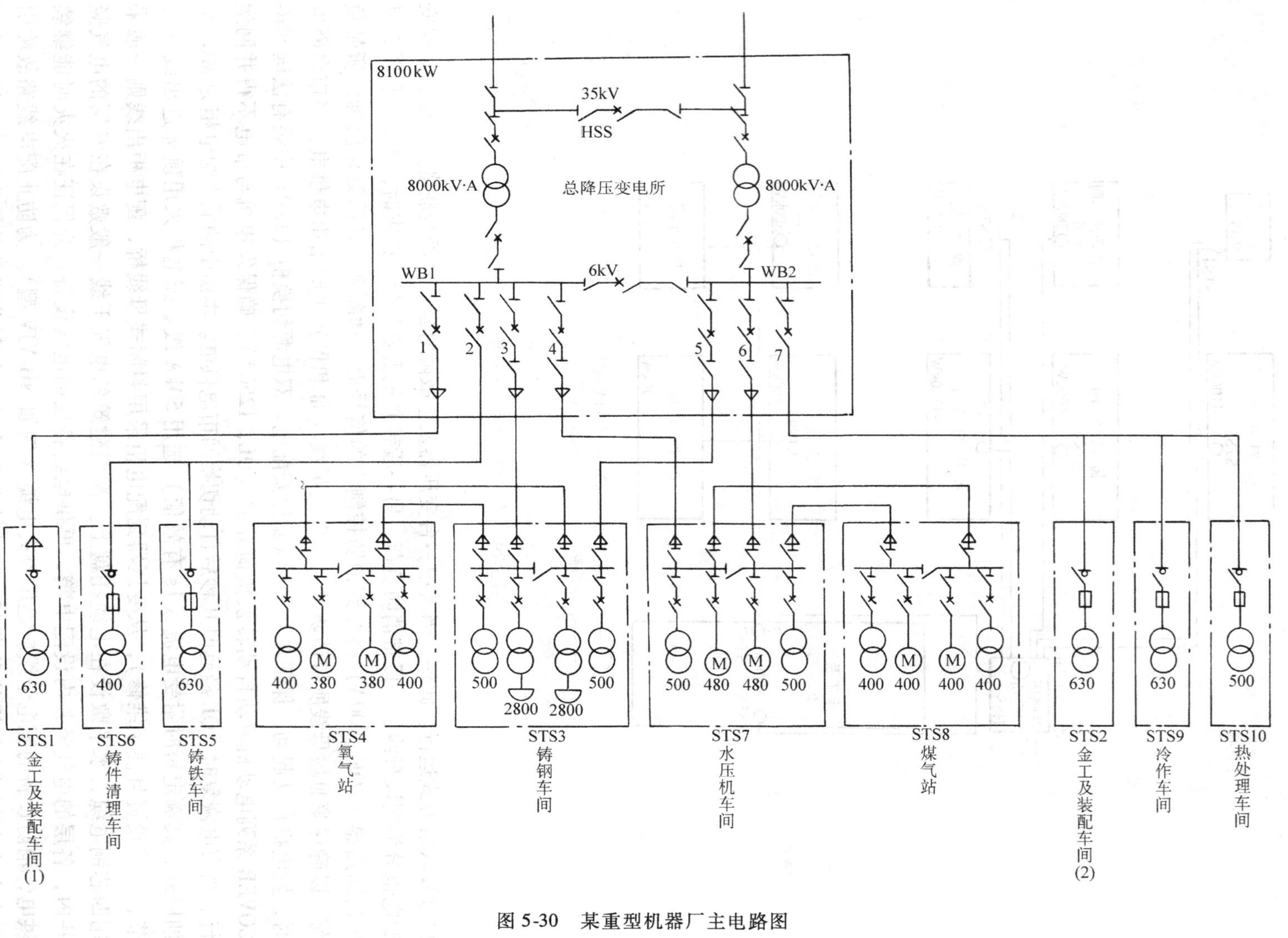

图 5-30　某重型机器厂主电路图

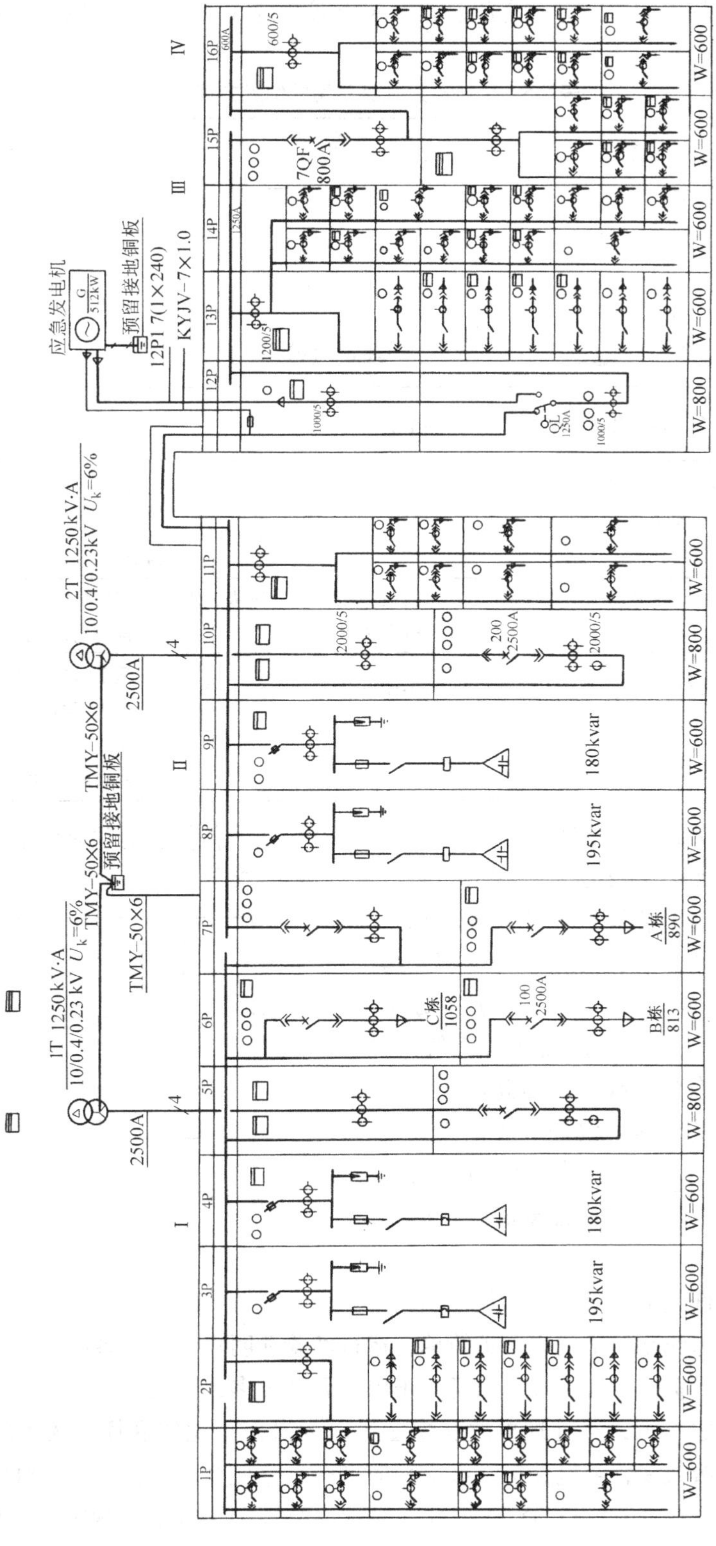

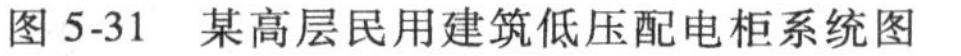

图 5-31　某高层民用建筑低压配电柜系统图

三、低压电力线路的结线方式

低压电力线路基本的结线方式有放射式、树干式及链式三种，各自的结线特点和适用范围如表 5-5 所列。

表 5-5　低压电力线路常用的结线方式

名称	放射式	树干式	链式
结线图			
特点	每个负荷由单独线路供电	多个负荷由一条干线供电	后面设备的电源引自前面设备的端子
优点	线路故障时影响范围小，因此可靠性较高；控制灵活，易于实现集中控制	线路少，因此有色金属消耗量少，投资省；易于适应发展	线路上无分支点，适合穿管敷设或电缆线路；节省有色金属消耗量
缺点	线路多，有色金属消耗量大；不易适应发展	干线故障时影响范围大，因此供电可靠性较差	线路检修或故障时，相连设备全部停电，因此供电可靠性较差
适用范围	供大容量设备，或供要求集中控制的设备，或供要求可靠性高的重要设备	适于明敷线路，也适于供可靠性要求不高的和较小容量的设备	适于暗敷线路，也适于供可靠性要求不高的小容量设备；链式相连的设备不宜多于 5 台，总容量不宜超过 10kW

有些机械加工车间，为了适应生产工艺的经常改变和设备位置的频繁调整，可采用变压器—干线式结线，如图 5-32 所示。它是一种特殊的树干式结线。在变压器低压侧不设低压配电屏，只在车间墙上装设低压断路器。总干线采用载流量很大的母线，贯穿整个车间，再从总干线经熔断器或低压断路器引至各分干线。这样，大容量设备可直接接在总干线上，而小容量设备则接在分干线上，因此可非常灵活地适应设备位置的调整。但是干线检修或故障时停电范围大，供电可靠性不很高，变压器—干线式结线主要用于设备位置需经常调整的机械加工车间。

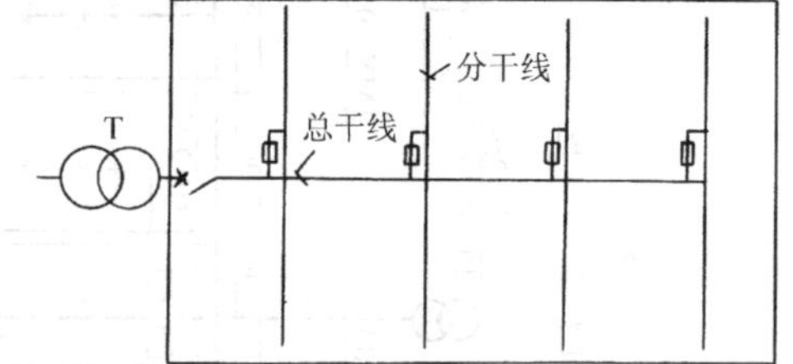

图 5-32　变压器—干线式结线

在实际的工厂低压配电系统中，往往是以上几种结线方式的组合。

总的来说，电力线路的结线应力求简单，运行经验证明：供配电系统如果结线复杂，层次过多，不仅浪费投资和不便管理，而且由于串联元件过多，因元件故障和操作错误而发生事故的可能性也随之增加，且处理事故和恢复供电的操作也比较麻烦，从而延长了停电时间。同时由于配电级数多，继电保护级数也相应增多，致使级间配合困难，对供配电系统的故障保护十分不利。因此，GB50052—2009《供配电系统设计规范》规定：“供电系统应简单可靠，同一电压供电系统的配电级数不宜多于两级。”

第四节 电力线路的结构与敷设

一、概述

工业与民用建筑的电力线路按结构形式来分，有架空线路、电缆线路和室内线路三类。

架空线路是利用电杆架空敷设裸导线的户外线路。其特点是投资少、易于架设、维护检修方便、易于发现和排除故障，但它要占用地面位置，有碍交通和观瞻，且易受环境影响，安全可靠性较差。

电缆线路是利用电力电缆敷设的线路。电缆线路与架空线路相比，虽然具有成本高、不便维修、不易发现和排除故障等缺点，但却具有运行可靠、阻抗较小、不易受外界影响、不需架设电杆、不占地面、不碍交通和观瞻等优点。特别是在有腐蚀性气体和易燃易爆的场所，以及需要防止雷电波沿线路侵入，不宜采用架空线路时，只能敷设电缆线路。因此，在现代的工业与民用建筑中，电缆线路得到了越来越广泛的应用。

室内线路是指车间内外敷设的各类配电线路，包括车间内用裸线（包括母线）和电缆敷设的线路，用绝缘导线沿墙、沿屋架和沿顶篷明敷的线路，用绝缘导线穿管沿墙、沿屋架或埋地敷设的线路，也包括车间之间用绝缘导线敷设的低压线路。

二、架空线路的结构和敷设

架空线路的结构如图 5-33 所示。它由电杆、横担、导线以及避雷线（架空地线）、拉线等组成。

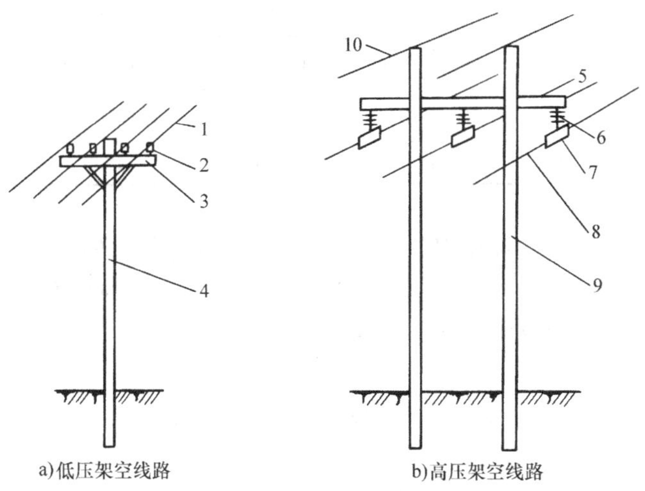

图 5-33 架空线路的结构

1—低压导线 2—针式绝缘子 3—横担 4—低压电杆 5—横担 6—绝缘子串 7—线夹 8—高压导线 9—高压电杆 10—避雷线

1. 架空线路的导线

室外架空线路一般多采用裸导线。截面 $10mm^2$ 以上的导线都是多股绞合的，称为绞线。目前最常用的是 LJ 型铝绞线。在机械强度要求较高的和 35kV 及以上的架空线路上，则多采用 LGJ 型钢芯铝绞线，其断面如图 5-34 所示。其中的钢芯主要承受机械载荷，外围的铝线部分用于载流。钢芯铝绞线型号（如 LGJ—95）中表示的截面积（95mm²）就是指铝线部分的截面积。在建筑物稠密地区应采用绝缘导线或电缆。

根据机械强度的要求，架空裸导线的最小截面如附录表 A-22 所示。

2. 电杆、横担和拉线

电杆是用来支持和架设导线的。对电杆的要求，主要是要有足够的机械强度，并保证导线对地有足够的距离，如表 5-6 所示。

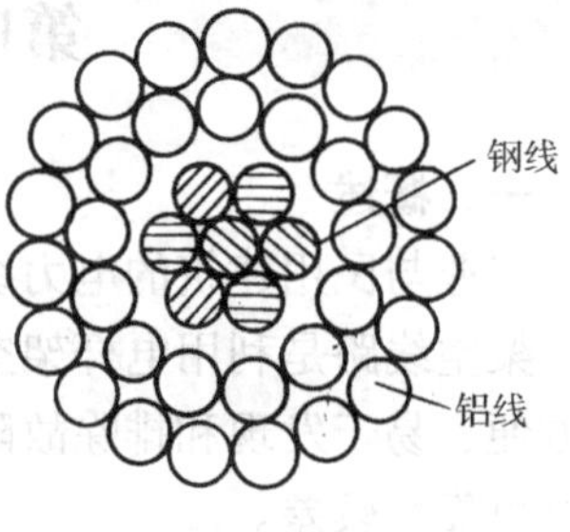

钢线
铝线

图 5-34　钢芯铝绞线的截面

电杆按其采用的材料分类，有木杆、水泥杆和铁塔等。现在最常用的是水泥杆。因为采用水泥杆可大量节约木材和钢材，而且经久耐用、维护简单，也比较经济。常用圆形水泥杆的规格如表 5-7 所示。

表 5-6　架空导线离地最小距离　　（单位：m）

线路经过地区	线路电压	
	高压（6～10kV）	低压（1kV 及以下）
居民区、厂区	6.5	6.0
非居民区	5.5	5.0
交通困难地区	4.5	4.0

表 5-7　圆形钢筋混凝土电杆规格

杆长/m	7	8		9		10		11	12	13
梢长/mm	150	150	170	150	190	150	190	190	190	190
底径/mm	240	256	270	270	310	283	323	337	350	363
埋深/mm	1200	1500		1600		1700		1800	1900	2000

注：表中埋深系按一般土质情况。

电杆按其在线路中的地位和作用分类，有直线杆、耐张杆、转角杆、终端杆、跨越杆和分支杆等形式。图 5-35 是上述各种杆型在低压架空线路上应用的示意图。

横担用来固定绝缘子以支承导线，并保持各相导线之间的距离。

目前常用的横担有铁横担和瓷横担。铁横担由角钢制成，10kV 线路多采用∟63×6 的角钢，380V 线路多采用∟50×5 的角钢。铁横担的机械强度高，应用广泛。瓷横担兼有横担和绝缘子的作用，能节约钢材、提高线路绝缘水平和节省投资，但机械强度较低，一般仅用于农村 10kV 电网等较小截面导线的架空线路。

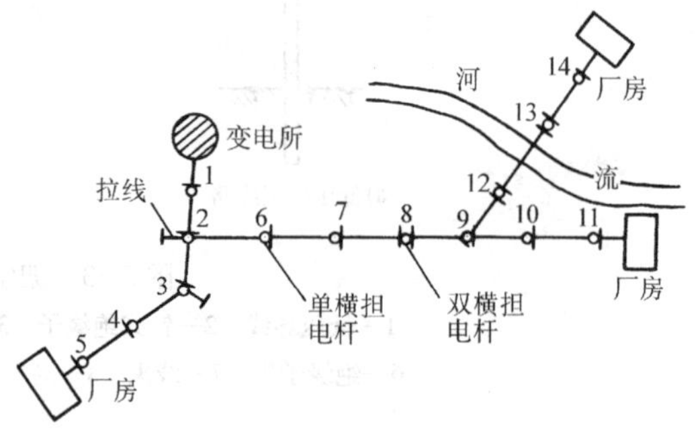

图 5-35　各种杆型在低压架空线路上的应用
1、5、11、14—终端杆　2、9—分支杆　3—转角杆
4、6、7、10—直线杆　8—耐张杆（分段杆）
12、13—跨越杆

拉线是为了平衡电杆各方面的受力，防止电杆倾倒用的，如转角杆、耐张杆、终端

杆等，往往都装有拉线。拉线一般采用镀锌钢绞线，依靠花篮螺钉来调节拉力，如图 5-36 所示。

3. 线路绝缘子和金具

线路绝缘子俗称瓷瓶，用来固定导线并使导线与电杆绝缘。图 5-37 所示为常见的几种高压线路绝缘子。

线路金具是用来连接导线、安装横担和绝缘子的金属附件，包括安装针式绝缘子的直脚（图 5-38a）和弯脚（图 5-38b），安装蝴蝶式绝缘子的穿心螺钉（图 5-38c），将横担或拉线固定在电杆上的 U 形抱箍（图 5-38d），调节松紧的花篮螺钉（图 5-38e），以及悬式绝缘子串的挂环、挂板、线夹（图 5-38f）等。

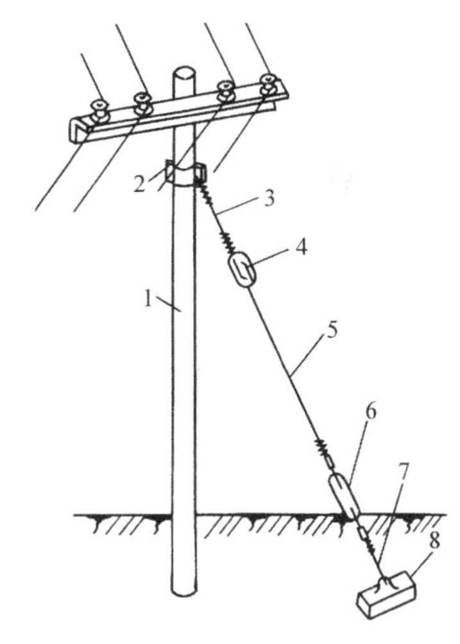

图 5-36　拉线的结构

1—电杆　2—拉线抱箍　3—上把　4—拉线绝缘子　5—腰把　6—花篮螺钉　7—底把　8—拉线底盘

4. 架空线路的敷设

敷设架空线路，要严格遵守有关技术规程的规定。在施工过程中，要特别注意安全，防止发生事故。

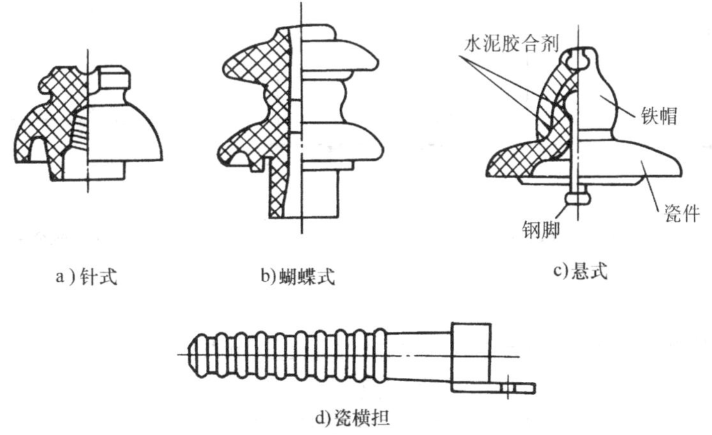

图 5-37　高压线路绝缘子

导线在电杆上的排列方式，如图 5-39 所示。有水平排列（图 5-39a、图 5-39f），三角形排列（图 5-39b、图 5-39c），三角形、水平混合排列（图 5-39d）和双回路垂直排列（图 5-39e）等。电压不同的线路同杆架设时，电压较高的线路应在上面。架空线路的排列相序应符合下列规定：对高压线路，面向负荷从左侧起，导线排列相序一般为 A、B、C；对低压线路，面向负荷从左侧起，导线排列相序一般为 A、N、B、C。

架空线路的挡距（跨距）是同一线路上相邻两电杆之间的水平距离，导线的弧垂则是导线的最低点与挡距两端电杆上的导线悬挂点之间的垂直距离，如图 5-40 所示。对于各种架空线路，有关规程对其挡距和弧垂都有具体的规定。

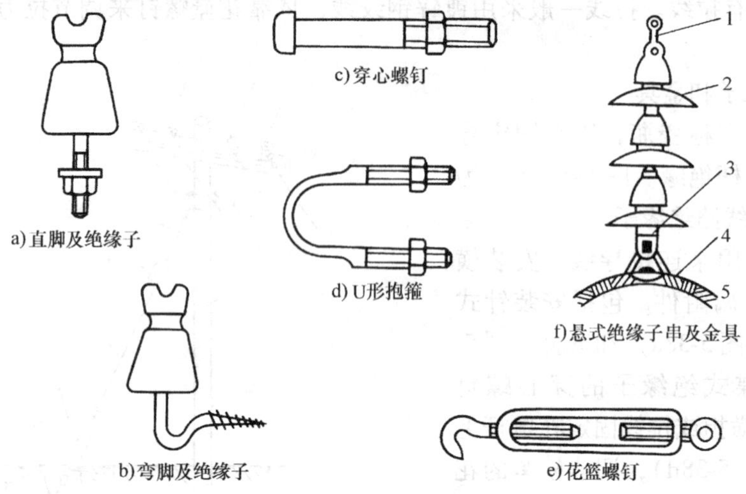

图 5-38　线路用金具

1—球形挂环　2—绝缘子　3—碗头挂板　4—悬垂线夹　5—导线

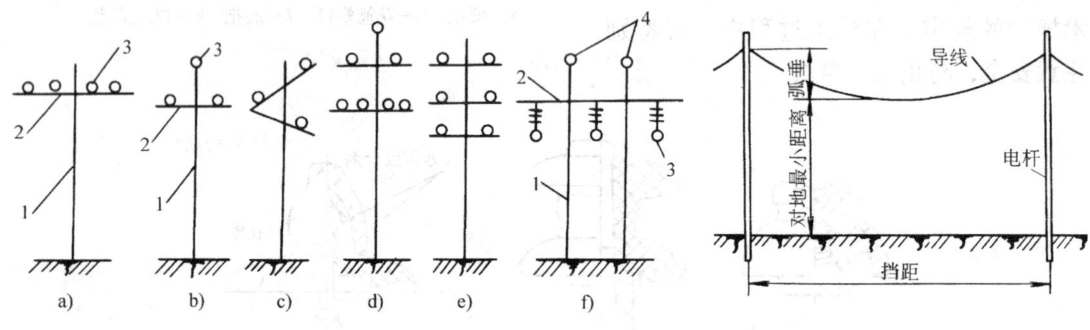

图 5-39　导线在电杆上的排列方式

1—电杆　2—横担　3—导线　4—避雷线

图 5-40　架空线路的挡距和弧垂

为了防止架空导线之间相碰短路，架空线路一般要满足最小线间距离要求，如表 5-8 所示，同时上下横担之间也要满足最小垂直距离要求，如表 5-9 所示。

表 5-8　架空电力线路最小线间距离　　　　(单位：m)

线路电压 \ 挡距	<40	40～50	50～60	60～70	70～80
3～10kV	0.6	0.65	0.7	0.75	0.85
≤1kV	0.3	0.4	0.45	0.5	—

表 5-9　横担间最小垂直距离　　　　(单位：m)

导线排列方式	直线杆	分支或转角杆
高压与高压	0.8	0.6
高压与低压	1.2	1
低压与低压	0.6	0.3

三、电缆线路的结构和敷设

1. 电缆和电缆头

电力电缆是传输和分配电能的一种特殊导线，它主要由导体、绝缘层和保护层三部分组成。

导体即电缆线芯，一般由多根铜线或铝线绞合而成。

绝缘层作为相间及对地的绝缘，其材料随电缆种类不同而异。如油浸纸绝缘电缆是以油浸纸作为绝缘层，塑料电缆是以聚氯乙烯或交联聚乙烯塑料作为绝缘层。

保护层又分内护层和外护层。内护层用来直接保护绝缘层，常用的材料有铅、铝和塑料等。外护层用以防止内护层免受机械损伤和腐蚀，通常为钢丝或钢带构成的钢铠，外覆沥青、麻被或塑料护套。

表5-10为电力电缆型号中各符号的含义，供参考。选择电缆时还应考虑环境条件和敷设方式的要求，详见有关设计手册。

表5-10　电力电缆型号中各符号的含义

项目	型号	含　义	旧型号
类别	Z	油浸纸绝缘	Z
	V	聚氯乙烯绝缘	V
	YJ	交联聚乙烯绝缘	YJ
	X	橡皮绝缘	X
导体	L	铝心	L
	T	铜心(一般不注)	T
内护套	Q	铅包	Q
	L	铝包	L
	V	聚氯乙烯护套	V
特征	P	滴干式	P
	D	不滴流式	D
	F	分相铅包式	F
外护层	02	聚氯乙烯套	—
	03	聚乙烯套	1，11
	20	裸钢带铠装	20，120

项目	型号	含　义	旧型号
外护层	(21)	钢带铠装纤维外被	2，12
	22	钢带铠装聚氯乙烯套	22，29
	23	钢带铠装聚乙烯套	
	30	裸细钢丝铠装	30，130
	(31)	细圆钢丝铠装纤维外被	3，13
	32	细圆钢丝铠装聚氯乙烯套	23，39
	33	细圆钢丝铠装聚乙烯套	
	(40)	裸粗圆钢丝铠装	50，150
	41	粗圆钢丝铠装纤维外被	5,15
	(42)	粗圆钢丝铠装聚氯乙烯套	59，25
	(43)	粗圆钢丝铠装聚乙烯套	
	441	双粗圆钢丝铠装纤维外被	

电力电缆全型号表示例	ZLQ_{20}－10000－3×120 铝芯纸绝缘铅包裸钢带铠装电力电缆（ZLQ_{20}） 额定电压（V）（10000） 三芯（3） 线芯额定截面（mm^2）（120）
备注	① 表中“外护层”型号，系按国家标准GB/T2952—2008《电缆外护层》规定 ② “外护层”型号外加括号者，系不推荐使用的产品

图5-41和图5-42分别为油浸纸绝缘电力电缆和交联聚乙烯绝缘电力电缆的结构图。

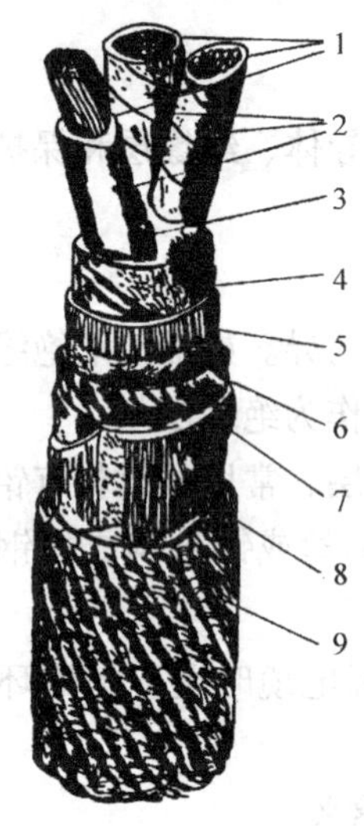

图 5-41 油浸纸绝缘电力电缆

1—铝心（或铜心） 2—油浸纸绝缘层 3—麻筋（填料） 4—油浸纸统包绝缘层 5—铝包（或铅包） 6—涂沥青的纸带（内护层） 7—浸沥青的麻被（内护层） 8—钢铠（外护层） 9—麻被（外护层）

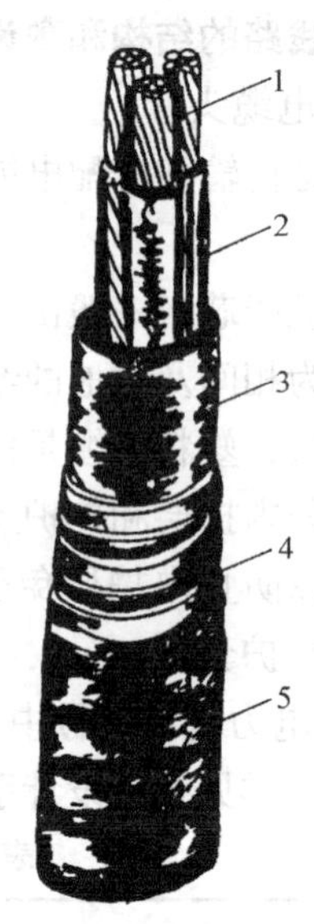

图 5-42 交联聚乙烯绝缘电力电缆

1—铝心（或铜心） 2—交联聚乙烯绝缘层 3—聚氯乙烯护套（内护层） 4—钢铠（或铝铠，外护层） 5—聚氯乙烯外壳（外护层）

电缆头包括连接两条电缆的中间接头和电缆终端的封端头。图 5-43 为 1～10kV 电缆环氧树脂中间接头。图 5-44 为户内式环氧树脂终端头（封端头）。环氧树脂电缆头具有工艺简便、绝缘和密封性能好、体积小、重量轻、耐老化等优点，因而在 10kV 及以下的配电装置中得到了广泛的应用。另外，还有一种利用热缩材料作电缆封端的技术，该技术发展很快，已经取代了传统电缆头作法。近几年又有一种冷缩电缆封端技术问世。

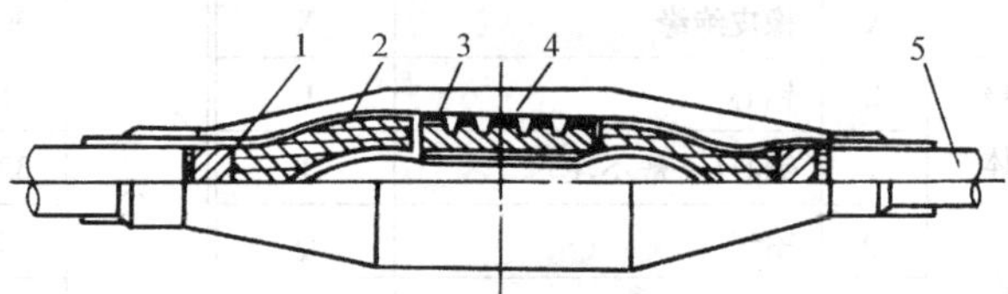

图 5-43 1～10kV 电缆环氧树脂中间接头

1—统包绝缘层 2—芯线绝缘 3—扎锁管（压接管） 4—扎锁管涂包层 5—铝（或铅）包

电缆头是电缆线路的薄弱环节，在施工和运行中应特别注意。

2. 电缆的敷设

（1）电缆的敷设方式 工业与民用建筑中通常采用的电缆敷设方式有直接埋地、电缆沟敷设、沿墙敷设和电缆梯架（托盘）敷设等几种。此外，在大型发电厂和变电所等电缆密集的场合，还采用电缆隧道、电缆排管和专用电缆夹层等方式。

1）直接埋地。如图 5-45 所示，这种敷设方式投资省、散热好，但不便检修和查找故障，且易受外来机械损伤和水土侵蚀，一般用于户外电缆不多的场合。

2）电缆沟敷设。如图 5-46 所示，沟内可敷设多根电缆，占地少，且便于维修。

3）沿墙敷设。如图 5-47 所示，一般用于室内环境正常的场合。

4）电缆梯架敷设。图 5-48 为电缆梯架的一种，它由支架、托臂、线槽及盖板组成。电缆梯架在户内和户外均可使用。采用电缆梯架敷设的线路，整齐美观、便于维护，槽内可以使用价廉的无铠装全塑电缆。无上盖的电缆梯架则称电缆托盘。

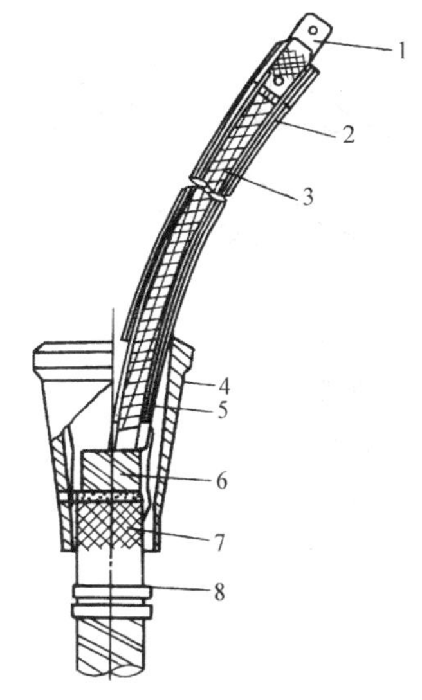

图 5-44　室内环氧树脂终端头

1—引线鼻子　2—芯线绝缘　3—电缆芯线（外包绝缘层）
4—预制环氧外壳（可以代铁皮模具）　5—环氧混合胶（现场浇注）
6—统包绝缘　7—铅（或铅）包　8—接地线卡子

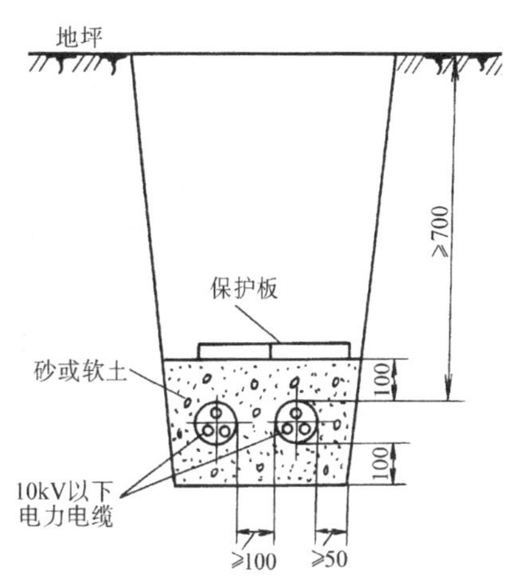

图 5-45　电缆直接埋地

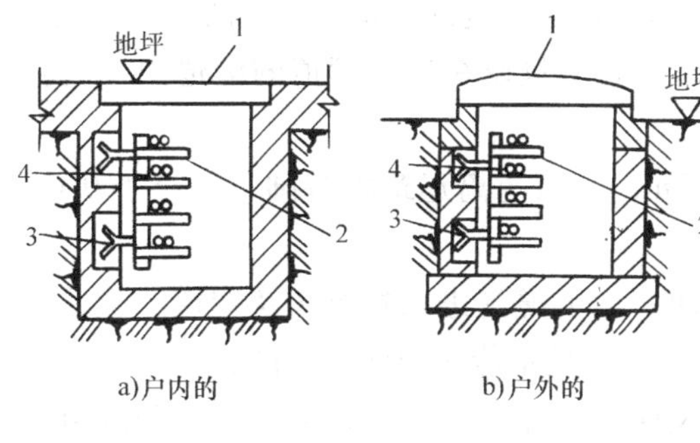

图 5-46　电缆沟

1—盖板　2—电缆支架　3—预埋铁件　4—电缆

（2）电缆敷设的一般要求　敷设电缆时应严格遵守有关技术规程的规定和设计要求。竣工之后，要按规定的要求进行检查和试验，确保线路的质量。部分重要的技术要求如下：

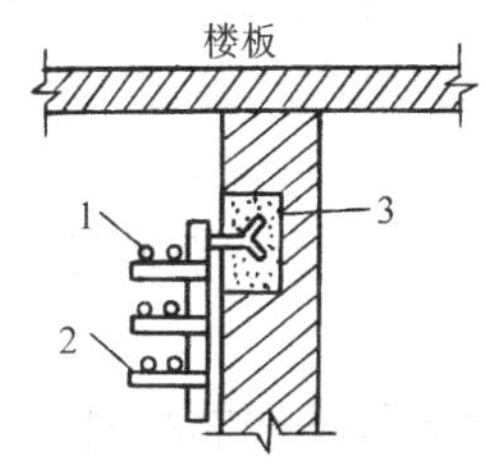

图 5-47　电缆沿墙敷设

1—电缆　2—支架　3—预埋铁件

1）为防止电缆在地形发生变化时受过大的拉力，电缆在直埋敷设时要比较松弛，可作波浪形埋设。电缆长度可考虑 1.5% ~2% 的余量，以便检修。

2）下列地点的电缆应穿管保护：电缆引入或引出建筑物或构筑物；电缆穿过楼板及主要墙壁处；从电缆沟道引出至电杆或沿墙敷设的电缆距地面 2m 以下及地下 0.3m 深度的一段；电缆与道路、铁路交叉的一段。所用保护管内径不得小于电缆外径的 1.5 倍。

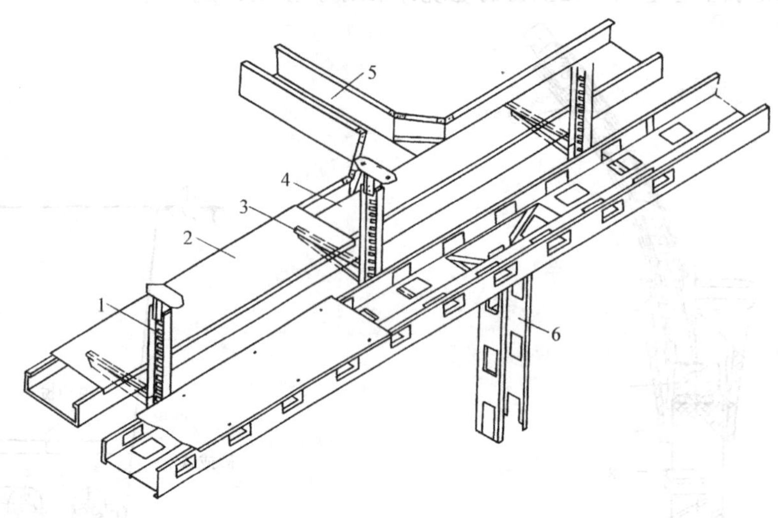

图5-48　电缆梯架

1—支架　2—盖板　3—支臂　4—线槽　5—水平分支线槽　6—垂直分支线槽

3）电缆与不同管道一起敷设时，应满足下列要求：不允许在敷设煤气管、天然气管及液体燃料管路的沟道中敷设电缆；在热力管道的明沟或隧道中，一般不要敷设电缆；个别情况下，如不致使电缆过热时，可允许少数电缆敷设在热力管道的沟道中，但应分隔在不同侧，或将电缆安放在热力管道的下面。

4）直埋电缆埋地深度不得小于0.7m，其壕沟离建筑物基础不得小于0.6m。直埋于冻土地区时，宜埋在冻土层以下。

5）电缆沟的结构应考虑到防火和防水。电缆沟进入建筑物及隧道的连接处应设置防火隔板。电缆沟的排水坡度不得小于0.5%，而且不能排向建筑物内侧。

6）电缆的金属外皮和金属电缆头及保护钢管和金属支架等，均应可靠接地。

四、室内线路的结构和敷设

1. 室内电力线路敷设的安全要求

1）离地面3.5m以下的电力线路应采用绝缘导线，离地面3.5m以上允许采用裸导线。

2）离地面2m以下的导线必须加机械保护，例如穿钢管或穿硬塑料管保护。

3）根据机械强度的要求，绝缘导线的线芯截面应不小于附录表A-23所列数值。

4）室内电力线路的敷设方式应根据环境条件和敷设要求确定，详见有关设计手册。

2. 绝缘导线

绝缘导线按线芯材料分，有铜芯和铝芯两种。我国过去多年采取“以铝代铜”的技术政策，是由当时的历史条件而决定的。实际上，与铝导体相比，铜导体在机械强度和载流量等方面都具有显著的优势。

以材料的最大允许应力σ_{al}为例，硬铜的$\sigma_{al}=140\text{MPa}$，硬铝的$\sigma_{al}=70\text{MPa}$，$1\text{Pa}=1\text{N/m}^2$。在施工和运行中，铝芯绝缘导线的铝芯容易裂缝或折断，此时外绝缘层可能尚好，因而形成“有时通有时不通”的状况，这种故障很难检查和处理。

再从载流量来看，若以 I_{Cu} 和 I_{Al} 分别表示铜导体和铝导体的载流量，可查得 $\gamma_{Cu}=53MS/m$ 为铜的电导率，$\gamma_{Al}=32MS/m$ 为铝的电导率，这里 S 为单位“西门子”。由于相同截面（A）和相同长度（l）的铜（Cu）导体与铝（Al）导体在等效发热条件下的功率损耗相等，即可推导出

$$\frac{I_{Cu}^2 l}{\gamma_{Cu}A}=\frac{I_{Al}^2 l}{\gamma_{Al}A} \quad 或 \quad \frac{I_{Cu}}{I_{Al}}=\sqrt{\frac{\gamma_{Cu}}{\gamma_{Al}}}, \text{因此} \quad I_{Cu}\approx 1.3I_{Al} \quad 或 \quad I_{Al}\approx 0.78I_{Cu}$$

可见相同截面的铜导体的载流量约为铝导体的 1.3 倍。

另外，一般电器的接线端子多为铜质，若采用铝导线，则铜与铝的接合部难以处理。一方面，铝为 3 价元素，铜为 2 价元素，二者的接合部易形成局部电池，结果铝被腐蚀，从而导致较大的接触电阻。另一方面，铝的热膨胀系数约为铜的 1.36 倍，在反复受热和冷却的过程中，铜、铝接合部的间隙变大，接触电阻增加，且潮气进入间隙后将加剧铝线表面的氧化和腐蚀，从而更加增大接触电阻，甚至导致发热起火。即使采用铜—铝过渡接头和铜—锡连接片等，都不能从根本上解决问题。

按有关规定，下列场合应采用铜芯导线（或电缆）：需要确保长期运行中连接可靠的回路，例如重要电源、重要的操作回路及二次回路；爆炸或火灾危险环境有特殊要求时；重要的公共建筑物以及住宅和高层建筑等民用建筑；应急系统，包括消防设施的线路；重腐蚀环境下、有剧烈振动处以及高温设备旁等。

按 GB/T 50062—2008《电力装置的继电保护和自动装置设计规范》中 15.1.3 规定：二次回路应采用铜芯控制电缆和绝缘导线。在绝缘可能受到油浸蚀的地方，应采用耐油的绝缘导线或电缆。

按 GB50171—1992《电气装置安装工程·盘、柜及二次回路结线施工及验收规范》规定：盘、柜内的配线，电流回路应采用电压不低于 500V 的铜芯绝缘导线，其截面不应小于 $2.5mm^2$。

按 GB50056—1993《电热设备电力装置设计规范》中 3.4.1 规定：“经常有工作短路的电炉的短网，应采用铜母线。”

按 GB50194—2002《建设工程施工现场供用电安全规范》中 6.2.9 规定：“重腐蚀环境中的架空线路应采用铜导线”。

按 GB50058—2014《爆炸危险环境电力装置设计规范》规定：在爆炸性气体环境内，1 区和 2 区内都应采用铜芯电缆；在爆炸性粉尘环境内，10 区内全部和 11 区内有剧烈振动的场合；均应采用铜芯绝缘导线或铜芯电缆。另外，煤矿井下严禁采用铝芯动力电缆。有剧烈振动地方的用电设备的线路，应采用铜芯绝缘软导线或铜芯多股电缆。

按 GB50096—2011《住宅设计规范》中 8.7.2 规定：（住宅的）电气线路应采用符合安全和防火要求的敷设方法配线，导线应采用铜线；每套住宅进户线截面不应小于 $10mm^2$，分支回路截面不应小于 $2.5mm^2$。

近几年，在深圳和海口等地的一些高档民用建筑工程中，屋顶的避雷带和接闪器也采用了铜材。以前采用钢材时，容易腐蚀生锈，雨水把铁锈带到建筑物外墙上，影响美观，采用铜材可彻底解决此问题。

实际上，目前仍采用铝导体的场合主要是高压架空线路，特别是 110kV 及以上电压的高压架空线路仍大量采用 LGJ 型钢芯铝绞线。此时，铝比重较小的优点得到了利用，而机械强度则靠钢芯来加强。

绝缘导线按其外皮的绝缘材料分为橡皮绝缘和塑料绝缘两种。塑料绝缘导线绝缘性能良好，且价格较低，在户内明敷或穿管敷设时可取代橡皮绝缘导线。但塑料绝缘在高温时易软化，在低温时又变硬变脆，故不宜在户外使用。

3. 裸母线和母线槽

室内常用的裸母线为TMY型硬铜母线和LMY型硬铝母线。在干燥、无腐蚀性气体的高大厂房内，当工作电流较大时，可采用TMY型硬铜母线和LMY型硬铝母线作载流干线。按规定，裸导线A、B、C三相涂漆的颜色分别对应为黄、绿、红三色。

母线槽具有结构紧凑、安装方便、使用安全的优点。它按绝缘方式可分为空气绝缘型和密集绝缘型，当载流量大于630A时可优先选用密集绝缘型。母线槽适用于高层建筑、多层厂房、标准厂房或机床设备布置紧凑而又需要经常调整位置的场合；当低压采用上出线方式时，它还可用于变压器与配电屏之间的连接。图5-49为封闭式母线槽安装示意图。

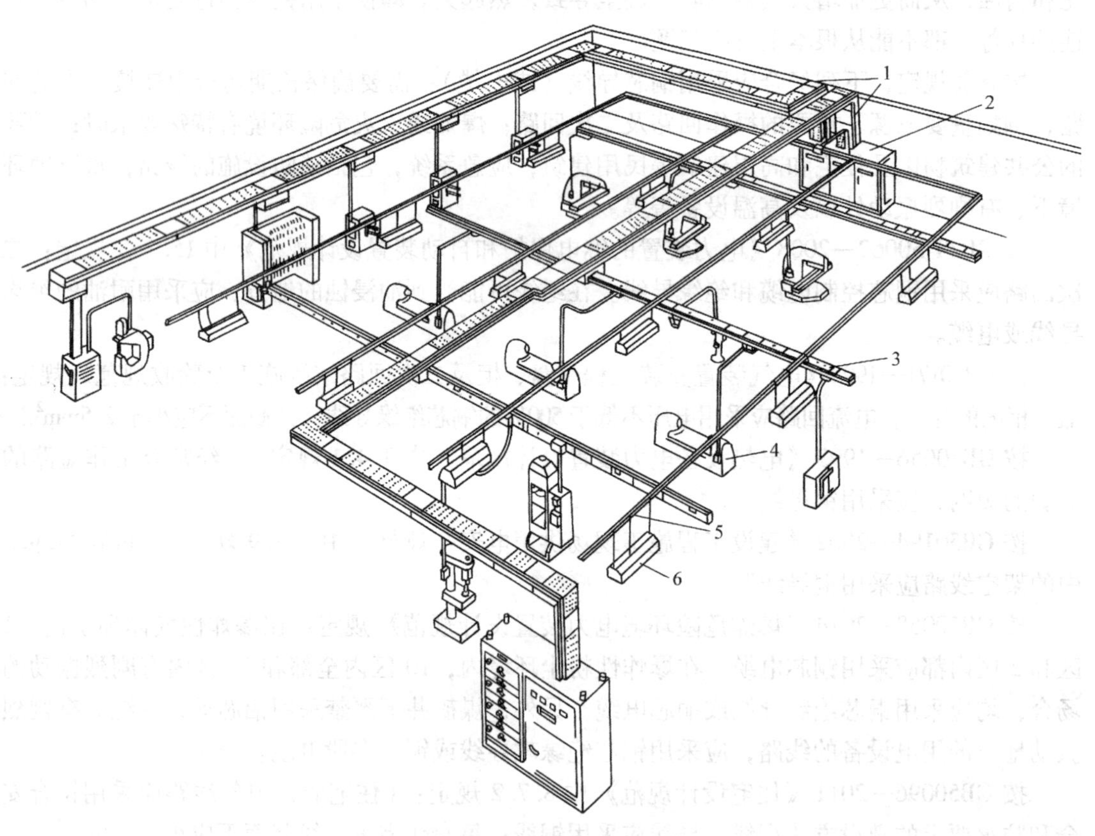

图5-49　封闭式母线槽安装示意图

1—馈电母线槽　2—配电装置　3—插接式母线槽　4—机床　5—照明母线槽　6—灯具

吊车滑触线过去多采用角钢，新型安全滑触线的载流导体则为铜排，且外面有保护罩，较为安全和美观。

4. 室内电力线路常用的敷设方式

图5-50表示了几种常用的室内电力线路敷设方式。此外，如果室内电力线路采用电

缆，则应采用相应的电缆敷设方式。例如图 5-47 所示电缆沿墙敷设和图 5-48 所示的电缆梯架。

五、电气动力平面布线图

电气动力平面布线图是表示供电系统对动力设备配电的电气平面布线图。

所谓电气平面布线图，就是在建筑平面图上，应用国家标准规定的有关图形符号和文字符号，按照电气设备的安装位置及电气线路的敷设方式、部位和路径绘出的电气布置图。

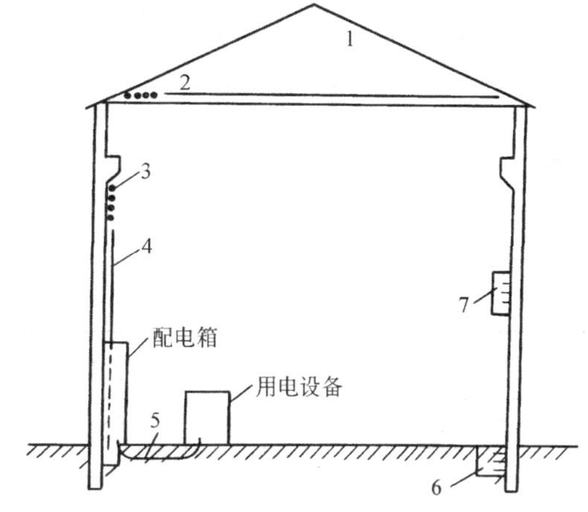

图 5-50　室内电力线路敷设方式示意图

1—沿屋架横向明敷　2—跨屋架纵向明敷　3—沿墙或沿柱明敷　4—穿管明敷　5—地下穿管暗敷　6—地沟内敷设　7—母线槽（插接式母线）

表 5-11 是 GB4728. 11—2008《电气简图用图形符号　第 11 部分：建筑安装平面布置图》中规定的电力设备的标注方法。表 5-12 所示为线路的敷设方式的文字代号。表 5-13 所示为敷设部位的文字代号。

表 5-11　电力设备的标注方法

标注方式	说　　明
$\frac{a}{b}$ $\begin{array}{c\|c} a & b \\ \hline c & d \end{array}$	用电设备 a 为设备编号 b 为设备功率（kW） c 为线路首端熔体或低压断路器脱扣器的电流（A） d 为标高（m）
一般标注方法 $a\frac{b}{c}$ $a-b-c$ 当需要标注引入线的规格时 $a\frac{b-c}{d\ (e\times f)\ -g}$	配电设备 a 为设备编号 b 为设备型号 c 为设备功率（kW） d 为导线型号 e 为导线根数 f 为导线截面（mm^2） g 为导线敷设方式及部位
一般标注方法 $a\frac{b}{ci}$ $a-b-c/i$ 当需要标注引入线的规格时 $a\frac{b-c/i}{d\ (e\times f)\ -g}$	开关及熔断器 a 为设备编号 b 为设备型号 c 为额定电流（A） i 为整定电流（A） d 为导线型号 e 为导线根数 f 为导线截面（mm^2） g 为导线敷设方式

表 5-12　电力线路敷设方式的文字代号

敷设方式	代号	敷设方式	代号
明　敷	M	用卡钉敷设	QD
暗　敷	A	用槽板敷设	CB
用钢索敷设	S	穿焊接钢管敷设	G
用瓷瓶或瓷珠敷设	CP	穿电线管敷设	DG
瓷夹板或瓷卡敷设	CJ	穿塑料管敷设	VG

表 5-13　电力线路敷设部位的文字代号

敷设部位	代号	敷设部位	代号
沿梁下弦	L	沿天花板（顶棚）	P
沿　柱	Z	沿地板	D
沿　墙	Q		

上列电力线路敷设方式的文字代号和敷设部位的文字代号是用拼音字母表示的。现在还有一种用英文字母表示的方法，详见图集 00DX001《建筑电气工程设计常用图形和文字符号》，此略。

图 5-51 是某机械加工车间（局部）的动力电气平面布线图。它按照实际位置及规定的图形符号和文字符号表示出车间的墙、门、窗和用电设备的位置以及配电线路的路径、导线型号、截面及敷设方式等。

从图 5-51 中可以看出，总配电箱 N1 安装在 3 号轴线与 A 轴线的交叉处，其型号是 XLF(15)-0420，从有关资料上可以查到该配电箱装有 4 回路 100A 及 2 回路 200A 熔断器。N1 配电箱的电源来自变电所，引入电缆的型号是 VLV_{23}-1000，即铝心塑料绝缘、塑料护套、钢带铠装电力电缆，额定工作电压为 1kV，截面为（$3\times185+1\times70$）mm^2，穿直径 100mm 的钢管埋地暗敷。

图 5-51 中 N2 为照明配电箱，其电源来自总配电箱 N1。N2 的电源也可以直接来自变电所的照明专用回路，这样便于动力和照明分别计量，也可以避免动力和照明的相互影响。

21 号设备功率较大，故由 N1 配电箱放射式配电到该设备的控制箱 N3，导线采用 BLV-500-（3×70）穿直径 50mm 的钢管埋地暗敷。

31 号设备为桥式吊车。为了操作方便和维修安全，吊车滑触线设有专用开关箱 N4，其电源直接来自 N1 配电箱。当采用角钢滑触线时，考虑到角钢的阻抗较大，开关箱宜位于滑触线中部。

22～25 号用电设备由 N5 配电箱供电，该配电箱装有 6 回路 60A 的熔断器。25 号设备为三相插座，供接临时用电设备，容量按 7.5kW 考虑。从配电箱到各用电设备的导线型号、截面及敷设方式均已在图上标明。

1～20 号用电设备功率均较小，由干线 WL1 供电，WL1 采用 BLV-500-（$3\times35+1\times16$）绝缘导线沿墙明敷，高度为 4.5m。1 号设备经开关箱 N6 直接接于干线。2～5 号设备由 N7 配电箱供电，其中 4 号和 5 号设备功率较小，采用链式供电。

动力配电箱都留有备用回路，供增加设备或临时供电时使用。

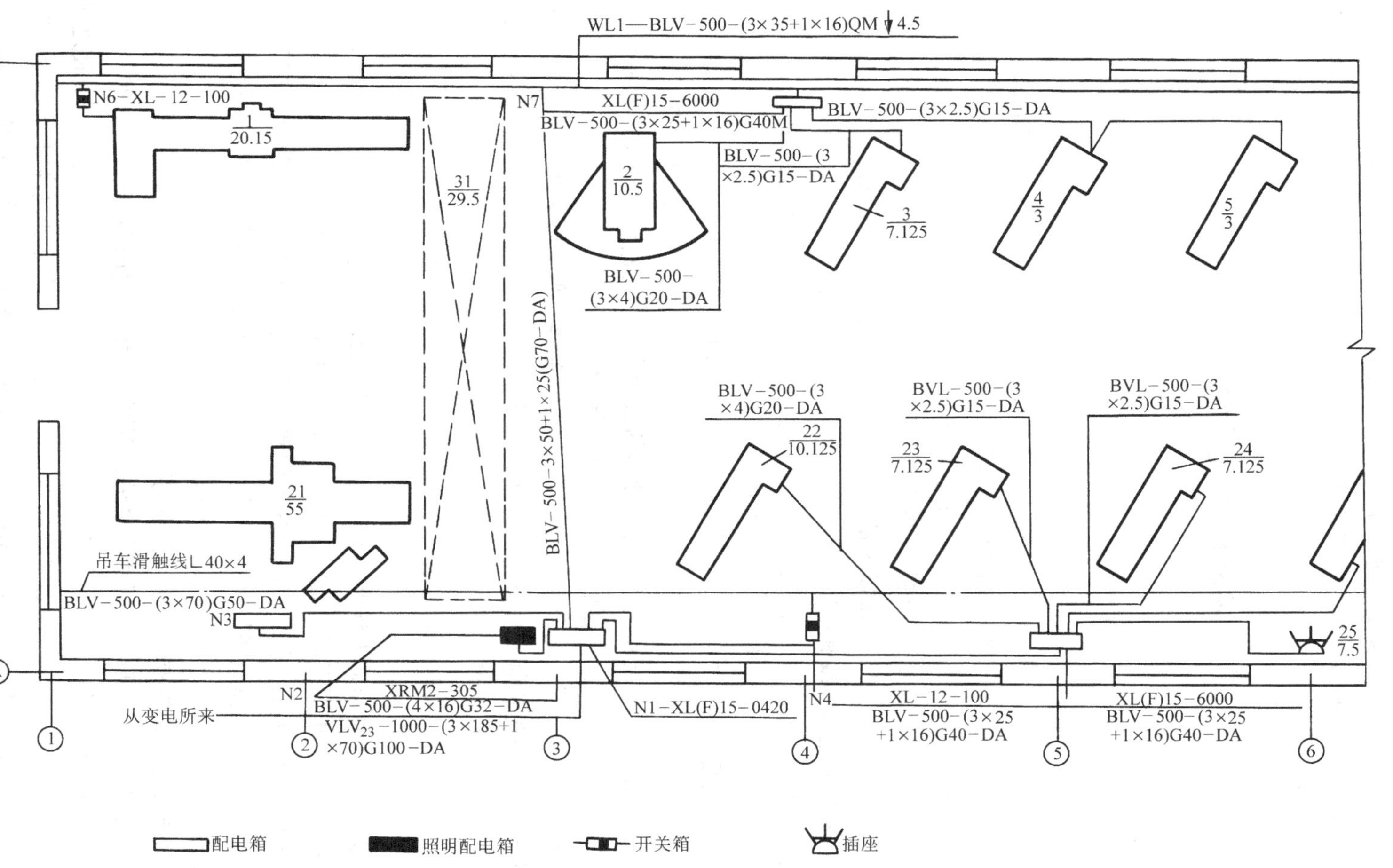

图5-51 某机械加工车间(局部)动力电气平面布线图

图 5-51 仅为车间动力电气平面布线图的一种表示方式。当设备台数较多时，为了使图面清晰美观，可在平面布线图上只标出干线、配电箱及所供用电设备的编号。从配电箱到各用电设备的导线型号、截面、敷设方式及保护元件等，可用配线表或系统图的形式表示，或用文字加注说明。

第五节　供配电系统载流导体的选择计算

一、概述

为了保证供电系统安全、可靠、优质、经济地运行，导线和电缆等载流导体截面的选择一般必须满足下列条件：

(1) 发热条件　导线和电缆（含母线）在通过计算电流时产生的发热温度，不应超过其正常运行时的最高允许温度，如附录表 A-21 所列。

(2) 允许电压损耗　导线和电缆在通过计算电流时产生的电压损耗，不应超过正常运行时允许的电压损耗值。对于工厂内较短的高压线路，可不进行电压损耗的校验。

(3) 经济电流密度　35kV 及以上的高压线路，规定宜选“经济截面”，即按国家规定的经济电流密度来选择导线和电缆的截面，达到“年费用支出最小”的要求。一般 10kV 及以下的线路，可不按经济电流密度选择。但长期运行的低压特大电流线路（例如电炉的短网和电解槽的母线）仍应按经济电流密度选择。

(4) 机械强度　导线的截面应不小于最小允许截面，如附录表 A-22 和附录表 A-23 所列。由于电缆的机械强度很好，因此电缆可不校验机械强度，但需校验短路热稳定度。

(5) 短路时的动稳定度和热稳定度　导体的截面应满足短路时的动稳定度和热稳定度，以保证短路时不至损坏。此内容已在第四章第四节介绍。

(6) 导体与保护电器的配合　导体的截面应与熔断器、低压断路器等保护电器相配合，以保证当线路上出现过负荷或短路时保护电器能可靠动作。此内容已在第四章第五节介绍，详见式（4-56）和式（4-69）。

此外，绝缘导线和电缆还需满足工作电压的要求，即其额定电压不得小于工作电压。

根据设计经验，低压动力线和 10kV 及以下的高压线，一般先按发热条件来选择截面。然后校验机械强度和电压损耗。低压照明线，由于照明对电压水平要求较高，所以一般先按允许电压损耗来选择截面，然后校验发热条件和机械强度。而 35kV 及以上的高压线，则可先按经济电流密度来选择经济截面，再校验发热条件、允许电压损耗和机械强度等。按以上经验进行选择，通常较易满足要求，较少返工。

二、按发热条件选择校验导线和电缆的截面

电流通过导体（包括母线、导线和电缆，下同），由于导体存在电阻，必然产生电能损耗，使导体发热。裸导体的温度升高时，会使接头处氧化加剧，增大接触电阻，使之进一步氧化，如此恶性循环，甚至可发展到断线。绝缘导线和电缆的温度过高时，可使绝缘损坏，甚至引起火灾。因此导体的正常发热温度不得超过附录表 A-21 所示的允许值。

1. 按发热条件选择相线截面

按发热条件选择三相线路中的相线截面 A_{φ} 时，应使其允许载流量 I_{al} 不小于通过相线的

计算电流 I_{30}，即

$$I_{al} \geqslant I_{30} \tag{5-1}$$

所谓导体的允许载流量，就是在规定的环境温度条件下，导体能够连续承受而不致使其稳定温度超过规定值的最大电流。如果导体敷设地点的环境温度与导体允许载流量所采用的环境温度不同时，则导体的允许载流量应乘以温度校正系数：

$$K_{\theta} = \sqrt{\frac{\theta_{al} - \theta_0'}{\theta_{al} - \theta_0}} \tag{5-2}$$

式中，θ_{al}是导体正常工作时的最高允许温度；θ_0是导体允许载流量所采用的环境温度；θ_0'是导体敷设地点实际的环境温度。

按规定，选择导体所用的环境温度为：户外（含户外电缆沟）采用当地最热月的日最高气温平均值；户内（含户内电缆沟）采用当地最热月的日最高气温平均值另加5℃；直接埋地的电缆，采用埋深处的最热月平均地温，或近似地取当地最热月平均气温。

附录表 A-24 列出 LJ 型、LGJ 型铝绞线的允许载流量，附录表 A-25 列出 BLX 和 BLV 型铝芯绝缘导线明敷、穿钢管和穿硬塑料管时的允许载流量，供参考。其他导线、母线和电缆的允许载流量可查有关设计手册。

本章第四节已推导得出：$I_{Cu} \approx 1.3 I_{Al}$　或　$I_{Al} \approx 0.78 I_{Cu}$。所以由附录表 A-24 查出的某截面铝导体允许载流量乘以 1.3，即可得同一截面铜导体的允许载流量。同样，如已知某截面铜导体的允许载流量，乘以 0.78 即得同一截面铝导体的允许载流量。

关于按发热条件选择导体所用的计算电流，对电力变压器高压侧的导体，应取为变压器高压侧额定电流。而对并联电容器的引入线，计算电流应取为并联电容器组额定电流的 1.35 倍。

2. 低压线路的中性线（N 线）、保护线（PN 线）和保护中性线（PEN 线）截面的选择

（1）中性线截面的选择　低压三相四线制（TN 或 TT）线路中的中性线（N 线），按规定其载流量不应小于线路中的最大不平衡负荷电流，同时应考虑谐波电流的影响。

一般三相负荷基本平衡的低压线路中的中性线截面 A_0，宜不小于相线截面 A_{φ} 的 50%，即

$$A_0 \geqslant 0.5 A_{\varphi} \tag{5-3}$$

对 3 次谐波电流突出的三相线路，由于各相的 3 次谐波电流都要通过中性线，使得中性线电流可能接近甚至等于或超过相电流，在这种情况下，中性线截面宜选为与相线截面相等（个别情况可较大），即

$$A_0 \approx A_{\varphi} \tag{5-4}$$

对由三相线路分出的两相三线线路和单相双线线路中的中性线，由于其中线性的电流与相线电流完全相等，因此中性线截面应与相线截面相等，即

$$A_0 = A_{\varphi} \tag{5-5}$$

（2）保护线截面的选择　低压系统中的保护线（PE 线），按 GB50054—2011《低压配电设计规范》规定，当其材质与相线相同时，其最小截面应符合表 5-14 的要求。

但对于变压器低压侧母线等较大截面的 PE（PEN）线，亦可按满足热稳定度的条件，即按式（4-53）选择或校验。

表 5-14　PE 线的最小截面

相线芯线截面	$A_{\varphi} \leqslant 16\text{mm}^2$	$16\text{mm}^2 < A_{\varphi} \leqslant 35\text{mm}^2$	$A_{\varphi} > 35\text{mm}^2$
PE 线最小截面	$A_{PE} = A_{\varphi}$	$A_{PE} = 16\text{mm}^2$	$A_{PE} = A_{\varphi}/2$

（3）保护中性线截面的选择　低压系统中的保护中性线（PEN 线）的截面，应同时满足上述中性线（N 线）和保护线（PE 线）选择的条件，即

$$A_{PEN} = (0.5 \sim 1) A_{\varphi} \tag{5-6}$$

并且，按 GB50054—2011《低压配电设计规范》规定，采用单芯导线为 PEN 干线时，铜心截面不应小于 10mm^2。

例 5-1　有一条采用 BLV 型铝芯塑料线明敷的 220/380V 的 TN—S 线路，计算电流为 86A，敷设地点的环境温度为 35℃。试按发热条件选择此线路的导线截面。

解　此 TN—S 线路为具有单独 PE 线的三相四线制线路，包括相线、N 线和 PE 线。

1）相线截面的选择：查附录表 A-25.1 得 35℃时明敷的 BLV—500 型铝芯塑料线 $A_{\varphi} = 25\text{mm}^2$ 的 $I_{al} = 90\text{A} > I_{30} = 86\text{A}$，满足发热条件，故选 $A_{\varphi} = 25\text{mm}^2$。

2）N 线截面的选择：按式（5-3）选 $A_0 = 16\text{mm}^2$。

3）PE 线截面的选择：按表 5-14 选 $A_{PE} = 16\text{mm}^2$。

该线路所选的导线型号规格可表示为 BLV-500-(3×25+1×16+PE16)。

三、按经济电流密度选择导线和电缆的截面

经济电流密度就是能使线路的"年费用支出"接近于最小而又适当考虑节约有色金属条件的导线和电缆的电流密度值。我国规定的经济电流密度如表 5-15 所示。

表 5-15　我国规定的经济电流密度 j_{ec}

线路类别	导体材料	年最大负荷利用小时 T_{max}/h		
		<3000	3000～5000	≥5000
		经济电流密度 j_{ec} /（$\text{A} \cdot \text{mm}^{-2}$）		
架空线路	铜	3.00	2.25	1.75
	铝	1.65	1.15	0.90
电缆线路	铜	2.50	2.25	2.00
	铝	1.92	1.73	1.54

所谓"年费用支出"B，是指线路投资费折算到一年的支出加上线路的年运行费（含维修管理费、电能损耗费等）。按 GB50217—2007《电力工程电缆设计规范》推荐的计算公式为 $B = 0.11Z + 1.11N$，式中，Z 为线路投资费，N 为线路年运行费。

按经济电流密度选择的导线和电缆截面，称为经济截面 A_{ec}，即

$$A_{ec} = I_{30}/j_{ec} \tag{5-7}$$

按上式计算出 A_{ec} 后，应选最接近的（可选偏小的）标准截面。

例 5-2　有一条采用 LGJ 型钢芯铝绞线架设的 35kV 架空线路供电给某厂，其计算负荷为 5000kW，$\cos\varphi = 0.9$，$T_{max} = 4300h$。试选择该钢芯铝绞线的额定截面。

解　1）按经济电流密度选择：

$$I_{30} = 5000\text{kW} / (\sqrt{3} \times 35\text{kV} \times 0.9) = 92\text{A}$$

由表5-15 查得$j_{ec}=1.15A/mm^2$，因此

$$A_{ec}=92A/(1.15A/mm^2)=80mm^2$$

选取最接近的标准截面$A=70mm^2$，即选 LGJ-70 型钢芯铝绞线。

2）校验发热条件：查附录表 A-24 中 LGJ-70 的允许载流量（户外 25 °C时）$I_{al}=275A$，因此满足发热条件。

3）校验机械强度：查附录表 A-22 得架空钢芯铝绞线最小截面$A_{min}=25mm^2$，因此 LGJ-70 完全满足机械强度要求。

四、线路电压损耗的计算

1. 线路的允许电压损耗

由于线路存在着阻抗，因此在负荷电流通过线路时就要产生电压损耗。按规定，高压配电线路的电压损耗一般不应超过线路额定电压的5%，从变压器低压母线到用电设备受电端上的低压配电线路的电压损耗，一般不应超过用电设备额定电压的5%；对视觉要求较高的照明线路，则为2%～3%。如果线路的电压损耗值超过了允许值，则应适当加大导线或电缆的截面，使之满足允许的电压损耗要求。

2. 集中负荷的三相线路电压损耗的计算。

以带两个集中负荷的三相线路（如图 5-52a 所示）为例。线路图中的负荷电流都用小写 i 表示，各段线路电流都用大写 I 表示；各线路的长度、每相电阻和电抗分别用小写 l、r 和 x 表示，各负荷点至线路首端的长度、每相电阻和电抗分别用大写 L、R 和 X 表示。

以线路末端的相电压 $U_{\varphi2}$㊀作参考轴，绘制该线路的电压、电流相量图，如图 5-52b 所示。由于线路上的电压降相对于线路电压来说很小，所以 $U_{\varphi1}$与 $U_{\varphi2}$间的相位差 θ 实际很小，因此负荷电流 i_1 与电压 $U_{\varphi1}$间的相位差 φ_1 可近似地绘成 i_1 与 $U_{\varphi2}$（参考轴）间的相位差。

作相量图（图 5-52b）的步骤如下：

1）在水平方向作矢量$\overrightarrow{oa}=U_{\varphi2}$。

2）由 O 点绘负荷电流 i_1 和 i_2，其相位分别滞后 $U_{\varphi2}\varphi_1$ 和 φ_2。

3）由 a 点作矢量$\overrightarrow{ab}=i_2r_2$，平行于 i_2。

4）由 b 点作矢量$\overrightarrow{bc}=i_2x_2$，超前 $i_2 90°$

5）连直线 Oc，即得 $U_{\varphi1}$。

6）由 c 点作矢量$\overrightarrow{cd}=i_2r_1$，平行于 i_2。

7）由 d 点作矢量$\overrightarrow{de}=i_2x_1$，超前 $i_2 90°$。

8）由 e 点作矢量$\overrightarrow{ef}=i_1r_1$，平行于 i_1。

9）由 f 点作矢量$\overrightarrow{fg}=i_1x_1$，超前 $i_1 90°$。

10）连直线 Og，即得 $U_{\varphi0}$。

11）以 O 点为圆心，Og 为半径作圆弧交参考轴于 h，即 $Oh=Og$。

12）连直线 ag，此 ag 即线路的电压降，而 ah 即线路的电压损耗。

线路电压降的定义为线路首端电压与末端电压的相量差。

㊀ 为简化起见，这里将相量 $\dot{U}$ 简写为 U，省去“·”；其余相量亦同样简化。

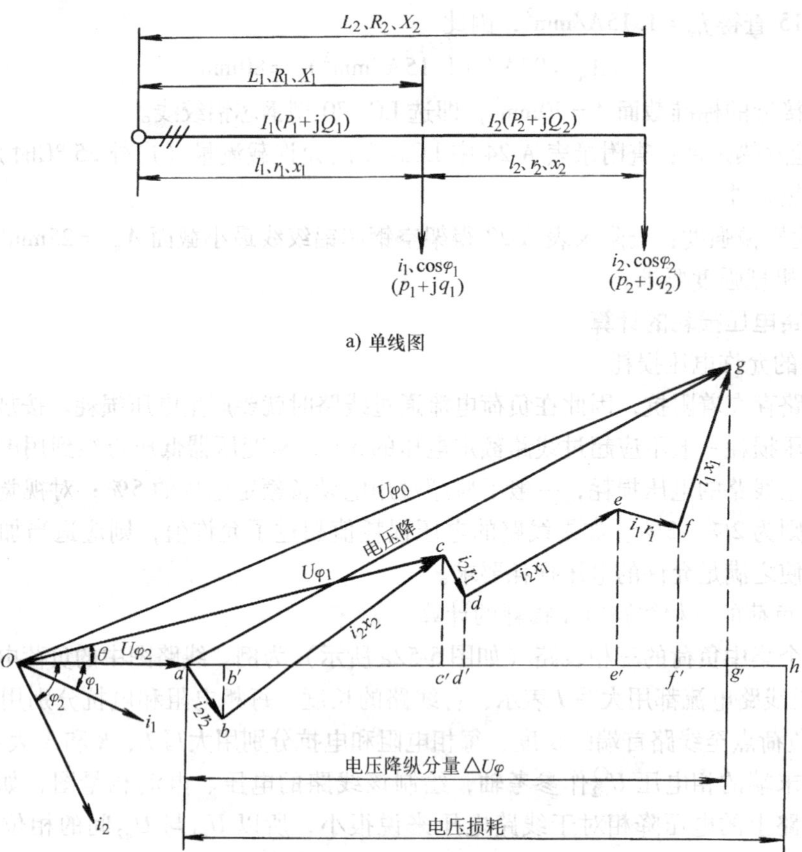

图 5-52　带有两个集中负荷的三相线路

线路电压损耗的定义为线路首端电压与末端电压的代数差。

电压降（ag）在参考轴（亦称纵轴）上的投影（ag'），称为电压降的纵向分量，用 ΔU_φ 表示。必须说明，一般供电系统中线路的电压降相对于线路电压来说实际上很小（图 5-52b 中的电压降是大大放大了的），因此可近似地认为电压降纵向分量 ΔU_φ 就是电压损耗。

由图 5-52b 的相量图可知

$$\begin{aligned}\Delta U_\varphi &= ab' + b'c' + c'd' + d'e' + e'f' + f'g' \\ &= i_2 r_2 \cos\varphi_2 + i_2 x_2 \sin\varphi_2 + i_2 r_1 \cos\varphi_2 + i_2 x_1 \sin\varphi_2 + i_1 r_1 \cos\varphi_1 + i_1 x_1 \sin\varphi_1 \\ &= i_2 (r_1 + r_2) \cos\varphi_2 + i_2 (x_1 + x_2) \sin\varphi_2 + i_1 r_1 \cos\varphi_1 + i_1 x_1 \sin\varphi_1 \\ &= i_2 R_2 \cos\varphi_2 + i_2 X_2 \sin\varphi_2 + i_1 R_1 \cos\varphi_1 + i_1 X_1 \sin\varphi_1\end{aligned}$$

将上式中的 ΔU_φ 换算为 ΔU，并以带任意个集中负荷的一般公式来表示，即为

$$\Delta U = \sqrt{3}\sum (iR\cos\varphi + iX\sin\varphi) = \sqrt{3}\sum (i_a R + i_r X) \qquad (5\text{-}8)$$

式中，i_a 是负荷电流的有功分量（$i_a = i\cos\varphi$）；i_r 是负荷电流的无功分量（$i_r = i\sin\varphi$）。

如果用各线段中的负荷电流来计算，则将上面 ΔU 式中的负荷电流变换为线段电流，写成一般公式即为

$$\Delta U = \sqrt{3}\sum (Ir\cos\varphi + Ix\sin\varphi) = \sqrt{3}\sum (I_a r + I_r x) \qquad (5\text{-}9)$$

如果用负荷功率 p、q[⊖] 来计算，则利用 $i = p/(\sqrt{3}U_N\cos\varphi) = q/(\sqrt{3}U_N\sin\varphi)$ 代入式（5-8）即可得

$$\Delta U = \frac{\sum(pR + qX)}{U_N} \tag{5-10}$$

如果用线段功率 P、Q 来计算，则利用 $I = P/(\sqrt{3}U_N\cos\varphi) = Q/(\sqrt{3}U_N\sin\varphi)$ 代入式（5-9）即可得

$$\Delta U = \frac{\sum(Pr + Qx)}{U_N} \tag{5-11}$$

以上各式中的电阻 R 或 r，均可由单位长度电阻 R_0 乘以线路或线段长度 L 或 l 求得。$R_0 = 1/(\gamma A)$，这里 γ 为导线电导率，铜的 $\gamma_{Cu} = 53\text{MS/m}$，铝的 $\gamma_{Al} = 32\text{MS/m}$，$A$ 为导线截面积。但 R_0 一般可查有关设计手册，按导线型号和导线截面直接查得。附录表 A-24 列出 LJ、LGJ 型铝绞线的 R_0 值，附录表 A-26 列出 BLX 型和 BLV 型铝芯绝缘线的 R_0 值，供参考。

以上各式中的电抗 X 或 x，均可由单位长度电抗 X_0 乘以线路或线段长度 L 或 l 求得。X_0 的计算公式如下（单位为 Ω/km）：

$$X_0 = 0.145\lg\frac{2a_{av}}{d} + 0.016\mu_r \tag{5-12}$$

式中，a_{av}是线间几何均距。$a_{av} = \sqrt[3]{a_1a_2a_3}$，这里 a_1、a_2、a_3 为三相线路的三个线间距离。对等边三角形排列的线路，$a_{av} = a$（a 为线距）；对等距水平排列的线路，$a_{av} = \sqrt[3]{2}a = 1.26a$（$a$ 为线距）；d 是导线的直径；μ_r 是导线的相对磁导率，铜、铝的 $\mu_r = 1$。

X_0 也可查有关设计手册，按导线型号、截面和线间几何均距直接查得。附录表 A-24 列出了 LJ、LGJ 型铝绞线的 X_0 值，附录表 A-26 列出 BLX 型和 BLV 型铝心绝缘线的 X_0 值，供参考。

如果线路的感抗相对于线路的电阻来说小到可以忽略或者负荷的 $\cos\varphi \approx 1$，则这种线路称为“无感”线路。“无感”线路的电压损耗计算公式为

$$\Delta U = \sqrt{3}\sum(iR) = \sqrt{3}\sum(Ir) = \frac{\sum(pR)}{U_N} = \frac{\sum(Pr)}{U_N} \tag{5-13}$$

如果全线路的导线材料和相线截面相同，且可不计感抗或者负荷 $\cos\varphi \approx 1$，则这种线路称为“均一无感”线路。“均一无感”线路的电压损耗计算公式为

$$\Delta U = \frac{\sum(pL)}{\gamma AU_N} = \frac{\sum(Pl)}{\gamma AU_N} = \frac{\sum M}{\gamma AU_N} \tag{5-14}$$

式中，γ 是导线的电导率；A 是导线的截面；$\sum M$ 是线路的所有功率矩之和，$\sum M = \sum(pL) = \sum(Pl)$；$U_N$ 是线路的额定电压。

线路电压损耗的百分值为

$$\Delta U\% = \frac{\Delta U}{U_N} \times 100 \tag{5-15}$$

⊖ 感性负荷的功率表示为 $p + \text{j}q$ 或 $P + \text{J}Q$ 的形式，容性负荷的功率表示为 $p - \text{j}q$ 或 $P - \text{J}Q$ 的形式。

将式（5-14）代入式（5-15），即得“均一无感”的三相线路电压损耗百分值，即

$$\Delta U\% = \frac{100\sum M}{\gamma A U_N^2} = \frac{\sum M}{CA} \tag{5-16}$$

式中，C 是计算系数，如表5-16所列，表中 C 值是在导线工作温度为50°C及 M 的单位为 kW · m、A 的单位为 mm^2 时的数值。

表5-16　公式 $\Delta U\% = \sum M/(CA)$ 中的计算系数 C 值

线路额定电压/V	线路结线及电流类别	C 的计算式	计算系数 C/ kW · m · mm^{-2}	
			铜线	铝线
220/380	三相四线	$\gamma U_N^2/100$	76.5	46.2
	两相三线	$\gamma U_N^2/225$	34.0	20.5
220	单相及直流	$\gamma U_N^2/200$	12.8	7.74
110			3.21	1.94

对于“均一无感”的单相线路及直流线路，由于其负荷电流（或功率）要通过来回两根导线，所以总的电压损耗为一根导线电压损耗的2倍，而三相线路的电压损耗实际上就是一根相线上的电压损耗，因此这种单相和直流线路的电压损耗百分值为

$$\Delta U\% = \frac{200\sum M}{\gamma A U_N^2} = \frac{\sum M}{CA} \tag{5-17}$$

式中，U_N 是线路的额定电压（对单相线路为额定相电压）；C 是计算系数，查表5-16。

对于“均一无感”的两相三线线路，经过推证可得电压损耗百分值为

$$\Delta U\% = \frac{225\sum M}{\gamma A U_N^2} = \frac{\sum M}{CA} \tag{5-18}$$

式中，C 是计算系数，查表5-16。

对于“均一无感”线路，由 $\Delta U\% = \sum M/(CA)$ 可得按允许电压损耗 $\Delta U_{al}\%$ 选择导线截面的公式为

$$A = \frac{\sum M}{C\Delta U_{al}\%} \tag{5-19}$$

此式常用于照明线路导线截面的选择。

例5-3　某6kV三相架空线路，采用LJ-50型铝绞线，水平等距排列，线距为1.0m。该线路负荷 $P_{30}=846kW$，$Q_{30}=406kvar$，线路长2.5km。试计算其电压损耗百分值。

解　线路的线间几何均距 $a_{av}=1.26\times0.8m\approx1m$。查附录表A-24.1得线路的 $R_0=0.66\Omega/km$，$X_0=0.36\Omega/km$。故线路的电压损耗为

$\Delta U=(P_{30}R+Q_{30}X)/U_N=(846kW\times0.66\times2.5\Omega+406kvar\times0.36\times2.5\Omega)/6kV=294V$

因此线路的电压损耗百分值为

$$\Delta U\% = 100\Delta U/U_N = 100\times294V/6000V = 4.9$$

例5-4　某220/380V的TN—C线路，采用BLV-500-（3×50+PEN35）的四根导线穿焊接钢管埋地敷设，在距线路首端30m处，接有20kW电阻炉1个，在末端接有30kW电阻炉1个。线路全长80m。试计算该线路的电压损耗百分值。

解 由表 5-16 查得 $C=46.2\text{kW}\cdot\text{m/mm}^2$

而
$$\sum M = 20\text{kW}\times 30\text{m} + 30\text{kW}\times 80\text{m} = 3000\text{kW}\cdot\text{m}$$

故
$$\Delta U\% = \sum M/(CA) = 3000/(46.2\times 50) = 1.3$$

3. 均匀分布负荷的三相线路电压损耗的计算

设线路带有一段均匀分布负荷，如图 5-53 所示。单位长度线路上的负荷电流为 i_0，微小线段 $\text{d}l$ 的负荷电流则为 $i_0\text{d}l$。这一负荷电流 $i_0\text{d}l$ 通过线路（长度为 l、电阻为 R_0l）产生的电压损耗为

$$\text{d}(\Delta U) = \sqrt{3}i_0\text{d}lR_0l$$

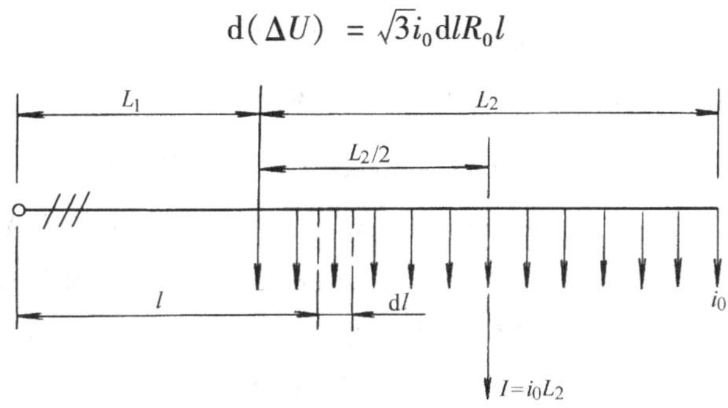

图 5-53 负荷均匀分布的线路

因此整个线路由分布负荷所产生的电压损耗为

$$\begin{aligned}\Delta U &= \int_{L_1}^{L_1+L_2}\text{d}(\Delta U) = \int_{L_1}^{L_1+L_2}\sqrt{3}i_0R_0l\text{d}l = \sqrt{3}i_0R_0\int_{L_1}^{L_1+L_2}l\text{d}l \\ &= \sqrt{3}i_0R_0\left[\frac{l^2}{2}\right]_{L_1}^{L_1+L_2} = \sqrt{3}i_0R_0\frac{L_2(2L_1+L_2)}{2} \\ &= \sqrt{3}i_0L_2R_0\left(L_1+\frac{L_2}{2}\right)\end{aligned}$$

令 $i_0L_2=I$，I 为与均匀分布负荷等效的集中负荷，则得

$$\Delta U = \sqrt{3}IR_0\left(L_1+\frac{L_2}{2}\right) \tag{5-20}$$

上式说明：带有均匀分布负荷的线路，在计算其电压损耗时，可将分布负荷集中于分布线段的中点，按集中负荷的方法计算。

例 5-5 某 220/380V 的 TN—C 线路，如图 5-54a 所示。线路拟采用 BLX-500 型导线户内明敷，环境温度为 30℃，允许电压损耗为 5%。试选择导线截面。

解 1）线路的等效变换：将图 5-54a 所示带有均匀分布负荷的线路，等效变换为图 5-55b 所示集中负荷的线路。

原集中负荷 $p_1=20\text{kW}$，$\cos\varphi=0.8$，$\tan\varphi=0.75$，故 $q_1=20\text{kW}\times 0.75=15\text{kvar}$。

原分布负荷 $p_2=0.4\times 50\text{kW}=20\text{kW}$，$\cos\varphi=0.8$，$\tan\varphi=0.75$，故 $q_2=20\text{kW}\times 0.75=15\text{kvar}$。

2）按发热条件选择导线截面：线路中的最大负荷（计算负荷）为

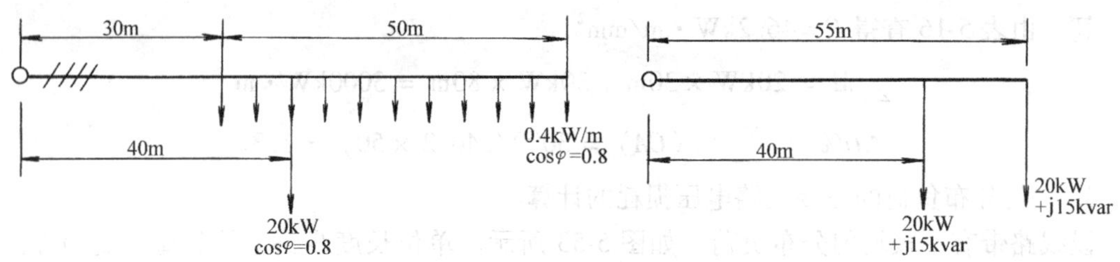

图 5-54　例 5-5 的线路

$$P = p_1 + p_2 = 20\text{kW} + 20\text{kW} = 40\text{kW}$$

$$Q = q_1 + q_2 = 15\text{kvar} + 15\text{kvar} = 30\text{kvar}$$

$$S = \sqrt{P^2 + Q^2} = \sqrt{40^2 + 30^2}\text{kV}\cdot\text{A} = 50\text{kV}\cdot\text{A}$$

$$I = S/(\sqrt{3}U_N) = 50\text{kV}\cdot\text{A}/(\sqrt{3}\times 0.38\text{kV}) = 76\text{A}$$

查附录表 A-25.1，得 BLX-500 型导线 $A = 16\text{mm}^2$，在 30℃时的 $I_{al} = 79\text{A} > I = 76\text{A}$。因此可选 3 根 BLX-500-1 ×16 型导线作相线，另选 1 根截面相同的导线作 PEN 线。即

BLX-500-（3 ×16 + PEN16） M

3）校验机械强度：查附录表 A-23，得户内明敷的铝芯绝缘线的芯线最小截面为 2.5mm^2，现所选导线 $A = 16\text{mm}^2$，故满足机械强度要求。

4）校验电压损耗：查附录表 A-26 得 $R_0 = 2.29\Omega/\text{km}$，$X_0 = 0.265\Omega/\text{km}$，因此线路的电压损耗为

$$\begin{aligned}\Delta U &= [(p_1L_1 + p_2L_2)R_0 + (q_1L_1 + q_2L_2)X_0]/U_N \\ &= [(20\text{kW}\times 0.04\text{km} + 20\text{kW}\times 0.055\text{km}) \\ &\quad \times 2.29\Omega/\text{km} + (15\text{kvar}\times 0.04\text{km} + 15\text{kvar} \\ &\quad \times 0.055\text{km})\times 0.265\Omega/\text{km}]/0.38\text{kV} \\ &= 12.4\text{V}\end{aligned}$$

$$\Delta U\% = 100\Delta U/U_N = 100\times 12.4\text{V}/380\text{V} = 3.26$$

由于 $\Delta U\% = 3.26 < \Delta U_{al}\% = 5$，因此所选导线 BLX-500-1 ×16 也是满足电压损耗要求的。

[另一解法]

图 5-54a 所示带有均匀分布负荷的线路，等效变换为图 5-54b 所示的带两个集中负荷的线路。正巧这两个集中负荷完全相同（是一个特例），因此又可看做是“均匀分布负荷”，将这两个负荷等效集中于两负荷点之间的中点，即等效变换为只有一个集中负荷 $P + \text{j}Q = (p_1 + p_2) + \text{j}(q_1 + q_2) = 40\text{kW} + \text{j}30\text{kvar}$ 的线路，而等效线路长度为 $L = 40\text{m} + (55 - 40)\text{m}/2 = 47.5\text{m}$。这样选择计算就更简单了，读者可自行做一次，结果应与上一解法完全相同。

五、母线、电缆和绝缘导线的校验

1. 母线的校验

母线在按发热条件选择后，应校验其短路的动稳定度和热稳定度。

母线的动稳定度校验，应满足式（4-44）的条件。

母线的热稳定度校验，应满足式（4-53）的条件。

2. 电缆和绝缘导线的校验

电缆和绝缘导线不需要校验其短路动稳定度，但需校验其短路热稳定度，应满足式（4-53）的条件。

思 考 题

5-1 考虑变配电所主结线方案时应考虑哪些因素？

5-2 双电源配电所的电源断路器为什么要双侧装隔离开关？

5-3 外桥结线（图 5-11a）在一条电源进线检修时应如何操作，才能转为一条进线两台变压器并列运行的工作状态？

5-4 哪些场合适合采用单台变压器变电所？哪些场合宜采用双台变压器变电所？

5-5 变配电所所址选择应考虑哪些原则？

5-6 车间附设式变电所与车间内变电所区别何在？各有何优缺点？各适用于什么场所？

5-7 高压、低压配电室的操作通道、维护通道及变压器室的维护通道的最小尺寸是多少？

5-8 某工厂 $S=5000\text{kV}\cdot\text{A}$，工厂附近有 380V、10kV 及 35kV 三种电压的电源，问该厂宜从哪一种电压电网取得电源？为什么？

5-9 试比较放射式与树干式供电的优缺点，并说明其适用范围。

5-10 LJ-150 和 LGJ-150 各表示什么型号导线？两个 150 各表示什么？

5-11 架空线路的电杆有哪几种？工厂架空线路中常用哪种电杆？为什么？

5-12 架空线路的横担起什么作用，一般常用的横担有哪些？

5-13 从机械强度上考虑，380V 及 10kV 架空导线的最小截面是多少？

5-14 导线的弧垂是什么？与哪些因素有关？

5-15 试比较架空线路和电缆线路的优缺点及适用范围。

5-16 敷设电缆应注意哪些事项？

5-17 电力线路有哪些敷设方式？各自的适用范围如何？

5-18 采用钢管穿线时，可否分相穿管？为什么？

5-19 某电气平面布线图上，某一线路旁标注有 BLV-500（3×70+PEN35）G70-QM，请说明各文字符号的含义。

5-20 按规定哪些场合应采用铜芯导线（或电缆）？

5-21 选择导线和电缆截面一般应满足哪六个条件？一般动力线路的导线截面先按什么条件选择？而照明线路又先按什么条件选择？为什么？

5-22 一般三相四线制线路的 N 线截面如何选择？3 次谐波电流突出的线路的 N 线截面又如何选择？两相三线线路和单相线路的 N 线截面又如何选择？

5-23 PE 线截面如何选择？PEN 线截面又如何选择？

5-24 什么叫线路的电压降和电压损耗？两者在概念上有何区别？在工厂供电系统中可用电压降的什么分量来计算电压损耗？

5-25 计算线路电压损耗的公式 $\Delta U=\sum(pR+qX)/U_{\text{N}}$，其中 p、q、R、X 和 U_{N} 各表示什么物理量，试在单线图上标出。

5-26 计算线路电压损耗的公式 $\Delta U\%=\sum M/(CA)$，其中 $\sum M$、C、A 各指的什么？适用于什么性质的线路？

5-27 带有均匀分布负荷的线路在计算其电压损耗时可将分布负荷集中于线路的什么地方？

习 题

5-1 试按发热条件选择 220/380V 的 TN—S 线路中的相线、N 线和 PE 线截面（导线采用 BLV 型）及埋地敷设的穿线塑料管（VG）的内径。已知线路的计算电流为140A，敷设地点环境温度为30℃。

5-2 有一条10kV架空线路，全长4.5km，在距首端2.5km处接有计算负荷$p_1=670\text{kW}$，$\cos\varphi_1=0.7$，末端接有计算负荷$p_2=450\text{kW}$，$\cos\varphi_2=0.8$，全线截面一致，采用LJ型铝绞线，线路为水平等距排列，线距为1m，当地最热月平均日最高气温为30℃，线路允许电压损耗为5%。试按发热条件选择导线截面，并校验机械强度和电压损耗。

5-3 有一条380V的TN-C线路，供电给12台7.5kW、$\cos\varphi=0.85$、$\eta=0.87$的Y型电动机，各电动机间均匀间距2m，全长40m，环境温度为35℃。试按发热条件选择此明敷的BLV-500型导线截面，并校验其机械强度，计算其电压损耗（建议$K_{\Sigma}=0.75$）。

第六章　供配电系统的保护

本章讲的都是工业与民用建筑中供配电系统的保护装置。首先简述继电保护的任务和基本要求，然后介绍常用的保护继电器及继电保护的结线方式和操作方式，最后分别讲述了电力线路和电力变压器的各种继电保护的结线、原理和整定计算等。本章所指保护主要是对电气设备而言，对人身触电等的防护则在其他课程中介绍。

第一节　继电保护装置的任务与要求

一、继电保护装置的任务

在供电系统中，由于各种原因难免发生各种故障和不正常运行状态，其中最常见的就是短路。供电系统发生短路时，必须迅速切除故障部分，恢复其他无故障部分的正常运行。前面所讲的熔断器保护和低压断路器保护，就是实现短路保护的两种保护装置。熔断器保护简单经济，但灵敏度低，还可能造成非全相切断，且熔体熔断后更换时需一定时间，从而影响供电可靠性。低压断路器灵敏度高，而且在故障消除后可很快合闸恢复供电，使供电可靠性大大提高。但以上两种保护一般只适用于低压系统。在高压系统中，一般要采用继电保护装置，才能保证保护的灵敏度和提高供电的可靠性。

继电器是组成继电保护装置的基本元件，它是这样一种自动电器：当其输入的物理量（电气量或非电气量）达到某一规定值时，其电气量输出电路被接通或分断。若输入的物理量增大时达到动作值，为过量继电器（例如过电流继电器）；若输入的物理量减小时达到动作值，则为欠量继电器（例如欠电压继电器）。

继电保护装置就是按照保护的要求，将各种继电器按一定的方式进行连接和组合而成的电气装置，其任务是：

（1）故障时作用于跳闸　在电力系统出现故障时，作用于前方最近的断路器，使之迅速跳闸，切除故障部分，使系统的其他部分恢复正常运行，同时发出信号，提醒运行值班人员及时处理事故。

（2）异常状态时发出报警信号　在电力系统出现不正常工作状态时，如过负荷或出现故障苗头时，发出报警信号，提醒运行值班人员及时处理，消除异常工作状态，以免发展为故障。

二、对继电保护装置的基本要求

（1）选择性　当供配电系统发生故障时，应该仅由离故障点最近的保护装置动作，切除故障，而系统的其他部分仍正常运行。满足这一要求的动作，称为“选择性动作”。如供配电系统发生故障时，靠近故障点的保护装置不动作（拒动作），而离故障点远的前级保护装置动作（越级动作），则称为“失去选择性”。

（2）可靠性　保护装置该动作时就应该动作（不拒动），不应该动作时则应不误动。前者为信赖性，后者为安全性，即可靠性包括信赖性和安全性。保护装置的可靠性与保护装置的元件质量、结线方案以及安装、整定和运行维护等多种因素有关。

(3) 速动性　为了防止故障扩大，减轻故障的危害程度，并提高供配电系统运行的稳定性，当系统发生故障时，保护装置应尽快地动作，切除故障。

(4) 灵敏性　又称灵敏度，它是表征保护装置对其保护区内故障和不正常工作状态反应能力的一个参数。如果保护装置对其保护区内极轻微的故障都能及时地反应并做出相应动作，则说明保护装置的灵敏度高。灵敏度以“灵敏系数” S_p 来衡量。

对过量继电器（例如过电流继电器）构成的保护装置，其灵敏系数的定义为：

$$S_p = \frac{I_{k \cdot min}}{I_{op \cdot 1}} \tag{6-1}$$

式中，$I_{k \cdot min}$是保护装置的保护区末端在系统最小运行方式下的最小短路电流；$I_{op \cdot 1}$是继电保护装置动作电流换算到一次电路的值，称为其一次动作电流。

对欠量继电器（例如欠电压继电器）构成的保护装置，其灵敏系数的定义则有所不同，请读者自行思考后给出其定义式。

在 GB/T 50062—2008《电力装置的继电保护和自动装置设计规范》中，对各种继电保护的灵敏系数均有一个最小值的规定，这将在后面讲述各种继电保护时分别介绍。

对于具体的保护装置来说，以上四项要求不一定都是同等重要的，往往有所侧重。例如对电力变压器，由于它是供配电系统中的关键设备，因此对它的保护装置的灵敏系数要求比较高，而对一般电力线路的保护装置，灵敏系数可略低一些，但对其选择性则要求比较高。又如，在无法兼顾选择性和速动性的情况下，为了快速切除故障以保护某些关键设备，或者为了尽快恢复系统的正常运行，有时甚至不惜牺牲选择性来保证速动性（例如速断保护和自动重合闸装置）。

继电保护装置除了满足上述四项基本要求外，尚应要求节约投资、便于调试和维护，且尽可能满足系统运行所要求的灵活性。

第二节　常用的保护继电器及其结线和操作方式

一、继电器的分类

继电器的分类方式很多，按其输入量的性质分，有电量继电器和非电量继电器两大类。按其用途分，有控制继电器和保护继电器两大类，前者多用于机床等自动控制电路，后者主要用于继电保护电路。

保护继电器按其组成元件分，有机电型、晶体管型和微机型三类。由于机电型继电器具有简单可靠、便于维修和调试等优点，因此目前在我国工业与民用建筑的供配电系统中仍普遍应用，但国外生产的高压开关柜上则较多采用微机型综合保护继电器。机电型继电器按其结构原理分，又有电磁式和感应式等。

保护继电器按其反应的物理量分，有电流继电器、电压继电器、功率继电器、瓦斯继电器等。

保护继电器按其反应的数量变化分，有过量继电器和欠量继电器，例如过电流继电器、欠电压（低电压）继电器等。

保护继电器按其在保护装置中的功能分，有起动继电器、时间继电器、信号继电器、中间继电器（或称出口继电器）等。

图6-1是过电流保护的框图。当线路上发生短路时，起动用的电流继电器KI瞬时动作，使时间继电器KT起动。KT经整定一定时间后，接通信号继电器KS和中间（出口）继电器KA。KA就接通断路器QF的跳闸回路，使断路器跳闸，从而切除短路故障。

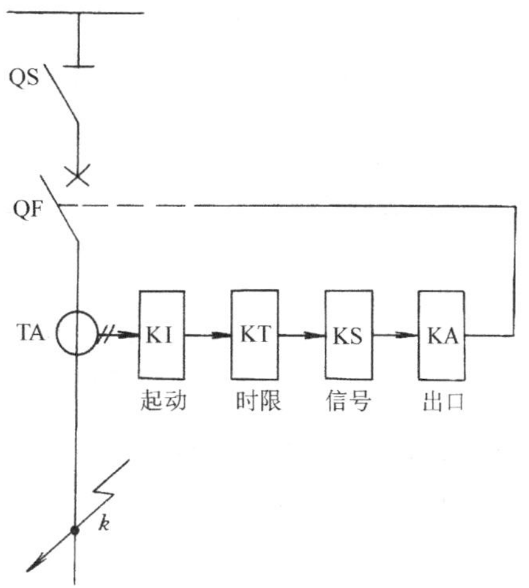

图6-1　过电流保护框图

保护继电器按其动作于断路器的方式分，有直接动作式（直动式）和间接动作式两大类。断路器操动机构内的脱扣器（跳闸线圈）实际上就是一种直动式继电器，而一般的保护继电器均为间接动作式，需通过接通断路器的跳闸线圈才能使断路器跳闸。

保护继电器按其与一次电路联结的方式分，有一次式和二次式继电器。一次式继电器的线圈是与一次电路直接相连的，例如低压断路器的过电流脱扣器和低电压（失电压）脱扣器（参看图2-24），实际上就是一次式继电器（也是直动式继电器）。二次式继电器的线圈连接在电流互感器或电压互感器的二次侧，经过互感器与一次电路相联系。高压系统中的保护继电器一般都是二次式继电器。

二、电磁式电流继电器

电磁式电流继电器在继电保护装置中，通常用作起动元件，因此又称起动继电器。

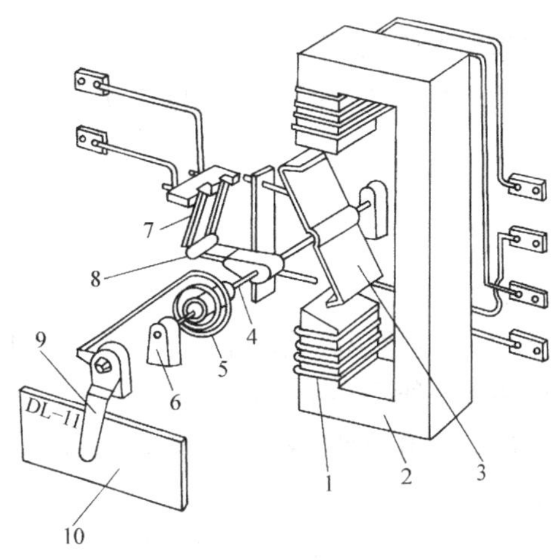

图6-2　DL-10系列电磁式电流继电器的内部结构

1—线圈　2—电磁铁　3—钢舌片　4—轴　5—弹簧　6—轴承　7—静触头　8—动触头　9—起动电流调节转杆　10—标度盘（铭牌）

工业与民用建筑的供电系统中常用的DL-10系列电磁式电流继电器㊀的基本特征如图6-2所示，其内部结线和图形符号如图6-3所示。

由图6-2所示，当继电器线圈1通过电流时，电磁铁2中产生磁通，力图使Z形钢舌片3向凸出磁极偏转。与此同时，轴4上的弹簧5又力图阻止钢舌簧片偏转。当继电器线圈中的电流增大到使钢舌簧片所受到的转矩大于弹簧的反作用力矩时，钢舌簧片便被吸近磁极，使

㊀ 继电器型号的含义

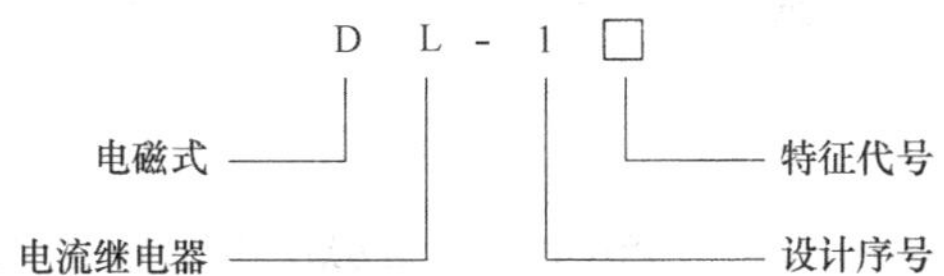

其他代号：G为感应式、S为时间继电器、Z为中间继电器、X为信号继电器、Y为电压继电器。

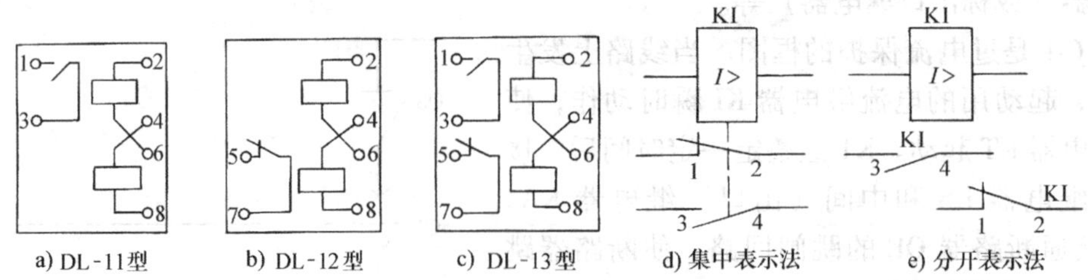

图 6-3　DL-10 系列电磁式电流继电器的内部结线和图形符号

1—2 为常闭（动断）触头　3—4 为常开（动合）触头

常开触头闭合，常闭触头断开，这就叫继电器的动作或起动。

能使过电流继电器动作（触头闭合）的最小电流称为继电器的“动作电流”，用 I_{op} 表示㊀。

过电流继电器动作后，减小通入继电器线圈的电流到一定值时，钢舌簧片在弹簧作用下返回起始位置（触头断开）。使继电器由动作状态返回到起始位置的最大电流，称为继电器的“返回电流”，用 I_{re} 表示㊁。

继电器的“返回电流”与“动作电流”之比值，称为继电器的返回系数，用 K_{re} 表示，即

$$K_{re}=\frac{I_{re}}{I_{op}} \tag{6-2}$$

对于过量继电器，返回系数总是小于 1 的（欠量继电器则大于 1），返回系数越接近于 1，说明继电器越灵敏，如果返回系数过低，可能使保护装置误动作。DL—10 系列继电器的返回系数一般不小于 0. 8。

电磁式电流继电器的动作极为迅速，可认为是瞬时动作，因此这种继电器也称为瞬时继电器。

电磁式电流继电器的动作电流调节有两种方法：一种是平滑调节，即拨动起动电流调节转杆 9（见图 6-2）来改变弹簧 5 的反作用力矩；另一种是级进调节，即改变线圈联结方式，当线圈并联时，动作电流将比线圈串联时增大一倍，请读者对照着图 6-2 和图 6-3 阅读和体会。

三、电磁式时间继电器

电磁式时间继电器在继电保护装置中，用作时限元件，使保护装置的动作获得一定延时。

供电系统中常用的 DS-$\frac{110}{120}$系列电磁式时间继电器的基本结构如图 6-4 所示，其内部结线和图形符号如图 6-5 所示。

由图 6-4 可知，当继电器的线圈通电时，铁心被吸入，压杆失去支持，使被卡住的一套钟表机构起动，同切换瞬时触头。在拉引弹簧的作用下，经过整定延时，使主触头闭合。

㊀ 对于欠量继电器，例如欠电压继电器，其动作电压 U_{op} 则为继电器线圈中的使继电器动作的最大电压。

㊁ 对于欠量继电器，例如欠电压继电器，其返回电压 U_{re} 则为继电器线圈中的使继电器返回的最小电压。

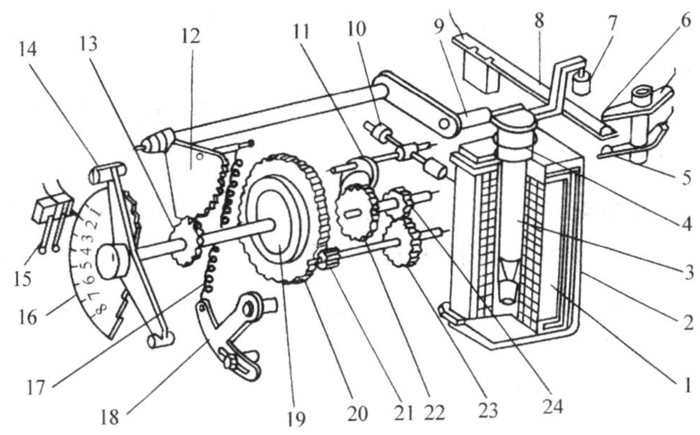

图 6-4 DS-$\frac{110}{120}$系列时间继电器的内部结构

1—线圈 2—电磁铁 3—可动铁心 4—返回弹簧 5、6—瞬时静触头 7—绝缘杆 8—瞬时动触头 9—压杆 10—平衡锤 11—摆动卡板 12—扇形齿轮 13—传动齿轮 14—主动触头 15—主静触头 16—标度盘 17—拉引弹簧 18—弹簧拉力调节器 19—摩擦离合器 20—主齿轮 21—小齿轮 22—掣轮 23、24—钟表机构传动齿轮

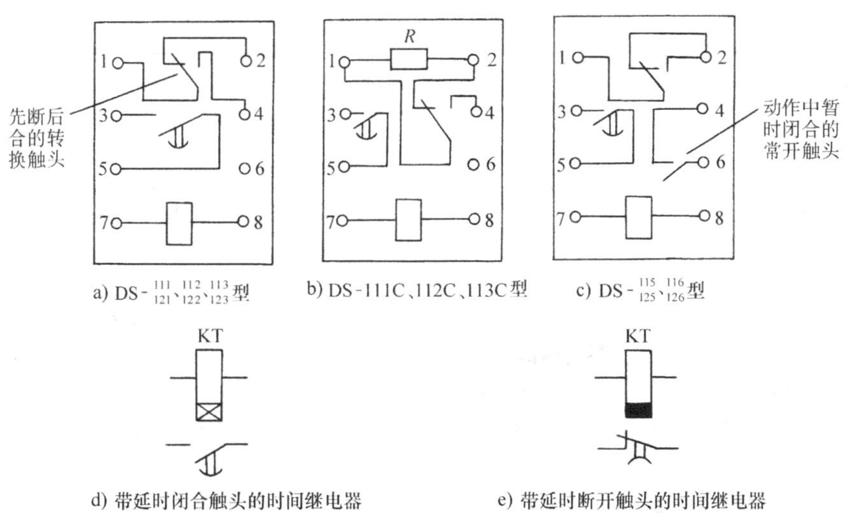

a) DS-$\frac{111}{121}$、$\frac{112}{122}$、$\frac{113}{123}$型 b) DS-111C、112C、113C型 c) DS-$\frac{115}{125}$、$\frac{116}{126}$型

d) 带延时闭合触头的时间继电器 e) 带延时断开触头的时间继电器

图 6-5 DS-$\frac{110}{120}$系列时间继电器的内部结线和图形符号

继电器的延时，是用改变主静触头的位置（即它与主动触头的相对位置）来调整。调整的时间范围，在标度盘上标出。

当线圈失电后，继电器在拉引弹簧的作用下返回起始位置。

DS-100 型时间继电器有两种，一种为 DS-110 型，另一种为 DS-120 型。前者为直流，后者为交流。

为了缩小继电器的尺寸和节约材料，有的时间继电器线圈不是按长期通电设计的，因此，若需长期接上电压的时间继电器，如图 6-5 所示的 DS-111C 型等，应在继电器起动后，利用其瞬时转换触头，使线圈串入电阻，以限制线圈电流。

四、电磁式信号继电器

电磁式信号继电器在继电保护装置中，用作信号元件，指示保护装置已经动作。供电系统中常用的 DX-11 型电磁式信号继电器，有电流型和电压型两种，两者线圈阻抗和反应参量不同。电流型可串联在二次回路中而不影响其他二次元件的动作。电压型因线圈阻抗大，必须并联在二次回路内。

DX-11 型电磁式信号继电器的内部结构如图 6-6 所示。信号继电器在正常状态时，其信号牌是被衔铁支持住的。当继电器线圈通电时，衔铁被吸向铁心而使信号牌掉下，显示其动作信号（可由玻璃窗孔观察），同时带动转轴旋转 90°，使固定在转轴上的导电条（动触头）与静触头接通，从而接通信号回路，发出音响或灯光信号。要使信号停止，可旋动外壳上的复位旋钮，断开信号回路，同时使信号牌复位。

DX-11 型信号继电器的内部结线和图形符号如图 6-7 所示，其中线圈符号为 GB4728 规定的机械保持继电器线圈，其触头上的附加符号⟨表示定位或非自动复位。

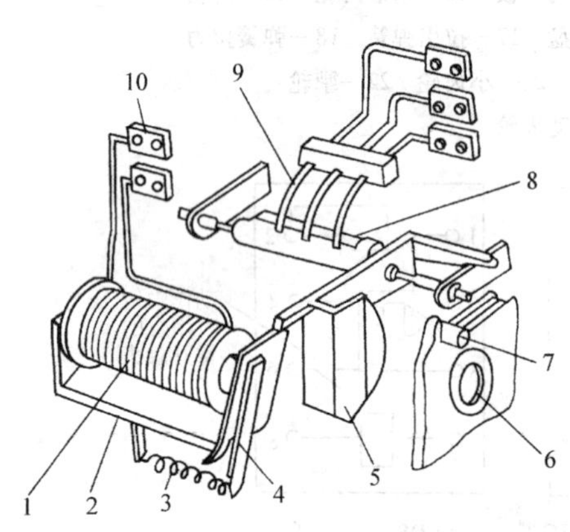

图 6-6　DX-11 型电磁式信号继电器的内部结构
1—线圈　2—电磁铁　3—弹簧　4—衔铁　5—信号牌
6—玻璃窗孔　7—复位旋钮　8—动触头　9—静触头
10—接线端子

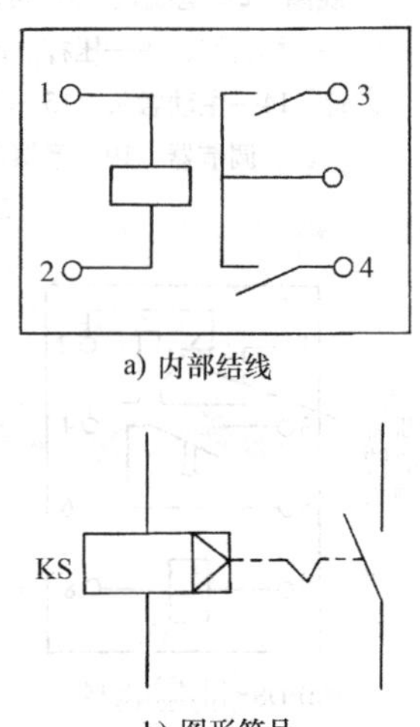

图 6-7　DX-11 型信号继电器的
内部结线和图形符号
a）内部结线　b）图形符号

五、电磁式中间继电器

电磁式中间继电器主要用于各种保护和自动装置中，以增加保护和控制回路的触头数量和触头容量。它通常用在保护装置的出口回路中，用来接通断路器的跳闸回路，故又称为出口继电器。

工业与民用建筑供配电系统中常用的 DZ-10 系列中间继电器的基本结构如图 6-8 所示，它一般采用吸引衔铁式结构。当线圈通电时，衔铁被快速吸合，常闭触头断开，常开触头闭合。当线圈断电时，衔铁被快速释放，触头全部返回起始位置。其内部结线和图形符号如图 6-9 所示，其中线圈符号为 GB4728 规定的快吸和快放线圈。

六、感应式电流继电器

感应式电流继电器集上述电磁式电流继电器、时间继电器、信号继电器和中间继电器的功能于一身，即它在继电保护装置中既能作为起动元件，又能实现延时、给出信号和直接接通跳闸回路；并且既能实现带时限的过电流保护，又能同时实现电流速断保护，从而使保护装置大大简化。此外，感应式电流继电器采用交流操作电源，可减少投资，简化二次结线。因此，在中小型工业与民用建筑供配电系统中，感应式电流继电器应用较为普遍。

工业与民用建筑供配电系统中常用的 GL-$\frac{10}{20}$系列感应式电流继电器的结构如图 6-10 所示。此种继电器由感应系统和电磁系统两大部分组成。

感应系统主要包括线圈 1、带有短路环 3 的电磁铁 2 及装在可偏铝框架 6 上的铝盘 4 等元件。

电磁系统主要包括线圈 1、电磁铁 2 和衔铁 15 等元件。线圈 1 和电磁铁 2 是感应和电磁系统共用的。

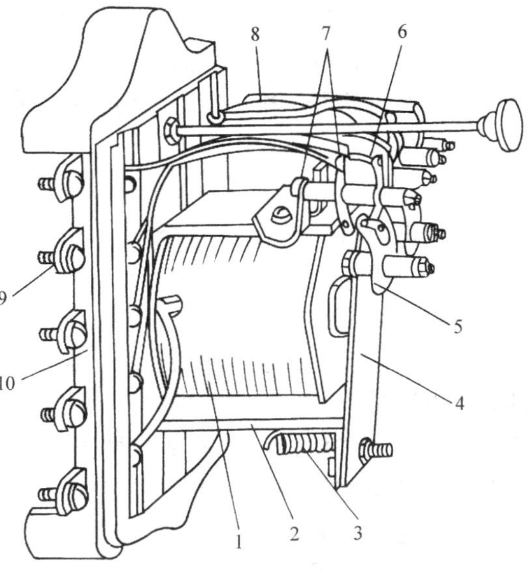

图 6-8　DZ-10 系列中间继电器的内部结构
1—线圈　2—电磁铁　3—弹簧　4—衔铁　5—动触头　6、7—静触头　8—连接线　9—接线端子　10—底座

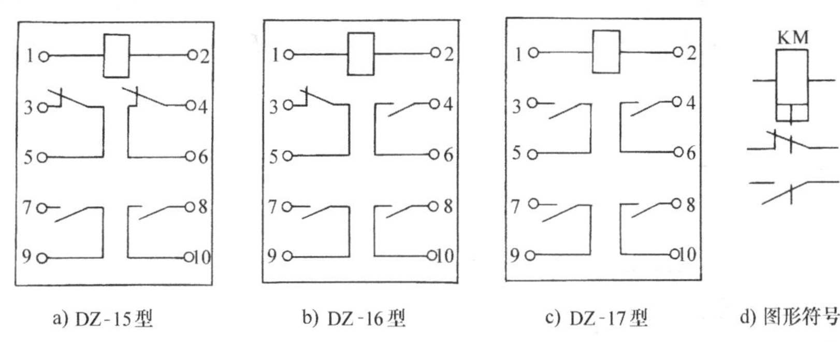

a) DZ-15型　b) DZ-16型　c) DZ-17型　d) 图形符号

图 6-9　DZ-10 系列中间继电器的内部结线和图形符号

感应系统的工作原理（参看图 6-11）：当线圈 1 有电流 I_{KA}通过时，电磁铁 2 在短路环 3 的作用下，产生在时间和空间位置上不相同的两个磁通 Φ_1 和 Φ_2，且 Φ_1 超前于 Φ_2。这两个磁通均穿过铝盘 4，根据电磁感应原理，这两个磁通在铝盘上产生一个始终由超前磁通 Φ_1 向落后磁通 Φ_2 方向的转动力矩 M_1。根据电度表的工作原理可知，此时作用于铝盘上的转动力矩为

$$M_1 \propto \Phi_1 \Phi_2 \sin\psi \tag{6-3}$$

式中，ψ 为 Φ_1 与 Φ_2 间的相位差，此值为一常数。

由于 $\Phi_1 \propto I_{KI}$，$\Phi_2 \propto I_{KI}$且 ψ 为常数，因此，

$$M_1 \propto I_{KA}^2 \tag{6-4}$$

另外，在对应于电磁铁的另一侧装有一个产生制动力矩的制动永久磁铁 8，铝盘在转动力矩 M_1 作用下转动后，铝盘切割永久磁铁的磁通，在铝盘上产生涡流，涡流又与永久磁铁磁通作用，产生一个与 M_1 反向的制动力矩 M_2。由电度表工作原理知，M_2 与铝盘的转速 n 成正比，即

$$M_2 \propto n \tag{6-5}$$

这个制动力矩在某一转速下，与电磁铁产生的转动力矩相平衡，因而在一定的电流下保持铝盘匀速旋转。

在上述 M_1 和 M_2 的作用下，铝盘受力虽有使铝框架 6 和铝盘 4 向外推出的趋势，但由于受到调节弹簧 7 的拉力，仍保持在初始位置（参见图 6-11）。

当继电器线圈的电流增大到继电器的动作电流时，由电磁铁产生的转动力矩随之增大，并使铝盘转速随之增大，永久磁铁产生的制动力矩也随之增大。这两个力克服弹簧的作用力将框架及铝盘推出来（参看图 6-10），使蜗杆 10 与扇形齿轮 9 啮合，这就是继电器动作。由于铝盘的转动，扇形齿轮就沿着蜗杆上升，最后使继电器触头 12 切换，同时使信号牌（图 6-10 上未绘出）掉下，从观察孔内可直接看到红色的信号指示，表示继电器已经动作。

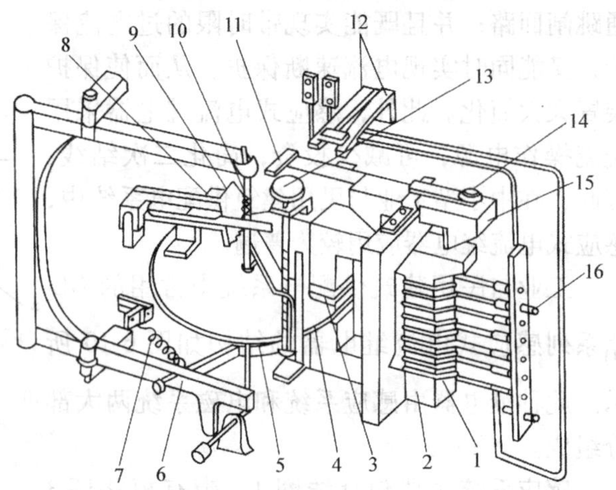

图 6-10　GL-$\frac{10}{20}$系列感应式电流继电器的内部结构

1—线圈　2—电磁铁　3—短路环　4—铝盘　5—钢片　6—铝框架　7—调节弹簧　8—制动永久磁铁　9—扇形齿轮　10—蜗杆　11—扁杆　12—触头　13—时限调节螺杆　14—速断电流调节螺钉　15—衔铁　16—动作电流调节插销

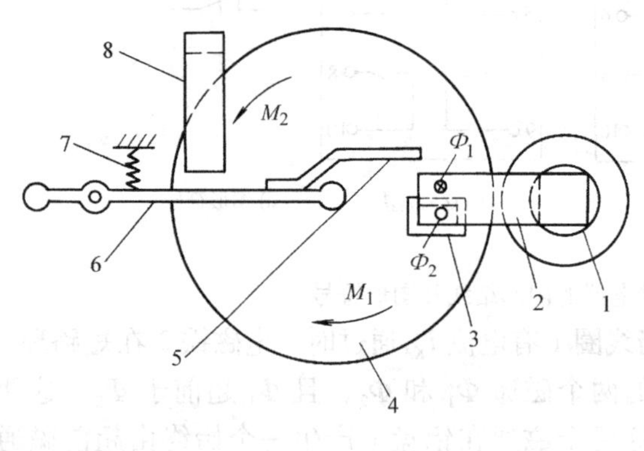

图 6-11　感应式电流继电器的转动力矩 M_1 和制动力矩 M_2

1—线圈　2—电磁铁　3—短路环　4—铝盘　5—钢片　6—铝框架　7—调节弹簧　8—制动永久磁铁

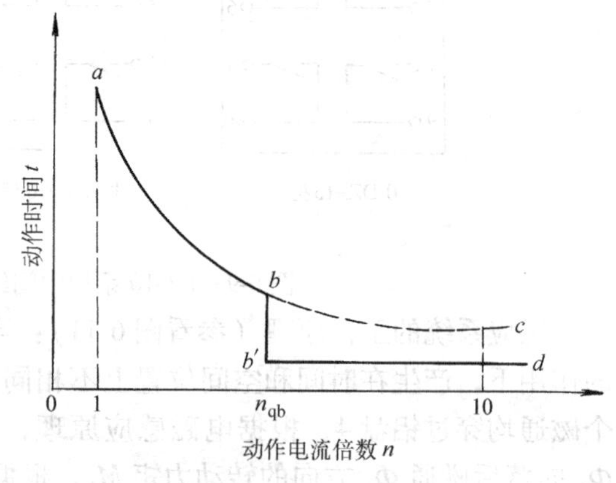

图 6-12　感应式电流继电器的动作特性曲线

abc—感应元件的反时限特性　*b′d*—电磁元件的速断特性

继电器线圈中的电流越大，铝盘转得越快，扇形齿轮沿蜗杆上升的速度也越快，因此动作时间越短。这说明继电器的感应元件具有“反时限”动作特性，如图 6-12 所示曲线 *abc*。

电磁系统的工作原理：当继电器线圈中的电流增大到继电器整定的速断电流值时，电磁铁瞬时将衔铁 15 吸下，使继电器触头 12 切换，同时信号牌掉下，给出动作信号指示。这说明继电器的电磁系统具有“速断”动作特性，如图 6-12 所示直线 $b'd$。因此电磁系统的元件也称速断元件。动作曲线上对应于开始速断时间的动作电流倍数，称为速断电流倍数，即

$$n_{qb}=\frac{I_{qb}}{I_{op}} \tag{6-6}$$

式中，I_{op}是感应式电流继电器的动作电流；I_{qb}是感应式继电器的速断电流，即继电器线圈中使速断元件动作的最小电流。

实际的 GL-$\frac{10}{20}$系列感应式电流继电器的电流速断倍数 $n_{qb}=2\sim8$，n_{qb}是利用图 6-10 中的速断电流调节螺钉 14 来调节，实际是调节电磁铁 2 与衔铁 15 之间的气隙距离。而继电器的动作电流 I_{op}则利用插销动作电流调节 16 来选择插孔位置进行调节，实际是改变线圈 1 的匝数，GL-$\frac{10}{20}$系列继电器的 I_{op}最大只能是 10A，而且只能是整数的级进调节。

感应式电流继电器的动作时间，是利用时限调节螺杆 13 来调节，也就是调节扇形齿轮顶杆行程的起点，而使动作特性曲线上下移动。应当注意的是，继电器时限调节螺杆的标度尺，是以 10 倍动作电流的动作时间来刻度的，即标度尺上标出的动作时间，是继电器线圈通过的电流为其动作电流 10 倍时的动作时间，而继电器实际的动作时间与通过继电器线圈的电流大小有关，需从相应的动作特性曲线上去查得。

附录表 A-27 列出了 GL-$\frac{11}{21}$、$\frac{15}{25}$型感应式电流继电器的主要技术数据及其动作特性曲线，供参考。

GL-$\frac{11}{21}$、$\frac{15}{25}$型感应式电流继电器的内部结线和图形符号，如图 6-13 所示，其中先合后断

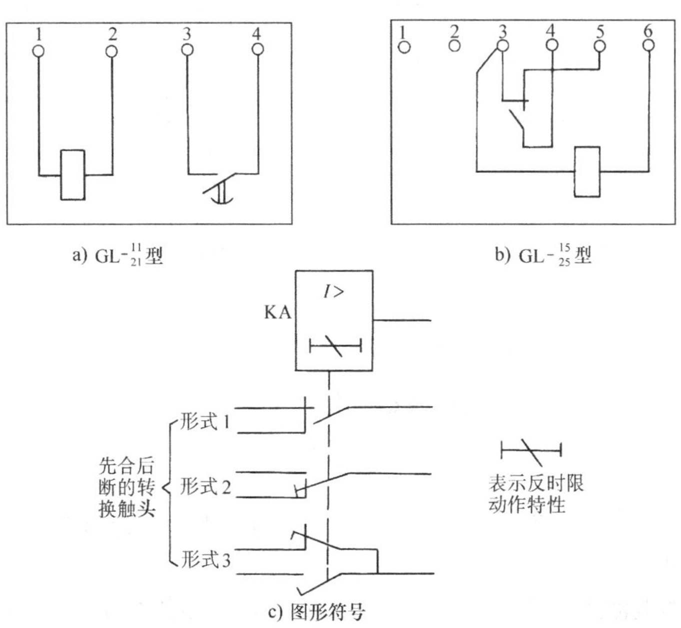

图 6-13 GL-$\frac{11}{21}$、$\frac{15}{25}$型感应式电流继电器的内部结线和图形符号

的转换触头的结构（参见图6-21）及其应用将在下一节介绍。

第三节　6～10kV电网的继电保护

一、概述

由于中小型工业与民用建筑的高压线路一般不很长（供电半径通常不超过2km），电压不很高（通常为6～10kV），容量不很大（总容量一般不超过5000kV·A），因此中小型工业与民用建筑供配电系统的高压线路继电保护装置一般比较简单。

工业与民用建筑供配电系统高压线路的相间短路保护，通常采用带时限的过电流保护和电流速断保护。在线路上发生各种形式的相间短路时，继电保护装置作用于高压断路器的跳闸机构，使断路器跳闸，切除短路故障。

由于6～10kV线路属于小接地电流系统，当线路上发生单相接地故障时，只有接地电容电流，并不影响三相系统的正常运行，但需及时给出信号，以便提醒运行人员处理，预防进一步发展为两相接地短路，因此需装设绝缘监察装置或单相接地保护。

二、保护装置的结线方式

1. 保护装置的结线方式

保护装置的结线方式是指起动继电器与电流互感器之间的连接方式。6～10kV高压线路的过电流保护装置，通常采用两相两继电器式和两相一继电器式两种结线方式。

（1）两相两继电器式结线（见图6-14）　这种结线如一次电路发生三相短路或任意两相短路，至少有一个继电器动作，且流入继电器的电流 I_{KA} 就是电流互感器的二次电流 I_2。

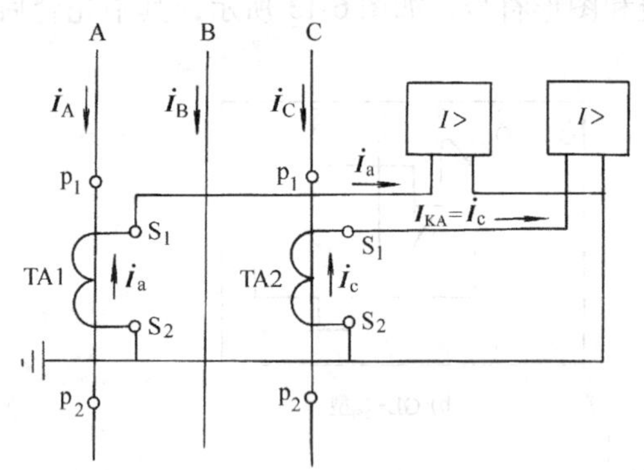

图6-14　两相两继电器式结线图

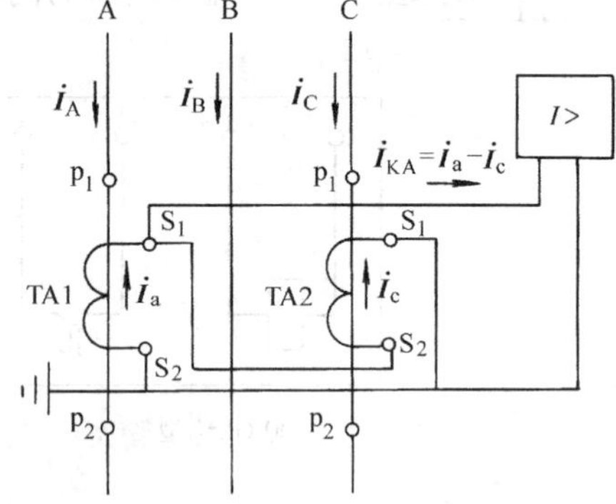

图6-15　两相一继电器式结线图

为了表征继电器电流 I_{KA} 与电流互感器二次电流 I_2 间的关系，特引入一个结线系数 K_w

$$K_w = \frac{I_{KA}}{I_2} \tag{6-7}$$

两相两继电器式结线属于相电流结线，在一次电路发生任何形式的相间短路时 $K_w=1$，即保护灵敏度都相同。

（2）两相一继电器式结线（见图6-15）　这种结线又称两相电流差结线，或两相交叉结线。正常工作和三相短路时，流入继电器的电流 I_{KA} 为A相和C相两相电流互感器二次电流的相量差，即 $\dot{I}_{KA}=\dot{I}_a-\dot{I}_c$，而量值上 $I_{KA}=\sqrt{3}I_2$，如图6-16a所示。在A、C两相短路时，流进继电器的电流为电流互感器二次侧电流的2倍，如图6-16b所示。在A、B或B、C两相短路时，流进电流继电器的电流等于电流互感器二次侧的电流，如图6-16c所示。

可见，两相电流差结线的结线系数与一次电路发生短路的形式有关，不同的短路形式，结线系数 K_w 值是不同的：

三相短路时 $K_w = \sqrt{3}$

A相与C相短路时 $K_w = 2$

A相与B相或B相与C相短路时 $K_w = 1$。

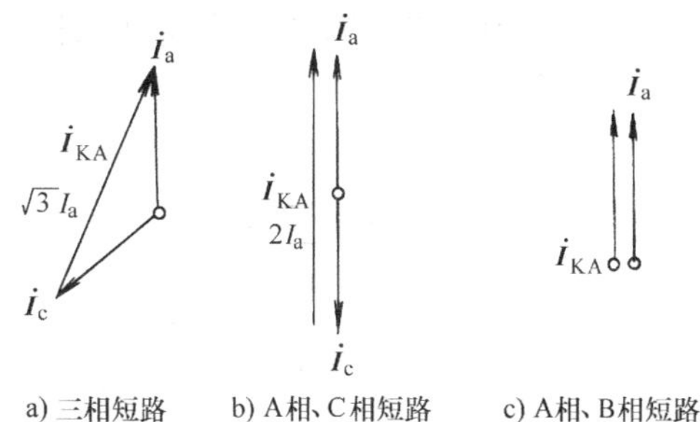

图6-16　两相电流差结线在不同短路形式下电流相量图

因为两相电流差式结线在不同短路时结线系数不同，故在发生不同形式的故障情况下，保护装置的灵敏度也不同，有的甚至相差一倍，这是不够理想的。但是这种结线所用设备较少，较为简单经济，因此在6~10kV高压线路、小容量高压电动机和车间变压器的保护中有所采用。

2. 保护装置的操作电源

操作电源分直流和交流两大类，本书仅作一个简单的介绍。

（1）直流操作电源　过去多采用老式的铅酸蓄电池组，现在则多采用新型免维护的阀控式密封型铅酸蓄电池组。按JGJ 16—2008《民用建筑电气设计规范》5.5.1.4规定：“重要的配变电所宜采用220V或110V免维护蓄电池组作为合、分闸直流操作电源”。

（2）交流操作电源　它直接利用交流供电系统的电源，当容量满足时宜取自电压互感器，其优点为投资少，运行维护方便，而且二次回路简单可靠。按JGJ 16—2008《民用建筑电气设计规范》5.5.1.5规定：“小型配变电所宜采用弹簧储能操作机构合闸和去分流分闸的全电流操作”。交流操作方式在中小型工业与民用建筑的变配电所中得到了广泛采用。

下面介绍两种常用的交流操作方式：

1）“去分流跳闸”方式。这种结线如图6-17所示，在正常情况下，继电器KA的常闭触头将跳闸线圈YR短接（分流），YR不通电，断路器QF不会跳闸。当一次电路发生相间短路时，继电器动作，其常闭触头断开，使YR的短接分流支路被去掉（即“去分流”），从而使电流互感器的二次电流完全流入跳闸线圈YR，使断路器跳闸。这种结线方式简单、经济，而且灵敏度较高。但继电器触头的容量要足够大，因为要用它来断开反应到电流互感器二次侧的短路电流，现在生产的GL-$\frac{15}{25}$、$\frac{16}{26}$型过电流继电器，其触头的短时分断电流可达到150A，完全可以满足去分流跳闸的要求。这种去分流跳闸的交流操作方式在中小型工业与民用建筑供电系统中应用相当广泛，但此结线尚不够完善，实际结线方案将在后面详细介绍。

2）直接动作式。如图6-18所示，利用高压断路器手力操动机构内的过电流脱扣器（跳闸线圈）YR作过电流继电器KA（直动式），接成两相一继电器式或两相两继电器式。正常情况下，YR通过正常的二次电流，远小于YR的动作电流，不动作；而在一次电路发生相间短路时，短路电流反应到互感器的二次侧，流过YR，达到或超过YR的动作电流，从而使断路器跳闸。这种交流操作方式最为简单经济，但受脱扣器型号的限制，没有时限，且动作准确性差，保护灵敏度低，在实际工程中已较少应用。

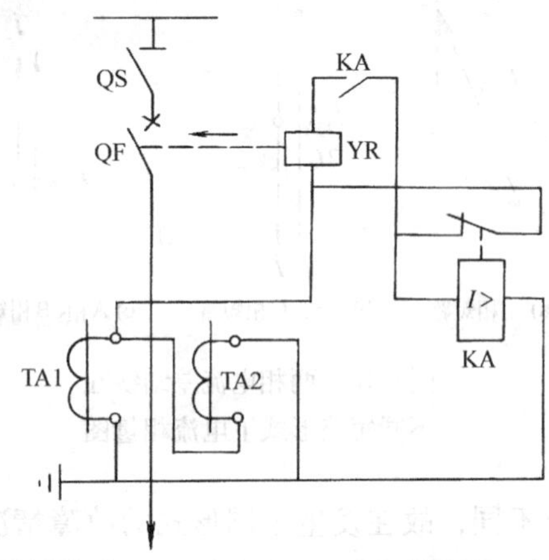

图 6-17 利用电流继电器的常闭触头“去分流跳闸”的过电流保护电路

QF—高压断路器 TA1、TA2—电流互感器

KA—GL 型电流继电器 YR—断路器跳闸线圈

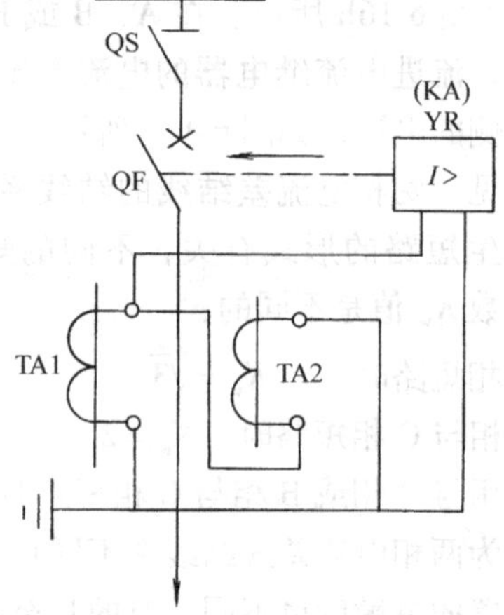

图 6-18 直接动作式过电流保护电路

QF—高压断路器 TA1、TA2—电流互感器

YR—断路器跳闸线圈（直动式继电器 KA）

三、带时限的过电流保护

带时限的过电流保护，按其动作时间特性分，有定时限过电流保护和反时限过电流保护两种。定时限，就是保护装置的动作时间是固定的，与短路电流的大小无关。反时限，就是保护装置的动作时间与反应到继电器中的短路电流的大小成反比关系，短路电流越大，动作时间越短，所以反时限特性也称为反比延时特性或反延时特性。

1. 定时限过电流保护装置的组成和动作原理

定时限过电流保护的原理电路图如图 6-19 所示。它由起动元件（电磁式电流继电器）、时限元件（电磁式时间继电器）、信号元件（电磁式信号继电器）和出口元件（电磁式中间继电器）四部分组成。其中 YR 为断路器的跳闸线圈，QF 为断路器操动机构的辅助触头，TA1 和 TA2 为装于 A 相和 C 相上的电流互感器。

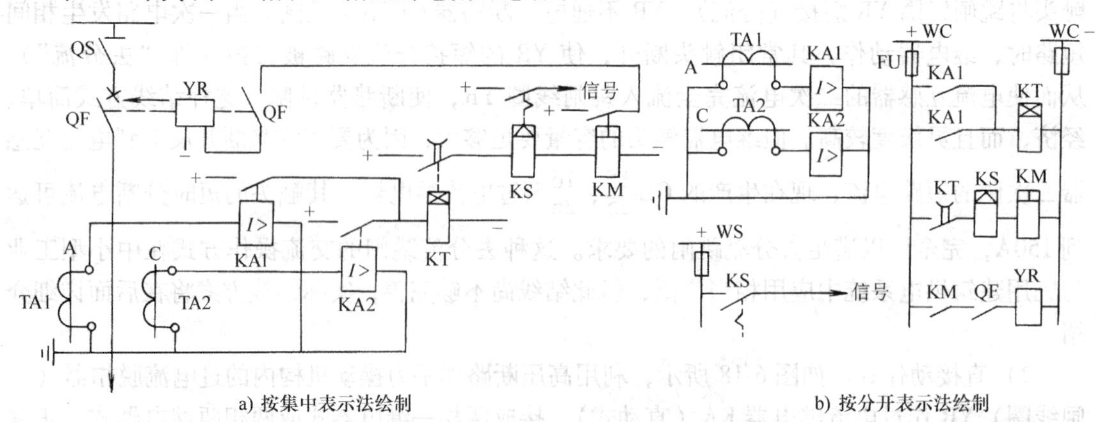

图 6-19 定时限过电流保护的原理电路图

QF—高压断路器 TA1、TA2—电流互感器 KA1、KA2—DL 型电流继电器 KT—DS 型时间继电器

KS—DX 型信号继电器 KM—DZ 型中间继电器 YR—跳闸线圈

保护装置的动作原理：当一次电路发生相间短路时，电流继电器 KA1、KA2 中至少有一个瞬时动作，闭合其常开触头，使时间继电器 KT 起动。KT 经过整定的时限后，其延时触头闭合，使串联的信号继电器（电流型）KS 和中间继电器 KM 动作。KM 动作后，其触头接通断路器的跳闸线圈 YR 的回路，使断路器 QF 跳闸，切除短路故障。与此同时，KS 动作，其信号指示牌掉下，并接通信号回路，给出灯光和音响信号。在断路器跳闸时，QF 的辅助触头随之断开跳闸回路，以减轻中间继电器触头的工作。在短路故障被切除后，继电保护装置中除 KS 外的其他所有继电器均自动返回起始状态，而 KS 可手动复位。

2. 反时限过电流保护的组成和原理

反时限过电流保护由 GL 型电流继电器组成。图 6-20 为两相两继电器式结线的去分流跳闸的反时限过电流保护原理电路图。

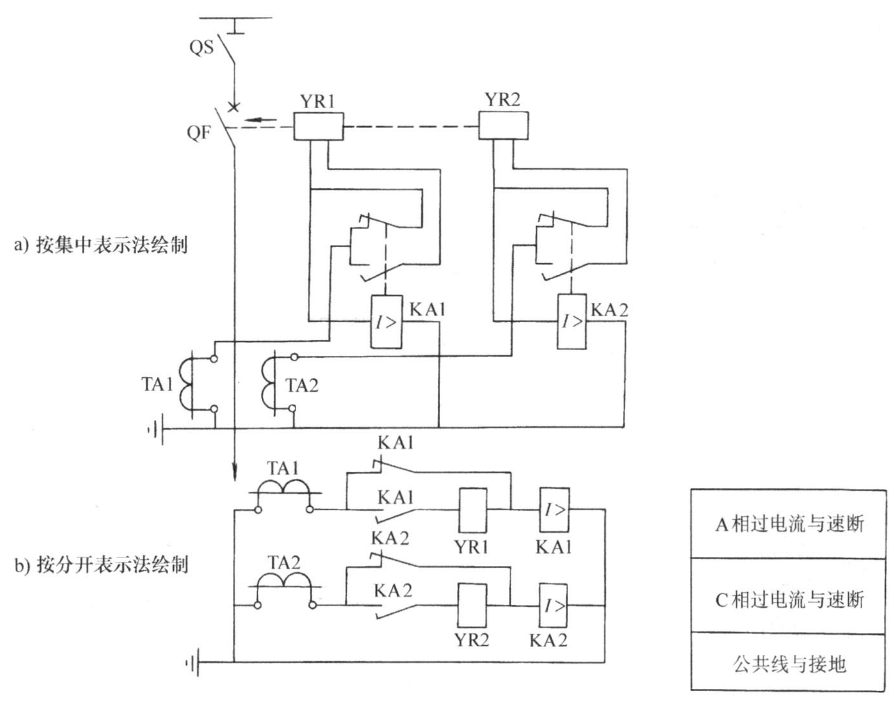

图 6-20　反时限过电流保护的原理电路图

TA1、TA2—电流互感器　KA1、KA2—GL-$\frac{15}{25}$型电流继电器　YR1、YR2—断路器跳闸线圈

当一次电路发生相间短路时，电流继电器 KA1、KA2 至少有一个动作，经过一定时限后（时限长短与短路电流大小成反比关系），其常开触头闭合，紧接着其常闭触头断开，这时断路器跳闸线圈 YR 因“去分流”而通电，从而使断路器跳闸，切除短路故障部分。在继电器去分流跳闸的同时，其信号牌自动掉下，指示保护装置已经动作。在短路故障被切除后，继电器自动返回，信号牌则需手动复位。

图 6-20 所示电路的电流继电器中有一对常开触头与跳闸线圈 YR 串联，其作用是防止继电器常闭触头在一次电路正常时由于外界振动等偶然因素使之意外断开而导致断路器误跳闸的事故。由图中可见，有了这对常开触头后，即使常闭触头偶然断开，也不会造成断路器误跳闸。

应特别注意：这种继电器的常开、常闭触头动作时间的先后顺序必须是常开触头先闭合，常闭触头后断开（如图 6-21 所示）。一般转换触头的动作顺序都是常闭触头先断开后，常开触头再闭合，这里采用具有特殊结构的先合后断的转换触头，不仅保证了继电器的可靠动作，而且还保证了在继电器触头转换时电流互感器二次侧不会带负荷开路。

3. 过电流保护的动作电流整定

带时限过电流保护（包括定时限和反时限）的动作电流 I_{op}，是指继电器动作的最小电流。过电流保护的动作电流整定，必须满足下面两个条件：

1）应该躲过线路的最大负荷电流（包括正常过负荷电流和尖峰电流）$I_{L \cdot max}$，以免在最大负荷通过时保护装置误动作。

2）保护装置的返回电流 I_{re} 也应该躲过线路的最大负荷电流 $I_{L \cdot max}$，以保证保护装置在外部故障切除后，能可靠地返回到原始位置，避免发生误动作。为说明这一点，现以图 6-22 为例来说明。

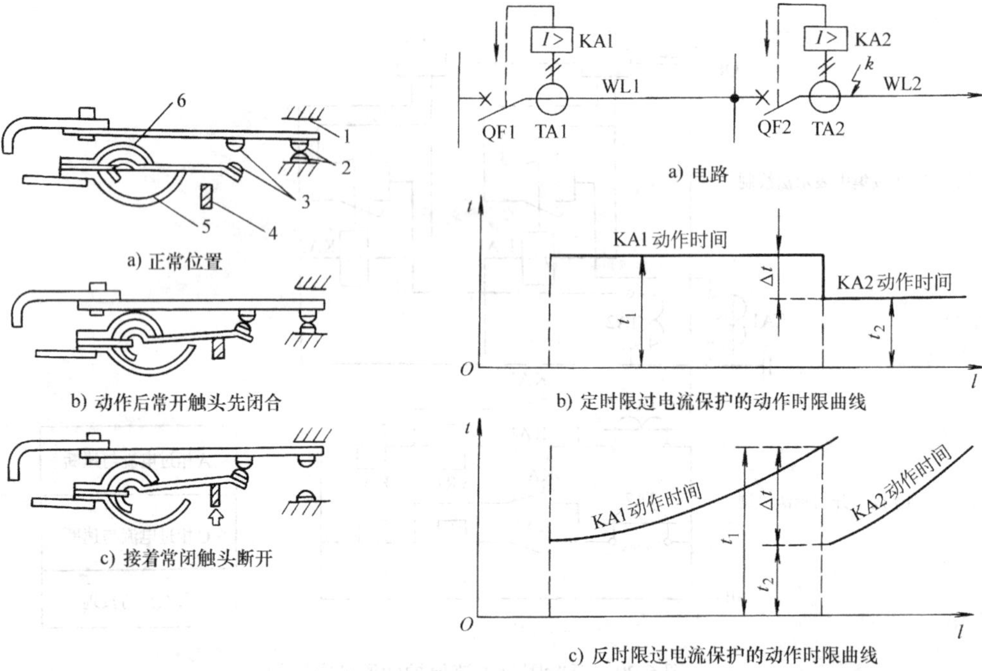

图 6-21　先合后断转换触头的结构及动作说明

1—上止挡　2—常闭触头　3—常开触头

4—衔铁杠杆　5—下止挡　6—簧片

图 6-22　线路过电流保护整定说明图

当线路 WL2 的首端 k 点发生短路时，由于短路电流远远大于正常最大负荷电流，所以沿线路的过电流保护装置如 KA1、KA2 等都要起动。在正确动作情况下，应该是靠近故障点 k 的保护装置 KA2 断开 QF2，切除故障线路 WL2。这时线路 WL1 恢复正常运行，其保护装置 KA1 应该返回起始位置。若 KA1 在整定时其返回电流未躲过线路 WL1 的最大负荷电流，即 KA1 的返回系数过低时，则 KA2 切除 WL2 后，WL1 虽然恢复正常运行，但 KA1 继续保持起动状态（由于 WL1 在 WL2 切除后，还有其他出线，因此还有负荷电流），从而达到它所整定的时限（KA1 的动作时限比 KI2 的动作时限长）后，必将错误地断开 QF1 造成 WL1 停电，扩大了故障停电范围，这是不允许的。所以保护装置的返回电流也必须躲过线路的最大负荷电流。

线路的最大负荷电流 $I_{L \cdot max}$ 应根据线路实际的过负荷情况，特别是尖峰电流（包括电动机的自起动电流）情况来确定。

设电流互感器的电流比为 K_i，保护装置的结线系数为 K_w，保护装置的返回系数为 K_{re}，则负荷电流换算到继电器中的电流为 $\frac{K_w}{K_i}I_{L \cdot max}$。由于要求继电器的返回电流 I_{re} 也要躲过 $I_{L \cdot max}$，即 $I_{re} > \frac{K_w}{K_i}I_{L \cdot max}$。而 $I_{re} = K_{re}I_{op}$，因此 $K_{re}I_{op} > \frac{K_w}{K_i}I_{L \cdot max}$，也就是 $I_{op} > \frac{K_w}{K_{re}K_i}I_{L \cdot max}$。将此式写成等式，并计入一个可靠系数 K_{rel}，由此得到过电流保护动作电流的整定公式

$$I_{op} = \frac{K_{rel}K_w}{K_{re}K_i}I_{L \cdot max} \tag{6-8}$$

式中，K_{rel} 是保护装置的可靠系数，对 DL 型继电器可取 1.2，对 GL 型继电器可取 1.3；K_w 是保护装置的结线系数，按三相短路来考虑，对两相两继电器结线（相电流结线）为 1，对两相一继电器结线（两相电流差结线）为 $\sqrt{3}$；$I_{L \cdot max}$ 是线路的最大负荷电流（含尖峰电流），可取为（1.5 ~3）I_{30}，I_{30} 为线路的计算电流。

如果用断路器手力操动机构中的过电流脱扣器作过电流保护，则脱扣器动作电流应按下式整定

$$I_{op} = \frac{K_{rel}K_{\omega}}{K_i}I_{L \cdot max} \tag{6-9}$$

式中，K_{rel} 为可靠系数，可取 2 ~2.5，这里已考虑了脱扣器的返回系数。

例 6-1 某高压线路的计算电流为 90A，线路末端的三相短路电流为 1300A。现采用 GL-15/10 型电流继电器，组成两相电流差结线的相间短路保护，电流互感器的电流比为 315/5。试整定此继电器的动作电流。

解 查附录表 A-27，得 $K_{re} = 0.8$，而 $K_w = \sqrt{3}$，取 $K_{rel} = 1.3$，$I_{L \cdot max} = 2I_{30} = 2 \times 90A = 180A$。故由式（6-8）得此继电器的动作电流

$$I_{op} = \frac{1.3 \times \sqrt{3}}{0.8 \times (315/5)} \times 180A = 8.04A$$

取为整数 8A。

4. 过电流保护的动作时间整定

为了保证前后级保护装置动作时间的选择性，过电流保护装置的动作时间（也称动作时限），应按“阶梯原则”进行整定，也就是在后一级保护装置所保护的线路首端（如图 6-22a 中的 k 点）发生三相短路时，前一级保护的动作时间 t_1 应比后一级保护中最长的动作时间 t_2 都要大一个时间差 Δt，如图 6-22b、c 所示，即

$$t_1 \geqslant t_2 + \Delta t \tag{6-10}$$

这一时间级差 Δt，应考虑到前一级保护动作时间 t_1 可能发生负偏差，即可能提前动作一个时间 Δt_1；而后一级保护动作时间 t_2 又可能发生正偏差，即可能延后动作一个时间 Δt_2。此外应考虑到保护的动作（特别是采用 GL 型电流继电器时）还有一定的惯性误差 Δt_3。为了确保前后级保护的动作选择性，还应再加上一个保险时间 Δt_4（一般取 0.1 ~0.15s）。因此

$$\Delta t = \Delta t_1 + \Delta t_2 + \Delta t_3 + \Delta t_4 = 0.5 \sim 0.7s \tag{6-11}$$

对于定时限过电流保护，可取 $\Delta t=0.5s$；对反时限过电流保护，可取 $\Delta t=0.7s$。

定时限过电流保护的动作时间，利用时间继电器来整定。

反时限过电流保护的动作时间整定则比较麻烦，由于 GL 型继电器的时限调节机构是按 10 倍动作电流的动作时间来标度的，而实际通过继电器的电流一般不会恰恰为动作电流的 10 倍，因此必须根据继电器的动作特性曲线（如附录表 A-27 所示）来整定。

假设在图 6-22a 所示线路中，前一级保护 KA1 的 10 倍动作电流动作时间已经整定为 t_1，现在要求整定后一级保护 KA2 的 10 倍动作电流的动作时间 t_2。整定计算的步骤如下（参看图 6-23）：

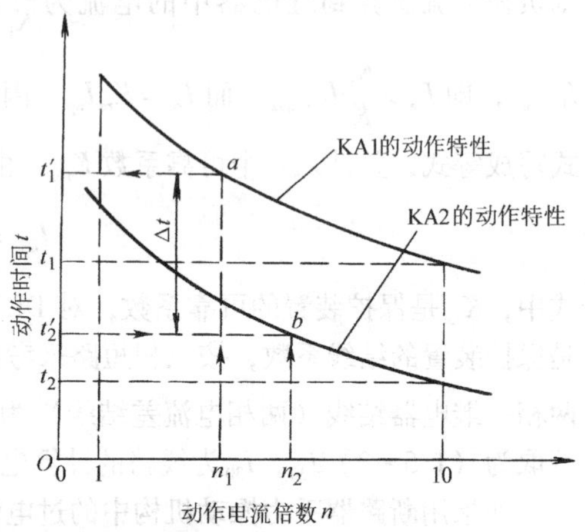

图 6-23　反时限过电流保护的动作时间整定

1）计算 WL2 首端（WL1 末端）三相短路电流 I_k 反应到 KA1 中的电流值，即

$$I'_{k(1)}=\frac{K_{w(1)}}{K_{i(1)}}I_k \tag{6-12}$$

式中，$K_{w(1)}$ 是 KA1 与 TA1 的结线系数；$K_{i(1)}$ 是 TA1 的电流比。

2）计算 $I'_{k(1)}$ 对 KA1 的动作电流倍数，即

$$n=\frac{I_{k(1)}{}'}{I_{OP(1)}} \tag{6-13}$$

式中，$I_{OP(1)}$ 是 KA1 的动作电流（已整定）。

3）根据 n_1 从 KA1 整定的 10 倍动作电流动作时间 t_1 的曲线上找到 a 点，则其纵坐标 t_1' 即 KA1 的实际动作时间。

4）计算 KA2 的实际动作时间 $t_2'=t_1'-\Delta t=t_1'-0.7s$。

5）计算 WL2 首端三相短路电流 I_k 反应到 KA2 中的电流值，即

$$I'_{k(2)}=\frac{K_{w(2)}}{K_{i(2)}}I_k \tag{6-14}$$

式中，$K_{w(2)}$ 是 KA2 与 TA2 的结线系数；$K_{i(2)}$ 是 TA2 的电流比。

6）计算 $I'_{k(2)}$ 对 KA2 的动作电流倍数，即

$$n_2=\frac{I'_{k(2)}}{I_{OP(2)}} \tag{6-15}$$

式中，$I_{OP(2)}$ 是 KA2 的动作电流（已整定）。

7）根据 n_2 与 KA2 的实际动作时间 t_2'，从 KA2 的动作特性曲线的坐标图上找到其坐标点 b 点，则此 b 点所在曲线的 10 倍动作电流的动作时间 t_2 即为所求。如果 b 点在两条曲线之间，则只能从上下两条曲线来粗略地估计其 10 倍动作电流的动作时间。

例 6-2　在图 6-22a 所示高压线路中，已知 TA1 的 $K_{i(1)}=160/5$，TA2 的 $K_{i(2)}=100/5$。WL1 和 WL2 的过电流保护均采用两相两继电器式结线，继电器均为 GL-15/10 型。KA1 已经整定，$I_{OP(1)}=8A$，10 倍动作电流动作时间 $t_1=1.4s$。WL2 的 $I_{L\cdot max}=75A$，WL2 首端的 $I_k^{(3)}=1100A$，末端的 $I_k^{(3)}=400A$。试整定 KA2 的动作电流和动作时间。

解　1）整定 KA2 的动作电流：取 $K_{rel}=1.3$ 而 $K_w=1$，$K_{re}=0.8$，故

$$I_{OP(2)} = \frac{K_{rel}K_w}{K_{re}K_i}I_{L \cdot max} = \frac{1.3 \times 1}{0.8 \times (100/5)} \times 75A = 6.09A$$

整定为6A。

2）整定 KA2 动作时间：先确定 KA1 的动作时间。由于 I_k 反应到 KA1 的电流 $I'_{k(1)}$ = 1100A ×1/（160/5） =34.4A，故 $I_{k(1)}$的动作电流倍数 n_1 =34.4A/8A =4.3。利用 n_1 =4.3 和 t_1 =1.4s 查附录表 A-27 中 GL-15 型电流继电器的动作特性曲线，可得 KA1 的实际动作时间 t_1' =1.9s。

因此，KA2 的实际动作时间应为

$$t_2' = t_1' - \Delta t = 1.9s - 0.7s = 1.2s$$

现在确定 KA2 的 10 倍动作电流的动作时间。由于 I_k 反应到 KA2 中的电流 $I'_{k(1)}$ = 1100A ×1/（100/5） =55A，故 $K'_{k(2)}$ 对 KA2 的动作电流倍数 n_2 =55A/6A =9.17。利用 n_2 = 9.17 和 KA2 的实际动作时间 t_2' =1.2s，查附录表 A-27 中 GL-15 型电流继电器的动作特性曲线，可得 KA2 的 10 倍动作电流的动作时间即整定时间为 $t_2 \approx 1.2s$。

5. 过电流保护的灵敏度及提高灵敏度的措施——低电压闭锁保护

（1）过电流保护的灵敏度　根据式（6-1），灵敏系数 $S_p = I_{k \cdot min}/I_{OP \cdot 1}$。对于线路过电流保护，$I_{k \cdot min}$应取被保护线路末端在系统最小运行方式下的两相短路电流 $I^{(2)}_{k \cdot min}$，而 $I_{OP \cdot 1}$ = （K_i/K_w）I_{OP}。因此按规定过电流保护的灵敏系数必须满足的条件为

$$S_P = \frac{K_w I^{(2)}_{k \cdot min}}{K_i I_{OP}} \geqslant 1.5 \tag{6-16}$$

当过电流保护作后备保护时，如满足上式有困难，可取 $S_P \geqslant 1.2$。

当过电流保护灵敏系数达不到上述要求时，可采用下述的低电压闭锁保护来提高灵敏度。

（2）低电压闭锁的过电流保护　如图 6-24 所示保护电路，低电压继电器 KV 通过电压互感器 TV 接于母线上，而 KV 的常闭触头则串入电流继电器 KA 的常开触头与中间继电器 KM 的线圈回路中。在供电系统正常运行时，母线电压接近于额定电压，因此 KV 的常闭触头是断开的。由于 KV 的常闭触头与 KA 的常开触头串联，所以这时 KA 即使由于线路过负荷而动作，其常开触头闭合，也不致造成断路器误跳闸。正因为如此，凡有低电压闭锁的这种过电流保护装置的动作电流就不必按躲过线路最大负荷电流 $I_{L \cdot max}$来整定，而只需按躲过线路的计算电流 I_{30}来整定，当然保护装置的返回电流也应躲过计算电流 I_{30}。故此时过电流保护的动作电流的整定计算公式为

$$I_{OP(2)} = \frac{K_{rel}K_w}{K_{re}K_i}I_{30} \tag{6-17}$$

式中各系数的取值与式（6-8）相同。

由于其 I_{OP}减小，从式（6-16）可知，能提高保护的灵敏度 S_P。

上述低电压继电器的动作电压按躲过母线正常最低工作电压 U_{min}来整定，当然，其返回电压也应躲过 U_{min}，也就是说，低电压继电器 U_{min}时不动作，只有在母线电压低于 U_{min}时才动作。因此低电压继电器动作电压的整定计算公式为

$$U_{OP} = \frac{U_{min}}{K_{rel}K_{re}K_u} \approx (0.57 \sim 0.63)\frac{K_N}{K_u} \tag{6-18}$$

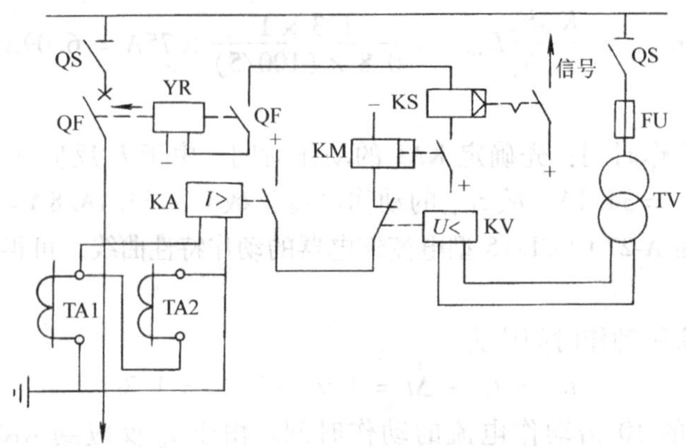

图6-24　低电压闭锁的过电流保护电路

QF—高压断路器　TA—电流互感器　TV—电压互感器　KA—电流继电器　KM—中间继电器　KS—信号继电器　KV—低电压继电器　YR—断路器跳闸线圈

式中，U_{min}是母线最低工作电压，取（0.85～0.95）U_N（U_N为线路额定电压）；K_{rel}是保护装置的可靠系数，可取1.2；K_{re}是低电压继电器的返回系数，可取1.25；K_u 是电压互感器的电压比。

6. 定时限与反时限过电流保护的比较

定时限过电流保护的优点是：动作时间较为准确，容易整定，误差小。缺点是：所用继电器的数目比较多，因此结线较为复杂，继电器触头容量较小，需直流操作电源，投资较大。此外，靠近电源处保护动作时间较长，而此时的短路电流又较大，故对设备的危害较大。

反时限过电流保护的优点是：继电器的数量大为减少，故其结线简单，只用一套GL系列继电器就可实现不带时限的电流速断保护和带时限的过电流保护。由于GL继电器触头容量大，因此可直接接通断路器的跳闸线圈，而且适于交流操作。缺点是：动作时间的整定和配合比较麻烦，而且误差较大，尤其是瞬动部分，难以进行配合；且当短路电流较小时，其动作时间可能很长，延长了故障持续时间。

由以上比较可知，反时限过电流保护装置具有继电器数目少，结线简单，以及可直接采用交流操作跳闸等优点，所以被中小型工业与民用建筑中的6～10kV供配电系统广泛采用。

四、电流速断保护

上述带时限的过电流保护，为了保证动作的选择性，其整定时限必须逐级增加一个Δt，因而越靠近电源处短路电流越大，而保护动作时限越长。这种情况对于切除靠近电源处的故障是不允许的。因此一般规定，当过电流保护的动作时限超过1s时，应该装设电流速断保护。

1. 电流速断保护的组成及速断电流的整定

电流速断保护实际上就是一种瞬时动作的过电流保护。其动作时限仅仅为继电器本身的固有动作时间，它的选择性不是依靠时限，而是依靠选择适当的动作电流来解决。

如果采用DL型电流继电器，则其电流速断保护的组成，就相当于定时限过电流保护中抽去时间继电器。图6-25是线路上同时装有定时限过电流保护和电流速断保护的电路图。图中KA1、KA2、KT、KS1与KM组成定时限过电流保护，KA3、KA4、KS2与KM组成电流速断保护。比较可知，电流速断保护装置只是比定时限过电流保护装置少了时间继电器。

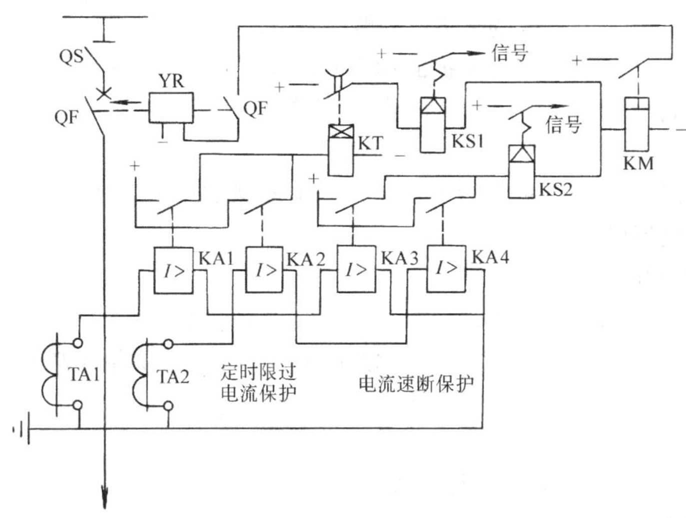

图 6-25　线路的定时限过电流保护和电流速断保护电路图

如果采用 GL 型电流继电器，则直接利用继电器的电磁元件来实现电流速断保护，其感应元件用来作反时限过电流保护，因此不用额外增加设备，非常简单经济。

电流速断保护的动作电流（即速断电流）I_{qb}，应按躲过它所保护线路末端的最大短路电流（即三相短路电流）$I_{k\cdot\min}^{(3)}$来整定。只有这样，才能避免在后一级速断保护所保护线路的首端发生三相短路时，它可能的误跳闸。如图 6-26 所示电路中，WL1 末端 $k-1$ 点的三相短路电流，实际上与其后一段 WL2 首端 $k-2$ 点的三相短路电流是近乎相等的，因为这两点间的距离很近，阻抗很小。

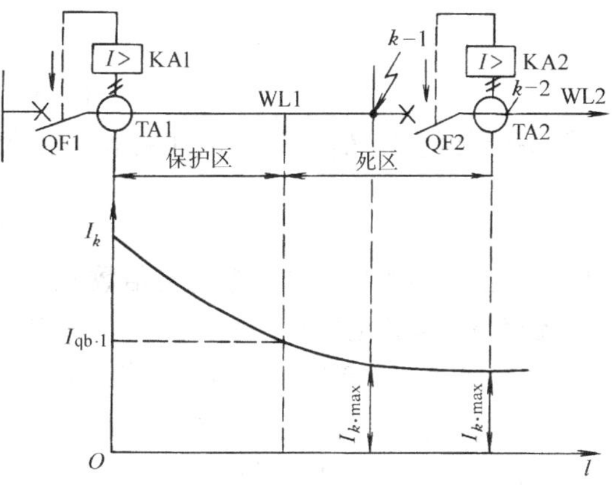

图 6-26　线路电流速断保护的保护区和死区

$I_{k\cdot\max}$—前一级保护应躲过的最大短路电流

$I_{qb\cdot 1}$—前一级保护整定的一次速断电流

因此可得电流速断保护动作电流（速断电流）的整定计算公式为

$$I_{qb}=\frac{K_{rel}K_w}{K_i}I_{k\cdot\max} \tag{6-19}$$

式中，K_{rel}是可靠系数，对 DL 型继电器，取 1.2～1.3；对 GL 型继电器，取 1.4～1.5；对脱扣器，取 1.8～2。

2. 电流速断保护的“死区”及其弥补

由于电流速断保护的动作电流是按躲过线路末端的最大短路电流来整定的，因此，在靠近线路末端的一段线路上发生的不一定是最大的短路电流（例如两相短路电流）时，电流速断保护装置就不可能动作，也就是说电流速断保护实际上不能保护线路的全长，这种保护装置不能保护的区域，就称为“死区”，如图6-26所示。

为了弥补速断保护存在死区的缺陷，一般规定，凡装设电流速断保护的线路，都必须装设带时限的过电流保护。且过电流保护的动作时间比电流速断保护至少长一个时间级差 $\Delta t=0.5\sim0.7\text{s}$，而且前后级过电流保护的动作时间符合前面所说的“阶梯原则”，以保证选择性。

在速断保护区内，速断保护作为主保护，过电流保护作为后备保护；而在速断保护的“死区”内，则过电流保护为基本保护。

3. 电流速断保护的灵敏度

电流速断保护的灵敏度，按规定应按其保护装置安装处（即线路首端）的最小短路电流（可用两相短路电流来代替）来校验。因此电流速断保护的灵敏度必须满足的条件是

$$S_{\mathrm{P}}=\frac{K_{\mathrm{w}}I_k^{(2)}}{K_{\mathrm{i}}I_{\mathrm{qb}}}\geqslant 1.5\sim 2 \tag{6-20}$$

式中，$I_k^{(2)}$ 是线路首端在系统最小运行方式下的两相短路电流。

例6-3 试整定例6-1所示GL-15/10型电流继电器的速断电流倍数。

解 已知线路末端 $I_k^{(3)}=1300\text{A}$，且 $K_{\mathrm{w}}=\sqrt{3}$，$K_{\mathrm{i}}=315/5$，取 $K_{\mathrm{rel}}=1.5$，故由式（6-19）得

$$I_{\mathrm{qb}}=\frac{1.5\times\sqrt{3}}{315/5}\times 1300\text{A}=53.6\text{A}$$

而例6-1已经整定 $I_{\mathrm{OP}}=8\text{A}$，故速断电流倍数应整定为

$$n_{\mathrm{qb}}=\frac{53.6\text{A}}{8\text{A}}=6.7$$

由于GL型电流继电器的速断电流倍数 n_{qb} 在2~8可平滑调节，因此 n_{qb} 不必修约为整数。

例6-4 试整定例6-2所示装于WL2首端KA2的GL-15/10型电流继电器的速断电流倍数，并校验其过电流保护和电流速断保护的灵敏度。

解 1）整定速断电流倍数：取 $K_{\mathrm{rel}}=1.5$，已知 $K_{\mathrm{w}}=1$，$K_{\mathrm{i}}=100/5$，WL2末端 $I_k^{(3)}=400\text{A}$，因此由式（6-19）得

$$I_{\mathrm{qb}}=\frac{1.5\times 1}{100/5}\times 400\text{A}=30\text{A}$$

而例6-2已经整定 $I_{\mathrm{OP}}=6\text{A}$，故速断电流倍数应整定为

$$n_{\mathrm{qb}}=\frac{30\text{A}}{6\text{A}}=5$$

2）过电流保护的灵敏度校验：根据式（6-16），其中

$I_{k\cdot\min}^{(2)}=0.866I_k^{(3)}=0.866\times 400\text{A}=346\text{A}$，故其保护灵敏系数为

$$S_{\mathrm{P}}=\frac{1\times 346\text{A}}{20\times 6\text{A}}=2.88>1.5$$

由此可见，KA2整定的动作电流（6A）满足灵敏度要求。

3）电流速断保护灵敏度的校验：根据式（6-20），其中 $I_k^{(2)}=0.866\times 1100\text{A}=953\text{A}$，故其保护灵敏系数为

$$S_{\mathrm{P}}=\frac{1\times 953\text{A}}{20\times 30\text{A}}=1.59>1.5$$

由此可见，KA2 整定的动作电流（倍数）也满足灵敏度要求。

五、单相接地保护*

工业与民用建筑的 6～10kV 电网为小接地电流系统。由第一章第四节知，在这种系统中，如果发生单相接地故障，只有很小的接地电容电流，而相间电压不变，因此可暂时继续运行。但由于非故障相的电压要升高为原对地电压的$\sqrt{3}$倍，所以对线路的绝缘增加了威胁，如果长此下去，可能引起非故障相对地绝缘击穿而导致两相接地短路，这时将引起线路开关跳闸，造成停电。为此，在 6～10kV 的供配电系统中一般应装设单相接地保护装置或绝缘监察装置，用它来发出信号，通知值班人员及时发现和处理。这里介绍单相接地保护，而绝缘监察装置，将在第七章第三节介绍。

1. 单相接地保护的原理和组成

这是一种利用零序电流互感器使继电器动作来指示接地故障线路的保护装置。这种保护装置要求在 6～10kV 的每路出线上都装设零序电流互感器 TAN，它利用单相接地故障所产生的零序电流使保护装置动作，发出报警信号。

图 6-27 是电缆线路用零序电流互感器进行单相接地保护的结构和结线。在系统正常运行及三相对称短路时，因在零序电流互感器二次侧由三相电流产生的三相磁通相量之和为零，即在零序电流互感器中不会感应出零序电流，继电器不动作。当发生单相接地时，就有接地电容电流通过，此电流在二次侧感应出零序电流，使继电器动作并发出信号。

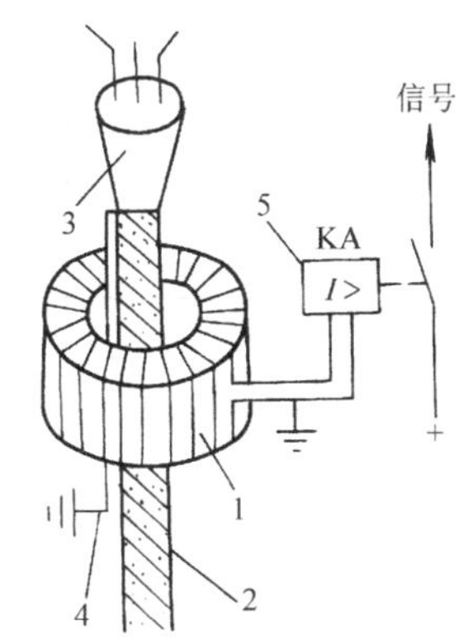

图 6-27　单相接地保护的零序电流互感器的结构和结线

1—零序电流互感器（其环形铁心上绕二次绕组，环氧浇注）　2—电缆　3—电缆头　4—接地线　5—电流继电器（KI）

这种单相接地保护装置能够较灵敏地监察小接地电流系统的对地绝缘，而且从各条线路的接地保护信号可以准确判断发生单相接地故障的线路，因此它适用于高压出线较多的大中型工业与民用建筑的供配电系统。

这里必须强调指出，根据小接地电流系统发生单相接地时接地电容电流的分布特点，电缆头的接地线必须穿过零序电流互感器的铁心，否则零序电流（不平衡电流）不穿过零序电流互感器的铁心，保护就不会动作。图 6-28 中的变配电所母线上接有三路出线 WL1、WL2 和 WL3，每路出线上都装有零序电流互感器 TAN。现假设 WL1 的 A 相发生接地故障，这时整个系统的 A 相都处于“地”电位，因此所有的 A 相均无对地电容电流。其他两相（B 相、C 相）的电容电流 $I_1 \sim I_6$ 的分布和流向如图 6-28 所示。从图上可以看出，WL1 的故障相（A 相）流过的所有电容电流 $I_1 \sim I_6$ 恰好与其他两完好相（B 相、C 相）以及电缆外皮流过的电容电流 $I_1 \sim I_6$ 反向，所以它们不可能在零序电流互感器 TAN1 的铁心中产生磁通。但穿过 TAN1 的电缆头接地线上流过的电容电流 $I_3 \sim I_6$（由其他正常线路 WL2、WL3 而来的不平衡电流）将在 TAN 的铁心中产生磁通，从而在其二次侧产生电流，使继电器 KA 动作，发出信号。

架空线路的单相接地保护，一般采用由三个电流互感器同极性并联所组成的零序电流过滤器，但一般工业与民用建筑的高压线路不长，很少采用。

2. 单相接地保护动作电流的整定

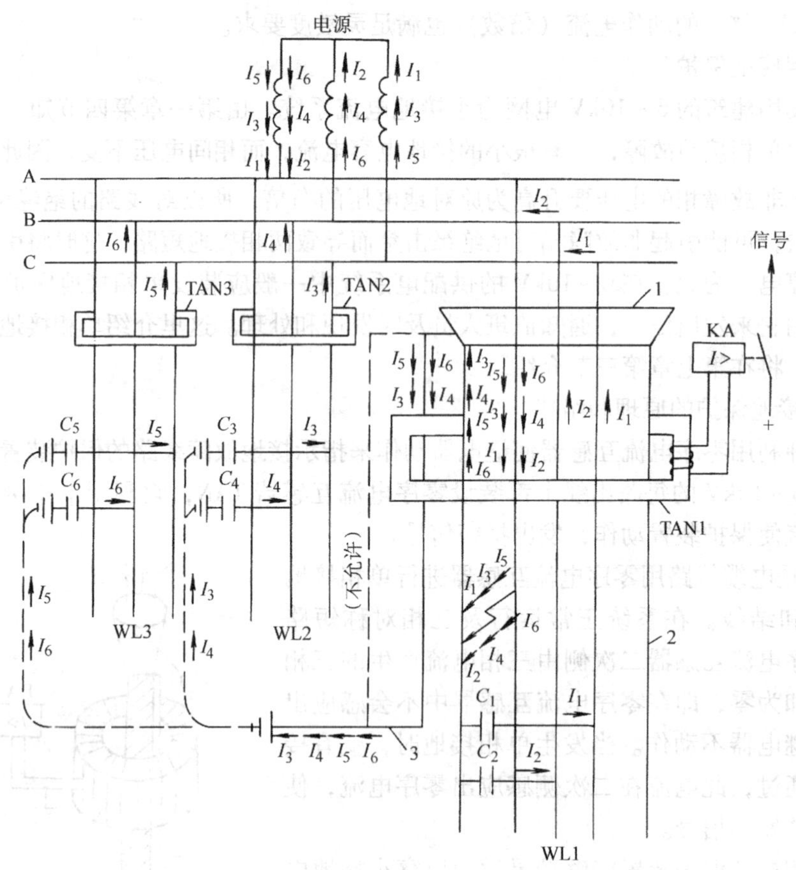

图6-28　单相接地保护时接地电容电流的分布

1—电缆头　2—电缆金属外壳　3—电缆头接地线

TAN—零序电流互感器　KA—电流继电器　$I_1 \sim I_6$—通过线路对

地分布电容 $C_1 \sim C_6$ 接地电容电流

由图6-28可知，当供电系统中的某一线路发生单相接地时（如WL1），其他线路（如WL2、WL3）上也会出现不平衡的电容电流。但这些线路（如WL2、WL3）本身是正常的，因此其保护装置不应动作。所以单相接地保护的动作电流 $I_{\mathrm{OP(E)}}$ 应该躲过被保护线路外部发生单相接地时而在本线路上引起的电容电流，即

$$I_{\mathrm{OP(E)}} = \frac{K_{\mathrm{rel}}}{K_{\mathrm{i}}} I_{\mathrm{C}} \tag{6-21}$$

式中，I_{C} 是其他线路发生单相接地时，在整定保护的线路上产生的电容电流，可按式(1-3)计算，但式中线路的长度 l（l_{cab}）应采用本身线路的长度；K_{i} 是零序电流互感器的电流比；K_{rel}是可靠系数。保护装置不带时限时，取4～5，以躲过本身线路发生两相短路时所出现的不平衡电流；保护装置带时限时，取1.5～2，这时接地保护的动作时间应比相间短路的过电流保护的动作时间大一个 Δt，以及保证选择性。

3. 单相接地保护的灵敏度

单相接地保护的灵敏度，应按被保护线路末端发生单相接地故障时流过电缆头接地线的不平衡电容电流来检验，而这一电容电流为与被保护线路有电的联系的总电网电容电流 $I_{\mathrm{C}\cdot\Sigma}$

与该线路本身的电容电流 I_C 之差。$I_{C \cdot \Sigma}$和 I_C 均按式（1-3）计算，式中 l（含 I_{oh}和 l_{cab}）对 $I_{C \cdot \Sigma}$取与被保护线路有电的联系的所有架空线路和电缆线路的总长度，而计算 I_C 只取本身线路长度。因此单相接地保护的灵敏度必须满足的条件为

$$S_P = \frac{I_{C \cdot \Sigma} - I_C}{K_i I_{OP(E)}} \geqslant 1.2 \tag{6-22}$$

式中，K_i 是零序电流互感器的电流比。

第四节　电力变压器的继电保护

一、概述

变压器是工业与民用建筑供配电系统的重要设备，它的故障对整个工业与民用建筑供配电系统将带来严重影响，因此必须根据变压器的容量和重要程度装设其保护装置。

高压侧为 6 ~ 10kV 的变电所的主变压器，通常装设有带时限的过电流保护和电流速断保护。如果过电流保护的动作时间不大于 0.5 ~ 0.7s，也可不装设电流速断保护。容量在 800kV · A 及以上的油浸式变压器（如安装在室内，则容量在 400kV · A 及以上时），还需装设瓦斯保护。如两台并列运行的变压器容量（单台）在 400kV · A 及以上，以及虽为单台运行但又作为备用电源用的变压器且有可能过负荷时，还需装设过负荷保护，但过负荷保护只动作于信号，而其他保护一般动作于跳闸。

SC（SCL）系列环氧树脂浇注干式电力变压器已广泛用于高层建筑等民用建筑，在工业建筑中的应用也日益增多。它们一般应装设配套的温度测控装置，该装置能巡回显示变压器三相绕组的温度值，显示最热一相绕组的温度值，并具有超温报警（或跳闸）、声光警示、风机起动（或停止）、风机过载保护等功能，并可提供计算机接口。

采用环网开关柜并用负荷开关—熔断器组合电器来保护末端的 10/0.4kV 变压器，具有简单、可靠、速动性好等优点，因而在现代民用建筑的供配电系统中得到了广泛采用。这种高压熔断器构造特殊，它具有良好的保护特性，可以很快切断故障，并可使负荷开关联动，即当熔断器熔断时，利用一个机构（机械式或者爆炸式）使负荷开关打开，从而彻底切除故障。这种保护方式分别用高压熔断器作短路保护，用高压负荷开关通断负荷电流和隔离电源，让高压熔断器和高压负荷开关充分发挥各自的优点，因而其保护性能比用高压断路器更好。

高压侧为 35kV 及以上的工业与民用企业的总降压变电所主变压器，一般应装设过电流保护、电流速断保护和瓦斯保护。在有可能过负荷时，还应装设过负荷保护。但如果单台运行的变压器容量在 10000kV · A 及以上，两台并列运行的变压器容量（单台）在 6300kV · A 及以上时，则要求装设纵联差动保护来取代电流速断保护。

本节仅重点介绍中小型工业与民用建筑常用的 6 ~ 10kV 配电变压器的继电保护，包括过电流保护、电流速断保护和过负荷保护，着重介绍变压器的瓦斯保护。

二、保护装置的结线方式及低压侧单相短路保护

1. 保护装置的结线方式

对于 6 ~ 10/0.4kV，采用 Yyn0 联结组别的降压变压器，其保护装置的结线方式有两相两继电器式和两相一继电器式两种。

(1) 两相两继电器式结线（见图6-29） 这种结线适用于作相间短路保护和过负荷保护，而且它属于相电流结线，结线系数为1，因此无论何种相间短路，保护装置的灵敏系数都是相同的。但若变压器低压侧发生单相短路，情况就不同了。

如果是装设有电流互感器的那一相（A相或C相）所对应的低压相发生单相短路，继电器中的电流反映的是整个单相短路电流，这当然是符合要求的。但如果是未装有电流互感器的那一相（B相）所对应的低压相（b相）发生单相短路，经过分析可知，继电器的电流仅仅反映单相短路电流的1/3，这就达不到保护灵敏度的要求，因此这种结线不适于作低压侧单相短路保护。

图6-29a是未装电流互感器的B相所对应的低压侧b相发生单相短路时短路电流的分布情况。根据不对称三相电路的“对称分量分析法”，可将低压侧b相的单相短路电流分解为正序 $\dot{I}_{b1}=\dot{I}_b/3$，负序 $\dot{I}_{b2}=\dot{I}_b/3$ 和零序 $\dot{I}_{b0}=\dot{I}_b/3$。由此可绘出变压器低压侧各相电流的正序、负序和零序相量图，如图6-29b所示。

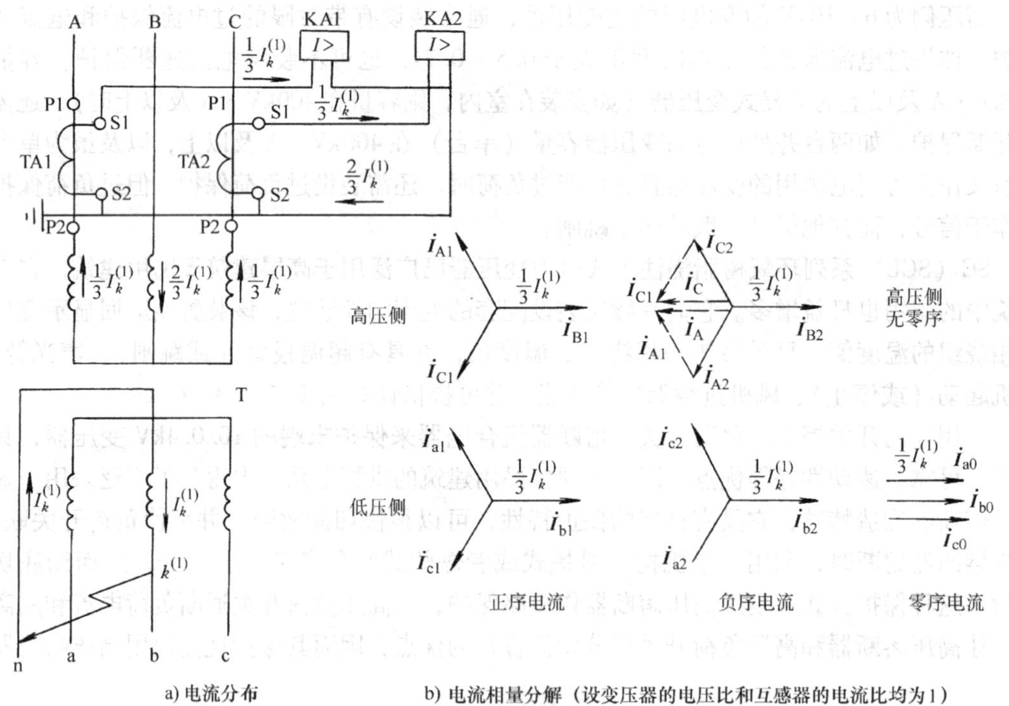

a) 电流分布　　b) 电流相量分解（设变压器的电压比和互感器的电流比均为1）

图6-29　Yyn0联结的变压器，高压侧采用两相两继电器的过电流保护（在低压侧发生单相短路时）

低压侧的正序电流和负序电流通过三相三心柱变压器都要感应到高压侧去，但低压侧的零序电流 $\dot{I}_{a0}$、$\dot{I}_{b0}$、$\dot{I}_{c0}$ 都是同相的，其零序磁通在三相三心柱变压器铁心内不可能闭合，因而也不可能与高压绕组相交链，变压器高压侧则无零序分量。所以高压侧各相电流就只有正序和负序分量的叠加，如图6-29b所示。

由以上分析可知，当低压侧b相发生单相短路时，在变压器高压侧两相两继电器结线的继电器中只反映1/3的单相短路电流，因此灵敏度过低，所以这种结线方式不适用于作低压侧单相短路保护。

（2）两相一继电器式结线（见图6-30） 这种结线也适于作相间短路保护和过负荷保护，但对不同相间短路保护灵敏度不同，这是不够理想的。然而由于这种结线只用一个继电器，比较经济，因此小容量变压器也有采用这种结线的。

值得注意的是，采用这种结线时，如果未装电流互感器的那一相对应的低压相发生单相短路，由图6-30可知，继电器中根本无电流通过，因此这种结线也不能作低压侧的单相短路保护。

2. 变压器低压侧的单相短路保护

为了克服上述变压器过电流保护的两种结线方式不适于低压侧单相短路保护的缺点，可采取下列措施之一。

（1）低压侧装设三相均带过流脱扣器的低压断路器 这种低压断路器，既作低压侧的主开关（操作方便，便于自动投入，提高供电可靠性），又可用来保护低压侧的相间短路和单相短路。这种措施在工业与民用建筑的变电所中得到广泛的应用。DW16型低压断路器还具有所谓“第四段保护”，专门用作单相接地保护（**注意：**此保护仅对TN系统的单相金属性接地有效）。

实际上，变压器低压侧的故障宜由低压侧的断路器切除，此时高压侧的继电保护仅作为后备保护。目前生产的具有三段保护功能的低压断路器（例如DWX15、ME、KFW2等ACB）均可担当此任。当高压侧采用熔断器时，应特别应注意上、下级之间的选择性配合。

（2）低压侧三相装设熔断器保护 这种措施既可以保护变压器低压侧的相间短路，也可以保护单相短路，但由于熔断器熔断后更换熔体需要一定的时间，所以它主要适用于供不太重要负荷的小容量变压器。

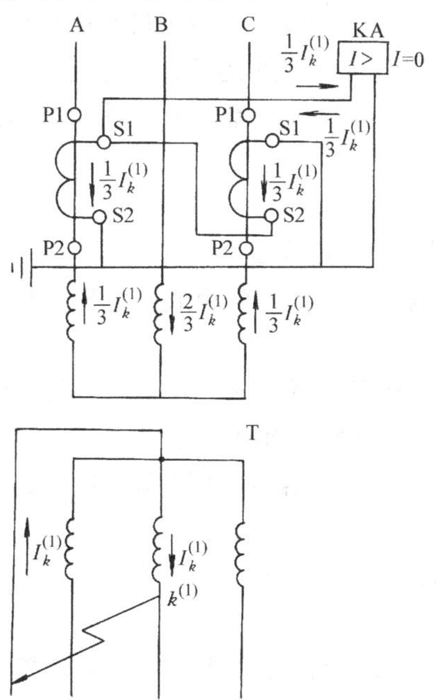

图6-30 Yyn0联结的变压器，高压侧采用两相一继电器的过电流保护，在低压侧发生单相短路时的电流分布

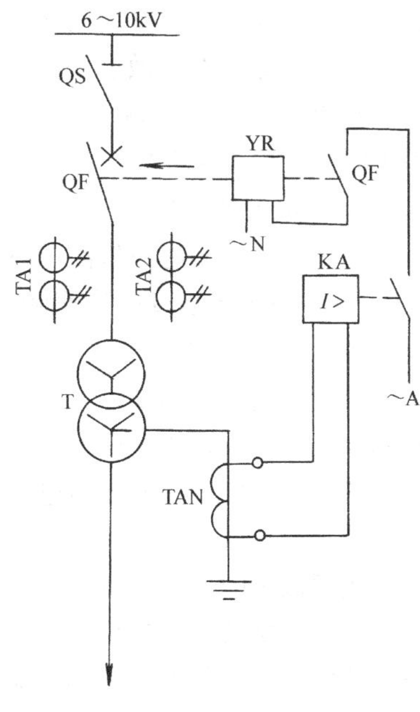

图6-31 变压器的零序过电流保护

QF—高压断路器 TAN—零序电流互感器

KA—电流继电器 YR—断路器跳闸线圈

（3）在变压器中性点引出线上装设零序过电流保护（见图 6-31） 这种零序过电流保护的动作电流，按躲过变压器低压侧最大不平衡电流来整定，其整定计算公式为

$$I_{OP(0)} = \frac{K_{rel}K_{dsq}}{K_i}I_{2N \cdot T} \tag{6-23}$$

式中，$I_{2N \cdot T}$是变压器的额定二次电流；K_{dsq}是不平衡系数，一般取 0.25；K_{rel}是可靠系数，一般取 1.2～1.3；K_i 是零序电流互感器的电流比。

零序过电流保护的动作时间一般取 0.5～0.7s。

零序过电流保护的灵敏度，按低压干线末端发生单相短路校验。对架空线，$S_P \geqslant 1.5$；对电缆线，$S_P \geqslant 1.2$，这一措施保护灵敏度较高，但不经济，一般较少采用。

（4）改两相两继电器为两相三继电器 由于公共线上所接继电器的电流比其他两继电器的电流增大了一倍，因此使原来两相两继电器结线对低压单相短路保护的灵敏度也提高了一倍。

三、变压器的过电流保护、电流速断保护和过负荷保护

1. 变压器的过电流保护

变压器的过电流保护装置一般都装设在变压器的电源侧。无论是定时限还是反时限，变压器过电流保护的组成和原理与电力线路的过电流保护完全相同。

变压器过电流保护的动作电流整定计算公式也与电力线路过电流保护基本相同，只是式（6-8）和式（6-9）中的 $I_{L \cdot max}$应取为（1.5～3）$I_{1N \cdot T}$，这里的 $I_{1N \cdot T}$为变压器的额定一次电流。

变压器过电流保护的动作时间也按“阶梯原则”整定。对大多数工业与民用建筑的变电所来说，由于它属于电力系统的终端变电所，因此其动作时间可整定为最小值 0.5s。

变压器过电流保护的灵敏度，按变压器低压侧母线在系统最小运行方式时发生两相短路（换算到高压侧的电流值）来校验，其灵敏度的要求也与线路过电流保护相同，即 $S_P \geqslant 1.5$，作后备保护时，可以 $S_P \geqslant 1.2$。

2. 变压器的电流速断保护

变压器是工业与民用建筑供配电系统中的重要设备，因此当变压器的过电流保护动作时限大于 0.5s 时，一般要装设电流速断保护。变压器电流速断保护的组成、原理也与电力线路的电流速断保护完全相同。

变压器电流速断保护的动作电流（速断电流）的整定计算公式，也与电力线路的电流速断保护基本相同，只是式（6-19）中的 $I_{k \cdot max}$应取低压母线三相短路电流周期分量有效值换算到高压侧的电流值，即变压器电流速断保护的动作电流按躲过低压母线三相短路电流来整定。

变压器速断保护的灵敏度按变压器高压侧在系统最小运动方式时，发生两相短路的短路电流 $I_k^{(2)}$ 来校验，要求 $S_P \geqslant 1.5$。

变压器的电流速断保护与电力线路的电流速断保护一样，也有死区（不能保护变压器的全部绕组）。弥补死区的措施，也是配备带时限的过电流保护。

考虑到变压器在空载投入或突然恢复电压时将出现一个冲击性的励磁涌流，为避免速断保护误动作，可在速断保护整定后，将变压器空载试投若干次，以检验速断保护是否会误动作。根据经验，当速断保护的一次动作电流比变压器额定一次电流大 2～3 倍时，速断保护

一般能躲过励磁涌流，不会误动作。

例 6-5 某降压变电所装有一台 10/0.4kV、1000kV·A 的电力变压器。已知变压器低压母线三相短路电流 $I_k^{(3)}=13\text{kA}$，高压侧继电保护用电流互感器电流比为 100/5，继电器采用 GL-25 型，接成两相两继电器式。试整定该继电器的反时限过电流保护的动作电流、动作时间及电流速断保护的速断电流倍数。

解 1）过电流保护的动作电流整定：取 $K_{\text{rel}}=1.3$，而 $K_{\text{w}}=1$，$K_{\text{re}}=0.8$，

$K_{\text{i}}=100/5=20$，$I_{\text{L}\cdot\max}=2L_{\text{1N}\cdot\text{T}}=2\times1000\text{kV}\cdot\text{A}/(\sqrt{3}\times10\text{kV})=115.5\text{A}$，故

$$I_{\text{OP}}=\frac{1.3\times1}{0.8\times20}\times115.5\text{A}=9.38\text{A}$$

动作电流 I_{OP} 整定为 9A。

2）过电流保护动作时间的整定：考虑此为终端变电所的过电流保护，故其 10 倍动作电流的动作时间整定为最小值 0.5s。

3）电流速断保护速断电流的整定：取 $K_{\text{rel}}=1.5$，而 $I_{k\cdot\max}=13\text{kA}\times\dfrac{0.4\text{kV}}{10\text{kV}}=520\text{A}$

$$I_{\text{qb}}=\frac{1.5\times1}{20}\times520\text{A}=39\text{A}$$

因此速断电流倍数整定为

$$n_{\text{qb}}=39/9\approx4.3$$

3. 变压器的过负荷保护

变压器的过负荷保护是用来反应变压器正常运行时出现的过负荷情况，只在变压器确有过负荷可能的情况下才予以装设，一般动作于信号。

变压器的过负荷在大多数情况下都是三相对称的，因此过负荷保护只需要在一相上装一个电流继电器。在过负荷时，电流继电器动作，再经过时间继电器给予一定延时，最后接通信号继电器发出报警信号。

过负荷保护的动作电流按躲过变压器额定一次电流 $I_{\text{1N}\cdot\text{T}}$ 来整定，其计算公式为

$$I_{\text{OP(OL)}}=\frac{(1.2\sim1.25)I_{\text{1N}\cdot\text{T}}}{K_{\text{i}}}\tag{6-24}$$

式中，K_{i} 是电流互感器的电流比。动作时间一般取为 10～15s。

图 6-32 为变压器的定时限过电流保护、电流速断保护和过负荷保护的综合电路，全部继电器均为电磁式。

四、变压器的瓦斯保护

变压器的瓦斯保护是保护油浸变压器内部故障的一种基本的保护。瓦斯继电器装在变压器油箱和油枕之间的连通管上，当油浸式变压器内部发生短路故障时，由于绝缘油和其他绝缘材料受热分解而产生气体，因此利用这种气体的变化情况使继电器动作来做变压器内部故障的保护。

1. 瓦斯继电器的结构和工作原理

瓦斯继电器主要有浮筒式和开口杯式两种结构，现在一般采用开口杯式。图 6-33 为 FJ-80 型开口杯式瓦斯继电器的结构示意图。

为了保证油箱内产生的气体能够顺畅地通过瓦斯继电器排向油枕，除了连通管对变压器

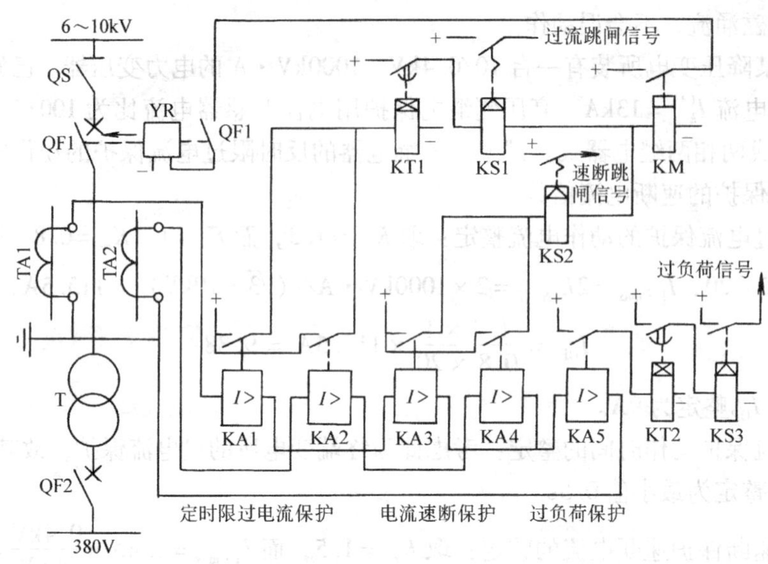

图 6-32　变压器的定时限过电流保护、电流速断保护和过负荷保护的综合电路

油箱顶盖已有 2% ~4% 的倾斜度外，在安装时变压器对地平面应取 1% ~1.5% 的倾斜度，如图 6-34 所示。

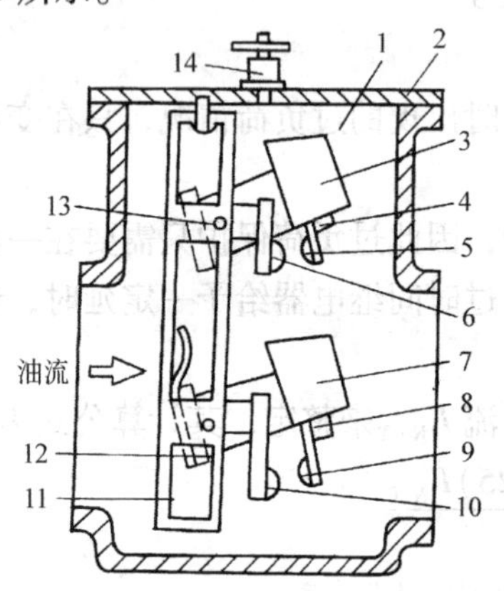

图 6-33　FJ-80 型瓦斯继电器的结构示意图

1—容器　2—盖板　3—上油杯　4、8—永久磁铁　5—上动触头　6—上静触头　7—下油杯　9—下动触头　10—下静触头　11—支架　12—下油杯平衡锤　13—上油杯转轴　14—放气阀

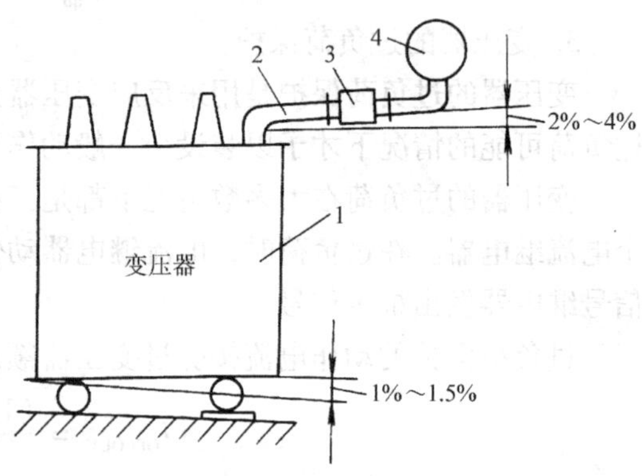

图 6-34　瓦斯继电器在变压器上的安装示意图

1—变压器油箱　2—连通管　3—瓦斯继电器　4—油枕

图 6-35 为瓦斯继电器动作说明。当变压器正常工作时，瓦斯继电器内的上下油杯都是充满油的，油杯因其平衡锤的作用而升高，如图 6-35a 所示，它的上下两对触头都是断开的。

当变压器内发生轻微故障时，由故障引起的少量气体慢慢升起，沿着连通管进入并积聚于瓦斯继电器内，当气体积聚到一定程度时，由于气体的压力而使油面下降，上油杯因其中盛有残余的油而使其力矩大于另一端平衡锤的力矩而降落，如图 6-35b 所示，从而使上触头接通变电所控制室的信号回路，发出轻瓦斯信号（轻瓦斯动作）。

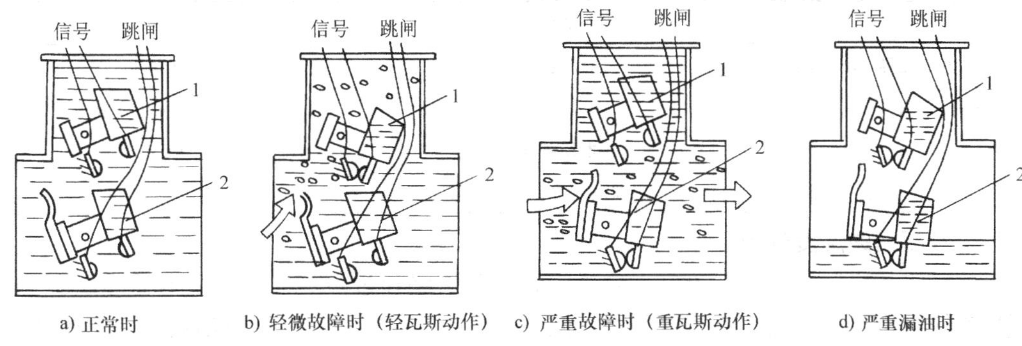

图 6-35 瓦斯继电器动作说明

1—上开口油杯 2—下开口油杯

当变压器内部发生严重故障时，被分解的变压器油和其他有机物将产生大量气体，使得变压器内部压力剧增，迫使大量气体带动油流迅猛地从连通管通过瓦斯继电器进入油枕。在油流的冲击下，继电器下部的挡板被掀起，使下油杯降落，如图 6-35c 所示，从而使下触头接通跳闸回路，同时通过信号继电器发出灯光和音响信号（重瓦斯动作）。

如果变压器的油箱漏油，使得瓦斯继电器内的油慢慢流尽，如图 6-35d 所示，先是上油杯降落，发出报警信号，最后下油杯降落，使断路器跳闸，切除变压器。

2. 变压器瓦斯保护的结线

图 6-36 是变压器瓦斯保护的原理电路图。当变压器内部发生轻微故障时，瓦斯继电器 KG 的上触头 1—2 闭合，作用于报警信号。当变压器内部发生严重故障时，KG 的下触头 3—4 闭合，经中间继电器 KA 作用于断路器 QF 的跳闸线圈 YR，使断路器跳闸，同时 KS 发出跳闸信号。KG 的下触头 3—4 闭合时，也可以用连接片 XB 切换位置，串接限流电阻 R，只给出报警信号。

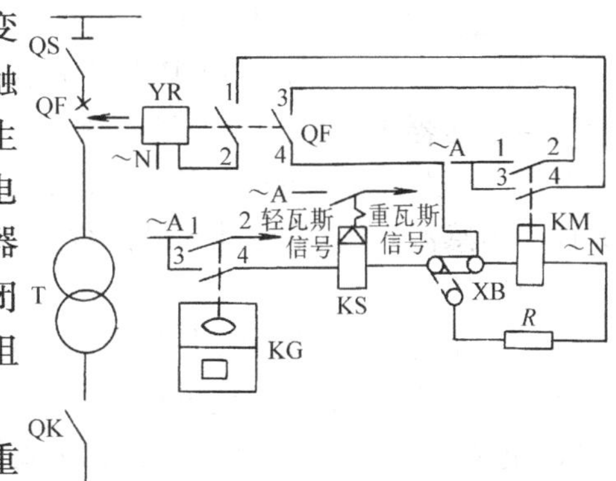

图 6-36 变压器瓦斯保护原理电路图

T—电力变压器 KG—瓦斯继电器

KS—信号继电器 KM—中间继电器

QF—高压断路器 YR—断路器线圈

XB—连接片 R—限流电阻

由于瓦斯继电器 KG 的下触头 3—4 在发生严重故障时可能有“抖动”（接触不稳定）现象，因此，为使断路器可靠跳闸，特利用中间继电器 KA 的触头 1—2 作“自保持”（自锁）触头。只要 KG 的下触头 3—4 一闭合，KM 就动作，并借其上触头 1—2 的闭合而使其处于自保持状态。KG 的下触头 3—4 闭合后使断路器 QF 跳闸，断路器 QF 跳闸后，其辅助触头 QF1—2 断开跳闸回路，QF3—4 则断开中间继电器 KM 的自保持（自锁）回路，使中间继电器返回。

3. 变压器瓦斯保护动作后的故障分析

变压器瓦斯保护装置动作后，可由蓄积于瓦斯继电器内的气体的物理化学性质来分析和判断故障的原因及处理要求，如表 6-1 所列。

表 6-1　瓦斯继电器动作后的气体分析和处理要求

气体的性质	故障原因	处理要求
无色，无臭，不可燃	油箱内含有空气	允许继续运行
灰白色，有剧臭，可燃	纸质绝缘烧毁	应立即停电检修
黄色，难燃	木质绝缘烧毁	应立即停电检修
深灰或黑色，易燃	油内闪络，油质碳化	应分析油样，必要时停电检修

五、变压器的温度保护

当油浸式变压器的冷却系统发生故障或者外部短路和过负荷时，变压器的油温将升高，从而加速绝缘材料的老化，缩短变压器的使用寿命，并可能引发变压器油箱内部的故障。变压器油温越高，油的劣化速度越快，绕组及其他绝缘材料的老化也越快，变压器的使用年限越短。因此，《变压器运行规程》规定：上层油温最高允许值为 95℃，正常时不应超过 85℃。环氧树脂浇注的干式变压器没有油，其散热条件比油浸式变压器更差，温度过高将使其绕组绝缘加速老化。

1. 温度保护的配置

为了保证变压器的安全运行，容量在 1000kV · A 及以上的油浸式变压器均应装设温度保护；对于车间内变电所，容量在 315kV · A 以上的变压器，通常都要装设温度保护；对于一般的变电所，容量在 800kV · A 及以上的变压器，都应装设温度保护。温度保护一般作用于信号。

2. 温度继电器的结构及其工作原理

温度保护的主要元件是温度继电器 KT，一般可由变压器生产厂成套提供。图 6-37 为常用的电接点压力式温度继电器的结构图，它由受热元件（传感器）1、温度计 3 及附件组成，按流体压力计的原理工作。

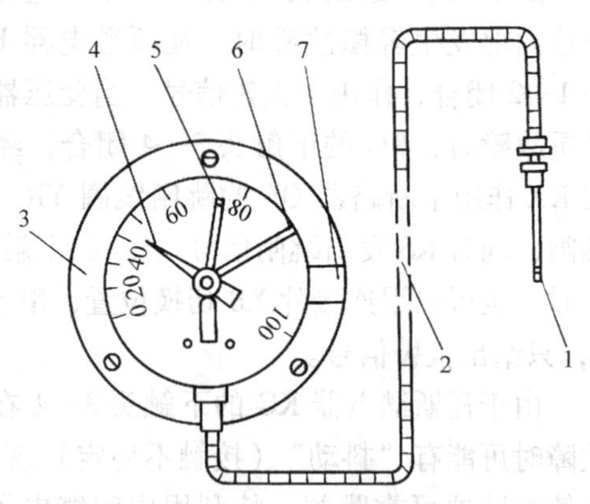

图 6-37　电接点压力式温度继电器的结构图

1—受热元件　2—铜连接管　3—温度计
4—可动指针（黑色）　5—定位指针①（黄色）
6—定位指针②（红色）　7—接线盒

温度计是一只灵敏的流体压力表，有一只可动指针（黑色 4）和两只定位指针（分别为黄色 5 和红色 6）。铜连接管内充有乙醚（或氯甲烷、丙酮等）液体。受热元件插在变压器油箱顶盖的温度测孔中。

当变压器油温升高时，受热元件 1 温度升高使铜连接管 2 中的液体膨胀，温度计 3 中的压力增大，可动指针 4 向指示温度升高的顺时针方向转动。当可动指针 4 与事先定位的指针 5 接触时，发出预告信号并开启变压器冷却风扇。如果经强迫风冷后变压器油温降低，则可动指针逆时针转动，冷却电扇停止工作，信号消除；如果变压器油温继续升高，当可动指针 4 顺时针转动到与定位指针 6 接触，则接通了断路器跳闸回路，使断路器跳闸，并发出音响和灯光信号。

3. TTC-300 系列温度控制系统

由广东顺德特种变压器厂生产的环氧树脂浇注 SC（B）9 系列 10kV 级干式变压器，容量可为 30～2500kV·A。其配套的 TTC-300 系列温度控制系统，以 PTC 热敏电阻和铂电阻（Pt100）为发热元件（传感器），分别测量各相绕组和铁心的温度，并兼具测温和控温功能。其温控器的主要功能有：三相绕组温度巡检和最高值显示；自动开、停单相风机；超温报警，超温跳闸触头输出（常开、常闭触头各有 1～2 对）；仪表故障自检，传感器故障报警；铁心温度监测，铁心超温报警等。它还具有传输距离可达 1200m 的 RS232C 计算机接口，并自带计算机温度监控软件。

思 考 题

6-1　对继电保护装置有哪些基本要求？什么叫选择性动作？什么叫灵敏性和灵敏系数？

6-2　电磁式电流继电器、时间继电器、信号继电器和中间继电器各在保护装置中作什么用？各采用什么文字符号和图形符号？

6-3　什么叫继电器的动作电流、返回电流和返回系数？返回系数的大小表征继电器的什么性能？

6-4　感应式电流继电器由哪两部分元件组成？各有何动作特性？

6-5　感应式电流继电器的动作电流如何调节？动作时间如何调节？速断电流如何调节？什么叫“10倍动作电流动作时间”？什么叫“速断电流倍数”？

6-6　什么叫保护装置的结线系数？三相短路时，两相两继电器式（两相电流差）结线的结线系数为多少？两相一继电器式结线的结线系数又为多少？试画出相量图来说明。

6-7　如图 6-38 所示为两相一继电器式结线和两相两继电器式结线，试分析它们能否用于相间短路保护？

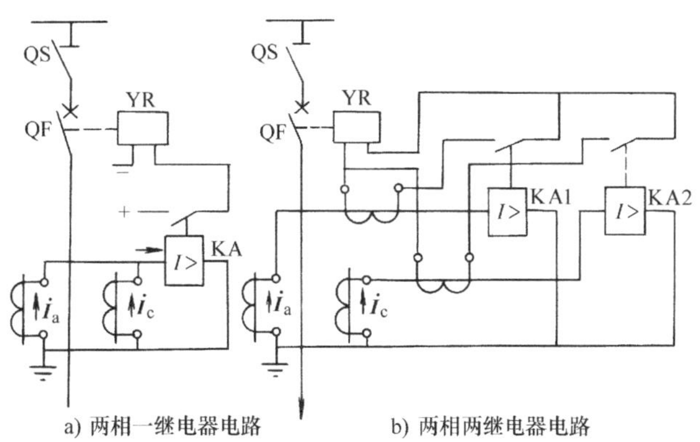

图 6-38　思考题 6-7 的过电流保护电路

6-8　图 6-17 利用电流继电器常闭触头“去分流跳闸”的过电流保护线路结线方案有何不妥之处？为什么在实际应用中采用图 6-20 所示的结线方案？

6-9　带时限过电流保护的动作时间如何整定？时间级差考虑了哪些因素？

6-10　带时限过电流保护的动作电流如何整定？为什么要求继电器的动作电流和返回电流均应躲过线路的最大负荷电流？

6-11　什么叫低电压闭锁的过电流保护？在什么情况下采用？

6-12　电流速断保护的动作电流如何整定？电流速断保护为什么会出现“死区”？如何弥补？

6-13　采用零序电流互感器作单相接地保护时，电缆头的接地线为什么一定要穿过零序电流互感器的铁心后接地？绝缘监察装置与单相接地零序过电流保护装置两者各有哪些特点？各适用于什么情况？

6-14　电力变压器通常应设哪些保护？

6-15 对变压器低压侧单相短路进行保护有哪些方法?

习 题

6-1 某高压线路，采用两相两继电器式结线的去分流跳闸原理的反时限过电流保护装置，电流互感器的电流比为250/5，线路最大负荷电流（含尖峰电流）为220A，首端三相短路电流有效值为5.1kA，末端三相短路电流有效值为1.9kA。试整定计算其采用GL-15型电流继电器的动作电流和速断电流倍数，并检验其过电流保护和速断保护的灵敏度。

6-2 现有前后两级反时限过电流保护，均采用GL-25型过电流继电器，前一级按两相两继电器结线，后一级按两相一继电器结线，后一级过电流保护动作时间（10倍动作电流）已整定为0.5s，动作电流为8A，前一级继电器的动作电流已整定为4A，前一级电流互感器的电流比为300/5，后一级电流互感器的电流比为200/5，后一级线路首端的三相短路电流有效值为1kA。试整定前一级继电器的动作时间。

6-3 某10/0.4kV、630kV·A配电变压器的高压侧，拟装设GL-15型电流继电器组成的两相一继电器式反时限过电流保护，已知变压器高压侧短路电流 $I_{k-1}^{(3)}=1.7\text{kA}$，低压侧短路电流 $I_{k-2}^{(3)}=13\text{kA}$，高压侧电流互感器电流比为200/5。试整定此继电器的动作电流、速断电流倍数及动作时间，并检验其灵敏度（变压器的最大负荷电流建议取为变压器额定一次电流的2倍）。

第七章　供配电系统的二次回路与自动装置

本章首先介绍二次回路的基本概念及其操作电源，然后讲述高压断路器的控制回路和信号系统以及绝缘监察装置和测量仪表，接着简介供配电系统的自动装置，最后介绍二次回路接线图绘制及变配电所综合自动化的基本知识。

第一节　供配电系统的二次回路及其操作电源

供配电系统或变配电所的二次回路，是指用来控制、指示、监测和保护一次电路运行的电路，亦称“二次电路”或“二次系统”，包括控制系统、信号系统、监测系统及继电保护和自动装置等。

二次回路按电源性质分，有直流回路和交流回路。交流回路又分交流电流回路和交流电压回路。交流电流回路由电流互感器供电，交流电压回路由电压互感器供电。

二次回路按其用途分，有断路器控制（操作）回路、信号回路、测量回路、继电保护回路和自动装置回路等。

二次回路的操作电源是指供电给继电保护装置及其所作用的断路器操动机构的电源。

对操作电源的要求，主要是它不应受供电系统运行情况的影响，在供电系统发生故障时，它应能保证继电保护装置和断路器可靠地动作，并且当断路器合闸时有足够的功率。

二次回路的操作电源，分直流和交流两大类。直流操作电源有由蓄电池组供电的电源和由整流装置供电的电源两种。

1. 直流操作电源

过去多采用铅酸蓄电池组或带电容储能的硅（或晶闸管）整流装置，现多采用镉镍蓄电池组。

(1) 铅酸蓄电池组　优点是它与交流的供电系统无直接联系，不受供电系统运行情况的影响，工作可靠。缺点是设备投资大，还需设置专门的蓄电池室，且有较大的腐蚀性，运行维护也相当麻烦。现在一般工业与民用建筑的变配电所已很少采用。

(2) 镉镍蓄电池组　优点是除不受供电系统运行情况影响、工作可靠外，还有大电流放电性能好，比功率大，机械强度高，使用寿命长，腐蚀性小，而且它是装在专用屏内，无需设蓄电池室，降低了土建投资，运行维护也较简便。现在工业与民用建筑的变配电所中广泛应用。

(3) 电容储能的硅（或晶闸管）整流装置　优点是设备投资更少，并能减少运行维护工作量。缺点是电容器有漏电问题且易损坏，因此其工作可靠性不如镉镍蓄电池，但在旧设备改造中有时还采用。

图 7-1 是一种硅整流电容储能式直流电源系统的结线图。正常运行时，利用电容器充电蓄能。当供电系统发生故障时，由硅整流供电的直流电源母线电压可能严重下降，此时电容器即可对继电保护和跳闸回路放电，使其仍能正常动作。

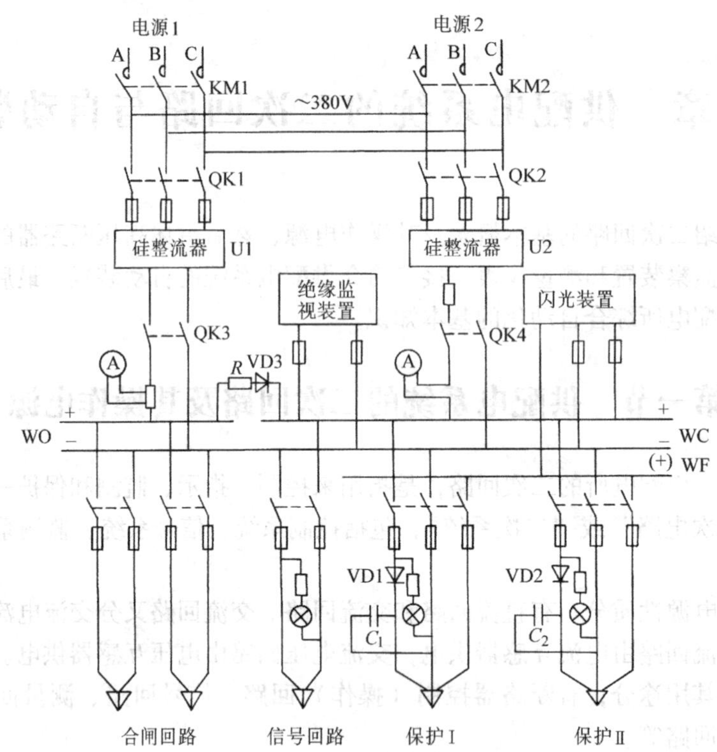

图 7-1　硅整流电容储能式直流电源系统的结线图

C_1、C_2—储能电容器　WC—控制小母线

WF—闪光信号小母线　WO—合闸小母线

为了保证直流操作电源的可靠性，采用两个交流电源和两台硅整流器。硅整流器 U1 主要用作断路器合闸电源，并可向控制回路供电。硅整流器 U2 的容量较小，仅向控制回路供电。逆止元件 VD1 和 VD2 的主要作用：一是当直流电源电压因交流供电系统电压降低而降低时，使储能电容 C_1、C_2 所储电能仅用于补偿自身所在的保护回路，而不向其他元件放电。二是限制 C_1、C_2 向各断路器控制回路中的信号灯和重合闸继电器等放电，以保证其所供电的继电保护和跳闸线圈可靠动作。逆止元件 VD3 和限流电阻 R 接在两组直流母线之间，使直流合闸母线 WO 只向控制小母线 WC 供电，防止断路器合闸时硅整流器 U2 向合闸母线 WO 供电。R 用来限制控制回路短路时通过 VD3 的电流，以免 VD3 烧毁。储能电容器 C_1 用于对高压线路的继电保护和跳闸回路供电，而储能电容器 C_2 用于对其他元件的继电保护和跳闸回路供电。储能电容器多采用比容量大的电解电容器，其容量应能保证继电保护和跳闸回路可靠地动作。

该直流系统的可靠性与储能电容器能否长期正常工作有关，在实际使用时，储能电容器组还应设检查装置。并且，当检查时，部分储能电容器仍能满足正常工作的要求。

2. 交流操作电源

对采用交流操作的断路器，应采用交流操作电源。相应地，所有保护继电器、控制设备、信号装置及其他二次元件均采用交流形式。

交流操作电源分电流源和电压源两种。电流源取自电流互感器，主要供电给继电保护和跳闸回路。电压源取自变配电所的所用变压器或电压互感器，通常所用变压器作为正常工作电源，而电压互感器容量小，只能用于小型工业与民用建筑的变配电所。在电压互感器二次侧安装一只100/220V的隔离变压器就可取得供给控制和信号回路的交流操作电源。

高压断路器跳闸回路的操作电源（在第六章第三节中已讲到），常见的有去分流跳闸式（见图6-17）和直接动作式（见图6-18）。

采用交流操作电源，可以使二次回路大大简化，投资大大减少，而且工作可靠，维护方便，但是不适用比较复杂的继电保护、自动装置及其他二次回路。交流操作电源广泛用于中小型变配电所中断路器采用手动操作或弹簧储能操作及继电保护采用交流操作的场合。

按JGJ 16—2008《民用建筑电气设计规范》5.5.1.3规定：“采用交流操作且容量能满足时，供操作、控制、保护、信号等的所用电源宜引自电压互感器”。该规范5.5.1.4还规定：“采用电磁操动机构且仅有一路所用电源时，应专设所用变压器作为所用电源，并应接在电源进线开关的进线端”。

第二节　断路器的控制回路和信号系统

一、概述

断路器的控制回路就是控制（操作）断路器分、合闸的回路。它与所采用断路器操动机构的形式和操作电源的类别密切相关。高压断路器的操动机构有手力式、电磁式和弹簧式等形式；操作电源有直流和交流两类。电磁式操动机构只能采用直流操作电源，手力式操动机构和弹簧式操动机构一般采用交流操作电源。

断路器的信号系统是用来指示一次设备运行状态的二次系统。按用途分，有断路器位置信号、事故信号和预告信号。断路器的位置信号用来显示断路器正常工作时的位置状态。一般用红灯亮表示断路器在合闸位置；用绿灯亮表示断路器在分闸位置。事故信号用来显示断路器在事故情况下的工作状态，一般用红灯闪光表示断路器自动合闸；用绿灯闪光表示断路器自动跳闸。此外还有事故音响信号和光字牌等。预告信号是在一次设备出现不正常工作状态时或故障初期发出报警信号，例如变压器过负荷或轻瓦斯动作时，就发出区别于事故音响信号的另一种预告音响信号，同时光字牌亮，指示出故障的性质和地点，值班人员可根据预告信号及时处理。

对高压断路器的控制回路及其信号系统有下列主要要求：

1）应能监视控制回路保护装置（如熔断器）及其分、合闸回路的完好性，以保证断路器的正常工作，通常采用灯光监视的方式。

2）分闸或合闸完成后应能使其命令脉冲解除，即能切断分闸或合闸的电源。

3）应能指示断路器正常分、合闸的位置状态，并在自动合闸和自动跳闸时有明显的指示信号。

4）各断路器应有事故跳闸信号，事故跳闸信号回路应按“不对应原理”结线。当断路器采用手力式操动机构时，利用手力式操动机构的辅助触头与断路器的辅助触头构成“不对应”关系，即操动机构（手柄）在合闸位置而断路器已跳闸时，发出事故跳闸信号。当断路器采用电磁式操动机构或弹簧式操动机构时，则利用控制开关的触头与断路器的辅助触头构成“不对应”关系，即控制开关（手柄）在合闸位置而断路器已跳闸时，发出事故跳闸信号。

5）对有可能出现不正常工作状态的设备，应装设预告信号，预告信号应能使控制室或值班室的中央信号装置发出音响或灯光信号，并能指示故障地点和性质。一般预告音响信号用电铃，而事故音响信号用电笛，以示区别。

二、采用手力式操动机构的断路器控制回路及其信号系统

图 7-2 为采用手力式操动机构的控制回路及其信号系统。合闸时，推上手力式操动机构的操作手柄使断路器合闸。这时断路器的辅助触头 QF3—4 闭合，红灯 RD 亮，指示断路器在合闸位置（注意：YR 虽通电，但由于 RD 和 R_2 的限流，不会动作）。红灯 RD 亮还表明跳闸线圈 YR 回路及控制回路的熔断器 FU1、FU2 是完好的，即红灯 RD 同时起着监视跳闸回路完好性的作用。在合闸同时，QF1—2 断开，绿灯 GN 灭。

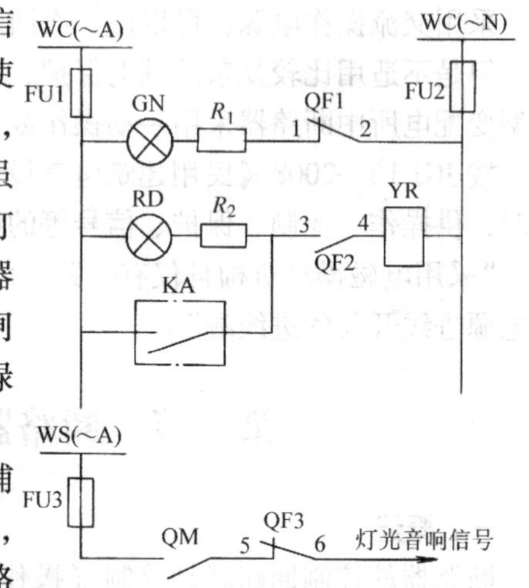

图 7-2 采用手力式操动机构的断路器控制回路及其信号系统

WC—控制小母线 WS—信号小母线 FU1 ~ FU3—熔断器 YR—跳闸线圈（脱扣器） GN—绿色信号灯 RD—红色信号灯 R_1、R_2—限流电阻 KA—继电保护装置出口继电器触头 QF1 ~ 6—断路器辅助触头 QM—手力式操动机构辅助触头

分闸时，扳下操作手柄使断路器跳闸。断路器辅助触头 QF3—4 断开，红灯 RD 灭，并切除跳闸电源，同时辅助触头 QF1—2 闭合，绿灯 GN 亮，指示断路器在分闸位置。绿灯 GN 亮还表明控制回路的熔断器 FU1、FU2 是完好的，即绿灯 GN 也同时起着监视本回路完好性的作用。

在断路器正常操作分、合闸时，由于操动机构辅助触头 QM 与断路器辅助触头 QF5—6 总是同时切换的，因此事故信号回路总是不通，不会错误地发出事故信号。

当一次电路发生短路故障时，继电保护装置动作，其出口继电器 KA 闭合，接通跳闸线圈 YR 的回路（QF3—4 原已闭合），使断路器跳闸。随后 QF3—4 断开，使红灯 RD 灭，并切断跳闸电源，同时 QF1—2 闭合，使绿灯 GN 亮。这时操动机构的手柄虽然还在合闸位置，但跳闸指示牌掉下，表示断路器自动跳闸。同时事故跳闸信号回路接通，此事故信号回路是按“不对应原理”接线的。由于操作机构仍在合闸位置，其辅助触头 QM 闭合，而断路器实际已跳闸，其辅助触头 QF5—6 也闭合，因此事故信号回路接通，发出音响和灯光信号。在值班员得知事故信号后，可将操作手柄扳向分闸位置，这时跳闸信号牌返回，事故信号也立即消除。

控制回路中的电阻 R_1、R_2 是限流电阻，用来防止红、绿指示灯的灯座短路造成断路器误跳闸，或引起控制回路短路。

三、采用电磁式操动机构的断路器控制回路及其信号系统

图 7-3 为采用电磁式操动机构的断路器控制回路及其信号系统，其操作电源采用直流系统。该控制回路采用双向自复式并具有保持触头的 LW5 型万能转换开关，其手柄正常时为垂直位置（0°）。顺时针扳转 45°，为合闸（ON）操作，手松开即自动返回，但仍保持合闸

状态。逆时针扳转45°，为分闸（OFF）操作，手松开也自动返回，但仍保持分闸状态。图中虚线上打黑点（·）的触头，表示在此位置时触头接通，而在虚线上标出的箭头（→），则表示控制开关手柄自动返回的方向。

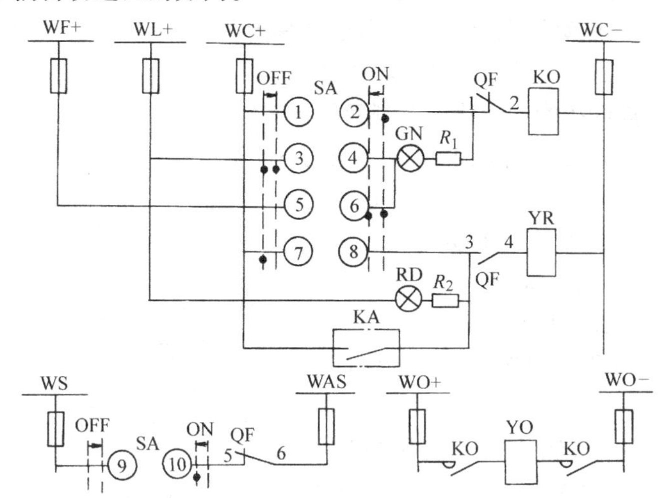

图7-3 采用电磁式操动机构的断路器控制回路及其信号系统

WC—控制小母线 WL—灯光指示小母线 WF—闪光信号小母线 WS—信号小母线 WAS—事故信号小母线 WO—合闸小母线 SA—控制开关 KO—合闸接触器 YO—电磁合闸线圈 YR—跳闸线圈 KA—保护装置出口继电器触头 QF1～6—断路器辅助触头 GN—绿色信号灯 RD—红色信号灯 ON—合闸操作方向 OFF—分闸操作方向

合闸时，将控制开关SA手柄顺时针扳转45°，这时其触头1—2接通，合闸接触器KO通电（其中QF1—2原已闭合），其主触头闭合，使电磁合闸线圈YO通电，断路器合闸。合闸完成后，控制开关SA自动返回，其触头1—2断开，断路器辅助触头QF1—2也断开，绿灯GN灭，并切断合闸电源；同时QF3—4闭合，红灯RD亮，指示断路器在“合闸后”位置，并监视跳闸回路的完好性。

分闸时，将控制开关SA手柄逆时针扳转45°，这时其触头7—8接通，跳闸线圈YR通电（其中QF3—4原已闭合），使断路器跳闸。跳闸完成后，控制开关SA自动返回，其触头7—8断开，断路器辅助触头QF3—4也断开，红灯RD灭，并切断跳闸电源；同时SA的触头3—4闭合，QF1—2也闭合，绿灯GN亮，指示断路器在“分闸后”位置，并监视合闸回路的完好性。

由于红绿指示灯兼起监视分、合闸回路完好性的作用，长期投入工作，耗电较多。为了使电路安全可靠，因此这种回路设有灯光指示小母线WL（+），专用来为红绿指示灯供电。

当一次电路发生短路故障时，保护装置动作，其出口继电器触头KA闭合，接通跳闸线圈YR回路（其中QF3—4原已闭合），使断路器跳闸。随后QF3—4断开，红灯RD灭，并切断跳闸电源；同时QF1—2闭合，SA在“合闸后”位置，其触头5—6也闭合，因而接通闪光电源WF+，使绿灯GN闪光，表示断路器已自动跳闸。由于SA仍在“合闸后”位置，其触头9—10闭合，而断路器已跳闸，其触头QF5—6也闭合，因此事故音响信号回路接通，发出事故跳闸的音响信号。值班人员得此信号后，可将控制开关SA的手柄扳向“分闸”位置（逆时针旋转45°后松开让它返回），使SA的触头与QF的辅助触头恢复“对应”

关系，全部事故信号立即解除。

实际使用时，断路器的控制回路还应具有“防跳”功能。所谓“防跳”，就是防止断路器的控制开关（例如图7-3中的SA）在合闸位置而线路上又存在永久性短路故障时，断路器反复跳闸、合闸的“跳动”现象。断路器的“跳动”极易损坏其接触系统和灭弧装置，导致故障扩大，因此应采取“防跳”措施予以防止。

四、采用弹簧式操动机构的断路器控制回路及其信号系统

弹簧式储能操动机构是一种比较新型的操动机构，它利用预先储能的合闸弹簧释放能量，使断路器合闸。合闸弹簧由电动机带动（也可手动储能），多为交直流两用电动机，且功率很小（10kV及以下断路器用的只有几百瓦），弹簧操动机构的出现，为变电所采用交流电动操作创造了条件。

目前国内生产的弹簧储能操动机构品种很多，在工业与民用建筑的变配电所内采用较多的是CT7型和CT8型。

CT7型操动机构的弹簧储能电动机采用单相交直流两用的串激电动机，额定功率为369W。操动机构中可安装1~4只脱扣线圈，这种机构能满足交流操作的要求。图7-4为采用CT7型操动机构的断路器控制及其信号系统，控制开关可采用LW5型或LW2型。图中GN、RD分别为断路器分、合闸位置信号指示灯，并兼作监视熔断器及合、分闸回路的完好性。ST1和ST2是储能电动机的行程开关。在合闸弹簧储能完毕时，ST1闭合，保证了在弹簧储能完毕时才能合闸，ST2断开，使电动机在弹簧储能完毕后断电。储能电动机由按钮SB控制，这样控制回路就不需要设置电气“防跳”装置了。事故跳闸回路由控制开关的触头SA9—10与断路器辅助开关的常闭触头QF5—6构成不对应结线。

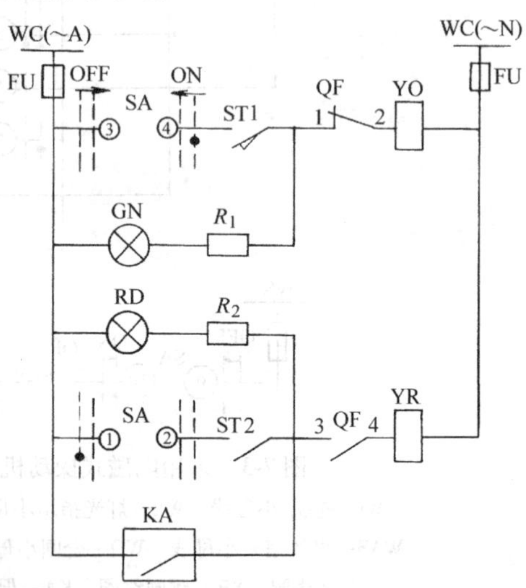

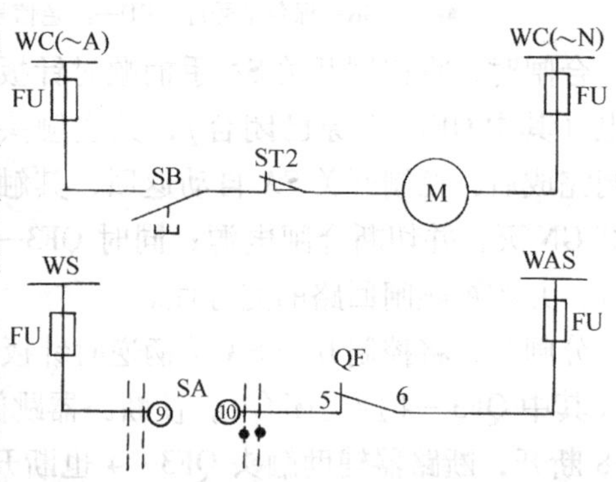

图7-4 采用CT7型弹簧操动机构的断路器控制回路及其信号系统

WC—控制小母线 WS—信号小母线 WAS—事故信号小母线 SB—按钮 GN—绿色信号灯 RD—红色信号灯 YO—合闸电磁线圈 YR—跳闸线圈 QF1~6—断路器辅助触头 ST1、ST2—储能位置开关 M—储能电动机 FU—熔断器

合闸时，首先按下SB，储能电动机M通电（ST2原已闭合），使合闸弹簧储能，储能完毕后，ST2自动断开，切断电动机回路，同时ST1常开触头闭合，为合闸做好准备。

将控制开关SA的手柄扳向合闸位置（ON方向），这时其触头3—4接通，合闸线圈YO通电，弹簧释放，通过传动机构（参见图2-21），使断路器合闸。合闸后，断路器辅助触头QF1—2断开，绿灯GN灭，并切断合闸电源；同时QF3—4闭合，红灯RD亮，指示断路器在合闸位置，并监视跳闸回路的完好性。

分闸时，将控制开关SA的手柄扳向分闸位置（OFF方向），这时其触头1—2接通，跳闸线圈YR通电（其中QF3—4原已闭合），使断路器跳闸。跳闸后，QF3—4断开，红灯RD灭，并切断跳闸电源；同时QF1—2闭合，绿灯GN亮，指示断路器在分闸位置，并监视合闸回路的完好性。

当一次电路发生故障时，保护装置动作，继电器KA触头闭合，接通跳闸线圈YR回路（其中QF3—4原已闭合），使断路器跳闸，随后QF3—4断开，使红灯RD灭，并切断跳闸电源；同时，由于断路器是自动跳闸，SA仍在“合闸后”位置，其触头SA9—10闭合，而断路器已跳闸，QF5—6也闭合，因此事故音响回路接通，发出事故跳闸音响信号。值班人员得知此信号后，可将控制开关扳回“跳闸”位置，使SA触头与QF的触头恢复“对应”关系，解除事故跳闸信号。

读者阅读以上图7-2、图7-3、图7-4时，可对照本节概述中对高压断路器的控制回路及其信号系统的5条主要要求，详细分析。

第三节 绝缘监察装置和测量仪表

一、绝缘监察装置

绝缘监察装置主要用来监视小接地电流系统相对地的绝缘状况。绝缘监察装置可采用三个单相电压互感器和三只电压表接成图2-37c所示的电路，也可采用三个单相三线圈电压互感器或一个三相五芯柱三线圈电压互感器接成图2-37d所示的电路。这类电压互感器二次侧有两组线圈，一组接成星形，在它的引出线上接三只电压表，系统正常运行时，反应各个相电压。在系统发生一相接地时，则对应相的电压表指零，而另两只电压表读数升高到线电压。另一组接成开口三角形（也称辅助二次绕组），构成零序电压过滤器，在开口处接一个过电压继电器。系统正常运行时，三相电压对称，开口三角形两端电压接近于零，继电器不动作。在系统发生一相接地时，接地相电压为零，另两个互差120°的相电压叠加，则使开口处出现近100V的零序电压，使电压继电器动作，发出报警的灯光和音响信号。

图7-5为装于6～10kV母线的绝缘监察装置及电压测量的原理电路。上述绝缘监察装置能够监察小接地电流系统的对地绝缘，值班人员根据信号和电压表指示可以知道发生了接地故障且知道故障相别，但不能判别是哪一条线路发生了接地故障。如果高压线路较多时，采用这种绝缘监察装置还是不够的。这种装置只适用于线路数目不多，并且允许短时停电的供电系统中。

二、电气测量仪表

电气测量仪表是保证变配电所电气设备安全经济运行的重要设备。通过它，值班人员可以监视各种电气设备的运行情况，了解运行参数（如电压、电流、功率等），及时察觉各种异常现象。同时在电气设备发生事故的情况下，还可以测量和记录事故范围和事故性质等。此外，运行值班人员还可以通过各种记录仪表的指示数据，进行电力负荷的统计、积累技术资料和分析生产技术指标，以便指导运行工作。

为了监视一次设备的运行状况和计量一次系统消耗的电能，保证系统安全可靠和优质经济合理地运行，在工业与民用建筑的变配电装置中必须装设一定数量的电工测量仪表。

电工仪表的类型很多，根据各种仪表的结构、特点以及在供电系统的配置和用途，通常分成电气指示仪表和电能计量仪表。各种仪表的配置、选择应当符合国家标准 GB/T 50063—2008《电力装置的电测量仪表装置设计规范》的规定。

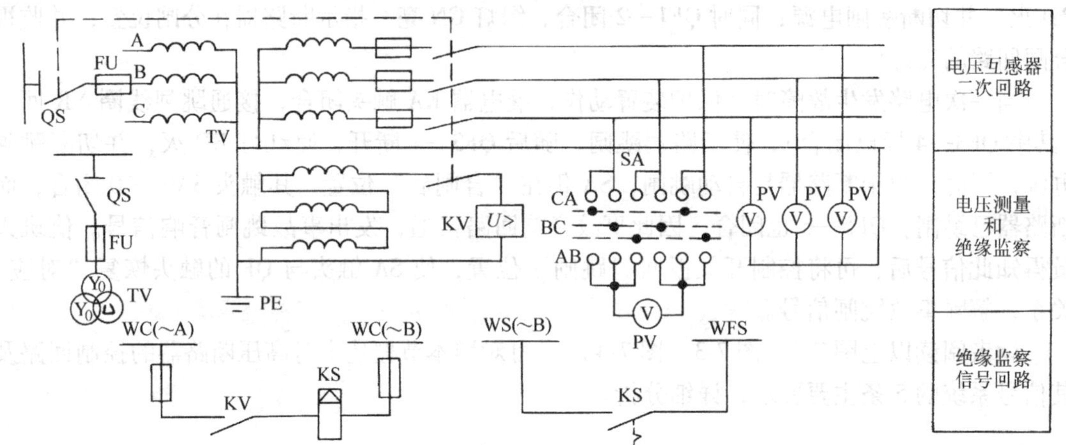

图 7-5　6～10kV 母线的绝缘监察装置及电压测量电路

V—电压互感器（$Y_0/Y_0/$ △结线）　QS—高压隔离开关及辅助触头　SA—电压转换开关　PV—电压表　KV—电压继电器　KS—信号继电器　WC—控制小母线　WS—信号小母线　WFS—预报信号小母线

1. 对电气指示仪表的要求

电气指示仪表，是指固定安装在变配电所仪表屏、控制屏或配电屏（柜）上的反映电力设备运行情况、监视系统绝缘状况以及在事故情况下测量和记录事故范围和事故性质的电工测量仪表。除了要求其测量范围和准确度能满足变配电装置运行监测的要求外，应力求外形美观、便于观测、经久耐用。具体要求如下：

1）交流回路的仪表，其准确度不低于 2.5 级；直流回路的仪表，其准确度不低于 1.5 级。

2）1.5 级和 0.5 级的仪表，应配用准确度不低于 1.0 级的互感器。

3）仪表的测量范围和电流互感器电流比的选择，宜满足电力装置回路以额定条件运行时，仪表的指示在标度尺的 70%～100% 处。对有可能过负荷运行的电力装置回路，仪表的测量范围，宜留有适当的过负荷裕度。对重载起动的电动机和运行中有可能出现短时冲击电流的电力装置回路，宜采用具有过负荷标度尺的电流表。对有可能双向运行的电力装置回路，应采用具有双向标度尺的仪表。

2. 对电能计量仪表的要求

电能计量仪表主要是指计费用的有功电度表和用于技术分析用的有功、无功电度表，按照国家标准，应符合考核技术经济指标和按电价分类合理计费的要求。

1）月平均用电量在 1×10^6kW·h 及以上的电力用户的电能计量点，应采用 0.5 级的有功电度表。而月平均用电量小于 1×10^6kW·h、容量在 315kV·A 及以上的变压器高压侧计量的电力用户电能计量点，应采用 1.0 级有功电度表。容量在 315kV·A 及以下变压器低压侧计量的电力用户电能计量点、75kW 及以上的电动机以及仅作为内部技术经济考核而不计费的线路和电力装置回路，均采用 2.0 级有功电度表。

2）315kV·A 及以上的变压器高压侧计费的电力用户电能计费点和并联电力电容器组，

应采用2.0级的无功电度表。在315kV·A以下的变压器低压侧计费的电力用户电能计量点以及仅作为内部技术经济考核而不涉及计费的线路和电力装置回路，均采用3.0级无功电度表。

3）0.5级的有功电度表，应配用0.2级的互感器。1.0级的有功电度表、2.0级计费用的有功电度表及2.0级的无功电度表，应配用不低于0.5级的互感器。仅作为内部技术经济考核而不计费的有功和无功电度表，均宜配用1.0级的互感器。

3. 变配电装置中各部分仪表的配置

根据《电力装置的电测仪表装置设计规范》（GB/T 50063—2008）的规定，仪表配置要求如下：

1）在电源进线上，必须装设计费用的有功电度表和无功电度表，而且宜采用全国统一标准的电能计量柜，配专用的互感器及连接计费用电度表的互感器，不得接用其他仪表和继电器。

2）每段母线上都必须装设电压表测量电压，并装设绝缘监察装置（对小电流接地系统），如图7-6所示。

3）降压变压器的两侧，均应装设电流表以了解负荷情况。低压侧如为三相四线制，应各相都装电流表，高压侧还应装设有功电度表和无功电度表。

4）6～10kV高压配电线路，应装设一只电流表，了解其负荷情况。如需计量电能，还需装设有功电度表和无功电度表，如图7-6所示。

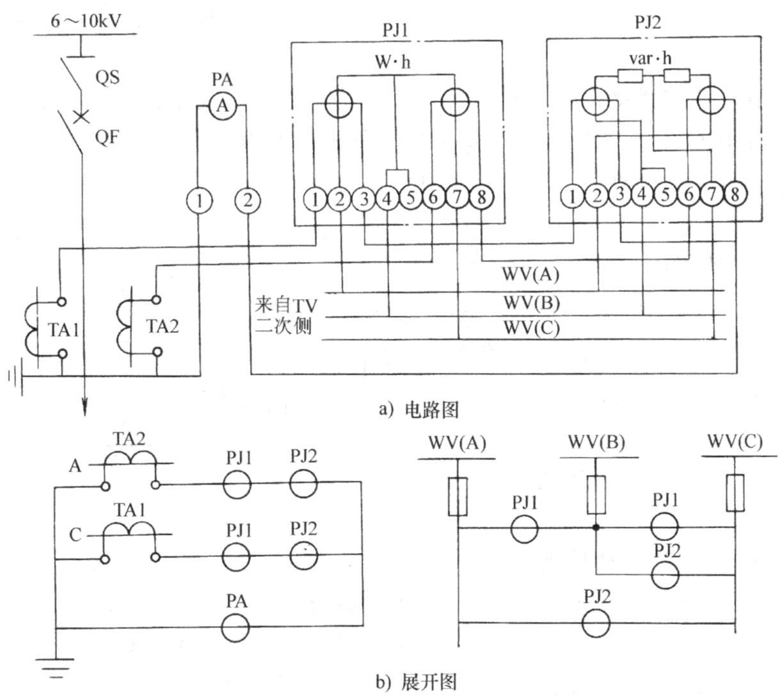

图7-6　6～10kV高压线路电工仪表原理电路

TA1、TA2—电流互感器　TV—电压互感器　PA—电流表

PJ1—三相有功电度表　PJ2—三相无功电度表

5）低压配电线路（三相四线制），一般应装设三只电流表或一只电流表加电流转换开

关，以测量各相电流，特别是照明线路。如为三相负荷平衡的动力线路，可只装一只电流表。如需计量电能，一般应装设三相四线制有功电度表。对负荷平衡线路，可只装一只单相有功电度表，实际电能为其计度的3倍。

6）并联电力电容器电路，应装设三只电流表，以检查三相负荷是否平衡。如需计量无功电能，则需装设无功电度表。

第四节　供配电系统的自动装置

一、电力线路的自动重合闸装置

1. 概述

运行实践表明，电力系统的故障特别是架空线路上的故障大多是暂时性的，这些故障在断路器跳闸后，多数能很快地自行消除。例如雷击闪络或鸟兽造成的架空线路短路故障，在雷闪过后或鸟兽烧死之后，线路大多能恢复正常运行。因此，如采用自动重合闸装置（Auto-Reclosing Device，简称ARD），使断路器在跳闸后，经极短时间又自动重新合闸，就可以大大提高供电可靠性，避免因停电而造成的巨大损失。

自动重合闸装置按其操作方式分，有机械式和电气式：按组成元件分，有机电型和晶体管型；按重合次数分，有一次重合式、二次重合式和三次重合式等。

按照GB50062—2008《继电保护和自动装置设计技术规范》的规定，3kV及以上的架空线路和电缆与架空的混合线路，当用电设备允许且无备用电源自动投入时，应装设自动重合闸装置。

应特别注意：电缆线路一般不装设ARD，因为电缆很少发生暂时性的故障。

供配电系统中采用的ARD，一般是一次重合式，因为一次重合式比较简单经济，而且基本上能满足供电可靠性要求。运行经验证明，ARD的重合成功率随着重合次数的增加而显著降低。对架空线路来说，一次重合成功率可达60%～90%，而二次重合成功率只有15%左右，三次重合成功率仅3%左右。因此一般工业与民用建筑的供配电系统中只采用一次重合闸。

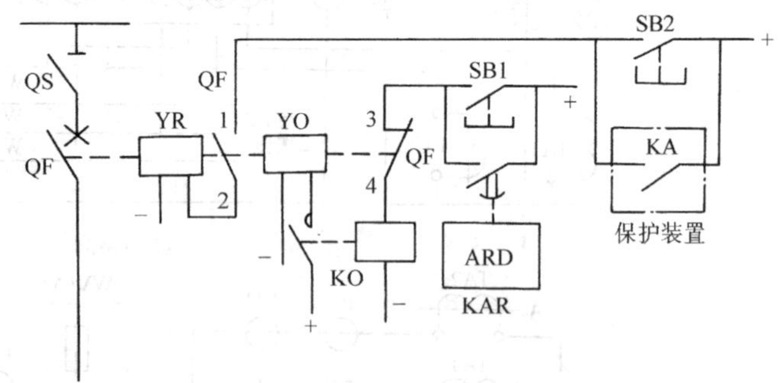

图7-7　一次ARD的原理电路

YR—跳闸线圈　YO—合闸线圈　KO—合闸接触器

KAR—重合闸继电器　KA—保护装置出口继电器

SB1—合闸按钮　SB2—跳闸按钮

机械式ARD适用于采用弹簧式操动机构的断路器；电气式ARD适用于采用电磁式操动机构的断路器。下面仅介绍电气式一次ARD。

2. 电气一次ARD的基本原理和要求

图7-7是说明一次自动重合闸原理的电路图。

（1）手动合闸　按下合闸按钮SB1，使合闸接触器KO通电动作，接通合闸线圈YO的回路，使断路器QF合闸。

（2）手动跳闸　按下跳闸按钮 SB2，接通跳闸线圈 YR 的回路，使断路器 QF 跳闸。

（3）自动重合闸　当线路上发生短路故障时，保护装置动作，其出口继电器触头 KA 闭合，接通跳闸线圈 YR 的回路，使断路器跳闸。断路器跳闸后，其辅助触头 QF3—4 闭合（见图 7-8），同时重合闸继电器 KAR 起动，经短延时后接通合闸接触器 KO 回路，接触器 KO 又接通合闸线圈 YO 回路，使断路器重新合闸，恢复供电。

（4）一般而言 ARD 电路应满足以下基本要求

1）用控制开关或遥控装置将断路器断开时，ARD 不应该动作。

2）一次电路出现故障使断路器跳闸时，ARD 应该动作。但一次 ARD 只应重合一次，因此应有防止断路器多次重合于永久性故障的一次电路上的“防跳”措施。

3）ARD 动作后，应能自动返回，并为下一次动作做好准备。

4）ARD 应与继电保护相配合，使继电保护在 ARD 动作前或动作后加速动作。实际中大多采用重合闸后加速保护装置动作的方案，使 ARD 重合于永久性故障上时，快速断开故障电路，缩短故障时间，减轻对系统的危害。

图 7-8 为采用 DH-3 型重合闸继电器的一次 ARD 原理电路。该电路采用直流操作电源，属于电气式，不对应原理起动，有后加速动作及自动返回功能。限于篇幅，对该电路的详细分析从略。

二、备用电源自动投入装置

1. 概述

在要求供电可靠性较高的工业与民用建筑的变配电所中，通常设有两路及以上的电源进线，有的还设有自备电源或应急电源。在变电所低压侧，有的也设有与相邻变电所相连的低压联络线。若在作为备用电源的线路上装设一种备用电源自动投入装置（Auto-Put-into Device of Reserve-Source，APD），则当工作电源线路突然断电时，利用失电压保护装置使该线路的断路器跳闸，而备用电源线路的断路器则在 APD 作用下迅速合闸，使备用电源投入运行，从而可以大大提高供电可靠性，保证对用户的不间断供电。

2. APD 的基本原理

图 7-9 是备用电源自动投入原理电路图。

（1）正常工作状态　断路器 QF1 合闸，工作电源由 WL1 供电；此时断路器 QF2 断开，电源 WL2 备用。QF1 的辅助触头 QF1（3—4）闭合，时间继电器 KT 动作，其触头是闭合的，但由于 QF1 的另一对辅助触头 QF1（1—2）处于断开状态，因此合闸接触器 KO 不会通电动作。

（2）备用电源自动投入　当工作电源 WL1 断电引起失压保护动作致使断路器 QF1 跳闸时，其辅助触头 QF1（3—4）断开，使时间继电器 KT 断电。其延时断开触头尚未断开前，由于断路器 QF1 的辅助触头 QF1（1—2）闭合，接通合闸接触器 KO 回路，使之动作，接通断路器 QF2 的合闸线圈 YO 回路，使 QF2 合闸，从而使备用电源 WL2 投入运行。在 KT 的延时断开触头经延时断开时，切断 KO 合闸回路。QF2 合闸后，其辅助触头 QF2（1—2）断开，切断 YO 合闸回路。

3. 高压双电源互为备用的 APD 电路示例

图 7-10 和图 7-11 都是高压双电源互为备用的 APD 电路，图 7-10 为按集中表示法绘制，图 7-11 为按分开表示法绘制。其中断路器 QF1、QF2 的控制开关 SA1、SA2 均为 LW2-Z-

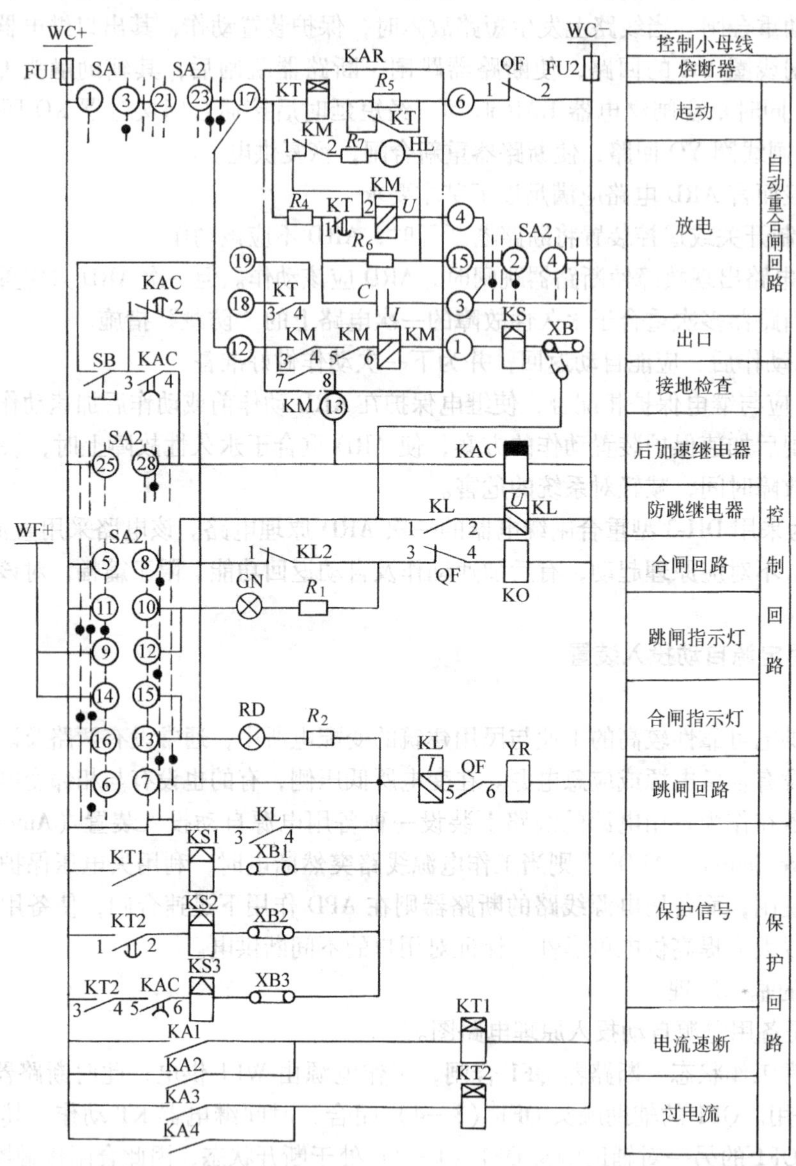

图 7-8　采用 DH-3 型重合闸继电器的一次 ARD 原理电路
WC—控制小母线　WF—闪光信号小母线　FU—熔断器　SA1—选择开关（LW2—1.1/F4—X）　SA2—控制开关（LW2—Z—1a.4.6a.40.20.20.4/F8）　KAR—重合闸继电器（DH-3，220V，0.25A）　KAC—后加速继电器（中间继电器，DZS—145，220V）　KL—防跳（闭锁）继电器（中间继电器，DZB-115，1A，220V）　KS—信号继电器（DX-11/0.25）　KS1～KS3—信号继电器（DX-11/1）　KO—合闸接触器　YR—跳闸线圈　SB—按钮　HL—指示灯　RD—红色信号灯　GN—绿色信号灯　XB—切换片　XB1～XB3—连接片　C—KAR 中电容器　KT—KAR 中时间继电器　KM—KAR 中间继电器（含电压、电流线圈）　R—电阻

1a·4·6a·40·20/F8 型，其触头图表如表 7-1 所示。断路器 QF1、QF2 均配用可实现自动投入的 CT7 型弹簧操作机构

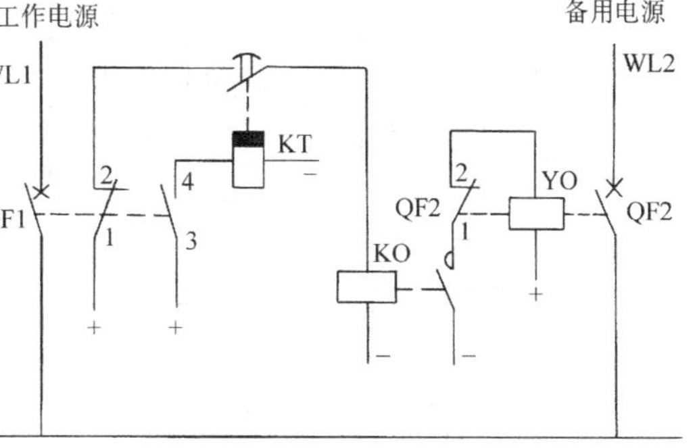

图 7-9　备用电源自动投入原理电路图
WL1—工作电源线路　WL2—备用电源线路
KT—时间继电器　KO—合闸接触器
YO—QF2 的合闸线圈

（1）正常工作状态　电源 WL1 工作，WL2 备用，即断路器 QF1 在合闸位置，QF2 在断开位置（其两侧的隔离开关是闭合的）。正常工作时，TV1 和 TV2 均带电，故 KV1 ~ KV4 均处于动作状态，其常闭触头均断开，从而切断了 APD 起动回路中 KT1 和 KT2 的电源。这时控制开关 SA1 在“合闸后”位置，SA2 在“跳闸后”位置。由表 7-1 可知，SA1（5—8）、SA1（6—7）和 SA2（5—8）、SA2（6—7）均断开，而 SA1（13—16）接通，SA2（13—16）断开。指示灯 RD1（红灯）亮，GN1（绿灯）灭，RD2（红灯）灭，GN2（绿灯）亮。

（2）备用电源自动投入　当工作电源 WL1 失电时，低电压继电器 KV1 和 KV2 动作，其

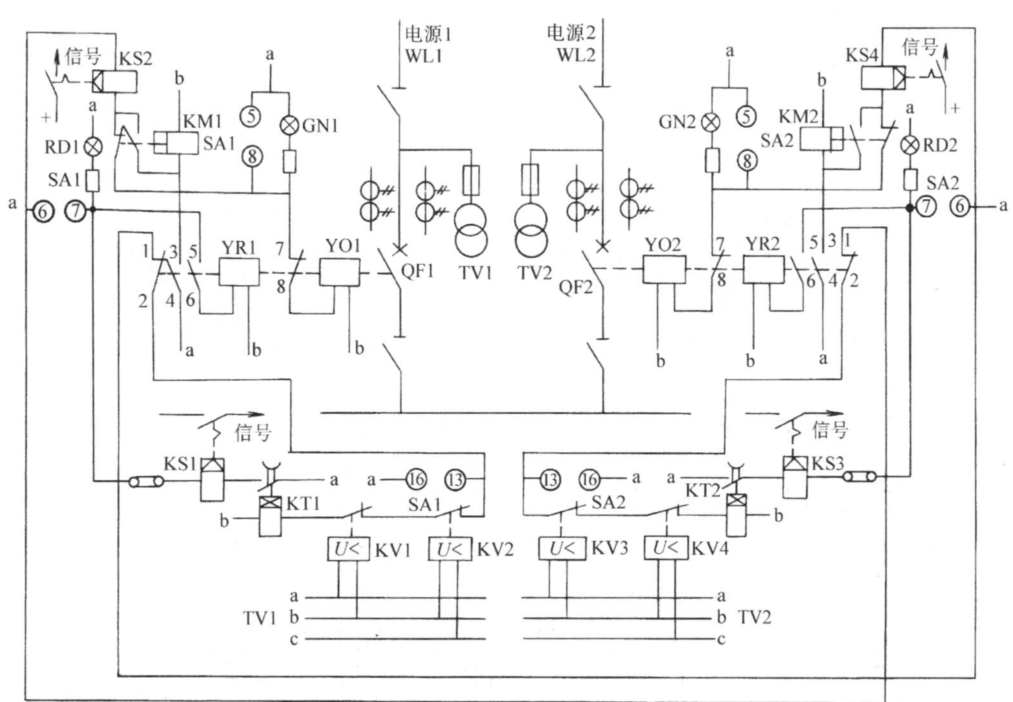

图 7-10　高压双电源互为备用的 APD 电路（集中表示法）
WL1、WL2—电源进线　TV1、TV2—电压互感器（其二次电压小母线的相序为 a、b、c）
SA1、SA2—控制开关（LW2—Z—1a·4·6a·40·20/F8 型，参见表 7-1）
KV1 ~ KV4—低电压继电器（DJ—13/60C）　KT1、KT2—时间继电器（DS—122/220）
KM1、KM2—中间继电器（DZ—52/22、220V）　KS1 ~ KS4—信号继电器（DX—11/1A）
YR1、YR2—跳闸线圈　YO1、YO2—合闸线圈　RD1、RD2—红色指示灯　GN1、GN2—绿色指示灯

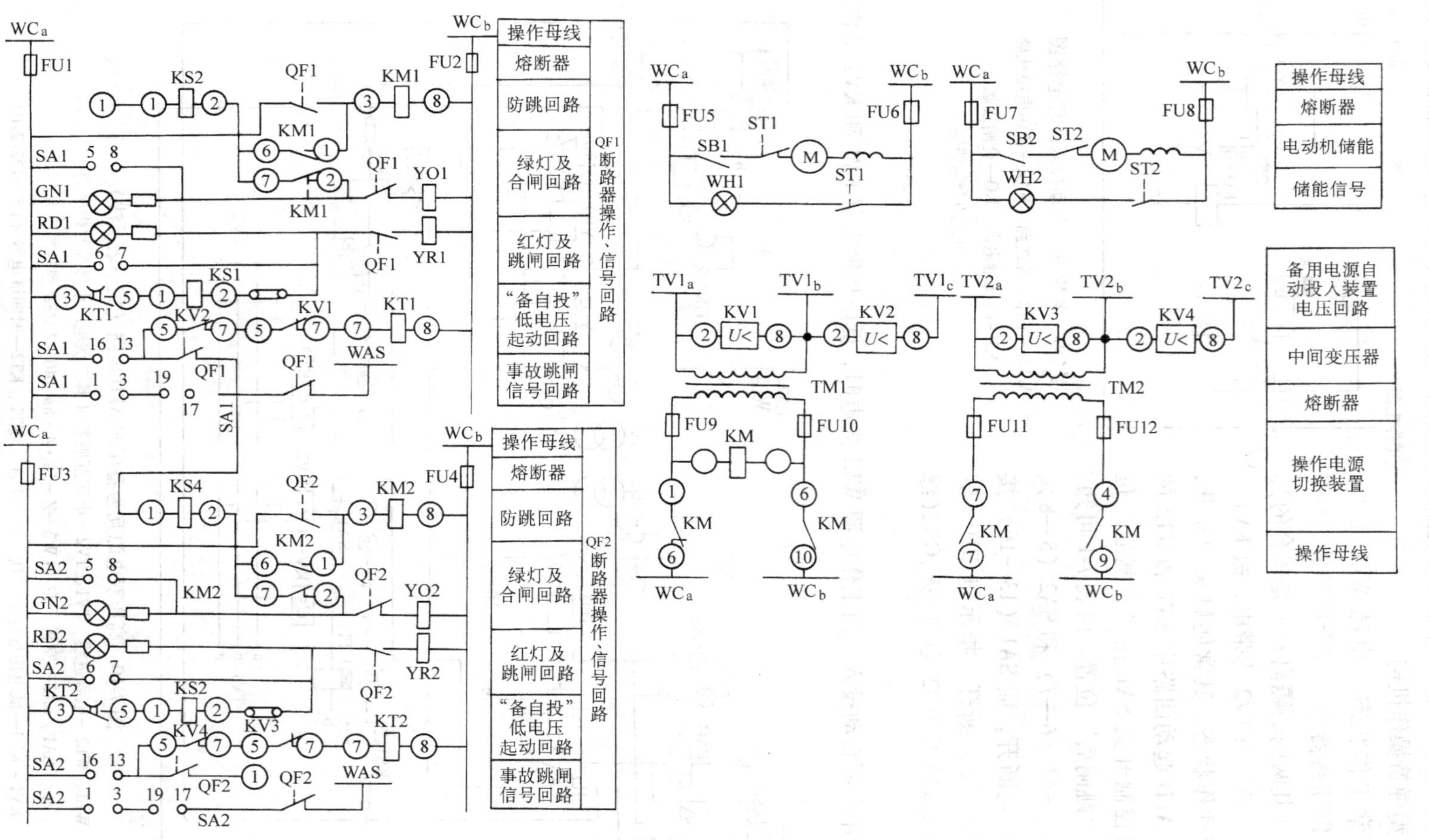

图 7-11 高压双电源互为备用的 APD 电路（分开表示法）

触头返回闭合，接通时间继电器 KT1，其延时常开触头闭合，接通信号继电器 KS1 和跳闸线圈 YR1，使断路器 QF1 跳闸，同时给出跳闸信号，红灯 RD1 因触头 QF1（5—6）断开而熄灭，绿灯 GN1 因触头 QF1（7—8）闭合而发光。与此同时，断路器 QF2 的合闸线圈 YO2 因触头 QF1（1—2）闭合而通电，使断路器 QF2 合闸，从而使备用电源 WL2 自动投入，恢复供电，同时红灯 RD2 亮，绿灯 GN2 灭。

表 7-1　LW2-Z-1a · 4 · 6a · 40 · 20/F8 型控制开关的触头图表

手柄和触头盒形式		F8	1a		4		6a			40			20		
触头号			1—3	2—4	5—8	6—7	9—10	9—12	10—11	13—14	14—15	13—16	17—19	17—18	18—20
位置	跳闸后	←		×					×		×				×
	预备合闸	↑	×				×			×				×	
	合　闸	↗			×			×				×	×		
	合闸后	↑	×				×					×	×		
	预备跳闸	←		×					×	×				×	
	跳　闸	↙				×			×		×				×

如果运行的 WL2 又断电，同样的，KV3、KV4 将使 QF2 跳闸，使 QF1 合闸，又使 WL1 自动投入。

断路器自投回路中采用两个低电压继电器触头串联，是为了防止电压互感器一相熔断器熔断时造成 APD 误动作。

APD 应确保在工作电源断开后方可投入备用电源。为防止工作电源的 QF1 因过电流保护动作跳闸时备用电源的 QF2 误合闸，还可以在 QF2 的合闸回路中串入 QF1 的过电流保护触头，使它闭锁 QF2 的合闸电路。

在装有自起动柴油发电机作应急电源的场合，应确保发电机与市电不得并网运行。例如可装设电动机驱动的自动转换负荷开关（有法国产 SIRCOVER 系列等产品，可参见图 5-3 某高层民用建筑变电所的高、低压配电系统图）。

第五节　供配电系统的二次回路接线图

一、概述

接线图是用来表示成套装置或设备中各元件之间连接关系的一种图样。供电系统二次回路的接线图主要用于二次回路的安装接线、线路检查、线路维修等。在实际应用中，接线图通常需要与电路图、位置图一起使用。接线图有时也和接线表配合使用。

接线图的绘制，应遵照国家标准《电气制图 · 接线图和接线表》（GB6988. 5—1986）的有关规定，其图形符号应符合国家标准《电气图用图形符号》（GB4728）的有关规定，其文字符号包括项目代号应符合国家标准《电气技术中的文字符号制定通则》（GB7159—1987）和《电气技术中的项目代号》（GB5094—1985）的有关规定。二次回路的接线还应符合国家标准《电气装置安装工程　盘、柜及二次回路施工及验收规范》（GB50171—2012）的有关规定。

二、二次回路接线图的基本绘制方法

1. 二次接线图的特点

1）接线图上各二次设备的尺寸和位置，可以不严格按照比例，但应和实际安装位置相同。由于二次设备都安装在屏的正面，而接线图都表示屏的背面，所以接线图又称屏的背视图。

2）接线图上的设备的外形都应与实际形状相符。对于复杂的二次设备（如继电器、功率表、电度表等），可以画出其内部接线。简单设备（如电流表、电压表等）则不必画出，但必须画出接线柱及其编号。对背视图看得见的设备轮廓线用实线表示，看不见的轮廓线用虚线表示。

2. 二次设备的表示方法

由于二次设备都是从属于一次设备或线路的，而其一次设备或线路又是从属于某一成套电气装置的，因此所有二次设备都必须按 GB5094—1985《电气技术中的项目代号》的规定，在接线图上标明其项目、种类及代号。

项目是指电气技术文件中出现的各种实物，例如开关柜、控制盘、电动机等。

项目代号是用来识别项目种类及其层次关系和实际位置的一种代码。它可将不同技术文件上的项目与实际设备中的该项目对应起来，从而便于查找。一个完整的项目代号包括四个代号段，每个代号段之前还有一个前缀符号作为代号段的特征标记，详见表 7-2。

表 7-2　项目代号的形式及符号

段　别	名　称	前缀符号	示　例
第一段	高层代号	=	= A4
第二段	位置代号	+	+ W5
第三段	种类代号	-	- P2
第四段	端子代号	:	: 8

例如图 7-6 所示高压测量回路的测量仪表，本身种类代号为 P。现有有功电度表、无功电度表和电流表，因此它们的代号分别为 P1、P2、P3，或按 GB7159—1987 规定分别标为 PJ1、PJ2 和 PA。而这些仪表又从属于某一线路，而线路的种类代号为 W。假设无功电度表 P2 是属于线路 W5 上使用的，则此项目种类代号应标为“ + W5 - P2”。假设这线路 W5 又是 4 号开关柜内的线路，而开关柜的种类代号规定为 A，这时无功电度表的项目种类全称为“ = A4 + W5 - P2”。假设要找无功电度表的端子⑧，则其项目种类全称为“ = A4 + W5 - P2：8”。可以看出，项目代号是以成套装置或设备连续分解为依据的，后面的代号段从属于前面的代号段。

按规定，电气图上的每一个图形符号旁都要标注项目代号。但是，为了避免图面不必要的拥挤，在不致引起混淆的前提下，实际中标注项目代号时应尽量简化，代号段的前缀符号也可以省略，总之，以必需、够用为度。例如：为表明项目之间的层次和功能关系，可由第一段和第三段组成项目代号即可，例如“ = A4 - P2”；如果图上所有项目都属于同一层次（同一设备），则高层代号可在图样的空白处或标题栏内一次性标注；如为了表示某项目的实际位置，可用第二段和第三段组成项目代号即可，例如“ + W5 - P2”；对于高压开关柜二次回路的接线图，由于柜内一般只有一条线路，因此这无功电度表的项目种类代号可以只标为“ - P2”或“P2”即可；对其端子⑧，则可只标为“P2：8”。由上可见，第三段种类代号是项目代号的核心，当电路较简单时，一般可只用第三段作为项目代号。

3. 接线端子的表示方法

屏内的二次设备与屏外二次回路连接，同一屏上各安装单位之间的连接，必须通过端子排。端子排由专门的接线端子板组合而成。

接线端子板分为普通端子、连接端子、试验端子和终端端子等形式。

1）普通端子板用来连接由屏外引至屏上或由屏上引至屏外的导线。

2）连接端子板有横向连接片，可与临近端子板相连，用来连接有分支的导线。

3）试验端子板用来在不断开二次回路的情况下，对仪表、继电器进行试验。如图 7-12 所示两个试验端子，将工作电流表 PA1 与电流互感器 TA 连接起来。当需要换下工作电流表 PA1 进行试验时，可用另一备用电流表 PA2 分别接在试验端子的接线端子的螺钉 2 和 7 上，如图中虚线所示。然后拧开螺钉 3 和 8，使工作电流表拆离，就可进行试验了。PA1 校验完毕后，再拧入螺钉 3 和 8，就接入 PA1 了。最后拆下备用电流表 PA2，整个电路又恢复原状运行。在以上整个试验过程中，电流互感器的二次侧没有出现开路情况。

4）终端端子板是用来固定或分隔不同安装项目的端子排。

在接线图中，端子排中各种形式端子板的符号标志如图 7-13 所示，端子板的文字代号为 X，端子的前缀符号为“:”。由表 7-2 可知，“:”属于项目代号的第四段。

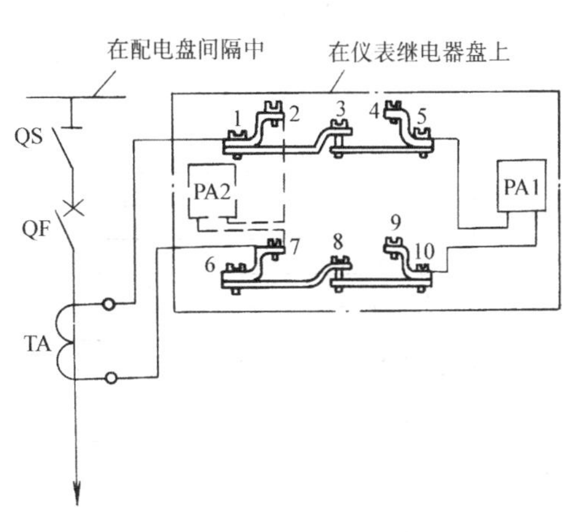

图 7-12　试验端子的结构及其应用

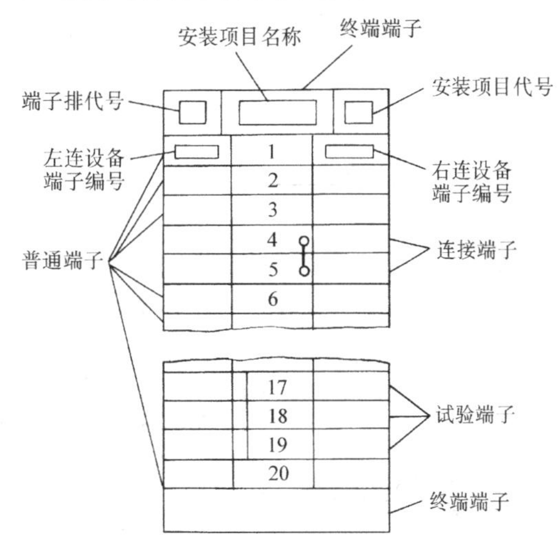

图 7-13　端子排标志图例

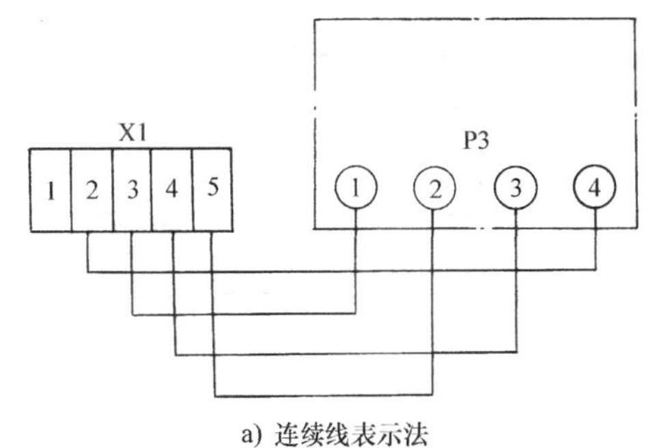

a) 连续线表示法

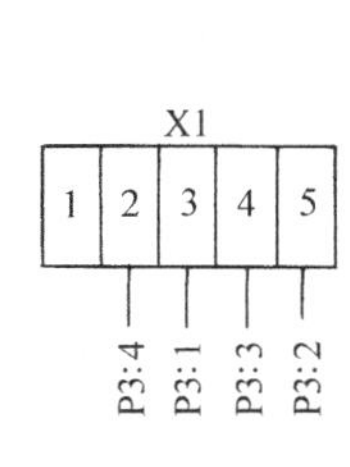

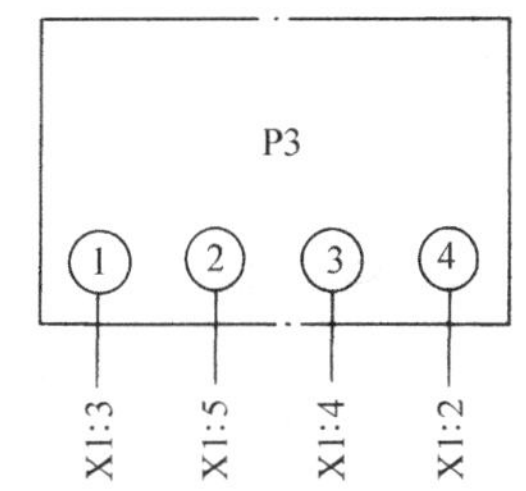

b) 中断线表示法

图 7-14　连接导线的表示方法

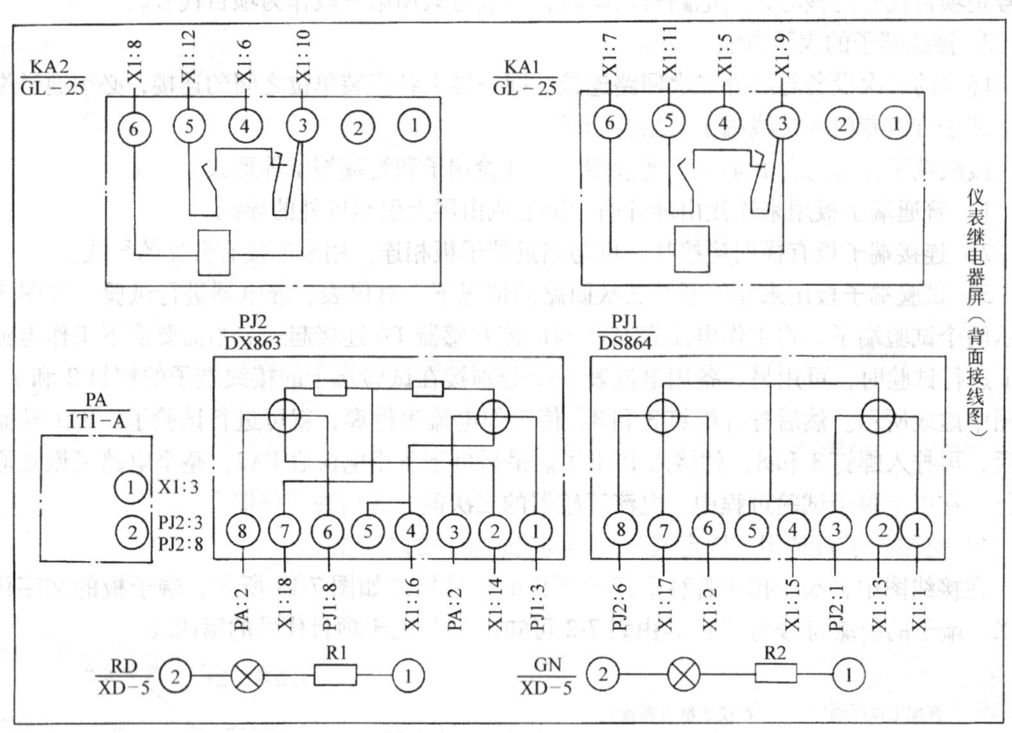

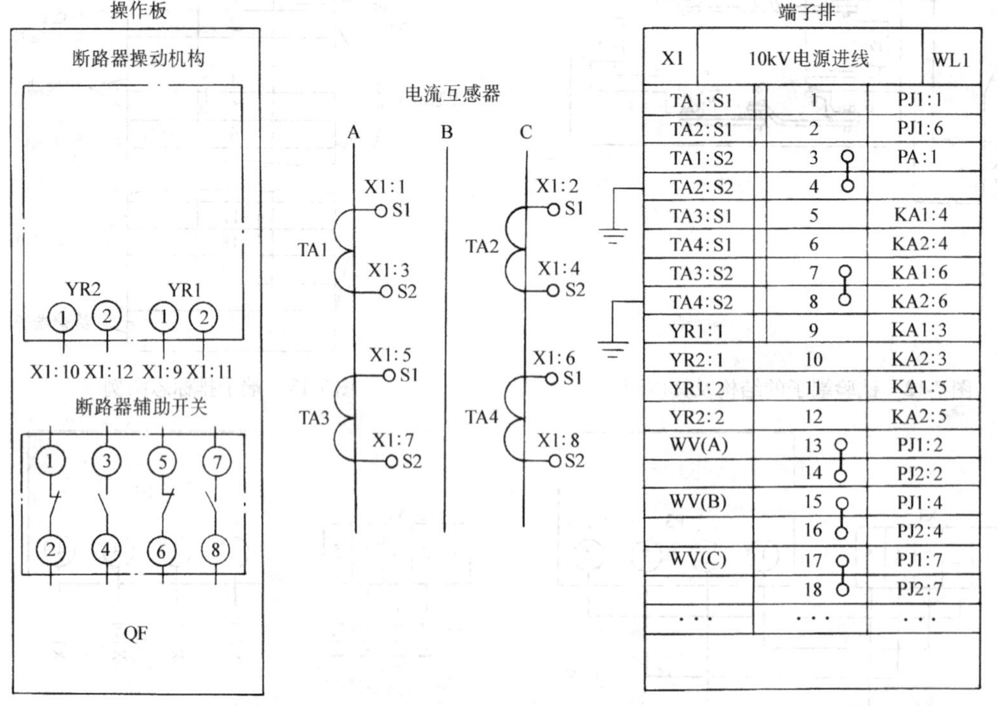

X1	10kV电源进线	WL1
TA1:S1	1	PJ1:1
TA2:S1	2	PJ1:6
TA1:S2	3	PA:1
TA2:S2	4	
TA3:S1	5	KA1:4
TA4:S1	6	KA2:4
TA3:S2	7	KA1:6
TA4:S2	8	KA2:6
YR1:1	9	KA1:3
YR2:1	10	KA2:3
YR1:2	11	KA1:5
YR2:2	12	KA2:5
WV(A)	13	PJ1:2
	14	PJ2:2
WV(B)	15	PJ1:4
	16	PJ2:4
WV(C)	17	PJ1:7
	18	PJ2:7
…	…	…

图 7-15　高压配电线路二次回路接线图

4. 连接导线的表示方法

接线图中端子之间的导线连接有两种表示方法。

1）连续线表示法——端子之间的连接导线用连续线表示，如图 7-14a 所示。

2）中断线表示法——端子之间的连接不连线条，而只在需相连的两端子处标注对面端子的代号，即表示两端子之间需相互连接，故又称“对面标号法”或称“相对标号法”，如图 7-14b 所示。

在接线图上屏内设备之间及设备与互感器或小母线之间的导线连接，如果用连续线来表示，当连线比较多时就会使接线图相当复杂，不易辨认，所以目前二次接线图中导线连接方法较多采用“对面标号法”。

三、二次回路接线图示例

图 7-15 是用中断线表示法表示连接导线的一条高压配电线路二次回路接线图，图 7-16 是它所对应的二次展开图。读者可仔细对照阅读两图，并学习由展开图作接线图的方法，特别注意端子排的接法。宜反复练习，以期熟能生巧。

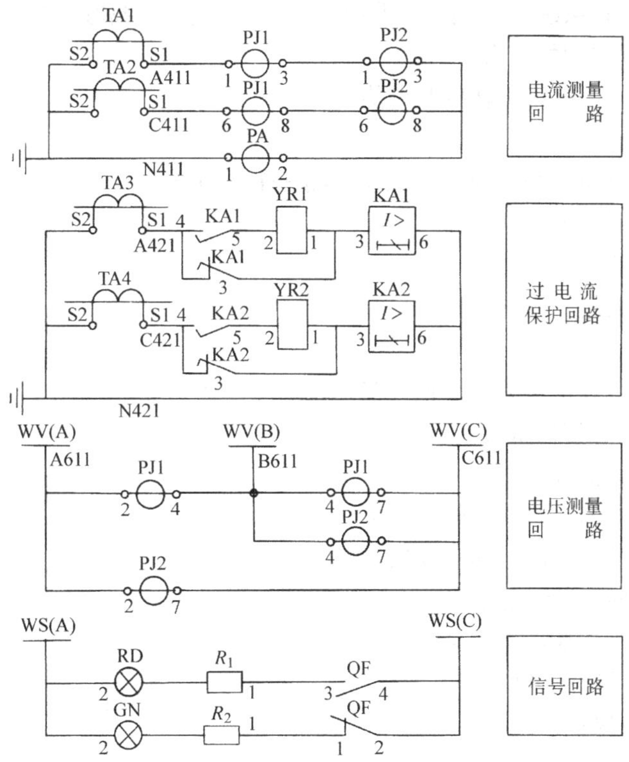

图 7-16　高压配电线路二次回路展开式原理电路图

第六节　变配电所综合自动化系统

一、概述

目前的变电所中仍大量采用机电式的继电保护装置、仪表屏、操作屏及中央信号系统等对供电系统的运行状态进行监控。供电系统二次设备的这种配置，结构复杂，信息采样重复，资源不能共享，维护工作量大。随着计算机技术和控制技术的发展，更加显示出这种配置方式的缺点。在供电系统中，正常操作、故障判断和事故处理是变电所的主要工作，而常规仪表不具备数据处理功能，对运行设备出现的异常状态难以早期发现，更不便于和计算机联网、通信，因此整个变电所的自动化程度受到限制。

随着计算机技术和仪表制造技术的发展，变电所的综合自动化技术也有了长足的进步。

变电所的综合自动化就是利用计算机技术和通信技术，将变电所的二次设备（包括控制、信号、测量、保护及自动装置等）进行优化组合，将变电所的保护装置、控制装置、测量装置、信号装置综合为一体，以全微机化的新型二次设备替代机电式的二次设备，或用不同的模块化软件实现机电式二次设备的各种功能。用计算机网络通信替代大量信号电缆，通过人机接口设备，实现变电所的综合管理以及监视、测量、控制、打印记录等所有功能。变电所的综合自动化也为变电所无人值班提供了技术支持和物质基础。

二、变电所综合自动化系统的“四遥”

变电所综合自动化系统的“四遥”是指遥测、遥信、遥控和遥调。

（1）遥测　可以遥测的量有：

1）变压器的电压、电流、功率及电能。

2）变压器的温度。

3）各段母线的电压（小电流接地系统应测三个相电压）。

4）所用变压器低压侧的电压。

5）各馈电回路的电流及功率。

6）电容器室的温度。

7）直流电源电压。

8）主变压器有载分接开关的位置（当采用遥测方式处理时）。

（2）遥信　可以遥信的量有：

1）断路器的位置信号。

2）反映运行方式的隔离开关的位置信号。

3）变压器的保护动作信号和事故信号。

4）断路器控制回路断线总信号。

5）断路器操作机构故障总信号。

6）变压器冷却系统故障信号。

7）变压器温度过高信号。

8）轻瓦斯动作信号。

9）所用电源失电压信号。

10）UPS 交流电源消失信号。

11）通信系统电源中断信号。

12）主变压器有载分接开关位置信号（当采用遥信方式处理时）。

（3）遥控　可以遥控的量有：

1）断路器的分闸、合闸。

2）可以电控的主变压器中性点接地刀闸（隔离开关）。

(4) 遥调　可以遥调的量有：

1）主变压器的有载分接开关。

2）预期的功率因数值。

三、变电所综合自动化系统的组态模式

变电所的自动化技术经历了从集中控制、功能分散型向分散（层）分布型，从专用设备向通用平台，从传统控制向综合智能控制发展的过程。下面分别介绍几种变电所综合自动化系统的组态模式。

1. 集中式结构的变电所

集中式的变电所综合自动化系统是按功能划分的模式，用模块化软件连接各功能模块，并且集中采集和处理信息。它集保护功能、人机功能、“四遥”功能与自检功能于一身，具有结构简单、工作可靠、价格便宜等优点，但同时也存在不便维护和扩展等缺点。图 7-17 为一个集中式结构的变电所综合自动化系统示意图。

人机联系
打印机
主计算机
调度（控制）中心
输入/输出接口
入
出
TV/TA
控制设备状态
回路信号

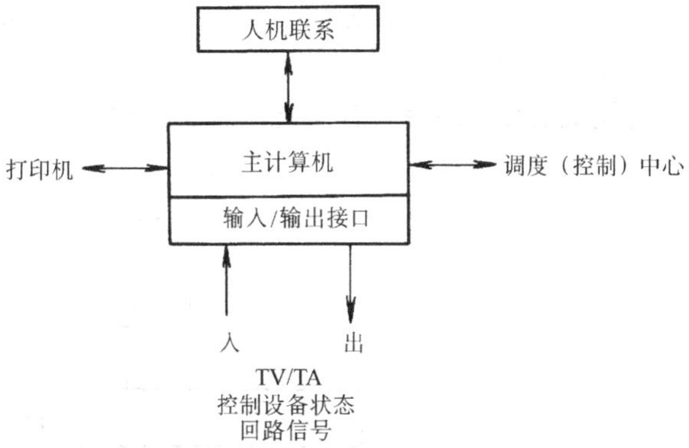

图 7-17　集中式结构的变电所综合自动化系统示意图

2. 分布式组态模式的变电所

分布式组态模式一般采用多个 CPU 协同工作方式，利用网络技术实现各个功能模块之间的数据通信。分布式组态模式有利于处理并行多发事件，具有优先级的网络系统可解决数据传输中的“瓶颈”问题，提高了系统的实时性。分布式组态模式便于维护和扩展，局部故障不致影响其他部件（模块）的正常运行。图 7-18 为一个分布式组态（集中组屏）模式的变电所综合自动化系统的示意图。

GPS
人机
联系
打印机或
其他智能设备接口
所级测控主计算机（单元）
调度（控制）中心
实时网络
遥测功能
遥信功能
控制功能
保护功能
…
…
…
…
TV/TA
温度
TV/TA
直流
状态量采集
（包括脉冲电能）
断路器、电动隔离
开关、变压器分接开关
TV/TA
及出口
TV/TA
及出口

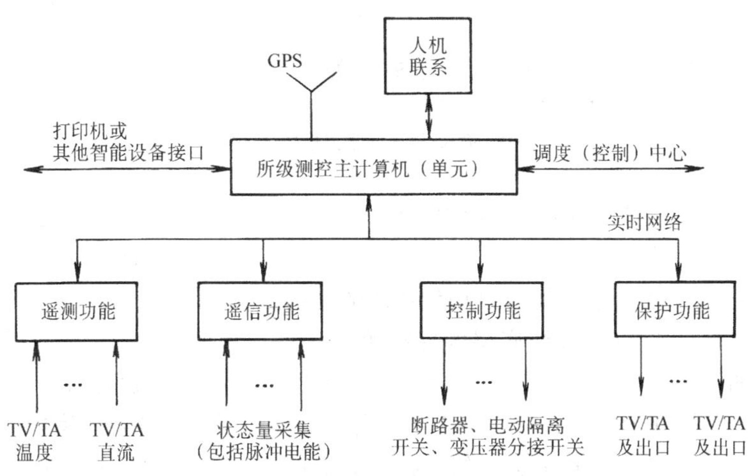

图 7-18　分布式组态（集中组屏）模式的变电所综合自动化系统示意图

GPS—全球定位系统（信息）

3. 分散（层）分布式组态模式的变电所

（1）分散（层）分布式组态模式　从逻辑上将变电所自动化系统划分为两层，即变电所层（所级测控主单元）和间隔层（间隔单元），它采用面向电气回路或电气间隔的方法进行设计。间隔层中各个数据采集、控制、保护单元等就地分散安装在开关柜或其他一次设备附近，彼此相对独立，靠通信网互联，并可与所级测控主单元通信。这样，保护功能等可直接在间隔层完成而不必依赖通信网。分散（层）分布式组态模式具有分布式的全部优点，并且又精简了不少二次设备和电缆，节省了投资，也便于维护和扩展。这种模式是目前比较先进和推荐采用的。这种分散（层）分布式控制系统又称综合分散型控制系统或简称集散系统，这种集散控制系统组成灵活、操作方便、可靠性好。图 7-19 为一个分散（层）分布式组态模式的变电所综合自动化系统示意图。

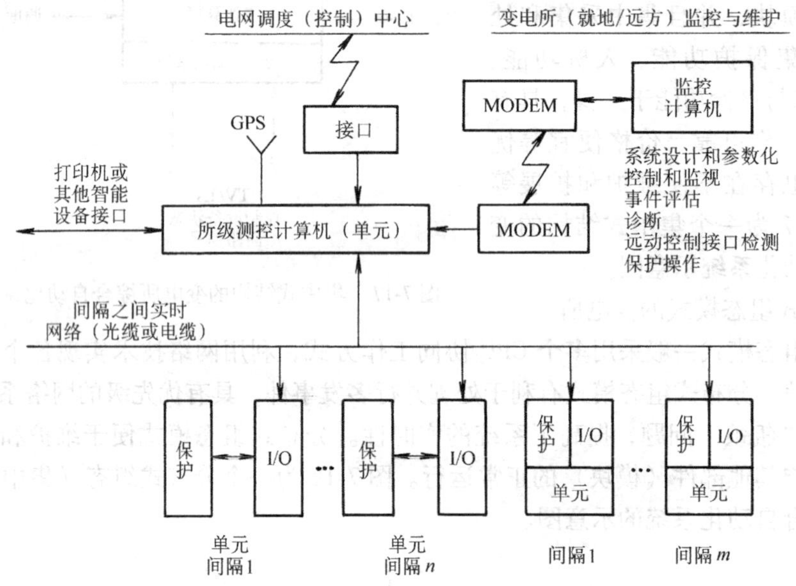

图 7-19　分散（层）分布式组态模式的变电所综合自动化系统示意图

GPS—全球定位系统（信息）　MODEM—调制解调器

I/O—输入/输出（数据采集/控制）

（2）分散（层）分布式系统　国家电力公司电力自动化研究院生产的 DSA 系列保护测控一体化系统就是一个分散（层）分布式系统（DSA 的含义是 Distributed Substation Automatic）。图 7-20 为 DSA 变电所综合自动化系统的结构图。

这种分散（层）分布式系统底层的保护测控硬件，是按面向分散对象的要求设计的。每个一次对象的保护、遥控、遥信、遥调功能可集中在一个单元机箱内，称为保护测控一体化装置，它可以分散就地安装在开关柜上，也可以集中组屏安装在控制室内。单元机箱功能完整而独立，它与上层（变电所层）的总控单元之间通过 CANBUS 总线相连接，实现信息共享。如果用户需要，也可以将保护装置与测控装置分开配置，整个系统组态灵活，便于新站扩建和老站更新改造。

变电所（站）层由总控单元和后台监控组成。无人值班的变电所也可不设后台机，信息直接送往集控中心或调度中心。总控单元是整个变电所综合自动化系统的通信枢纽，是信

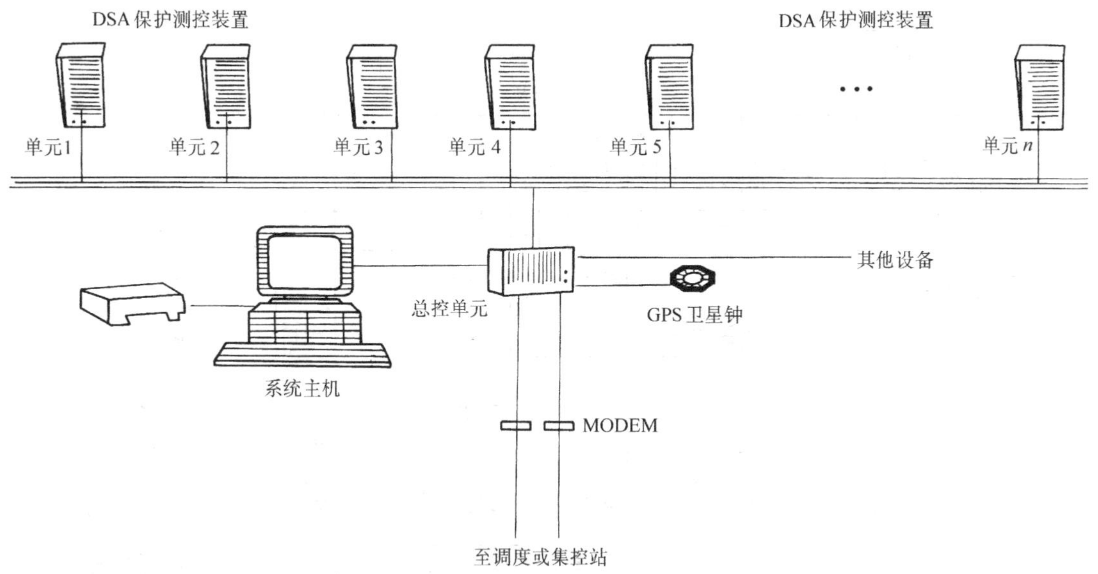

图7-20　DSA变电所综合自动化系统的结构图

息综合点，它连接着各种智能设备，例如底层保护测控单元、智能表计系统、消防报警装置、GPS（全球定位系统）、远方集控中心和就地监控设备等。

DSA装置之间的通信采用CANBAS现场总线，它具有连接方便、可靠性高等优点，并满足电力行业标准DJ/T60870—5—103《通讯规约结构》的要求。

图7-21为DSA-119A型馈线保护测控装置的背板端子图。图7-22为DSA-119A型馈线保护测控装置的面板布置图。为保持与实物一致，图7-21保留了原图的旧标准文字符号。

该装置可安装在10kV出线柜上，它与管理装置（例如建筑物自动化系统，即Building Automation System，缩写为BAS）或上层总控单元之间通过CANBUS现场总线联结，实现信息共享。

1）该装置具有下列保护及报警功能（每项功能均可通过整定而分别投入或退出）：

两相电流式瞬时速断；　合闸后加速；
两相电流式限时速断；　低频低压减负荷；
两相电流式定时限过电流；　电流超限报警；
两相电流式反时限过电流；　断路器失灵报警；
三相一次或二次重合闸；　故障录波。

2）该装置具有下列遥测、遥控、遥信功能：

16路遥信；

2路遥脉（采集脉冲量，例如脉冲电度表发出的脉冲）；

1路遥控（遥跳、遥合）；

1条回路交流采样遥测（I_a，I_c，U_{ab}，U_{cb}，P，Q，f，$\cos\phi$）。

三相电流式线路保护测控；低压闭锁过电流；
方向过流；检同期检无压重合闸

ON
OFF

PWR

保护正电源	1	220+
保护负电源	2	220−
接地端子	3	⏚

OPRX
光 纤
OPTX

P1

接地端子	⏚	1	2	⏚	接地端子
相 电 压	Ua	3	4	Ub	相 电 压
相 电 压	Uc	5	6	Un	电压中性线
保护CT	Ia	7	8	Ia′	
保护CT	Ib	9	10	Ib′	
保护CT	Ic	11	12	Ic′	
线路相电压	ULa	13	14	ULa′	
零序电压	3U0	15	16	3U0′	
测量CT	MIa	17	18	MIa′	
测量CT	MIb	19	20	MIb′	
测量CT	MIc	21	22	MIc′	
零序小CT	3I0	23	24	3I0′	

NLR0819

P2

P3−7	1	220−
开关上刀闸	2	IN1 *
开关上地刀	3	IN2 *
开关下刀闸	4	IN3 *
开关下地刀	5	IN4 *
压力异常	6	IN5 *
弹簧未储能	7	IN6 *
旁路刀闸	8	IN7 *
备用遥信 1	9	IN8 *
备用开入 1	10	IN9
外部启动录波	11	IN10
开关检修位	12	IN11
本体瓦斯动作	13	IN12 ●
闭锁低频	14	IN13
闭锁重合闸	15	IN14
信号复归	16	IN15 ■
串 行 口	17	RTS
串 行 口	18	CTS
串 行 口	19	TXD
串 行 口	20	RXD
串 行 口	21	GND
CAN总线	22	CANH
CAN总线	23	CANH
CAN总线	24	CANL
CAN总线	25	CANL
接地端子	26	⏚

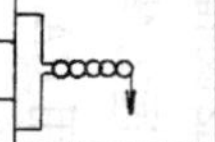

屏蔽双绞线

NLR13B

P3

遥脉公共端	1	24+/24G
正向有功	2	MP1
正向无功	3	MQ1
反向有功	4	MP2
反向无功	5	MQ2
P4−16	6	RM/L
P4−7	7	220−
P4−1	8	IN16 *
P4−2	9	IN17 *
P4−3	10	IN18 *
P4−21	11	IN19 *
P4−22	12	IN20 *
P4−13	13	220+
P4−12	14	STJ
P4−9	15	SHJ
P4−17	16	PTJ
P4−10	17	CHJ
事故总信号(磁保持)	18	XJ+
事故总信号(磁保持)	19	XJ−
电流越限告警	20	TJ5+
电流越限告警	21	TJ5−
接地选线跳闸	22	TJ4+
接地选线跳闸	23	TJ4−
装置故障	24	BSJ+
装置故障	25	BSJ−
P2−26	26	⏚

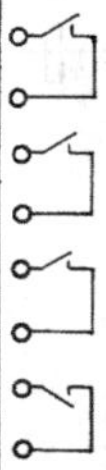

NLR21C

P4

压力闭锁合	1	BSHJ
压力闭锁跳合	2	BSTH
压力闭锁跳	3	BSTJ
实验线圈	4	HQT
	5	TWJ−▲
合闸线圈	6	HQ
操作负电	7	220−
其他保护合	8	XCHJ
手合遥合	9	YH
重合闸压板−	10	CHJ
其他保护跳	11	XTJ
手跳遥跳	12	YT
操作正电	13	220+
压力释放	14	YLSF ●
本体瓦斯	15	BIHG ●
远控/就地开出	16	RM/L
保护跳压板−	17	PTJ
跳闸线圈	18	TQ
	19	HWJ−▲
实验线圈	20	TQT
跳 位	21	TW
合 位	22	HW
公 共 端	23	COM+
跳位输出	24	TWJ
合位输出	25	HWJ
控制回路断线	26	BREK

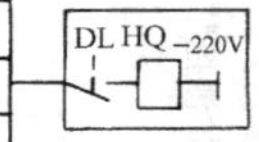

DL HQ −220V
TQ −220V DL 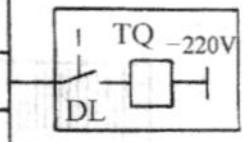

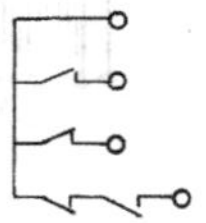

NLR32C

注 标● 端子用于线路变压器组单元接线方式。

标▲ 端子用于特殊接线的操作回路采用跳合闸位置，若无特殊要求端子 P4−5与P4−6 在装置内部已经短接，端子 P4−18 与 P4−19 在装置内部已经短接。

标■ 端子用于集中组屏时外部进行信号复归，或将复归按钮安装在开关柜上。

标 * 端子用于有源遥信开入，其他 IN 端子作为装置内用有源开入。

图 7-21 DSA-119A 型馈线保护测控装置的背板端子图

3）该装置具有下列计量功能：

两表法计量有功电度；两表法计量无功电度。

4）该装置具有下列通信功能：

1 个串行口；1 个 CAN 总线口。

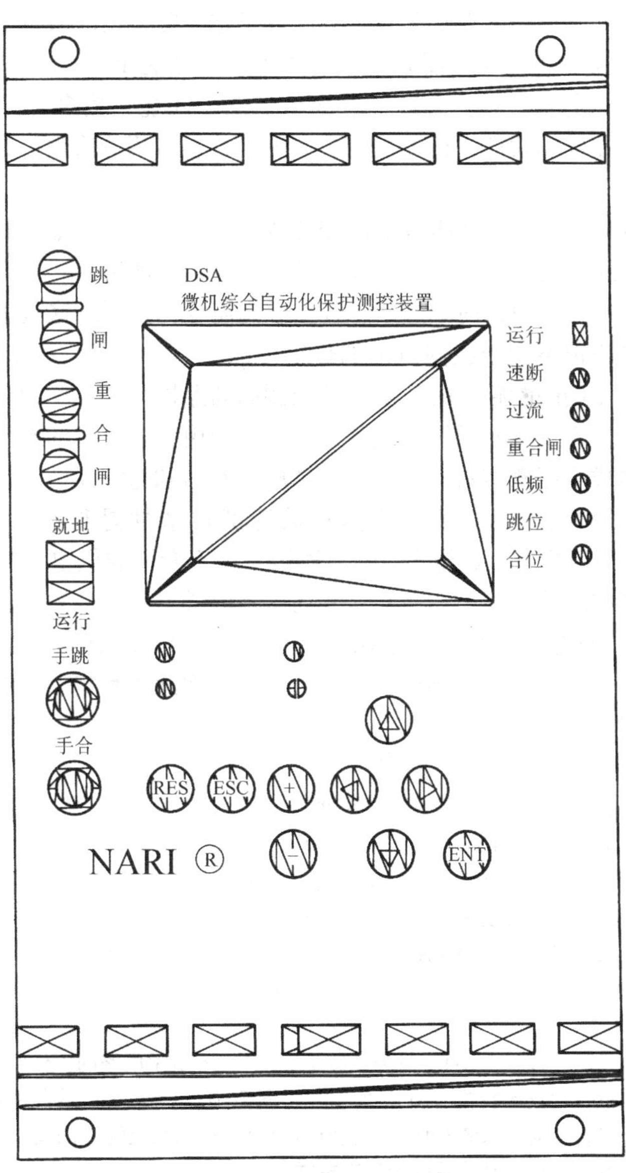

图 7-22　DSA-119A 型馈线保护测控装置的面板布置图

一些外国电气公司生产的10kV开关柜也可配有类似的保护测控装置。例如，ABB公司的SPAJ140C型继电器适用于馈电线路的过电流、短路和接地保护，它包括一个过电流单元和一个接地故障单元，并且都具有跳闸和信号功能。施耐德（Schneider）公司的Talus200型中压遥控接口单元，具有控制、检测、通信等多种功能，免维护，安装和操作都十分简便，并且自带具有自检功能的备用电源。

西门子（SIEMENS）公司生产的SIPROTEC 7SJ600型微机过电流和过负荷保护继电器，也是一种用途广泛的综合型继电保护装置。它能提供定时限或反时限过电流保护，以及过负荷保护和负荷不平衡保护。此继电器采用微机操作，它装有RS485接口，可连接一台PC，便于使用DIGSI软件整定继电器。它具有“故障记录”功能，最多可保存8个故障录波记录。它还能对自身的硬件和软件进行连续的自监测，并能对测量值进行数字处理，因而可靠性很高。

新型电气设备的出现往往会从根本上改变传统的设计观念。例如，高层建筑中采用新型的SF_6环网柜后，干式变压器的保护变得十分简单。对于1000kV·A及以下的容量，只需用SF_6负荷开关加熔断器保护，简单可靠、且一般无需维护。不过这里用的负荷开关和熔断器的结构、性能和价格都不同于我国以前的传统产品（例如FN3—10RT和RN1型等）。而且，在选择变压器低压侧的断路器时，要求低压侧的断路器与高压侧的熔断器有良好的选择性配合，即当故障发生在变压器低压母线及以下时，应由各分支线的断路器或低压侧的总断路器跳闸，而不会造成高压侧熔断器的熔断。高压熔断器和与它联锁动作的负荷开关只负责保护变压器及以上线路的故障，而发生这种故障的可能性是很小的。如果变压器大于1000kV·A，按供电部门要求应选用SF_6断路器柜。对于专用线供电，装有多台大容量变压器时，就可能要用真空断路器柜了。而且这些高压柜的继电保护装置，也不是由传统的DL、GL型等继电器构成，而是采用上述微机型综合继电保护器，体积小、功能强大、整定方便；可以安装在高压柜上，并带有通信接口，可以方便地实现远程和集散控制。

思 考 题

7-1　对高压断路器的控制回路和信号系统有哪些主要要求？什么叫事故信号的“不对应原理”？在什么情况下发出事故跳闸信号？又在什么情况下发出自动合闸信号？

7-2　中小型变电所中的高压断路器通常采用哪些操动方式？试举例说明。

7-3　变配电所中通常对指示仪表和电能测量仪表各有哪些要求？对准确度又各有哪些要求？

7-4　什么叫做二次回路接线图？如何用“相对标号法”表示连接导线？

7-5　图7-3为采用电磁式操动机构的断路器控制回路及其信号系统，试分析说明其“手动合闸”的过程。

7-6　什么是自动重合闸装置（ARD）？试分析图7-7和图7-8所示电路的工作原理。

7-7　什么是备用电源自动投入装置（APD）？试分析图7-10和图7-11所示电路的工作原理。

7-8　什么是变电所综合自动化系统？什么是变电所综合自动化系统的“四遥”？

7-9　试简述几种变电所综合自动化系统的组态模式。

7-10　简述DSA系列保护测控一体化系统的结构和特点。

7-11　简述DSA-119A型馈线保护测控一体化系统的功能和特点。

习　　题

某供电给高压电容器组的线路上，装有一只三相无功电度表和一只电流表，如图7-23a所示，试用中断线表示法（对面标号法）对图 7-23 的有关端子进行标注。

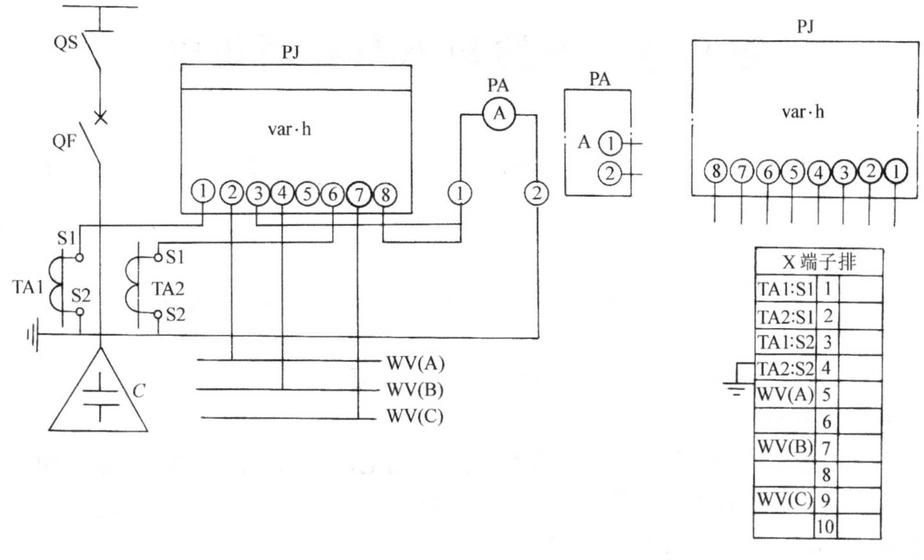

a) 原理电路图　　b) 接线图（待标注）

图 7-23　习题的原理电路和接线图

第八章 节约用电与计划用电

本章首先概述电力供应与使用的管理原则，然后重点讲述节约用电措施及并联电容器的装设与运行，最后讲述计划用电措施及电价与电费。

第一节 电力供应与使用的管理原则*

《中华人民共和国电力法》规定："国家对电力供应和使用，实行安全用电、节约用电、计划用电的管理原则"。

为了加强电力供应与使用的管理，保障供电、用电双方的合法权益，维护供电、用电秩序，安全、经济、合理地供电和用电，根据《中华人民共和国电力法》制定了《电力供应与使用条例》，并自1996年9月1日起施行。

《电力供应与使用条例》中关于供用电管理原则的部分重要规定如下：

1）国务院电力管理部门负责全国电力供应与使用的监督管理工作。县级以上地方人民政府电力管理部门负责行政区域内电力供应与使用的监督管理工作。

2）电网经营企业依法负责本供区内的电力供应与使用的业务工作，并接受电力管理部门的监督。

3）供电企业和用户都应当遵守国家有关规定，采取有效措施，做好安全用电、节约用电、计划用电（俗称"三电"）工作。

4）电力管理部门应当加强对供用电的监督管理，协调供用电各方面的关系，禁止危害供用电安全和非法侵占电能的行为。

5）供电企业在批准的供电营业区内向用户供电。供电营业区的划分，应当考虑电网的结构和供电合理性等因素。一个供电营业区内只设立一个供电营业机构。

6）县级以上各级人民政府应当将城乡电网的建设与改造规划，纳入城乡建设的总体规划。各级电力管理部门应当会同有关行政管理部门和电网经营企业做好城乡电网建设和改造的规划。供电企业应当按照规划做好供电设施建设和运行管理工作。

7）用户受电端的供电质量应当符合国家标准或者电力行业标准。

8）供电方式应当按照安全、可靠、经济、合理和便于管理的原则，由供用电双方根据国家有关规定以及电网规划、用电需求和当地供电条件等因素协商确定。

9）供电企业应当按照国家标准或者电力行业标准参与用户受送电装置设计图样的审核，对用户受送电装置隐蔽工程的施工过程实施监督，并在该受送电装置工程竣工后进行检验，检验合格的，方可投入使用。

10）县级以上人民政府电力管理部门应当遵照国家产业政策，按照统筹兼顾、保证重点、择优供应的原则，做好计划用电工作。

11）在用户受送电装置上作业的电工，必须经电力管理部门考核合格，取得电力管理部门颁发的《电工进网作业许可证》，方可上岗作业。

12）供电企业职工违反规章制度造成供电事故的，或者滥用职权、利用职务之便谋取私利的，依法给予行政处分；构成犯罪的，依法追究刑事责任。

13）违反本条例规定，逾期未交付电费，或者违章用电，或盗窃电能，均应依法进行处理。

第二节　节 约 用 电

一、节约电能的意义

能源一般分为两大类：天然能源和人工能源。

自然界本来存在的能源，称为天然能源或一次能源。例如太阳能、煤、石油、天然气、水力、风力、地热、原子能、潮汐能、生物能等，都是天然能源。

天然能源经过加工转化而形成的新能源，称为人工能源或二次能源。电能是应用最广泛的二次能源。此外，汽油、煤气、沼气、液化气、焦炭及各种余热等也都是二次能源。

能源是发展国民经济的重要物质基础，也是制约国民经济发展的一个重要因素。历史上，曾经有国家之间因争夺能源而引发战争，而战争又往往是以能源为武器的较量。因此，在加强能源开发的同时，必须大力降低能源消耗，提高能源的有效利用程度。节能的科学含义即是提高能源的利用率。

节约能源是我国经济建设中的一项重大政策，而电能是一种高价的二次能源，它只利用了一次能源的30%左右，因此节约电能又是节约能源工作中的一个重要方面。

节约电能就是通过采取技术上可行、经济上合理和对环境保护无严重妨碍的措施，用以消除供用电过程中的电能浪费现象，提高电能的利用率。

随着工农业生产的迅速发展，机械化、自动化程度及人民生活水平的不断提高，电能的生产与消费间的矛盾日趋尖锐，因此节约电能更显得必要，它是缓和电力供需矛盾的一项重要措施。

节约电能既可减少电费开支，降低单位产品的电能消耗，又能在一定条件下提高劳动生产率和产品质量。电能可以创造比它本身价值高几十倍甚至上百倍的产值。因此，节约电能被视为加强企业经营管理、提高经济效益的一项重要任务。我国目前的能源利用率较低，致使很多产品的单位产量所耗能源（产品单耗）远高于一些技术先进的国家；从另一方面看来，这也说明我国在节能方面大有潜力。

在我国要得到1kW的电力，建设火电厂需4000～6000元；建设水电厂需8000～10000元；建设核电站需14000～16000元。而通过节约电能达到这一目的则大约只需2000元，还可以减少环境污染。充分利用在生产、输送、使用过程中被无谓损耗和浪费掉的电能，这是一项意义重大并且效益显著的工作。

总之，节约电能是一项不投资或少投资就能取得很大经济效益的工作，对于促进国民经济的发展，具有十分重要的意义。

二、电能节约的一般措施

要搞好节约用电工作，就应大力宣传节电的重要意义，提高人们的节电意识，努力提高供用电水平，这就需要从供用电系统的科学管理和技术改造两方面采取措施。

1. 加强供用电系统的科学管理

（1）加强能源管理，建立管理机构和制度　工业与民用建筑都要建立专门的能源管理机构，对各种能源（包括电能）进行统一管理，要有专人负责本单位的日常节能工作。电能管理是能源管理的一部分，电能管理的基础工作是搞好耗电定额的管理。通过充分调查研究，制定出各部门及各个环节的合理而先进的耗电定额，国家规定的几种高耗电产品电耗最高限额指标见附录表 A-28。对于电能要认真计量、严格考核，并切实做到节电受奖、浪费受罚，这对节电工作有很大的推动作用。

（2）实行计划供用电，提高电能的利用率　实行计划供用电，必须把电能的供应、分配和使用纳入计划。对于地区电网来说，各个用电单位要按地区电网下达的指标，实行计划用电，并采取必要的限电措施；对单位内部供电系统来说，各个用电单位也要有计划。

供电部门为了对用电单位的功率与电能进行监督，一般都装有电力定量器。电力定量器可对功率和电能分别加以控制，当超过用电指标时，发出报警信号，或在超过用电指标一段时间后，发出跳闸指令，将用户的总闸或分闸切断，停止供电。对超负荷或不按规定时间用电的要罚款。实践证明，安装和使用电力定量器后，可促进用电单位计划用电和加强用电管理。图 8-1 为 DSK-1 型电力定量器的结构图，其工作原理可参阅有关资料。

对于各种非生产用电也要加强管理，防止浪费，同时要研究各种能源的合理利用。在

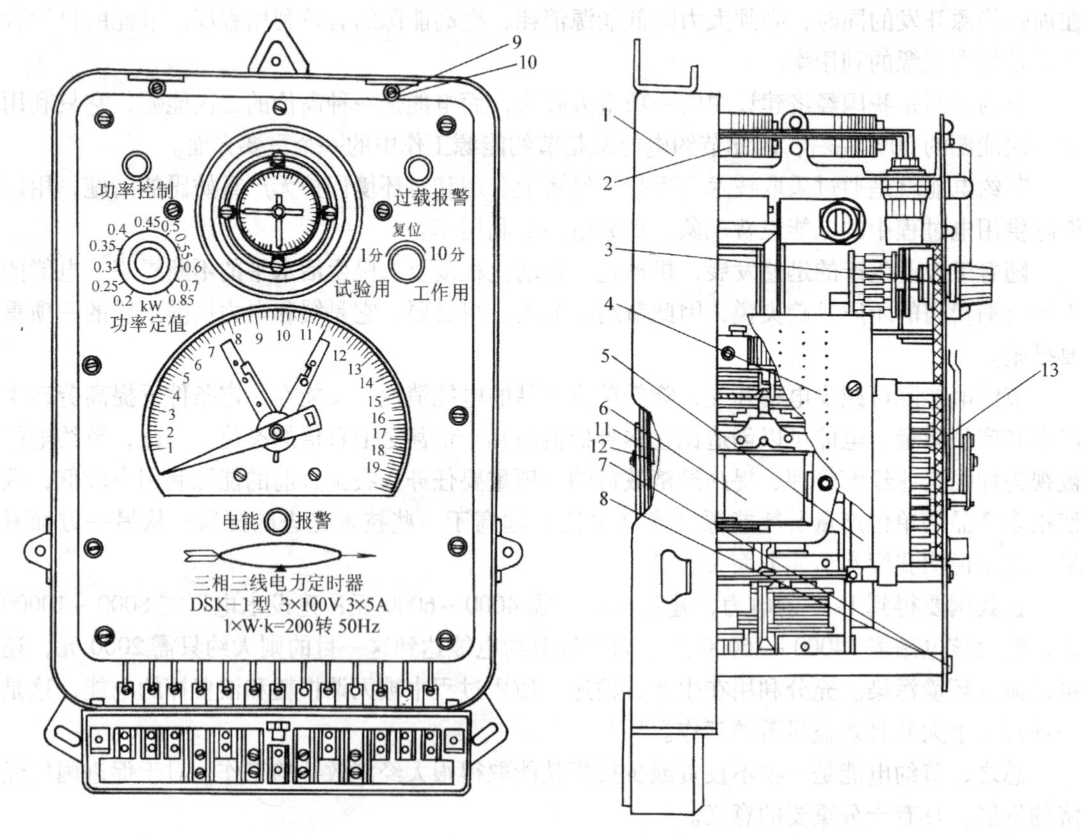

a) 正面　　b) 侧面

图 8-1　DSK-1 型电力定量器的结构图

1—底壳　2—底板　3—铭牌　4—电力板　5—电源板　6—电能表　7、9—垫圈　8、10、12—螺钉　11—底壳压板　13—计数器组合

可以直接利用一次能源的地方，尽量不用一次能源转换而来的电能。因为煤炭等一次能源转换为电能的效率只有30%左右，用电相当于浪费了70%左右的能源，很不经济。

（3）实行负荷调整，“削峰填谷”，提高供电能力　所谓负荷调整，就是根据供电系统的电能供应情况及各类用户不同的用电规律，合理地、有计划地安排和组织各类用户的用电时间，以降低负荷高峰，填补负荷的低谷，充分发挥发、变电设备的潜力，提高系统的供电能力，以满足电力负荷日益增长的需要。负荷调整是一项带全局性的工作，电力系统要做全局性的调整负荷（简称调荷）。由于工业用电在整个电力系统中占的比重最大，因此电力系统调荷的主要对象是工业用户。同一地区各工厂的厂休日错开，就是电力系统调整负荷的措施之一。工厂等单位内部也要调整负荷，主要方法有：①错开各车间的上下班时间，使各车间的高峰负荷分散；②调整大容量用电设备的用电时间，使之避开高峰负荷时间用电，这样就降低了负荷高峰，填补了负荷低谷，做到均衡用电，从而提高了变压器的负荷系数和功率因数，减少了电能损耗。因此，调整负荷不仅提高了供电能力，而且也是节约电能的一项有效措施。

实行分时电价制可以有效地促使用户“削峰填谷”。2003年以来，上海、北京、武汉、深圳等大城市的分时电价制已相继出台。例如上海2006年规定生活用电的价格为：峰时（6~22时）0.61元/kW·h，谷时（22~6时）0.30元/kW·h。而京津唐电网实行的峰谷分时电价中，对1~10kV普通工业用户，高峰时段（8~11时，18~23时）的电价为0.53元/kW·h，低谷时段（23~7时）的电价为0.134元/kW·h，其他时段（平时段）的电价为0.324元/kW·h。低谷时段用电的电价仅为高峰时段电价的1/4，也只为平时段电价的1/2.4，这对鼓励电力用户避开高峰时间用电，尽量将大容量设备安排在深夜用电有积极的作用。（注：以上电价为2003年的数据。）

（4）实行经济运行方式，降低电力系统的能耗　所谓经济运行方式，就是一种能使整个电力系统的电能损耗减少、经济效益提高的运行方式，例如两台并列运行的变压器可在低负荷时切除一台；又如长期处于轻载运行的电动机可更换较小容量的电动机。至于负荷率低到多少时才宜于“以小换大”或“以单代双”，则需要通过计算确定。关于变压器的经济运行将在下面详述。

（5）加强运行维护，提高设备的检修质量　搞好供用电系统的运行维护和用电设备的检修，可减少电能损耗，节约电能。如检修电动机时要保证质量，重绕的绕组匝数、导线截面都不应改变；气隙要均匀；轴承磨损严重的应更换轴承，减少转子的转动摩擦，这些都能减少电能的损耗。又如导线接头处接触不良，发热严重，应及时维修，这样既保证了安全供电，又减少了电能损耗。对于其他动力设施也要加强维修和保养，减少水、气、热等能源的跑、冒、滴、漏，这样也能直接节约电能。

2. 搞好供用电系统的技术改造

（1）逐步淘汰现有低效率的供用电设备　以高效节能的用电设备替换低效率的用电设备，节能效果十分显著。以电力变压器为例，应采用冷轧硅钢片的节能型（如SL7、S9、S11）变压器，其空载损耗比老型号的热轧硅钢片变压器低50%左右，同是1000kV·A（高压侧10kV）的变压器，采用冷轧硅钢片的S9型节能变压器，其空载损耗为1.7kW，而热轧硅钢片SJL型变压器，其空载损耗为3.9kW。如果用S9型替代SJL型，则一年仅空载损耗（铁耗）方面就节电（3.9－1.7）kW×8760h＝19272kW·h，相当可观。又如电动机，新的

Y 系列电动机与 JO_2 系列电动机比较，效率又提高了 0.413%。如果全国按年产量 20×10^6kW 计算，年工作时间按 4000h 计，则全国一年可因此节电 $20\times10^6\text{kW}\times4000\text{h}\times0.413/100\approx3.3\times10^8\text{kW}\cdot\text{h}$。若采用高效节能电动机，效率还可提高 8%～9%。对于照明设备，应采用高效率的新光源和照明自动控制装置。例如我国生产的采用稀土元素的节能灯，其 9W 灯的光通量即相当于 60W 普通白炽灯。另外，采用大功率的硅整流和晶闸管整流装置取代电动-发电机组和汞弧整流器，也可以取得较显著的节电效果。

国家有关部门经常分批公布若干淘汰的机电产品，使用单位必须按规定的淘汰期限执行。

(2) 改造现有的供配电系统，降低线路损耗　对现有的不尽合理的供配电系统应进行技术改造，降低线路损耗，节约电能。例如将迂回的配电线路改为直配线路；将截面偏小的导线更换为较大截面的导线；用阻抗较小的电缆线路代替架空线路（参见表 4-1）；在技术经济指标合理的条件下将配电系统升压运行；改变变电所的位置或分散安装变压器，使之更加靠近负荷中心等，这些都能有效地降低线损，节约电能。

(3) 合理地选择供用电设备容量，或进行技术改造，提高设备的负荷率　合理地选择设备容量，发挥设备潜力，提高设备的负荷率和使用率，这也是节电的基本措施之一。如电力变压器、电动机等供用电设备在低负荷运行时，效率低，功率因数也低，很不经济。对于长期处于低负荷运行的供用电设备（俗称“大马拉小车”），从节电的观点，应更换较小容量的设备。

关于供用电设备进行技术改造，如长期轻负荷运行的电动机、电焊机加装空载自停装置改造等，将在下面分别详述。

(4) 改革落后工艺，改进操作　生产工艺不仅对产品的质量、数量有着决定性的影响，而且也关系到产品用电量的多少。如在机床加工中，采用以铣代刨的工艺能使零件加工耗电量下降 30%～40%；在铸造工艺中，用精密铸造工艺取代目前的铸造方法，可使生产铸件的耗电量减少 50%左右。

改进操作方法也是节约电能的一条有效途径。例如在电加热生产中，电炉连续作业比间歇作业消耗的电能少。

(5) 提高功率因数　功率因数是衡量供配电系统电能利用程度及电气设备使用状况的一个具有代表性的重要指标，提高功率因数可以降低电能损耗。

首先应考虑提高自然功率因数，即在不添置任何补偿设备的前提下，采取适当技术措施，以达到提高功率因数的目的。在一定意义上讲，这就是向运行管理要经济效益，靠挖潜来节约电能。

无功功率主要消耗在感应电动机和变压器中，因此提高自然功率因数的主要措施是：①合理地选择感应电动机和电力变压器的容量，避免低负荷运行。②改变感应电动机绕组的结线（如由△联结改为 Y 联结）。③绕线转子感应电动机同步化运行。④在条件允许时，用同等容量的同步电动机替代感应电动机等。

在尽量提高自然功率因数的前提下，如果功率因数仍达不到供电部门的要求时，则应该考虑无功功率的人工补偿，这部分内容将在下面详述。

三、工业与民用建筑中供用电设备的电能节约

电能一般都是被转换为其他形式的能量来使用的，例如电能通过电动机转换为机械能，

通过电灯转换为光能，通过电热设备转换为热能等。使一定的电能发挥更大的作用，这是节约电能的关键问题。

下面简要介绍电力变压器、电动机、电焊机、电热设备及电气照明等的节电问题。

1. 电力变压器的电能节约

电力变压器在供用电设备中，是效率最高的设备之一。然而由于它通常是长期连续运行，因此，虽然其功率损耗较小，但是长年累积起来，其电能损耗也十分可观，必须引起足够的重视。

电力变压器的电能节约，主要可从以下几方面考虑：应选用新型低损耗（即节能型）电力变压器；合理选择电力变压器的容量；实行电力变压器的经济运行，避免变压器轻负荷运行。关于电力变压器的型式和容量的选择问题，已分别在第二章和第五章讲过了，这里主要讲述电力变压器的经济运行问题。

（1）经济运行与无功功率经济当量的概念　经济运行是指能使整个电力系统的有功损耗最小，能获得最佳经济效益的设备运行方式。电力系统的有功损耗，不仅与设备的有功损耗有关，而且与设备的无功损耗有关，因为设备消耗的无功功率也是由电力系统供给的。由于无功功率的存在，就使得系统中的电流增大，从而使电力系统的有功损耗增加。

为了计算设备的无功损耗在电力系统中引起的有功损耗增加量，引入一个换算系数，即无功功率经济当量，它表示电力系统多发送 1kvar 的无功功率时，将在电力系统中增加的有功功率损耗数，其符号为 K_q，单位为 kW/kvar。这一 K_q 值与电力系统的容量、结构及计算点距发电厂的远近等多种因素有关。对于由发电机电压直接配电的工厂，可取 $K_q=0.02\sim0.04$；对经两级变压的工厂，可取 $K_q=0.05\sim0.08$；对经三级及以上变压的工厂，可取 $K_q=0.1\sim0.15$。一般情况下，可概略地取 $K_q=0.1$。

（2）一台变压器运行的经济负荷计算　变压器的损耗包括有功损耗和无功损耗两部分，而无功损耗对电力系统来说也可相当于按 K_q 换算的有功损耗。因此变压器的有功损耗加上变压器无功损耗所换算的等效有功损耗，就称为变压器有功损耗换算值。

一台变压器在负荷为 S 时的有功损耗换算值为

$$\Delta P \approx \Delta P_T + K_q\Delta Q_T \approx \Delta P_0 + \Delta P_k\left(\frac{S}{S_N}\right)^2 + K_q\Delta Q_0 + K_q\Delta Q_N\left(\frac{S}{S_N}\right)^2$$

即

$$\Delta P \approx \Delta P_0 + K_q\Delta Q_0 + (\Delta P_k + K_q\Delta Q_N)\left(\frac{S}{S_N}\right)^2 \tag{8-1}$$

式中，ΔP_T 是变压器的有功损耗；ΔQ_T 是变压器的无功损耗；ΔP_0 是变压器的空载有功损耗；ΔP_k 是变压器的短路有功损耗；ΔQ_0 是变压器的空载无功损耗；ΔQ_N 是变压器额定负荷时的无功损耗；S_N 是变压器的额定容量。

变压器的空载有功损耗 ΔP_0 和短路有功损耗 ΔP_k 可由产品样本查得，SL7 型和 S9 型的可查附录表 A-8。

变压器的空载无功损耗 ΔQ_0 可近似地由下式计算

$$\Delta Q_0 \approx \frac{I_0\%}{100}S_N \tag{8-2}$$

式中，$I_0\%$ 为变压器空载电流占额定电流的百分值，SL7 型和 S9 型的可查附录表 A-8。

变压器额定负荷时的无功损耗 ΔQ_N 可近似地由下式计算：

$$\Delta Q_{\mathrm{N}} \approx \frac{U_k\%}{100} S_{\mathrm{N}} \tag{8-3}$$

式中，$U_k\%$ 是变压器的短路电压（即阻抗电压）占额定电压的百分值，SL7 型和 S9 型的亦可查附录表 A-8。

要使变压器运行在经济负荷 $S_{\mathrm{ec \cdot T}}$ 下，就必须满足变压器单位容量的有功损耗换算值 $\Delta P/S$ 为最小值的条件。因此令 d（$\Delta P/S$）/dS = 0，可得变压器的经济负荷为

$$S_{\mathrm{ec \cdot T}} = S_{\mathrm{N}} \sqrt{\frac{\Delta P_0 + K_{\mathrm{q}} \Delta Q_0}{\Delta P_k + K_{\mathrm{q}} \Delta Q_{\mathrm{N}}}} \tag{8-4}$$

变压器经济负荷与变压器额定容量之比，称为变压器的经济负荷系数或经济负荷率，用 $K_{\mathrm{ec \cdot T}}$ 表示，即

$$K_{\mathrm{ec \cdot T}} = \sqrt{\frac{\Delta P_0 + K_{\mathrm{q}} \Delta Q_0}{\Delta P_k + K_{\mathrm{q}} \Delta Q_{\mathrm{N}}}} = \frac{S_{\mathrm{ec \cdot T}}}{S_{\mathrm{N}}} \tag{8-5}$$

一般电力变压器的经济负荷率为 50% 左右。

新型号节能变压器经济负荷率比老型号的低。若按此原则选择变压器的容量，则使初投资增大，基本电费也增多，因此选择变压器的容量要综合考虑电价制度等各方面因素，负荷率大致在 70% ~80% 左右较适合我国目前情况。

例 8-1 试计算 SL7-500/10 型变压器的经济负荷及经济负荷率。

解 查附录表 A-8 得 SL7-500/10 型变压器的有关数据：$\Delta P_0 = 1.08\mathrm{kW}$，$\Delta P_k = 6.9\mathrm{kW}$，$I_0\% = 2.1$，$U_k\% = 4$。

由式（8-2）得 $\Delta Q_0 \approx 0.021 \times 500\mathrm{kV \cdot A} = 10.5\mathrm{kvar}$

由式（8-3）得 $\Delta Q_{\mathrm{N}} \approx 0.04 \times 500\mathrm{kV \cdot A} = 20\mathrm{kvar}$

取 $K_{\mathrm{q}} = 0.1$，由式（8-5）可得此变压器的经济负荷率为

$$K_{\mathrm{ec \cdot T}} = \sqrt{\frac{\Delta P_0 + K_{\mathrm{q}} \Delta Q_0}{\Delta P_k + K_{\mathrm{q}} \Delta Q_{\mathrm{N}}}} = \sqrt{\frac{1.08 + 0.1 \times 10.5}{6.9 + 0.1 \times 20}} = 0.49$$

因此变压器的经济负荷为

$$S_{\mathrm{ec \cdot T}} = K_{\mathrm{ec \cdot T}} S_{\mathrm{N}} = 0.49 \times 500\mathrm{kV \cdot A} = 245\mathrm{kV \cdot A}$$

若改为 S9-500/10 型（Dyn11），则可计算出 $K_{\mathrm{ec \cdot T}} = 0.603$，$S_{\mathrm{ec \cdot T}} = 301.7\mathrm{kV \cdot A}$。

2. 两台变压器经济运行的临界负荷计算

假设变电所有两台同型号同容量（S_{N}）的变压器，变电所的总负荷为 S。

一台变压器单独运行时，它承担总负荷 S，因此由式（8-1）可求得其有功损耗换算值为

$$\Delta P_{\mathrm{I}} \approx \Delta P_0 + K_{\mathrm{q}} \Delta Q_0 + (\Delta P_k + K_{\mathrm{q}} \Delta Q_{\mathrm{N}}) \left(\frac{S}{S_{\mathrm{N}}}\right)^2$$

两台变压器并联运行时，每台承担负荷 $S/2$，因此由式（8-1），可求得两台变压器的有功损耗换算值为

$$\Delta P_{\mathrm{II}} \approx 2(\Delta P_0 + K_{\mathrm{q}} \Delta Q_0) + 2(\Delta P_k + K_{\mathrm{q}} \Delta Q_{\mathrm{N}}) \left(\frac{S}{2S_{\mathrm{N}}}\right)^2$$

将以上两式 ΔP 与 S 的函数关系绘成如图 8-2 所示两条曲线，这两条曲线相交于 a 点，a 点所对应的变压器负荷，就是变压器经济运行的临界负荷，用 S_{cr} 表示。

当 $S = S' < S_{\mathrm{cr}}$ 时，则因 $\Delta P'_{\mathrm{I}} < \Delta P'_{\mathrm{II}}$，故宜于一台运行；

当 $S = S'' > S_{cr}$ 时，则因 $\Delta P''_{I} > \Delta P''_{II}$，故宜于两台运行；

当 $S = S_{cr}$ 时，则 $\Delta P_{I} = \Delta P_{II}$，即

$$\Delta P_0 + K_q\Delta Q_0 + (\Delta P_k + K_q\Delta Q_N)\left(\frac{S}{S_N}\right)^2 = 2(\Delta P_0 + K_q\Delta Q_0) + 2(\Delta P_k + K_q\Delta Q_N)\left(\frac{S}{2S_N}\right)^2$$

由此可求得判别两台变压器经济运行的临界负荷为

$$S_{cr} = S_N\sqrt{2 \times \frac{\Delta P_0 + K_q\Delta Q_0}{\Delta P_k + K_q\Delta Q_N}} \tag{8-6}$$

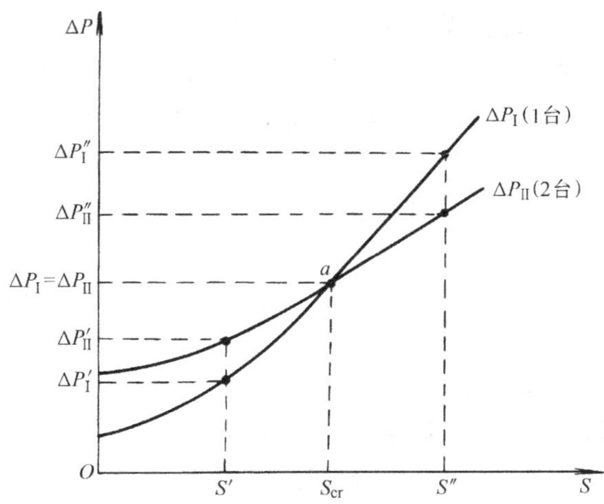

图 8-2　两台变压器经济运行的临界负荷

如果是 n 台同型号同容量的变压器，则判别 n 台与 $n-1$ 台经济运行的临界负荷为

$$S_{cr} = S_N\sqrt{(n-1)n \times \frac{\Delta P_0 + K_q\Delta Q_0}{\Delta P_k + K_q\Delta Q_N}} \tag{8-7}$$

例 8-2　某厂变电所装有两台 SL7-500/10 型变压器，试计算此变电所变压器经济运行的临界负荷值。

解　全部利用例 8-1 的变压器技术数据，代入式（8-6）即得判别此变电所两台变压器经济运行的临界负荷为（取 $K_q = 0.1$）

$$S_{cr} = 500\text{kV}\cdot\text{A} \times \sqrt{2 \times \frac{1.08 + 0.1 \times 10.5}{6.9 + 0.1 \times 20}} = 346\ \text{kV}\cdot\text{A}$$

因此，如果负荷 $S < 346\text{kV}\cdot\text{A}$，则宜于一台运行；如果负荷 $S > 346\text{kV}\cdot\text{A}$，则宜于两台运行。

若改为 S9-500/10 型（Dyn11），则可计算出 $S_{cr} = 426.6\text{kV}\cdot\text{A}$。

以上计算和讨论仅考虑了经济运行的观点。在实际运行中，由于电费制度等原因，目前一般选择变压器负荷率为 70% ~80% 较为适合。

3. 电动机的电能节约

电动机是应用最广的电气设备之一，所消耗的电能约占全部生产用电量的 60%，因此，电动机的节电问题显得十分重要。

电动机的节电主要应从选用高效电动机，合理选择和使用电动机，合理选择调速方式以及提高功率因数等几方面考虑。

（1）选用高效节能电动机　过去人们选用电动机时，往往只注意其电压、频率、额定功率、转速及价格等因素，而忽略了电动机的效率，尤其是选用的小功率电动机的效率往往很低，以致造成不容忽视的电能浪费现象。

为了提高电动机的效率，现在设计制造上提出了所谓高效节能电动机的概念，主要是设法全面降低电动机本身的功率损耗，包括降低铁损及定子绕组的铜损、转子绕组的铜损、通风摩擦的损耗及杂散损耗等，以提高电动机的效率。高效节能电动机不仅效率比老式电动机有较大的提高，同时具有下列优点：噪声小，温升低，使用寿命长，间歇超载能力和惯性负

荷的加速能力强。其缺点是耗用金属材料较多，价格较贵，但由于其效率高，运行费低，多用的投资可在较短时间内收回，因此总的经济效益还是很好的。

近年来我国的电动机制造工业发展很快，对电动机的原理、结构、工艺、材料和运行方式等方面都进行了广泛的研究和试验，已设计制造出一系列高效节能电动机。转子为铜材的笼型电动机已经问世。对这些高效节能电动机，我们应大力推广应用。

（2）合理选择和使用电动机　在选用电动机时，应首先选择电动机的类型、功率及其他技术参数，使它与其所拖动的生产机械具备相适应的负荷特性，能在各种状态下稳定地工作，而且尽量安全、可靠、简单、经济和节约电能。

1）合理选择电动机的类型。《通用用电设备配电设计规范》（GB50055—2011）规定：①机械对起动、调速及制动无特殊要求时，应选用笼型电动机，但功率较大且连续工作的机械，当在技术经济上合理时，宜采用同步电动机。②重载起动的机械，如选用笼型电动机不能满足起动要求或加大功率不合理时，或者调速范围不大的机械且低速运行时间较短时，均宜选用绕线转子电动机。③机械对起动、调速及制动有特殊要求时，在交流电动机达不到要求的情况下，可选用直流电动机。所有各类电动机，均应选用高效节能型。

2）合理选择电动机的容量。电动机的容量如果选择过大，电动机会长期处于轻负荷运行，这是很不经济的。以感应电动机为例，电动机的负荷率与功率因数和效率的关系曲线如图 8-3 所示，在此曲线上空载、半载及满载等 5 个点的数据如表 8-1 所示。

表 8-1　感应电动机负荷率与功率因数及效率的关系

负荷率	空载	25%	50%	75%	100%
功率因数	0.20	0.5	0.77	0.85	0.89
效率	0	0.78	0.85	0.88	0.88

由图 8-3 可以看出，感应电动机的效率和功率因数随负荷率的变化而变化。一般负荷率 $K_L = 75\% \sim 100\%$ 时可出现最高效率，因此如选用的电动机容量合适，不但能节电，而且还可以提高功率因数，降低无功损耗，进一步节约电能。

当电动机负荷率 $K_L < 40\%$ 时，不需要经过技术经济比较就可以换成较小容量的电动机。

当 $40\% \leqslant K_L \leqslant 70\%$ 时，则需经过技术经济比较后再决定是否更换。

3）合理选择电动机的电压等级。对于中型电动机系列，还存在一个电压等级的合理选择问题，如果选择得当，则在保证电动机性能的前提下，能达到节电和节省投资的效果。

凡是供电线路短、电网容量允许，且起动转矩和过负荷能力要求不高的场合，以选用低压感应电动机为宜。因这种电动机比高压电动机效率高、价格便宜、利于节电、维护方便，采用一般低压电器控制即可。而对那些供电线路长、电网容量有限、起动转矩较高或要求过

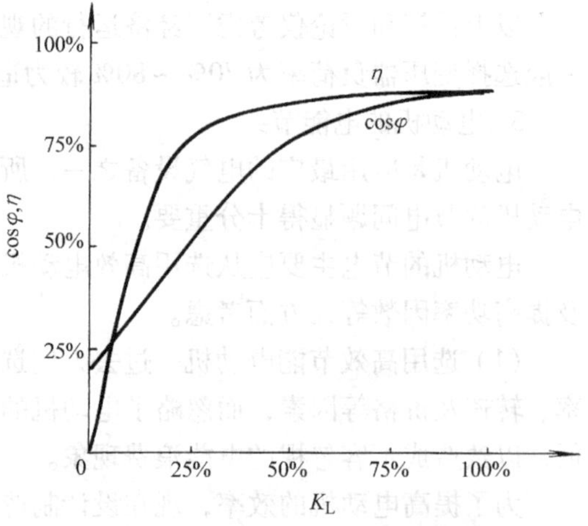

图 8-3　感应电动机负荷率与功率因数和效率的关系

负荷能力较大的场合，宜选用高压电动机。一般容量为200kW以上的宜选用高压电动机。

4）合理选择电动机的负荷特性。感应电动机的用途很广，所拖动的负荷种类很多，根据负荷特性来合理选择电动机，对于提高设备运行时的安全可靠性和节电都具有实际的意义。

电动机的运行特性受它所拖动机械的负荷特性影响。有些机械，如大部分鼓风机、离心机、压缩机等，要求较小的起动转矩，但起动后所要求的拖动转矩随转速的上升而增加，因此通常选择一般机械特性的电动机。另外一些机械如往复式空气压缩机、带负荷的传送机等要求有较大的起动转矩，故常选用高转差率的机械特性的电动机。只有电动机的机械特性和它拖动的负荷特性互相配合，才能满足安全并节电运行的要求。

（3）合理选择调速方式　根据生产的需要，电动机可采用各种调速方式，但是传统的调速方式中，有的耗电多，效率低。为了节约电能，可以推广以下几种节电调速方式：

1）交流感应电动机的节电调速方式。

① 电磁转差离合器调速：电磁转差离合器（又称滑差离合器）的原理结构如图8-4所示，由电枢和磁极两部分组成。电枢做成如笼型电动机转子那样的短路绕组，也可以做成实心的圆筒形。磁极部分由磁极与励磁绕组组成。电枢部分与电动机的转轴联接，以恒定转速 n_1 旋转，是主动部分。磁极部分与机械负荷的转轴相联接，是从动部分，转速为 n_2。

当励磁绕组通入直流励磁电流后，在电磁转差离合器的磁路里产生磁通，旋转的电枢切割气隙磁通，即在电枢中感应电流，这个电流与磁通作用就产生电磁转矩。由于主动部分已由电动机带动，因此就促使从动部分随主轴的方向而旋转。

电磁转差离合器的工作原理与感应电动机相似，从动部分的转速 n_2 总比主动部分转速 n_1 稍慢。

电磁转差离合器通过改变励磁电流可自由地调整磁极的转速 n_2。由于磁极与机械负荷联轴，所以改变励磁电流也就改变了机械负荷的转速。

利用电磁转差离合器进行调速，其优点是结构简单、投资小、可靠性高，在接近额定转速范围内（90%额定转速以上）运转时，效率比电流型变频调速和直流电动机调速的效率都高，功率因数也高，节电效果明显。这种调速方式特别适用于负荷转矩随转速下降而减小的风机和泵类负荷及要求恒转矩的造纸机、带传送机等负荷。但由于离合器存在摩擦转矩和剩磁，因此在负荷转矩低于10%额定转矩时，可能使控制功能变坏，甚至失控，所以这种调速方式不适于转矩与转速成反比变化的吊车类负荷。

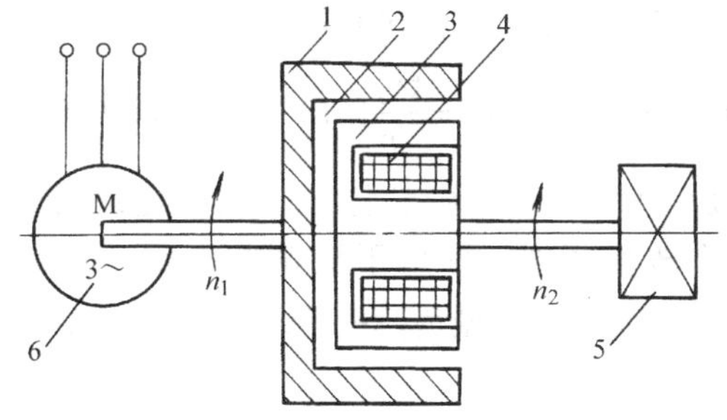

图8-4　电磁转差离合器示意图

1—电枢　2—气隙　3—磁极　4—励磁绕组　5—机械负荷　6—交流电动机

② 液力耦合器调速：液力耦合器的结构和工作原理如图8-5所示。它主要由泵轮、涡轮、输入/输出连接装置和密闭的外壳等组成。当泵轮被主动机械拖动时，液力耦合器腔体内的工作液体在泵轮内获得动能，进入涡轮后，其动能转变为机械能，从而推动涡轮旋转，带动负载工作，实现功率的传递。调节腔体内的液量就可实现输出轴的无级调速，可达到节电的目的。

此种调速方式适用于大功率的风机和泵类负荷。

③ 晶闸管串级调速：三相绕线转子感应电动机调速有两种方法：一种是转子串电阻调速，其缺点是在电阻上损耗大量的电能，调速越低，损耗越大，而且是有级调速；另一种是转子串电动势调速。晶闸管串级调速就是转子串电动势调速的一种，其原理电路图如图 8-6 所示。由图可知，绕线转子感应电动机转子电压经二极管整流为直流电压 U_d，再由晶闸管逆变器将 $U_{d\beta}$（逆变器直流侧电压，若忽略直流回路电阻，则 $U_d = U_{d\beta}$）逆变为交流电压，转差功率经变压器反馈到交流电网。此时 $U_{d\beta}$可视为加到电动机转子绕组的电动势，控制逆变角 β 就可改变 $U_{d\beta}$的数值，亦即改变了引入转子电路的电动势，从而实现了绕线转子感应电动机的串级调速。这种调速方法既实现了无级平滑调速，又消除了电阻发热，减少了损耗，节约了电能。

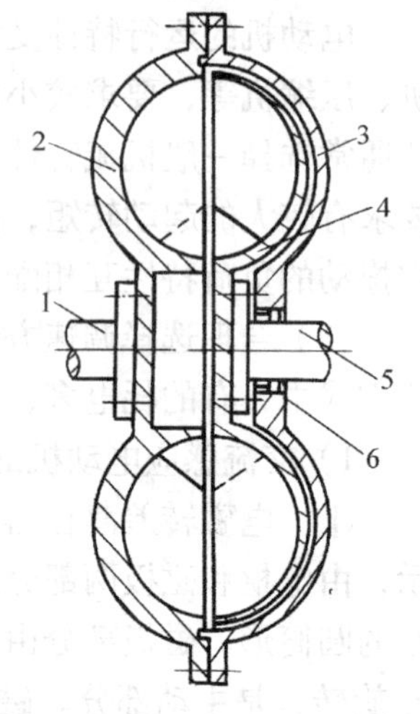

图 8-5 液力耦合器的结构和工作原理图
1—输入轴 2—泵轮
3—外壳 4—涡轮
5—输出轴 6—油封

如果采用常规的晶闸管串级调速，由于电流滞后于电压导通，不但电动机本身需要吸收无功功率，而且逆变器也需要吸收无功功率，从而使功率因数进一步降低。一般功率因数在 0.4 ~ 0.6 之间。

超前导通的晶闸管串级调速，应用了一种可关断的晶闸管（GTO）。这是一种在门极加正向脉冲电流能使其导通，加反向脉冲电流能使其关断的器件，依靠此特性使电流超前电压，从而使功率因数提高到 0.9 以上，达到节电的目的。例如一台 550kW 交流电动机，采用晶闸管串级调速后，每年可节电 100 万 kW · h 以上。

④ 变频调速：改变电源的频率 f_1 可以调节交流电动机的同步转速 n_0。感应电动机的 $n = n_0\ (1-s) = \dfrac{60f_1}{p}(1-s)$，当转差率 s 变化不大时，n 基本上与 f_1 成正比，因此平滑改变频率，即可平滑调节电动机的转速，从而满足机械负荷的要求，达到节电的目的。

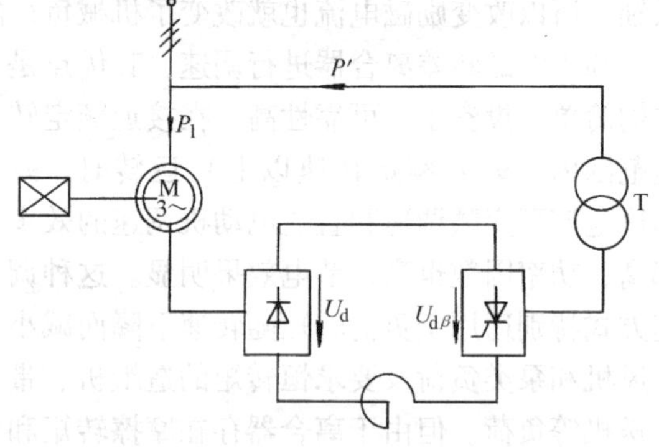

图 8-6 晶闸管串级调速原理电路图

变频调速对于笼型和绕线转子感应电动机都是适用的。这种调速方式具有优异的性能，调速范围大，平滑性较好，变频时电源电压 U_1 按不同规律变化，可实现恒转矩或恒功率调速，以适应不同负荷时的要求。其缺点是必须有专用的变频电源，结构较复杂，初投资大。

变频电源有晶闸管变频装置或变频机组。由于晶闸管变频装置具有起动快、效率高、体积小、无旋转部分、噪声小等优点，因此目前逐步取代变频机组。晶闸管变频装置的工作原理在“电力电子变流技术”课程中讲授，这里从略。

2）直流电动机的节电调速方式。

① 晶闸管-电动机组调速方式：直流电动机的传统调速方式有两种：一种是电枢回路

串电阻，把电枢接在恒压源上，利用改变电阻值进行调速。这种方式电能损耗大，很不经济。另一种是采用发电机-电动机组，利用调节直流发电机的励磁电流来改变供给直流电动机的电枢电压，从而调节直流电动机的转速。采用后一种调速方式，主电路中没有电阻，损耗较小，但直流发电机需要交流感应电动机拖动，在感应电动机和直流发电机上都有功率损耗，而且结构复杂，投资大。

现在推广应用的晶闸管-电动机组调速，去掉了发电机组，比上述两种调速方式的损耗都小，是一种较好的节电调速方式，其原理电路如图 8-7 所示。

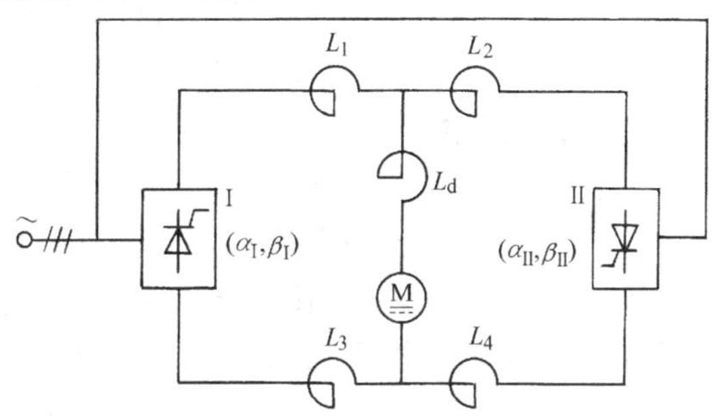

图 8-7 晶闸管-电动机组调速原理电路图

用晶闸管对交流电进行整流，形成可变的直流电压接在电枢上，调整晶闸管触发脉冲的相位，可把输出的直流电压和电流控制在一定的数值，从而可以自由调节速度和转矩。这种调速方式，在主电路上没有电阻，因此主电路没有损耗，即使在低速范围内损耗也不大。另一方面，通过逆变器使电流反向进行制动，制动能量全部反馈到交流侧而回收（再生制动），而且从全速到低速的整个范围内均可进行制动。由此可知，从节电方面看，这是一种较好的制动方式。

② 晶闸管斩波器调速方式：将直流电源的恒定直流电压变换为可调直流电压的晶闸管装置，称为直流斩波器。斩波器以晶闸管作为直流开关，控制负荷电路的接通与关断，使负荷端得到大小可调的直流平均电压 U_d。主电路没有电阻，而且也可以再生制动，因此也是一种节电的调速方式，其原理电路如图 8-8 所示。

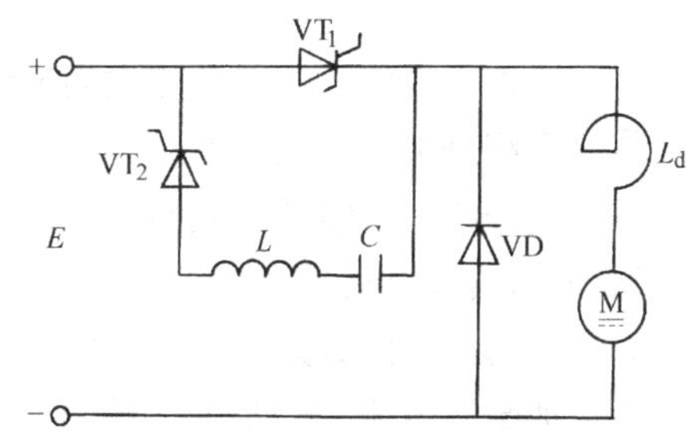

图 8-8 逆导型直流斩波器调速方式原理电路图

这种调速方式具有起动平稳、调速特性好以及节电效果显著等优点，现已广泛应用于电力机车、地铁、城市电车、电瓶叉车等的调速控制。

(4) 提高电动机的功率因数 提高功率因数也是节电的重要方面，主要措施如下：

1）合理地选择电动机容量。合理地选择电动机容量使负荷率在 70% 以上，可使电动机在高功率因数下运行。

2）采用适当的调速方式。绕线转子感应电动机采用超前导通的晶闸管串级调速，可使功率因数达到 0.9 以上。

3）Δ-Y 联结变换。对负荷不足的电动机降低外施电压。

① 长期轻负荷运行的感应电动机：其定子绕组原为

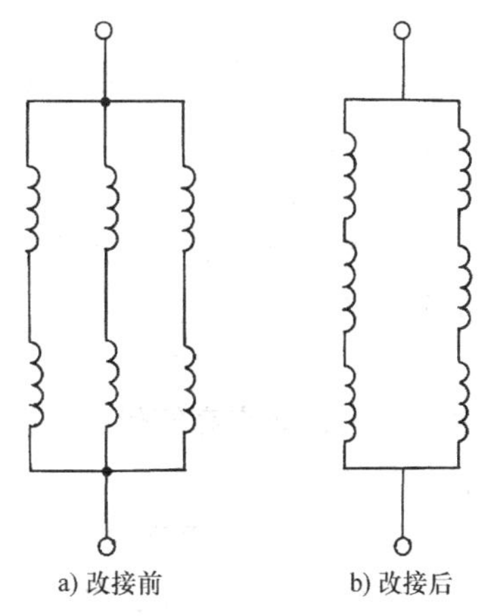

图 8-9 改变感应电动机定子绕组接法

Δ联结，可改为Y联结，使每相绕组的电压降为原来的$1/\sqrt{3}$，从而使定子旋转磁场降为原来的$1/\sqrt{3}$，因此使电动机的铁损相应减小，使电动机的功率因数提高。

② 改变电动机绕组的联结法：若将长期轻负荷运行的电动机调换为较小容量的电动机受条件限制，定子绕组又不便改为Y联结，则可将定子绕组分段改接，如图8-9所示。使电动机定子绕组每相由原来的三个并联支路改为两个并联支路，使每段绕组承受的电压减小，从而使定子铁心磁通减少，铁损降低，功率因数提高。

4）绕线转子感应电动机同步化运行。在绕线转子感应电动机异步起动后，向转子绕组通入直流电进行励磁，使其变为同步电动机运行，这样可节约无功电能，甚至把感应电动机改为容性负荷向电网供给无功功率，使功率因数大大提高。

5）减少电动机的空载损耗。感应电动机的空载损耗主要是无功功率损耗，而各种生产机械在生产过程中又有不同的空载间断时间（如金属切削机床的空载时间约为全部切削时间的35%～65%）。对于空载运行持续时间超过5min的中小型电动机，应及时停机。若电动机在工作周期反复出现上述情况，则应安装空载自停装置，这样可减少有功及无功功率损耗，提高自然功率因数。

6）提高电动机的检修质量。感应电动机的检修质量对功率因数影响较大，为了保证电动机的检修质量，使检修后的效率、功率因数等都达到原来的出厂标准，应注意以下几点：

① 检修后空气隙应保持原来的尺寸与均匀性。

② 重绕绕组每相匝数不应少于原有绕组匝数。

③ 重绕绕组每组的总截面不应小于原有绕组每相的截面。

7）采用同步电动机。同步电动机与感应电动机比较，其转速恒定不变，与负荷大小没有关系；它的功率因数是可调的，能够在$\cos\varphi=1$的情况下运行；在运行中可以调节励磁电流。若增加励磁电流，同步电动机就在过励磁状态下运行，功率因数超前；若减少励磁电流，同步电动机就在欠励磁状态下运行，功率因数滞后。同步电动机一般都在过励磁状态下运行，即在功率因数超前的情况下运行，从而可改善电网的功率因数，这是感应电动机做不到的。

过去，由于同步电动机的起动问题不好解决，而且还需直流电源供给励磁电流，因而限制了它的应用。随着技术的发展，同步电动机可采用异步起动，近年来又采用了晶闸管整流装置作为它的励磁电源，使得同步电动机的应用更加方便和广泛。

同步电动机在工业与民用建筑中主要用于拖动那些长期运行且不需要调速的低转速大功率负荷，如空气压缩机、离心水泵、活塞式水泵、破碎机、球磨机等设备。

由于同步电动机较异步电动机的功率因数高、体积小、气隙大、便于制造安装，还具有过载能力大、效率高等优点。因此对于无变速要求的100kW以上的异步电动机用同步电动机替代是经济合理的。

4. 电焊机的电能节约

电焊机产生大量无功负荷。电焊机不规则地、间歇性地工作，其空载时间一般大于工作时间，空载时的功率因数只有0.1～0.3，因此，电焊机在空载时断开电源具有较好的节电效果。

电焊机有交流电焊机和直流电焊机两大类。节电用的电焊机空载自停装置有许多种，这里只介绍一种较简单的交流电焊机空载自停装置，其原理电路图如图 8-10 所示。它是利用电焊机二次电流的变化作为控制开关的依据。电焊机二次回路加装电流互感器。延时电路由晶体管 VT 和电容 C_3 及 C_4 组成。当开关 QS 合上时，380V 交流电分别输送到电焊机 T 及整流变压器 TR，TR 的二次交流电经 VD1 ~ VD4 桥式整流转换成直流电，作为控制电源。当电焊机未开始工作时，其二次电流为零，电流互感器无感应电压，使晶体管 VT 无基极偏压，则晶体管 VT 不导通，继电器 KA 不动作，接触器 KM 不吸合，其常开触头也不闭合，因此，电焊机不直接与 380V 线路接通。

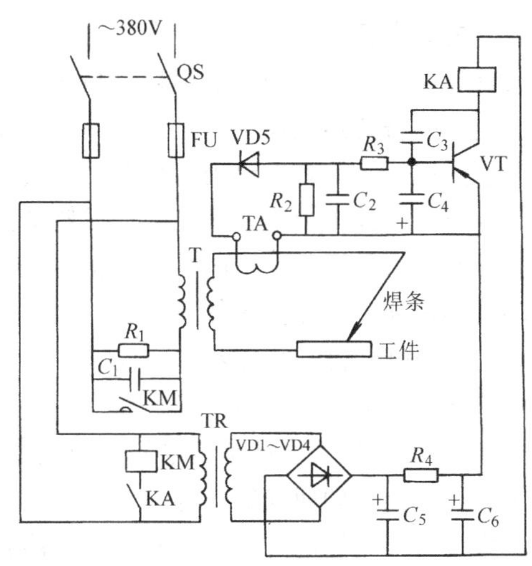

图 8-10　交流电焊机空载自停原理电路图

电焊机 T 的一次绕组与电阻 R_1、电容 C_1 串接在回路中，减少了空载电流，T 的二次绕组感应出 40V 电压。当焊条焊接工作时，电流互感器 TA 二次侧感应出 1 ~ 3V 电压，经过 VD5 整流后加在晶体管 VT 的基极上，使晶体管 VT 导通，继电器 KA 吸合，接触器 KM 线圈得电，其常开触头闭合，电焊机运行。

当焊条脱离工作时，电焊机二次侧无电流，电流互感器 TA 二次侧无感应电压，但由于电容 C_3、C_4 放电而继续保持晶体管 VT 导通。如果在延时时间内再焊接，TA 的感应电压继续供给晶体管基极电流，KA 及 KM 不返回，使电焊机继续运行。如果空载时间超过整定的延时时间，则电容 C_3、C_4 放电完毕，三极管无基极电流，晶体管 VT 不导通，使 KA、KM 释放，电焊机自动断电。

5. 电热设备的电能节约

电热设备是用电能作为热源来加热或熔炼金属和非金属材料的设备。

（1）电热设备的类型

1）电阻炉。电阻炉是一种利用电流通过电阻产生热效应进行加热处理的设备。常见的电阻炉有箱式电阻炉、井式电阻炉、盐浴炉等。

2）感应炉。感应炉是一种利用电磁感应引起涡流发热进行加热处理的设备。按用途分为感应熔炼炉和感应加热炉；按电源设备的频率可分为工频、中频和高频三种。

3）电弧炉。电弧炉是一种利用电弧的高温进行加热处理的设备。通常用于材料的熔炼。

4）高频电场加热设备。高频电场加热设备是一种利用电介质在高频电场作用下产生热效应进行加热处理的设备。它可分为极板式电场加热和微波加热两种。极板式加热是将加热物放置在两块极板的电场中进行加热；微波加热是将加热物放在微波加热器中进行微波辐射加热。

电热设备的耗电量很大，俗称“电老虎”，全国电热设备消耗的电量占总用电量的 1/6 左右，因此电热设备的节电是很重要的。

(2) 电热设备的节电措施　电热设备包括各种电炉都是成套设备，其中电气设备是重要的配套设备。电热设备在运行过程中，其电气设备和电炉的炉体均会产生电损耗和热损耗。

电热设备的电损耗就是电网供给它的电能在电气设备电阻上产生的电能损耗。电损耗的大小与配套设备的性能、电气设备的性能、维修质量、使用时间等因素有关，一般可通过测定或计算确定。电弧炉的电损耗可高达其总消耗功率的9%～13%。

电热设备的热损耗主要是炉体的散热损耗、炉门的辐射热损耗、炉气和炉渣的显热及炉体的蓄热损耗，还有加热用的炉筐、夹具等的热损耗。电阻炉的热损耗约占其总消耗功率的46%～65%，其中炉体及夹具的热损耗又占其绝大部分。

因此，电热设备的节电措施，主要就是设法降低其运行中的电损耗和热损耗，其中特别是降低热损耗。具体措施如下：

1）正确地选择加热能源。电能是一种珍贵的二次能源，特别是把电能作为热源来使用时更应珍惜。只要工艺技术条件允许，应优先选用煤气、石油或天然气等作为加热能源。

2）合理的热工设计是节电的一项重要措施。热工设计是电炉设计的重要部分。电炉的热工设计不当，即使在操作等方面十分精心，电炉散热造成的热损耗也是无法补救的。过去电炉设计对节约用电方面考虑甚少，目前我国使用的大多数电炉炉壁散热量大，电热元件效率低，炉壁结构不合理，电炉的热效率普遍较低。

3）减少炉体的热损耗。炉体的热损耗一般为20%～35%，是电炉最大的一项热损耗。炉体的热损耗包括炉衬的蓄热损耗和炉壁的散热损耗。要想减少热损耗，必须加强炉体的保温隔热性能，过去国产的箱式、井式等电阻炉，大多采用重质粘土砖和硅藻土砖组合炉衬，蓄热量大，保温隔热性差，热损耗严重。如果采用新型保温耐火材料（如漂珠砖、轻质耐火砖、硅酸铝纤维）取代重质粘土砖，则可使电阻炉大大节约电能。例如粘土耐火砖炉衬在1000°C时，比硅酸铝纤维炉衬要多消耗56%的电能。近几年来各地陆续对老的箱式、井式电阻炉用硅酸铝纤维进行改造，取得节电30%的效果。

硅酸铝纤维又称陶瓷纤维，是一种新型保温耐火材料。主要成分是三氧化二铝（Al_2O_3）和二氧化硅（SiO_2），具有耐高温、蓄热量小、导热系数小等特点，使炉子升温快，提高了生产效率，节约了电能。

4）改革夹具和料筐。夹具和料筐所需的热量占输入热量的18%～19%。减少夹具等热损耗的途径，一是改善夹具和料筐的结构，二是合理选择材料，使夹具和料筐的重量减轻，数量减少。

5）改善电热元件的发热材料。电热元件的发热性能好坏直接影响加热速度和电阻。过去低温电阻炉采用常规的电阻发热元件，加热主要靠热对流，故加热时间长，电能损耗较大。其原因是电阻发热元件热辐射性能差，热能未能充分利用。近年来，电阻炉普遍采用了远红外线加热器或远红外线涂料，使电阻发热元件的热辐射性能明显提高。使用远红外线加热技术的低温电阻炉，节电可达30%以上。远红外线加热是近几年来发展起来的一项新的加热技术，是国家重点推广的节电新技术之一。如果全国普遍推广这项新技术，每年可节电数十亿千瓦小时。

6）改进操作工艺。连续作业比间歇作业消耗的电能少。在加热温度为900～950°C时。据对某一台电炉设备的测定，连续作业的热效率可达40%，而间歇作业的热效率只有30%左右。所以电炉生产应尽可能连续进行，集中或满量开炉。生产量小或分散进行的热处理，应集中起来，实行专业化生产。

同时，在加热过程中要保持额定的工作电压，因为电压U下降时，电能与U^2成比例下降，使炉温下降，加热时间长，耗电多。

此外，从工艺上采取措施也可以取得很好的节电效果。如缩短加热时间，利用铸、锻的余热进行热处理，把整体淬火改成局部淬火等。

7）改造短网结构。对电弧炉、矿热炉等进行短网改造也可以节约电能。从电炉变压器的低压端至电炉电极的这一段导线称为电炉的短网。短网的长度一般虽只有10m左右，但在冶炼时却通过很大的电流，所以短网的功率损耗很大，约占总消耗功率的9%～13%，因此降低短网的电能损耗是电炉节约用电的一个重要方面。

要减少短网的电能损耗，其具体措施如下：

① 减少短网电阻：缩短短网长度。因短网电阻与其长度成正比，缩短短网长度可使电阻减小。以5t电弧炉为例，在10kA运行时，短网缩短1m，可减少功率损耗20kW。缩短短网的措施有：移动电炉变压器，使其尽量靠近电炉；升高电炉变压器的安装位置，使各段短网处在同一水平面上；在保证电极升降和炉体转动需要的前提下，尽量减少短网电缆的长度。

减小接触电阻。短网中连接的地方很多，如连接不良，则接触电阻增大，不仅增大了短网的功率损耗，同时还会烧坏接头。为了降低接触电阻，应对不需拆卸的接点采用焊接或增大接触面积，并对接触面保持足够的压力。在运行时对接触处要经常进行检查，发现发热温度过高时应及时进行检修。

采用水冷短网。由于电炉周围温度较高，依靠导体自然散热远不能满足要求，因此现在普遍采用水冷短网，使短网电阻减小，从而使电能损耗减少。

② 减少短网周围的铁磁物质：当很大的交流电流通过短网时，将在短网周围产生强大的交变磁场，从而在短网周围的铁磁物质中产生涡流和磁滞损耗。为了减少这些附加损耗，应尽量避免用铁磁材料包围短网导体，如电极把持器可用铜制作，水冷密封圈不做成整体的圆环，而在中间留一道约20mm的缝隙。

③ 合理选择短网的电流密度：短网导体截面应按经济电流密度选择。以往选择的电流密度一般偏高，造成短网功率损耗较大，因此合理地选择短网电流密度是节电的重要措施。

④ 改变短网的布线方式，减少短网的电感：一般电炉短网均采用图8-11a的单线布线方式，这种布线方式产生较大的感抗。感抗是由电磁感应作用产生的自感电动势和互感电动势造成的。如果相邻两根平行导体中通过的电流方向相反时，则自感电动势和互感电动势方向也相反，对导体造成的感抗也会减小。根据这一原理将短网改为图8-11b所示的双线布线方式，可使短网电抗减小，提高功率因数，减小电压降，提高电极电压，增加电炉的熔化功率，缩短熔化时间，从而节约电能。如某钢厂改用双线布线后，功率因数由原来的0.76提高到0.82～0.87之间，将取得了很好的节电效果。

6. 电气照明的电能节约

照明用电在生活和生产中是不可缺少的，我国照明用电量约占总用电量的7%～8%，个别地区高达15%以上，因此节约照明用电的潜力是相当大的。节约照明用电要在保证合理照度的前提下，尽可能提高电能的有效利用率。照明节电的基本措施有：

（1）采用高效电光源，提高光源的效率　目前推广的紧凑型节能荧光灯节电效果不错。如用一只13W节能灯取代60W白炽灯，每天照明以4h计算，年节电68.62kW·h，而且寿命是白炽灯的6倍，经济效益可观。在光色要求较高的场所，可采用三基色荧光灯。用30W的节能型细管荧光灯代替旧型的40W荧光灯，以及采用电子型镇流器或高效节能型电感镇流器等，都可获得很好的节能效果。特别指出，采用新发展起来的 LED 节能灯可获得很好的节能效果。LED 节能灯的光效大约是传统的普通节能灯的 1.6 倍、卤素灯的 4 倍、白炽灯的 5 倍。此外，LED 节能灯还具有较好的显色指数，且使用寿命是普通节能灯的 10 倍，是白炽灯的 50 倍。

(2) 降低照明电路的损耗　适当增大照明供电线路的截面等。

(3) 提高光通量的利用系数　选用光能利用率高的灯具等。

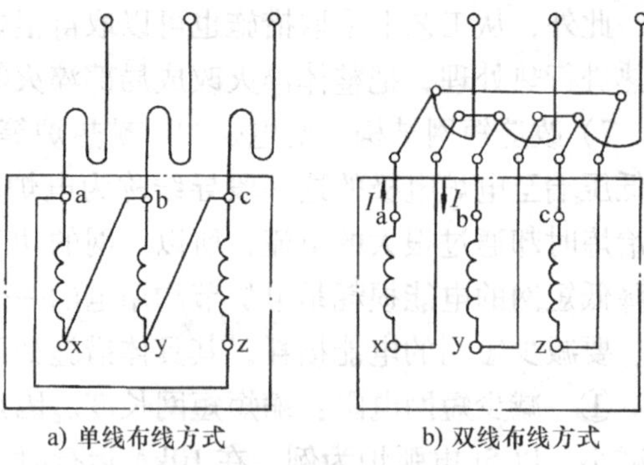

图 8-11　短网布线方式

(4) 采用节电的照明系统

1) 采用不同电光源混合照明（混光照明）。实践证明这样既可节电又可提高照明质量，以下场所宜采用混合照明：较大面积的照明场所，视看条件要求较高的场所，均匀照度要求不高的场所。

2) 采用科学的管理系统。对照明进行科学、合理地管理，能够减少电能损耗。如采用日光控制、时间控制、照度控制等。

建筑物自动化系统（Building Automation System，缩写为 BAS）的照明监控系统可以按预定的时间和照度等对照明器的开关进行控制，以达到最佳的节能效果。

(5) 充分利用自然光源　从建筑设计上优化照明条件，缩短电气照明时间，达到节电的目的。

我国早已提出“绿色照明”的概念，即在不降低照明质量的前提下，节约照明用电，提高资源的利用率，从而减少因发电而产生的“三废”，达到保护环境的目的。如采用高效节能的电光源、灯具和照明控制设备，推广照明工程中的电子节能技术等。绿色照明是人类可持续发展战略在照明技术中的具体体现。

7. 空调系统的电能节约

在现代建筑中，经常需要将室内或某些特殊场所的空气加以调节。完成空气调节任务的所有装置、设备的有机组合称为空调系统。空调系统的任务就是要实现对空气的温度、湿度、洁净度和气流速度的调节。

目前家庭中常用的空调器是一种典型的局部空调系统，它将冷冻机、风机、自动控制设备等组装成一体，就近直接为空调房间服务。

现代建筑特别是高层建筑，面积大、功能多、结构复杂，对空调系统的要求也高，一般要采用集中空调系统。

空调系统负荷大，要消耗大量电能。空调负荷在建筑物总的电气负荷中占有相当大的比例，因此，空调系统的电能节约具有重要的意义。

例如，当空调负荷较低或者在波谷电价时，可以采用蓄冰运行方式，达到节能和节省电费的效果。

此外，在智能型建筑中，可以充分利用其 BAS 来管理电气设备，从而达到节约电能的效果。

BAS 的空调监控系统可以对温度、湿度以及新风、回风、排风进行监控，使之工作在节能状态。BAS 的冷冻站监控系统可以自动控制冷却水泵、冷却塔风机的开、停，以及实现冷水机组台数的节能控制和冷冻水系统的压差控制等。

第三节　无功功率的人工补偿

《全国供用电规则》规定，用户在当地供电局规定的电网高峰负荷时的功率因数应达到下列要求：高压供电的工业用户和高压供电装有带负荷调整电压装置的电力用户，功率因数为 0.90 以上，其他功率因数为 0.85 以上。功率因数未达到上述规定的应增添无功功率补偿设备。

一、无功功率人工补偿设备

常用的无功功率人工补偿设备，主要有同步补偿机（又叫同期调相机）和并联电容器。同步补偿机是一种专门用来改善功率因数的空载运行的同步电动机，通过调节其励磁电流可以起到补偿电网无功功率的作用，通常用在大电网中枢调压或地区降压变电所中。并联电容器又称移相电容器，是一种专门用来改善功率因数的电力电容器。并联电容器与同步补偿机相比，无旋转部分，并具有安装简单、运行维护方便、有功损耗小以及组装灵活、扩建方便等优点，所以并联电容器在一般工业与民用建筑的供配电系统中被广泛应用。但它损坏后不便修复，从电网切除后有危险的残余电压存在（残余电压可通过放电消除）。新型的 CLMB、CLMD 等型干式金属化全膜低压电容器具有自愈性能，不用维护且体积小，便于实现就地补偿，已获得广泛的应用。

同步补偿机和并联电容器一般只适应于补偿变动不快的无功功率，即对无功功率进行静态补偿。在现代工业与民用建筑中，大容量冲击负荷带来了大量的冲击性无功功率，而且这种负荷含有大量的高次谐波，用同步补偿机和并联电容器是无法补偿的。静止无功补偿装置（SVC，简称静补装置）具有反应速度快、补偿效果好、维护方便等优点，因而应用越来越广泛。静补装置目前主要用于电弧炉、大型轧钢机等冲击性快速变动的无功功率及超高压输电系统的无功功率补偿。SVC 价格较高，故一般中小型工业与民用建筑中较少应用，仍以采用并联电容器为主。无功功率应尽可能地做到就地补偿，以实现无功功率的就地平衡原则，从而减少线路的功率损耗和电压损耗，提高无功补偿的经济效果。

下面主要介绍并联电容器的结线、装设位置、控制、保护及其运行维护。

二、并联电容器的结线

并联电容器的结线，通常分为 Δ 结线和 Y 结线两种方式，而大多数采用 Δ 结线。低压电容器多数是三相的，内部已结成 Δ。

电容量为 C 的三个电容器，采用 Δ 结线的容量 $Q_{C(\Delta)}$ 为 Y 结线容量 $Q_{C(Y)}$ 的 3 倍。因为 $Q_C=\omega CU^2$，而 Δ 结线时加在电容器上的电压 U_Δ 为 Y 结线时加在电容器上的电压 U_Y 的$\sqrt{3}$倍，所以 $Q_{C(\Delta)}=3Q_{C(Y)}$。同时，电容器采用 Δ 结线时，若任一电容器断线，三相线路仍得到无功补偿；而采用 Y 结线时，若一相电容器断线，将使该相失去补偿，造成三相负荷不平衡。此外电容器采用 Δ 结线时，电容器的额定电压与电网的额定电压相同，这时电容器结线简单，电容器外壳及支架均可接地，安全性也得到提高。由此可见，当电容器的额定电压与电网额定电压相等时，电容器一般宜采用 Δ 结线。

电容器采用 Δ 结线也存在一定缺点，在一相电容器发生短路故障时，就形成两相直接短路，短路电流很大，有可能引起电容器爆炸，使事故扩大。如果电容器采用 Y 结线，在一相电容器发生击穿短路时，其短路电流仅为正常工作电流的 3 倍，因此运行就安全多了。所以国家标准 GB50053—2013《20kV 及以下变电所设计规范》规定：在高压电容器组的容量较大（超过 400kvar）时，宜采用 Y 结线（中性点不接地系统）。这时电容器的额定电压应按电网相电压（即电网额定电压除以$\sqrt{3}$）来选择。例如 10kV 电网中，电容器为 Y 结线时，应选用额定电压为 $11\text{kV}/\sqrt{3}$的电容器；而电容器为 Δ 结线时，应选用额定电压为 11kV 的电容器。通常电容器额定电压比电网电压高 10%，以便电网电压正偏差 10% 时电容器也不致损坏。

三、并联电容器的装设位置

并联电容器在供电系统中的装设位置，有高压集中补偿、低压集中补偿和低压单独就地补偿等三种方式，如图 8-12 所示。

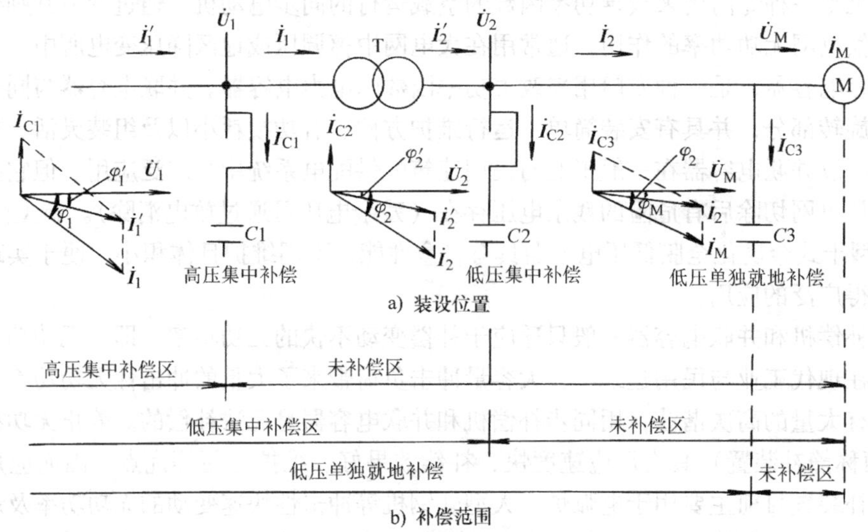

图 8-12　并联电容器在供电系统中的装设位置及补偿效果

1. 高压集中补偿

高压集中补偿是将高压电容器组集中装设在变电所的 6～10kV 母线上，这种补偿方式只能补偿 6～10kV 母线前所有线路上的无功功率，而此母线后的线路和变压器没有得到无功补偿，所以这种补偿方式的经济效果比后两种补偿方式差。但这种补偿方式的初投资较少，便于集中运行维护，而且能对高压侧的无功功率进行有效的补偿以满足功率因数的要求，所以这种补偿方式以前在一些大中型工业与民用建筑中有所应用。后来，由于装设高压电容和低压电容时每千乏的投资逐渐接近，这种采用高压集中补偿的做法在 10kV 变配电所中已经很少见到，有些地区（例如深圳）甚至规定不得采用。

图 8-13 是接在变配电所 6～10kV 母线上集中补偿的电容器组电路图。这里的电容器接成 Δ 联结，装在高压电容器柜内。为防止电容器击穿时引起相间短路，所以 Δ 各边均接有高压熔断器 FU 作短路保护。

由于电容器从电网上切除后仍有残余电压，其值最高可达电网电压的峰值，这对人身是很危险的，所以 GB50053—2013《20kV 及以下变电所设计规范》规定：电容器组应装设放

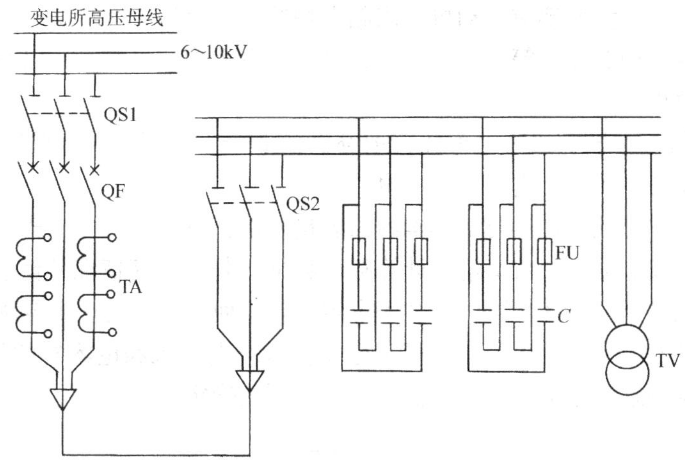

图 8-13　高压集中补偿电容器组的电路图

电设备，使电容器组两端的电压从峰值（$\sqrt{2}U_N$）降至 50V 所需时间，对高压电容器最长为 5min，对低压电容器最长为 1min。高压电容器通常利用电压互感器（如图 8-13 的 TV）的一次绕组放电。互感器与电容器装在同型的高压柜内。为了确保可靠放电，电容器组的放电回路中不得装设熔断器或开关设备，以免放电回路断开，危及人身安全。

按 GB50053—2013 规定：高压电容器组一般装设在单独的高压电容器室内，当数量较少时，也可装设在高压配电室内，但与高压配电装置的距离不应小于 1.5m。

2. 低压集中补偿

低压集中补偿是将低压电容器集中装设在车间变电所的低压母线上，这种补偿方式能补偿车间变电所低压母线前的无功功率。这种补偿能使车间主变压器的视在功率减小，从而使主变压器容量选得较小，因而比较经济。而且低压电容器柜可以安装在变电所低压配电室内，运行维护方便。因此这种补偿方式在工业与民用建筑中应用非常普遍，尤其是 6～10kV 供电的中小型工业与民用建筑变电所大多数采用这种补偿方式。

图 8-14 是低压集中补偿的电容器组的电路图。这种电容器组，一般利用 220V、15～25W 的白炽灯的灯丝电阻放电（也有用专门的放电电阻的），这些白炽灯同时也作为电容器组运行的指示灯。

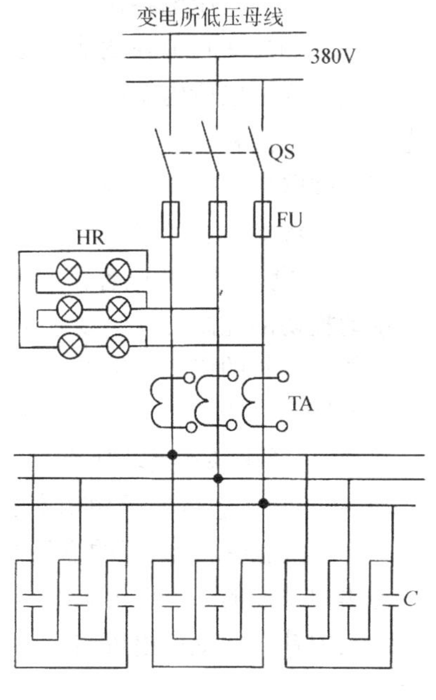

图 8-14　低压集中补偿电容器组的电路图

3. 单独就地补偿

单独就地补偿又称个别补偿，是将补偿电容器组装设在需要进行无功补偿的各个用电设备附近。这种补偿方式能够补偿安装部位前面所有高低压线路和变压器的无功功率，因此补偿范围最大，补偿效果最好，应予优先采用。但这种补偿方式总的投资较大，且电容器组在用电设备停止工作时，它也一并被切除，因此其利用率较低。单独就地补偿方式适用于负荷平稳、经常运转而容量又较大的设备，如大型感应电动机、高频电炉等。也适用于容量虽小但数量多而且是长期稳定运行的设备，如荧光灯等。最好采用自带补偿电容的荧光灯具，以获得最大的补偿范围和最好的补偿效果。

图 8-15 是直接接在电动机旁的单独就地补偿的低压电容器组的电路图。这种电容器组通常就利用用电设备本身的绕组电阻来放电。

对感应电动机进行就地补偿时，其电容器容量的计算应以电动机空载时补偿的功率因数接近 1 为宜，不能按电动机的负荷情况计算补偿容量。若以负荷情况补偿至功率因数等于 1 时，空载时将出现过补偿，在切断电源时因电容器放电而使电动机产生自励磁，致使旋转着的电动机成为感应发电机，使电压超过额定电压，这对电动机和电容器的绝缘都是不利的。因此对于个别补偿的感应电动机，其补偿容量可用下式确定

$$Q_C \leqslant \sqrt{3}U_N I_0$$

式中，Q_C 为电动机所需补偿的容量（kvar）；U_N 为电动机的额定电压（kV）；I_0 为电动机的空载电流（A）。

除上述补偿方式外，实际中还有一种分组补偿，这种补偿是将电容器组分别安装在各个建筑物（例如车间）的配电箱处，可以使配电变压器自变电所至车间的线路都可以得到无功功率补偿。

在工业与民用建筑的供配电系统中，实际上多是综合采用上述各种补偿方式，以求经济合理地达到总的补偿要求。

总之，采用并联电容器作无功补偿装置时，宜就地平衡补偿。低压部分的无功功率宜由低压电容器补偿；高压部分的无功功率宜由高压电容器补偿；负荷平稳且经常使用的用电设备的无功功率宜单独就地补偿。补偿基本无功功率的电容器组宜在变配电所内集中补偿。在正常环境的车间内，低压电容器宜分散补偿。

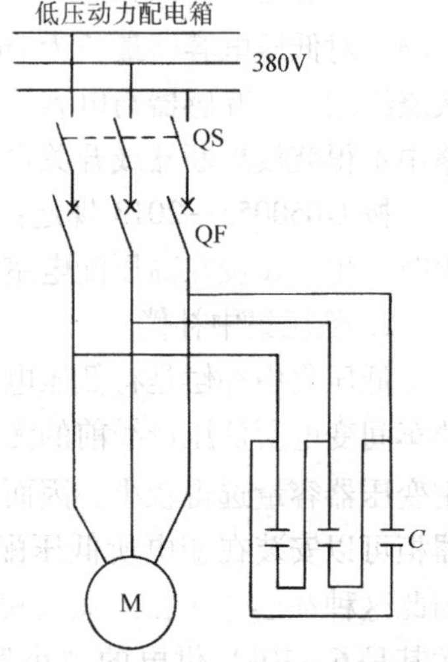

图 8-15　感应电动机旁就地补偿的低压电容器组电路图

四、并联电容器的控制

并联电容器有手动投切和自动控制两种控制方式。

1. 手动投切的并联电容器

手动投切的控制方式，要求值班人员根据负荷的变化对补偿功率进行调节，具有简单、经济、便于维护的优点，因此应用十分普遍。

下列情况一般适于采用手动投切并联电容器：

1）补偿低压基本无功功率（即设备正常运行时所需的最小无功功率）的电容器组。

2）补偿常年稳定的无功功率的电容器组。

3）补偿长期投入运行的变压器及变配电所内投切次数较少的高压电动机的电容器组。

对集中补偿的高压电容器组（见图 8-13），利用高压断路器进行手动投切。

对集中补偿的低压电容器组，可按补偿容量分组投切。图 8-16 是手动投切的低压电容器组。

对于无功负荷经常变化的用户，采用手动投切控制方式，往往增加值班人员的劳动强度，而且补偿效果也欠佳，因此宜采用自动控制的方法。

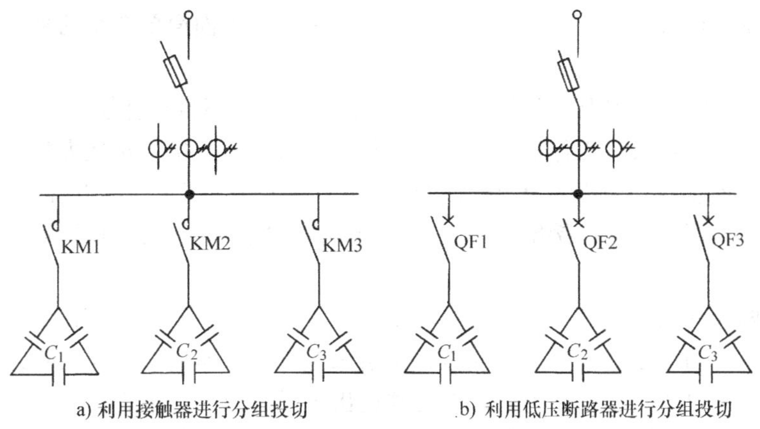

图 8-16　手动投切的低压电容器组

2. 自动控制的并联电容器

采用自动控制的并联电容器（无功功率自动补偿装置）可以使电容器组能够随着无功负荷的变化而按一定的规则自动地投入或者切除，从而达到较理想的无功功率补偿要求。

为了避免由于电网电压波动、电动机起动以及其他因素造成的瞬时无功功率波动而使无功功率自动补偿装置的执行机构动作，自动补偿装置必须采取延时投入及延时切除的方式。

高压电容器采用自动补偿时对电容器电路中的切换元件要求较高，价格较贵，而且我国目前生产的产品尚不稳定。因此 GB50052—2009《供配电系统设计规范》特别规定：在采用高、低压自动补偿装置效果相同时宜采用低压自动补偿装置。

低压自动补偿电容器的原理电路图如图 8-17 所示。电路中的无功功率自动补偿控制器与电容器成套柜配合使用，构成无功功率自动补偿成套装置，目前广泛应用于工业与民用建筑的变配电所中。

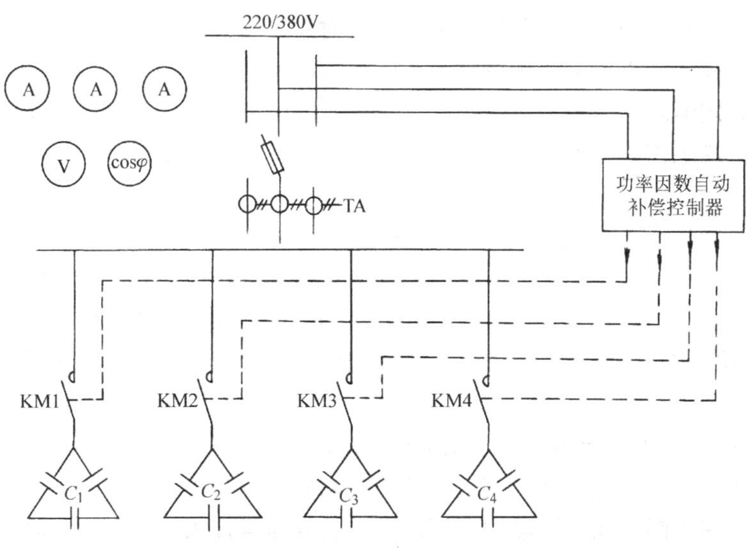

图 8-17　低压自动补偿电容器原理电路图

电容器组的自动投入及自动切除装置目前发展很快，方案很多，例如按无功功率控制、按功率因数控制、按母线电压控制、按昼夜时间控制等。下面简要介绍两种无功功率自动补偿控制器。

（1）采用CMOS集成电路元件组成的ZKW-Ⅱ型无功功率自动补偿控制器　ZKW-Ⅱ型无功功率自动补偿控制器具有工作稳定、性能可靠、灵敏度高、抗干扰能力强、体积小、消耗功率小等优点。控制器的输出为10路（也可应用于输出6路或8路的电容器控制屏中）。工作方式采用循环投切，可保证接触器、电容器的操作次数相同，延长接触器、电容器的使用寿命。

控制器取两线间的线电压 U_{BC} 与另一相电流 I_A（经电流互感器）作为控制器的输入信号。根据电网无功功率是否达到功率因数整定值来控制电容器的投入与切除，并具有过电压保护功能，当电网电压高于整定值时，电容器退出电网，以保护电容器。

控制器由测量、比较、过电压保护、基准电源、脉冲发生器、循环计数器及电源等部分组成，其框图如图8-18所示。图中各部分的作用如下：

1）测量部分。将电网中的无功功率变换成直流电压。

2）比较部分。将测量所得的直流电压与感性或容性整定值电压相比较后，发出相应的滞后或超前信号。

3）时钟脉冲。由比较电路控制的，可发出10~120s时间间隔的脉冲送到循环计数电路中去。

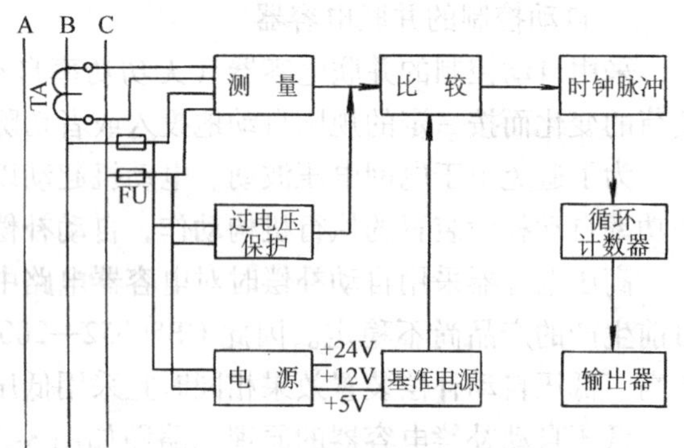

图8-18　ZKW-Ⅱ无功功率自动补偿控制器框图

4）循环计数器。由比较部分和时钟脉冲控制，按其要求发出循环投切信号。例如，当电网中感性无功功率高于整定值时，比较器发出滞后信号，同时起动时钟脉冲，经延时发出一脉冲到循环计数器，通过出口继电器使一组电容器投入，直到电网中感性无功功率值低于整定值为止。同理，如果电网中容性无功功率高于整定值时，比较器发出超前信号，脉冲电路起动，经延时发出一脉冲到循环计数器，通过出口继电器将电容器从电网中切除一组，直到电网中容性无功功率低于整定值为止。

5）过电压保护电路。当电网电压高于整定值时（一般规定电网电压不得超过其额定电压10%），发出过电压信号，同时切除即将输入到比较器中的信号，将电容器从电网中退出，以保护电容器。当电压恢复正常时，控制器仍根据无功功率投切电容器。

6）基准电源。由温度补偿、齐纳二极管稳压电路提供，经电位器分压后，作为提供整定值用的基准电源。

7）电源电路。采用三端固定的稳压集成电路。

（2）采用单片机构成的无功功率自动补偿控制器　单片机具有体积小、功耗低、价格便宜、使用灵活、控制能力强、可靠性高等优点，已成为科技领域的有力工具，人类生活的有益助手。我国早已研制成以单片机为核心构成的新型智能无功功率补偿控制器。此种控制器与常规控制器比较，最突出的优点是具有运算和记忆功能，以判断式选择投切取代了以往试探性依次投切的方法，从而使系统以较少的投切次数迅速进入最佳补偿状态，并避免了临界投切振荡现象，使控制质量大为提高。

现以 WGB-1 型单片机无功补偿控制器为例，简要介绍其工作原理及特点。

1）系统的硬件框图及工作原理。系统的硬件框图如图 8-19 所示。系统的工作原理为：当电网的线电压 U_{BC}和 A 相负荷电流 $\dot{I}_A$ 输入鉴相电路后，该电路输出脉冲宽度与 $\dot{U}_{BC}$、$\dot{I}_A$ 之间的夹角 φ 相对应的脉冲信号送入到单片机进行处理，并显示其功率因数 $\cos\varphi$，再根据此功率因数值，采用寻优控制，向继电器驱动电路输出相应的“投切”信号，控制外界补偿电容的投切状态，从而实现无功功率的自动补偿。与此同时，过电压鉴别电路与低电流鉴别电路一旦判别出过电压或低电流时，就申请中断，并给出声光报警信号。

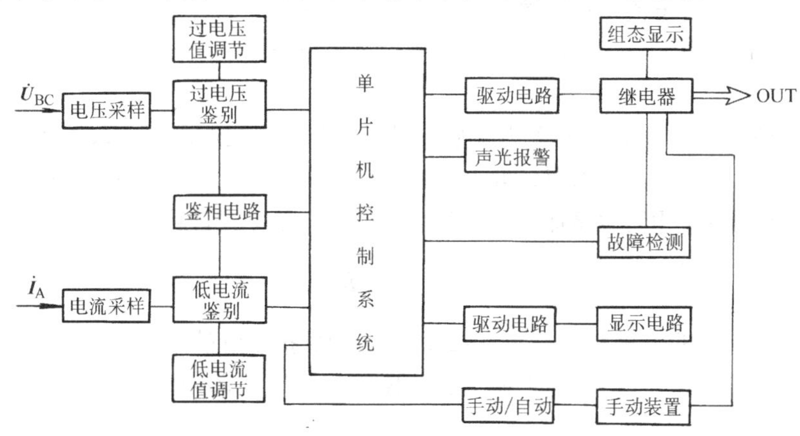

图 8-19　单片机无功补偿控制器框图

2）系统的软件设计。该系统采用模块设计方法，整个系统是通过不断调用子程序和接受中断子程序来完成检测、控制工作的。其软件模块示意图如图 8-20 所示。

3）系统的主要特点。该系统采用单片机和大规模集成电路，从硬件、软件两方面提高了可靠性和稳定性，使其性能价格比较高。

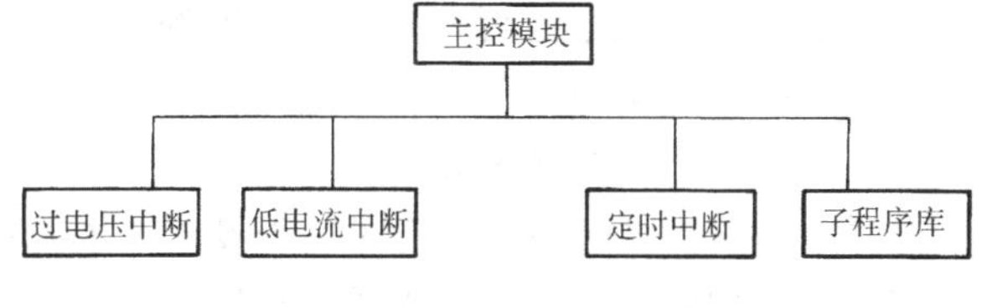

图 8-20　软件模块示意图

功率因数值采用数字显示，清晰悦目。

该系统具有过电压、过电流、过补偿、欠补偿、振荡等非常情况的自动判断与处理能力，并给出明显的声光报警信号，并具有手动/自动两种工作方式。

整个控制过程由软件实现，增加了灵活性。根据用户设备情况，修改部分软硬件就可与计算机、中央监测台或打印机连接。

五、并联电容器的保护

1. 并联电容器保护的一般要求

并联电容器主要故障形式是短路故障，它可造成相间短路。对于低压电容器和容量不超过 400kvar 的高压电容器，可装设熔断器作为电容器的相间短路保护；对于容量较大的高压电容器，则需要采用高压断路器控制，装设瞬时或短延时的过电流继电保护来作相间短路保护。

高次谐波对电容器的影响很大，含有高次谐波的电压加在电容器两端时，由于电容器对高次谐波的阻抗很小，故电容器很容易发生过负荷现象。安装在大型整流设备和大型电弧炉等附近的电容器组，如果没有限制高次谐波的措施而可能导致电容器过负荷时，宜装设过负荷保护。

电容器对电压是相当敏感的，一般规定电网电压不得超过其额定电压10%。因此凡电容器装设处的电压可能超过其额定电压10%时，宜装设过电压保护，以免长期过电压运行引起电容器寿命缩短或介质击穿而损坏。过电压保护装置可发出报警信号，或经3～5min延时跳闸。

2. 并联电容器短路保护的整定

在整定电容器的过电流保护装置时，应注意躲过电容器的合闸涌流。

采用熔断器保护电力电容器时，其熔体的额定电流应按下式计算

$$I_{N \cdot FE} = KI_{N \cdot C} \tag{8-8}$$

式中，$I_{N \cdot C}$为电容器的额定电流；K为系数，对于高压跌开式熔断器，取1.2～1.3；对于限流式熔断器，当用于一台电容器时，取1.5～2.0，当用于一组电容器时，取1.3～1.8。

采用电流继电器作相间短路保护时，其动作电流应按下式计算

$$I_{op} = \frac{K_{rel}K_w}{K_i}I_{N \cdot C} \tag{8-9}$$

式中，K_{rel}为保护装置的可靠系数，取2～2.5；K_w为保护装置的结线系数；K_i为电流互感器的电流比（考虑到电容器的合闸涌流，互感器一次电流宜选为电容器额定电流的2倍左右）。

电容器过电流保护的灵敏度，应按电容器端子上发生两相短路的条件来检验，即

$$S_p = \frac{K_w I_{k \cdot min}^{(2)}}{K_i I_{op}} \geqslant 2 \tag{8-10}$$

式中，$I_{k \cdot min}^{(2)}$为系统最小运行方式下电容器的两相短路电流，$I_{k \cdot min}^{(2)} = 0.866 I_{k \cdot min}^{(3)}$。

六、并联电容器的运行维护

1. 并联电容器的投入和切除

并联电容器在供电系统运行时是否投入，主要看供电系统的功率因数或电压是否符合要求而定。如果功率因数过低，或者电压过低时，则应投入电容器，或增加电容器的投入量。

并联电容器是否切除或部分切除，也主要视系统的功率因数或电压情况而定。如变配电所母线电压偏高时（如超过电容器额定电压的1.1倍），则应将电容器切除。

当发生下列任一情况时，应立即切除电容器。

1）电容器爆炸。

2）接头严重过热。

3）套管闪络放电。

4）电容器喷油或燃烧。

5）环境温度超过40°C。

变电所停电时，电容器也应切除，以免突然来电时，母线电压过高，至使电容器击穿。

在切除电容器前，需从外观（如仪表指示或指示灯）检查放电回路是否完好。电容器从电网切除后，应立即通过放电回路放电。高压电容器放电时间应在5min以上，低压电容器放电时间应在1min以上。为确保人身安全，人体接触电容器之前，应该用导线将所有电

容器两端直接短接放电。

2. 并联电容器的维护

并联电容器正常运行时，值班人员应定期检视其电压、电流和室温等，并检查其外部，看看有无漏油、喷油、外壳膨胀（鼓肚）等现象，有无放电声响或放电痕迹，接头有无发热现象，放电回路是否完好，指示灯是否正常等。对装有通风装置的电容器室，还应检查通风装置是否完好。

七、低压无功自动补偿屏

常用的PGJ1（1A）型低压无功自动补偿屏可与PGL1（2）型低压配电屏配套使用，可双面维护，屏内装有无功功率补偿自动控制器。

PGJ1（1A）型低压无功自动补偿屏的结线方案如图8-21所示。其中，1、2屏为主屏，3、4屏为辅屏，辅屏只能与主屏配合使用。1、3屏为6步控制，2、4屏为8步控制。

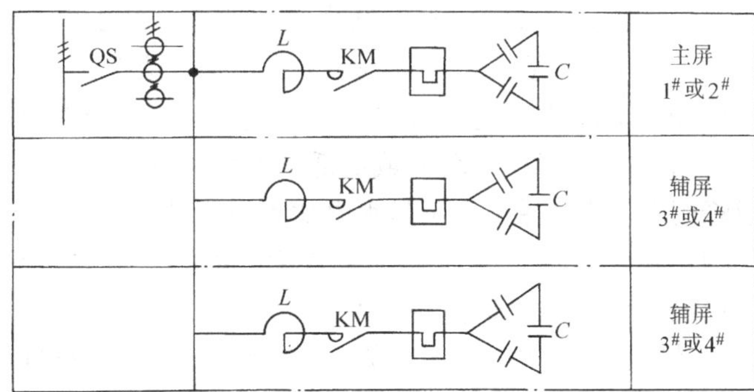

图8-21 PGJ1型低压无功自动补偿屏的结线方案

第四节 计划用电及电价与电费*

一、计划用电的必要性

(1) 计划用电的必要性 首先是由电力这一特殊商品的特点所决定的。电力的生产、输送、分配以及转换为其他形态能量的过程是同时进行的，只能用多少发多少，不像其他商品那样可以大量储存。发电、供电和用电每时每刻都必须保持平衡。如果用电负荷突然增加，则电力系统的频率和电压就要下降，可能造成严重的后果。

(2) 计划用电也是解决电力供需矛盾的一种措施 即使在电力供需矛盾出现缓和的情况下，实行计划用电也是很有必要的，它可以改善电网的运行状态，保证电能的质量。

(3) 计划用电也是电能节约的重要保证 实行计划用电，采取适当措施，包括利用电价制度这一经济杠杆来调整负荷，使电力系统“削峰填谷”，就能降低系统的电能损耗，提高供电设备的利用率。

二、计划用电工作的特点

计划用电工作的特点，主要表现在以下几个方面：

(1) 计划用电工作是一项政策性很强的工作 电力不足时要有保有舍，如何取舍则要根据有关的方针和政策来确定，不能搞“一刀切”，也不能搞平均分配和自由分配。

(2) 计划用电工作是一项在不平衡中求平衡的工作 实行计划用电，就是在不平衡中求得暂时的平衡。求得平衡是电力统配、计划用电的长期任务。“发电要按国家计划，供电要按发电水平，用电要按分配指标”，这是计划用电的总原则。

(3) 计划用电工作是地区性很强的工作　各个地区水电和火电的比重不同，燃料构成和自给程度不同，用电构成不同，电网的结构不同，这些差别的存在说明各个电网有其地区特点。因此，计划用电工作也必须因地制宜。计划用电工作的地区性还表现在供电和地区经济的关系十分密切。因此，计划用电工作要依靠当地政府和经济部门的领导和支持。

三、计划用电的一般措施

实践证明，合理分配、科学管理、节约使用、灵活调度，这是落实计划用电工作中应抓好的四个重要环节。在实际中可以采取以下一些具体措施：

1）建立健全计划用电的各级能源管理机构和制度，组建各级的能源办公室或“三电”办公室，作好用电负荷的预测和管理工作。

2）供用电双方签订《供用电合同》。在合同中，按照电网的供电条件和用户的需求确定用户的用电容量及对供电质量的要求，为计划用电提供基本依据。

3）实行分时电价，包括峰谷分时电价和丰枯季节电价。峰谷分时电价就是峰高谷低的电价，谷低电价可比平时电价低 30% ~50% 或更低，峰高电价可比平时电价高 30% ~50% 或更高，鼓励用户避峰用电。丰枯季节电价是水电比重较大地区的电网所实行的一种电价。丰水季节电价可比平时电价低 30% ~50%，枯水季节电价可比平时电价高 30% ~50%，鼓励用户在丰水季节多用电，充分发挥水电的作用。

4）按用户的最大需量或最大装设容量收取基本电费，促使用户尽可能压低负荷高峰，提高低谷负荷，以减小基本电费开支。

5）装设电力负荷管理装置。电力负荷管理装置是指能够监视、控制用户电力负荷的各种仪器装置，包括音频、载波、无线电等集中型电力负荷管理装置和电力定量器、电流定量器、电力时控开关、电力监控仪、多费率电能表等分散型电力负荷管理装置。装设电力负荷管理装置是贯彻落实国家有关计划用电的政策，实现管理到户的技术手段。通过推广应用负荷管理技术来加强计划用电和节约用电管理，保证重点用户供电，对居民生活用电也尽量不停电或少停电，有计划地均衡用电负荷，保证电网的安全经济运行，提高电力资源的社会效益。

四、电价政策与电费计收

1. 电价与电价政策

(1) 电价的概念　电价是电力这类特殊商品在电力企业参与市场经济活动中进行贸易结算的货币表现形式，是电力商品价格的总称。电价对电力的生产、供应和使用各方具有不同的作用：

1）对电力企业，电价是获取资金以维持简单再生产和扩大再生产的手段。电价的合理与否直接关系到电力事业的发展。

2）对电力用户，电价意味着他们在取得电力使用价值时必须付出的代价。电价的合理与否直接关系到国民经济的发展和人民的生活水平。

电价按生产和流通环节分，有电力生产企业的上网电价、电网之间的互供电价和电网的销售电价；按销售方式分，有直供电价、趸售电价；按用电类别分，有照明电价、商业电价、大工业电价、普通工业电价、非工业电价等。

（2）我国电价的管理原则　我国《电力法》规定："电价实行统一政策，统一定价原则，分级管理。"这就是要求电价管理必须集中统一，在统一政策、统一定价原则的前提下，进行分级管理，发挥各方面的积极性，使电价管理更加科学、合理和规范。

（3）制定电价的基本原则　我国《电力法》规定："制定电价，应当合理补偿成本，合理确定收益，依法计入税金，坚持公平负担，促进电力建设。"

1）合理补偿成本。电价必须能够补偿电力生产和流通全过程的成本费用支出（但要排除非正常费用计入成本），以保证电力企业的正常运营。

2）合理确定收益。电价必须保证电力企业及有关投资者的合理收益。但由于电力企业具有垄断经营的性质，因此必须加以控制，以免借此获取超额利润，损害电力使用者的利益。

3）依法纳入税金。凡属于我国法律允许纳入电价的税种、税款、应计入电价，但并不是电力企业的其他应交纳的税金都可以计入电价之中。

4）坚持公平负担。公平负担是指在制定电价时，要从电力公用性和发、供、用电的特殊性出发，使电力使用者价格负担公平合理。要使电力使用者对电费的负担与其用电特性相适应。用电特性不同，其电价也有所差异，应体现"优质优价"原则。

5）促进电力建设。电价应能促使电力资源优化配置，保证电力企业正常生产，并具有一定的自我发展能力，推动电力事业走上良性循环发展的道路。

2. 用电计量与电费计收

（1）用电计量的一般要求　关于用电计量，《供电营业规则》规定了下列要求：

1）供电企业应在用户每一个受电点内按不同电价类别，分别安装用电计量装置。每个受电点作为用户的一个计费单位。用户为满足内部核算的需要而自行装设的电能表，不得作为供电企业计费依据。

2）计费电能表及附件的购置、安装、移动、更换、校验、拆除、加封、启封及表计接线等，均由供电企业负责办理，用户应提供工作上的方便。高压用户的成套设备中装有自备电能表及附件时，经供电企业检验合格、加封并移交供电企业维护管理的，可作为计费电能表。

3）对10kV及以下电压供电的用户，应配置专用的电能计量柜；对35kV及以上电压供电的用户，应有专用的电流互感器二次线圈和专用的电压互感器二次连接线，并不得与保护、测量回路共用。

4）用电计量装置原则上应装在供电设施的产权分界处。如产权分界处不适宜装表时，对专线供电的高压用户，可在供电变压器出口装表计量；对公用线路供电的高压用户，可在用户受电装置的低压侧计量。当用电计量装置不安装在产权分界处时，线路与变压器损耗的有功和无功电能均须由产权所有者负担。在计算用户基本电度（按最大需量计收时）、电度电费及功率因数调整电费时，应将上述损耗电能计算在内。

5）供电企业必须按规定的周期校验、轮换计费电能表，并对计费电能表进行不定期检查。

（2）电费计收　电费计收是按照国家批准的电价，依据用户实际用电情况和用电计量装置记录来计算和回收电费。电费计收包括抄表、核算和收费等环节。

1）抄表。抄表就是供电企业抄表人员定期抄录用户所装用电计量装置记录的读数，以便计收电费。抄表的方法有：①现场手抄：这是一种传统的方法，主要用于中小用户和居民用户。②现场微机抄表器抄表：抄表员携带抄表器前往用户现场，将用电计量装置记录的数值输入抄表器内，回来后将抄表器现场存储的数据通过接口输入营业系统微机进行电费计算。③远程遥测抄表：利用负荷控制装置的功能综合开发，实现一套装置数据共享及其他远动传输通道，从而实现用户电量远程遥测抄表。④小区集中低压载波抄表：小区内居民用户的用电计量装置读数，通过低压载波等通道传送到小区变电站内，抄表人员按时到小区变电站内抄录各用户的用电计量装置读数。⑤红外线抄表：抄表员利用红外线抄表器在路经用户时，即可采集到该用户用电装置的读数。⑥电话抄表：对安装在边远地区用户变电所内的用电计量装置，可通过电话抄表，但需定期赴现场核对。⑦委托专业性抄表公司代理抄表，或与煤气、自来水等单位联合，采取气、水、电一次性抄表的办法以方便居民用户。⑧对于智能化的住宅或小区，还可以采用总线式自动抄表系统并可与BAS结合。

2）电费核算。电费核算是电费管理的中枢。电费是否按照规定及时、准确地收回，账目是否清楚，统计数字是否准确，关键在于电费核算质量。因此电费核算一定要严肃认真、一丝不苟、逐项审核，而且要注意账目处理和汇总工作。

现行销售电价的计价方式分为单一制电价和两部制电价。①单一制电价：又称“电度电价”，按用户用电量的kW·h数来计算电费，适用于非工业、普通工业、农业及居民生活等用电。②两部制电价：即用户的电价分两部分，一部分为基本电价，以用户最大需电量的kW数或接装设备容量（主变压器容量）的kV·A值来计算，与实际用电量无关；另一部分为电度电价，以用户实际使用的电能量（kW·h）数来计算。两部制电价一般适用于大中型工业与民用建筑。不论实行单一制电价还是两部制电价，其电度电价中，有的还实行峰谷分时电价和丰枯季度电价，并实行按月平均功率因数值调整电费，高于规定的功率因数值时少收电费，低于规定的功率因数值时增收电费。

例如，目前河南省南阳市对工业电价实行两部制电价，并同时执行分时电价。

具体价格为：第一部分按变压器容量收取20元/kV·A·月。第二部分按分时有功电度数收取。具体为，谷段（0~8时）0.33713元/kW·h，尖峰段（8~12时）0.87883元/kW·h，平段（12~18时和22~24时）0.6292元/kW·h，峰段（18~22时）0.96211元/kW·h。

3）电费收取。电费收取的方式有：①走取电费，即收费人员逐户上门收取。②定期定点坐收，即由用户按规定期限前往指定地点交纳。③委托银行代收，用户就近到委托银行交纳。④用户电费储蓄，由银行根据供电企业通知代扣用户电费，并划入供电企业账户内，用户存款余额可得到银行相应的活期储蓄利息。⑤付费购电方式，即用户持购电卡前往供电企业营业部门在售电微机上购电，将购电数量存储于购电卡中。用户持卡插入电卡式电能表后，其电源开关自动合上，即可用电。如购电卡上的储存电量余额不足10kW·h时，电能表将显示余额，提示用户去购电。当余额不足3kW·h时，即停电一次警告用户速去购电，用户将电卡再插入一次即可恢复供电。当所购电量全部用完时，则自动断电，直到用户插入新的购电卡后，方可恢复用电。这种付费购电方式改革了传统落后的人工抄表、核收电费制度，从根本上解决了一些用户只管用电、不按时交纳电费的问题。

思 考 题

8-1 我国对电力供应和使用实行一条什么管理原则?

8-2 电能节约在国民经济建设中有何重大意义?

8-3 如何加强工业与民用建筑供用电系统的科学管理来节约电能?

8-4 如何搞好工业与民用建筑供用电系统的技术改造来节约电能?

8-5 什么叫经济运行?对电力变压器如何考虑其经济运行?

8-6 电动机的电能节约主要从哪些方面考虑?

8-7 电热设备的节电措施主要有哪些?

8-8 什么叫无功功率的人工补偿?无功功率人工补偿的设备主要有哪些?

8-9 为什么并联电容器组大多数采用Δ结线?对于容量较大的高压电容器又为什么宜采用Y结线?

8-10 高压集中补偿、低压集中补偿和单独就地补偿各有什么优缺点?各适用于什么情况?各采用什么放电设备?为什么要采用放电设备?高、低压电容器的放电时间是如何规定的?

8-11 并联电容器在哪些情况下宜采用手动投切?无功功率自动补偿装置有哪些优缺点?

8-12 并联电容器在什么情况下应予投入?什么情况下应予切除?

8-13 为什么有必要实行计划用电?落实计划用电工作中应抓好的四个重要环节是什么?

8-14 什么叫电价?制定电价的基本原则有哪些?

8-15 什么叫分时电价?

习 题

8-1 试计算S9-1000/10型电力变压器的经济负荷系数(K_q取0.1)。

8-2 某车间变电所有两台S9-1000/10型变压器,而负荷只有550kV·A,若仅从变压器经济运行的观点来看,应采用一台还是采用两台变压器运行(K_q取0.1)?

8-3 并联电容器采用BW0.4-14-3型6台,采用RT0型熔断器进行短路保护,试选择熔体的额定电流及电流互感器的电流比。

8-4 现有BW6.3-30-1型并联电容器18台,采用高压断路器控制和两相两继电器结线的过电流保护,试选择电流互感器的电流比,并整定GL-15型电流继电器的动作电流。

第九章　高层建筑的供配电

本章首先概述高层建筑电气设备的特点，然后介绍高层建筑供配电的特点及发展趋势，引出了智能建筑的概念，最后简介高层建筑电气设计的主要内容。本章试图为高层建筑和智能建筑的电气设计勾勒出一个概貌，为学习相关课程打下基础。

第一节　概　　述

一、高层建筑的定义

关于高层建筑的概念，不同国家、不同地区在不同时期具有不同的理解和含义；对建筑类别、材料品种以及防火要求等因素也有不同的规定。例如美国对高层建筑的起始高度规定为22～25m或7层以上；日本规定为11层或31m；德国规定为22层（从室内地面起）；法国规定为住宅50m以上，其他建筑28m以上。从工程的观点看来，高层建筑定义的本质应在于建筑物的高度（或层数）对于规划、设计、施工以及对环境的特殊影响程度。例如：是否必须采用电梯等专门解决垂直运输的工具；是否超过消防队一般救火设备的高度等。

在我国，关于高层建筑的界限规定也未完全统一。行业标准《高层建筑混凝土结构技术规程》（JGJ3—2010）规定，8层及8层以上的钢筋混凝土民用建筑属于高层建筑。行业标准《民用建筑设计通则》（JGJ37—2007）、《民用建筑电气设计规范》（JGJ 16—2008）和国家标准《建筑设计防火规范》（GB50016—2014）均规定，10层及10层以上的住宅建筑（包括首层设置商业服务网点的住宅）和建筑高度超过24m的公共建筑为高层建筑。

图9-1为一高层建筑的配电示意图。这是一个综合楼，其中可能有公寓、住宅、商业用房、办公用房、银行、餐饮娱乐以及高级酒店等。

相应的设备用房可能有：水泵房（包括给水泵、排水泵、消防栓水泵、热水循环泵、自动喷水泵、补压泵等）、风机房（包括进风机、排风机、排烟风机、正压风机等）、冷冻机房、电梯机房、变电所及发电机房等。对于现代建筑，还有设备自动化控制中心、消防控制中心、保安中心、信息中心以及计算机中心等。

图9-1中还示出了高压电缆进线、低压配电干线及电气竖井等的走向和位置。通过此图可对高层建筑及其配电系统有一个初步的了解。

二、高层建筑的防火等级分类

按GB 50016—2014《建筑设计防火规范》规定，高层建筑应根据其使用性质、火灾危险性、疏散和扑救难度等进行分类，详见表9-1。

下面对表中一些术语作简要说明：

高级住宅是指建筑装修标准高和设有空调系统的10层及以上住宅。其装修复杂、陈设高档家具并设有空调系统。

高级旅馆指建筑标准高、功能复杂，火灾危险性较大和设有空调系统，具有星级条件的旅馆。

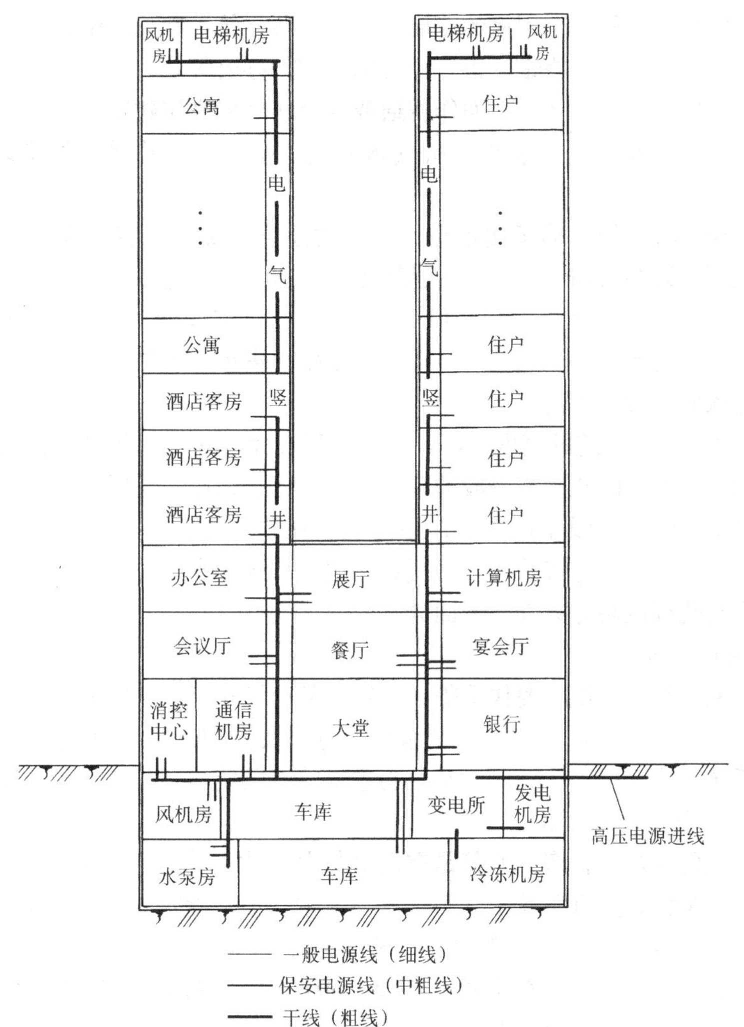

图 9-1　高层建筑的配电示意图

表 9-1　高层建筑按防火等级分类表

名称	一类高层建筑	二类高层建筑
居住建筑	高级住宅 19 层及 19 层以上的普通住宅	10～18 层的普通住宅
公共建筑	1. 医院 2. 高级旅馆 3. 建筑高度超过 50m 或每层建筑面积超过 1000m² 的商业楼、展览楼、综合楼、电信楼、财贸金融楼 4. 建筑高度超过 50m 或每层建筑面积超过 1500m² 的商住楼 5. 中央级和省级（含计划单列市）广播电视楼 6. 网局级和省级（含计划单列市）电力调度楼 7. 省级（含计划单列市）邮政楼、防灾指挥调度楼 8. 藏书超过 100 万册的图书馆、书库 9. 重要的办公楼、科研楼、档案楼等 10. 建筑高度超过 50m 的教学楼和普通的旅馆、办公楼、科研楼、档案楼等	1. 除一类建筑以外的商业楼、展览楼、综合楼、电信楼、财贸金融楼、商住楼、图书馆、书库 2. 省级以下的邮政楼、防灾指挥调度楼、广播电视楼、电力调度楼 3. 建筑高度不超过 50m 的教学楼和普通的旅馆、办公楼、科研楼、档案楼等

综合楼是由两种及两种以上用途的楼层组成的公共建筑。常见的组成形式有商场加办公写字楼层加高级公寓、办公加旅馆、银行金融加旅馆加办公等。

商住楼是底部作商业营业厅，上面作普通或高级住宅的高层建筑。

网局级电力调度楼指可调度若干个省（区）电力业务的工作楼，如华北电力调度楼、东北电力调度楼等。

重要的办公楼、科研楼、档案楼是指这些楼的性质重要（如有关国防、国计民生的重要科研楼等），建筑装修标准高（与普通建筑相比，造价相差悬殊），设备、资料贵重（主要指高、精、尖的设备和机密性大、价值高的资料），火灾危险性大，发生火灾后损失大、影响大。一般来说，可燃物多，火源或电源多，发生火灾后也容易造成损失大、影响大。

三、高层建筑电气设备的特点

由图 9-1 可见，高层建筑的高度较高、建筑面积较大，并且功能复杂、建筑设备多、电能耗量大、管理要求高。因此，与一般的单层或多层建筑相比，高层建筑对电气设备的要求也有所不同。高层建筑电气设备的特点，主要表现在高层建筑的用电设备种类多、用电量大、对供电可靠性要求高、电气系统多而复杂、电气设备有较高的防火要求、电气线路多、电气用房多、自动化程度高等方面。下面分别介绍这些特点：

1. 用电设备种类多

高层建筑，例如高级宾馆、商住楼等，必须具备比较完善的、能够满足各种功能要求的设施，例如照明系统、给排水系统、空调系统、电梯及自动扶梯等垂直运输系统、保安系统、信息网络系统、火灾报警和消防联动控制系统等，以使其具有良好的硬件服务环境。

2. 用电量大，且负荷密度高

由于高层建筑的用电设备多，尤其是空调负荷大（约占总用电负荷的 30% ~40%），所以高层建筑的用电量大，并且负荷密度高。一般来说，高层旅游宾馆和酒店、高层商住楼、高层办公楼、高层综合楼等高层建筑的负荷密度都在 $60W/m^2$ 以上，有的甚至高达 $150W/m^2$，即便是高层住宅或公寓，负荷密度也有 $25 \sim 60W/m^2$。目前，北京地区有集中空调的高层建筑，一般可按 $80 \sim 100V \cdot A/m^2$ 估算变压器容量。

3. 对供电可靠性的要求高

高层建筑中的较大部分电力负荷属二级负荷，还有相当数量的负荷属一级负荷。所以，高层建筑对供电可靠性要求高，一般均要求有两个及以上的独立供电电源。为满足一级负荷中“特别重要负荷”的供电可靠性要求，很多情况下还需要设置自备发电设备（例如柴油发电机组或燃气发电机组）作为应急电源，有时还需另设不间断电源装置（UPS），以确保在特殊情况下也不致中断供电。另外，一类高层建筑自备发电设备应设有自动起动装置，并能在 30s 内供电。

4. 电气系统复杂

由于高层建筑的功能复杂，用电设备种类繁多，供电负荷既多又大，且对供电可靠性要求高，致使高层建筑的电气系统较为复杂。不但电气子系统较多，且一些电气子系统本身也较为复杂。例如，为保证一级负荷供电的可靠性，除了在变电所高低压主结线上采取两路电源或两段母线的切换措施外，还需考虑应急电源（例如柴油发电机组）的投入和切换。另外，高层建筑的消防控制室、消防水泵、消防电梯、防烟排烟风机等的供电，应在最末一级配电箱处设置自动切换装置。又如，对于火灾报警与联动控制系统，由于探测点的数量较多，联动控制设备复杂，致使其电气系统也较为复杂。

5. 电气线路多

电气系统复杂，电气线路也就多。不仅有高、低压供配电线路和照明线路，还有火灾报警与消防联动控制线路，以及电话和音响广播线路、通信线路及其他弱电线路等。

6. 电气用房多

复杂的电气系统必然对电气用房提出更多的要求。例如，为了使供电深入负荷中心，除了把变电所设置在地下层和底层外，有时还要设置在大楼的顶层或中间层。电话站、音控室、消防中心、监控中心等都要占用一定的房间面积。另外，为便于种类繁多的电气线路在竖直方向和水平方向上的敷设和分配，高层建筑中一般要设置电气竖井和各层的电气小室。对于复杂的系统，其强电和弱电的电气小室还可能要分开设置。为了缩短线路长度和便于维修，也可以设置多个强弱电共用的电气小室。

7. 电气设备和线路的防火要求高

高层建筑发生火灾的因素多，由于各种管道及竖井的“烟囱效应”，发生火灾后火势凶猛且蔓延极快，灭火难度大，因此用于高层建筑的电气设备要考虑防火要求。例如：不允许采用油浸式电力变压器，一般采用干式变压器；开关等电气设备一般也要求用无油型；要注意电气线路的防火，并根据用途及其重要性采用不同的措施。如对于消防系统的线路，为确保火灾时仍能继续工作，应采用耐火电缆（例如 NH-YJV 型）；为防止配电线路故障引起火灾或火灾时火势沿线路蔓延，一般线路也应采用难燃导线和穿难燃管保护。此外，还应加强对电气设备和线路的火灾保护，例如装设防火的漏电保护装置等。

8. 自动化程度高

由于高层建筑功能复杂、设备多且用电量大，为了降低能耗、减少设备的维修和更新费用、延长设备的使用寿命、提高管理水平，一般要求对高层建筑的设备进行自动化管理。应对各类设备的运行情况、安全状况、能源使用状况等实行综合的自动监测、控制与管理，以实现对设备的最优控制和最佳管理。伴随着计算机技术与网络技术的应用，高层建筑正沿着自动化、信息化和智能化的方向飞速发展。

四、高层建筑的负荷等级

本书第一章第二节中已经介绍了电力负荷的分级和各级电力负荷对供电电源的要求。

本书表 1-1 工业和民用建筑部分重要电力负荷的级别中，依据 JCJ 16—2008《民用建筑电气设计规范》，列出了包括高层建筑在内的民用建筑中常用重要电力负荷的级别。

从表 1-1 中可以看出，高层建筑对供电可靠性的要求较高。高层建筑中的较大部分电力负荷属二级负荷，例如高层建筑的客梯、生活水泵的电力负荷、楼梯间照明等。还有相当数量的负荷属一级负荷，例如一、二级旅馆的计算机系统电源、重要医院的主要电力和照明、高层建筑的电话站电源以及表 9-1 所示一类高层建筑的消防用电等。

当主体建筑中有大量一级负荷时，其附属的锅炉房、冷冻站、空调机房的电力和照明应为二级负荷。

按照 GB50045—2005《高层民用建筑设计防火规范》，一类高层建筑的消防控制室、消防水泵、消防电梯、防烟排烟设施、火灾自动报警、自动灭火系统、应急照明、疏散指示标志和电动的防火门、窗、卷帘、阀门等消防用电，应按一级负荷要求供电。相应地，对于二类高层建筑则应按二级负荷要求供电。

五、高层建筑的负荷计算

本书第三章已经介绍了电力负荷的计算方法。民用建筑中最常用的是需要系数法。在初步设计阶段，可以按单位面积的负荷密度进行估算。高层建筑的用电量大，并且负荷密度高。目前，北京地区有集中空调的高层建筑，一般可按 80～100V · A/m² 估算变压器容量。

负荷计算是供电设计的基础，计算结果包括总的计算负荷、一级和二级负荷的计算容量等。计算负荷是选择电气设备的依据，也是确定总的供电指标及变配电所的数量和容量的依据。一、二级负荷的计算容量或消防时的需要容量则是确定自备电源或应急电源容量的依据。无功计算负荷是确定无功补偿容量的依据。

表 9-2 为某高层建筑的负荷计算及变压器、发电机选择表，可供参考。从该表可以看出：这种办公、住宅加商场的综合楼高层建筑主要有哪些负荷；各类负荷的需要系数及功率因数；哪些是市电断电时还应保证供应的重要负荷；哪些是消防时仍必须保证供电的重要负荷；以及作正常电源的干式变压器和作应急（保安）电源的自起动柴油发电机组的容量是如何选择的。该表可使初学者对高层建筑负荷计算的内容和结果一目了然。

表 9-2　某高层建筑的负荷计算及变压器、发电机选择表

序号	用电设备名称	设备容量 /kW	需要系数 /K_d	功率因数 $\cos\varphi$	计算负荷			变压器容量 /kV · A	备　注
					有功功率 /kW	无功功率 /kvar	视在功率 /kV · A		
1B	公寓式办公楼住户	800	0.7	0.75	560	494			
	补偿电容					-250			
	补偿后计算容量			0.92	560	244	611	800	负荷率 76%
2B	住宅楼住户	1620	0.38	0.8	616	462			
	补偿电容					-250			
	补偿后计算容量			0.94	616	212	652	800	负荷率 82%
3B	裙楼商场照明等	524	0.8	0.75	419	369			
	地下室照明	34	0.9	0.6	31	41			
	电梯	190	0.8	0.8	152	114			
	自动扶梯	64	0.9	0.8	58	44			
	水泵	127	0.5	0.8	64	48			
	排风机	44	0.8	0.8	35	26			
	户外广告及立面照明	100	0.8	0.6	80	107			
	其他	50	0.8	0.8	40	30			
	合计	1133			879	779			
	乘同时系数 0.95				835	740			
	补偿电容					-360			
	补偿后计算容量			0.91	835	380	917	1250	负荷率 73.4%
4B	冷水机组	666	0.85	0.9	566	274			

（续）

序号	用电设备名称	设备容量/kW	需要系数/K_d	功率因数 $\cos\varphi$	计算负荷			变压器容量/kV·A	备注
					有功功率/kW	无功功率/kvar	视在功率/kV·A		
	辅助水泵及风机	242	0.85	0.8	206	155			
	空调器	162	0.8	0.8	130	98			
	排风、排烟机	44	0.8	0.8	35	26			
	卫生间排风	10	0.8	0.8	8	6			
	应急照明	117	0.9	0.8	105	79			
	商场重要照明	145	0.9	0.7	131	134			
	餐厅及厨房	100	0.7	0.9	70	34			备用
	卡拉OK	50	0.7	0.8	35	26			备用
	合计	1536			1286	832			
	乘同时系数0.95				1222	790			
	补偿电容					-300			
	补偿后计算容量			0.93	1222	490	1317	1600	负荷率82%
全大厦总负荷计算									
1B		800			560	244			
2B		1620			616	212			
3B		1133			835	380			
4B		1536			1222	490			
	合计	5089		0.925	3233	1326	3494		

序号	用电设备名称	设备容量/kW	需要系数/K_d	功率因数 $\cos\varphi$	计算负荷			发电机容量/kW或/kV·A	备注
					有功功率/kW	无功功率/kvar	视在功率/kV·A		
1	消防时负荷计算								
	消防水泵	75	1	0.85	75	46			
	自动喷淋泵	75	1	0.85	75	46			
	消防电梯	57	0.9	0.8	51	38			
	排烟风机	88	1	0.8	88	66			
	正压风机	11	1	0.8	11	8			
	排水泵	59	0.5	0.8	30	23			
	应急照明	117	0.9	0.8	105	79			
	报警系统广播等	5	1	0.7	5	5			
	合计	487		0.816	440	311	539		

（续）

序号	用电设备名称	设备容量/kW	需要系数/K_d	功率因数 cosφ	计算负荷			发电机容量/kW 或/kV·A	备注
					有功功率/kW	无功功率/kvar	视在功率/kV·A		
2	市电断电时重要负荷计算								
	电梯	190	0.8	0.8	152	114			
	应急照明	117	0.9	0.8	105	79			
	商场重要照明	150	0.8	0.7	120	122			
	餐厅、歌舞厅	150	0.6	0.9	90	44			
	排风机	44	0.8	0.8	35	26			
	给水泵等	127	0.5	0.8	64	48			
	合计				566	433			
	乘同时系数0.9				509	390			
	补偿电容					-150			
	补偿后计算容量			0.90	509	240	563	524/655	

第二节　高层建筑的供配电系统

一、市电电源与自备应急电源

高层建筑首先宜从市电获取工作电源，其电压一般为10kV。

高层建筑的一级负荷容量较大或有高压用电设备时，应采用两路高压电源。如一级负荷的容量不大，应优先采用从市电或临近单位取得第二低压电源，亦可采用应急发电机组作为第二低压电源。一级负荷中的特别重要负荷，除上述两个电源外，还必须增设应急电源。为保证对特别重要负荷的供电，严禁将其他负荷接入应急电源系统。

根据允许的中断供电时间可分别选择下列应急电源：

1）静态交流不间断电源装置（UPS），适用于允许中断供电时间为毫秒级的供电。

2）带有自动投入装置的独立于正常电源的专门馈电线路，适用于允许中断供电时间为1.5s以上的供电。

3）快速自起动的柴油发电机组，适用于允许中断供电时间为15s以上的供电。

此外还应特别注意：应急电源与工作电源之间必须采取可靠措施防止并列运行。

关于高层建筑的电源，我国以往的习惯作法一般是：由两个独立的市电电源作双电源，例如从两个区域变电所各取得一路10kV电源。后来，大城市里的高层建筑有如雨后春笋，越来越多，越来越高，实际中很难使所有的高层建筑都获得这样的双电源。而且，从另一方面考虑，由市电引来的双电源也并非绝对可靠，仍有可能出现两个电源同时断电的情况，从而影响高层建筑的安全运行。因此，借鉴国外多年来的习惯作法，目前国内大城市中的普遍作法是：在高层建筑中设置应急柴油发电机组作为备用电源，当市电断电时或消防时，应急柴油发电机组自动起动，并在15s内恢复对消防负荷等一级负荷供电。对于一般的大中型高层建筑，有一路10kV市电加应急柴油发电机组就可以了；对于特别重要和用电量很大（例如计算容量大于5000kV·A）的大型高层建筑，则要求两个独立的市电电源再加应急柴油发电机组。

图5-3和图9-2所示均为一路10kV市电加应急柴油发电机组的供电方案。读者可仔细阅读图样及其说明文字，体会该设计是如何具体实现以上要求的。

二、环网供电系统

从前，我国城市中常用的高压配电方式是树干式和放射式（专用线供电）。现在，很多大城市中已经见不到树干式；放射式（专用线供电）仍用于特别重要和用电量很大的负荷；对于一般大中型负荷，往往都采用环网供电方式。

环网供电方式有单环、双环、开环、闭环等多种形式。为了限制系统短路容量和简化继电保护，一般采取开环运行方式。

环网供电系统具有结构简单、可靠性高等优点，因而近几年在我国获得广泛应用。一般中、小型工业与民用建筑的变配电所属于终端变配电所，不需要太复杂的继电保护，适于采用环网柜供电。此时，变配电所进出线方式应采用电缆。

环网供电也是目前高层建筑10kV供配电系统采用的主要形式。这种供电方式在用户处设置一进一出两个负荷开关柜（也有把一进一出合并为一个开关柜，如图5-3和图9-2中的西门子公司产8DH10-RB2型六氟化硫绝缘环网开关柜），非常简单而又可靠。当一端（例如原进线端）发生故障时，可通过倒闸操作由另一端（例如原出线端）恢复供电。

在图5-3中，六氟化硫绝缘环网开关柜1G（8DH10-RB2）接两路10kV电源（进、出各一路），2G（8DH10-TB2）接两路10kV电缆出线，分别到1T、2T两台变压器，此即所谓"一进一出二变"式环网结线。正常工作电源为一路，当正常工作电源故障时可通过倒闸操作切换到另一路电源。正常时两台变压器分列运行（图中母线联络开关3QF断开），轻负荷时可只投入一台变压器，以母线联络方式运行。

应急电源采用CD512型柴油发电机组，容量为512kW，当市电断电或消防时，发电机自动起动，并在15s内恢复对消防负荷等一级负荷供电。

图9-2为某高层智能建筑的高、低压配电系统图，这就是所谓"一进一出三变"式环网供电方式。图中高压配电柜1G（西门子公司8DH10-RB2型）为两路10kV电源电缆进、出线，2G（8DH10-TB3）接三路10kV电缆出线，分别到1T、2T、3T三台变压器。正常工作电源为一路10kV市电，故障时可通过倒闸操作切换到另一路电源。正常时三台变压器分列运行，变压器选用带IP2X级金属保护外壳的H级绝缘干式变压器。1T（1250kV·A）主要供一般电力及照明，2T（1250kV·A）专供中央空调的冷水机组，3T（1000kV·A）主要供重要设备配电及应急照明等。

应急电源为一台604kW应急柴油发电机组（英国彼特波公司生产的CQ-604型）。当市电断电时，发电机自动起动，在15s内恢复对重要设备供电。当消防时，按消防控制室发出的指令，图中6QF断路器自动分闸，切除非消防负荷，以确保发电机对消防负荷供电。此时的消防负荷即为第一章第二节中所说的一级负荷中"特别重要的负荷"。

图5-3和图9-2所示这种环网供电方式，结构简单，又能满足安全、可靠、灵活、经济的要求，因而在高层建筑的供配电系统中得到了广泛应用。

三、变电所低压母线系统

在图5-3中，低压配电系统共设有四段母线，其中两段（Ⅰ和Ⅱ）为正常工作母线，向

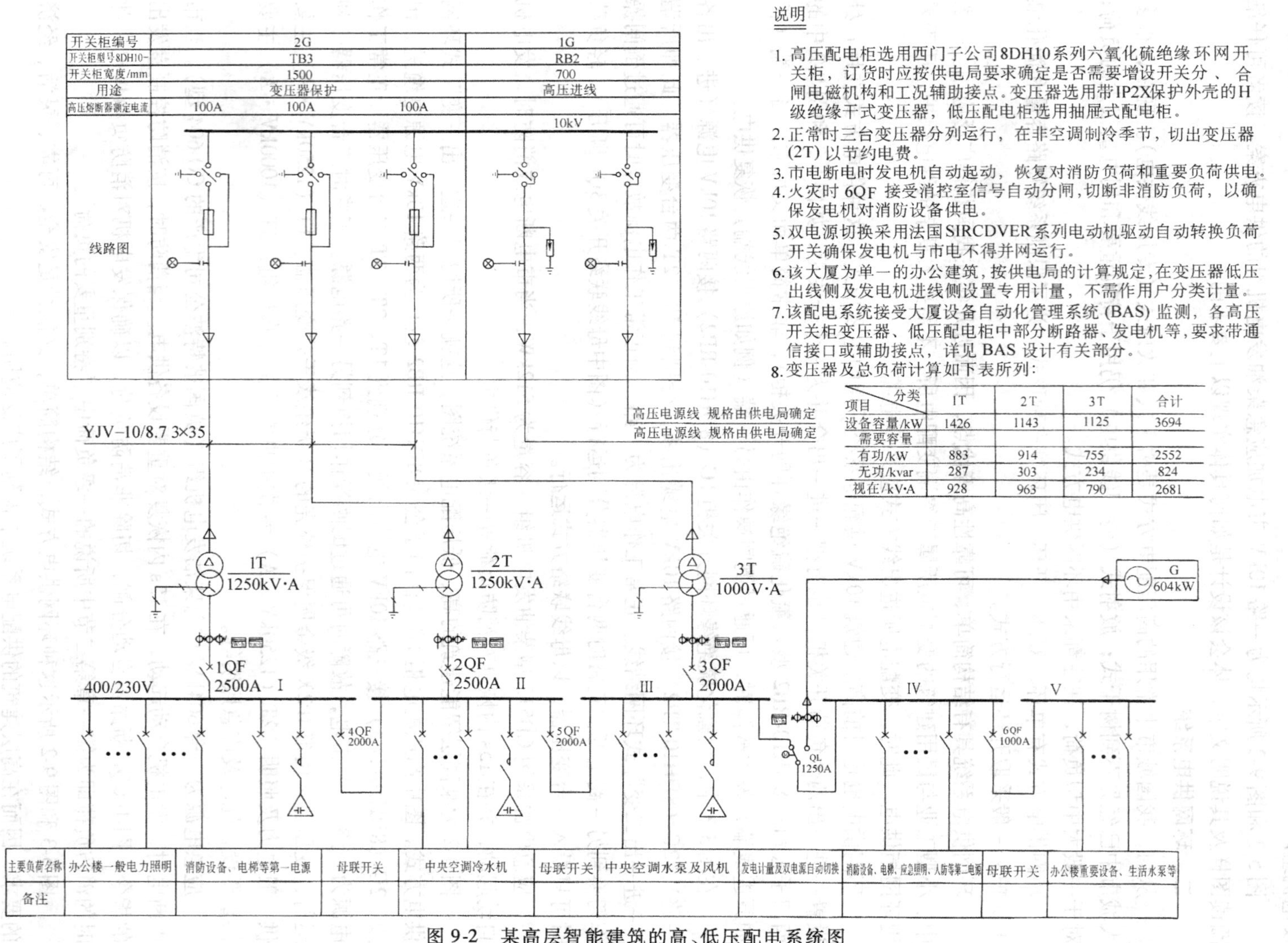

说明

1. 高压配电柜选用西门子公司8DH10系列六氧化硫绝缘环网开关柜，订货时应按供电局要求确定是否需要增设开关分、合闸电磁机构和工况辅助接点。变压器选用带IP2X保护外壳的H级绝缘干式变压器，低压配电柜选用抽屉式配电柜。
2. 正常时三台变压器分列运行，在非空调制冷季节，切出变压器(2T)以节约电费。
3. 市电断电时发电机自动起动，恢复对消防负荷和重要负荷供电。
4. 火灾时 6QF 接受消控室信号自动分闸，切断非消防负荷，以确保发电机对消防设备供电。
5. 双电源切换采用法国SIRCDVER系列电动机驱动自动转换负荷开关确保发电机与市电不得并网运行。
6. 该大厦为单一的办公建筑，按供电局的计算规定，在变压器低压出线侧及发电机进线侧设置专用计量，不需作用户分类计量。
7. 该配电系统接受大厦设备自动化管理系统 (BAS) 监测，各高压开关柜变压器、低压配电柜中部分断路器、发电机等，要求带通信接口或辅助接点，详见 BAS 设计有关部分。
8. 变压器及总负荷计算如下表所列：

项目 \ 分类	1T	2T	3T	合计
设备容量/kW	1426	1143	1125	3694
需要容量				
有功/kW	883	914	755	2552
无功/kvar	287	303	234	824
视在/kV·A	928	963	790	2681

图 9-2 某高层智能建筑的高、低压配电系统图

一般负荷供电，它们之间设有母线联络开关，便于当某台变压器故障或季节变化时调配负荷，这两段正常工作母线分别由 1T 和 2T 供电。另外两段（Ⅲ和Ⅳ）母线则由变压器和发电机双电源供电，并由它们供电给高层建筑的一级和二级负荷。其中第Ⅲ段为保安母线，负责向消防负荷供电；第Ⅳ段为重要负荷母线，负责向重要负荷供电。正常负荷时，两台变压器 1T 和 2T 同时工作；Ⅰ段和Ⅱ段母线分段运行；Ⅲ和Ⅳ段母线由变压器 2T 供电。当负荷很轻时（例如低于 50%），可采用经济运行方式，只投入一台变压器，节约电能，此时四段母线全部相连。当 10kV 市电断电时，发电机自动起动，Ⅲ和Ⅳ段母线自动切换到由发电机供电。如果不幸发生火灾，消防控制室发出指令可解列重要负荷母线Ⅳ段，使柴油发电机组只向保安母线（第Ⅲ段）带的消防负荷供电，以确保这类“特别重要的负荷”。当市电恢复时，Ⅲ和Ⅳ段母线自动切换回市电供电，发电机继续运行数分钟后自动停机。由以上分析可见，这种变电所低压母线系统符合安全、可靠、灵活、经济的要求，并能充分利用发电机的功率，在市电断电而未发生火灾时，除保证消防负荷外，还对重要负荷供电。

在图 9-2 中，系统共设有五段母线，其中三段（Ⅰ、Ⅱ和Ⅲ）为正常工作母线，分别由 1T、2T 和 3T 供电，并由它们向一般负荷供电，三段母线之间设有母线联络开关（母联开关）4QF 和 5QF，便于当某台变压器故障或季节变化时调配负荷。变压器的设计负荷率为 75% ~78%，留有一定余量以备发展之需。三台变压器的结线方式具有较高的供电可靠性且便于节能运行，当任一台变压器发生故障时，另两台变压器通过母线联络，仍可满足部分中央空调及其他全部负荷的供电；当负荷较轻和在非空调季节，则可只投入两台变压器（例如切除 2T），以节约电费。另外两段母线（Ⅳ和Ⅴ）由发电机和变压器双电源供电。正常情况下，这两段母线由 3T 变压器供电，当市电断电时，则自动切换到由发电机供电。其中一段（Ⅳ）为保安母线，它向消防负荷供电；另一段（Ⅴ）为重要负荷母线，它向生活水泵等重要负荷供电。这两段母线之间也设有联络开关，联络开关（低压断路器 6QF）应带分励脱扣，当发生火灾时，消防控制室发出指令可解列重要负荷母线段，使柴油发电机组只向消防负荷供电，以确保消防设备、电梯、应急照明等“特别重要的负荷”的第二电源。

为确保应急柴油发电机组与市电不得并网运行，在正常工作母线、保安母线和自起动应急柴油发电机组之间装设有一个自动转换负荷开关 QL。该设计采用法国 SIRCOVER 系列电动机驱动自动转换负荷开关。当市电断电时，发电机自动起动，在 15s 内恢复对重要设备供电；当市电恢复时，QL 经延时几秒后又自动切换回市电供电。

ABB 公司的 DPT/SE 型双电源自动切换装置也可实现双市电、市电与发电机之间的自动切换，转换延时可调；对脱扣、缺相、拒执行等具有声光报警功能。

变电所低压系统中最重要的设备是低压断路器。低压断路器按其容量大小分为万能式空气断路器（ACB）和塑料外壳式断路器（MCCB）两类。通常 800A 以上选用 ACB，800A 以下则多用 MCCB。例如，在高层建筑中，变压器的总出线、母线联络开关（简称母联开关）和大容量自动切换开关等常用 ACB，各出线回路则多用 MCCB。过去常用的 ACB 有 DW10、DW15 等，过去常用的 MCCB 有 DZ10 等。在高层建筑中目前常用的是进口组装产品，如 ABB、西门子、施耐德产品等，此外，也有一些新型的国产产品，例如 KFW2、KFM2 等。这些产品的特点是：体积小、寿命长、开断容量大，但价格也较贵。其选择型的过电流保护装置已发展到微机型，性能可靠、整定方便。

高层建筑中使用的低压配电柜，也由固定式向抽屉式以至向更新的“插入式”发展。

所谓“插入式”，其外形与抽屉式相近，每个单元也是独自分隔的空间，但只有面板而无抽屉。打开面板，各单元的元件布置一清二楚，其主要元件（例如低压断路器）则采用插入式，更换方便。由于不用抽屉，可降低造价 20% ~ 30%，且元件插座比抽屉插头较少出现故障，因而工作更加可靠。目前很多进口的低压配电柜都采用这种结构形式。国内有的厂家也称之为“分格式”。

四、低压配电干线系统

1. 低压配电干线系统的确定

一般而言，高层建筑低压配电干线系统的确定，应满足计量、维护管理、供电安全及可靠性的要求；应将照明与电力负荷分为不同的配电系统；另外，消防及其他防灾用电设施的配电亦宜自成体系。

对于容量较大的集中负荷或重要负荷宜从配电室以放射式配电。

对各层配电间的配电则宜采用下列方式之一：

1）工作电源采用分区树干式，备用电源也采用分区树干式或由首层到顶层垂直干线的方式。

2）工作电源和备用电源都采用由首层到顶层垂直干线的方式。

3）工作电源采用分区树干式，备用电源取自应急照明等电源干线。

高层建筑内的消防及其他防灾用电设施，以及其他重要用电负荷的工作电源与备用电源应在末端自动切换。

高层建筑的配电箱设置和配电回路划分，应根据负荷的性质和密度、防火分区以及维护管理等条件综合确定。

2. 常用的配电干线

由于高层建筑的层数多、负荷大，用放射式电缆加配电箱的分配方法已不能满足要求。目前高层建筑中常用的配电干线主要有以下三种：

（1）插接式母线　插接式母线封闭在金属外壳中，所以又叫封闭式母线。它垂直敷设在电气竖井中，每层有一或二个分接箱，分接箱为插接式，内带断路器。当某层线路发生故障时，断路器动作。维修时可将本层的分接箱拉下，使之脱离母线，进行停电检修，而不影响其他层用电。插接式母线的输送容量大、电压降低、安全可靠、灵活方便，在高层建筑中使用最广。

（2）预制式分支电缆　它把主电缆及到各层的分支电缆预先整体加工好，其优点是可靠性高，不用各层设分接箱，可明显降低配电成本，对安装环境要求低，施工方便。其最大缺点是缺乏灵活性，当所供负荷的大小、位置和数量发生变化时，预制式分支电缆不能作相应改变。

（3）采用穿刺式线夹分支的电缆　这是一种很灵活的电缆分支方式，这种穿刺式线夹的外部是绝缘的，中间有两个带金属穿刺的孔，一大一小。将大孔夹在干线电缆上，小孔夹在分支线电缆上，上紧线夹螺栓，孔内的金属刺穿透电缆的绝缘层紧压线芯，分支电缆就连接到干线电缆上了。法国西卡姆（Sicame）公司和美国安普（AMP）公司专门生产这类电气连接配件，已有数十年的生产历史和运行经验。

以上三种配电方式，通常用于垂直方向的多层分支，以适应高层建筑的电气配线特点。至于专用配线，例如到顶层的电梯机房，到某层的电气设备或特殊用电场所的干线，以及水平部分的电气干线，一般多采用电缆，用电缆梯架敷设。当电缆根数较多时，应特别注意载流量的校正。当电缆很长时，应注意校验电压降，如对电梯配电的电缆。

图 9-3 为图 5-3 所示某高层建筑的配电干线竖向系统图。该图主要表示出了从地下一层变电所引出的配电干线竖向系统。从该图可见：照明负荷与电力负荷分为不同的配电系统；消防用电设施的配电自成体系；重要负荷，如消防控制室、电梯及正压风机、消防泵等都是从地下一层的配电室以放射式配电；地下一层的潜水泵和地下二层的冷水机等容量较大的集中负荷也都是从配电室以放射式配电；消防用电设施，例如排烟风机、消防泵、自动喷水泵等都采用双电源供电，并且工作电源与备用电源在末端有自动切换；电梯及正压风机的工作电源和备用电源都采用由地下一层到屋面设备层垂直电缆干线的方式。

在图 9-3 中，编号为 7P1、6P1、6P2 的垂直干线，从七层以上均采用封闭式母线；编号为 16P8 和 16P1 的垂直干线，则是采用穿刺式线夹分支的电缆。

3. 配电线路的防火

高层建筑内部的电气线路多而且分布广。高层建筑的火灾往往因电气故障而引起，其中多数又与电气线路有关。因此，配电线路的防火问题是电气安全的一个重要方面。

配电线路按防火类别可划分为以下三类：

(1) 不防火的线路　其电线或电缆的绝缘层或外层材料是可燃的，火灾时明火可沿着线路蔓延。由于隐患严重，高层建筑内不准使用这类线路。

(2) 难燃或阻燃线路　在火源作用下，这种线路可以燃烧，但当火源移开后会自动熄灭，从而避免了火灾沿线路蔓延扩大的危险。高层建筑内的一般线路均为这类线路，如阻燃塑料导线、阻燃型电缆、阻燃型塑料电线管等，ZR-YJV 型即为一种阻燃型电缆。另外，绝缘导线穿钢管敷设时也属于阻燃线路。

对于大量人员集中的场所，最好近一步选用低烟无卤电缆。大量火灾事故证明，绝大多数死者都是因火灾时的浓烟和毒气窒息而亡。因此，选用低烟无卤电缆，有利于火灾时人员安全疏散。

(3) 耐火线路　这种线路在火源直接作用下仍可维持一定时间的正常通电状态。常见的耐火电缆结构有两种：一种是氧化镁绝缘铜管保护；一种是云母绝缘。比较起来，云母绝缘电缆价格较低、施工较易，能在 950 ~ 1000°C 的高温下维持继续供电 1.5h，可满足一般高层建筑的消防要求。耐火线路用于配电给消防电梯、消防水泵、排烟风机、消防控制中心、应急照明等在火灾时要继续工作的设备。如 NH-YJV 型即为一种耐火电缆。

4. 有特殊要求的设备配电

(1) 消防设备的配电　一类高层建筑的消防用电应按一级负荷要求供电。对于消防控制中心、消防水泵、消防电梯、防排烟风机等的供电，还应在最末一级配电箱处（即用电设备处，例如消防水泵房的配电箱）设置自动转换装置。具体作法是从变电所的一段母线和保安母线上各引来一路电缆线路（而且从保安母线上引来的应是耐火电缆线路），到配电箱内再进行自动切换。在图 9-3 中，所有对双电源自动切换箱的供电均是如此。

(2) 电梯配电　电梯必须专用线路供电，不可与照明或其他负荷合用干线，以避免电梯频繁起动时的电压波动对其他设备的影响。另外，当电缆较长时，还应按电梯制造厂的规定加大电缆的截面。

(3) 计算机中心的配电　对计算机中心的配电，除了按照重要性确定并保证其负荷等级外，还应注意以下几点：

1) 必须专用线供电，而且必须采用五芯的电缆，即 PE 线与 N 线要分开。

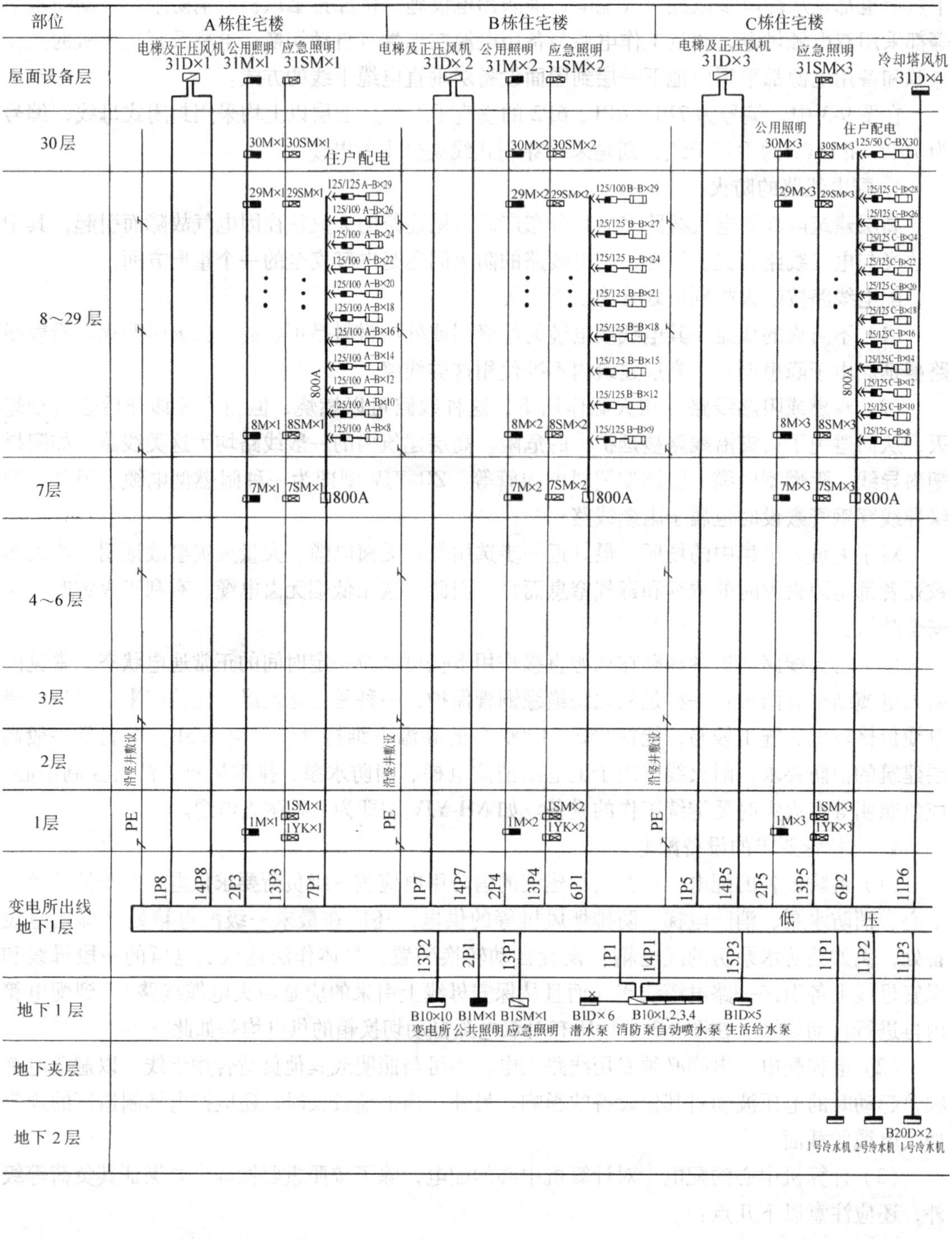

部位	A栋住宅楼	B栋住宅楼	C栋住宅楼
屋面设备层	电梯及正压风机 31D×1；公用照明 31M×1；应急照明 31SM×1	电梯及正压风机 31D×2；公用照明 31M×2；应急照明 31SM×2	电梯及正压风机 31D×3；应急照明 31SM×3；冷却塔风机 31D×4
30层	30M×1；30SM×1；住户配电	30M×2；30SM×2	公用照明 30M×3；30SM×3；住户配电 125/50 C-BX30
8～29层	29M×1；29SM×1；125/125 A-B×29；125/100 A-B×26；125/100 A-B×24；125/100 A-B×22；125/100 A-B×20；125/100 A-B×18；125/100 A-B×16；125/100 A-B×14；125/100 A-B×12；125/100 A-B×10；125/100 A-B×8；800A；8M×1；8SM×1	29M×2；29SM×2；125/100 B-B×29；125/125 B-B×27；125/125 B-B×24；125/125 B-B×21；125/125 B-B×18；125/125 B-B×15；125/125 B-B×12；125/125 B-B×9；8M×2；8SM×2	29M×3；29SM×3；125/125 C-B×28；125/125 C-B×26；125/125 C-B×24；125/125 C-B×22；125/125 C-B×20；125/125 C-B×18；125/125 C-B×16；125/125 C-B×14；125/125 C-B×12；125/125 C-B×10；125/125 C-B×8；800A；8M×3；8SM×3
7层	7M×1；7SM×1；800A	7M×2；7SM×2；800A	7M×3；7SM×3；800A
4～6层			
3层			
2层	沿竖井敷设	沿竖井敷设	沿竖井敷设
1层	PE；1M×1；1SM×1；1YK×1	PE；1M×2；1SM×2；1YK×2	PE；1M×3；1SM×3；1YK×3
变电所出线 地下1层	1P8；14P8；2P3；13P3；7P1	1P7；14P7；2P4；13P4；6P1	1P5；14P5；2P5；13P5；6P2；11P6
地下 1 层	低压：13P2 B10×10 变电所；2P1 B1M×1 公共照明；13P1 B1SM×1 应急照明；1P1 B1D×6 潜水泵；14P1 B10×1,2,3,4 消防泵自动喷水泵	15P3 B1D×5 生活给水泵	11P1；11P2；11P3
地下夹层			
地下 2 层			B20D×2；1号冷水机；2号冷水机；1号冷水机

图 9-3　图 5-3 所示某高层建筑的

裙楼
图例
双电源自动切换箱
照明配电箱
动力配电箱
应急照明配电箱
住户电度表箱
带干线分线装置的照明配电箱
刺穿式线夹
带干线分线装置的应急照明配电箱
封闭母线插接箱
封闭母线电缆箱
说明
本图主要表示变电所引出的配电干线系统，从配电箱、控制箱等引出的线路详见各相关配电箱、控制箱系统图。
电梯、正压风机 货梯、正压风机 游泳池
70×1
70×2
70×3
应急照明 风机盘管 招待所配电
6SM×1 6D×1 6M×1
5SM×1 5D×1 5M×1
4SM×1 4D×1 4M×1
3SM×1 3D×1
2SM×1 2D×1
1SM×4 1D×1
电话机房 培训中心
30×2 3M×1
餐厅 厨房 职工食堂
2M×1 2D×2 2D×3
招待所大堂 机械车库电力 光纤室 消防控制室 锅炉房 户外照明 立面照明
1M×4 1D×5 1D×3 1D×2 1D×4
14P10 1P10 14P13 1P12 16P10 13P6 16P8 16P1 14P15 16P7 16P5 16P6 16P4 16P3 14P6 1P6 14P12 14P14 1P13 15P1 15P2 15P4
母 线
11P4 2P6 1P2 14P2 1P3 14P3 1P4 14P4 2P2 12P1
B1D×7
排烟风机
B1D×8
排烟风机
B1M×1
机械车库照明
G
512kW
2B2D×3
号机水泵
B2D×1
机房
B2D×4
排烟风机

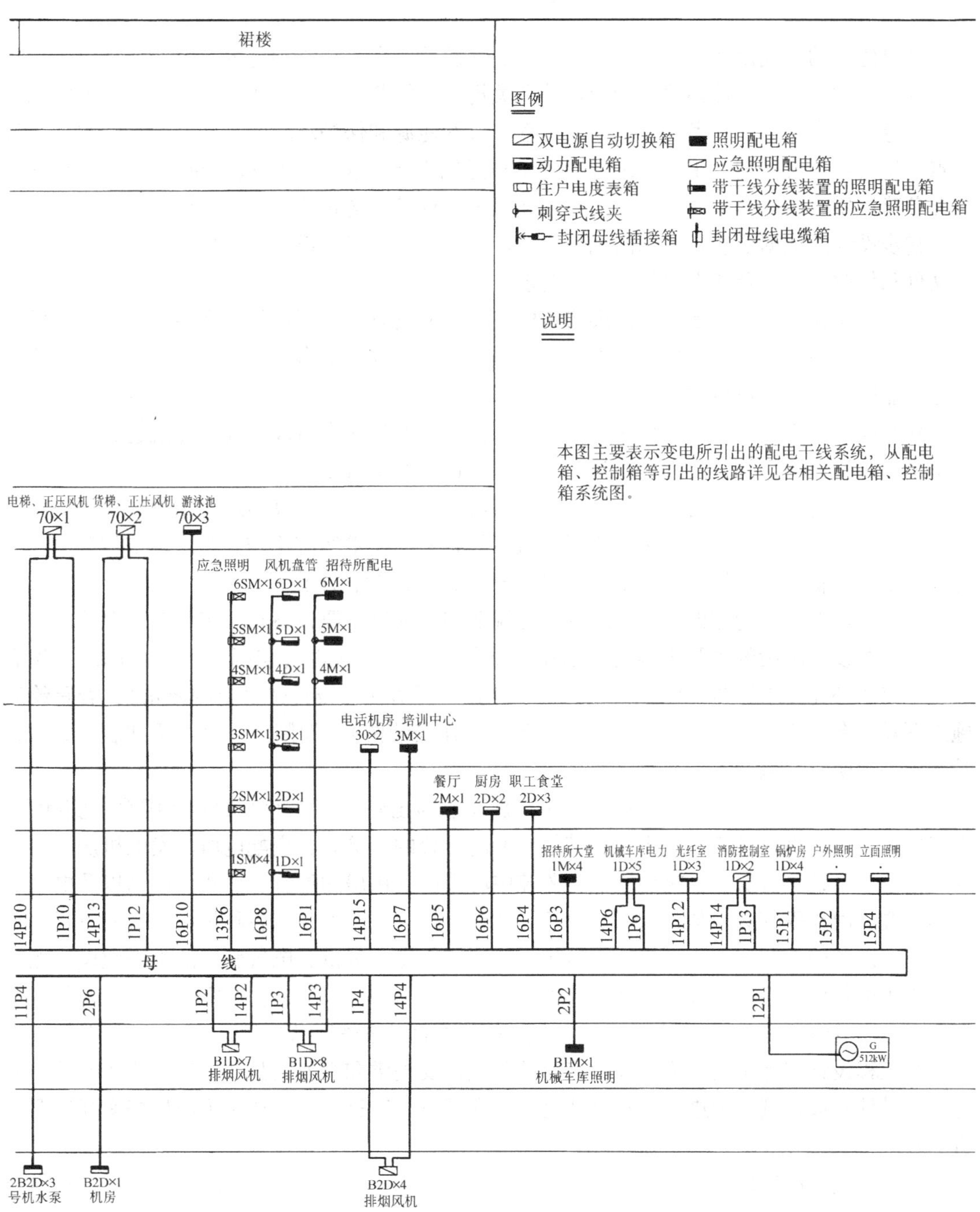

配电干线竖向系统图

2）计算机房应按要求作局部等电位联结。

3）计算机房的配电箱处应加装 SPD，以防雷击电磁脉冲沿线路入侵计算机等信息设备。

第三节　高层建筑电气设计的内容

高层建筑的电气设计与一般建筑工程的电气设计一样，都必须遵循有关的设计原则，遵守设计工作的程序。设计必须贯彻国家的有关规程、规范和标准，执行国家的有关方针和政策；应遵循安全适用、技术先进、经济合理、节约能源和保护环境的基本原则；应根据工程特点、规模及发展规划，正确处理近期建设与远期发展的关系；应从全局出发，统筹兼顾，按照负荷性质、用电容量、工程特点和当地供电条件等，合理确定供电设计方案。

初步设计的依据是经有关部门批准的设计任务书，施工图设计的依据是经审批的初步设计文件和修改意见以及建设单位的补充要求。

由于高层建筑的功能复杂，高层建筑电气设备又具有如前所述的诸多特点，致使高层建筑电气设计比一般建筑工程的电气设计更为复杂。设计内容更多，设计任务更重，与土建和其他专业的配合要求也更高。

建筑电气工程设计一般都分为初步设计和施工图设计两个阶段。高层建筑这类大型复杂工程的初步设计又可细分为方案设计和扩大初步设计两个阶段。

初步设计阶段的主要内容有：收集设计所需的原始资料；计算出最大用电容量和电能需要量；与当地供电部门签订供用电协议；做不同方案的技术经济比较并初步确定供配电系统等设计方案；初步选择供配电系统的主要电气设备；绘制初步设计图样，包括总体布置图、主结线图和弱电项目的方框图等；编制设计说明书；编制主要设备材料表及工程概算。

施工图设计阶段的主要内容有：依据批准的初步设计文件（包括审批时的修改意见和建设单位的补充要求）进行深入具体的设计计算（可对初步设计作必要的修正）；着重绘制施工图样（包括选择标准图和绘制有关设备的制作安装图）；编制设备材料明细表；编写设计和施工说明书；编制工程预算等。

在整个设计过程中，电气设计人员应特别注意与土建和其他专业的密切配合。实际上，电气方案的最终确定是离不开土建和其他专业的配合的。例如，变配电所、发电机房、消防控制中心、电话总机房、音响控制室、监控中心等电气用房的位置、面积、层高以及电气竖井的位置、面积等都必须与建筑专业协商后才能确定；空调设备和各种机泵的平面位置、负荷大小、设备的控制方式等都必须由给排水、暖通等专业提供；电气管线的水平敷设，尤其是在走廊吊顶内的走线，以及设备机房内的走线也需要和其他专业的管线协调，以免相互“打架”。一个优秀的工程设计，是各个专业相互之间完美配合的产物。这个配合工作贯穿于整个工程设计和施工的始终。在初步设计阶段，要提供和索取的是初步配合协作条件；在施工图设计阶段，则必须进一步补充和完善；在现场施工过程中，还有可能根据实际情况作进一步调整。

下面，结合高层建筑电气设备的特点，对高层建筑电气设计的内容作一个概括性的介绍。

一、供电系统设计

供电系统设计的内容主要有：负荷计算和无功功率的补偿；供电电源及电压的确定；变

配电所位置和形式的选择；主变压器台数、容量及主结线方案的选择；短路电流计算及一次设备的选择与校验；变配电所二次回路方案选择和继电保护的整定等。

负荷计算是供电设计的基础，计算结果包括总的计算负荷、一级和二级负荷的计算容量等。计算负荷是选择电气设备的依据，也是确定总的供电指标及变配电所的数量和容量的依据。一、二级负荷的计算容量则是确定自备电源或应急电源的依据。无功计算负荷则是确定无功补偿容量的依据。

由于高层建筑的电力负荷容量大，对供电可靠性的要求高，因此一般均采用双电源。高低压系统主结线以单母线分段、互为备用、自动切换方式为主。为满足一级负荷中“特别重要负荷”的供电可靠性要求，一般需要设置自备发电设备（例如柴油发电机组）作为应急电源。而且，一类高层建筑自备发电设备应设有自动起动装置，并能在30s内供电。自备发电设备的容量应保证消防泵能顺利起动，一般不小于消防泵电动机容量的4～5倍。当自备发电设备容量较小时，也可采用软起动器等减压起动设备。

在考虑变配电所的位置时，应注意尽量深入负荷中心，因此，高层建筑多在地下室或底层以及设备机房等处设变配电所。对于超高层建筑，还可以在高层区的避难层或技术层内设置变配电所。

高层建筑的自备电源目前以柴油发电机组为主。但燃气轮发电机组具有体积小、重量轻、噪声低、振动小、点燃成功率高、故障率低等优点，今后有成为高层建筑自备电源的可能，但尚需解决自起动和噪声等技术问题，目前尚未见应用实例。值得注意的是，燃气轮发电机工作时需要大量的空气，为了进气和排气方便，宜将燃气轮发电机组设置在地上层或屋顶。

二、照明系统设计

照明系统设计的内容主要有：电光源和灯具的选择与布置；照度计算；各类建筑和不同功能的房间的照明设计；景观照明、环境照明和障碍照明等的设计；照明配电方式和照明配电设备的选择与布置；应急照明系统设计等。

电光源类型的选择，应依据照明的要求和使用场所的特点而定，并应尽量选择高效、长寿的光源。我国已经提出“绿色照明”（Green Lights）的概念，即在不降低照明质量的前提下，节约照明用电，提高资源的利用率，从而减少因发电而产生的“三废”，达到保护环境的目的。绿色照明是人类可持续发展战略在照明技术中的具体体现。我国于1994年开始组织制定“中国绿色照明工程”计划，1996年在国家经贸委组织下该工程正式启动。“中国绿色照明工程”的主要内容是：制订我国的“绿色照明”法规和条例；采用发光效率高、光色好、寿命长、性能稳定的电光源；采用功率损耗小且对人身和环境无污染的附件；采用光能利用率高且安全美观的照明灯具；采用电能损耗低、使用寿命长的配电器材和节能的调光控制设备等。

在一些民用建筑的照明设计中，应该特别注意灯具与建筑环境的配合。在一些特殊场合，我们主要希望灯具起到装饰环境、烘托气氛的作用，此时，提供照度的作用已退居其次。

高层建筑的照明配电系统多采用放射式和树干式相结合的混合型配电方式。竖直方向上的干线采用树干式或分区树干式，当楼层多、负荷大时多采用插接式母线（封闭母线）。水平方向上的配电方式则多为放射式和链式等。

应急照明电源应区别于正常照明的电源。不同用途的应急照明电源，应采用不同的切换时间和连续供电时间。

在民用高层建筑中，照明设计分为正常照明和应急照明两个系统。在大厅、餐厅、电梯厅、走廊、重要设备用房、地下室等处均应设置应急照明。在疏散楼梯口、走廊出口等处均应设置疏散指示标志灯。一些重要的办公室、会议室、计算机房等亦应设置应急照明，以满足在市电停电时继续工作的需要。

在具有建筑物自动化系统（Building Automation System，BAS）的智能建筑中，走道、电梯厅等公共场所的照明应接受 BAS 的控制，按最佳运行方式工作。疏散用应急照明应在火警时接受火灾报警系统的信号而自动开启。

应采用技术先进和节能的照明控制系统，如会议室、大办公室、地下车库等场所可选用总线（BUS）式照明控制系统（例如 C-BUS 或 i-BUS 等）。总线式照明控制系统使各个元件分散安装，并可把就地操作的元件有机地结合起来，以便灵活的改变功能和扩展容量。例如可通过光敏开关、红外线开关、输入键等输入器件及系统时钟，利用就地分散安装的输出继电器作为执行元件，实现对各地照明灯具的自动控制，满足现代化建筑对照明的多种可变的控制要求，同时获得节能的效果。

从图 9-3 可见，照明系统与电力系统是分设的；应急照明与一般照明也是分开的；该高层建筑有户外照明和立体照明；到各层的照明配电干线采用树干式，各层分别设置带干线分线装置的照明配电箱和应急照明配电箱；到各层住户的配电也采用树干式，在各层设置封闭母线插接箱取电，再到各住户电度表箱。

在此特别指出，GB 50034—2004《建筑照明设计标准》已于 2004 年 12 月 1 日实施。新标准的照度水平有大幅度提高；照明质量标准水平已与国际标准接轨，对各房间或场所的眩光限制和显色性已定量化；并增加了办公、居住、医院、学校、商业、旅馆和工业等七类建筑的照明功率密度（LPD）的最大允许值。LPD 指单位面积上的照明安装功率，其单位为 W/m^2。

三、动力系统设计

动力系统设计包括各种风机、泵类等动力设备的配电，设备的起动、制动、调速方式及控制等内容。此部分内容可参见配套教材《建筑设备电气控制技术》。

高层建筑中，有些动力设备对供电可靠性的要求较高（如电梯和各种消防用的泵类）；有些动力设备的单台容量较大（如空调机组和一些泵类等）。因此，高层建筑中动力设备的配电方式以放射式为主。例如在图 9-3 中，给水泵、冷水机、冷却塔风机、电梯及正压风机等都采用放射式供电。

四、低压配电线路设计

低压配电线路主要有照明配电线路和电力配电线路，多采用放射式和树干式相结合的混合型配电方式。图 9-4 所示为典型的高层建筑低压配电系统示意图。图中的配电干线可为插接式母线、预制式分支电缆或采用穿刺式线夹的电缆线路。

图 9-4a 为典型的分区树干式系统，每回干线对应一个供电区域。图 9-4b 增加了一个共用的备用回路。图 9-4c 则是增加了一级中间配电箱，多了一级控制保护装置。图 9-4d 采用大树干式配电，各层配电箱放在电气竖井内，通过专用插件与电气竖井内的插接式母线连接，此方案便于查找故障、维护方便，适用于楼层多、负荷大的场所。

为了让配电干线方便地从变配电所通向各层，高层建筑中必须设置电气竖井，如图 9-1 中所示。所谓电气竖井，就是一个上下贯通的井型空间。各层的配电室都设在这同一个垂直位置，以便配电干线上下贯通，各层的配电箱（包括动力配电箱、照明配电箱以及弱电配电箱）也放在此配电室内。配电室内地面施工时留有孔洞，以便封闭式插接母线或电缆等配电干线通过。配电干线敷设完毕后应对孔洞作密封处理，以免火灾时形成烟道。对于高层建筑，电气竖井每隔3层还要装烟雾探测器；对于超高层建筑，则要求每层都安装，以便及时发现和监视火情。电气竖井应设有向外开的防火门，以利维修。

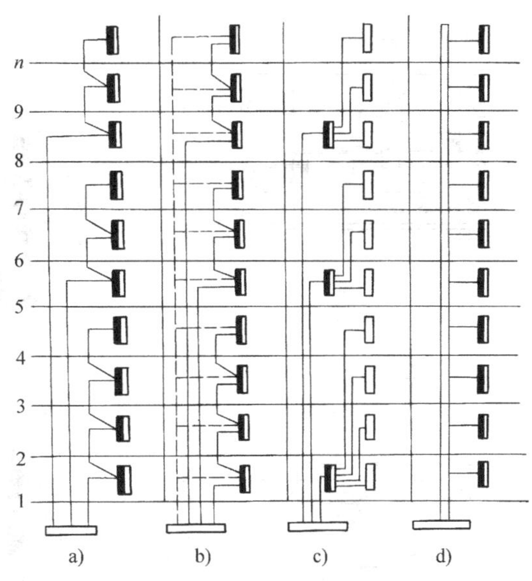

图9-4 高层建筑低压配电系统示意图

竖井内布线一般适用于高层建筑内强电及弱电垂直干线的敷设。竖井内可采用金属管、金属线槽、电缆、电缆梯架及封闭式母线等布线方式。

电气竖井的位置和数量应根据建筑物规模、负荷性质、供电半径、防火分区和建筑物的沉降缝设置等因素确定。

竖井的位置宜靠近负荷中心，以减少干线电缆沟道的长度；电气竖井不得与电梯井、管道井共用；避免邻近烟道、热力管道及其他散热量大或潮湿的设施。竖井内应敷有接地（PE）干线和接地端子。

竖井的大小除满足布线间隔及端子箱、配电箱布置所必须尺寸外，宜在箱体前留有不小于0.80m的操作、维护距离。竖井内高压、低压和应急电源的电气线路，相互之间应保持0.30m及以上距离或采取隔离措施，并且高压线路应设有明显标志。

电气竖井的数量经历了以下的发展过程：起初，强电及弱电线路一般共用一个电气竖井；后来，弱电线路增多了，加上防止干扰的需要，强电竖井和弱电竖井分开设置。JGJ 16—2008《民用建筑电气设计规范》8.12.8也明文规定：“电力和电信线路，宜分别设置竖井。当受条件限制必须合用时，电力与电信线路应分别布置在竖井两侧或采取隔离措施。”近来，为使竖井的位置尽量靠近负荷中心，以便施工、维修和增设线路，又出现了左右分设两个电力与电信共用电气竖井的做法。

高层建筑的配电线路可以分为竖直方向和楼层水平方向两个部分。竖直方向的干线可以是插接式（封闭式）母线或电缆线路，一般采用电缆桥架敷设。插接式母线和电缆桥架均敷设在专用的电气竖井内。楼层水平线路可采用绝缘导线或电缆，绝缘导线可穿管敷设或穿线槽敷设，且多敷设在吊顶内。地下室和设备机房内敷设的线路则可采用电缆桥架敷设。

例如在图9-3中，到地下1层、2层的大型和重要的设备采用放射式供电；7~29层多采用树干式配电，用插接式母线；供1~6层风机盘管的线路也采用树干式配电，用可刺穿式电缆。

插接式母线具有输送电流大、分接方便等优点，但价格较贵且安装麻烦，因此能用电缆的地方就尽可能不用插接式母线。例如图9-3中，从地下1层变电所出线至7层采用电缆，在7层设800A封闭母线电缆箱转换，然后用插接式母线向8~29层住户配电。

图9-5为某高层建筑强电竖井设备布置示意图，可供参考。

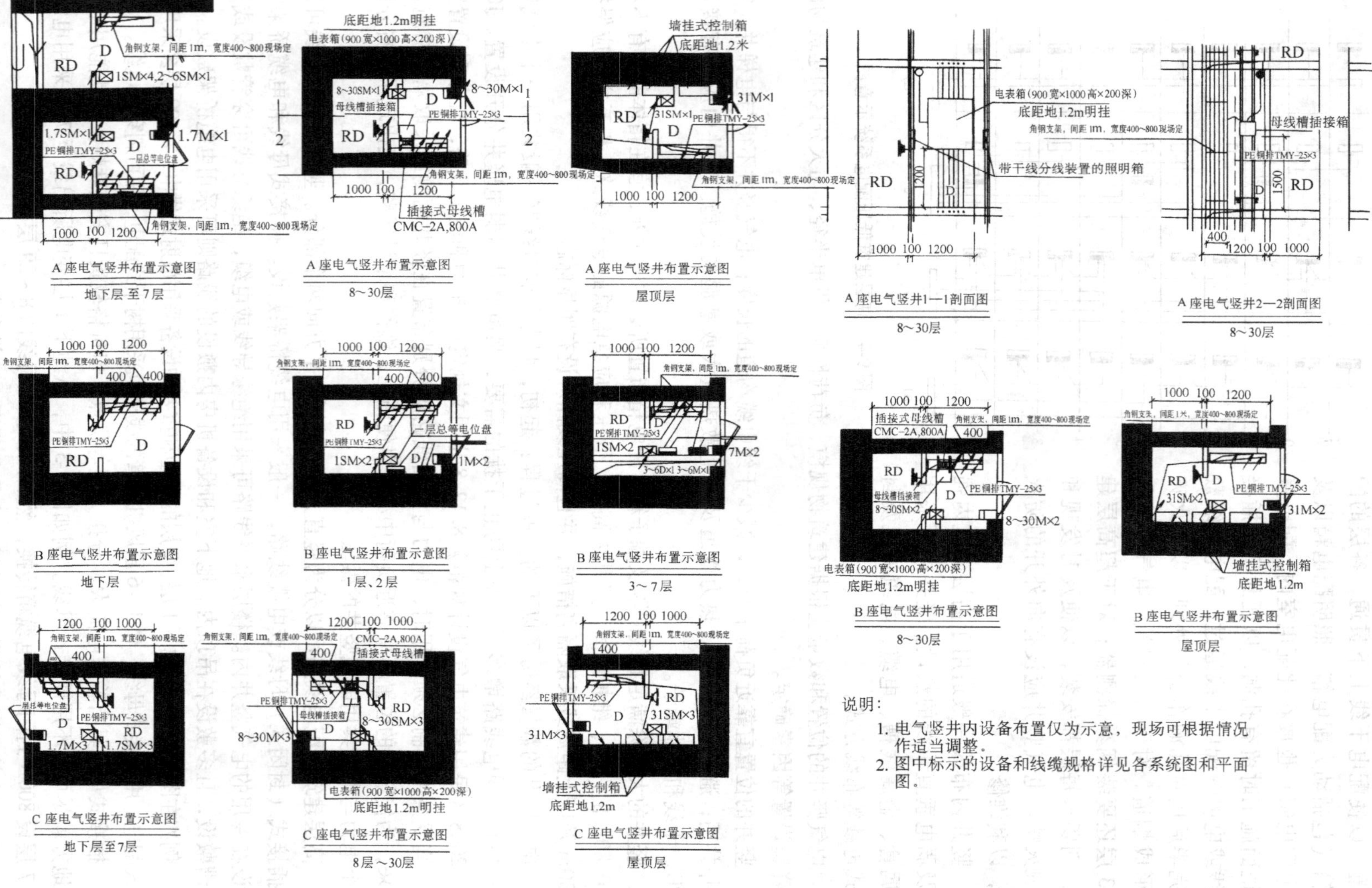

说明：

1. 电气竖井内设备布置仅为示意，现场可根据情况作适当调整。
2. 图中标示的设备和线缆规格详见各系统图和平面图。

图 9-5　某高层建筑强电竖井设备布置示意图

这是强电竖井和弱电竖井分开设置的做法。该图详细表示出了强电竖井中的动力配电箱、照明配电箱、事故照明配电箱、封闭母线插接箱等的具体位置，以及总等电位盘和 PE 铜排的位置和走向等。此图宜与图 9-3 对照阅读。

五、火灾报警与消防联动控制系统设计

火灾报警与消防联动控制系统设计的内容主要有：保护等级和保护范围的确定；探测器的选择与布置；报警系统的选择；消防设备的联动控制（例如防火门、防火卷帘系统，防烟排烟系统等）；火灾应急照明与疏散指示标志的设置；消防广播与消防通信设备的选择与布置；消防控制室的位置和面积的确定及其设备布置；消防系统中各种线路的选择与敷设以及消防设备的供电等。

火灾报警与消防联动控制系统的设计，应针对保护对象的特点，做到安全可靠、技术先进、经济合理、维护管理方便。

对于高层建筑，火灾报警与消防联动控制系统是一个特殊而重要的系统，因为它直接关系到人的生命和国家财产的安全。现代高层建筑人员密集、设备分散，对防火要求极为严格。因此，在设计和选用设备时应把系统的可靠性和安全性放在首位，然后才考虑技术上的先进性和经济上的合理性，以及安装简单、维护容易、使用方便等。应选用经国家消防电子产品质量监督检测中心检验合格并得到国家消防产品质量认证的产品。火灾报警和消防联动控制设备的发展很快，从已建成的高层建筑来看，所谓第二代即地址编码式火灾自动报警设备使用很广泛；第三代即智能模拟量式火灾自动报警设备的应用也越来越多；相信第四代即无线通信型智能模拟寻址系统将很快应用到高层建筑尤其是超高层建筑和智能建筑中。

图 9-6 所示为火灾自动报警与消防联动控制系统的实例，供参考。

六、电话系统设计

电话系统设计的内容主要有：市话程式的确定；交换机或交接箱容量的确定；配线方式的选择；分线设备的选择与布置；线路的选择与敷设；电话站房位置、面积的确定及其设备布置；系统供电电源及接地等。

高层建筑的电话系统应根据建筑物的规模、使用性质、电话用户容量以及用户对电话通信的要求等因素确定。高层住宅一般可不设电话总机，仅设交接箱直通市局。办公楼，尤其是出租性质的写字楼，办公用电话也多直接接至市话网，而大楼内部管理用电话则纳入另设的用户小交换机。旅游宾馆及一些综合性的商业建筑，由于电话用户比较多、功能要求也比较高，一般应设置用户小交换机。为了满足高质量通信服务的要求，高层建筑应尽量选用先进的时分制数字式程控交换机。中继方式应根据交换设备的容量大小以及功能要求来确定。

高层建筑电话系统中的主干电缆可分为水平干线电缆和垂直干线电缆。干线电缆可以采用封闭式电缆桥架或封闭式金属线槽敷设，当电缆不多时也可穿钢管敷设。

七、音响系统设计

音响系统设计的内容主要有：有线广播系统和多功能厅立体声系统形式的确定；信号节目源的选择；功放设备的选择及扬声器的选择与布置；广播音响线路的选择与敷设；广播音响控制室的位置、面积及其布置的确定；音响系统的供电与接地等。

高层建筑的有线广播系统可分为业务性广播系统、服务性广播系统和火灾事故广播系统。在高层办公楼、商业楼、教学楼等建筑中设置业务性广播系统，以满足业务及行政管理为主的语言广播要求。在宾馆及大型公共活动场所设置服务性广播系统，以满足欣赏性为主

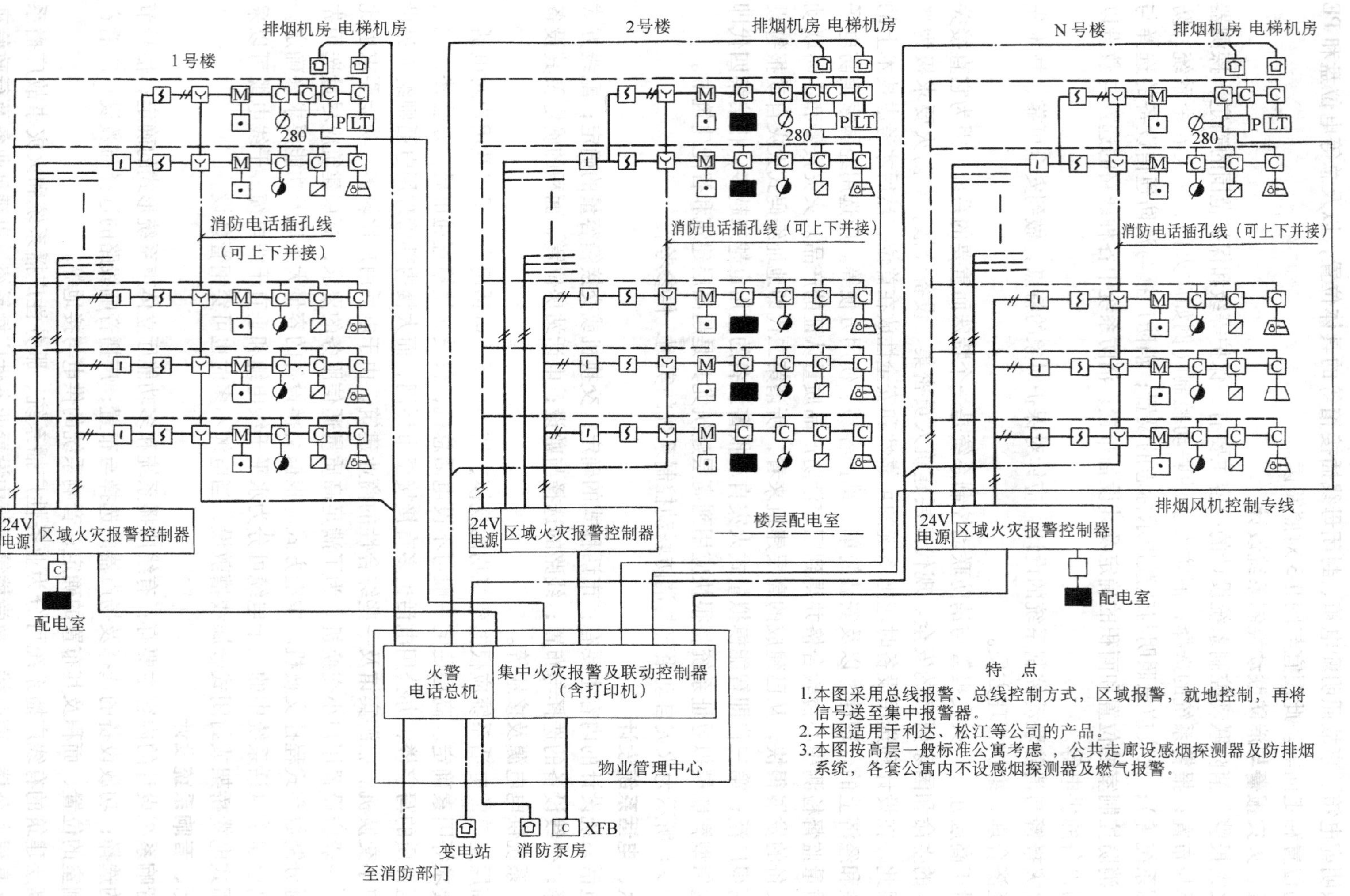

图 9-6　火灾自动报警与消防联动控制系统图

的音乐广播要求。高层建筑中设置的火灾事故广播系统则用以满足火灾时引导人员疏散的要求。

多功能厅的立体声系统兼有语言扩声和音乐广播两个功能，要求根据厅堂的主要功能并兼顾其辅助功能来确定系统的技术指标。

八、电缆电视系统设计

电缆电视系统早期称为共用天线电视系统（Community Antenna Television System，CATV）。顾名思义，共用天线电视系统就是多个用户共用一组室外电视接收天线。随着社会和技术的进步，人们不再满足于仅能收看电视台发射的开路信号，还希望通过其他途径获得电视节目，还希望通过电缆电视系统进行信息交换等。电缆电视系统（Cable Television System，其缩写正好也是 CATV），就是可以用电缆传送电视台发射的开路信号、卫星信号、微波信号、自办节目信号、双向数据信号等，并对各种信号进行处理和放大的系统。可以认为，共用天线电视系统就是电缆电视系统的一部分，属于电缆电视系统的初级阶段。

电缆电视系统设计的内容主要有：制定技术方案；天线及前端系统的设计；干线传输系统的设计；用户分配系统的设计；计算系统的技术指标；完成施工图及材料表等。

按有关规定，建筑物内部的电视网络应纳入城市有线电视网，根据高层建筑的使用性质，用户的有线电视系统可能还有自办节目及接收其他的无线电视节目。因此，不同用途的高层建筑，其有线电视系统的前端是不一样的。

高层建筑的有线电视信号传输线路一般都采用射频同轴电缆。智能建筑根据情况也可采用光缆传输。水平方向的电视线路一般穿管暗敷，垂直方向的电视线路一般可在竖井内敷设。

图 9-7 为 CATV 接入系统示意图，供参考。

九、保安系统设计

智能建筑要求保安系统具有防范、报警、监视与记录的功能。

保安系统设计包括传呼系统、防盗报警系统和电视监视系统设计。

设计保安系统时，选择方案的主要依据是被保护对象的性质及重要程度。

传呼系统多用于高层公寓住宅楼；防盗报警系统多用于金融楼、博物馆、展览馆、档案图书楼、商业楼的营业厅等重要场所；闭路电视监视系统用于特别重要的场所以及自选商场和大型百货商场的营业厅等。若无特殊的专业要求，保安系统宜与火灾报警控制系统合并为一个统一的防灾系统，并且共用防灾控制室。

保安系统的线路宜暗敷，设备安装布置应注意隐蔽和保密。

图 9-8 为一小区安全防范系统示意图，供参考。

十、防雷、接地与电气安全设计

高层建筑的防雷措施不仅包括防直击雷、防感应雷和防雷电波侵入，而且还要特别考虑防侧击的措施，并要做好等电位联结。例如将可能遭受侧击部位的钢窗等金属物体与防雷装置联结。

防雷装置是指接闪器、引下线、接地装置、电涌保护器（Surge Protective Device，简称 SPD）及其他连接导体的总和。

国际电工委员会标准 IEC1024—1 文件将建筑物的防雷装置分为两大类——外部防雷装置和内部防雷装置。外部防雷装置由接闪器、引下线和接地装置组成，即传统的避雷装置。

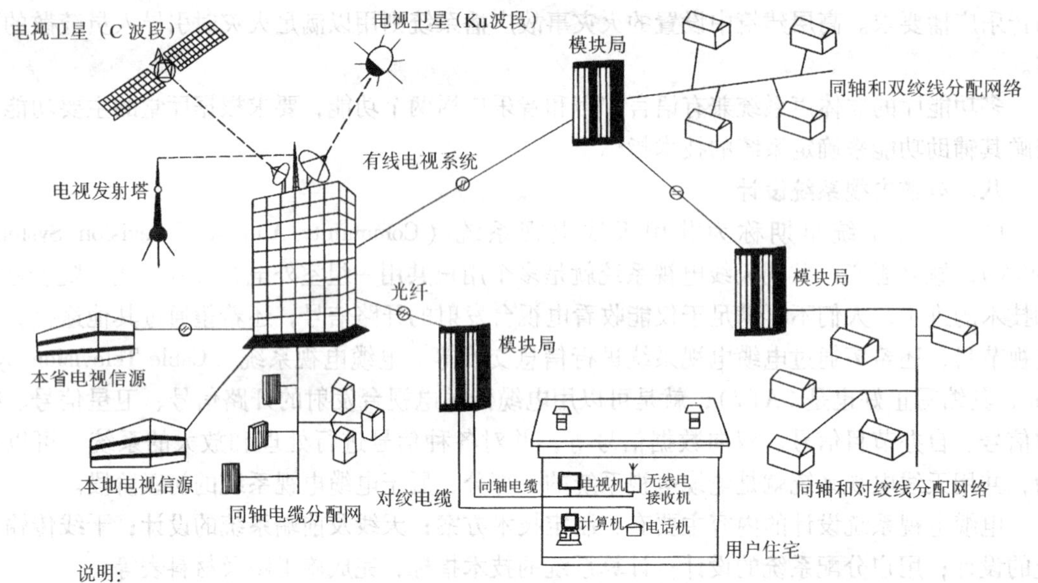

图 9-7　CATV 接入系统示意图

内部防雷装置主要用来减小侵入建筑物内部的雷电流及其电磁效应，例如采用电磁屏蔽、等电位联结和装设电涌保护器等措施，用以防止雷击电磁脉冲（Lightning Electromagnetic Impulse，简称 LEMP）可能造成的危害。GB50057《建筑物防雷设计规范》1994 版就已增加了第六章防雷击电磁脉冲，该章着重介绍了信息系统（Information System）防雷击电磁脉冲的问题，这里的信息系统泛指计算机、通信设备、控制设备等电子装置。对建筑物的防雷设计必须将外部防雷装置和内部防雷装置作为整体统一考虑。最新标准 GB 50057—2010《建筑物防雷设计规范》已经实施。另外，新的国家标准 GB 50343—2012《建筑物电子信息系统防雷技术规范》已于 2012 年 12 月 1 日实施。

为了防止信息系统的电子设备被雷击电磁脉冲损坏，可在线路上分级安装相应的 SPD。例如，在低压母线上装设第一级 SPD，在线路末端，如计算机房的配电箱上再装设第二级 SPD。

常用的等电位联结包括总等电位联结和辅助等电位联结两种。所谓“总等电位联结”，即将电气装置的 PE 线或 PEN 线与附近的所有金属管道构件（例如接地干线、水管、煤气管、采暖和空调管道等，如果可能也包括建筑物的钢筋及金属构件），在进入建筑物处接向总等电位联结端子板（即接地端子板）。总等电位联结靠均衡电位而降低接触电压，同时它也能消除从电源线路引入建筑物的危险电压，它是建筑物内电气装置的一项基本安全措施。IEC 标准和一些技术先进国家的电气规范都将总等电位联结作为接地故障保护的基本条件，实际上总等电位联结已兼有电源进线重复接地的作用。对于特别潮湿，触电危险大的局部特殊环境如浴室、医院手术室等处，还应作“局部等电位联结”，即在此局部范围内，将 PE 线或 PEN 线与附近所有的上述金属管道构件等相互联结，作为总等电位联结的补充，以进

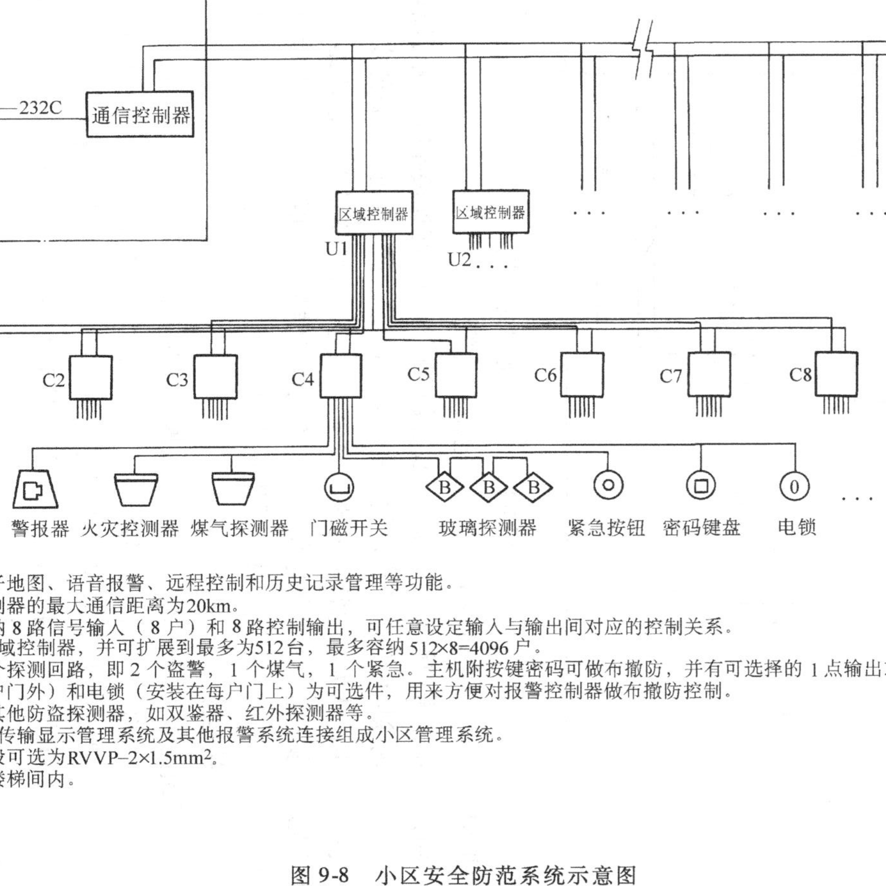

说明：

1.监控软件包含实时电子地图、语音报警、远程控制和历史记录管理等功能。
2.通信控制器至区域控制器的最大通信距离为20km。
3.区域控制器最多可容纳 8 路信号输入（8 户）和 8 路控制输出，可任意设定输入与输出间对应的控制关系。
4.监控软件可接 64 台区域控制器，并可扩展到最多为512台，最多容纳 512×8=4096 户。
5.每台报警控制器有 4 个探测回路，即 2 个盗警，1 个煤气，1 个紧急。主机附按键密码可做布撤防，并有可选择的 1 点输出或 3 点输出（图中为 1 点输出）。
6.密码键盘（安装在每户门外）和电锁（安装在每户门上）为可选件，用来方便对报警控制器做布撤防控制。
7.报警控制器也可连接其他防盗探测器，如双鉴器、红外探测器等。
8.报警控制器也可与 TF 传输显示管理系统及其他报警系统连接组成小区管理系统。
9.通信干线电缆型号一般可选为RVVP–2×1.5mm^2。
10.区域控制器可安装在楼梯间内。

图 9-8　小区安全防范系统示意图

一步提高用电安全水平。局部等电位联结的主要目的在于使接触电压降低至安全电压限制以下。

另外，GB50057—2010《建筑物防雷设计规范》亦规定：装有防雷装置的建筑物，在防雷装置与其他设施和建筑物内人员无法隔离的情况下，也应采取等电位联结。

图 9-9 为总等电位联结的示意图。

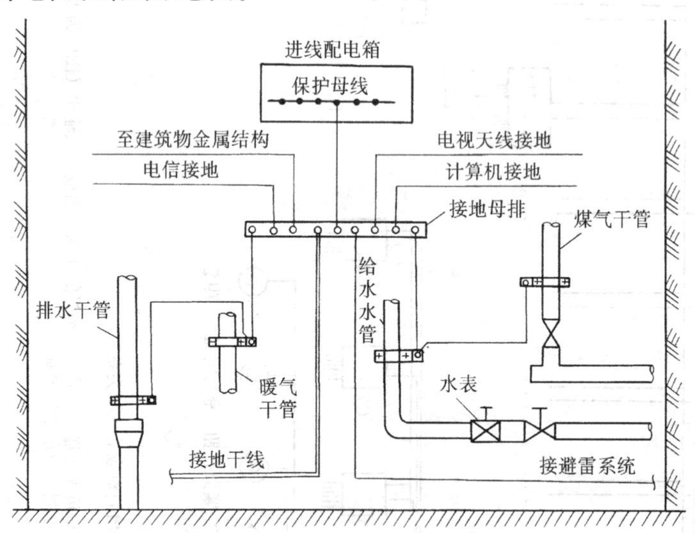

图 9-9　总等电位联结的示意图

图 9-10 为局部等电位联结降低接触电压的示意图。

等电位联结不需增设保护电器，只要在施工时增加一些连接导体，就可以均衡电位而降低接触电压，消除因电位差而引起的电击危险，这是一种经济而又有效的安全技术措施。

实际上，可以认为，通常所说的“接地”就是一种特殊的等电位联结。或者说，接地就是以大地作参考电位点的等电位联结。等电位联结是一个更广泛也更本质的概念。

高层建筑防雷装置的引下线多采用建筑物构造柱内的主筋，并应充分利用建筑物基础的钢筋等作自然接地体。

高层建筑的防雷接地装置多和其他接地装置共用，且其共同接地电阻不大于 1Ω。

接地装置安装的具体作法可参见电气装置标准图集 86D563《接地装置安装》。

图 5-23 为某工业建筑 10kV 高压配变电所的接地装置平面布置图；图 5-24 为某高层民用建筑配变电所的土建条件及接地平面图；图 5-25 为某高层民用建筑的接地平面图；可对照阅读。

十一、智能建筑自动化系统设计

智能建筑是 21 世纪建筑发展的一个重要方向。

智能建筑通过对建筑物的四个基本要素，即结构、系统、服务、管理以及它们之间的内在联系的最优化考虑，来提供一个投资合理而又拥有高效率的舒适、便利的环境。

智能建筑利用系统集成方法，将控制技术、通信技术、计算机技术与建筑技术有机结合，通过对设备的自动监控、对信息资源的管理和对使用者的信息服务及其与建筑的优化组合，获得投资合理、适合信息社会要求以及安全、高效、舒适、便利和灵活的特点。智能建筑是多学科高新技术的有机集成，是社会信息化与经济国际化的产物。图 9-11 为智能建筑

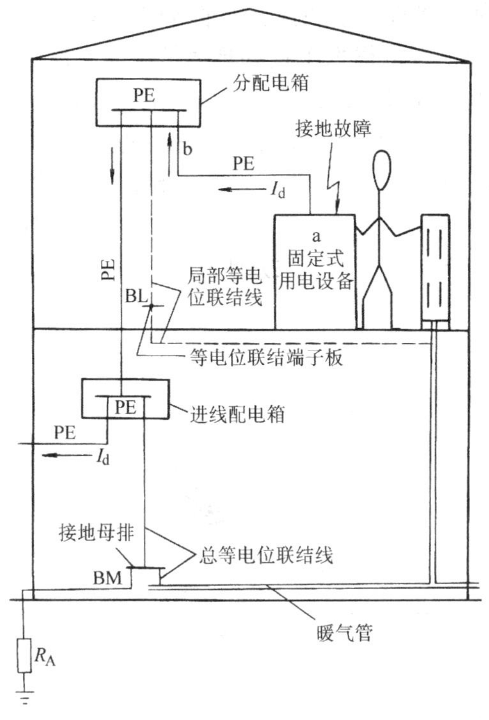

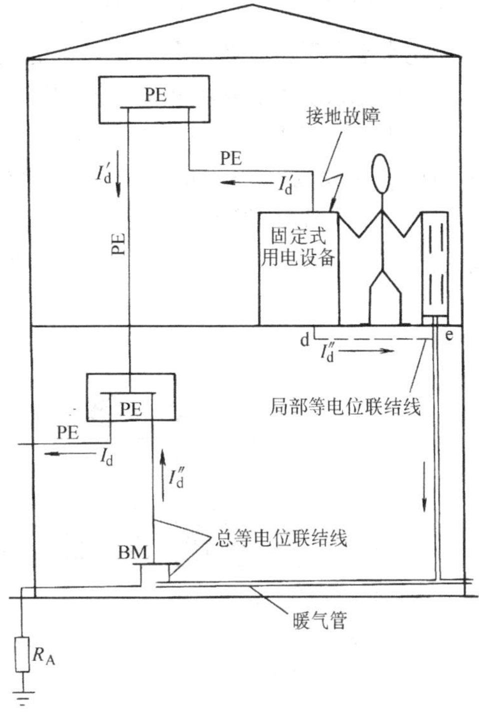

图 9-10　局部等电位联结降低接触电压的示意图

的系统功能示意图。

从图 9-11 可见，智能建筑的系统功能通常包括：建筑物自动化系统（Building Automation System，BAS）、通信自动化系统（Communication Automation System，CAS）、办公自动化系统（Office Automation System，OAS），以上即所谓“3A”智能系统。智能系统的主要设备通常放置在系统集成中心（System Integrated Center，SIC），并通过综合布线系统（Generic Cabling System，GCS）与各种终端设备（例如电话机、传真机、传感器等）连接，从而“感知”智能建筑内各处的信息，经过计算机处理后给出相应的对策，再通过终端设备（例如步进电动机和各种开关、阀门等）给出相应的反应，使建筑物具有“智能”。

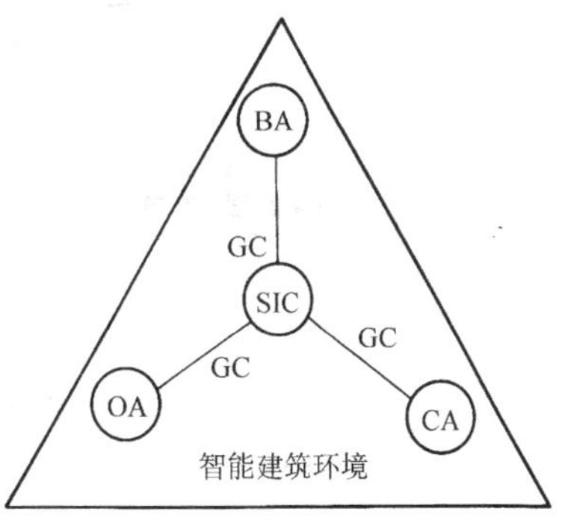

图 9-11　智能建筑的系统功能示意图

智能建筑自动化系统设计包括建筑物自动化系统、通信自动化系统、办公自动化系统、综合布线系统和智能化系统集成中心的设计。

图 9-12 为智能建筑的系统结构图，图中大致表示出了 BAS、CAS、OAS 的主要内容。

GB/T50314—2006《智能建筑设计标准》已自 2007 年 7 月 1 日起施行，这标志着我国智能建筑设计正朝着健康有序的方向发展。在 GB/T50314—2006《智能建筑设计标准》中，“通信网络系统”（Communication Network System，CNS）代替了原有的“通信自动化系统”（CAS）提法。

在设计智能建筑时，应根据建筑物的使用功能、管理要求和投资标准等因素确定建筑物的智能化水平和系统配置，各项子系统的配置等级也可以根据工程的具体情况而有所不同。例如，智能化系统集成是将相关系统的资源有机地组合起来，其本质是信息的集成，是管理的需要而不仅是集中控制的需要。对于系统的集成，应注意掌握实用和适用的原则，可以“统一规划，分期实施”。同时，智能化系统集成又是以综合布线环境为基础的，因此，创造良好的综合布线基础设施是实现智能化系统集成的根本前提。简言之，设备可以逐步配置和增加，智能化系统集成可以分期实施，但增加和改动线路则不太方便。

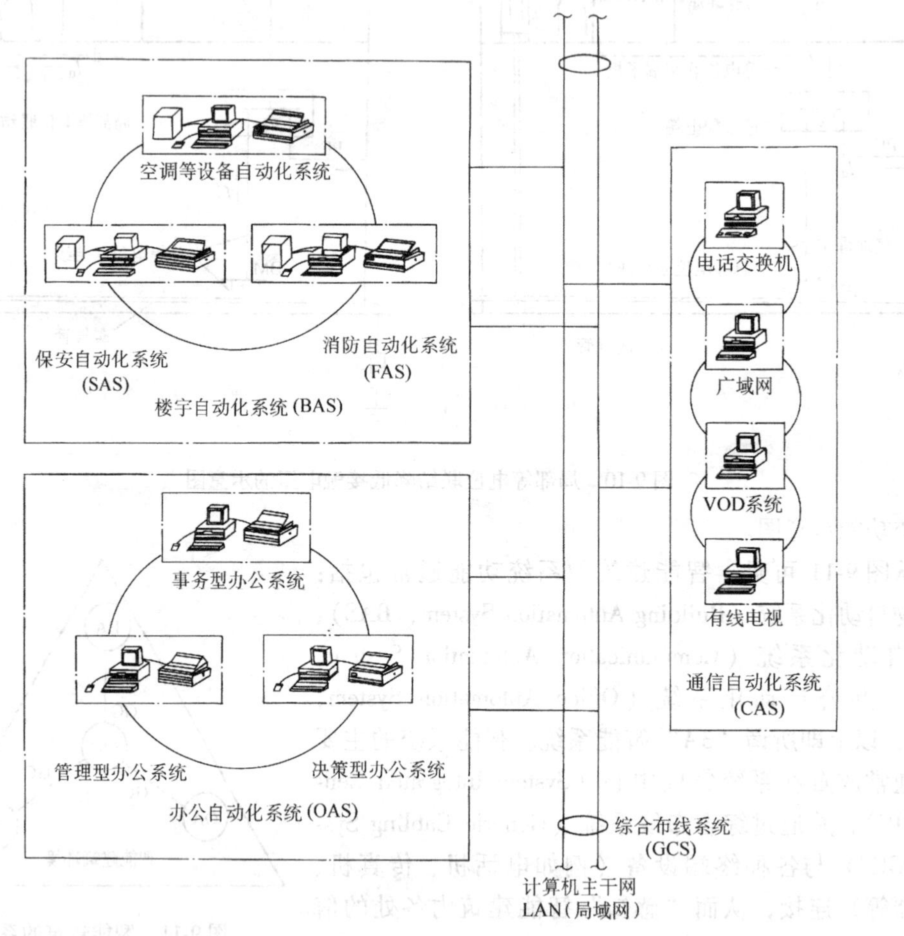

图 9-12　智能建筑的系统结构图

设计应采用先进、成熟、实用的技术，对集成的各子系统应实行统一的管理和监控，所采用的系统和设备应符合标准化和开放性的要求

上述 BAS、CAS、OAS 等弱电方面的具体内容，详见配套教材《现代建筑电气自动化技术》和《现代建筑信息及传输技术》。

第四节　高层建筑电气的发展趋势

一、随着科学技术的飞速发展以及人民生活水平的不断提高，高层建筑正向着自动化、

节能化、信息化、智能化方向蓬勃发展

现代高层建筑的功能和内部设备越来越复杂，人们对建筑环境的舒适性、安全性的要求越来越高，近代电气产品的性能越来越好，这些因素都促进了现代建筑电气技术的蓬勃发展。可以预见到的主要发展方向为：

1）新型电气设备的出现可能从根本上改变传统的设计观念。电气设备趋向小型化、易操作、寿命长、免维护、可扩展，并且更加安全可靠。

2）防止人身触电和火灾事故的措施更加完善，防雷特别是防雷击电磁脉冲损坏高层建筑内信息设备的措施更加完善。

3）线路敷设方式更加灵活，能方便地满足功能及场所变化的要求。

4）全面采用微机技术，配电系统实现测量、计量、控制、监视、事故记录全面自动化。

5）更加注重保护环境和节约能源，实现可持续发展。

二、智能建筑是社会信息化的产物，它已经成为衡量一个国家或地区经济发展和科技进步的重要标志之一

事实上，智能建筑是多学科高新技术的有机集成，它综合了电工技术、电子技术、电声技术、光学技术、自动控制技术、计算机技术、通信和网络技术等方面的最新科技成果，涉及电力、电子、仪表、建材、机械、计算机及通信等多种行业。智能建筑的出现，使建筑电气尤其是高层建筑电气技术成为一门综合性的应用技术。智能建筑中的供配电系统、照明系统、动力及控制系统、火灾报警与消防联动控制系统、电话通信系统、广播音响系统、有线电视系统、保安系统等不再是相对独立性很大的系统，而是统一于智能建筑中的建筑物自动化系统（BAS）、通信自动化系统（CAS）和办公自动化系统（OAS），成为相互联系密切的几个子系统。这里，综合布线系统（GCS）为智能建筑的系统集成提供了物理介质，将智能建筑的三大系统（BAS、OAS和CAS）有机地连接起来。

高层智能建筑将成为21世纪高层建筑的主要发展方向。高层建筑电气技术将朝着以微电子技术为主体的综合应用和反应最新科技成就的方向发展。

随着高层建筑向着自动化、节能化、信息化、智能化的方向发展，高层建筑电气设计的内容将越来越多，要求也越来越高。为适应发展的要求，将会制定出一些新的标准和规范，将逐步完善已有的一些标准和规范，并逐步与国际接轨。

为满足高层建筑发展的需要，大量采用新技术的、高性能的、节能并安全可靠的建筑电气产品将得到开发和推广应用，各种定型产品的系列也将逐步齐全。

三、计算机辅助设计（Computer Aided Design，CAD）在工程设计中的普及应用

随着CAD在工程设计中的普及应用，已经出现了一些性能和界面较好的建筑电气CAD软件，例如，中国建筑科学研究院计算中心的ABD—E，北京浩辰技术开发公司的INTER—DQ V3.5，北京华远软件工程有限公司的HOUSE—E95和北京博超技术开发公司的EES2000+等。这些建筑电气CAD软件对提高设计质量、减轻设计人员的繁重劳动、缩短设计周期起到了重要作用。伴随着高层建筑电气技术的迅速发展，将会出现更多使用简便、功能强大的建筑电气CAD软件。

思 考 题

9-1 试述高层建筑的定义。

9-2 高层建筑按防火等级是如何分类的?

9-3 高层建筑的电气设备有何特点?

9-4 高层建筑的竖井内布线有何特点?

9-5 消防设备、电梯和计算机中心的配电有哪些特殊要求?

9-6 试述高层建筑电气设计的主要内容。

9-7 你认为现代建筑电气技术的主要发展方向有哪些?

9-8 什么是智能建筑?智能建筑的系统功能包括哪些内容?

第十章　供配电系统的运行维护与检修试验

本章首先介绍变配电所（亦称配变电所）的运行维护知识，包括变配电所的值班、变配电所送电和停电的操作、电力变压器的并列运行及其运行维护、配电装置的运行维护等。然后介绍电力线路的运行维护知识，包括架空线路、电缆线路和配电线路的运行巡视以及线路事故停电的处理等。接着讲述变配电所主要设备的检修试验知识，包括电力变压器和配电装置的检修试验及避雷器和接地装置的试验。最后介绍电力线路的检修和试验问题。

第一节　变配电所的运行维护

一、变配电所的值班

1. 变配电所的值班制度

变配电所的值班制度主要有轮班制和无人值班制，轮班制通常采取三班轮换的值班制度，即全天分为早、中、晚三班，而值班员则分成三组或四组，轮流值班，全年都不间断。这种值班制度对于确保变配电所的安全运行有很大好处，这是我国变配电所最普遍采用的一种值班制度。但这种轮班制人力耗用较多。我国有些小型变配电所及大中型工厂的一些车间变电所，则往往采用无人值班制，仅由维修电工或总变配电所的值班电工每天定期巡视检查。

有高压设备的变配电所，为保证安全，一般应至少由两人值班。但当室内高压设备的隔离室设有遮栏且遮栏的高度在 1.7m 以上，安装牢固并加锁，而且室内高压开关的操作机构用墙或金属板与该开关隔离，或装有远方操作机构时，按电力行业标准 DL408—1991《电业安全工作规程》规定，可以由单人值班。但单人值班时不得单独从事修理工作。

在现代智能建筑中，BAS 可以很好地管理和监控变配电系统，一般不在变配电所设专人值班。

2. 变配电所值班员的职责

1）遵守变配电所值班工作制度，坚守工作岗位，作好变配电所的安全保卫工作，确保变配电所的安全运行。

2）积极钻研本职工作，认真学习和贯彻有关规程，熟悉变配电所的一、二次系统的结线以及设备的安装位置、结构性能、操作要求和维护保养方法等，掌握安全工具和消防器材的使用方法及触电急救法，了解变配电所现在的运行方式、负荷情况及负荷调整、电压调节等措施。

3）监视所内各种设施的运行情况，定期巡视检查，按照规定抄报各种运行数据，记录运行日志。发现设备缺陷和运行不正常时，及时处理，并做好有关记录，以备查考。

4）按上级调度命令进行操作，发生事故时进行紧急处理，并做好有关记录，以备查考。

5）保管所内各种资料图表、工具仪器和消防器材等，并做好和保持所内设备和环境的清洁卫生。

6）按规定进行交接班。值班员未办完交接手续时，不得擅离岗位。在处理事故时，一般不得交接班。接班的值班员可在当班的值班员要求和主持下，协助处理事故。如事故一时难以处理完毕，在征得接班的值班员同意或上级同意后，可进行交接班。

3. 变配电所值班注意事项

1）不论高压设备带电与否，值班员不得单独移开或跨越高压设备的遮栏进行工作。如有必要移开遮栏时，须有监护人在场，并符合 DL408—1991《电业安全工作规程》规定的设备不停电时的安全距离。10kV 及以下，安全距离为 0.7m；20 ~ 35kV，安全距离为 1m。

2）雷雨天巡视室外高压设备时，应穿绝缘靴，并且不得靠近避雷针和避雷器。

3）高压设备发生接地时，室内不得接近故障点 4m 以内，室外不得接近故障点 8m 以内。进入上述范围的人员必须穿绝缘靴，接触设备的外壳和构架时，应戴绝缘手套。

二、变配电所送电和停电的操作

1. 操作的一般要求

为了确保运行安全，防止误操作，按 DL408—1991《电业安全工作规程》规定，倒闸操作必须根据值班调度员或值班负责人命令，受令人复诵无误后执行。倒闸操作由操作人员填写操作票（格式如表 10-1 所示）。单人值班，操作票由发令人用电话向值班员传达，值班员应根据传达填写操作票，复诵无误，并在“监护人”签名处填入发令人的姓名。

表 10-1 倒闸操作票格式

××变电所　　　　　　　　　　　　　　　　　　　　　　　　　　　　　编号：

操作开始时间：××年×月×日 9 时 30 分		操作终了时间：××年×月×日 9 时 48 分
操作任务：10kV Ⅰ段 WL1 线路停电		
✓	顺序	操　作　项　目
✓	(1)	拉开 LW1 线路 101 断路器
✓	(2)	检查 LW1 线路 101 断路器确在开位，开关盘表计指示正确（0A）
✓	(3)	取下 LW1 线路 101 断路器操作直流保险
✓	(4)	拉下 LW1 线路 101 甲刀闸
✓	(5)	检查 LW1 线路 101 甲刀闸确在开位
✓	(6)	拉开 LW1 线路 101 乙刀闸
✓	(7)	检查 LW1 线路 101 乙刀闸确在开位
✓	(8)	停用 LW1 线路保护跳闸压板
✓	(9)	在 LW1 线路 101 断路器至 101 乙刀闸间三相验电确无电压
✓	(10)	在 LW1 线路 101 断路器至 101 乙刀闸间装设 1 号接地线一组
✓	(11)	在 LW1 线路 101 断路器至 101 甲刀闸间三相验电确无电压
✓	(12)	在 LW1 线路 101 断路器至 101 甲刀闸间装设 2 号接地线一组
✓	(13)	全面检查
		以下空白
备注：		已执行章

操作人：　　监护人：　　值班负责人：　　值长：

操作票内应填入下列项目：应拉合的断路器（开关）和隔离开关（刀闸），检查断路器和隔离开关的位置，检查接地线是否拆除，检查负荷分配，装拆接地线，安装或拆除控制回路或电压互感器回路的熔断器，切换保护回路和检验是否确无电压等。

操作票应填写设备的双重名称，即设备名称和编号。

操作票应用钢笔或圆珠笔填写，票面应清楚整洁，不得任意涂改。操作人和监护人应根据模拟图或结线图核对所填写的操作项目，并分别签名，然后经值班负责人审核签名。特别重要和复杂的操作还应由值长审核签名。

开始操作前，应先在模拟图板上进行核对性模拟预演，无误后再进行设备操作。操作前应核对设备名称、编号和位置。操作中应认真执行监护复诵制。发布操作命令和复诵操作命令都应严肃认真，声音洪亮清晰。必须按操作票填写的顺序逐项操作。每操作完一项，应检查无误后在操作票该项前画一个“✓”记号。全部操作完毕后进行复查。

倒闸操作必须由两人执行，其中对设备较为熟悉者做监护。单人值班的变电所，倒闸操作可由一人执行。特别重要和复杂的倒闸操作，应由熟练的值班员操作，值班负责人或值班长监护。

操作中发生疑问时，应立即停止操作，并向值班调度员或值班负责人报告，弄清问题后，再进行操作，不准擅自更改操作票。

用绝缘棒拉合隔离开关或经操动机构拉合隔离开关和断路器，均应戴绝缘手套。雨天操作室外高压设备时，绝缘棒应有防雨罩，还应穿绝缘靴。接地网电阻不符合要求的，晴天也应穿绝缘靴。雷电时，禁止进行倒闸操作。

在发生人身触电事故时，为了解救触电者，可不经许可，立即断开有关设备的电源，但事后必须立即报告上级。其他事故处理及拉合开关等的单一操作和拆除全所仅有的一组接地线等，可不用操作票，但上述操作应记入操作记录簿内。

2. 变配电所的送电操作

变配电所送电时，一般应从电源侧的开关合起，依次合到负荷侧的开关。按这种程序操作，可使开关的闭合电流减至最小，比较安全，万一某部分存在故障，也容易发现。但是在有高压断路器—隔离开关及有低压断路器—刀开关的电路中，送电时，合闸一定要按照以下顺序依次操作：①母线侧隔离开关或刀开关。②负荷侧隔离开关或刀开关。③高压或低压断路器。

如果变配电所是事故停电以后的恢复送电，则操作程序视变配电所所装设的开关类型而定。如果电源进线是装设的高压断路器，则高压母线发生短路故障时，断路器自动跳闸。在故障消除后，则可直接合上断路器恢复送电。如果电源进线是装设的高压负荷开关，则在故障消除后，先更换熔断器的熔管，然后合上负荷开关即可恢复送电。如果电源进线是装设的高压隔离开关—熔断器，则在故障消除后，先更换熔断器的熔管，并断开所有出线开关，然后合上隔离开关，最后合上所有出线开关以恢复送电。当电源进线装设的是跌开式熔断器时，送电操作的程序与进线装设隔离开关—熔断器的操作程序相同。

3. 变配电所的停电操作

变配电所停电时，一般应从负荷侧的开关拉起，依次拉到电源侧的开关。按这种程序操作，可使开关的开断电流减至最小，也比较安全。但是在有高压断路器—隔离开关及有低压断路器—刀开关的电路中，停电时，一定要按照以下顺序依次拉闸：①高压或低压断路器。②负荷侧隔离开关或刀开关。③母线侧隔离开关或刀开关。

三、电力变压器的并列运行

两台或多台电力变压器并列运行，必须满足下列基本条件：

(1) 所有并列变压器的一、二次电压必须对应地相等　即并列变压器的电压比应该相同，允许差值范围为 +5%。如果并列变压器的电压比不同，则并列变压器二次绕组的回路内将出现环流，即二次电压高的绕组将向二次电压低的绕组供给电流，引起电能损耗，可导致绕组过热或烧毁。

（2）所有并列变压器的阻抗电压必须相等　由于并列运行变压器的负荷是按其阻抗电压值成反比分配的，所以其阻抗电压必须相等，其允许差值范围为 ±10%。如果阻抗电压的差值过大，可能使阻抗电压小的变压器发生过负荷现象。

（3）所有并列变压器的联结组别必须相同　即并列变压器的一、二次电压的相序和相位均应对应地相同，否则不能并列运行。例如，两台变压器的变电所，设一台为 Yyn0 联结，另一台为 Dyn11 联结，则此两台变压器并列运行时，其对应的二次侧将出现 30°的相位差，从而在两台变压器的二次绕组间产生电位差 ΔU。如图 10-1 所示，这一 ΔU 将在二次侧产生一个很大的环流，可能使变压器绕组烧毁。

（4）并列运行的变压器容量最好相同或相近　并列变压器的最大容量与最小容量之比，一般不宜超过 3∶1。如果并列运行变压器容量相差太悬殊时，不仅运行很不方便，而且容易造成容量小的变压器过负荷。

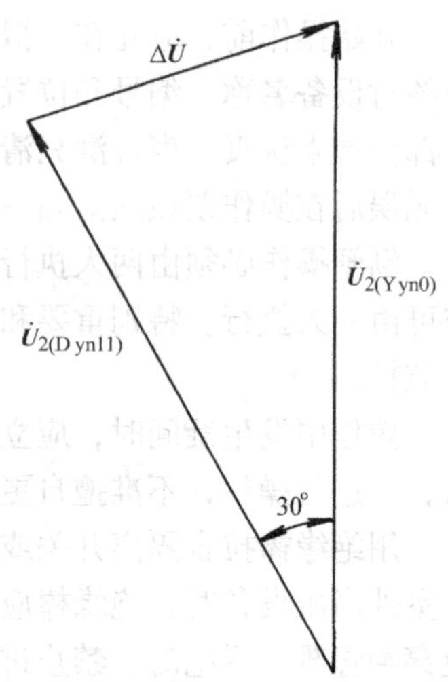

图 10-1　Yyn0 联结的变压器与 Dyn11 联结的变压器并列运行时二次电压相量图

四、电力变压器的运行维护

1. 一般要求

电力变压器是变电所内最关键的设备，搞好变压器的运行维护是非常重要的。

在有人值班的变电所内，应根据控制盘或开关柜上的仪表信号来监视变压器的运行情况，并每小时抄表一次。如果变压器在过负荷下运行，则至少每半小时抄表一次。安装在变压器上的温度计，在巡视时应检视和记录。

无人值班的变电所，应于每次定期巡视时，记录变压器的电压、电流和上层油温。

变压器应定期进行外部检查。有人值班的变电所，每天至少检查一次，每周至少进行一次夜间检查。无人值班变电所，变压器容量 3150kV · A 以下的每月至少检查一次。

在下列情况下应对变压器进行特殊巡视检查：①新设备或经过检修、改造的变压器在投运 72h 内。②有严重缺陷时。③气象突变（如大风、大雾、大雪、冰雹、寒潮等）时。④雷雨季节特别是雷雨后。⑤高温季节、高峰负荷期间。⑥变压器事故过负荷运行时。

2. 巡视检查项目

1）变压器的油温和温度计是否正常。上层油温一般不应超过 85°C，最高不应超过 95°C。变压器各部位有无渗油、漏油现象。

2）变压器套管外部有无破损裂纹，有无放电痕迹及其他异常现象。

3）变压器音响是否正常。正常的音响为均匀的嗡嗡声，如音响较平常沉重，说明变压器过负荷；如音响尖锐，说明电源电压过高。

4）变压器各冷却器手感温度是否相近，风扇、油泵、水泵运转是否正常。吸湿器是否完好；安全气道和防爆膜是否完好无损。

5）变压器油枕及瓦斯继电器的油位和油色如何。油面过高，可能是冷却器运行不正常或变压器内部存在故障；油面过低，可能有渗油漏油现象。变压器油正常情况下为透明而略带浅黄色，如油色变深变暗，则说明油质变坏。

6）变压器的引线接头、电缆和母线有无发热迹象。有载分接开关的分接位置及电源指示是否正常。

7）变压器的接地线是否完好无损。

8）变压器及其周围有无影响其安全运行的异物（如易燃易爆和腐蚀性物体）和异常现象。

在巡视中发现的异常情况，应记入专用记录簿内。重要情况应及时汇报上级，请示处理。

五、配电装置的运行维护

1. 一般要求

配电装置在变配电所中担负着受电和配电的任务，是变配电所的重要组成部分。

配电装置应定期进行巡视检查，以便及时发现运行中出现的设备缺陷和故障，如导体接头的发热、绝缘子闪络或破损、油断路器漏油等，并设法采取措施予以消除。

在有人值班的变配电所内，配电装置应每班或每天进行外部检查一次。无人值班的变配电所，配电装置应至少每月检查一次，如遇短路引起开关跳闸或其他特殊情况（如雷击时），应对设备进行特别检查。

2. 巡视检查项目

1）由母线及其接头的外观或其温度指示装置（如变色漆、示温蜡或变色示温贴片等）的指示，检查母线及其接头的发热温度是否超出允许值。

2）开关电器中所装的绝缘油颜色和油位是否正常，有无漏油现象，油位指示器有无破损。

3）绝缘子是否脏污、破损，有无放电痕迹。

4）电缆及其终端头有无漏油及其他异常现象。

5）熔断器的熔体是否熔断，熔管有无破损和放电痕迹。

6）二次系统的设备如仪表、继电器等的工作状态是否正常。

7）接地装置及PE线或PEN线的连接处有无松脱、断线。

8）整个配电装置的运行状态是否符合当时的运行要求。停电检修部分有无在其电源侧断开的开关操作手柄处悬挂“禁止合闸、有人工作”之类的标示牌，有无装设必要的临时接地线。

9）高低压配电室和电容器室的照明、通风及安全防火装置是否正常。

10）配电装置本身和周围有无影响安全运行的异物（如易燃、易爆及腐蚀性物体）和异常现象。

在巡视中发现的异常情况，应记入专用记录簿内。重要情况应及时汇报上级，请示处理。

第二节　电力线路的运行维护

一、架空线路的运行维护

1. 一般要求

对于架空线路，一般要求每月进行一次巡视检查。如遇雷雨、大风和大雪及发生故障等特殊情况，应临时增加巡视次数。

2. 巡视检查项目

1）电杆有无倾斜、变形、腐朽、损坏及基础下沉等现象。如有应设法修理。

2）沿线路的地面有无堆放易燃、易爆和强腐蚀性物品。如有应设法挪开。

3）沿线路周围，有无危险建筑物。在雷雨季节和大风季节里，这些建筑物应不致对线路造成损坏，否则应予修缮或拆除。

4）线路上有无树枝、风筝等杂物悬挂。如有应设法消除。

5）拉线和扳桩是否完好，绑扎线是否紧固可靠。如有损坏或松动时，应设法修复或更换。

6）导线的接头是否接触良好，有无过热发红、严重氧化、腐蚀或断脱现象，绝缘子有无破损和放电痕迹，如有应设法修复或更换。

7）避雷装置的接地是否良好，接地线有无锈断情况。在雷雨季节到来之前，应重点检查以确保防雷安全。

8）其他危及线路安全运行的异常情况。

在巡视中发现的异常情况，应记入专用记录簿内，重要情况应及时汇报上级，请示处理。

二、电缆线路的运行维护

1. 一般要求

电缆线路大多是敷设在地下的，要做好电缆的运行维护工作，必须全面了解电缆的敷设方式、结构布置、走线方向及电缆头位置等。对电缆线路，一般要求每季度进行一次巡视检查，并应经常监视其负荷大小和发热情况。如遇大雨、洪水及地震等特殊情况及发生故障时，应临时增加巡视次数。

2. 巡视检查项目

1）电缆头及瓷套管有无破损和放电痕迹，对填充有电缆胶（油）的电缆头还应检查有无漏油溢胶情况。

2）对明敷电缆，还须检查电缆外皮有无锈蚀、损伤，沿线挂钩或支架有无脱落，线路上及线路附近有无堆放易燃、易爆及强腐蚀性物品。

3）对暗敷及埋地电缆，应检查沿线的盖板和其他覆盖物是否完好，有无挖掘痕迹，沿线标桩是否完整无缺。

4）电缆沟内有无积水或渗水现象，是否堆有杂物及易燃易爆物品。

5）线路上各种接地是否良好，有无松脱、断股和腐蚀现象。

6）其他危及电缆安全运行的异常情况。

在巡视中发现的异常情况，应记入专用记录簿内，重要情况应及时汇报上级，请示处理。

三、室内配电线路的运行维护

1. 一般要求

要搞好室内配电线路的运行维护工作，必须全面了解室内配电线路的布线情况、结构形式、导线型号规格及配电箱、开关、保护装置的安装位置等，并了解负荷的类型、特点、大小及变电所的有关情况。对室内配电线路，有专门的维修电工时，一般要求每周进行一次巡视检查。

2. 巡视检查项目

1）导线的发热情况，是否超过正常允许发热温度，特别要检查导线接头处有无过热现象。

2）线路的负荷情况，可用钳形电流表来测量线路的负荷电流。特别是绝缘导线不允许长期过负荷，否则可导致导线绝缘燃烧，引起电气失火事故。

3）配电箱、分线盒、开关、熔断器、母线槽及接地装置等的运行是否正常，有无接头松脱、放电等异常情况。

4）线路上及线路周围有无影响线路安全运行的异常情况。绝对禁止在绝缘导线和绝缘子上悬挂物件，禁止在线路近旁堆放易燃易爆物体。

5）对敷设在潮湿或有腐蚀性物质场所的线路和设备，要进行定期的绝缘检查，绝缘电阻一般不得低于0.5MΩ。

在巡视中发现的异常情况，应记入专用记录簿内，重要情况应及时汇报上级，请示处理。

四、线路运行中突然事故停电的处理

电力线路在运行中，如突然事故停电时，应按不同情况分别处理。

(1) 进线没有电压时　进线无电压是表明电力系统方面暂时停电。这时总开关不必拉开，但出线开关宜全部拉开，以免突然来电时，用电设备同时起动，造成负荷过大和电压骤降，影响供电系统的正常运行。

(2) 双电源进线之一停电时　当一条电源进线停电时，应立即进行倒闸操作，将负荷特别是重要负荷转移给另一条电源进线供电。

(3) 架空线路首端开关突然跳闸时　开关突然跳闸一般是线路上发生了短路故障。由于架空线路的多数短路故障是暂时性的，如雷击和风筝、树枝等物体造成的相间短路等，很快能自然消除，因此只要开关的断流容量允许，可予试合一次，以尽快恢复线路的供电。这在多数情况下可试合成功，如果试合失败，开关将再次跳闸，这时应对线路进行停电检修。

(4) 放射式系统中故障线路的“分路合闸检查”法　以图10-2所示供电系统为例，假设故障发生在线路WL8上，由于保护装置失灵或选择配合不当，致使线路WL1的开关越级跳闸。分路合闸检查故障的步骤如下：

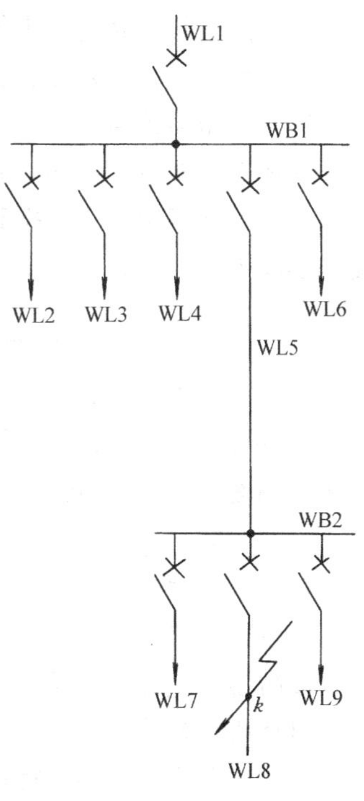

图10-2　放射式供电系统“分路合闸检查”故障说明图

1）将出线WL2~WL6的开关全部断开，然后合上WL1的开关，由于母线WB1正常，因此合闸成功。

2）依次试合WL2~WL6的开关，结果除WL5的开关因其分支线路WL8存在着故障又跳闸外，其余出线开关均试合成功，恢复供电。

3）将线路WL7~WL9的开关全部断开，然后合上WL5的开关，由于母线WB2正常，因而合闸成功。

4）依次试合WL7~WL9的开关，结果除WL8的开关因线路上存在着故障又跳闸外，其余线路开关均试合成功，恢复供电。由此确定故障线路为WL8。

这种分路合闸检查故障的方法，可迅速找出故障线路，并迅速恢复其他完好线路的供电。

第三节　变配电所主要电气设备的检修试验

一、电力变压器的检修试验

1. 电力变压器的检修

电力变压器的检修，分大修、小修和临时检修。按电力行业标准 DL/T573—2010《电力变压器检修导则》规定：变压器在投入运行后的 5 年内及以后每隔 10 年应大修一次。变压器存在内部故障或严重渗漏油时，或其出口短路后经综合诊断分析有必要时，也应进行大修。小修一般是每年一次。临时检修视具体情况确定。

(1) 变压器的大修　变压器的大修是指变压器的吊芯检修。

变压器的大修应尽量安排在室内进行，室温应在 10°C 以上，如在寒冷季节，室温应比室外气温高出 10°C 以上。室内应清洁干燥，无腐蚀性气体和灰尘。

为防止变压器芯子（又称器身）吊出后，暴露在空气中时间过长而使绕组受潮，应避免在阴雨天吊芯，而且应尽量缩短吊出的芯子暴露在空气中的时间。干燥空气中（相对湿度不大于 65%）不超过 16h；潮湿空气中（相对湿度不大于 75%）不超过 12h。

在室内进行大修时，需作好防潮、防雨、防尘和消防措施及其他有关大修的准备工作。

吊芯前，应先对外壳、套管、散热管、防爆管、油枕和放油阀等进行外部检查，然后放油，拆开变压器顶盖，吊出芯子，将芯子放置在平整牢靠的方木上或其他物体上，但不得直接放在地上。接着仔细检查芯子，包括铁心、绕组、分接开关、接头部分和引出线等。

对变压器绕组，应根据其色泽和老化程度来判断绝缘的好坏。根据经验，变压器绝缘老化的程度可分四级，如表 10-2 所列。

表 10-2　变压器绝缘老化的分级

级别	绝缘状态	说明
1	绝缘弹性良好，色泽新鲜均匀	绝缘良好
2	绝缘稍硬，但手按时无变形，且不裂纹不脱落，色泽稍暗	尚可使用
3	绝缘已经发脆，手按时有轻微裂纹，但变形不太大，色泽较暗	绝缘不可靠，应酌情更换绕组
4	绝缘已碳化发脆，手按时出现较大裂纹或脱落	不能继续使用，应更换

对变压器铁心上及油箱内的油泥，可用铲刀刮除，再用不易脱毛的干布擦净，最后用变压器油清洗。对变压器绕组上的油泥，只能用手轻轻剥脱，对绝缘脆弱的绕组，尤其要细心，以防损坏绝缘。擦洗后，用强油流冲洗干净。**注意**：*变压器内的油泥，不可用碱水刷洗，以免残留的碱水影响油质。*

对变压器铁心的穿心螺杆，可用 1000V 绝缘电阻表来测量它与铁心间的绝缘电阻。6 ~ 10kV 及以下变压器的穿心螺杆对铁心的绝缘电阻，一般不应小于 2MΩ。如不满足要求时，应拆下绝缘管检修，必要时予以更换。

对分接开关，主要是检修其触头表面和接触压力情况。触头表面不应有烧结的疤痕。触头烧损严重时，应予拆换。触头的接触压力应平衡。如分接开关的弹簧可调时，可用以适当调节触头压力。运行较久的变压器，触头表面往往生有氧化膜和污垢。这种情况，轻者可将触头在各个位置上往返切换多次，使氧化膜和污垢自行清除；重者则可用汽油擦洗干净。有时绝缘油的分解物在触头上结成有光泽的薄膜，看似黄铜的光泽，其实是一种绝缘层，应该用丙酮擦洗干净。此外，应检查顶盖开关的标示位置是否与其触头实际接触位置一致，并检查触头在每一位置的接触是否良好。

应检查所有接头是否紧固，如松动，应予紧好。对焊接的接头，如有脱焊情况，应予补焊。瓷套管如有破损时，应予更换。

对变压器上的测量仪表、信号和保护装置，也应进行检查和修理。

变压器如有漏油现象，应查明原因。变压器漏油，一般有焊缝漏油和密封漏油两种。焊缝漏油的修补办法是补焊。密封漏油如密封垫圈放得不正或压得不紧，则应放正或压紧；如密封垫圈老化（发粘、开裂）或损坏，则必须更换密封垫圈。

变压器大修时，应滤油或换油。换的油必须先经过试验，合格的才能注入变压器。

运行中的变压器大修时一般不需干燥，只有经试验证明受潮，或检修中超过允许暴露时间导致器身绝缘下降时，才考虑进行干燥。

最后还应清扫外壳，必要时进行油漆，然后装配还原，并进行规定的试验，合格后即可投入运行。

电力行业标准 DL/T573—2010《电力变压器检修导则》对变压器的检修工艺和质量标准均有明文规定，应予遵循。

（2）变压器的小修　变压器的小修主要指变压器的外部检修和不需吊芯的检修。小修项目包括：①处理已发现的可就地消除的缺陷。②放出油枕下部的污油。③检修油位计，调整油位。④检修冷却装置，必要时吹扫冷却器管束。⑤检修安全保护装置，包括油枕、防爆管、瓦斯继电器等。⑥检修油保护装置、测温装置及调压装置等。⑦检查接地系统。⑧检修所有阀门和塞子，检查全部密封系统，处理渗漏油。⑨清扫油箱及附件，必要时进行补漆。⑩清扫绝缘瓷管，检查接头。⑪按有关规程规定进行测量和试验。如满足要求，即可投入运行。

2. 电力变压器的试验

变压器试验的目的，在于检验变压器的性能是否符合有关规程或标准的技术要求，是否存在缺陷或故障征象，以便确定能否出厂或检修后能否投入运行。

变压器的试验，按试验的目的分为出厂试验和交接试验等。这里主要讲检修后的交接试验。

变压器的试验项目，包括测量绕组连同套管的绝缘电阻：测量铁心螺杆的绝缘电阻；变压器油的试验；测量绕组连同套管的直流电阻；检查变压器的联结组别和所有分接头的变压比；绕组连同套管的交流耐压试验等。对于干式变压器，则没有上述变压器油的试验项目。

（1）变压器绕组连同套管的绝缘电阻测量　按 GB 50150—2006《电气装置安装工程电气设备交接试验标准》规定，3kV 及以上的电力变压器应采用 2500V 绝缘电阻表来测量其绕组绝缘电阻，加压时间为 60s，绝缘电阻通常表示为 $R_{60''}$。测量时，其他未测绕组连同其套管应予接地。油浸式变压器的绝缘试验，应在充满合格油且静置 24h 以上待气泡消失后方可进行，测得的绝缘电阻值不低于出厂试验值的 70% 才算合格。当实测时温度高于出厂试验时温度（一般为 20°C），则绝缘电阻值应乘以表 10-3 所示温度换算系数（如实测温度低于出厂试验温度则除以换算系数）后才能与出厂试验的绝缘电阻进行比较。例如，温度为 35℃ 时测得绝缘电阻为 80MΩ，则换算到出厂试验温度 20°C 时的绝缘电阻为 $R_{60''}=80\mathrm{M\Omega}\times1.8=144\mathrm{M\Omega}$，式中，系数 1.8 为温度差为 35°C－20°C＝15°C 时的换算系数，由表 10-3 查得。

表 10-3　绝缘电阻的湿度换算系数

温度差/°C	5	10	15	20	25	30	35	40	45	50	55	60
换算系数	1.2	1.5	1.8	2.3	2.8	3.4	4.1	5.1	6.2	7.5	9.2	11.2

注：表中温度差为实测时温度减去 20°C 的绝对值。

（2）铁心螺杆绝缘电阻的测量　3kV 及以上变压器的铁心螺杆与铁心间的绝缘电阻也应该用 2500V 绝缘电阻表测量，加压时间也是 60s，应无闪络及击穿现象。

（3）变压器油的试验　变压器的绝缘油，通常有 DB-10（10 号）、DB25（25 号）和 DB-45（45 号）三种规格。DB-10 的凝固点不高于－10°C；DB-25 的凝固点不高于－25°C；DB-45 的凝固点不高于－45°C。

变压器油在新鲜时呈浅黄色，运行后变为浅红色，但均应清澈透明。如果油色变暗，则说明油质变坏。

按规定，依试验目的的不同，绝缘油可进行三类试验：

1）全分析试验。对每批新到的油及运行中发生故障后认为有必要检验的油应作此类试验，以全面检验油的质量。按 GB50150—2006 规定，绝缘油的试验项目及标准如表 10-4 所列。

表 10-4　绝缘油的试验项目及标准

序号	项　目		标　准	说　明
1	外观		透明，无沉淀及悬浮物	5°C 时的透明度
2	苛性钠抽出		不应大于 2 级	按 SY2651—1977
3	安定性	氧化后酸值	不应大于 0.2mg(KOH)/(g 油)	按 YS—27—1—1984
		氧化后沉淀物	不应大于 0.05%	
4	凝固点		① DB—10，不应高于－10°C ② DB—24，不应高于－25°C ③ DB—45，不应高于－45°C	① 按 YS—25—1—1984 ② 户外断路器、油浸电容式套管、互感器用油： 气温不低于－5°C 的地区，凝固点不应高于－10°C 气温不低于－20°C 的地区，凝固点不应高于－25°C 气温低于－20°C 的地区，凝固点不应高于－45°C ③ 变压器用油： 气温不低于－10°C 的地区，凝固点不应高于－10°C 气温低于－10°C 的地区，凝固点不应高于－25°C 或－45°C
5	界面张力		不应小于 35mN/m	① 按 GB6541—1986 或 YS—6—1—1984 ② 测试时温度为 25°C
6	酸值		不应大于 0.03mg(KOH)/(g 油)	按 GB7599—1987
7	水溶性酸		pH 值不应小于 5.4	按 GB7598—2008
8	机械杂质		无	按 GB511—2010
9	闪点		① DB—10，不应低于 140°C ② DB—25，不应低于 140°C ③ DB—45，不应低于 135°C	按 GB261—2008 闭口法

（续）

序号	项　目	标　准	说　明
10	电气强度试验	① 使用于15kV以下，不应低于25kV ② 使用于20～35kV，不应低于35kV ③ 使用于60～220kV，不应低于40kV （余略）	① 按GB507—2002 ② 油样应取自被试设备 ③ 试验油杯采用平板电极 ④ 对注入设备的新油，均不应低于本标准
11	介质损耗角正切值 tanδ（%）	① 新油90°C时不应大于0.5 ② 注入设备后的油90°C时不应大于0.7	① 按YS—30—1—1984 ② 按GB50150—2006

2）简化试验。其目的在于按绝缘油的主要的、特征性的参数来检查其老化过程。对准备注入变压器的新油，应按表10-4中的第5～11项规定进行。

3）电气强度试验。其目的在于对运行中的绝缘油进行日常检查。对注入6kV及以上设备的新油也需进行此项试验。

图10-3为绝缘油电气强度试验电路图。图10-4为绝缘油电气强度试验用油杯及电极的结构尺寸图。油杯用陶瓷或玻璃制成，容积约为200mL。电极用黄铜或不锈钢制成，直径为25mm，厚4mm，倒角半径为2.5mm。两极的极面应平行，均垂直于杯底面。从电极到杯底、到杯壁及到上层油面的距离，均不得小于15mm。

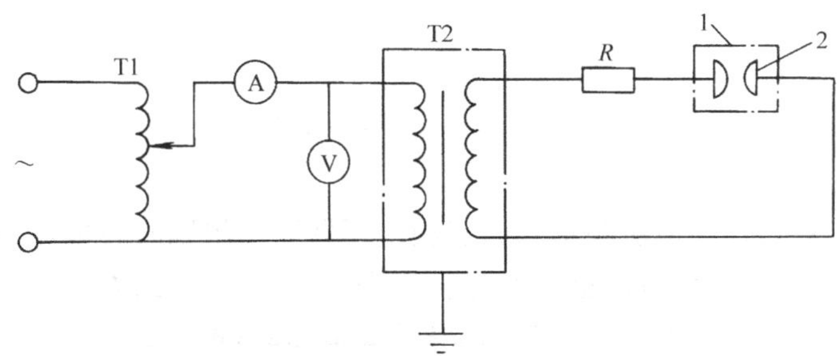

图10-3　绝缘油电气强度试验电路图
1—试验油杯　2—电极　T1—调压器　T2—试验变压器（升压0～50kV）
R—保护电阻（水阻，5～10MΩ）

试验前，用汽油将油杯和电极清洗干净，并调整电极间隙，使间隙精确地等于2.5mm。被试油样注入油杯后，应静置10～15min，使油中气泡逸出。

试验时，合上电源开关，调节调压器，升压速度约为3kV/s，直至油被击穿放电。电压表读数骤降至零，电源开关自动跳闸为止。

发生击穿放电前一瞬间的最高电压值，即为击穿电压。

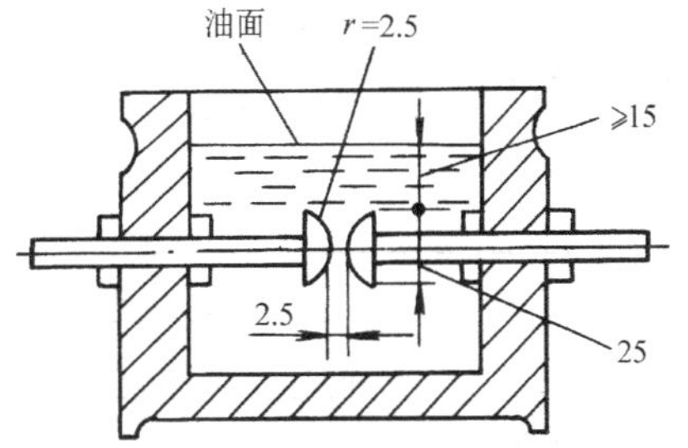

图10-4　绝缘油电气强度试验用油杯及电极结构尺寸

油样被击穿后，可用玻璃棒在电极中间轻轻地搅动几次（注意不要触动电极），以清除滞留在电极间隙的游离碳。静置5min后，重复上述升压击穿试验。如此进行5次，取其击穿电压平均值作为试验结果。

试验过程中应记录：各次击穿电压值，击穿电压平均值，油的颜色，有无机械混合物和灰份，油的温度，试验日期和结论等。

（4）变压器绕组连同套管的直流电阻测量　采用双臂电桥对所有各分接头进行直流电阻测量，按GB50150—2006规定，1600kV · A及以下三相变压器，各相测得值的相互差值应小于平均值的4%，相间测得值的相互差值应小于平均值的2%。

（5）变压器联结组别的检查　变压器在更换绕组后，应检查其联结组别是否与变压器铭牌的规定相符。这里简介用以检查变压器绕组联结组别的直流感应极性测定法。

如图10-5所示，在三相变压器低压绕组接线端ab、bc和ac间分别接入直流电压表，而在高压绕组接线端AB间接入直流电压（电池），观察并记录直流电压接入瞬间各电压表指针摆动的方向（正、负）。然后在BC间和AC间相继接入直流电压，同样观察并记录直流电压接入瞬间各电压表指针摆动的方向（正、负）。

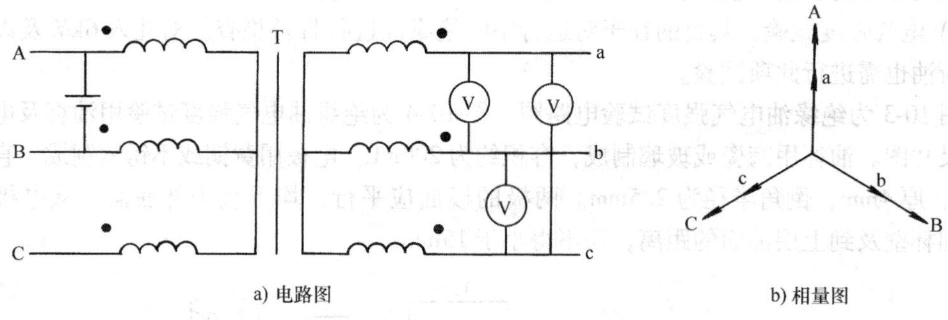

a) 电路图　　b) 相量图

图10-5　用直流感应法判别三相变压器的联结组别（Yy0）

表10-5列出了用直流感应法判别部分三相变压器联结组别时各电压表指示的情况，其中Yyn0和Dyn11两种联结组别是配电变压器中两种最常用的联结方式。

表10-5　用直流感应法判别三相变压器联结组别

变压器联结组别	变压器高低压绕组电路图	加直流电压的高低压绕组	低压绕组的电压表指示		
			ab	bc	ac
Yy0（或Yyn0）	A a B b C c n	AB	+	−	+
		BC	−	+	+
		AC	+	+	+
Yy6（或Yyn6）	A a B b C c n	AB	−	+	−
		BC	+	−	−
		AC	−	−	−

（续）

变压器联结组别	变压器高低压绕组电路图	加直流电压的高低压绕组	低压绕组的电压表指示		
			ab	bc	ac
Dy11（或 Dyn11）		AB	+	0	+
		BC	-	+	0
		AC	0	+	+
Dy5（或 Dyn5）		AB	-	0	-
		BC	+	-	0
		AC	0	-	-

图 10-5 和表 10-5 内电路图中变压器高低压绕组端部标示的黑点“·”是表示两绕组对应的同名端（又称同极性端）。

（6）变压器电压比的测量　变压器在修理中如更换了绕组，则修理后必须测量各接头上的电压比。这里简介用两只电压表测量电压比的方法。

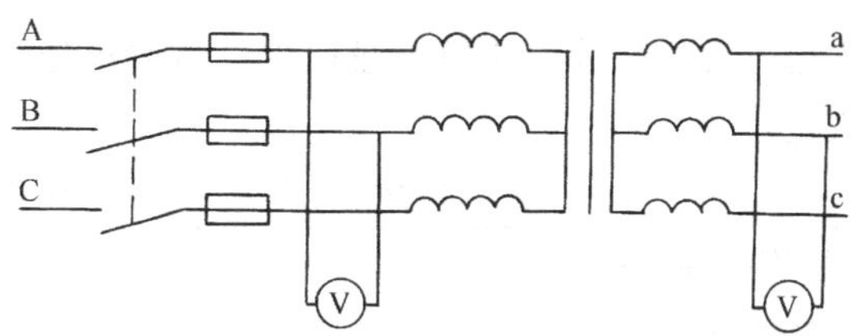

图 10-6　用双电压表法测定变压器的电压比

如图 10-6 所示，将变压器高压绕组接上比较平衡和稳定的三相电源，依次测量变压器两侧的相间电压 U_{AB}、U_{ab}、U_{BC}、U_{bc}、U_{CA}、U_{ca}，然后按下列公式计算出实测的电压比

$$K_{AB} = \frac{U_{AB}}{U_{ab}} \tag{10-1}$$

$$K_{BC} = \frac{U_{BC}}{U_{bc}} \tag{10-2}$$

$$K_{CA} = \frac{U_{CA}}{U_{ca}} \tag{10-3}$$

一般规定，实测电压比对铭牌规定的电压比 K_N 的偏差范围为 ±1%（220kV 及以上变压器为 ±0.5%），即

$$\Delta K_{AB-N}\% = (K_{AB} - K_N) \times 100 \times K_N^{-1}(\text{范围为} \pm 1\%) \tag{10-4}$$

$$\Delta K_{BC-N}\% = (K_{BC} - K_N) \times 100 \times K_N^{-1}(\text{范围为} \pm 1\%) \tag{10-5}$$

$$\Delta K_{CA-N}\% = (K_{CA} - K_N) \times 100 \times K_N^{-1}(\text{范围为} \pm 1\%) \tag{10-6}$$

（7）交流耐压试验（外施工频高压试验）　变压器绕组连同套管进行的交流耐压试验，是检查变压器绝缘状况的主要方法。如果其绕组绝缘受潮、损坏或夹杂异物等，都可能在试验中产生局部放电或击穿。

图 10-7 为交流耐压试验电路图，它与图 10-3 所示绝缘油电气强度试验电路图基本相同。图中 R 用以保护试验变压器，一般按试验电压以每伏 0.1～0.2Ω 来选择。

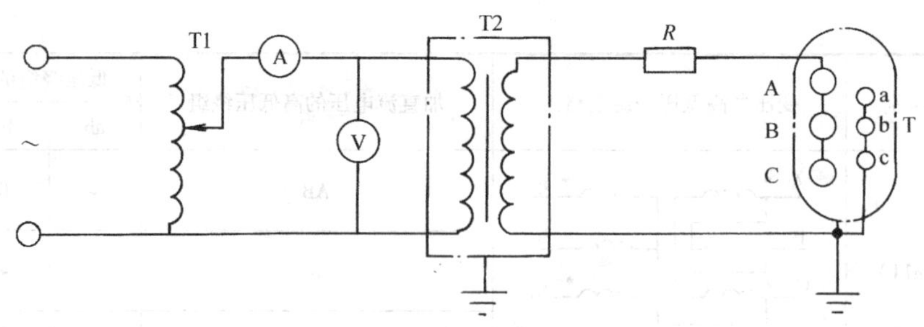

图 10-7　变压器交流耐压试验电路图

T—被试变压器　T1—调压器　T2—试验变压器　R—保护电阻

试验时，合上电源，调节调压器。在达到试验电压的40%之前，电压上升速度不限，但此后应以缓慢的均匀速度升压至要求的数值。试验电压升至要求的数值后，应保持1min。然后匀速降压，大约在5s内降至试验电压的25%以下时，切断电源。

在试验过程中，应仔细探听变压器内部的音响，如果在耐压期间，仪表指示没有变化，没有击穿放电声，油枕及其排气孔没有表征变压器内部击穿的迹象，则应认为变压器的内部绝缘是满足规定的耐压要求的。

检修后的试验电压值一般按出厂试验电压的85%。如出厂试验电压不详，可按表10-6的规定。

表 10-6　电力变压器交接时的工频耐压试验电压值　（单位：kV）

变压器高压电压级	3	6	10	15	20	35	66
油浸式变压器	15	21	30	38	47	72	120
干式变压器	8.5	17	24	32	43	60	—

试验时注意事项：①电源电压应比较稳定。②应按图10-7所示可靠地接地。③被试变压器注油后要静置24h以上才能进行耐压试验。④被试变压器的所有气孔均应打开，以便击穿时排除变压器内部产生的气体和油烟。

变压器的其他试验项目可参看有关试验标准和手册，此处略。

二、配电装置的检修试验

1. 配电装置的检修

配电装置的检修，也分大修和小修。按《电力工业技术管理法规》规定，配电装置应按下列期限进行大修（内部检修）：

1）高压断路器及其操动机构，每3年至少1次，低压断路器及其操动机构，每2年至少1次。高低压断路器在短路故障断开4次后要进行临时性检修，但根据运行情况并经有关领导批准，可适当增减此项断开次数。

2）高压隔离开关的操动机构，每3年至少1次。

3）配电装置其他设备的大修期限，按预防性试验和检查的结果而定。

以检查操动机构动作和绝缘状况为主的小修，其期限一般为每年至少1次。

下面着重介绍SN10-10型高压少油断路器的停电内部检修，其一般要求也适于其他少油断路器。

（1）油箱的检修　油箱最常见的毛病是渗漏油，其原因大多是油封问题。如果是油封

（密封垫圈）老化裂纹或损坏时，应予以更换，一般可用耐油橡皮配制。如果油箱有砂眼时，应进行补焊。如果外壳脱漆，应按原色油漆。

（2）灭弧室的检修　应采用干净布片擦去残留在灭弧室表面的烟灰和油垢。灭弧室烧伤严重时，应拆下进行清洗和修理。检修完毕后，应装配复原，注意对好各条灭弧沟道和喷口方向。

（3）触头的检修　动触头（导电杆）端部的黄铜触头有轻微烧伤时，可用细挫刀挫平。为保持端面圆滑，可用零号砂布打磨。动触头端部的黄铜触头严重烧伤时，可用机床车光或更换触头。

（4）断路器的整体调整　调整断路器的转轴或拐臂从合闸到分闸的回转角度，恢复到原来设计的要求（110°或 120°）。

调整动触头（导电杆）的行程，也使之达到设计的要求（约为 160mm）。在调整动触头行程时，应同时进行三相触头合闸同时性的调整。检查断路器触头三相合闸同时性的电路如图 10-8 所示。检查时缓慢地用手操动合闸，观察是否同时灯亮。如合闸时三灯同时亮，说明三相触头是同时接通的。如三灯不同时亮，则应调节动静触头的相对位置，直到三相触头基本上同时接触即三灯差不多同时亮为止。

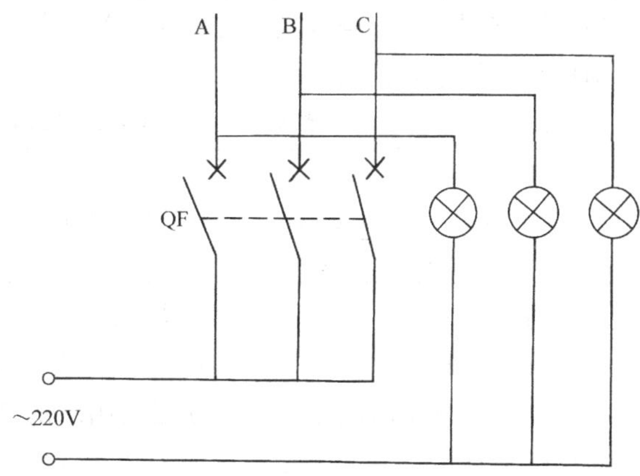

图 10-8　断路器三相合闸同时性试验电路

总的来说，断路器的总体调整应使其符合产品规定的技术要求。

2. 配电装置的试验

按《电力工业技术管理法规》规定：新建和改建后的配电装置，在投入运行前，应进行下列各项检查和试验。大修后的配电装置，也应进行相应的检查和试验。检查和试验项目如下：

1）检查开关设备的各相触头接触的严密性、分合闸的同时性以及操动机构的灵活性和可靠性，测量分合闸所需时间及二次回路的绝缘电阻。按 GB50150—2006 规定，小母线在断开所有其他并联支路时，小母线的绝缘电阻不应小于 10MΩ；二次回路的每一支路及断路器、隔离开关的操作电源回路的绝缘电阻，均不应小于 1MΩ，而在比较潮湿的地方，可不小于 0. 5MΩ。

2）检查和测量互感器的变比和极性等。

3）检查母线接头接触的严密性。

4）充油设备绝缘油的简化试验，如前变压器油的试验所述，油量不多的可仅作耐压（电气强度）试验。

5）绝缘子的绝缘电阻、介质损耗角及多元件绝缘子的电压分布测量，对 35kV 及以下绝缘子。仅作耐压试验。

6）检查接地装置，必要时测量接地电阻。

7）检查和试验继电保护装置和过电压保护装置。

8）检查熔断器及其他防护设施。

下面以 SN10-10 型为例，介绍高压少油断路器的试验项目。

（1）绝缘拉杆绝缘电阻的测量　采用 2500V 绝缘电阻表测量，由有机物制成的绝缘拉杆在常温下的绝缘电阻不应低于 1200MΩ。

（2）分、合闸线圈和合闸接触器线圈绝缘电阻的测量　亦采用 2500V 的绝缘电阻表测量，其绝缘电阻不应低于 10MΩ。

（3）交流耐压试验　在交接时，大修后及每年 1 次的预防性试验中都要进行交流耐压试验，6～10kV 的断路器应分别在分、合闸状态下进行试验。试验方法与前述变压器方法相同。6kV 断路器的试验电压用 21kV；10kV 断路器的试验电压用 27kV。

（4）触头接触电阻的测量　在交接时、大修后，每年 1 次的预防性试验中及故障跳闸 4 次后，均应对断路器触头进行检查，并测量其接触电阻。测量方法可采用双臂电桥，也可采用较大直流电流通过触头，测量其电流和触头上电压降，然后计算触头的接触电阻值。测量前，应将断路器分、合闸数次，使触头接触良好。测量的结果，应取分散性较小的 3 次平均值。对触头接触电阻值的要求，如表 10-7 所列。

表 10-7　3～10kV 断路器触头接触电阻的要求

断路器额定电流/A	200	400	630	1000
交接时、大修后触头电阻/μΩ	300～350	200～250	100～150	80～100
运行中触头电阻/μΩ	400	300	200	150

（5）分、合闸时间的测量　对于配有远距离分合闸操动机构（如 CD10 型等）的断路器，应在交接时和每次检修后，利用电气秒表（或周波积算器）测量其固有分闸时间和合闸时间，检查这两个时间是否符合断路器出厂的技术要求。所谓固有分闸时间，是指从断路器的跳闸线圈通电时起到断路器触头刚开始分离时止的一段时间。所谓合闸时间，是指从断路器的合闸接触器通电时起到断路器触头刚开始接触时止的一段时间。

图 10-9 为一种应用广泛的电气秒表，亦称周波积算器。它的固定部分是一个马蹄形永久磁铁，可动部分是绕有电磁线圈的轻巧电磁铁，置于永久磁铁两极掌之间，当接上工频（50Hz）电压 220V 或 110V 时，可动电磁铁两端的极性就要随着外施电压的周波数而交变，从而使之在永久磁铁两极掌间以外施电压的周波数而往复振动。振动电磁铁的轴连接着一套齿轮计数机构，用以记录外施电压接通时间的周波数。由于工频电压一周波的时间为 0.02s，因此将记录的周波数乘以 0.02s 就可得到外施电压作用的时间（单位为 s）。由此可用来精确地测量较短的“10^{-2}s”数量级的时间。

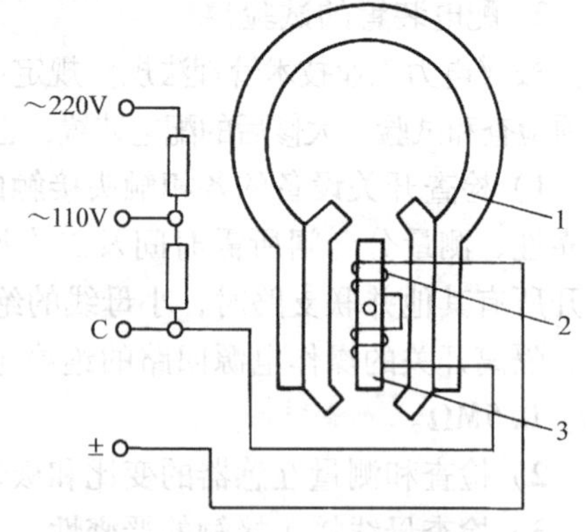

图 10-9　周波积算器（电气秒表）
1—永久磁铁　2—电磁线圈　3—振动电磁铁

图 10-10 为断路器固有分闸时间的测量电路。测量时，合上双极刀开关 QK（两极应同时接通），跳闸线圈 YR 通电（断路器联锁触头在断路器合闸时是闭合的），同时周波积算器开始工作，记录时间。当断路器 QF 的触头一分开，周波积算器立即断电停走，由此可测得断路器的固有分闸时间。

图 10-11 为断路器合闸时间的测量电路。测量时，合上双极刀开关 QK（两极应同时接

通），合闸接触器 KQ 通电，同时周波积算器开始工作，记录时间。当断路器 QF 的触头一闭合，周波积算器的电磁线圈立即被短路而停走，由此可测得断路器的合闸时间。

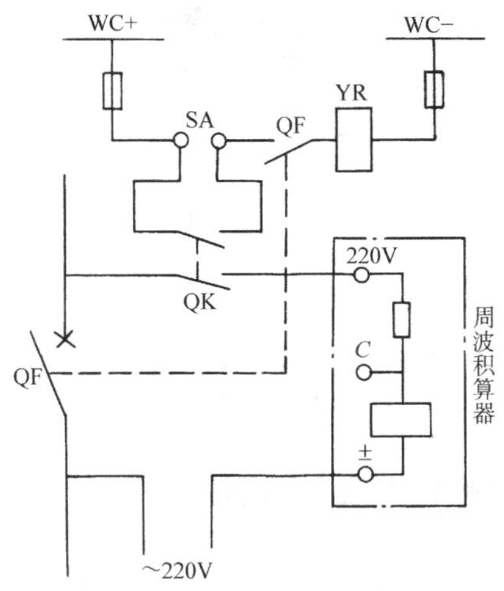

图 10-10　断路器固有分闸时间的测量电路
QF—被测断路器及其联锁触头
YR—断路器跳闸线圈　WC—控制小母线
SA—控制开关　QK—刀开关

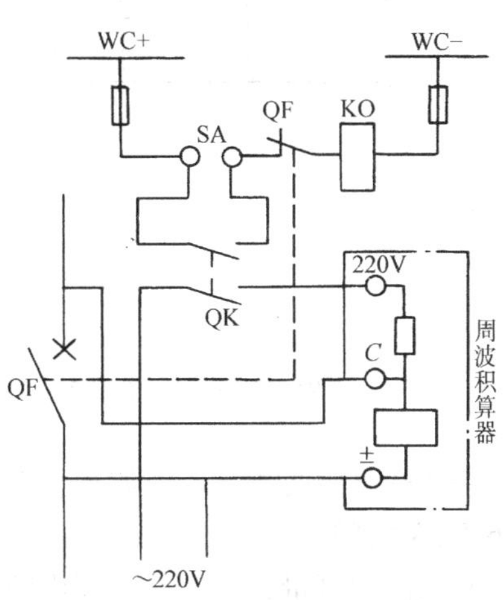

图 10-11　断路器合闸时间的测量电路
QF—被测断路器及其联锁触头
KO—合闸接触器　WC—控制小母线
SA—控制开关　QK—刀开关

（6）绝缘油的试验　在交接时、每次检修中及运行期间认为有必要时，都应该进行绝缘油的试验。由于少油断路器油量少，且只作灭弧介质用，因此按规定可只作电气强度（耐压）试验，方法与变压器油的试验方法相同。

三、避雷器的试验

最常用的避雷器为阀式和排气式。这里简介这两种避雷器的试验。

1. 阀式避雷器的试验

运行中阀式避雷器的试验项目，有测量绝缘电阻、泄漏电流和工频放电电压等。对解体检修后的避雷器，还应进行密封检查。

（1）绝缘电阻的测量　对 FS 型避雷器，交接时的绝缘电阻不应小于 2500MΩ，运行中的绝缘电阻不应小于 2000MΩ。一般用 2500V 绝缘电阻表测量。测试前应将避雷器表面擦干净，以保证测量结果的准确性。

对 FZ 型避雷器，由于它有并联电阻，所以如果并联电阻老化、断裂或接触不良，其绝缘电阻可比正常值大得多。如果并联电阻完好，但内部受潮时，则其绝缘电阻又将明显下降。这种类型避雷器的绝缘电阻值没有明确要求，因此只有与上一次测量值或与其他同类型避雷器的绝缘电阻进行比较，不应有明显的差别即可。

（2）泄漏电流（电导电流）的测量　对有并联电阻的 FZ 型避雷器，只用绝缘电阻表测量其绝缘电阻，还不能充分了解其内部缺陷，因此还必须用较高的直流电压加于避雷器以测量其泄漏电流。泄漏电流的测量电路如图 10-12 所示。

泄漏电流的测量，对于有并联电阻的 FZ 型避雷器，主要是检查并联电阻状况。如果并联电阻老化、接触不良，则泄漏电流明显减小。如果并联电阻断裂，则泄漏电流可减小到

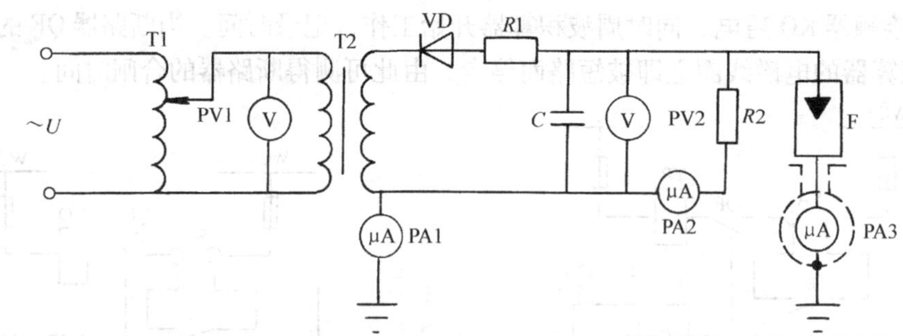

图 10-12 避雷器泄漏电流测量电路

F—被测避雷器 T1—调压器 T2—试验变压器 VD—高压二极管 *R*1—保护电阻 *R*2—被测电阻 *C*—稳压电容器 PV1、PV2—电压表 PA1~PA2—微安表

零。如果并联电阻受潮，则泄漏电流将急剧增大，可达1mA以上，泄漏电流的正常值应在400~600μA之间。

泄漏电流的测量，对于无并联电阻的FS型避雷器，主要是检查内部是否受潮。内部未受潮时，泄漏电流一般只有1~2μA。如泄漏电流大于10μA，说明受潮严重，不能使用。

测量避雷器泄漏电流的直流试验电压如表10-8所示。

表10-8 测量避雷器泄漏电流的直流试验电压值

避雷器额定电压/kV		3	6	10
直流试验电压/kV	FZ型	4	6	10
	FS型	4	7	11

（3）工频放电电压的测量 测量避雷器的工频放电电压是为了检查避雷器的保护性能。如果工频放电电压高于规定的上限值，则表示避雷器的冲击放电电压升高。如果工频放电电压低于规定的下限值，则表示避雷器的灭弧电压降低，避雷器可能在内部过电压下误动作。因此，阀式避雷器的工频放电电压应在规定的上下限范围内，才能使被保护的电气设备得到可靠的保护。

测量工频放电电压，是FS型避雷器的必试项目。对每一避雷器应作3次工频放电试验，并取3次放电电压的平均值作为该避雷器的工频放电电压，每次试验间隔时间不得小于1min。试验电路如图10-13所示。试验电源的波形要求为正弦波。为消除高次谐波的影响，调压器的电源应取线电压或在试验变压器低压侧加滤波电路。FS型避雷器的工频放电电压应符合表10-9所列要求。有并联电阻的FZ型避雷器可不作此项试验。

2. 排气式避雷器的试验

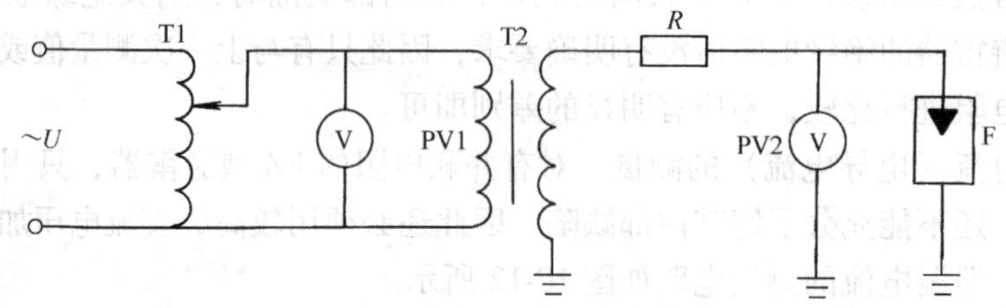

图 10-13 FS型避雷器工频放电电压测量电路

F—被试避雷器 T1—调压器 T2—试验变压器 *R*—保护电阻 PV1、PV2—电压表

表 10-9　FS 型避雷器的工频放电电压范围

避雷器额定电压/kV	3	6	10
工频放电电压有效值/kV	9~11	16~19	26~31

GX 型排气式（管型）避雷器一般只作检查性试验，检查项目如下：

1）用绝缘电阻表测量绝缘电阻，主要检查灭弧管是否严重受潮。

2）抽出棒型电极，检查灭弧管内部有无堵塞，并应清除干净。

3）检查灭弧管内径，不得大于产品标准值的 140%。

4）检查内部火花间隙，3~10kV 避雷器的内部火花间隙与产品标准相差不得大于 3mm。

5）检查棒型电极端部有无烧伤，如烧伤不严重，可用细挫修理；如烧损严重，应予更换。

6）检查灭弧管内外管壁有无破损，表面漆层是否脱落，棒型电极是否碰到管壁。

7）检查外部火花间隙是否符合要求。

8）检查连接部分有无松动现象。

9）检查排气范围内有无导体及其他物体。

对 GSW 型排气式避雷器还须进行工频耐压试验。6kV 的 GSW-6 型试验电压为 12kV；10kV 的 GSW-10 型试验电压为 18kV。

四、接地装置的试验

这里主要介绍接地装置接地电阻的测量。

（1）间接法测量接地电阻　间接法是指用电压、电流和功率表来间接测量接地电阻，测量电路如图 10-14 所示。其中电压极和电流极为测量用辅助电极。电压极、电流极与接地体（亦称接地极）之间的布置方案有直线布置和等腰三角形布置两种，如图 10-15 所示。直线布置（如图 10-15a），取 $s_{13} \geqslant (2\sim3)D$，$D$ 为被测接地网的对角线长度，而 $s_{12} \approx 0.6 s_{13}$（理论上 $s_{12} = 0.618 s_{13}$）。等腰三角形布置（如图 10-15b），取 $s_{12} = s_{13} \geqslant 2D$，夹角 $\alpha \approx 30°$。

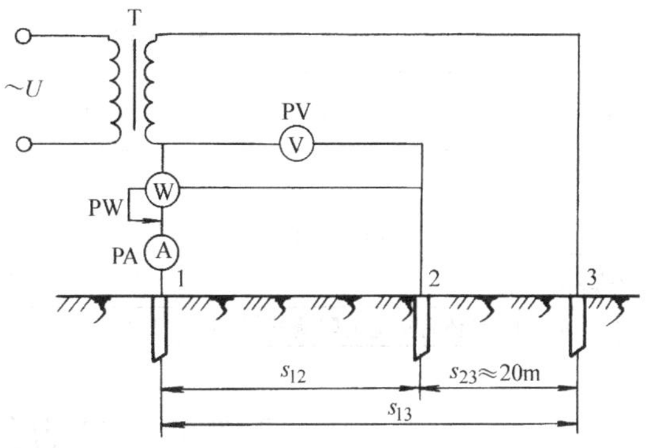

图 10-14　间接法测量接地电阻的电路

1—被测接地体　2—电压极　3—电流极

T—试验变压器　PV—电压表　PA—电流表　PW—功率表

图 10-14 所示电路加上电源后，同时读取电压 U、电流 I 和功率 P 值，即可由下式计算出接地装置的接地电阻：

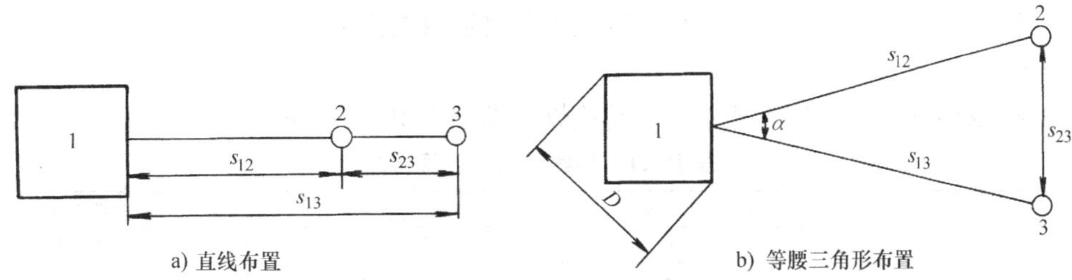

图 10-15　接地电阻测量的电极布置方案

1—接地网（含接地体）　2—电压极　3—电流极

$$R_E = \frac{U}{I} \tag{10-7}$$

或

$$R_E = \frac{P}{I^2} = \frac{U^2}{P} \tag{10-8}$$

（2）直接法测量接地电阻　直接法就是采用接地电阻测试仪（俗称接地电阻摇表）直接进行测量。测量电路如图 10-16 所示。电极的布置仍如图 10-15 所示。常用的接地电阻测试仪的型号规格如表 10-10 所列。

摇测时，首先将测试仪的“倍率标尺”开关置于较大倍率档。先慢慢转动摇柄，同时调整“测量标度盘”，使指针指零（中线），然后加快转速（约为 120r/min），并同时调整“测量标度盘”，使指针指示表盘中线。这时“测量标度”所指示的数值乘以“倍率标尺”的数值，即为接地装置的接地电阻值。

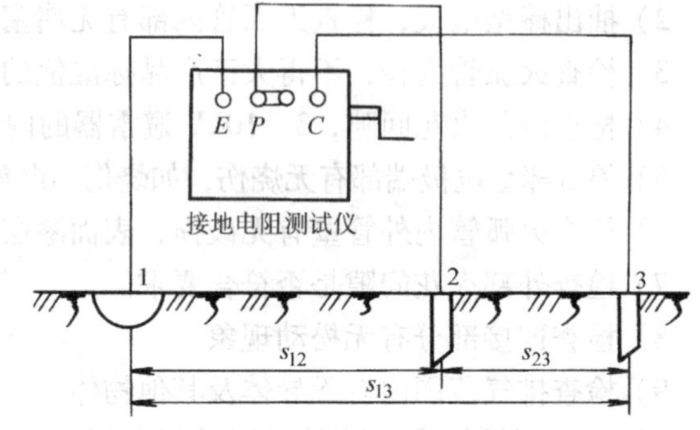

图 10-16　直接法测量接地电阻的电路
1—被测接地体　2—电压极　3—电流极

表 10-10　常用的接地电阻测试仪

型　号	名　　称	量程/Ω	准　确　度	外形尺寸/mm（长×宽×高）
ZC8	接地电阻测试仪	1/10/100	在额定值的 30% 以下，为额定值的 ±1.5%；在额定值的 30% 以上，为指示值的 ±5%	170×110×164
		10/100/1000		
ZC29-1		10/100/1000		172×116×135
ZC34A	晶体管接地电阻测试仪	2/20/200	±2.5%	180×120×110

第四节　电力线路的检修试验

一、电力线路的检修

电力线路的检修，分停电检修和不停电检修两种。不停电检修对保证电力系统的连续供电，减少停电损失有很大的意义。但对一般供电系统来说，往往还是采用停电检修。范围较小的短时间停电检修，如检修低压分支线，在不影响重要负荷用电的情况下，可随时通知用户停电进行。范围较大的较长时间的停电检修，如检修高压线路或低压干线，则必须及早通知用户，且应尽量安排在节假日进行，以减少停电造成的损失。

1. 架空线路的检修

对架空线路导线，如发现缺陷时，其检修要求如表 10-11 所示。

表 10-11　导线缺陷的处理要求

导线类型	钢芯铝绞线	单一金属线	处理方法
导线缺陷	磨　损	磨　损	不作处理
	铝线 7% 以下断股	截面 7% 以下断股	缠　绕
	铝线 7%～25% 断股	截面 7%～17% 断股	修　补
	铝线 25% 以上断股	截面 17% 以上断股	锯断重接

对架空线路电杆，如电杆受损使其断面缩减至50%以下时，应立即修补或加绑桩。损坏更严重时，应予换杆。

2. 电缆线路的检修

电缆线路的故障，大多发生在电缆的中间接头和终端头，而且常见的毛病是漏油溢胶（在采用油浸纸绝缘电缆时）。如电缆头漏油溢胶严重或放电时，应立即停电检修，通常是重作电缆头。

电缆线路出现了故障，一般须借助一定的测量仪器和测量方法才能确定。例如电缆发生了如图10-17所示的故障，外观无法检查，只有借助绝缘电阻表，在电缆两端摇测各相对地（外皮）及相与相之间的绝缘电阻，并将一端所有相线短接接地，在另一端重作上述相对地及相与相之间的绝缘电阻摇测，测量结果如表10-12所示。

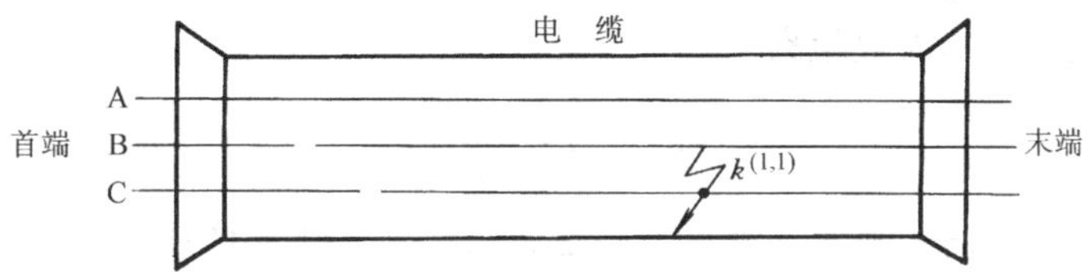

图10-17　电缆内部故障示例

表10-12　图10-17所示故障电缆的绝缘电阻测量结果

测量顺序	电缆绝缘电阻/MΩ					
	相—地			相—相		
	A	B	C	A—B	B—C	C—A
在首端测量	∞	∞	∞	∞	∞	∞
在末端测量	∞	0	0	∞	0	∞
末端短接接地，在首端测量	0	∞	∞	∞	∞	∞

注：表中∞值在实测中可为几百或几千兆欧，表中0值在实测中可为几千或几万欧。

对表10-12的绝缘电阻测量结果进行分析可得如下结论：此电缆故障为两相断线又对地（外皮）击穿，如图10-17所示。

在确定了电缆故障性质以后，接着要探测故障地点，以便检修。

探测电缆故障的方法，有低阻法和高阻法两大类。这里只介绍探测电缆故障点的低阻法。

采用低阻法探测电缆故障点，一般要经过烧穿、粗测和定点等三道程序。

（1）烧穿　由于电缆内部的绝缘层较厚，往往在电缆内发生闪络性短路或接地故障后，故障点的绝缘水平能得到一定程度的恢复而呈高阻状态，绝缘电阻可达0.1MΩ以上。因此，采用低阻法探测故障点时，必须先将故障点的绝缘用高电压予以烧穿，使之变为低阻（最好到几千欧以下）。加在故障电缆芯线上的高电压，一般为电缆额定电压的4~5倍（略低于电缆的直流耐压试验电压，直流耐压试验电压为电缆额定电压的5~6倍）。

（2）粗测　粗测就是粗略地测定电缆故障点的大致位置。对于芯线未断而有一相或多相短路或接地故障的电缆，可采用直流单臂电桥（回路法）来粗测故障点位置。接线如图10-18所示。此图中利用完好芯线（B相）作为桥接线的回路。如电缆的三芯均有故障时，则可借助其他电缆芯线作为桥接线的回路。

当电桥平衡时，$R_1:R_2=R_3:R_4$，或 $(R_1+R_2)/R_2=(R_3+R_4)/R_4$。设电缆长度为$l$，

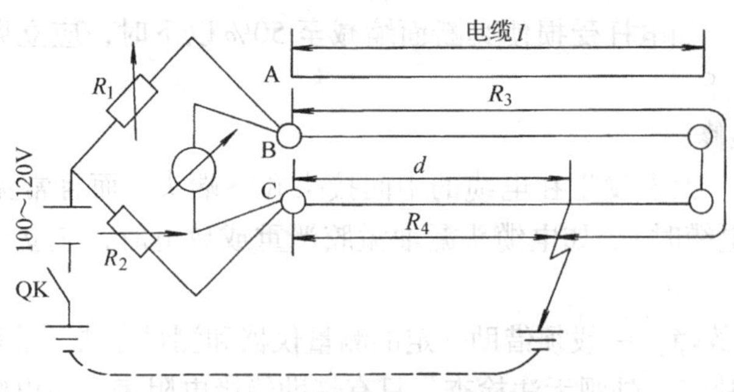

图 10-18 用单臂电桥粗测电缆故障点（回路法）

电缆首端至故障点距离为 d，则（R_3+R_4）$/R_4=2l/d$，因此（R_1+R_2）$/R_2=2l/d$。由此可求出电缆首端到故障点的大致距离

$$d = 2l\frac{R_2}{R_1+R_2} \tag{10-9}$$

必须注意：为了提高测量的准确度，测量时应将电流计直接接在被测电缆的一端，以减小电桥与电缆间的接线电阻和接触电阻的影响，同时电缆另一端的短接线的截面也应不小于电缆芯线的截面积。

对于芯线折断及可能兼有绝缘损坏的故障电缆，则应利用电缆的电容与其长度成正比的关系，采用交流电桥来测量电缆的电容（电容法），以粗测电缆的故障点。

（3）定点　定点就是比较精确地确定电缆的故障点，通常采用音频感应法或电容放电声测法。

1）采用音频感应法定点。接线如图 10-19 所示。将低压音频信号发生器（输出电压为 5～30V）接在电缆的一端，然后利用探测用感应线圈、接收放大器和耳机沿电缆线路进行探测。音频信号电流沿电缆的故障芯线经故障点形成一个回路，使得探测线圈内感应出音频信号电流，经过放大，传送到耳机中去。探测人员就可根据耳机内音响的改变，来确定地下电缆的故障点。探测人员一走离故障点，耳机内的音响将急剧降低乃至消失，由此可测定电缆的故障地点。

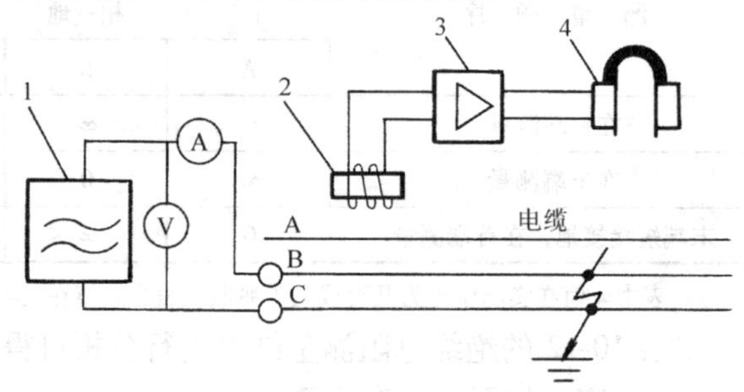

图 10-19 音频感应法探测电缆故障点
1—音频信号发生器 2—探测线圈
3—接收放大器 4—耳机

2）采用电容放电声测法定点。接线如图 10-20 所示。利用高压整流设备使电容器充电。电容器充电到一定电压后，放电球间隙就被击穿，此时电容器对故障点放电，使故障点发出“啪”的火花放电声。电容器放电后，接着又被充电。电容器充电到一定电压后，放电球间隙又被击穿，电容器又对故障点放电，使故障点再次发出“啪”的火花放电声。因此，利用探听棒或拾音器沿线路探听时，在故障点能够特别清晰地听到断续性的“啪、啪……”的火花放电声，从而可确定电缆的故障地点。

顺便说明：图 10-20 所示的电路，实际上也是前面所说的用于故障点烧穿的高电压电路，利用电容器连续充放电使电缆故障点连续产生火花放电而使绝缘烧穿。

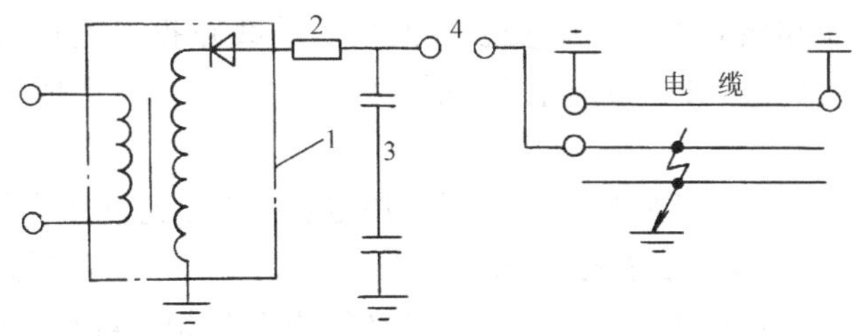

图 10-20 电容放电声测法探测电缆故障点
1—高压整流设备 2—保护电阻 3—电容器 4—放电球间隙

二、电力线路的试验

电力线路最常用的试验项目，是绝缘电阻的测量和定相。

1. 绝缘电阻的测量

测量线路（这里指电缆和绝缘导线）绝缘电阻的目的，是检查线路的绝缘是否良好，有无接地或相间短路故障。

测量绝缘电阻应利用绝缘电阻表。绝缘电阻表俗称“摇表”、“兆欧表”，由手摇发电机、比率型磁电系测量机构及测量电路组成。它是专门用来测量电气设备和线路绝缘电阻的一种便携式仪表。为防止绝缘材料因发热、受潮、污染、老化等原因造成的损坏，为检查修复后或停运一段时间后的电气设备的绝缘性能是否达到规定的要求，都需要经常测量绝缘电阻。

在摇测线路绝缘电阻时必须注意以下几点：

1）在摇测绝缘电阻前，应仔细检查沿线有无外物搭接，是否有人在线路上工作，负荷和电源是否全部断开。只有线路上无外物搭接、无人工作且负荷和电源全部断开的情况下才能摇测绝缘电阻。

2）雷雨时不得摇测室外线路绝缘电阻，以免雷电过电压伤人。

3）摇测电缆和绝缘导线的绝缘电阻时，应将其绝缘层接到绝缘电阻表的“保护环”（或称屏蔽环），如图 10-21 所示，以消除其表面漏电电流的影响。

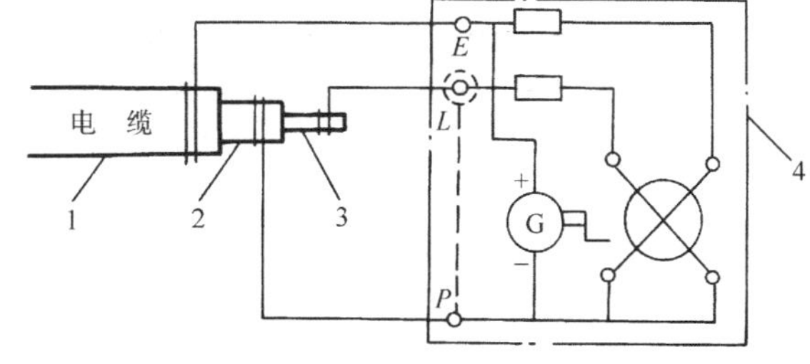

图 10-21 用绝缘电阻表测量电缆的绝缘电阻
1—电缆外皮 2—绝缘层 3—电缆芯线 4—绝缘电阻表
E—接地端子 *L*—线路端子 *P*—保护端子

4）为避免线路充电电压损坏绝缘电阻表，摇测完毕后，应先取下火线再停止摇动，并且应立即使线路短路放电，以免线路的充电电压伤人。

5）高压线路一般采用 2500V 绝缘电阻表摇测，低压线路采用 1000V 或 500V 绝缘电阻表摇测。

为什么不能用万用表的欧姆挡来测量绝缘电阻呢？有以下两个原因：一是万用表里的电源电压太低，在低电压下呈现的电阻值不能反映出在高电压作用下的绝缘电阻的真实数值。二是绝缘电阻的阻值较大（可达几十至几百兆欧），万用表面板的刻度不能准确指示。

2. 三相线路的定相

定相就是测定相序和核对相位。新安装或改装后的线路投入运行以及双回路要并列运行，均需经过定相，以免彼此的相序或相位不一致，投入运行时造成短路或环流而损坏设备。

（1）测定相序　测定三相线路的相序，可采用电容式或电感式指示灯相序表。

图 10-22a 为电容式指示灯相序表的原理结线，A 相电容 C' 的容抗与 B、C 两相灯泡的阻值相等，此相序表接上待测三相线路电源后，灯亮的相为 B 相，灯暗的相为 C 相。

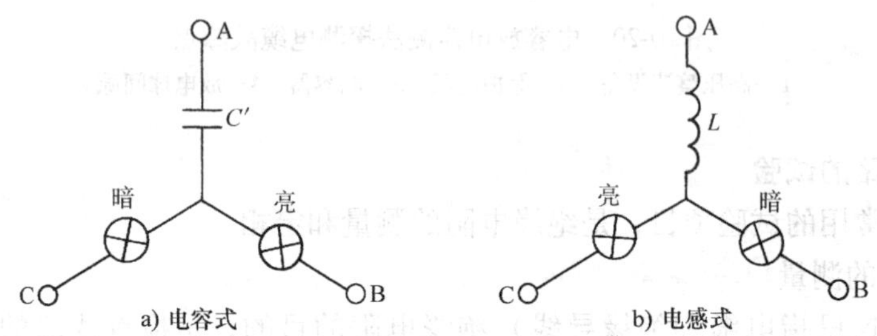

图 10-22　指示灯相序表的原理结线

图 10-22b 为电感式指示灯相序表的原理结线，A 相电感 L 的感抗与 B、C 两相灯泡的阻值相等，此相序表接上待测三相线路电源后，灯暗的相为 B 相，灯亮的相为 C 相。

（2）核对相位　核对相位的方法很多，最常用的为绝缘电阻表法和指示灯法。

图 10-23a 为用绝缘电阻表核对线路两端相位的接线。线路首端接绝缘电阻表，其 L 端接线路，E 端接地。线路末端逐相接地。如果绝缘电阻表指示为零，则说明末端接地的相线与首端测量的相线属同一相。如此三相轮流测量，即可确定线路首端和末端各自对应的相。

图 10-23b 为用指示灯核对线路两端相位的接线。线路首端接指示灯，末端逐相接地。如果指示灯通上电源时灯亮，则说明末端接地的相线与首端接指示灯的相线属同一相。如此三相轮流测量，亦可确定线路首端和末端各自对应的相。

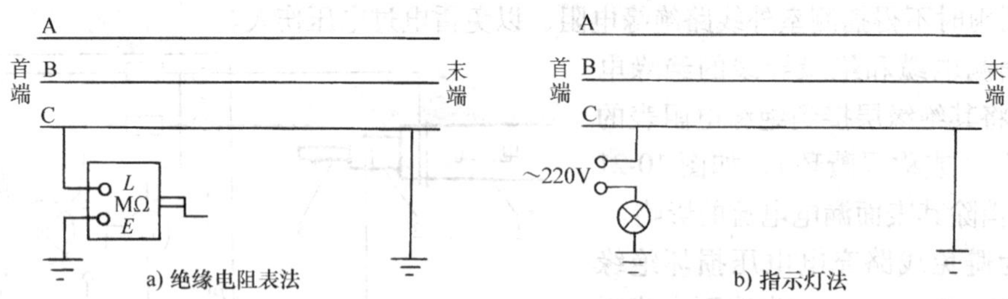

图 10-23　核对线路两端相位的接线

思　考　题

10-1　变配电所值班员有哪些主要职责？雷雨天巡视室外高压设备时应注意什么？

10-2　变配电所送电和停电的操作顺序一般情况下应是怎样的？在紧急情况下又如何送电和停电？

10-3　电力变压器并列运行必须满足哪些条件？否则有什么不良后果？

10-4　电力变压器日常巡视时主要应注意哪些问题？

10-5　配电装置日常巡视主要应注意哪些问题？

10-6　架空线路和电缆线路的日常巡视各主要应注意哪些问题？

10-7　当发生突然停电事故时，变配电所值班员应如何处理？

10-8　何谓变压器的大修？对大修有哪些主要要求？

10-9　何谓变压器的小修？对小修有哪些主要要求？

10-10　电力变压器检修后，需作哪些试验？

10-11　油断路器的检修包括哪些主要内容？检修后需作哪些试验？

10-12　FS 型阀式避雷器的泄漏电流过大，说明避雷器可能存在什么毛病？FZ 型阀式避雷器的泄漏电流过大或过小，又说明避雷器可能存在哪些毛病？

10-13　常用的测量接地电阻的方法有哪些？其辅助的电压极、电流极与接地体之间的布置方案通常有哪两种？各有什么要求？

10-14　有一条电缆，用绝缘电阻表摇测的结果如表 10-13 所示，试分析此电缆发生了什么性质的故障。

表 10-13　思考题 10-14 所示故障电缆的绝缘电阻测量结果

测 量 顺 序	电缆绝缘电阻/MΩ					
	相—相			相—地		
	A—B	B—C	C—A	A	B	C
在首端测量	∞	0.02	∞	∞	0.01	0.01
末端短接接地在首端测量	0	0	0	0	0	0

10-15　如何用低阻法来探测故障电缆的故障点？

10-16　用绝缘电阻表摇测线路（电缆或绝缘导线线路）的绝缘电阻时，应注意哪些问题？

10-17　如何测定三相线路的相序？如何核对线路两端的相位？

10-18　为什么不能用万用表的欧姆挡来测量绝缘电阻？

第十一章　城网小区规划及施工现场临时用电

本章首先概述了城网小区规划和电力负荷的预测的概念，然后简介了几种常用的电力负荷预测方法，最后着重介绍了建筑施工现场供配电的特点和施工现场电力供应平面布置图。

第一节　城网小区规划*

1. 城网小区

城网小区是城市小区电力网的简称。城网小区规划是城市规划的一个重要组成部分。城市小区供电规划应与城市小区的发展规划密切配合。城网小区规划应根据小区发展阶段的负荷预测和电力平衡的原则，对电力部门提出具体的供电需求。城网小区规划应从实际出发，调查分析供电现状，研究负荷增长规律，按照新建与改造相结合，近期与远期相结合的原则，统一规划，分步实施。

进行城网小区规划应取得下列基础资料：城市规划资料；当地自然资料，包括气象、地质、水文、地形等；动力资料，包括当地电力系统现状及其发展资料，水力及热力资源状况等。

城网小区规划文件一般由说明书和图纸两部分组成，主要包括：规划小区电网的具体供电范围；负荷密度和建设高度等控制指标；工程管线规划；总平面布置图等。

2. 城网小区规划的基本要求

（1）供电可靠性　根据负荷的级别、性质、密度、大小等因素确定供电可靠性。对不同时期的具体要求，应统筹规划、逐步提高。

首先应满足小区内重要负荷对供电可靠性的要求。对于较大的城市电网，可考虑当一个变电所停电时，通过切换操作能继续供电，并且不过负荷，不必限电。对于城市中心区的低压配电线路，当一台变压器或一条低压干线停电时，能由邻近的线路接替带上全部或大部分负荷。

（2）经济效益　城网小区规划的经济效益包括供电部门的财务性经济效益和小区用户的社会性经济效益。其主要内容为：

1）各个规划时期的综合供电能力，以及新增每千瓦供电能力所需要的投资。

2）各个规划时期的网架结构预期达到的供电可靠性水平（例如能减少的用户年停电小时数等）。

3）充分利用和改造旧设备可取得的经济效益。

4）城网改造后，提高电压质量和降低线路损耗（简称为线损）所带来的经济效益。

5）改造后的城网与系统电力网相互配合所获得的经济效益。

6）促进城市建设和环境保护而产生的社会经济效益，如加速市政建设，节约用地，美化城市等。

（3）适应性　远期规划中的不确定因素较多，宜建立一个适应性较好的规划网架。如：

线路走向、变配电所占地和土建设施等宜按远期规划一次到位，而主变压器、线路回数等则可分期建设。这样作，即使负荷增长速度变化，也只影响网架建设的进度，仍可保持网架格局基本不变。

(4) 规划年限　一般而言，城网规划的年限为：近期为5年；中期为10年；远期为20年。近期规划主要解决当前存在的问题，它是年度计划的依据。中期规划应着重于向规划网架的过渡，并对大型建设项目作可行性研究；中期规划具有承上启下的作用，应注意与近期规划及远期规划之间的过渡和衔接。

(5) 城网小区规划设计　城网小区规划设计的主要内容有：

1) 对小区网架现状的分析（存在的问题，改造和发展的重点等）。

2) 对小区各项用电指标的预测，确定小区的负荷和负荷密度等。

3) 选择供电电源点，进行电力负荷平衡。

4) 进行网络结构设计、方案比较及有关的计算（例如：供电可靠性、无功功率补偿、电压调整以及自动化程度等）。

5) 列出主要设备及材料表，并作投资概算。

6) 确定变电所位置、线路走廊及其分期建设的步骤。

7) 分析综合经济效益。

8) 编制城网小区规划说明书，绘制总平面图。

第二节　电力负荷的预测*

1. 电力负荷预测的意义和分类

电力负荷的预测是搞好供、用电工程规划设计的基础和依据，它对变配电所的设备容量、供配电线路的电压等级及线路的选择等都至关重要。电力负荷的预测也是搞好系统能量平衡和电能节约的前提，它有助于供电部门正确指导用电单位科学合理地使用电能。

电力负荷预测可分为近期（1~2年）、中期（5~10年）和远期（10年以上）。考虑到预测中的各种不确定因素，预测数字也可用高、低两个值表示。

2. 电力负荷预测需收集的资料

电力负荷预测应在调查分析的基础上进行，应充分研究本地区负荷用电量的历史和发展规律，并可参考同类城市或地区的相关资料。

电力负荷预测需收集的资料主要有：

1) 城市建设总体规划中有关人口、产值或产量、收入和消费水平等方面的资料。

2) 市计委等有关部门提供的发电、用电发展规划，特别是重点工程的有关资料。

3) 过去和现在的用电资料，如典型的负荷曲线及大用户的产品产量和单耗等。

4) 用户的用电申请，计划新增用电的情况。

5) 现有供电设备过负荷的情况，因限电所造成的损失情况。

6) 当地的气象情况及其他相关资料。

3. 电力负荷预测的方法

预测电力负荷的方法很多，下面介绍几种常用的方法：

(1) 单位产品耗电量法（单耗法）　将企业年产量 A 乘以单位产品耗电量 a，即可得到

企业全年的需用电量

$$W_a = Aa \tag{11-1}$$

各类企业的单位产品耗电量 a，可由有关设计单位根据实测统计资料确定，也可查有关设计手册。部分企业的单位产品耗电量参考值如表 11-1 所示。

表 11-1 部分企业的单位产品耗电量参考值

序号	产品名称	产品单位	单位产品耗电量/kW·h
1	有色金属铸造	t	600~1000
2	铸铁件	t	300
3	锻铁件	t	30~80
4	拖拉机	台	5000~8000
5	汽车	辆	1500~2500
6	工作母机	t	1000
7	重型机床	t	1600
8	轴承	套	1~4
9	量具、刃具	t	6300~8500
10	电表	只	7
11	并联电容器	kvar	3
12	电力变压器	kVA	2.5
13	电动机	kW	14
14	纱	t	40
15	橡胶制品	t	250~400
16	合成氨（工艺单耗）	t	1600
17	电石（工艺单耗）	t	3650
18	烧碱（直流单耗）	t	2450
19	电解铝（交流单耗）	t	20000
20	硅铁（含硅 75%）（工艺单耗）	t	9500
21	电炉钢（冶金行业）（工艺单耗）	t	700
22	电炉钢（机械行业）（工艺单耗）	t	800

（2）负荷密度法　将建筑面积 B（m^2）乘以负荷密度 b（W/m^2），即可得到有功计算负荷 P_{30}（kW）

$$P_{30} = Bb \times 10^{-3} \tag{11-2}$$

于是，全年的需用电量

$$W_a = P_{30} \cdot T_{max} \tag{11-3}$$

式中，T_{max}为年最大有功负荷利用小时，其定义详见第三章。

各类建筑的负荷密度 b 可由有关设计单位根据实测统计资料确定，也可查有关设计手册。

部分用电单位的负荷密度参考值如表 11-2 所示。部分宾馆、饭店的变压器容量及负荷密度见附录表 A-16。

（3）人均用电指标法　规划的人均综合用电量指标，应根据所在城市的性质、地理位置、人口规模、产业结构、经济发展水平、居民生活水平以及当地动力资源和能源消费结构、电力供应条件、节能措施等因素，以该城市的人均综合用电量现状水平为基础，对照表 11-3 中相应的规划人均综合用电量赋值范围，进行综合研究分析、比较后，因地制宜地选取。

（4）大用户调查分析法　大用户调查分析法就是调查同行业中具有一定用电水平的有代表性的大用户，逐一横向分析比较，就可预测今后 5~10 年的用电水平和所需电量。一般情况下，这些大用户都有自己的 5~10 年发展规划，可按其发展规划预测用电量。此法也称为

表 11-2 部分用电单位的负荷密度参考值

序号	用电单位名称	负荷密度[①]	序号	用电单位名称	负荷密度[①]
1	机械加工车间(照明)	7~10	21	医院、托儿所、幼儿园(照明)	9~12
2	机修电修车间(照明)	7.5~9	22	学校(照明)	12~15
3	木工车间(照明)	10~12	23	俱乐部(照明)	10~13
4	铸造车间(照明)	8~10	24	商店(照明)	12~15
5	锻压车间(照明)	7~9	25	浴室、更衣室、厕所(照明)	6~8
6	热处理车间(照明)	10~13	26	一般住宅或小家庭公寓	5.91~10.70(7.53)
7	表面处理车间(照明)	9~11	27	中等家庭公寓	10.76~16.14(13.45)
8	焊接车间(照明)	7~10	28	高级家庭公寓	21.52~26.5(25.8)
9	装配车间(照明)	8~11	29	豪华家庭公寓	43.04~64.5(48.4)
10	元件、仪表、装配试验厂房(照明)	10~13	30	商店	48.4~277(161.4)
11	中央试验室(照明)	9~12	31	无空调的商店	(43)
12	计量室(照明)	10~13	32	有空调的商店	(194)
13	冷冻站、氧气站、煤气站(照明)	8~10	33	餐厅、咖啡馆	(247)
14	空压站、水泵房(照明)	6~9	34	百货商店	14.5~21.5(161.4)
15	锅炉房(照明)	7~9	35	办公室	80.7~107.6(96.8)
16	材料库(照明)	4~7	36	旅馆	48.4~124(71)
17	变、配电所(照明)	8~12	37	居民住宅楼(北京)	25[②]
18	办公室、资料室(照明)	10~15	38	上海大厦(上海)	88.4
19	设计室、绘图室(照明)	12~18	39	白云宾馆(广州)	53.2
20	食堂、餐厅(照明)	10~13	40	长城饭店(北京)	61.2

① 负荷密度的单位：序号 1~25 为 W/m^2；序号 26~36 为 $V \cdot A/m^2$（括号内数字为平均值）；序号 37 为 W/m^2；序号 38~40 为 $V \cdot A/m^2$。

② 按 21 世纪城市电网建设要求，新建住宅内配线供电能力宜满足 40~50 年内用电增长的需要。一般城市住宅负荷密度按不低于 $40W/m^2$ 计；直辖市、省会及经济发达地区按 $60 \sim 80W/m^2$ 计（据钱重耀《21 世纪的中国电力工业》和上海电机学会编．电力环保．北京：电力出版社，1999）。

表 11-3 规划人均综合用电量指标（据 GB 50293—1999 城市电力规划规范）

指标分级	城市用电水平分类	人均综合用电量 kW·h/（人·年）	
		现　状	规　划
Ⅰ	用电水平较高城市	3500~2501	8000~6001
Ⅱ	用电水平中上城市	2500~1501	6000~4001
Ⅲ	用电水平中等城市	1500~701	4000~2501
Ⅳ	用电水平较低城市	700~250	2500~1000

注：此表不含市辖市、县。

横向比较法，是一种深入实际，掌握第一手材料的方法。

（5）年平均增长率法　设 W_m 为第 m 年的用电量（kW·h）或最大负荷（kW）；W_n 为第 n 年的用电量（kW·h）或最大负荷（kW）；K 为从 n 年到 m 年即 $m-n$ 年间的年平均增长率。K 按下式计算为

$$K(\%) = \left[\sqrt[m-n]{\frac{W_m}{W_n}} - 1\right] \times 100 \tag{11-4}$$

按上式计算出 K 后，应再根据地区的发展情况进行修正，得到一个修正后的年平均增

长率 K'，即可按下式计算（预测）今后第 p 年的用电量（kW·h）或最大负荷（kW）：

$$W_p = W_n(1 + K')^{p-n} \tag{11-5}$$

（6）回归分析法　回归分析法是一种数理统计方法，它对大量的数据进行统计运算，从而找出描述变量间复杂关系的定量表达式。这是一种去粗取精、去伪存真、由表及里地找出事物间内在联系的科学方法。

利用回归分析法进行电量预测，一般有以下三种形式：

1）时间序列回归分析模拟法（时间序列预测法）　它将用电量视为与时间有关的预测对象，其常用的数学模型有直线型、指数型、抛物线型等。

2）经济指标回归分析模拟法（经济指标相关分析法）　它根据用电量与国民经济指标之间的相关关系来进行电量预测。

3）同时引进时间和经济指标的回归分析模拟法　它将用电量视为与时间和国民经济指标都有关的预测对象。

以上三种回归分析法，在预测中都只考虑一个或几个因素的影响，并假设在预测期内用电量与各因素之间的关系不发生质的变化，所需的信息较少。因此，回归分析法一般用于近期和中期的电力负荷的预测。

（7）电力弹性系数法　电力弹性系数（电力消费弹性系数）是反映电能消费与国民经济发展水平之间关系的一个宏观指标，它是指电量消费的年平均增长率与国民经济的年平均增长率的比值，即

电力弹性系数 ε = 电量消费的年平均增长率 γ/国民经济的年平均增长率 β

利用电力弹性系数预测今后的年需电量，首先需要掌握今后一段时期国民经济发展计划的国民生产总值的年平均增长速度，然后参考过去各个时期的电力弹性系数值，分析其变化规律和趋势，确定一个适当的电力消费弹性系数值 ε，即可据以计算今后某一年的年需电量。今后第 n 年的需电量可按下式计算：

$$W_n = W_0(1 + \varepsilon\beta)^n \tag{11-6}$$

式中，W_0 是预测期初的年需电量；ε 是电力弹性系数；β 是当地国民经济的年平均增长率。

表 11-4 为某一时期一些国家的电力弹性系数 ε 值。从该表可以看到，表中各国的电力弹性系数 ε 值都大于 1，这说明一般工业国家的电力工业发展速度均高于其国民经济的发展速度，即采取优先发展电力工业的方针。

表 11-4　某一时期一些国家的电力弹性系数 ε 值

国　家	中国	美国	日本	德国	英国
电力弹性系数 ε 值	1.73	1.89	1.20	1.70	2.40

第三节　建筑施工现场的供配电

1. 概述

建筑施工现场的电力供应是保证高速度、高质量施工作业的重要前提。在施工组织设计中，必须根据施工现场用电的特点，综合考虑节约用电、节省费用以及保证安全、保证工程质量等因素，精心安排。应遵循行业标准 JGJ 46—2005《施工现场临时用电安全技术规范》

的有关规定。

建筑施工现场的用电设备主要是塔式起重机、卷扬机、混凝土搅拌机、电动打夯机、振捣器等动力设备以及照明设备，一般也采用220/380V电压，应采用TN—S系统的形式，并采用二级漏电保护系统。但建筑施工现场的环境较为恶劣，通常是露天作业，用电设备经常移动，负荷随工程进度变化较大，并多属于临时设施。因此，建筑施工现场的供配电既要符合规范要求，又要考虑其临时性的特点，统筹兼顾，合理安排。

建筑施工现场的电源通常可采用下面几种途径解决：

1）就近借用已有的配电变压器供电。

2）先按图纸施工变配电所，从而取得施工电源。

3）向供电部门提出临时用电申请，设置临时变压器。

4）自建临时电站，例如柴油发电机等。

2. 在作建筑施工现场的供配电设计时，应着重做好以下几方面的工作：

1）计算建筑施工现场的用电量，选择配电变压器。

2）确定配电变压器的位置。

3）合理布置配电线路。

4）计算并选择配电线路。

5）绘制施工现场的电力供应平面布置图和结线系统图。

6）制定安全用电的技术措施。

3. 建筑施工现场的用电量计算

建筑施工现场用电量的大小是选择变压器容量的重要依据。建筑施工现场的用电量主要包括动力和照明两大部分。

计算建筑施工现场的总用电量，可采用第三章介绍的负荷计算方法，通常使用需要系数法。有时也可以按一些经验公式估算。

4. 施工现场的电力供应平面布置图

施工现场的电力供应平面布置图主要应包括以下内容：变压器的位置；配电线路的走向；主要配电箱（盘）和主要电气设备的位置等。

图11-1为某学校的施工组织平面布置图。它按一定的比例和图例，绘出了已建和拟建的一切建（构）筑物的位置和尺寸，大型机械（例如塔式起重机）的开行路线及垂直运输设施（例如卷扬机）的位置，以及材料和机具的堆放位置、生产生活设施的位置等。它是布置施工现场和进行施工准备工作的重要依据。施工现场电力供应平面布置图也是在它的基础上绘制的。

图11-2为对应于图11-1的某学校的施工现场电力供应平面布置图，简介如下：

（1）施工用电设备

混凝土搅拌机（400L）一台，电动机功率10kW；

卷扬机一台，电动机功率7.5kW；

塔式起重机一台，起重电动机功率22kW，行走电动机功率7.5kW×2，回转电动机功率3.5kW，暂载率$\varepsilon=25\%$；

滤灰机一台，电动机功率2.8kW；

电动打夯机三台，每台电动机功率1kW；

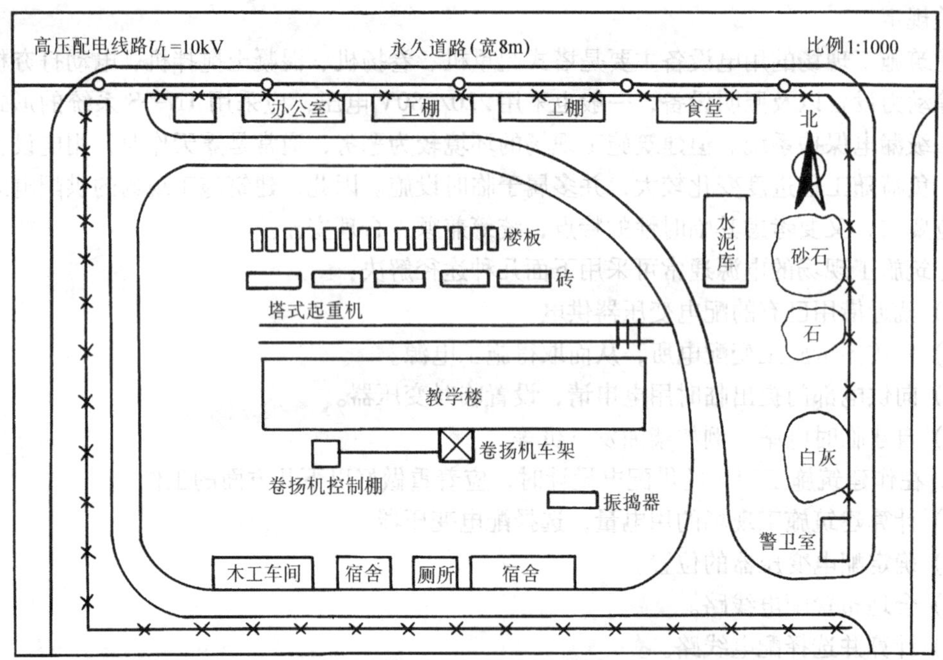

图 11-1 某学校的施工组织平面布置图

振捣器四台，每台电动机功率 2.8kW；

照明用电约 10kW，交流 220V。以上电动机均为交流三相 380V。

(2) 变压器台数和容量 施工现场的总用电负荷为 80kV · A 左右（计算过程略）；建筑施工用电一般为三级负荷；故选用一台 S9-100/10 型变压器即可。

(3) 供电电源 工地北侧有 10kV 高压架空线路。根据建筑施工组织平面布置图和 10kV 线路的方位，并兼顾接近负荷中心、靠近电源侧、便于进出线、交通运输方便等因素，将施工用临时杆上变电所设置在施工现场的西北角。

(4) 施工现场的配电线路 施工现场的线路布置主要应考虑安全可靠、施工方便、节省投资、不碍交通等因素。一般采用绝缘导线架空敷设，便于向各负荷点供电，并尽量架设在道路的一侧。

从图 11-2 中可见，配电线路分为两路干线，北路的负荷是混凝土搅拌机、滤灰机及路灯、室内照明等。另一路干线由西至南，其负荷是塔式起重机、卷扬机、电动打夯机、振捣器及路灯、投光灯、室内照明等。两路干线可分别控制，都在低压配电室的总配电盘上进行。

(5) 配电线路导线截面的选择 施工现场配电线路的导线截面，一般可先按发热条件选择，然后按允许电压损耗和机械强度条件进行校验。按上述方法选择的施工现场配电线路导线截面已标注在图 11-2 上。

5. 施工现场的电气安全

除遵守一般的电气安全规定外，由于建筑施工现场的特殊性质，在电气安全方面应特别注意下列问题：

1) 架空线不得使用裸线，应采用绝缘线；架空线应有专用的电杆、横担、绝缘子等，

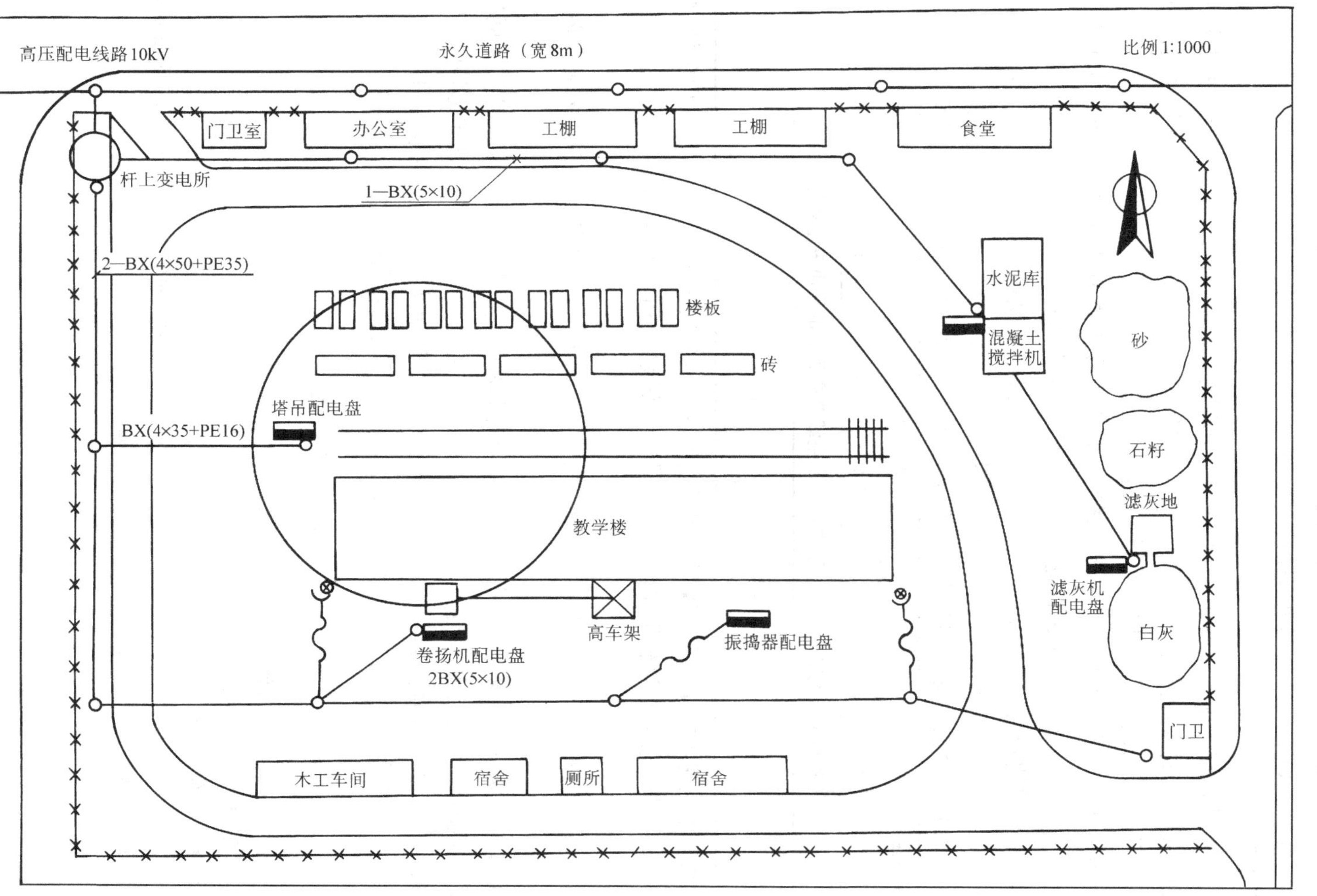

图 11-2 某学校的施工现场电力供应平面布置图

不得成束架空敷设，严禁利用树木等作电杆使用。

2）架空线路的挡距不得大于35m，线间距不得小于30mm；架空线路与施工建筑物的水平距离不得小于1m，与地面的垂直距离不得小于6m，跨越建筑物时与其顶部的垂直距离不得小于2.5m。

3）按行业标准《施工现场临时用电安全技术规范》（JGJ46—2012）规定：配电箱应选用铁板或优质绝缘材料制作；配电箱、开关箱必须防雨、防尘；重要的配电箱应加锁；使用中的配电箱内严禁放杂物等；但在实际中往往未被遵守。

4）施工现场内的外电高、低压架空线路，是工程开工之前就有的。为防止施工人员触电，就有一个安全距离与防护的问题。施工现场中的安全距离问题主要指在建工程（含脚手架具）的外侧边缘与外电架空线路的边线之间的最小安全操作距离和施工现场的机动车道与外电架空线路交叉时的最小安全垂直距离，分别如表11-5和表11-6所示。

表11-5　在建工程（含脚手架）的周边与架空线路的边线之间的最小安全操作距离

外电线路电压等级/kV	1以下	1～10	35～110	154～220	330～500
最小安全操作距离/m	4.0	6.0	8.0	10	15

表11-6　施工现场的机动车道与架空线路交叉时的最小安全垂直距离

外电线路电压等级/kV	1以下	1～10	35
最小垂直距离/m	6.0	7.0	7.0

如果受施工现场在建工程位置限制而无法保证规定的安全距离，则必须采取防护措施，如设置遮栏、栅栏和悬挂警告标志牌等。不同电压等级的外电线路至遮栏、栅栏的安全距离如表11-7所示。

5）按行业标准JGJ59—2011《建筑施工安全检查标准》的规定，施工现场配电必须采用TN-S系统。

6）施工现场一般环境较差，有些属于多尘和潮湿场所。因此，电气设备的安全问题尤为重要，应特别注意接地和等电位联结（保护接地和重复接地等都可以看作是等电位联结的一部分，它们的作用都是利用接地导体来均衡电位，从而达到降低接触电压的效果），以及装设漏电保护开关。有关内容可参见《防雷、接地与电气安全技术》。

思　考　题

11-1　城网小区规划设计的主要内容有哪些？

11-2　电力负荷预测需收集哪些资料？

11-3　电力负荷预测的常用方法有哪几种？

11-4　施工现场的电力供应平面布置图主要应包括哪些内容？仔细对照阅读并分析图11-1和图11-2。

11-5　施工现场在电气安全方面应特别注意哪些问题？

附　　录

附录 A　部分常用技术数据表

表 A-1　RT0 型低压熔断器的主要技术数据

型号	熔管额定电压/V	额定电流/A		最大分断电流/kA
		熔管	熔　　体	
RT0-100	交流 380 直流 440	100	30，40，50，60，80，100	50
RT0-200		200	(80，100)，120，150，200	
RT0-400		400	(150，200)，250，300，350，400	
RT0-600		600	(350，400)，450，500，550，600	
RT0-1000		1000	700，800，900，1000	

注：表中括号内的熔体电流尽可能不采用。

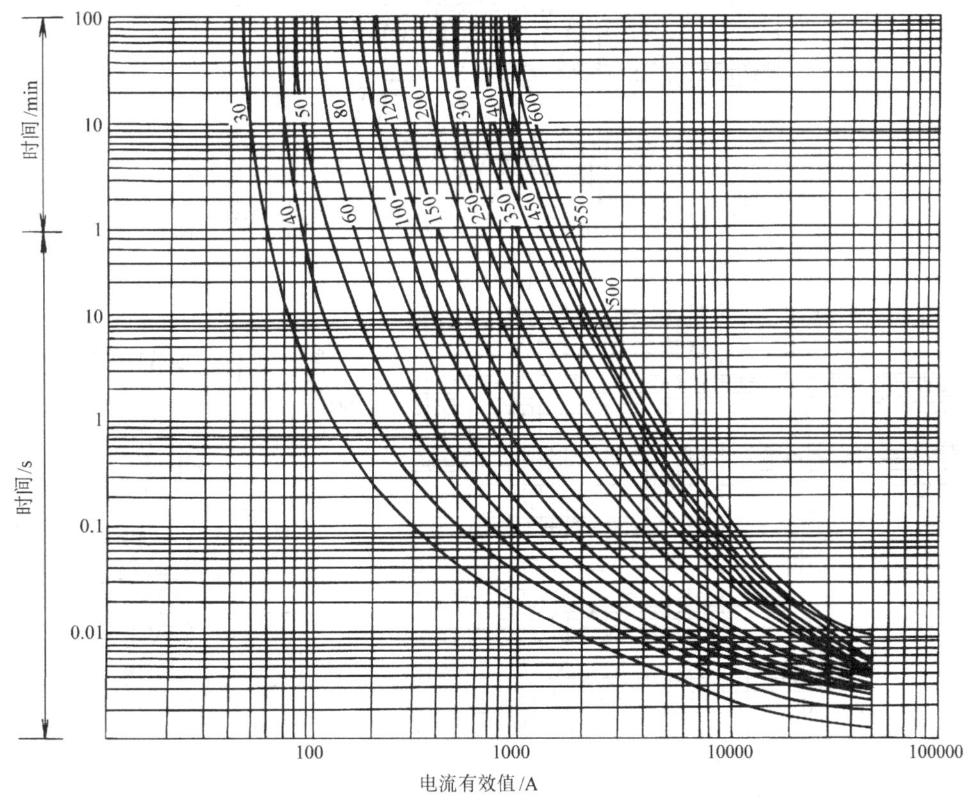

图 A-1　RT0 型低压熔断器的保护特性曲线

表 A-2　XRNM1、XRNT1、XRNP1 型熔断器的主要技术数据

型号	额定电压/kV	熔断器额定电流/A	熔体额定电流/A	额定开断电流/kA
XRNM1-10/224	10	224	25、31.5、40、50、63、80、100、125、160、224	40
XRNT1-10/200	10	200	160、200	50
XRNP1-10/□-50-1	10	0.5、1、2、3.15	0.5、1、2、3.15	50
XRNP1-10/□-50-2		2、3.15	2、3.15	

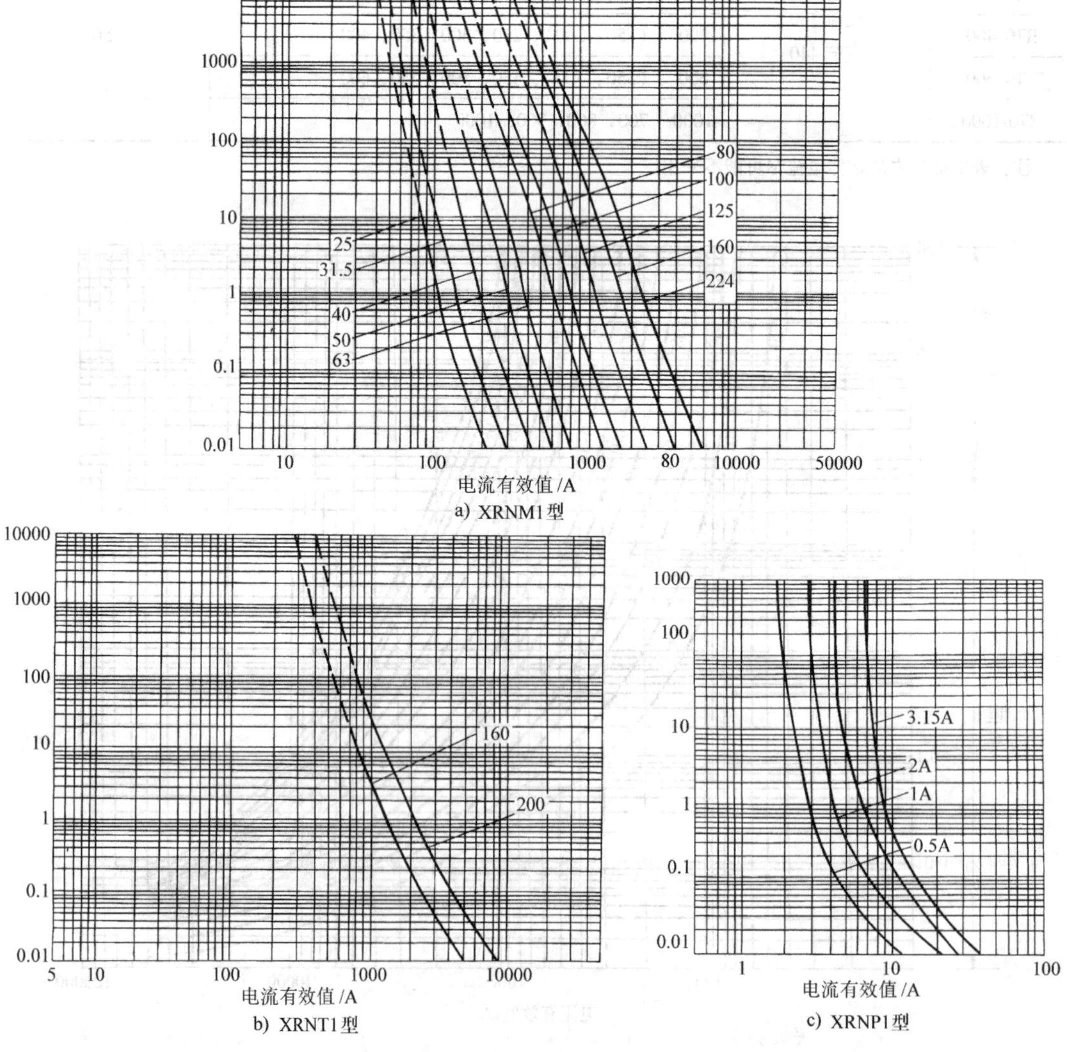

a) XRNM1型

b) XRNT1型

c) XRNP1型

图 A-2　XRNM1、XRNT1、XRNP1 型熔断器的保护特性曲线

表 A-3　ZN63A-12 型断路器的主要技术数据

额定电压/kV	额定电流/A	断开容量/MV·A	开断电流/kA	极限通过电流峰值/kA	热稳定电流有效值/kA	固有分闸时间/s	合闸时间/s
12	630、1250	300	16	40	16	0.05	0.1
	630、1250	350	20	50	20		
	630、1250	450	25	63	25		
	1250、1600 2000、2500	500	31.5	80	31.5		
	1250、1600、2000、 2500、3150	750	40	100	40		

表 A-4.1　ME 系列低压断路器的分断能力和接通能力

型号	额定电流/A	额定分断能力 kA/cosϕ		额定接通能力(峰值)/kA		额定短时(1s)耐受电流/kA	短时(300ms)耐受电流/kA	全分断时间/ms
		380V3 相	660V3 相	380V3 相	550V3 相			
ME630	630	50/0.25	50/0.25	105	105	30	50	30
ME800	800	50/0.25	50/0.25	105	105	30	50	30
ME1000	1000	50/0.25	50/0.25	105	105	50	50	30
ME1250	1250	50/0.25	50/0.25	105	105	50	50	30
ME1600	1600	50/0.25	50/0.25	105	105	50	50	30
ME1605	1900	50/0.25	50/0.25	105	105	50	50	30
ME2000	2000	80/0.2	80/0.2	180	180	80	80	30
ME2500	2500	80/0.2	80/0.2	180	180	80	80	30
ME2505	2900	80/0.2	80/0.2	180	180	80	80	30
ME3200	3200	80/0.2	80/0.2	180	180	80	80	30
ME3205	3900	80/0.2	80/0.2	180	180	80	80	30
ME4000	4000	100/0.2	80/0.2	220	180	100	100	40
ME4005	5000	100/0.2	80/0.2	220	180	100	100	40

表 A-4.2　电磁式过电流脱扣器的整定电流调节范围

项目 \ 型号		ME 630	ME 800	ME 1000	ME 1250	ME 1600	ME 1605	ME 2000	ME 2500	ME 2505	ME 3200	ME 3205	ME 4000	ME 4005
过载长延时脱扣器整定电流调节范围/A	200～400	√	√											
	350～630	√	√	√										
	500～800		√											
	500～1000			√	√	√								
	750～1250				√									
	900～1600					√								
	900～1900						√							
	1000～2000							√						
	1500～2500								√					
	1900～2900									√				

（续）

项目 \ 型号		ME 630	ME 800	ME 1000	ME 1250	ME 1600	ME 1605	ME 2000	ME 2500	ME 2505	ME 3200	ME 3205	ME 4000	ME 4005
短路短延时脱扣器整定电流调节范围/kA	3~5	√	√	√	√									
	5~8	√	√	√	√	√	√							
	7~12													
	8~12						√	√	√	√				
	8~16									√				
短路瞬时脱扣器整定电流调节范围/kA	1~2	√												
	1.5~3	√	√	√										
	2~4	√	√	√	√									
	4~8	√	√	√	√	√	√	√	√					
	6~12						√	√	√	√				
	8~16									√	√	√		
	10~20											√	√	√

表 A-5　DZ20 系列塑料外壳式断路器的技术数据

型号	壳架等级额定电流 I_{nm}/A	额定电流 I_n/A	极数	额定极限短路分断能力 ~380V/kA	额定运行短路分断能力 ~380V/kA	瞬时脱扣器整定电流 配电用	瞬时脱扣器整定电流 保护电动机用	电寿命/次	机械寿命/次	飞弧距离/mm A	飞弧距离/mm B
DZ20Y-100	100	16、20、32、40、50、63、80、100	2、3	18	14	$10I_n$ ≤40A 为 600A	$12I_n$	4000	4000	150	80
DZ20J-100			2、3、4	35	18					150	
DZ20G-100			2、3	100	50					200	
DZ20H-100			2、3	35	18					50	
DZ20C-160	160	16、20、32、40、50、63、80、100、125、160	3	12		$10I_n$	—	2000	6000	100	50
DZ20Y-200	200	63*、80*、100、125、160、180、200、225	2、3	25	18			2000	6000	150	80
DZ20J-200			2、3、4	42	25	$5I_n$	$8I_n$			150	
DZ20G-200			2、3	100	50	$10I_n$	$12I_n$			200	
DZ20H-200			3	35	18					50	
DZ20C-250	250	100、125、160、180、200、225、250	3	15		$10I_n$	—	2000	6000	150	50
DZ20C-400	400	100、125、160、180、200、225、250、315、350、400	3	20		$10I_n$	—	1000	4000	150	80
DZ20Y-400		200（Y）、250、315、350、400	2、3	30	23	$10I_n$	$12I_n$			200	
DZ20J-400				50	25	$5I_n$	—			200	
DZ20G-400				100	50	$10I_n$	—			250	

（续）

型号	壳架等级额定电流 I_{nm} /A	额定电流 I_n /A	极数	额定极限短路分断能力 ~380V /kA	额定运行短路分断能力 ~380V /kA	瞬时脱扣器整定电流		电寿命/次	机械寿命/次	飞弧距离/mm	
						配电用	保护电动机用			A	B
DZ20C-630	630	250 *、315 *、350 *、400、500、630	3、	20		$5I_n$ $10I_n$	—	1000	4000	150	80
DZ20Y-630			2、3	30	23					200	
DZ20J-630			2、3、4	50	25					200	
DZ20H-630			3	50	25					100	
DZ20J-1250	1250	630、700、800、1000、1250	2、3	50	38	$4I_n$	—	500	2500	200	100
DZ20J-1250				65	38	$7I_n$					

表 A-6　SN10-10 型高压少油断路器的主要技术数据

型号	额定电压 /kV	额定电流 /A	断开容量 /MV·A	开断电流 /kA	极限通过电流峰值 /kA	热稳定电流有效值 /kA	固有分闸时间 /s	合闸时间 /s
SN10-10 Ⅰ	10	630	300	16	40	16(4s)	0.06	0.2
		1000						
SN10-10 Ⅱ		1000	500	31.5	80	31.5(2s)		
		1250	750	43.3	130	43.3(4s)		
SN10-10 Ⅲ		2000						
		3000						

表 A-7　部分万能式低压断路器的主要技术数据

型号	脱扣器额定电流 /A	长延时动作整定电流 /A	短延时动作整定电流 /A	瞬时动作整定电流 /A	单相接地短路动作电流 /A	分断能力	
						电流 /kA	$\cos\varphi$
DW15-200	100	64 ~ 100	300 ~ 1000	300 ~ 1000 800 ~ 2000	—	20	0.35
	150	98 ~ 150	—	—			
	200	128 ~ 200	600 ~ 2000	600 ~ 2000 1600 ~ 4000			
DW15-400	200	128 ~ 200	600 ~ 2000	600 ~ 2000 1600 ~ 4000	—	25	0.35
	300	192 ~ 300	—	—			
	400	256 ~ 400	1200 ~ 4000	3200 ~ 8000			

（续）

型号	脱扣器额定电流/A	长延时动作整定电流/A	短延时动作整定电流/A	瞬时动作整定电流/A	单相接地短路动作电流/A	分断能力	
						电流/kA	cosφ
DW15-600	300	192~300	900~3000	900~3000 1400~6000	—	30	0.35
	400	256~400	1200~4000	1200~4000 3200~8000			
	600	384~600	1800~6000				
DW15-1000	600	420~600	1800~6000	6000~12000	—	40 (短延时30)	0.35
	800	560~800	2400~8000	800~16000			
	1000	700~1000	3000~10000	10000~20000			
DW15-1500	1500	1050~1500	4500~15000	15000~30000	—		
DW15-2500	1500	1050~1500	4500~9000	10500~21000	—	60 (短延时40)	0.2 (短延时0.25)
	2000	1400~2000	6000~12000	14000~28000			
	2500	1750~2500	7500~15000	17500~35000			
DW15-4000	2500	1750~2500	7500~15000	17500~35000	—	80 (短延时60)	0.2
	3000	2100~3000	9000~18000	21000~42000			
	4000	2800~4000	12000~24000	28000~56000			
DW16-630	100	64~100	—	300~600	50	30 (380V)	0.25 (380V)
	160	102~160		480~960	80		
	200	128~200		600~1200	100		
	250	160~250		750~1500	125	20 (660V)	0.3 (660V)
	315	202~315		945~1890	158		
	400	256~400		1200~2400	200		
	630	403~630		1890~3780	315		
DW16-2000	800	512~800	—	2400~4800	400	50	—
	1000	640~1000		3000~6000	500		
	1600	1024~1600		4800~9600	800		
	2000	1280~2000		6000~12000	1000		
DW16-4000	2500	1400~2500	—	7500~15000	1250	80	—
	3200	2048~3200		9600~19200	1600		
	4000	2560~4000		12000~24000	2000		
DW17-630 (ME630)	630	200~400 350~630	3000~5000 5000~8000	1000~2000 1500~3000 2000~4000 4000~8000	—	50	0.25
DW17-800 (ME800)	800	200~400 350~630 500~800	3000~5000 5000~8000	1500~3000 2000~4000 4000~8000	—	50	0.25

（续）

型号	脱扣器额定电流/A	长延时动作整定电流/A	短延时动作整定电流/A	瞬时动作整定电流/A	单相接地短路动作电流/A	分断能力	
						电流/kA	cosφ
DW17-1000（ME1000）	1000	350～630 500～1000	3000～5000 5000～8000	1500～3000 2000～4000 4000～8000	—	50	0.25
DW17-1250（ME1250）	1250	500～1000 750～1250	3000～5000 5000～8000	2000～4000 4000～8000	—	50	0.25
DW17-1600（ME1600）	1600	500～1000 900～1600	3000～5000 5000～8000	4000～8000	—	50	0.25
DW17-2000（ME2000）	2000	500～1000 1000～2000	5000～8000 7000～12000	4000～8000 6000～12000	—	80	0.2
DW17-2500（ME2500）	2500	1500～2500	7000～12000 8000～12000	6000～12000	—	80	0.2
DW17-3200（ME3200）	3200	—	—	8000～16000	—	80	0.2
DW17-4000（ME4000）	4000	—	—	10000～20000	—	80	0.2

注：表中低压断路器的额定电压：DW15 型，直流 220V，交流 380V、660V、1140V；DW16 型，交流 400V、660V；DW17（ME）型，交流 380～660V。

表 A-8.1 SL7 系列低损耗电力变压器的主要技术数据

型号	额定容量/kV·A	额定电压/kV		联结组别	空载损耗 ΔP_0/W	短路损耗 ΔP_k/W	阻抗电压 U_k(%)	空载电流 I_0(%)
		一次	二次					
SL_7-100/10	100	6,6.3,10	0.4	Yyn0	320	2000	4	2.6
SL_7-125/10	125				370	2450		2.5
SL_7-160/10	160				460	2850		2.4
SL_7-200/10	200				540	3400		2.4
SL_7-250/10	250				640	4000		2.3
SL_7-315/10	315	6,6.3,10	0.4	Yyn0	760	4800	4	2.3
SL_7-400/10	400				920	5800		2.1
SL_7-500/10	500				1080	6900		2.1
SL_7-630/10	630				1300	8100	4.5	2.0
SL_7-800/10	800				1540	9900		1.7
SL_7-1000/10	1000				1800	11600		1.4
SL_7-1250/10	1250				2200	13800		1.4
SL_7-1600/10	1600				2650	16500		1.3
SL_7-2000/10	2000				3100	19800	5.5	1.2

表 A-8.2　S9 系列低损耗油浸式铜绕组电力变压器的主要技术数据

额定容量 /kV·A	额定电压 /kV 一次	额定电压 /kV 二次	联结组别	损耗 /W 空载 ΔP_0	损耗 /W 负载 ΔP_K	空载电流 I_0(%)	阻抗电压 U_K(%)
30	11,10.5,10,6.3,6	0.4	Yyn0	130	600	2.1	4
50	11,10.5,10,6.3,6	0.4	Yyn0	170	870	2.0	4
			Dyn11	175	870	4.5	4
63	11,10.5,10,6.3,6	0.4	Yyn0	200	1040	1.9	4
			Dyn11	210	1030	4.5	4
80	11,10.5,10,6.3,6	0.4	Yyn0	240	1250	1.8	4
			Dyn11	250	1240	4.5	4
100	11,10.5,10,6.3,6	0.4	Yyn0	290	1500	1.6	4
			Dyn11	300	1470	4.0	4
125	11,10.5,10,6.3,6	0.4	Yyn0	340	1800	1.5	4
			Dyn11	360	1720	4.0	4
160	11,10.5,10,6.3,6	0.4	Yyn0	400	2200	1.4	4
			Dyn11	430	2100	3.5	4
200	11,10.5,10,6.3,6	0.4	Yyn0	480	2600	1.3	4
			Dyn11	500	2500	3.5	4
250	11,10.5,10,6.3,6	0.4	Yyn0	560	3050	1.2	4
			Dyn11	600	2900	3.0	4
315	11,10.5,10,6.3,6	0.4	Yyn0	670	3650	1.1	4
			Dyn11	720	3450	3.0	4
400	11,10.5,10,6.3,6	0.4	Yyn0	800	4300	1.0	4
			Dyn11	870	4200	3.0	4
500	11,10.5,10,6.3,6	0.4	Yyn0	960	5100	1.0	4
			Dyn11	1030	4950	3.0	4
	11,10.5,10	6.3	Yd11	1030	4950	1.5	4.5
630	11,10.5,10,6.3,6	0.4	Yyn0	1200	6200	0.9	4.5
			Dyn11	1300	5800	1.0	5
	11,10.5,10	6.3	Yd11	1200	6200	1.5	4.5
800	11,10.5,10,6.3,6	0.4	Yyn0	1400	7500	0.8	4.5
			Dyn11	1400	7500	2.5	5
	11,10.5,10	6.3	Yd11	1400	7500	1.4	5.5
1000	11,10.5,10,6.3,6	0.4	Yyn0	1700	10300	0.7	4.5
			Dyn11	1700	9200	1.7	5
	11,10.5,10	6.3	Yd11	1700	9200	1.4	5.5

（续）

额定容量 /kV·A	额定电压 /kV		联结组别	损耗 /W		空载电流 I_0(%)	阻抗电压 U_K(%)
	一次	二次		空载 ΔP_0	负载 ΔP_K		
1250	11,10.5,10,6.3,6	0.4	Yyn0	1950	12000	0.6	4.5
			Dyn11	2000	11000	2.5	5
	11,10.5,10	6.3	Yd11	1950	12000	1.3	5.5
1600	11,10.5,10,6.3,6	0.4	Yyn0	2400	14500	0.6	4.5
			Dyn11	2400	14000	2.5	6
	11,10.5,10	6.3	Yd11	2400	14500	1.3	5.5
2000	11,10.5,10,6.3,6	0.4	Yyn0	3000	18000	0.8	6
			Dyn11	3000	18000	0.8	6
	11,10.5,10	6.3	Yd11	3000	18000	1.2	6
2500	11,10.5,10,6.3,6	0.4	Yyn0	3500	25000	0.8	6
			Dyn11	3500	25000	0.8	6
	11,10.5,10	6.3	Yd11	3500	19000	1.2	5.5
3150	11,10.5,10	6.3	Yd11	4100	23000	1.0	5.5
4000	11,10.5,10	6.3	Yd11	5000	26000	1.0	5.5
5000	11,10.5,10	6.3	Yd11	6000	30000	0.9	5.5
6300	11,10.5,10	6.3	Yd11	7000	35000	0.9	5.5
50	35	0.4	Yyn0	250	1180	2.0	6.5
100	35	0.4	Yyn0	350	2100	1.9	6.5
125	35	0.4	Yyn0	400	1950	2.0	6.5
160	35	0.4	Yyn0	450	2800	1.8	6.5
200	35	0.4	Yyn0	530	3300	1.7	6.5
250	35	0.4	Yyn0	610	3900	1.6	6.5
315	35	0.4	Yyn0	720	4700	1.5	6.5
400	35	0.4	Yyn0	880	5700	1.3	6.5
500	35	0.4	Yyn0	1030	6900	1.2	6.5
630	35	0.4	Yyn0	1250	8200	1.1	6.5
800	35	0.4	Yyn0	1480	9500	1.1	6.5
		10.5 6.3 3.15	Yd11	1480	8800	1.1	6.5
1000	35	0.4	Yyn0	1750	12000	1.0	6.5
		10.5 6.3 3.15	Yd11	1750	11000	1.0	6.5

（续）

额定容量 /kV·A	额定电压 /kV		联结组别	损耗 /W		空载电流 I_0(%)	阻抗电压 U_K(%)
	一次	二次		空载 ΔP_0	负载 ΔP_K		
1250	35	0.4	Yyn0	2100	14500	0.9	6.5
		10.5 6.3 3.15	Yd11	2100	14500	0.9	6.5
1600	35	0.4	Yyn0	2500	17500	0.8	6.5
		10.5 6.3 3.15	Yd11	2500	16500	0.8	6.5
2000	35	10.5 6.3 3.15	Yd11	3200	16800	0.8	6.5
2500	35		Yd11	3800	19500	0.8	6.5
3150	38.5,35	10.5 6.3 3.15	Yd11	4500	22500	0.8	7
4000				5400	27000	0.8	7
5000				6500	31000	0.7	7
6300				7900	34500	0.7	7.5

表 A-9　10kV 级 SCB10 系列干式电力变压器的主要技术数据

高压：10(11,10.5,6.3,6)kV；低压：0.4kV；联结组别：Dyn11 或 Yyn0；高压分接头范围：±5%

型号	额定容量 /kV·A	空载损耗 /W	负载损耗 /W	阻抗电压 (%)	阻抗电流 (%)	外形尺寸 (长×宽×高)/mm
SCB10-100/10	100	380	1370	4	1.6	1120×750×1100
SCB10-160/10	160	510	1850	4	1.6	1120×750×1120
SCB10-200/10	200	600	2200	4	1.4	1200×860×1150
SCB10-250/10	250	700	2400	4	1.4	1220×860×1180
SCB10-315/10	315	820	3020	4	1.2	1230×860×1190
SCB10-400/10	400	970	3480	4	1.2	1240×860×1190
SCB10-500/10	500	1100	4260	4	1	1260×860×1230
SCB10-630/10	630	1140	5200	6	1	1405×860×1260
SCB10-800/10	800	1340	6020	6	0.8	1425×1020×1385
SCB10-1000/10	1000	1560	7090	6	0.8	1500×1020×1470
SCB10-1250/10	1250	1830	8460	6	0.6	1580×1270×1600
SCB10-1600/10	1600	2150	10240	6	0.6	1660×1270×1655
SCB10-2000/10	2000	2910	12600	6	0.5	1800×1270×1850
SCB10-2500/10	2500	3500	15000	6	0.5	1900×1270×1990

表 A-10.1　LQJ-10 型电流互感器的额定二次负荷

铁心代号	额定二次负荷					
	0.5 级		1 级		3 级	
	Ω	V·A	Ω	V·A	Ω	V·A
0.5	0.4	10	0.6	15	—	—
3	—	—	—	—	1.2	30

表 A-10.2　LQJ-10 型电流互感器的热稳定度和动稳定度

额定一次电流/A	1s 热稳定倍数	动稳定倍数
5,10,15,20,30,40,50,60,75,100	90	225
160(150),200,315(300),400	75	160

表 A-11　用电设备组的需要系数、二项式系数及功率因数

用电设备组名称	需要系数 K_d	二项式系数		最大容量设备台数 x[①]	cosφ	tanφ
		b	c			
小批生产的金属冷加工机床电动机	0.16~0.2	0.14	0.4	5	0.5	1.73
大批生产的金属冷加工机床电动机	0.18~0.25	0.14	0.5	5	0.5	1.73
小批生产的金属热加工机床电动机	0.25~0.3	0.24	0.4	5	0.6	1.33
大批生产的金属热加工机床电动机	0.3~0.35	0.26	0.5	5	0.65	1.17
通风机、水泵、空压机及电动发电机组电动机	0.7~0.8	0.65	0.25	5	0.8	0.75
非联锁的连续运输机械及铸造车间整砂机械	0.5~0.6	0.4	0.2	5	0.75	0.88
连续的运输机械及铸造车间整砂机械	0.65~0.7	0.6	0.2	5	0.75	0.88
锅炉房和机加、机修、装配等类车间的吊车(ε=25%)	0.1~0.15	0.06	0.2	3	0.5	1.73
铸造车间的吊车(ε=25%)	0.15~0.25	0.09	0.3	3	0.5	1.73
自动连续装料的电阻炉设备	0.75~0.8	0.7	0.3	2	0.95	0.33
实验室的小型电热设备(电阻炉、干燥箱等)	0.7	0.7	0	—	1.0	0
工频感应电炉(未带无工补偿设备)	0.8	—	—	—	0.35	2.67
高频感应电炉(未带无工补偿设备)	0.8	—	—	—	0.6	1.33
电弧熔炉	0.9	—	—	—	0.87	0.57
点焊机、缝焊机	0.35	—	—	—	0.6	1.33
对焊机、柳钉加热机	0.35	—	—	—	0.7	1.02
自动弧焊变压器	0.5	—	—	—	0.4	2.29
单头手动弧焊变压器	0.35	—	—	—	0.35	2.68
多头手动弧焊变压器	0.4	—	—	—	0.35	2.68
单头弧焊电动发电机组	0.35	—	—	—	0.6	1.33

（续）

用电设备组名称	需要系数 K_d	二项式系数		最大容量设备台数 x①	$\cos\varphi$	$\tan\varphi$
		b	c			
多头弧焊电动发电机组	0.7	—	—	—	0.75	0.88
生产厂房及办公室、阅览室、实验室照明②	0.8～1	—	—	—	1.0	0
变配电所、仓库照明②	0.5～0.7	—	—	—	1.0	0
宿舍(生活区)照明②	0.6～0.8	—	—	—	1.0	0
室外照明、应急照明②	1	—	—	—	1.0	0

① 如果用电设备组总台数 $n<2x$ 时，则取 $x=n/2$，且按“四舍五入”的修约规则取其整数。

② 这里的 $\cos\varphi$ 和 $\tan\varphi$ 值均为白炽灯照明的数值。如为荧光灯照明，则取 $\cos\varphi=0.9$，$\tan\varphi=0.48$；如为高压汞灯或钠灯，则取 $\cos\varphi=0.5$，$\tan\varphi=1.73$。

表 A-12 民用建筑用电设备的需要系数 K_d 和 $\cos\varphi$、$\tan\varphi$

序号	用电设备分类	K_d	$\cos\varphi$	$\tan\varphi$
1	通风和采暖用电：			
	各种风机、空调器	0.7～0.8	0.8	0.75
	恒温空调箱	0.6～0.7	0.95	0.33
	冷冻机	0.85～0.9	0.8	0.75
	集中式电热器	1.0	1.0	0
	分散式电热器(20kW 以下)	0.85～0.95	1.0	0
	分散式电热器(100kW 以上)	0.75～0.85	1.0	0
	小型电热设备	0.3～0.5	0.95	0.33
2	给排水用电：			
	各种水泵(15kW 以下)	0.75～0.8	0.8	0.75
	各种水泵(17kW 以上)	0.6～0.7	0.87	0.57
3	起重运输用电：			
	客梯(1.5t 及以下)	0.35～0.5	0.5	1.73
	客梯(2t 及以上)	0.6	0.7	1.02
	货梯	0.25～0.35	0.5	1.73
	输送带	0.6～0.65	0.75	0.88
	起重机械	0.1～0.2	0.5	1.73
4	锅炉房用电	0.75～0.85	0.85	0.62
5	消防用电	0.4～0.6	0.8	0.75
6	厨房及卫生用电：			
	食品加工机械	0.5～0.7	0.80	0.75
	电饭锅、电烤箱	0.85	1.0	0
	电炒锅	0.70	1.0	0
	电冰箱	0.60～0.7	0.7	1.02
	热水器(淋浴用)	0.65	1.0	0
	除尘器	0.3	0.85	0.62

（续）

序号	用电设备分类	K_d	$\cos\varphi$	$\tan\varphi$
7	机修用电：			
	修理间机械设备	0.15～0.20	0.5	1.73
	电焊机	0.35	0.35	2.68
	移动式电动工具	0.2	0.5	1.73
8	打包机	0.20	0.60	1.33
	洗衣房动力	0.65～0.75	0.50	1.73
	天窗开闭机	0.1	0.50	1.73
9	通信及信号设备			
	载波机	0.85～0.95	0.8	0.75
	收信机	0.8～0.9	0.8	0.75
	发信机	0.7～0.8	0.8	0.75
	电话交换台	0.75～0.85	0.8	0.75
	客房床头电气控制箱	0.15～0.25	0.6	1.33

表 A-13　民用建筑照明负荷需要系数 K_d

建筑类别	K_d	建筑类别	K_d
一般旅馆、招待所	0.7～0.8	一般办公楼	0.7～0.8
高级旅馆、招待所	0.6～0.7	高级办公楼	0.6～0.7
旅游宾馆	0.35～0.45	科研楼	0.8～0.9
电影院、文化馆	0.7～0.8	发展与交流中心	0.6～0.7
剧场	0.6～0.7	教学楼	0.8～0.9
礼堂	0.5～0.7	图书馆	0.6～0.7
体育练习馆	0.7～0.8	托儿所、幼儿园	0.8～0.9
体育馆	0.65～0.75	小型商业、服务业用房	0.85～0.9
展览厅	0.5～0.7	综合商业、服务楼	0.75～0.85
门诊楼	0.6～0.7	食堂、餐厅	0.8～0.9
一般病房楼	0.65～0.75	高级餐厅	0.7～0.8
高级病房楼	0.5～0.6	火车站	0.75～0.78
锅炉房	0.9～1.0	博物馆	0.82～0.92
单身宿舍楼	0.6～0.7		

表 A-14　旅游宾馆需要系数 K_d 和 $\cos\varphi$

序号	负荷名称	需要系数 K_d		自然平均功率因数 $\cos\varphi$	
		平均值	推荐值	平均值	推荐值
1	全馆总负荷	0.45	0.4～0.5	0.84	0.8
2	全馆总照明	0.55	0.5～0.6	0.82	0.8
3	全馆总电力	0.4	0.35～0.45	0.9	0.85

（续）

序号	负荷名称	需要系数 K_d		自然平均功率因数 $\cos\varphi$	
		平均值	推荐值	平均值	推荐值
4	冷冻机房	0.65	0.65～0.75	0.87	0.8
5	锅炉房	0.65	0.65～0.75	0.8	0.75
6	水泵房	0.65	0.6～0.7	0.86	0.8
7	风机	0.65	0.6～0.7	0.83	0.8
8	电梯	0.2	0.18～0.22	0.5 0.8	0.4 0.8
9	厨房	0.4	0.35～0.45	0.7～0.75	0.7
10	洗衣机房	0.3	0.3～0.35	0.6～0.65	0.7
11	窗式空调	0.4	0.35～0.45	0.8～0.85	0.8
12	总同时系数 K_Σ	0.92～0.94			

表 A-15　照明用电设备的 $\cos\varphi$ 与 $\tan\varphi$

光源类别	$\cos\varphi$	$\tan\varphi$	光源类别	$\cos\varphi$	$\tan\varphi$
白炽灯、卤钨灯	1.0	0	高压钠灯	0.45	1.98
荧光灯(无补偿)	0.55	1.52	金属卤化物灯	0.4～0.61	2.29～1.29
荧光灯(有补偿)	0.9	0.48	镝灯	0.52	1.6
高压水银灯(50～175W)	0.45～0.5	1.98～1.73	氙灯	0.9	0.48
高压水银灯(200～1000W)	0.65～0.67	1.16～1.10	霓虹灯	0.4～0.5	2.29～1.73

表 A-16　部分旅游宾馆、饭店的变压器容量及负荷密度

名称	建筑面积 $/m^2$	变压器容量 /kV·A	装机密度 $V\cdot A/m^2$
上海大厦	25000	2210	88.4
广州白云宾馆	58601	3120	53.2
广州白天鹅宾馆	110000	6200	53.4
北京长城饭店	67000	4100	61.2
北京西苑饭店	62100	8000	126.6
南京金陵饭店	68000	6400	94.1
深圳亚洲大酒店	62500	6000	96
广州中国大酒店	159000	14800	93.1
长沙芙蓉饭店	18000	2000	111.1
北京和平饭店	68570	3600	52.5
成都锦江宾馆	38000	1570	41.5
深圳西丽大厦	14700	1600	108.8
香山饭店	40000	4800	120
白天鹅酒家	80000	6200	77.5
东方宾馆	80000	7600	95
北京国际饭店	100000	7200	72
日本世界贸易中心	153800	15000	97.5
美国纽约世界贸易中心	840000	132000	157.1

表 A-17　各类建筑单位面积推荐负荷指标

省市	建筑物名称	推荐负荷指标/W·m^{-2}	备注
广东省	办公楼、招待所、商场 宾馆	80 100	该指标作为建筑工程设计推荐指标的最小值
宁波市	多层住宅 中、高层公寓 别墅 商业 办公 学校	30~35 40~50 50~60 40~60 30~40 20~40	该指标作为建筑工程规划设计推荐负荷指标

表 A-18　部分工厂的全厂需要系数、功率因数及年最大有功负荷利用小时参考值

工厂名称	需要系数	功率因数	年最大有功负荷利用小时数	工厂名称	需要系数	功率因数	年最大有功负荷利用小时数
汽轮机制造厂	0.38	0.88	5000	量具刃具制造厂	0.26	0.60	3800
锅炉制造厂	0.27	0.73	4500	工具制造厂	0.34	0.65	3800
柴油机制造厂	0.32	0.74	4500	电动机制造厂	0.33	0.65	3000
重型机械制造厂	0.35	0.79	3700	电器开关制造厂	0.35	0.75	3400
重型机械制造厂	0.32	0.71	3700	电线电缆制造厂	0.35	0.73	3500
机床制造厂	0.20	0.65	3200	仪器仪表制造厂	0.37	0.81	3500
石油机械制造厂	0.45	0.78	3500	滚珠轴承制造厂	0.28	0.70	5800

表 A-19　无功补偿率 Δq_c

补偿前的功率因数	补偿后的功率因数				补偿前的功率因数	补偿后的功率因数			
	0.85	0.90	0.92	0.95		0.85	0.90	0.92	0.95
0.50	1.112	1.248	1.306	1.403	0.76	0.235	0.371	0.429	0.526
0.55	0.899	1.034	1.092	1.190	0.78	0.183	0.318	0.376	0.473
0.60	0.714	0.849	0.907	1.005	0.80	0.130	0.266	0.324	0.421
0.65	0.549	0.685	0.743	0.840	0.82	0.078	0.214	0.272	0.369
0.68	0.459	0.594	0.652	0.749	0.84	0.026	0.162	0.220	0.317
0.70	0.400	0.536	0.594	0.691	0.86	—	0.109	0.167	0.264
0.72	0.344	0.480	0.538	0.625	0.88	—	0.056	0.114	0.211
0.74	0.289	0.425	0.483	0.580	0.90	—	—	0.058	0.155

表 A-20　BW 系列并联电容器的主要技术数据

型　　号	额定容量 /kvar	额定电容 /μF	型　　号	额定容量 /kvar	额定电容 /μF
BW0.4—12—1	12	240	BW0.4—13—3	13	259
BW0.4—12—3	12	240	BW0.4—14—1	14	280
BW0.4—13—1	13	259	BW0.4—14—3	14	280
BW6.3—12—1TH	12	0.964	BW6.3—100—1W	100	8.0
BW6.3—12—1W	12	0.964	BW6.3—120—1W	120	9.63
BW6.3—16—1W	16	1.28	BW10.5—22—1W	22	0.64
BW10.5—12—1W	12	0.35	BW10.5—25—1W	25	0.72
BW10.5—16—1W	16	0.46	BW10.5—30—1W	30	0.87
BW6.3—22—1W	22	1.76	BW10.5—40—1W	40	1.151
BW6.3—25—1W	25	2.0	BW10.5—50—1W	50	1.44
BW6.3—30—1W	30	2.4	BW10.5—100—1W	100	2.89
BW6.3—40—1W	40	3.2	BW10.5—120—1W	120	3.47
BW6.3—50—1W	50	4.0			
备注	1. 电容器的额定频率均为50Hz 2. 电容器全型号的表示和含义 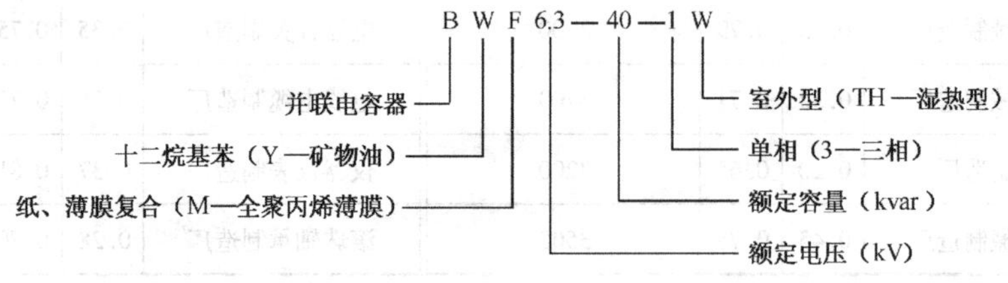 				

表 A-21　导体在正常和短路时的最高允许温度及热稳定系数

<table>
<tr><th colspan="3" rowspan="2">导体种类和材料</th><th colspan="2">最高允许温度/°C</th><th>热稳定系数</th></tr>
<tr><th>正常 θ_t</th><th>短路 $\theta_{k.max}$</th><th>$C/(A \cdot \sqrt{s} \cdot mm^{-2})$</th></tr>
<tr><td colspan="2" rowspan="2">母　　线</td><td>铜</td><td>70</td><td>300</td><td>171</td></tr>
<tr><td>铝</td><td>70</td><td>200</td><td>87</td></tr>
<tr><td rowspan="8">油浸纸绝缘电缆</td><td rowspan="4">铜芯</td><td>1～3kV</td><td>80</td><td>250</td><td>148</td></tr>
<tr><td>6kV</td><td>65</td><td>250</td><td>145</td></tr>
<tr><td>10kV</td><td>60</td><td>250</td><td>148</td></tr>
<tr><td>35kV</td><td>50</td><td>175</td><td></td></tr>
<tr><td rowspan="4">铝芯</td><td>1～3kV</td><td>80</td><td>200</td><td>84</td></tr>
<tr><td>6kV</td><td>65</td><td>200</td><td>90</td></tr>
<tr><td>10kV</td><td>60</td><td>200</td><td>92</td></tr>
<tr><td>35kV</td><td>50</td><td>175</td><td></td></tr>
</table>

（续）

导体种类和材料		最高允许温度/°C		热稳定系数
		正常 θ_t	短路 $\theta_{k.max}$	$C/(A \cdot \sqrt{s} \cdot mm^{-2})$
橡皮绝缘导线和电缆	铜芯	65	150	112
	铝芯	65	150	74
聚氯乙烯绝缘导线和电缆	铜芯	65	130	100
	铝芯	65	130	65
交联聚乙烯绝缘电缆	铜芯	80	230	140
	铝芯	80	200	84

表 A-22　架空裸导线的最小截面积

导线种类	最小允许截面/mm²			备　注
	35kV	3～10kV	低压	
铝及铝合金线	35	35	16*	*与铁路交叉跨越时应为35mm²
钢芯铝绞线	35	25	16	

表 A-23　绝缘导线线芯的最小允许截面积

导线用途或敷设方式			线芯最小允许截面/mm²	
			铜	铝
照明用灯头引下线			1.0	2.5
敷设在绝缘支持件上的绝缘导线，其支持点间距 L 为	室内	$L \leqslant 2m$	1.0	2.5
	室外	$L \leqslant 2m$	1.5	2.5
		$2m < L \leqslant 6m$	2.5	4
		$6m < L \leqslant 16m$	4	6
		$16m < L \leqslant 25m$	6	10
穿管敷设，槽板，护套线扎头明敷，线槽			1.0	2.5
PE 线和 PEN 线	有机械保护时		2.5	2.5
	无机械保护时		4（干线 10）	4（干线 16）

表 A-24.1　LJ 型铝绞线的主要技术数据

额定截面/mm²	16	25	35	50	70	95	120	150	185	240
实际截面/mm²	15.9	25.4	34.4	49.5	71.3	95.1	121	148	183	239
股数/外径（mm）	7/ 5.10	7/ 6.45	7/ 7.50	7/ 9.00	7/ 10.8	7/ 12.5	19/ 14.3	19/ 15.8	19/ 17.5	19/ 20.0
50 °C时电阻/（$\Omega \cdot km^{-1}$）	2.07	1.33	0.96	0.66	0.48	0.36	0.28	0.23	0.18	0.14
线间几何均距/mm	线路电抗/（$\Omega \cdot km^{-1}$）									
600	0.36	0.35	0.34	0.33	0.32	0.31	0.30	0.29	0.28	0.28
800	0.38	0.37	0.36	0.35	0.34	0.33	0.32	031	0.30	0.30

（续）

1000		0.40	0.38	0.37	0.36	0.35	0.34	0.33	0.32	0.31	0.31
1250		0.41	0.40	0.39	0.37	0.36	0.35	0.34	0.34	0.33	0.32
1500		0.42	0.41	0.40	0.38	0.37	0.36	0.35	0.35	0.34	0.33
2000		0.44	0.43	0.41	0.40	0.40	0.38	0.37	0.37	0.36	0.35
导线温度	环境温度/°C	允许持续载流量/A									
70 °C(室外架设)	20	110	142	179	226	278	341	394	462	525	641
	25	105	135	170	215	265	325	375	440	500	610
	30	98.7	127	160	202	249	306	353	414	470	573
	35	93.5	120	151	191	236	289	334	392	445	543
	40	86.1	111	139	176	217	267	308	361	410	500
备注	① 线间几何均距 $a_{av}=\sqrt[3]{a_1a_2a_3}$,式中 a_1、a_2、a_3 为三相导线的各相之间的线间距离。三相导线正三角形排列时,$a_{av}=a$;三相导线等距水平排列时,$a_{av}=1.26a$ ② 铜绞线 TJ 的电阻约为同截面 LJ 电阻的 61%;TJ 的电抗与 LJ 同。TJ 的载流量约为同截面 LJ 载流量的 1.29 倍										

表 A-24.2　LGJ 型钢芯铝线的主要技术数据

额定截面/mm²		35	50	70	95	120	150	185	240
铝线实际截面/mm²		34.9	48.3	68.1	94.4	116	149	181	239
铝股数/钢股数/外径/mm		6/1/ 8.16	6/1/ 9.60	6/1/ 11.4	26/7/ 13.6	26/7/ 15.1	26/7/ 17.1	26/7/ 18.9	26/7/ 21.7
50 °C时电阻/Ω·km⁻¹		0.89	0.68	0.48	0.35	0.29	0.24	0.18	0.15
线间几何均距/mm		线路电抗/Ω·km⁻¹							
1500		0.39	0.38	0.37	0.35	0.35	0.34	0.33	0.33
2000		0.40	0.39	0.38	0.37	0.37	0.36	0.35	0.34
2500		0.41	0.41	0.40	0.39	0.38	0.37	0.37	0.36
3000		0.43	0.42	0.41	0.40	0.39	0.39	0.38	0.37
3500		0.44	0.43	0.42	0.41	0.40	0.40	0.39	0.38
4000		0.45	0.44	0.43	0.42	0.41	0.40	0.40	0.39
额定截面/mm²		35	50	70	95	120	150	185	240
导线温度	环境温度/°C	允许持续载流量/A							
70 °C(室外架设)	20	179	231	289	352	399	467	541	641
	25	170	220	275	335	380	445	515	610
	30	159	207	259	315	357	418	484	574
	35	149	193	228	295	335	391	453	536
	40	137	178	222	272	307	360	416	494

表 A-24.3　LMY 型涂漆矩形硬铝母线的主要技术数据

母线截面（宽×厚）/mm	65 °C时电阻/Ω·km⁻¹	相间距离为250mm 时电抗/Ω·km⁻¹		母线竖放时的允许持续载流量/A（导线温度 70 °C） 环境温度			
		竖放	平放	25 °C	30 °C	35 °C	40 °C
25×3	0.47	0.24	0.22	265	249	233	215
30×4	0.29	0.23	0.21	365	343	321	296
40×4	0.22	0.21	0.19	480	451	422	389
40×5	0.18	0.21	0.19	540	507	475	438
50×5	0.14	0.20	0.17	665	625	585	539
50×6	0.12	0.20	0.17	740	695	651	600
60×6	0.10	0.19	0.16	870	818	765	705
80×6	0.076	0.17	0.15	1150	1080	1010	932
100×6	0.062	0.16	0.13	1425	1340	1255	1155
60×8	0.076	0.19	0.16	1025	965	902	831
80×8	0.059	0.17	0.15	1320	1240	1160	1070
100×8	0.048	0.16	0.13	1625	1530	1430	1315
120×8	0.041	0.16	0.12	1900	1785	1670	1540
60×10	0.062	0.18	0.16	1155	1085	1016	936
80×10	0.048	0.17	0.14	1480	1390	1300	1200
100×10	0.040	0.16	0.13	1820	1710	1600	1475
120×10	0.035	0.16	0.12	2070	1945	1820	1680
备　注	本表母线载流量系母线竖放时的数据。如母线平放，且宽度大于 60mm 时，表中数据应乘以 0.92；如母线平放，且宽度不大于 60mm 时，表中数据应乘以 0.95。						

表 A-25.1　BLX 型和 BLV 型铝芯绝缘导线明敷时的允许载流量

线心截面/mm^2	BLV 型铝芯橡皮线 环境温度/°C				BLV 型铝芯塑料线 环境温度/°C			
	25	30	35	40	25	30	35	40
2.5	27	25	23	21	25	23	21	19
4	35	32	30	27	32	29	27	25
6	45	42	38	35	42	39	36	33
10	65	60	56	51	59	55	51	46
16	85	79	73	67	80	74	69	63
25	110	102	95	87	105	98	90	83
35	138	129	119	109	130	121	112	102
50	175	163	151	138	165	154	142	130
70	220	206	190	174	205	191	177	162
95	265	247	229	209	250	233	216	197
120	310	280	268	245	283	266	246	225
150	360	336	311	284	325	303	281	257
185	420	392	363	332	380	355	328	300
240	510	476	441	403	—	—	—	—

表 A-25.2　BLX 型和 BLV 穿钢管和穿塑料管时的允许载流量

导线型号	线芯截面/mm²	2 根单芯线				2 根穿管管径/mm		3 根单芯线				3 根穿管管径/mm		4～5 根单芯线				4 根穿管管径/mm		5 根穿管管径/mm	
		环境温度						环境温度						环境温度							
		25 °C	30 °C	35 °C	40 °C	G	DG	25 °C	30 °C	35 °C	40 °C	G	DG	25 °C	30 °C	35 °C	40 °C	G	DG	G	DG
BLX	2.5	21	19	18	16	15		19	17	16	15	15		16	14	13	12	20		20	
	4	28	26	24	22	20	20	25	23	21	19	20	20	23	21	19	18	20	25	20	25
	6	37	34	32	29	20	25	34	31	29	26	20	25	30	28	25	23	20	25	25	25
	10	52	48	44	41	25	25	46	43	39	36	25	25	40	37	34	31	25	25	32	32
	16	66	61	57	52	25	32	59	55	51	46	32	32	52	48	44	41	32	32	40	40
	25	86	80	74	68	32	32	76	71	65	60	32	32	68	63	58	53	40	40	40	(50)
	35	106	99	91	89	32	40	94	87	81	74	32	40	83	77	71	65	40	(50)	50	
	50	133	124	115	105	40	40	118	110	102	93	50	(50)	105	98	90	83	50	(50)	70	
	70	164	154	142	130	50	(50)	150	140	129	118	50	(50)	133	124	115	105	70		70	
	95	200	187	173	158	70		180	168	155	142	70		160	149	138	126	70		80	
	120	230	215	198	181	70		210	196	181	166	70		190	177	164	150	70		80	
	150	260	243	224	205	70		240	224	207	189	70		220	205	190	174	80		100	
	185	295	275	255	233	80		270	252	233	213	80		250	233	216	197	80		100	
BLV	2.4	20	18	17	15	15	15	18	16	15	14	15	15	15	14	12	11	15	15	15	20
	4	27	25	23	21	15	15	24	22	20	18	15	15	22	20	19	17	15	20	20	20
	6	35	32	30	27	15	20	32	29	27	25	15	20	28	26	24	22	20	25	25	25
	10	49	45	42	38	20	25	44	41	38	34	20	25	38	35	32	30	25	25	25	32
	16	63	58	54	49	25	25	56	52	48	44	25	32	50	46	43	39	25	32	32	40
	25	80	74	69	63	25	32	70	65	60	55	32	32	65	60	56	51	32	40	32	(50)
	35	100	93	86	79	32	40	90	84	77	71	32	40	80	74	69	63	40	(50)	40	
	50	125	116	108	98	40	50	110	102	95	87	40	(50)	100	93	86	79	50	(50)	50	
	70	155	144	134	122	50	50	143	133	123	113	40	(50)	127	118	109	100	50		70	
	95	190	177	164	150	50	(50)	170	158	147	134	50		152	142	131	120	70		70	
	120	220	205	190	174	50	(50)	195	182	168	154	50		172	160	148	136	70		80	
	150	250	233	216	197	70		225	210	194	177	70		200	187	173	158	70		80	
	185	285	266	246	225	70		255	238	220	201	70		230	215	198	181	80		100	

表 A-25.3　BLX 型和 BLV 型铝芯绝缘导线穿硬塑料管时的允许载流量

导线型号	线芯截面/mm²	2 根单芯线				2 根穿管管径/mm	3 根单芯线				3 根穿管管径/mm	4～5 根单芯线				4 根穿管管径/mm	5 根穿管管径/mm
		环境温度					环境温度					环境温度					
		25 °C	30 °C	35 °C	40 °C		25 °C	30 °C	35 °C	40 °C		25 °C	30 °C	35 °C	40 °C		
BLX	2.5	19	17	16	15	15	17	15	14	13	15	15	14	12	11	20	25
	4	25	23	21	19	20	23	21	19	18	20	20	18	17	15	20	25
	6	33	30	28	26	20	29	27	25	22	20	26	24	22	20	25	32
	10	44	41	38	34	25	40	37	34	31	25	35	32	30	27	32	32
	16	58	54	50	45	32	52	48	44	41	32	46	43	39	36	32	40
	25	77	71	66	60	32	68	63	58	53	32	60	56	51	47	40	40
	35	95	88	82	75	40	84	78	72	66	40	74	69	64	58	40	50
	50	120	112	103	94	40	108	100	93	85	50	95	88	82	75	50	50
	70	153	143	132	121	50	135	126	116	106	50	120	112	103	94	50	65
	95	184	172	159	145	50	165	154	142	130	65	150	140	129	118	65	80
	120	210	196	181	166	65	190	177	164	150	65	170	158	147	134	80	80
	150	250	233	216	197	65	227	212	196	179	75	205	191	177	162	80	90
	185	282	263	243	223	80	255	238	220	201	80	232	216	200	183	100	100

（续）

导线型号	线芯截面/mm^2	2根单芯线 环境温度				2根穿管管径/mm	3根单芯线 环境温度				3根穿管管径/mm	4～5根单芯线 环境温度				4根穿管管径/mm	5根穿管管径/mm
		25 °C	30 °C	35 °C	40 °C		25 °C	30 °C	35 °C	40 °C		25 °C	30 °C	35 °C	40 °C		
BLV	2.5	18	16	15	14	15	16	14	13	12	15	14	13	12	11	20	25
	4	24	22	20	18	20	22	20	19	17	20	19	17	16	15	20	25
	6	31	28	26	24	20	27	25	23	21	20	25	23	21	19	25	32
	10	42	39	36	33	25	38	35	32	30	25	33	30	28	26	32	32
	16	55	51	47	43	32	49	45	42	38	32	44	41	38	35	32	40
	25	73	68	63	57	32	65	60	56	51	40	57	53	49	45	40	50
	35	90	84	77	71	40	80	74	69	63	40	70	65	60	55	50	65
	50	114	106	98	90	50	102	95	88	80	50	90	84	77	71	65	65
	70	145	135	125	114	50	130	121	112	102	50	115	107	99	90	65	75
	95	175	163	151	138	65	158	147	136	124	65	140	130	121	110	75	80
	120	206	187	173	158	65	180	168	155	142	65	160	149	138	126	75	90
	150	230	215	198	181	75	207	193	179	163	75	185	172	160	146	80	
	185	265	147	229	209	75	235	219	203	185	75	212	198	183	167	90	100

注：1. BX型和BV型铜芯绝缘导线的允许载流量约为同截面的BLX型和BLV型铝芯绝缘导线允许载流量的1.3倍。

2. 表A-25.2中的穿线管G为焊接钢管，管径按内径计；DG管为电线管，管径按外径计。

3. 表A-25.2和表A-25.3中4～5根单芯线穿线管的载流量，是指TN—CX系统、TN—S系统及TN—C—S系统中的相线载流量，而其N线或PEN线中可有不平衡电流通过。如果是供电给三相平衡负荷，而另一导线为单纯的PE线，则此线路虽有4根线穿管，但其载流量应该只按3根线穿管的载流量考虑，而管径则仍按4根线穿管来选择。

表A-25.4 管径的国际单位制（SI）与英制管径的近似对照

SI制/mm	15	20	25	32	40	50	65	70	80	90	100
英制/in	$\frac{1}{2}$	$\frac{3}{4}$	1	$1\frac{1}{4}$	$1\frac{1}{2}$	2	$2\frac{1}{2}$	$2\frac{3}{4}$	3	$3\frac{1}{2}$	4

表A-26 户内明敷及穿管的绝缘导线的电阻和电抗

导线截面/mm^2	铜			铝		
	65 °C时电阻/$\Omega\cdot km^{-1}$	电抗$X_0/\Omega\cdot km^{-1}$		65 °C时电阻/$\Omega\cdot km^{-1}$	电抗$X_0/\Omega\cdot km^{-1}$	
		明线间距100mm	穿管		明线间距100mm	穿管
1.5	14.48	0.342	0.14	24.39	0.342	0.14
2.5	8.69	0.327	0.13	14.63	0.327	0.13
4	5.43	0.312	0.12	9.15	0.312	0.12
6	3.62	0.300	0.11	6.10	0.300	0.11
10	2.19	0.280	0.11	3.66	0.280	0.11
16	1.37	0.265	0.10	2.29	0.265	0.10
25	0.88	0.251	0.10	1.48	0.251	0.10
35	0.63	0.241	0.10	1.06	0.241	0.10
50	0.44	0.229	0.09	0.75	0.229	0.09
70	0.32	0.219	0.09	0.53	0.219	0.09
95	0.23	0.206	0.09	0.39	0.206	0.09
120	0.19	0.199	0.08	0.31	0.199	0.08
150	0.15	0.191	0.08	0.25	0.191	0.08
185	0.13	0.184	0.07	0.20	0.184	0.07

表 A-27 GL-$\frac{11、15}{21、25}$型感应式电流继电器的主要技术数据及动作特性曲线

<table>
<tr><th rowspan="2">型　号</th><th rowspan="2">额定电流
/A</th><th colspan="2">整　定　值</th><th rowspan="2">瞬动电流
倍数</th><th rowspan="2">返回系数</th></tr>
<tr><th>动作电流
/A</th><th>10 倍动作电流
的动作时间
/s</th></tr>
<tr><td>GL-11/10,-21/10</td><td>10</td><td>4,5,6,7,8,9,10</td><td>0.5～4</td><td>2～8</td><td>0.85</td></tr>
<tr><td>GL-11/5,-21/5</td><td>5</td><td>2,2.5,3,3.5,4,4.5,5</td><td>0.5～4</td><td rowspan="3">2～8</td><td>0.85</td></tr>
<tr><td>GL-15/10,-25/10</td><td>10</td><td>4,5,6,7,8,9,10</td><td rowspan="2">0.5～4</td><td rowspan="2">0.8</td></tr>
<tr><td>GL-15/5,-25/5</td><td>5</td><td>2,2.5,3,3.5,4,4.5,5</td></tr>
<tr><td>备注</td><td colspan="5">瞬动电流倍数＝电磁元件动作电流/感应元件动作电流</td></tr>
</table>

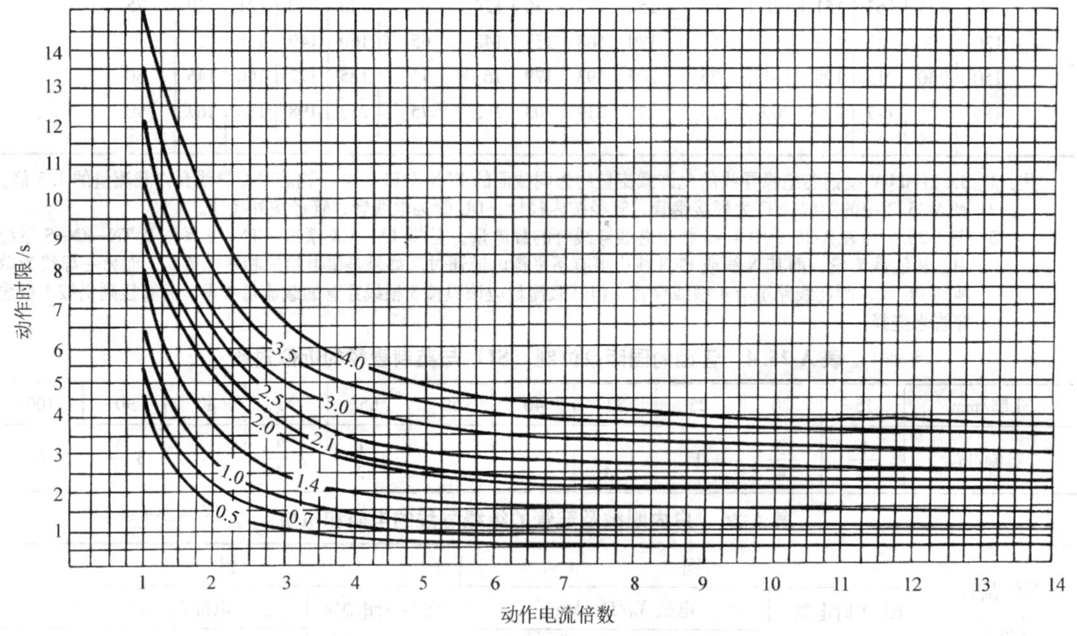

图 A-3 GL-11、15、21、25 型感应式电流继电器的动作特性曲线

表 A-28 几种高耗电产品电耗最高限额指标

<table>
<tr><th>产品名称</th><th colspan="2">电耗最高限额/kWh · t⁻¹</th><th>说明</th></tr>
<tr><td rowspan="2">电解铝</td><td>八大铝厂</td><td>17000</td><td rowspan="2">包括供电与整流变压器损耗</td></tr>
<tr><td>中小型铝厂</td><td>19000</td></tr>
<tr><td rowspan="2">矽铁
（含矽 75%）</td><td>重点厂</td><td>9000</td><td rowspan="2">包括电炉变压器损耗</td></tr>
<tr><td>地方厂</td><td>9100</td></tr>
<tr><td rowspan="2">电　　石</td><td>重点厂</td><td>3650</td><td rowspan="2">包括电炉变压器损耗</td></tr>
<tr><td>地方厂</td><td>3900</td></tr>
</table>

（续）

产品名称		电耗最高限额/kWh·t^{-1}		说明
烧碱	隔膜法	重点厂	2650	按液碱计交流电耗包括变压器损耗
		地方厂	2800	
	水银法	重点厂	3600	
		地方厂	3700	
黄　磷			17500	包括变压器损耗
合成氨		地方厂	1850	综合单耗
乙　烯		重点厂	2810	综合单耗
水　泥		425#以上	120	综合单耗,窑外分解\立筒预热工艺加15%,矿渣水泥减15%
		325#以下	105	
电炉钢		冶金行业	675	包括电炉变压器损耗
		机械行业	800	

附录B　实验指导书

实验须知

一、实验目的

实验是教学过程中的一个重要环节，必须认真作好。实验目的如下：

① 配合理论教学，使学生增加供配电方面的感性知识，巩固和加深供配电方面的理性知识，提高课程教学质量。

② 培养学生使用各种常用设备和仪表进行供配电方面实验的技能，并培养其分析处理实验数据和编写实验报告的能力。

③ 培养严肃认真、细致踏实、重视安全的工作作风和团结协作、注意节约、爱护公物、讲究卫生的优良品质。

二、实验要求

① 每次实验前，必须认真预习有关实验指导书，明确实验任务、要求和步骤，结合复习有关理论知识，分析实验线路，并要牢记实验中应注意的问题，以免在实验中出现差错或发生事故。

② 每次实验时，首先要检查设备仪表是否齐备、完好、适用，了解其型号、规格和使用方法，并按要求抄录有关铭牌数据。然后按实验要求合理安排设备仪表位置，接好实验线路。实验者自己先行检查无误后，再请指导教师检查，只有指导教师检查认可后方可合上电源。

③ 实验中，要做好对现象、数据的观测和记录，要注意仪表指示不宜太大和太小。如仪表指示太大，超过了满刻度，可能损坏仪表；如仪表指示太小，读数又有困难，且误差太大。仪表的指示以在满刻度的1/3至3/4之间为宜。因此实验时要正确选择仪表的量程，并在实验过程中根据指示情况及时调整量程。调整量程时，应切断电源。由于实验中要操作、读数和记录，所以同组同学，要适当分工，互相配合，以保证实验顺利进行。

④ 在实验过程中，要注意有无异常现象发生。如发现异常现象，应立即切断电源，分析原因。待故障消除后再继续进行实验。实验中，特别要注意人身安全，防止触电事故。

⑤ 实验内容全部完成后，要认真检查实验数据是否合理和有无遗漏。实验数据需经指导教师检查认可后，方可拆除实验线路。拆除实验线路前，必须先切断电源。实验结束后，应将设备、仪表复归原位，并清理好导线和实验桌面，作好周围环境的清洁卫生。

三、实验报告

每次实验之后，都要进行总结，编写实验报告，以巩固实验成果。

实验报告应包括下列内容：

① 实验名称，实验日期、班级，实验者姓名，同组者姓名。

② 实验任务和要求。

③ 实验设备。

④ 实验线路。

⑤ 实验数据、图表。实验数据均取 3 位有效数字，按 GB8170—2008《数值修约规则与极限数值的表示和判定》的规定进行数字修约。绘制曲线时，必须用坐标纸，坐标轴必须标明物理量和单位，曲线必须连接平滑。

⑥ 对实验结果进行分析讨论，并回答实验指导书所提出的思考题。

实验一　高压电器的认识实验

一、实验目的

① 通过对各种常用的高压电器的观察研究，了解它们的基本结构、工作原理、使用方法及主要技术性能等。

② 通过对有关高压开关柜的观察研究，了解它们的基本结构、主结线方案、主要设备的布置及开关的操作方法等。

③ 通过拆装高压少油断路器，进一步了解其内部结构和工作原理，着重了解其灭弧结构和灭弧工作原理。

二、实验设备

供实验观察研究的各种常用的高压电器（包括 RN_2^1 型高压熔断器、RW 型跌开式熔断器、LQJ-10 型电流互感器、JDZJ-10 型电压互感器、高压隔离开关、高压负荷开关、高压断路器及各型操动机构）和高压开关柜（固定式、手车式），并有供拆装调整的未装油的高压少油断路器。

三、高压电器的观察研究

① 观察各种高压熔断器（包括跌开式熔断器）的结构，了解其工作原理、保护性能和使用方法。

② 观察各种高压开关（包括隔离开关、负荷开关和断路器）及其操动机构的结构，了解其工作原理、性能和使用操作要求。

③ 观察各种高压电流互感器和电压互感器的结构，了解其工作原理和使用注意事项。

④ 观察高压开关柜的结构，了解其主结线方案和主要设备布置，并通过实验操作，了解其运行操作方法。对“防误型”开关柜，了解其如何实现“五防”要求。

四、高压少油断路器的拆装和调整

① 观察高压少油断路器的外形结构，记录其铭牌型号和规格。

② 拆开断路器的油筒，拆出其中的导电杆（动触头）、固定插座（静触头）和灭弧室等，了解它们的结构和装配关系，着重了解其灭弧原理。

③ 组装复原断路器，并进行三相合闸同时性的检查。试验的电路如图 10-8 所示。采用手动合闸，观察三只灯泡是否同时亮，以此来判断三相合闸接触是否同时。如不同时，则需对导电杆的行程进行调整。

五、思考题

① 高压隔离开关、高压负荷开关和高压断路器在结构、性能和操作要求方面各有何特点？

② 电流互感器的外壳上为什么要标上“二次侧工作时不许开路”等字样？

③ 为什么要进行高压断路器三相合闸同时性的检查和调整？

实验二 低压电器的认识实验

一、实验目的

① 通过对各种常用低压电器的观察研究，了解它们的基本结构、工作原理、使用方法及主要技术性能等。

② 通过对有关低压配电屏的观察研究，了解它们的基本结构、主结线方案、主要设备的布置及开关的操作方法等。

③ 通过低压断路器的脱扣试验，进一步了解低压断路器的结构和动作特性。

二、实验设备

供实验观察研究的各种常用低压电器（包括各型低压熔断器、刀开关、刀熔开关、负荷开关、低压断路器）和低压配电屏（固定式、抽屉式）。

进行低压断路器的脱扣试验，除有被试验的 DZ 型和 DW 型断路器外，尚需有单相调压器（220V，9kV · A）、单相变压器（220/8V，6kV · A）（或大电流发生器）、电流互感器（1000/5A）和电流表、电气秒表、长余辉示波器等。

三、低压电器的观察研究

① 观察各种低压熔断器的结构，了解其工作原理、保护性能和使用方法。

② 观察各种低压开关（包括刀开关、刀熔开关、负荷开关和低压断路器）的结构，了解其工作原理、性能和使用操作要求。

③ 观察各种低压电流互感器的结构，了解其工作原理和使用注意事项。

④ 观察各类低压配电屏的结构，了解其主结线方案和主要设备布置，并通过实际操作，了解其运行操作方法。

四、DZ 型低压断路器的脱扣试验

1）观察 DZ 型低压断路器的外形结构，记录其铭牌型号和规格。

2）打开塑料盖，观察其灭弧装置、热脱扣器和电磁脱扣器的结构。

3）进行热脱扣试验。

① 按图 B-1 所示电路接好，将调压器 T1 的输出电压调至零。

② 合上电源开关 QK 和断路器 QF，调节 T1，使通过断路器 QF 的电流 $I=2I_N$，I_N 为断路器的热脱扣器额定电流。

③ 断开 QK，使电气秒表回零。

④ 合 QK，电气秒表开始计时，直到热脱扣器动作使断路器 QF 跳闸时止，电气秒表停走，由此可得热脱扣器动作时间。

⑤ 合上 QK 和 QF，调节 T1，使通过 QF 的电流分别为 $I=3I_N$、$5I_N$ 和 $10I_N$，重测热脱扣器动作时间。

⑥ 将试验所得的动作（脱扣）时间 t 与对应的动作电流倍数（I/I_N）记入表 B-1 所示表格中，并绘出其动作特性曲线，即动作时间 t 与动作电流倍数（I/I_N）的关系曲线。

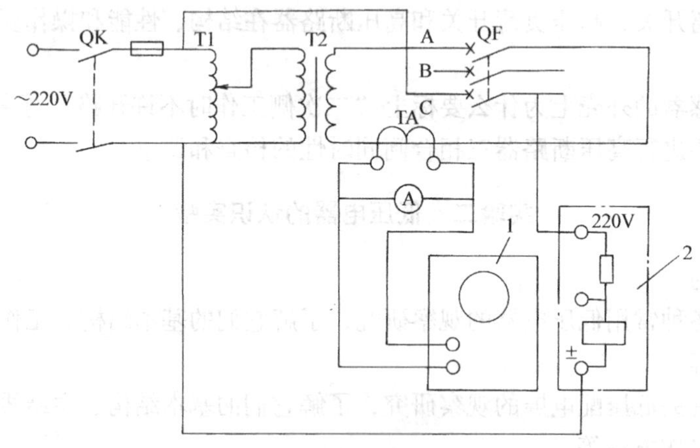

图 B-1 低压断路器脱扣试验电路
1—长余辉示波器 2—周波积算器（电气秒表）

表 B-1 DZ 型低压断路器脱扣试验数据

动作电流倍数（I/I_N）	2	3	5	10	>10
动作时间 t/s					

4）进行瞬时脱扣试验：

① 由于断路器瞬时脱扣时，电流瞬时很大，而电流表指针因有惯性关系，不能准确反应这一电流，因此需借助长余辉示波器。在测量瞬时脱扣电流之前，先调节调压器 T1，使 $I=200A$，并调节示波器的 Y 轴放大器，使 200A 电流波形的幅值恰好为 1 格（保持不变）。

② 调节调压器 T1，使通过低压断路器的电流达到瞬时脱扣电流，这时断路器瞬时跳闸。

③ 保持 T1 手柄不动，使电气秒表回零。

④ 再合低压断路器 QF，记录示波器中电流波形的幅值和周波数，换算成电流值和时间。

⑤ 如果断路时间超过 0.06s，说明电流并未达到瞬时脱扣电流，因为 DZ 型低压断路器的瞬时脱扣时间一般不会超过 0.06s。这时，可调 T1，增大电流重测。

⑥ 将试验所得的瞬时脱扣时间 t 与对应的瞬时动作电流倍数（I/I_N）同样记入表 B-1 中，并将此瞬时脱扣的动作时间 t 与瞬时动作电流倍数（I/I_N）补充绘入动作特性曲线上。

五、DW 型低压断路器的脱扣试验

① 观察 DW 型低压断路器的外形结构，记录其铭牌型号和规格。

② 拆下灭弧罩，观察灭弧结构及触头系统和各种脱扣器、合闸电磁铁的结构。

③ 进行脱扣试验。仍按图 B-1 所示电路接好线路，试验方法步骤亦如 DZ 型的脱扣试

验，按表 B-2 所示测定不同动作电流倍数（I/I_N）时的动作（脱扣）时间 t，并记入该表，同时绘出其动作特性曲线。

表 B-2　DW 型低压断路器脱扣试验数据

脱扣器	长　延　时				短　延　时				瞬时
动作电流倍数 I/I_N									
动作时间 t/s									

六、思考题

① 从结构上看，限流式熔断器与非限流式熔断器有何不同？

② 从结构上看，DZ 型低压断路器与 DW 型低压断路器有何不同？

③ 从动作特性看，DZ 型低压断路器与 DW 型低压断路器又有何不同？

④ 低压断路器的瞬时脱扣，既为瞬时，为何又有时延？

⑤ 请学生自己设计并安装一个实验电路，用来进行 DW 型低压断路器的失压脱扣和分励脱扣试验。

实验三　定时限过电流保护实验

一、实验目的

① 了解 DL、DS、DX 和 DZ 等型电磁式继电器的结构、结线、动作原理及其使用方法。

② 学会组成定时限过电流保护，并了解其工作原理。

③ 掌握定时限过电流保护的整定原则和方法。

二、实验设备

电流继电器	DL-11	2 只
时间继电器	DS-111	2 只
信号继电器	DX-11	2 只
中间继电器	DZ-11	2 只
交流电流表		1 只
单相调压器	DDG-6kV · A，220/8V	1 只
滑线电阻		2 只
灯泡		2 只

三、实验电路

① 简化原理电路如图 B-2 所示。

② 模拟实验电路如图 B-3 所示。

四、实验步骤

① 按图 B-3 接好线路，将调压器的输出电压调至零，将模拟 WL1 阻抗的电阻 $R1$ 调至较小值，将模拟 WL2 及负荷阻抗的电阻 $R2$ 调至较大值。

② 合电源开关 QK，并合直流操作电源（如无直流操作电源，可用交流 220V 代替，但时间继电器等均需改用交流型），调节 T，使通过电流表 PA 的电流为 1 ~ 2A 左右，此电流就假定为通过继电器 KA1 和 KA2 的最大负荷电流 $I'_{L\max}$ = （K_w/K_i） $I_{L\max}$。随即拉开 QK。

③ 整定计算 KA1 和 KA2 的动作电流。不仅动作电流 I_{op} 要躲过 $I_{L\max}$，而且返回电流 I_{re}

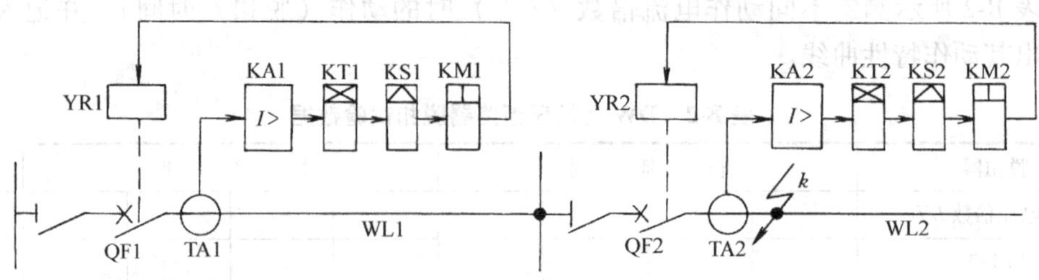

图 B-2 两级定时限过电流保护简化原理电路

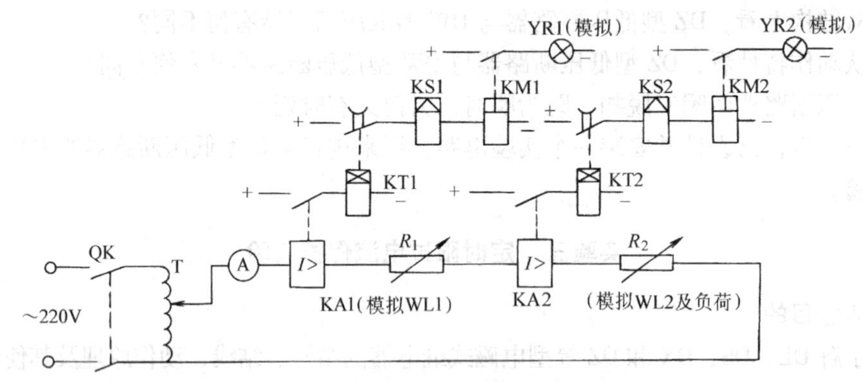

图 B-3 两级定时限过电流保护模拟实验电路

也要躲过 $I_{L\cdot max}$，因此

$$I_{op}=\frac{K_{rel}K_w}{K_{re}K_i}I_{L\cdot max}=\frac{K_{rel}}{K_{re}}I'_{L\cdot max}$$

式中，K_{re}为继电器返回系数，取 0.8；K_{rel}为可靠系数，取 1.2。

因此，动作电流应为 $I_{op}=1.5I'_{L.max}$。

④ 整定 KT1 或 KT2 的动作时间。假定已先整定 KT2 或 KT1 的动作时间。

如 KT2 的动作时间为 t_2，则 KT1 的动作时间 $t_1=t_2+0.5s$。

如 KT1 的动作时间为 t_1，则 KT2 的动作时间 $t_2=t_1-0.5s$。

⑤ 将 R_2 调至零，以模拟线路 WL2 首端发生三相短路。

⑥ 再合 QK，观察前后两级保护装置的动作情况。KA1 和 KA2 应同时起动，但模拟后一段线路断路器 QF2 的跳闸线圈 YR2 的灯泡应先亮，表示 QF2 应首先跳闸，而模拟前一段线路断路器 QF1 的跳闸线圈 YR1 的灯泡应后亮，表示 QF2 拒动（不跳闸）时，QF1 紧接着跳闸。实际上，正常情况下，QF2 跳闸后，短路故障被切除，KA1 应返回，因此 QF1 不会紧接着跳闸。

五、思考题

① 定时限过电流保护动作电流的整定原则是什么？如何计算？如何整定？

② 定时限过电流保护动作时限的整定原则是什么？如何计算，如何整定？

③ 正常情况下，在后一级保护动作使断路器跳闸以后，前一级保护动作会不会使断路器紧接着跳闸？为什么？

实验四　反时限过电流保护实验

一、实验目的

① 了解 GL-$\frac{15}{25}$型电流继电器的结构、结线、动作原理及其使用方法。特别要仔细观察其先合后断转换触头的结构及其先合后断的动作程序。

② 学会组成去分流跳闸的反时限过电流保护，了解其工作原理。

③ 学会调整 GL 型继电器的动作电流和动作时限，了解其反时限动作特性和 10 倍动作电流的动作时限的概念。

二、实验设备

电流继电器　GL-15 或 GL-25	1 只
交流电流表	1 只
单相调压器　DDG-6kV · A，220/8V	1 只
滑线电阻	1 只
电气秒表	1 只
灯泡　220V，15 ~ 40W	1 只

三、实验电路

1. 去分流跳闸的反时限过电流保护实验

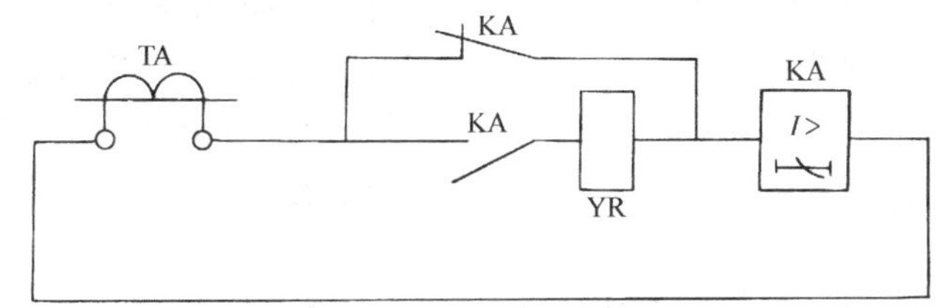

图 B-4　去分流跳闸的反时限过电流保护简化原理电路

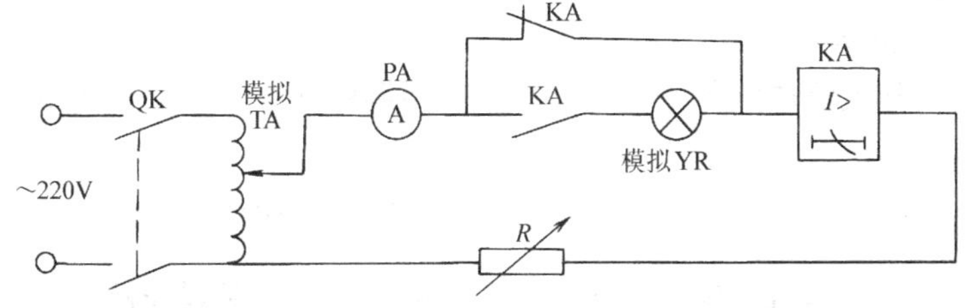

图 B-5　去分流跳闸的反时限过电流保护模拟实验电路

① 简化原理电路（一相）如图 B-4 所示。

② 模拟实验电路如图 B-5 所示。

2. GL 型电流继电器反时限动作特性曲线的测绘实验

将继电器的常闭触头用绝缘纸隔开，只保留其常开触头，按图 B-6 所示接成实验电路。

四、实验步骤

1. 去分流跳闸的反时限过电流保护实验

① 了解继电器的结构、结线，特别是要仔细观察其先合后断转换触头的结构和先合后断的动作程序。然后按图 B-5 接好线路，调压器输出电压调至零。

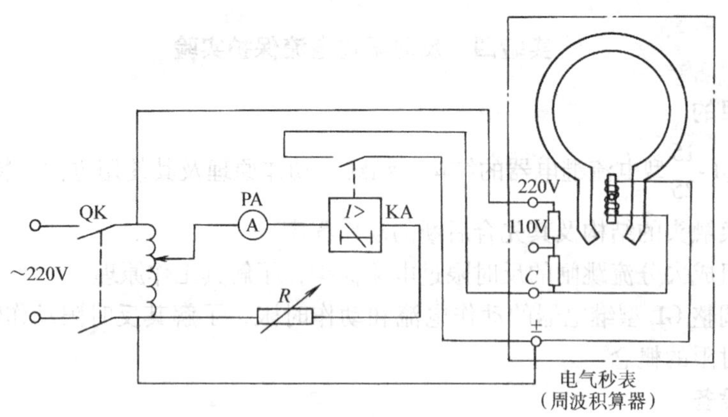

图 B-6　测绘 GL 型电流继电器动作特性曲线的实验电路

② 整定继电器的动作电流和动作时间。

③ 调小电阻 R，即模拟一次电路发生短路。合 QK，调节调压器输出电压，使继电器动作，观察交流操作去分流跳闸的情况，模拟跳闸线圈 YR 的灯泡会闪光。

2. GL 型电流继电器反时限动作特性曲线测绘实验

① 按图 B-5 接好线路，调压器输出电压调至零。

② 整定动作电流和动作时间（10 倍动作电流时的动作时间）。

③ 合 QK，调节调压器输出电压，使通过继电器的电流依次为 1.5 倍、2 倍、3 倍、……，通过电气秒表（周波积算器）测出其动作时间。注意，每次调定电流后，拉开 QK，将电气秒表复位至零，然后再合 QK，记下电流和动作时间（周波数乘 0.02s）。

④ 绘出某一整定电流和整定时间下的动作特性曲线。

五、思考题

① 在作去分流跳闸实验时，采用 220V、15～40W 灯泡来模拟跳闸线圈，为什么在继电器动作后，灯泡发生闪光现象？如果是接上实际的跳闸线圈，当继电器动作后，跳闸线圈的铁心会不会也出现跳动现象？

② GL 型的动作电流调整什么部位？动作时间调整什么部位？10 倍动作电流的动作时限是什么意思？

③ GL 型的速断电流调整什么部位？速断电流倍数是什么意思？

实验五　电缆绝缘电阻的测量及故障的探测分析

一、实验目的

① 通过实验了解电力电缆的基本结构。

② 掌握电缆绝缘电阻的测量方法。

③ 学会电缆故障的探测分析方法。

二、实验设备

绝缘电阻表（500V 或 1000V）	1 只
电力电缆	数段
模拟故障电缆	数束

三、实验电路

1. 电缆绝缘电阻的测量

实验电路见图 10-21。

2. 电缆故障的探测分析

利用一束四根导线包括黄（A 相）、绿（B 相）、红（C 相）三根塑料导线和一根黑色塑料导线来模拟待探测的三芯故障电缆，黑色塑料导线用来模拟电缆的接地外皮。

由实验指导教师在实验前对此模拟电缆人为地制造一些断线、短路、接地故障，并将故障部分用胶布缠好，作为故障电缆供实验用。探测的实验电路见图 10-23a。

四、实验步骤

① 观察实际的电力电缆外形结构。

② 按图 10-21 所示接好测量线路，用绝缘电阻表摇测相与相间及相对外皮的绝缘电阻。

③ 按表 B-3 所示测量要求（接线见图 10-23a）用绝缘电阻表分别测量首端和末端相对外皮（地）及相与相间的绝缘电阻，并将测量结果记入表 B-3 内。

④ 按表 B-3 的测量结果分析电缆故障的性质，并在实验指导教师认可后，将模拟电缆故障点的胶布拆开，验证分析的故障是否与实际相符。

表 B-3 故障电缆绝缘电阻的测量数据

测 量 顺 序	绝缘电阻/MΩ					
	相-地			相-相		
	A	B	C	A-B	B-C	C-A
在首端测量						
在末端测量						
末端短接接地，在首端测量						

五、思考题

① 从结构上看，电缆与一般绝缘导线有何主要区别？

② 用绝缘电阻表摇测电缆（或绝缘导线）的绝缘电阻时，为什么要将电缆（或绝缘导线）的绝缘层接到绝缘电阻表的“保护环”？不接“保护环”对测量结果有何影响？

③ 设用绝缘电阻表测量某电缆首端 A 相对外皮的绝缘电阻为 500MΩ，而在其末端测量 A 相对外皮的绝缘电阻为 5000Ω。试问这电缆 A 相的线芯可能出现了什么故障？

④ 为什么不用万用表的欧姆挡来测量电缆的绝缘电阻？

附录 C 课程设计任务书

一、设计题目

某某机械厂降压变电所的电气设计。

二、设计要求

根据本厂所能取得的电源及本厂用电负荷的实际情况，并适当考虑到工厂生产的发展，按照安全可靠、技术先进、经济合理的要求，确定变电所的位置与型式，确定变电所主变压器的台数与容量，选择变电所主结线方案及高低压设备与进出线，确定二次回路方案，选择并整定继电保护装置，确定防雷和接地装置，最后按要求写出设计说明书，绘出设计图样。

三、设计依据

① 工厂总平面图，参看图 C-1 ~ C-4。

② 工厂负荷情况：该厂多数车间为两班制，年最大负荷利用小时为 ah，日最大负荷持续时间为 bh。该厂除铸造车间、电镀车间和锅炉房属二级负荷外，其余均属三级负荷。低压动力设备均为三相，额定电压为380V。照明及家用电器均为单相，额定电压为220V。该厂的负荷统计资料如表 C-1 所示。

表 C-1 工厂负荷统计资料

厂房编号	用电单位名称	负荷性质	设备容量/kW	需要系数	功率因数
	铸造车间	动力	200 ~ 400	0. 3 ~ 0. 4	0. 65 ~ 0. 70
		照明	5 ~ 10	0. 7 ~ 0. 9	1. 0
	锻压车间	动力	200 ~ 400	0. 2 ~ 0. 3	0. 60 ~ 0. 65
		照明	5 ~ 10	0. 7 ~ 0. 9	1. 0
	金工车间	动力	200 ~ 400	0. 2 ~ 0. 3	0. 60 ~ 0. 65
		照明	5 ~ 10	0. 7 ~ 0. 9	1. 0
	工具车间	动力	200 ~ 400	0. 2 ~ 0. 3	0. 60 ~ 0. 65
		照明	5 ~ 10	0. 7 ~ 0. 9	1. 0
	电镀车间	动力	150 ~ 300	0. 4 ~ 0. 6	0. 70 ~ 0. 80
		照明	5 ~ 10	0. 7 ~ 0. 9	1. 0
	热处理车间	动力	200 ~ 400	0. 4 ~ 0. 6	0. 70 ~ 0. 80
		照明	5 ~ 10	0. 7 ~ 0. 9	1. 0
	装配车间	动力	100 ~ 200	0. 3 ~ 0. 4	0. 65 ~ 0. 75
		照明	5 ~ 10	0. 7 ~ 0. 9	1. 0
	机修车间	动力	100 ~ 200	0. 2 ~ 0. 3	0. 60 ~ 0. 70
		照明	2 ~ 5	0. 7 ~ 0. 9	1. 0
	锅 炉 房	动力	50 ~ 100	0. 4 ~ 0. 6	0. 60 ~ 0. 70
		照明	1 ~ 2	0. 7 ~ 0. 9	1. 0
	仓　库	动力	10 ~ 30	0. 2 ~ 0. 3	0. 60 ~ 0. 70
		照明	1 ~ 2	0. 7 ~ 0. 9	1. 0
生　活　区		照明	200 ~ 400	0. 6 ~ 0. 8	1. 0

注：1. 表中数据为供设计指导教师下达任务书时填写负荷资料参考的赋值范围，应力求使每个设计者的负荷数据都有所差异，厂房编号（1 ~ 10）也可随意编写。

2. 生活区的负荷除照明外，尚含家用电器。

③ 供电电源情况：按照工厂与当地供电部门签订的供用电协议规定，该厂可由附近一条 ckV 的公用电源干线取得工作电源。该干线的走向参看工厂总平面图。该干线的导线牌号为 d 导线为等边三角形排列，线距为 em，干线首端（即电力系统的馈电变电站）距离本厂约 $f$km。该干线首端所装高压断路器的断流容量为 gMV · A，此断路器配备有定时限过电流保护和电流速断保护，其定时限过电流保护整定的动作时间为 hs。为满足工厂二级负荷的要求，可采用联络线由邻近的单位取得备用电源。已知与本厂高压侧有电气联系的架空线路

总长度达 $i$km，电缆线路总长度达 $j$km。

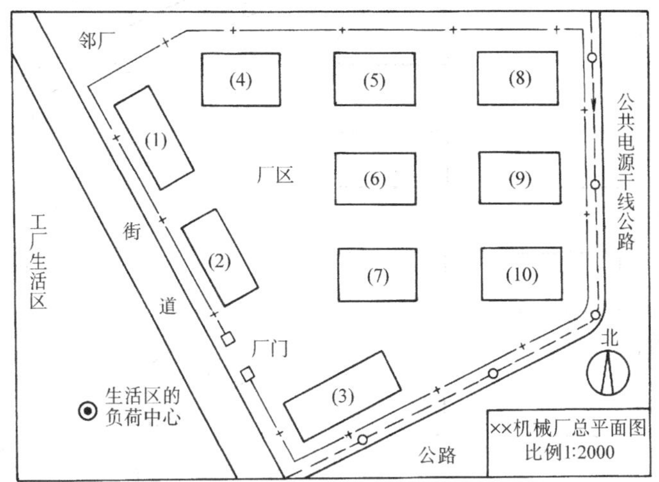

图 C-1 某某机械厂总平面图

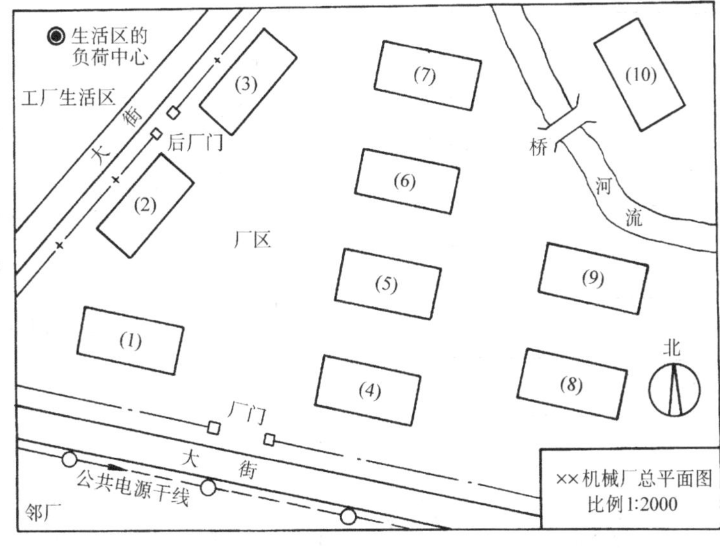

图 C-2 某某机械厂总平面图

④ 气象资料：该厂所在地区的年最高气温为 k °C，年平均气温为 l °C，年最低气温为 m °C，年最热月平均最高气温为 n °C，年最热月平均气温为 o °C，年最热月地下 0.8m 处平均温度为 p °C，年主导风向为 q 风，年雷暴日数为 r。

⑤ 地质水文资料：该厂所在地区平均海拔 sm，地层以 t（土）为主，地下水位为 um。

⑥ 电费制度：该厂与当地供电部门达成协议，在工厂变电所高压侧计量电能，设专用计量柜，按两部电费制缴纳电费。每月基本电费按主变压器容量收取，为 v 元/kV · A，动力电费为 w 元/kW · h，照明（含家电）电费为 x 元/kW · h，工厂最大负荷时的功率因数不得低于 y。（注：以上待填的原始数据资料，可依字母顺序由指导教师在表 C-2 所列赋值范围内选取）。

四、设计任务

要求在规定时间内独立完成下列工作量：

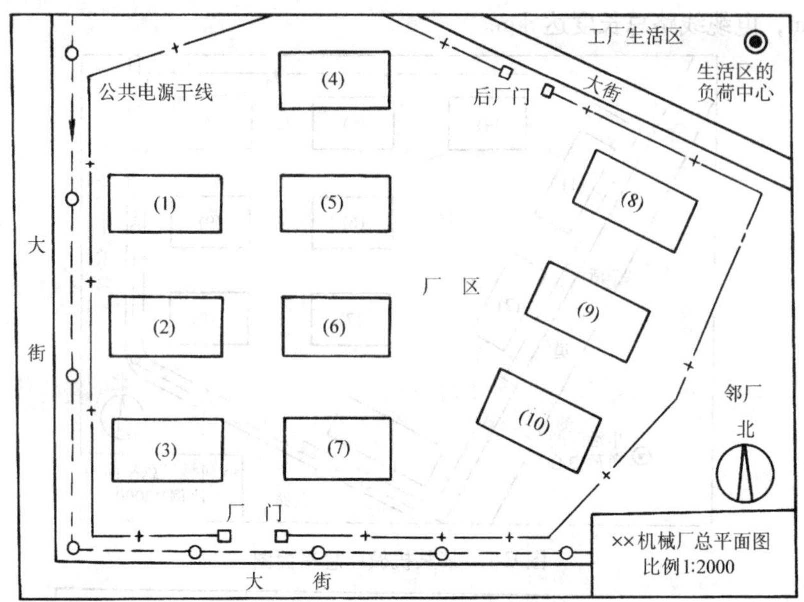

图 C-3 某某机械厂总平面图

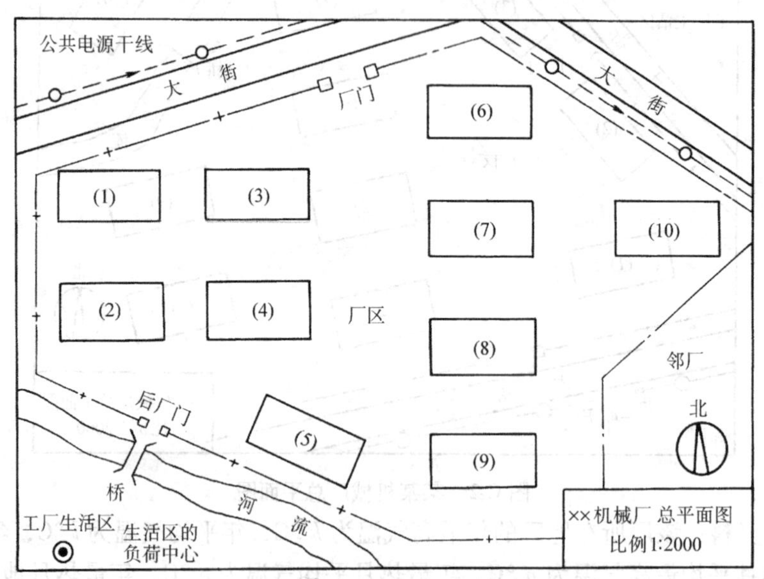

图 C-4 某某机械厂总平面图

1. 设计说明书需包括：

① 目录。

② 前言及确定了赋值参数的设计任务书。

③ 负荷计算和无功功率补偿。

④ 变电所位置和型式的选择。

⑤ 变电所主变压器台数、容量及主结线方案的选择。

⑥ 短路电流计算。

⑦ 变电所一次设备的选择与校验。

⑧ 变电所高、低压线路的选择。

⑨ 变电所二次回路方案选择及继电保护的整定。

⑩ 防雷和接地装置的确定。

⑪ 附录及参考文献。

⑫ 收获和体会。

2. 设计图样

① 主要设备及材料表。

② 变电所主结线图。

③ 变电所平、剖面布置图。

④ 变电所照明及接地平面图。

⑤ 变电所的二次回路接线图。

五、设计时间

_______年___月___日至_______年___月___日。

指导教师：____________________（签名）_________年___月___日

注：应完成的设计图样视课程设计的时间长短而定。若为一周，建议只要求完成①和②；若为两周，则建议增加③和④。

表 C-2 设计任务书中待填原始数据资料的赋值范围（供指导教师参考）

序号	原始数据资料	序号	原始数据资料	序号	原始数据资料	序号	原始数据资料
a	2500 ~ 5000	h	1.0 ~ 2.0	o	20 ~ 30	v	视当时当地电价自定
b	3 ~ 8	i	100 ~ 200	p	20 ~ 30	w	视当时当地电价自定
c	6 或 10	j	30 ~ 50	q	东、南、西、北等	x	视当时当地电价自定
d	LGJ—95 ~ LGJ—185	k	30 ~ 40	r	15 ~ 50	y	0.90 ~ 0.94
e	0.8 ~ 1.5	l	10 ~ 30	s	50 ~ 1000		
f	5 ~ 10	m	-20 ~ -5	t	粘土、砂粘土、黄土等		
g	300 ~ 500 ~ 750	n	25 ~ 35	u	2 ~ 4		

参考文献

[1] 刘介才，戴绍基．工厂供电[M].3 版．北京：机械工业出版社，1999.

[2] 刘介才．工厂供电[M]. 北京：机械工业出版社，2010.

[3] 中国航空工业规划设计研究院等．工业与民用配电设计手册[M].3 版．北京：中国电力出版社，2005.

[4] 刘介才．工厂供电简明设计手册[M]. 北京：机械工业出版社，1993.

[5] 水利电力部电力生产司．节约用电[M]. 北京：水利电力出版社，1985.

[6] 陆安定．无功电功率[M]. 杭州：浙江科学技术出版社，1984.

[7] 李汝火等．电气节能技术[M]. 北京：水利电力出版社，1987.

[8] 上海市计划用电办公室．节电技术七十例[M]. 上海：上海科学技术出版社，1984.

[9] 戴绍基．工厂供电[M].2 版．北京：机械工业出版社，2010.

[10] 戴绍基．电气安全四十讲[M]. 北京：机械工业出版社，2009.

[11] 戴绍基．安全用电[M].2 版．北京：高等教育出版社，2012.